前进中的广西植保

QIANJINZHONG DE GUANGXI ZHIBAO

广西壮族自治区植保站　编著

广西科学技术出版社

·南宁·

图书在版编目（CIP）数据

前进中的广西植保 / 广西壮族自治区植保站编著 .—
南宁：广西科学技术出版社，2023.11
ISBN 978-7-5551-2062-9

Ⅰ.①前… Ⅱ.①广… Ⅲ.①植被—保护—概况—广
西 Ⅳ.① Q948.526.7

中国国家版本馆 CIP 数据核字（2023）第219723号

QIANJINZHONG DE GUANGXI ZHIBAO
前进中的广西植保

广西壮族自治区植保站 编著

责任编辑：黎志海 张 珂
装帧设计：梁 良
责任校对：夏晓雯
责任印制：陆 弟

出 版 人：梁 志
出版发行：广西科学技术出版社
社 址：广西南宁市东葛路66号
邮政编码：530023
网 址：http://www.gxkjs.com

经 销：全国各地新华书店
印 刷：广西民族印刷包装集团有限公司
开 本：787毫米 ×1092毫米 1/16
印 张：31.25
字 数：770千字
版 次：2023年11月第1版
印 次：2023年11月第1次印刷
书 号：ISBN 978-7-5551-2062-9
定 价：198.00元

编委会

序

“民以食为天，食以安为先”。植物保护是确保国家粮食安全及主要农产品有效供给的关键措施，关系国计民生。广西地处祖国南疆，跨热带和南、中亚热带，炎热多雨，高温高湿，是农作物病虫害多发、频发、重发的区域。

广西壮族自治区植保植检总站于1979年在广西壮族自治区党委、自治区人民政府的关怀下应势而生；2011年，经广西壮族自治区人民政府批准同意为参照公务员管理事业单位；2019年，经新一轮事业单位改革，批准更名为广西壮族自治区植保站，但机构职能、编制不变，党和政府对广西植保人的关怀一直持续。40多年来，广西植保事业从无到有，由弱到强。以农为本，广西植保人“虫口夺粮保丰收”，打赢了一场又一场治病防虫大战；以情为本，广西植保人用双脚丈量八桂大地的每一片热土；以人为本，一批又一批广西植保工作者成长成才。植保科技日新月异，取得了一项又一项重大科研成果。40多年来，广西植保人有说不尽的故事，有道不完的辛酸，也有数不清的收获和快乐，更有不变的初心和使命，不断推动广西植保事业一步一步向前发展。

40多年筚路蓝缕，栉风沐雨。植物保护工作的初心和使命就是为农业生产保驾护航，确保农业生产安全。这个初心和使命，激励广西植保人攻克一个又一个事业发展中的难题，促进广西乃至全国绿色植保、生态农业的跨越发展，走出了一条具有广西特色的绿色植保之路，并被农业农村部树为全国典范。2018年，国际植物保护公约秘书处秘书长夏敬源指出，“广西的绿色防控技术世界领先……”40多年来，广西植保人积极夯实病虫测报网络，病虫害监测预警能力大幅提升，广西现代植保体系建设成效明显。探索实施“万家灯火”、“三诱”技术、放蜂治螟、中国/FAO（联合国粮食及农业组织）降低农药风险等一批批绿色防控项目，使病虫害防控更加绿色、更加高效，为农业绿色高质量发展作出应有的贡献；在全国率先实施禁限用高毒农药，积极开发和应用新农药、新药械，确保人民群众舌尖上的安全；大力支持发展统防统治、专业化“飞防”服务组织建设，使广西农作物“的”重大病虫灾害应急防控能力得到明显提升；依法开展植物疫情阻截防控，有效阻截红火蚁、柑橘黄龙病病原等检疫性有害生物的蔓延为害；综合防治、绿色防控技术的实施，有效控制病虫草鼠害，年均挽回粮油损失1000多万吨，为广西粮食增产丰收立下了汗马功劳，为全国粮食“十连增”作出积极贡献。

40多年沧海桑田，广西植保事业发生了翻天覆地的变化，但是广西植保人的初心和使命始终不变，一直在“技术创新”与“示范引领”上狠下功夫。在深化改革的大潮中，植物保护工作面临新的机遇和挑战。种植业结构优化调整，植物保护工作从原来单一的粮油病虫灾害监控转向多种作物病虫灾害监控；随着人民对美好生活需要的日益增长，人民对农产品质量优质化程度的要求越来越高，对农产品质量安全、农药残留等舌尖上的安全问题越来越重视，对植物保护工作提出了更高的要求，既要有效地控制农业生物灾害，又要减少农药污染，保护生态环境，确保农产品质量安全，促进农业可持续发展；随着“一带一路”倡议及全球经济一体化的提出，贸易、物流业高速发展，种子苗木及植物产品的调运日趋频繁，危险性病虫害传播概率增高，要求植物保护有快速的应急反应机制及体系；市场经济日趋完善，要求植保工作根据市场需求和农民需要开展技术研发与推广，建立适应市场经济的植保技术推广网络。

40 多年来，广大植保人在一次次重大生物灾害防控战役中积累了丰富的经验，取得了显著成效。回顾 40 多年来的成绩与经验，展望未来的机遇与挑战，理清发展的思路与对策，是广西植保工作者需要认真考究的课题，也是广西植保事业发展的新起点。习近平总书记指出，“脚下沾有多少泥土，心中就沉淀多少真情”，广西植保工作者始终坚持初心和使命，为广西农业植保工作砥砺奋进，倾情奉献。为此，广西壮族自治区植保站组织编写《前进中的广西植保》，总结广西植物保护工作开展以来的主要工作和成果，记录广西植保战线上各位同仁的辛勤劳动，并对大家的努力和付出表示感谢。衷心希望广西植保工作者以朝气蓬勃、意气风发的面貌，迎接新时代、新挑战，以我将无我的奉献精神，共同为实现中国梦而奋斗。

王凯学

前　言

植物保护因农业生产的需要应运而生，伴随着农业生产的发展而发展，只要有人类生存和农业生产活动，就离不开植保工作。党中央、国务院十分重视植保工作，习近平总书记多次作出指示，原总理李克强、原副总理胡春华多次批示、过问和部署病虫害防控工作。在各级党委、人民政府和农业农村主管部门的关心支持下，广西植保事业发展迅速，为粮食增产、农民增收和农业可持续发展作出了重要贡献。在新形势下，加强植保工作是加快发展现代农业、建设社会主义新农村的迫切需要。

卫生防疫、动物防疫、植物防疫是全球公认的三大防疫体系。《中华人民共和国生物安全法》《农作物病虫害防治条例》《农药管理条例》《植物检疫条例》《农作物病虫害监测与预报管理办法》《广西壮族自治区柑橘黄龙病防控规定》等法律法规的出台，是国家赋予植保工作的一项神圣职责，也使植保工作走向法治化道路。

广西气候温暖，降水丰沛，农作物病虫种类达1700多种，常见的病虫种类有350多种，能直接侵害农作物、造成经济损失的病虫有200多种，其中发生频繁、为害面积大、为害严重的病虫害有20多种。同时，广西是迁飞性害虫进入我国的桥头堡和快速增殖地，也是迁飞性害虫重要的源头治理区域、重大危险性植物疫情防控前沿阵地和我国重大疫情阻截带建设的重要阵地。近年广西农业有害生物年均发生面积达2.6亿亩次（1亩≈667平方米，下同）以上，经防治后平均挽回粮油损失约1100万吨，实际损失约130万吨。近年来，气候变化、地区冲突、新冠病毒感染大流行、非洲猪瘟和草地贪夜蛾暴发等问题给经济造成了重大冲击，2021年有53个国家和地区约1.93亿人经历了粮食危机或粮食不安全问题。科学有效防控农作物病虫害，是稳定粮食生产和促进保产增收、减损增效的关键措施。

为记录广西植保推广系统发展历程，帮助广大植保工作者以及关心植保事业的各方人士了解广西植保事业的历史、现状和发展前景，广西壮族自治区植保站成立《前进中的广西植保》编委会，制定编写计划和编写纲目，并组织广西各市及广西壮族自治区植保站相关部门的有关专家分工编写，最后由编委会整理定稿。

广西植保事业包括植保技术推广、教学与科研等各方面内容，担负着广西农作物病虫害监测、防治技术研究与推广应用，农药安全使用及管理，农产品质量安全监测等工作，为广西农业生产安全作出了应有的贡献。本书着重记述广西植保推广系统的发展历程，主要介绍中华人民共和国成立以来尤其是改革开放之后广西农业植保部门职能的变化，主要农作物病虫害发生演变、防治技术、植物检疫、施药器械、安全用药、农药质量、农产品残留检测以及广西植保学会活动等内容。对一些有不同观点的学术争论问题，本书只如实记载，不作结论。

大部分编委会成员没有受过历史学方法的正规训练，对专业知识的认识也有不足之处。编写年代跨度如此大、内容如此丰富的广西植保发展历程，对于他们来说，确实不免失于冒昧。但是我们希望能抛砖引玉，对阶段工作做记载，以供参考。由于编写水平所限，加之年代久远，卷帙浩繁，史料丰富，文献资料多有散佚，难以搜集完全，鉴别取舍也难免有欠精之处。因此，疏漏、谬误在所难免，敬请前辈专家和植保同仁多加指正，既免谬种流传，亦免名文湮没不彰。

本书在编写过程中得到了广西壮族自治区农业农村厅、广西大学、广西农业科学院的诸多领导和专家的指导，文献资料和史料的收集得到自治区和各市植保同仁的热情相助，资料的整理和编排出版得到广西南宁天鹰有害生物防治有限公司的支持和帮助，谨此一并深致谢忱！

编者

2023 年 6 月

目　录

第一篇　综合篇

第一章　植物保护推广体系的建设与发展

第一节　植保推广机构概况

1951年广西省农林厅设立病虫害科，1956年2月成立广西壮族自治区植物检疫站，1964年成立广西壮族自治区病虫预测预报站。1979年5月，广西壮族自治区编制委员会印发《关于成立广西壮族自治区植保植检总站的通知》(桂编〔1979〕57号)，成立广西壮族自治区植保植检总站。1981年1月，广西壮族自治区植保植检总站由原广西农业局大院（南宁市七星路135号）迁至南宁市西乡塘新村路5号办公。

1981年7月，广西壮族自治区编制委员会印发《关于植保植检总站更名的通知》(桂编〔1981〕72号)，广西壮族自治区党委同意将“广西壮族自治区植保植检总站”更名为“广西壮族自治区植保总站”，机构设置不变。1984年11月，广西壮族自治区编制委员会批准建立广西壮族自治区农药检定室，核定事业编制8人，为广西壮族自治区农牧渔业厅的二层机构，归广西壮族自治区植保总站代管。

1987年2月，经广西壮族自治区农业厅批准，广西壮族自治区植保总站由南宁市西乡塘新村路5号搬至南宁市新竹路麻村住宅区（新竹小区）办公。1988年3月，经广西壮族自治区机构编制委员会桂编〔1988〕49号文批准，广西壮族自治区农药检定室相当于科级事业单位，归广西壮族自治区植保总站代管。1991年6月，经广西壮族自治区编制局桂编局〔1991〕83号文批准，广西壮族自治区植保总站（含区农药检定室8名）增加编制8名，合计事业编制66名。1992年12月，广西壮族自治区机构编制委员会桂编〔1992〕118号文批复，同意广西壮族自治区农药检定室更名为广西壮族自治区农药检定管理所。

2001年11月18日，广西植保综合办公大楼在南宁市新竹路新竹小区破土兴建，2003年12月28日正式投入使用。2004年9月，经广西壮族自治区机构编制委员会桂编〔2004〕74号文批准，在广西壮族自治区植保总站对外增挂广西壮族自治区农产品质量安全检测中心牌子，实行“一套人马、两块牌子”。2007年，农业部公告第891号授权认可广西壮族自治区农产品质量安全检测中心为农业部农产品质量安全监督检验测试中心（南宁）。

2011年11月，经广西壮族自治区人民政府桂政函〔2011〕282号文件批复，同意广西壮族自治区植保总站参照公务员法管理（以下简称“参公管理”），核定编制数66名。2013年2月，广西壮族自治区机构编制委员会桂编〔2013〕96号文对广西壮族自治区植保植检总站主要职责、编制等进行规范，规范后广西壮族自治区植保总站对外增挂广西壮族自治区农作物病虫预测预报站、广西壮族自治区农产品质量安全检测中心、广西壮族自治区农药检定所等3块牌子，核定全额拨款事业编制65名（其中后勤服务人员编制占比不高于10%），其中处级领导职数3名（站长1名、副站长2名），另核定后勤服务聘用人数控制数1名。2015年1月，经广西壮族自治区机构编制委员会桂编〔2014〕106号文件批复，确定广西壮族自治区植保植检总站为公益一类事业单位。2015年3月，广西壮族自治区机构编制委员会桂编〔2015〕37号文对广西壮族自治区农业厅所属部分事业单位人员编制进行调整，广西壮族自治区植保总站全额拨款事业编制由65名调整为62名，核减3名；后勤服务聘用人员控制数维持1名不变。2017年5月，广西壮族自治区机构编制委员会办公室同意将广西壮族自治区植保植检总站事业编制核减控制数1名，核减后，广西壮族自治区植保植检总站事业编制为61名。

2019年8月，经广西壮族自治区机构编制委员会桂编办复〔2019〕106号文件批复，广西壮族自治区植保植检总站更名为“广西壮族自治区植保站”，机构职能、编制等未做变更。2020年2月，中共广西壮族自治区委员会组织部桂组函字〔2020〕90号文件同意广西壮族自治区植保站继续实行参照公务员法管理。2020年12月25日广西壮族自治区机构编制委员会办公室桂编办复〔2020〕159号文对广西壮族自治区植保站编制进行调整，调整后全额拨款事业编制57名，后勤服务聘用人员控制数2名。

一、广西行政区划情况

根据2021年广西壮族自治区民政厅统计数据，广西行政区划为14个地级市、10个县级市、60个县（含12个民族自治县）、41个市辖区、806个镇、312个乡（含59个民族乡）、133个街道。

按全国农作物重大病虫害数字化监测预警系统平台数据，广西现有115个农业区（含1个省级、14个市级、100个县级）。

二、广西农作物病虫害发生防治概况

广西地处我国南疆，西南与越南接壤，气候温暖湿润，农作物种植种类多，复种指数高，是我国农业生物灾害多发、频发和重发区，病虫害达1700多种，能造成较大为害的有200多种，如水稻“两迁”害虫、水稻纹枯病、稻瘟病、甘蔗螟虫、柑橘黄龙病、红火蚁及蝗虫等。广西还是水稻“两迁”害虫和草地贪夜蛾迁入我国的桥头堡，草地贪夜蛾自2019年迁入广西后就实现了周年繁殖。

近10年，广西农作物平均年播种面积为8859.82万亩，病虫草鼠害发生面积为26846.27万亩次，若不进行防治，每年可造成损失40%~60%，经济损失达50亿元以上。为有效保障农业生产安全、农产品质量安全与农业生态安全，广西紧紧围绕服务现代农业发展大局，大力推广“公共植保、绿色植保”理念，充分发挥职能、技术、手段和体系四大优势，强化政策扶持，依靠科学技术，采取一系列得力措施，年平均病虫草鼠害防治面积达27501.35万亩次，持续、有效、科学地控制病虫为害，取得了显著的经济效益、社会效益和生态效益。

三、广西壮族自治区、市、县、乡四级植保机构基本情况

（一）总体情况

据统计，截至2021年9月，广西壮族自治区、市、县、乡四级共有植保机构115个（均在农业区，含独立法人单位86个），其中参公管理单位19个、公益一类事业单位95个、公益二类事业单位1个，乡镇级无农业植保部门。广西县级以上植保机构核定植保人员编制数共747个，实际在岗人数535人，植保专业技术（含农学）人员数400人，副高级职称及以上人员119人。县级以上植保机构中，承担病虫监测与防治职能的有112个；承担检疫执法职能的有52个，承担检疫审批职能的有92个，开展检疫技术性工作的有102个；开展农药管理工作的有52个。另有18个植保机构承担农产品质量安全检测、农药检定、农业生态与资源保护、土壤肥料监管、信息调查等工作。

近年来，各级植保部门新增和参与了一系列与环境保护、面源污染治理、农村人居环境整治、河长制等相关的工作任务。

（二）自治区级情况

广西壮族自治区植保站是广西壮族自治区农业农村厅直属正处级参照公务员法管理的事业单位，其前身是1979年成立的广西壮族自治区植保植检总站，现内设11个科室，分别是办公室、人事教育科、计划财务科、农作物病虫测报站、防治科、药械科、植物检疫站、登记管理科、市场监督科、农药检测科、农产品质量检验科，增挂广西壮族自治区农作物病虫预测预报站、广西壮族自治区农产品质量安全检测中心和广西壮族自治区农药检定所3块牌子。主要承担农业植物保护具体的事务性和技术性工作，负责植物内部检疫、农作物病虫监测与防治、农产品质量安全综合检测和农药检定的技术性工作，是广西重要的农业防灾减灾部门。

1. 人员编制情况

2021年5月，随着新一轮机构改革的落地实施，广西壮族自治区植保站原有的行政执法职能剥离，4名植保专业人员随编划转至广西壮族自治区农业农村厅农业综合行政执法局（桂编办复〔2020〕159号）。目前，单位核定编制数为59名（含后勤控制数2名），实有在职在岗人员50人（5人借调外部门工作，植保专业技术（含农学）人员42人，副高级职称及以上18人，其中正高级职称6人；大学本科以上学历44人，其中研究生以上学历24人。51岁以上人员由2010年的5人增长到14人，占比由7.9%增长到28%，人员结构呈老龄化趋势。近11年人员工资收入呈增长态势，由2010年的人均2.98万元/年增长到2021年的人均16.78万元/年（含绩效），增长了4.6倍（2014年起增加绩效工资）。

2. 业务工作开展情况

紧扣深化农业供给侧结构性改革这一主线，广西壮族自治区植保站长期致力于推进重大病虫疫情监测与防控、农药减量控害、统防统治、农药检定和农产品检测等重点工作，推动公共植保防灾减灾、绿色植保提质增效，促进农业绿色和高质量发展。据统计，近5年自治区本级每年发布病虫情报18期以上，开展新技术、新产品试验示范273个；开展技术培训班18期以上，培训人数1420人次；办理检疫审批24批次（产地检疫和调运检疫权力下放后省（自治区）级不再办理审批业务），农药登记初审60批次，农产品农药残留监测600批次，农药产品质量检测400批次，为广西粮食安全、农业增产、农

民增收和农村发展作出了应有的贡献。

（三）市级情况

1. 人员编制情况

广西14个市均设有植保机构，其中11个为独立法人机构，3个为农业技术推广中心（或农业农技服务中心）内设机构。单位性质以参公管理单位、公益一类事业单位为主，各占比50%。截至2021年9月，14个市级植保机构合计核定植保人员编制数为102个，实际在岗人数79人，均为财政供给人员。其中，植保专业技术（含农学）人员64人，副高级职称及以上人员18人。

市级植保部门业务范围均包括病虫监测与防治、植物检疫等技术性工作，此外，开展农药管理工作的有3个，广西来宾市植保部门还兼具开展农业生态、土壤肥料监管等相关业务。据统计，近11年来，14个市级植保部门核定植保人员编制数、实际在岗人数呈下降趋势（图1），植保专业技术人员（含农学）占在岗人员数比例保持在74%~81%，副高级职称及以上人员比例保持在23%~28%。市级植保机构人员年龄结构以中青年为主，偏老龄化，51岁以上在岗人员数占人员总数21.5%。随着经济社会发展，市级植保机构人员年均收入均呈增长态势，从2010年的3.42万元/年上升至2021年的8.29万元/年，增长了1.42倍。

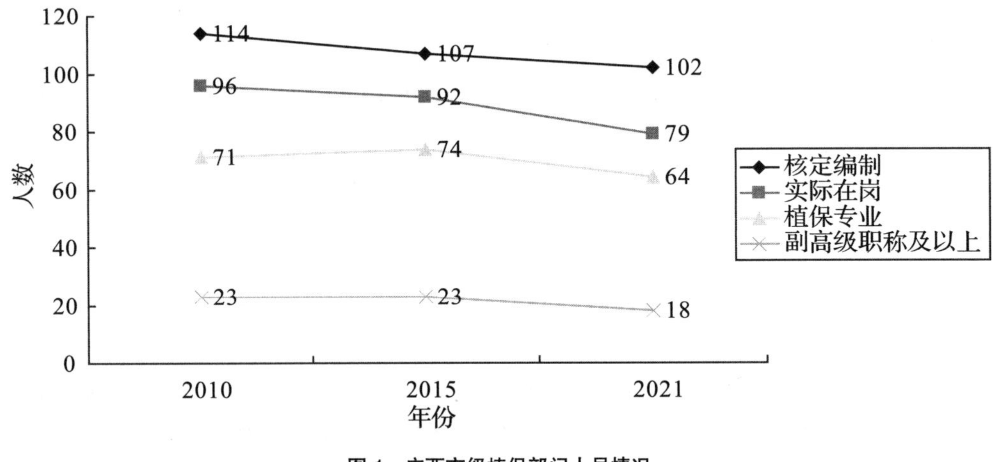

图1 广西市级植保部门人员情况

2. 业务工作开展情况

近5年，14个市级植保部门平均每年发布病虫情报227期，开展新技术、新产品试验示范41个，开展技术培训班109期，培训人员5067人，办理检疫审批9次，较高质量地完成全年植保任务。

（四）县、乡两级情况

1. 人员编制情况

据全国农作物重大病虫害数字化监测预警系统平台统计，广西现区划的100个农业县（市、区）中，有独立法人植保机构74个，南宁市兴宁区，北海市银海区、海城区，防城港市港口区，桂林市雁山区等无植保部门和专职植保技术人员，单位性质以公益一类事业单位为主，占88%。据统计，截至2021年9月，广西县级植保机构合计核定植保人员编制数为586人，实际在岗人数406人，其中405人为财政供给人员，植保专业技术（含农学）人员294人，副高级职称及以上人员83人。

机构职能除常规植保业务如病虫监测与防治、植物检疫、农药管理外，不少还兼顾土壤肥力与肥料、经济作物、农业生态环保等业务。调研结果显示，近11年广西县级植保机构人员无论是核定编制数、实际在岗人数，还是植保专业技术人员（含农学）人数均明显下降（图2），特别是在岗人数和植保专业技术（含农学）人员数，2021年比2010年分别下降了25.64%和30.66%，基层人少事多现象明显。2021年，51岁及以上人员数达192人，占实际在岗人数的47.29%，技术人员老龄化问题十分突出(图3)。

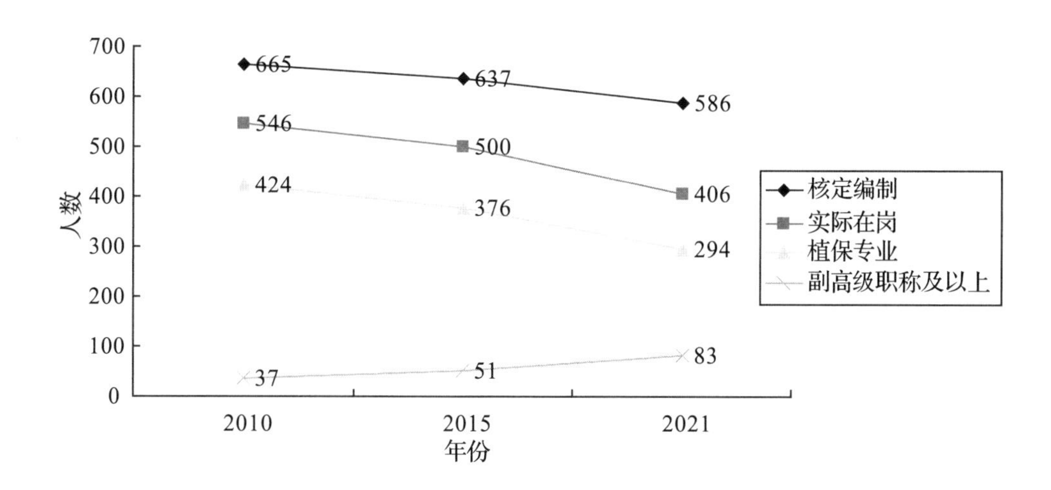

图2　广西县级植保部门人员情况

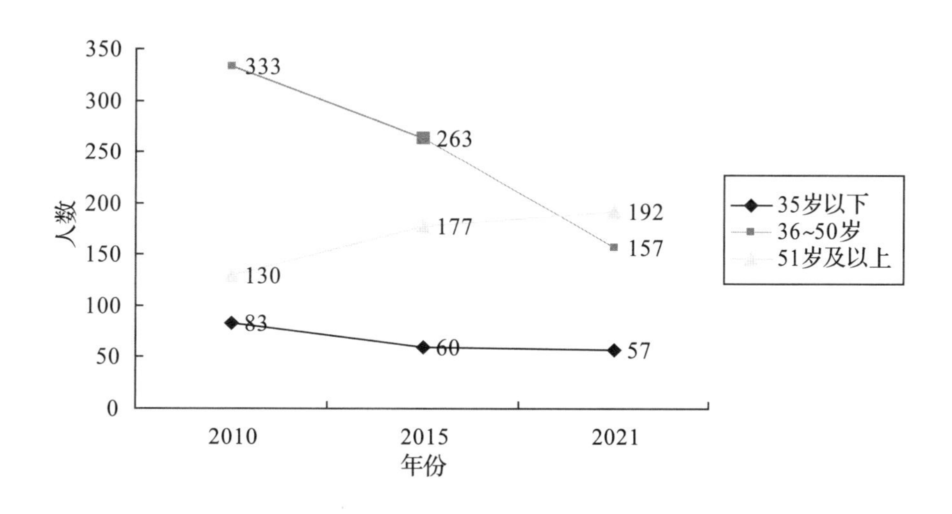

图3　广西县级植保部门人员年龄结构情况

据2021年广西壮族自治区统计局统计数据，广西有农业乡镇数1118个，设农技推广机构乡镇数1063个，归本级政府管理，且均无农业植保部门。近10年乡镇级农技推广机构人员基本保持稳定。以2021年为例，乡镇推广机构实际在岗技术人员共3849人，其中1770人在工作中兼职植保业务，副高级职称及以上技术人员偏少（图4）。乡镇级兼职植保业务的技术人员中，51岁以上人员有564人，占此类人员总数的31.86%，而在2010年，这个比例仅为16.93%（图5）。

鉴于县级植保技术人员普遍缺乏，乡镇级植保机构断层、脱节等现状，广西个别市（县、区）通过聘用形式建立并培养村级植保员队伍，该队伍常年保持在260人左右，在当地农作物主要病虫监测预警与防控中起到了一定的辅助作用，但是远远无法满足日常的病虫监测预警与防控工作需要。

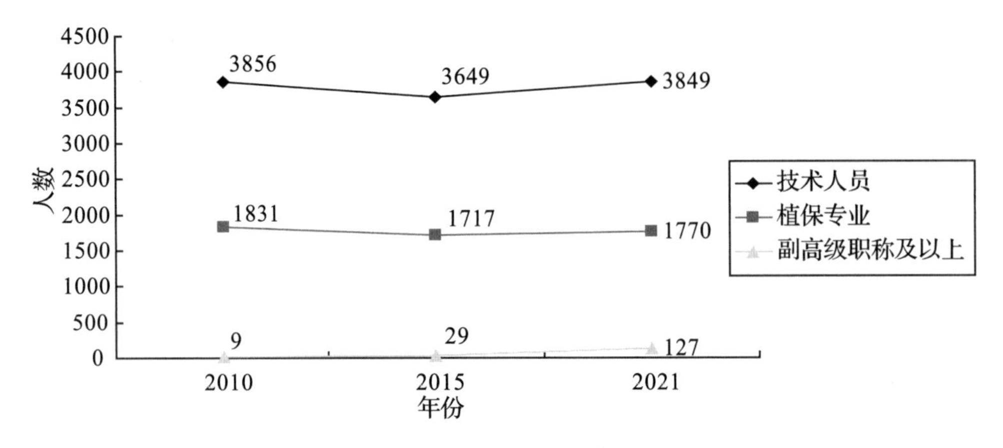

图4　广西乡镇级技术人员情况

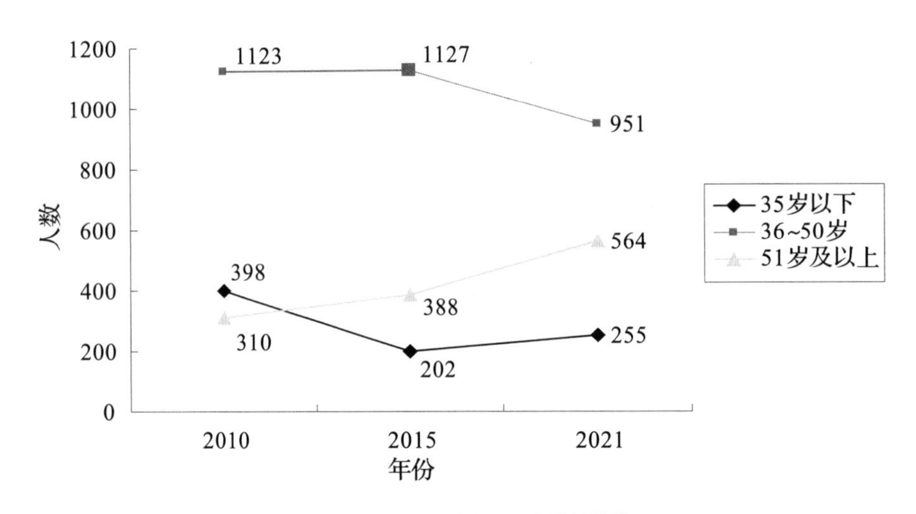

图5　广西乡镇级植保技术人员年龄结构情况

2. 业务工作开展情况

据统计，近10年来县、乡两级平均每年农作物播种面积9770.81万亩次，病虫草鼠害发生面积25224.00万亩次，防治面积26247.61万亩次（与省级统计略有出入）。县、乡两级平均每年发布病虫情报1896期，开展新技术、新产品试验示范462个，开展技术培训班1583期，指导人次达92050人，办理检疫审批14088批次，病虫监测与防控任务艰巨，工作量极大。

四、广西壮族自治区、市、县三级机构改革情况

2018年以来，广西壮族自治区、市、县三级115个植保机构有61个进行了机构改革，其中27个更名、2个变更单位性质。机构改革后，无论是单位编制数还是植保专业人员数都比改革前少，工作经费整体呈下降趋势，不利于广西植保工作的持续、健康发展。

五、广西植保体系固定资产投资建设情况

广西植保体系固定资产投资建设力度不足、基础设施薄弱、专业设备数量少、技术水平低。植保部门的设备、办公场所、实验室、观测场所和仪器设备基本依托农业农村部和自治区下达的建设项目得以改善，未获得建设项目的植保部门很少有设施设备基础，测报手段落后，难以满足广西农业防灾减灾工作的客观需要。截至2021年9月，广西共有42个国家级区域性测报站（农技植保〔2014〕32号）、85个自治区级专业测报站、1个部级质检中心。

第二节　农作物病虫测报体系的建设与发展

20世纪80年代后，广西农作物病虫测报与业务管理逐步健全和完善。1980—1981年，各级植保测报机构全面恢复，一个崭新的测报工作网络迅速形成。广西各级领导十分重视病虫测报工作，在广西各县、市和自治区都建立有农作物病虫预测预报站，具体负责当地农作物病虫发生动态的监测和预报。1989年全国植保总站在广西确定了合浦等14个县（市）测报（植保）站为全国区域性测报站（简称“区域站”），每个区域站都建设有农作物病虫观测场，观测场内有1个病虫观测圃，并安装虫情测报灯等病虫信息采集仪器设备，进行当地农作物主要病虫害发生情况的系统观测和调查，掌握当地主要病虫害发生动态信息，每年发布病虫情报15期以上，预报准确率达80%以上。这些区域站在几十年的工作中表现突出，调查系统，数据精细，负责以水稻为主的农作物病虫调查监测工作。2004年以后，依托全国植保工程的启动和实施，农业部安排在广西建设全国农业有害生物预警与控制区域站，每个区域站投入200万~350万元，用于基础建设、仪器设备采购及技术实施等。2004—2012年，共投资建设了合浦等72个县（市、区）农业有害生物预警与控制区域站，2017年以后启动全国植物保护能力提升工程和广西农作物重大病虫观测场等项目建设，建立了一批全国农作物病虫疫情田间监测点和重大病虫观测场，逐步提升广西农作物重大病虫监测预警水平。

广西现有农作物病虫专业测报站共85个，由于区内各地自然条件差异甚大，病虫发生流行情况各不相同。为方便分类指导工作，根据分批建设、以重点带一般的原则，以各地的作物种类、自然生态类型、病虫发生特点等各种因素为依据，将县（市、区）级专业测报站划分为全国农作物病虫测报区域站（广西农作物病虫测报区域站）和一般的专业测报站2种类型，并规定了相应的工作任务。

一、全国农作物病虫测报区域站及其工作任务

1. 坚持做好常规测报工作

主要观测的农作物病虫种类如下。

（1）水稻病虫：三化螟、稻飞虱、稻纵卷叶螟、稻瘿蚊、黏虫、稻瘟病、水稻细菌性条斑病、水稻纹枯病、水稻白叶枯病等。

（2）玉米病虫：玉米螟、大螟、小地老虎、黏虫、玉米铁甲虫、蚜虫、玉米大斑病、玉米小斑病、玉米根腐病。

（3）甘蔗病虫：甘蔗螟虫、甘蔗绵蚜。

（4）柑橘病虫：柑橘红蜘蛛、柑橘潜叶蛾、锈壁虱、柑橘木虱、柑橘溃疡病、柑橘炭疽病、柑橘疮痂病。

（5）蔬菜病虫：小菜蛾、菜青虫、斜纹夜蛾、甜菜夜蛾、蚜虫、粉虱、斑潜蝇、瓜蓟马、霜霉病、软腐病、早疫病、晚疫病、灰霉病。

（6）当地发生较严重的其他病虫。在以上作物病虫中，除自治区指定系统观测的病虫对象外，各区域站可根据本区域实际情况选取若干种（包括经济作物病虫）作为系统观测对象，其他则作一般观测对象。

对于确定的观测对象，各区域站不但要采集观测区内的调查资料，而且要采集面上普查的资料，做到点面结合，完整可靠，且有区域的代表性。每年对所观测病虫害的主害代（或主要发生时期）的发生及为害程度做出定性结论，并估测为害损失。

2. 准确及时发布病虫情报，注意提高情报的质量。要求全年发布病虫情报15~20期。在气象长期预报准确的条件下，中、短期预报准确率达80%以上，如有异常情况则须发布急报和警报。区域站要积极向当地党政部门以及上级业务部门汇报病虫发生动态，当好领导参谋。

3. 认真及时整理病虫发生和为害的历史资料。严格按照一虫一病一档案汇集归档，做到“日清代结年汇总”，并要注意对历史资料进行分析应用，指导测报和防治工作。

4. 遵守汇报制度。严格按照上级业务部门的有关制度和规定，按时按量做好汇报工作，以便上级业务部门及时掌握面上病虫发生的动态，为提供决策依据。

5. 搞好植保技术普及工作。要求每年举办1~2期培训乡镇或农民植保员的植保技术学习班，宣传普及植保知识。

6. 大力开展植保工作改革。如建立植物医院，提供技术咨询，实行技术承包，进行综合防治等，各站都要积极探索，把区域站逐步办成既有技术实力又有经济活力的农技单位。

7. 年终将水稻、玉米（不是主产区除外）、甘蔗、柑橘、蔬菜等主要作物病虫发生的情况及原因分别进行分析总结，上报上级主管业务部门。

8. 承担全国农业技术推广服务中心（简称“全国农技中心”）以及广西壮族自治区植保站下达的植保（测报）科研及技术推广项目，保证完成任务。

（二）一般的专业测报站及其工作任务

一般病虫测报站由当地自行决定系统观测对象。这些站要重点做好一般观测和大田普查，通过大田普查确定需要防治的面积、重点防治的区域和类型田，适时指导面上的防治工作。

目前，广西农作物病虫测报区域站和一般专业测报站已普遍使用虫情测报灯观测害虫，设置有病虫观测圃，极大地提升了病虫监测预警的智能化水平。

广西已建立省级农作物病虫监测指挥中心平台1个、全国农作物重大病虫疫情监测分中心（省级）田间监测点60个、自治区重大病虫观测场63个、市级植保站14个、县级专业测报站86个，建立了比较健全的自下而上的县、市、自治区三级病虫测报网络体系，共同承担广西主要农作物病虫草鼠害的监测预报任务。

随着“公共植保、绿色植保”理念的不断推广，农作物病虫测报工作愈显重要。加强植保工作，增加资金投入，强化基础设施，提高生物灾害监测防控能力势在必行，要改善装备手段，提升监测能力，加大植物保护能力提升工程实施力度，建设一批有害生物鉴定诊断实验室、病虫疫情监测分中心和田间监测点，尽快建成覆盖广西100%以上县（市、区）设施完善、人员精干、监测科学、分析准确、预警及时的农业有害生物监测预警网络。

第三节　农作物病虫防治体系的建设与发展

一、农作物重大病虫害应急防控体系

20世纪80年代以来，广西植保系统积极开展防治技术研究及推广工作，依托项目示范和技术推广带动和促进面上病虫害防治工作。进入21世纪，重点以“公共植保、绿色植保”理念为指导，构建政府主导、属地负责、多元投入、快速高效、保障有力、项目拉动、示范带动的重大生物灾害防控工作机制（图6）。

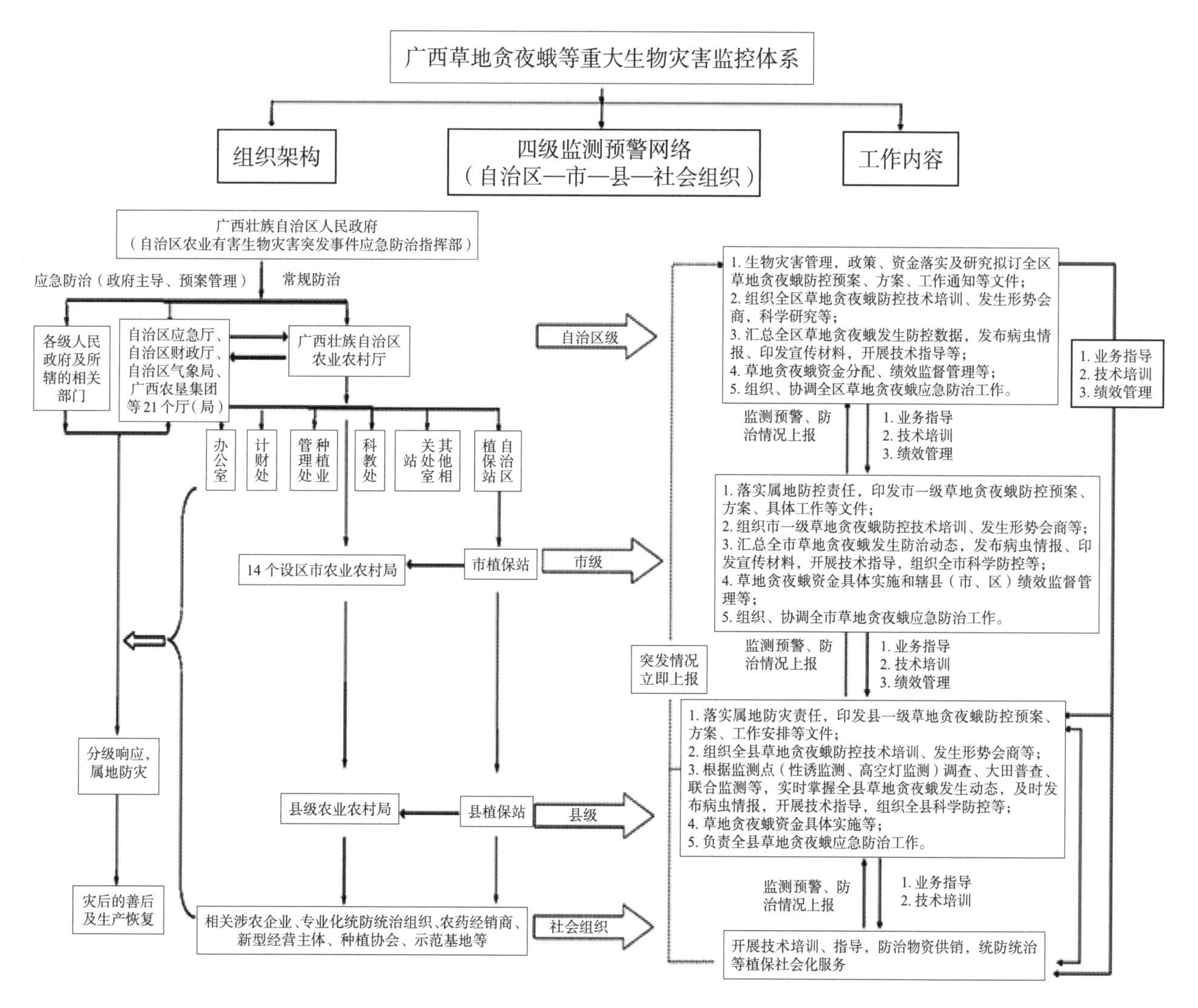

图6　广西重大生物灾害监控体系框架图（以草地贪夜蛾为例）

广西各级农业农村部门逐步建立农业生物灾害防控应急预案体系，自治区、市、县三级应急预案相继发布，明确各部门分工和职责，规范灾害分级、确认流程、启动程序、应急响应、快速处置和善后工作等关键环节。以预案为中心，逐步规范形成了重大农业生物灾害防控预案制度、责任制度、报告制度、发布制度、备案制度、督导制度、追究制度等7个工作制度，基本建立了农业生物灾害应急防治工作机制。

（一）应急预案编制

2004年8月，广西壮族自治区农业厅成立了广西壮族自治区农业厅治蝗领导小组，组长、副组长分别由厅长、副厅长担任，成员包括厅有关处、室、站负责人，蝗区大部市、县相应成立组织领导机构。

2006年3月，广西壮族自治区农业厅成立了由厅长、分管副厅长任组长、副组长的农业有害生物防治领导小组，成员单位包括有关处、室、站，下设办公室和专家组。办公室设在广西壮族自治区植保总站，负责日常事务，专家组由广西壮族自治区植保总站联络、召集。广西壮族自治区农业厅生物灾害防治领导小组召开专题会议研究、部署预案编制及应急防治工作，有关部门配合协作。

各级领导机构（领导小组）以《国家突发公共事件总体应急预案》、农业部《农业重大有害生物及外来生物入侵突发事件应急预案》等为指导，根据《中华人民共和国农业法》《中华人民共和国农业技术推广法》等规章制度，并按国际植物保护有关协议、标准、原则，积极探索完善农业生物灾害防控应急预案体系。

2005年4月，广西壮族自治区农业厅印发《2005年广西农作物重大病虫害防治预案》（桂农业办发〔2005〕63号）；5月，广西壮族自治区人民政府办公厅印发《广西壮族自治区红火蚁疫情防控应急预案》。2006年5月，广西壮族自治区农业厅印发《广西蝗虫灾害防治应急预案》；同年，以广西壮族自治区人民政府名义起草《广西壮族自治区农业生物灾害突发事件应急预案》，广泛征求市、县农业植保部门的意见，形成初稿（征求意见稿），再将征求意见稿抄送相关部门进一步征求意见，在广泛征求意见的基础上，邀请区内各方面相关的专家、学者，组织召开预案编制专家研讨会，会议根据专家意见进一步完善预案，年底完成征求意见报请广西壮族自治区人民政府颁布。2007年5月，广西壮族自治区农业厅发布《广西壮族自治区农业重大有害生物灾害突发事件应急预案》，并报广西壮族自治区人民政府。2009年3月，形成《广西壮族自治区农业生物灾害突发事件应急预案（征求意见稿）》，向广西壮族自治区财政厅等19个单位发出《广西壮族自治区农业厅关于征求广西壮族自治区农业生物灾害突发事件应急预案（征求意见稿）意见的函》（桂农业函〔2009〕152号），并于同年4月底组织有关专家根据各单位的反馈意见对预案进行修改完善。2009年5月18日，上报《广西壮族自治区农业厅关于请求审发广西壮族自治区农业生物灾害突发事件应急预案的请示》（桂农业报〔2009〕63号），经过反复修改完善。2010年9月17日再次上报《广西壮族自治区农业厅关于请求审发广西壮族自治区农业生物灾害突发事件应急预案的请示》（桂农业报〔2010〕137号）。2011年2月8日，广西壮族自治区人民政府办公厅正式印发《广西壮族自治区农业生物灾害突发事件应急预案》（桂政办函〔2011〕9号），明确了农业生物灾害分级、应急防治组织机构职责、应急基本程序、应急响应等（图7至图9）。

0000212

广西壮族自治区人民政府办公厅

桂政办函〔2011〕9号

广西壮族自治区人民政府办公厅关于印发
广西壮族自治区农业生物灾害
突发事件应急预案的通知

各市、县人民政府，自治区农垦局，自治区人民政府各组成部门、各直属机构：

《广西壮族自治区农业生物灾害突发事件应急预案》已经自治区人民政府同意，现印发给你们，请结合实际，认真组织实施。

二〇一一年二月　日

图7　广西壮族自治区人民政府办公厅关于印发《广西壮族自治区农业生物灾害突发事件应急预案的通知》

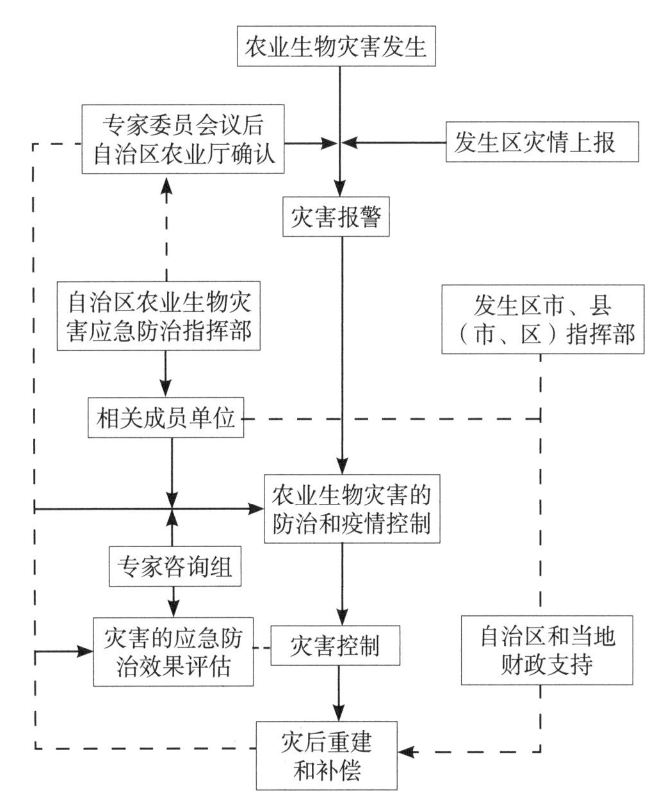

图8　2011年广西壮族自治区农业生物灾害突发事件应急组织体系联动机制框架图

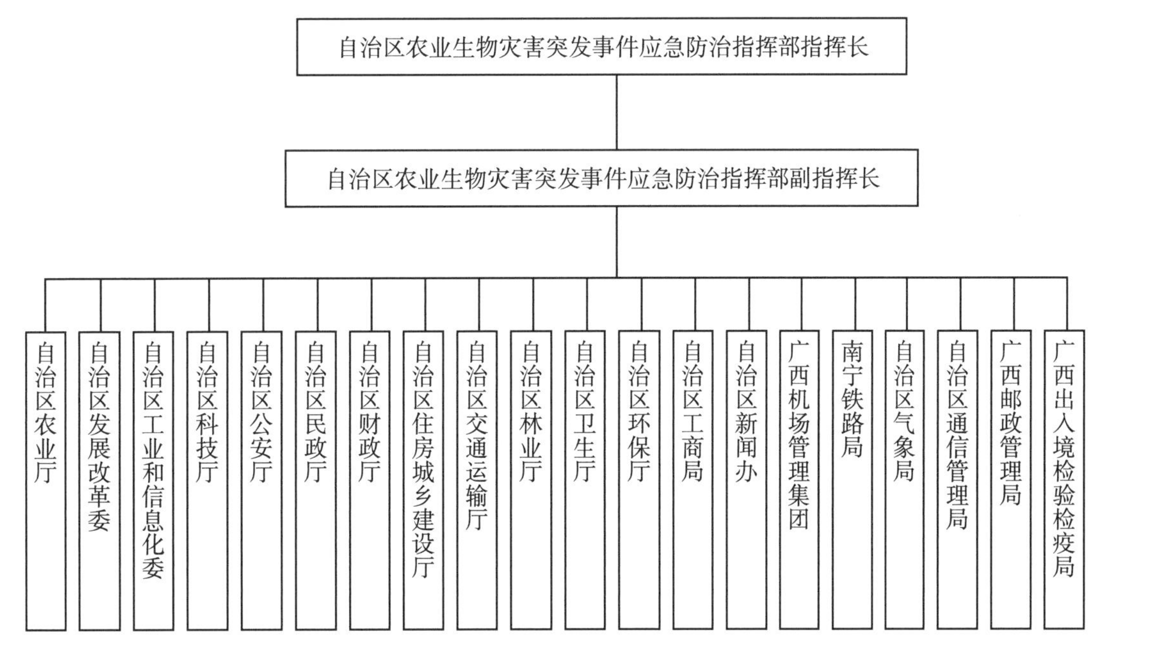

图9　2011年广西壮族自治区农业生物灾害突发事件应急防治指挥部构成图

2014年，根据自治区应急管理办公室（以下简称“应急办”）有关文件的要求，以广西壮族自治区农业厅名义上报广西壮族自治区人民政府，提出调整完善《广西壮族自治区农业生物灾害突发事件应急预案》的建议，上报请示广西壮族自治区人民政府对广西壮族自治区农业生物灾害突发事件应急防治指挥部成员进行调整（桂农业报〔2014〕1号），切实加强政府对农业生物灾害突发事件应急工作的领导。

2019年2月，根据《广西壮族自治区应急管理厅关于落实自治区主要领导修订完善各类应急预案指示精神的通知》(桂应急函〔2019〕9号）文件要求，对2011年2月印发的《广西壮族自治区农业生物灾害突发事件应急预案》(桂政办函〔2011〕9号）中的编制依据、应急防治组织机构及职责、应急防治指挥部成员名单等进行了修订（图10至图11）。

广西壮族自治区

农业农村厅文件

桂农厅发〔2019〕186号

自治区农业农村厅
关于印发广西壮族自治区农业生物
灾害突发事件应急预案（修订）的通知

各市、县（市、区）人民政府，自治区人民政府各组成部门、各直属机构，自治区各有关单位：

经自治区人民政府同意，现将《广西壮族自治区农业生物灾害突发事件应急预案（修订）》印发给你们，请认真组织实施。

广西壮族自治区农业农村厅
2019年8月20日

图10　经广西壮族自治区人民政府同意，2019年修订后以广西壮族自治区农业农村厅名义印发《广西壮族自治区农业生物灾害突发事件应急预案》

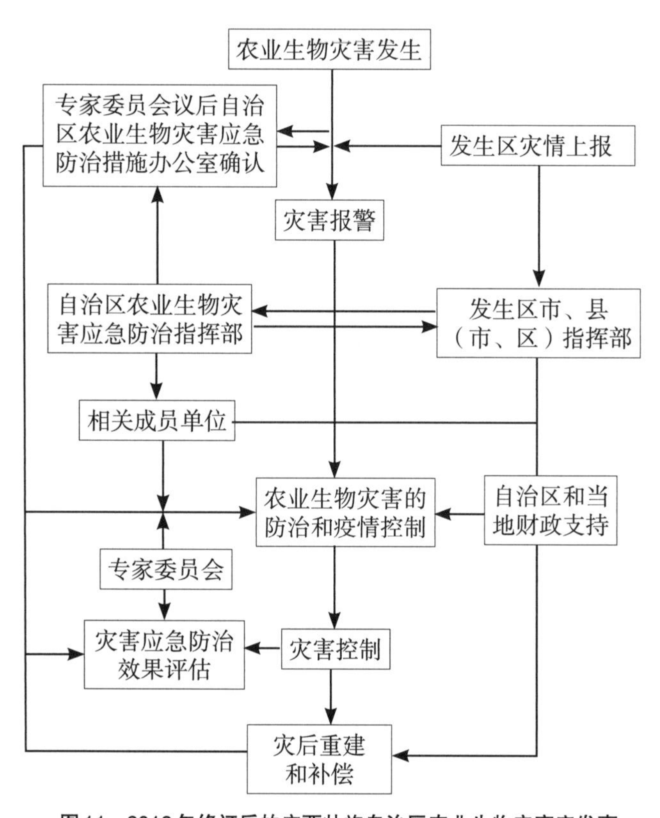

图11　2019年修订后的广西壮族自治区农业生物灾害突发事件应急组织体系联动机制框架图

（二）专业防治与应急队伍建设

建立农业重大病虫应急防治专业队伍或专业化统防统治组织，截至2020年底，广西有防治服务组织3851个，在工商民政部门注册的1022个，从业人员26215人，日作业能力174.9万亩，拥有高效植保器械28893台，专业化统防统治面积逐年扩大，主要粮食作物专业化统防统治面积2455.4万亩次，覆盖率达61.79%。

（三）应急预案演练

开展预案演练，做好宣传培训，加强检查督导。2006—2007年，广西壮族自治区农业厅治蝗领导小组办公室、广西壮族自治区植保总站连续2年在来宾市成功组织开展广西蝗虫灾害防治应急预案模拟演练，对推动和指导当地及时控制蝗虫灾害发挥了重要作用。2008年5月，广西壮族自治区植保总站在永福县开展稻飞虱应急防治预案演练。

2014年10月10日，根据广西壮族自治区应急办和农业生物灾害预案管理的要求，广西壮族自治区农业生物灾害突发事件应急防治指挥部办公室（设在广西壮族自治区农业厅）在南宁市横县平马镇召开广西农业生物灾害突发事件应急预案现场演练会，时任广西壮族自治区农业厅副厅长韦祖汉、广西壮族自治区农垦局副局长杨伟林，广西农业、农垦系统负责人及有关代表近300人参加演练和培训。演练全程模拟了从农业生物灾害的发生发展、接警—处警—灾情确认—县、市、自治区三级应急响应，到政府主导、指挥防治程序—应急作业—开展相关配套工作，再到应急结束、恢复常态管理、做好善后工作等全套程序，各级应急防治指挥部、各级政府、各成员单位各司其职，众志成城，有力、有序、安全、高效、及时地控制了农业生物灾害突发灾情，演练非常成功。演练首次以县一级地方政府为主战演练单位，是公共管理、科学防控农业生物灾害的一次实践和理论上的创新突破，真正体现和检验了农业生物灾害坚持分级管理、分级响应、属地实施的原则，坚持政府主导、部门配合、分工协作的原则，坚持预防为主、防控结合、反应迅速的原则。这是一次强化和规范农业生物灾害应急管理工作，检验和增强农业应急救援能力，提高政府公共植保的组织指挥和协调配合能力的演练，也是一次对农业生物灾害突发事件应急运转情况的实战检验。这次演练还有一个亮点，就是首次使用大型农用飞机开展专业应急防治，大大提高了防治效率及防治效果。

2015年9月29日，广西壮族自治区植保总站在贵港市港北区举办重大病虫应急防控演练现场培训班，时任广西壮族自治区农业厅粮油处副处长莫宗标，广西壮族自治区植保总站副站长卢维海、总农艺师王华生，贵港市农业局总农艺师万玉新和港北区人民政府副区长邓启明等出席培训班。广西14个市植保站、45个重点县植保站站长，贵港市农业局、港北区人民政府、港北区农业局、港北区庆丰镇政府和演练所在地村委等单位的干部、农技人员，以及当地农业合作组织的有关人员、当地群众约120人参加现场演练和培训。重大病虫应急防控演练现场培训模拟广西粮食主产区局部稻区（即贵港市、玉林市）晚稻暴发大面积水稻“两迁”害虫灾情，其中在贵港市，虫灾涉及全市5个县（市、区）的大部分乡镇，以港北区为案例，现场培训模拟农业生物灾害的发生发展、接警—处警—灾情确认—县、市、自治区三级应急响应，当地政府及农业行政主管部门组织实施属地防灾程序—应急作业—开展相关配套工作，直到灾情结束、恢复常态管理的全套程序。此次现场演练培训模拟采取政府购买公共服务的方式，租赁当地合作社、统防统治组织开展专业化、机械化应急防治行动，展示了背负式喷雾器、机械式大型机动喷雾器及单旋翼、多旋翼无人机等多层次、立体式的应急施药作业。

2018年9月20日，广西壮族自治区农业厅在贵港市举办农业重大有害生物突发事件应急预案演练培训班，时任广西壮族自治区农业厅副厅长、广西壮族自治区农业重大有害生物突发事件应急防控指挥部副指挥长王凯学出席培训班，并到演练现场指导应急预案演练工作，广西壮族自治区农业厅种植业管理处唐秀宋副处长、应急办王静副主任和广西壮族自治区植保总站黄光鹏站长出席会议，广西14个设区市农业局分管领导、植保站站长，26个粮食重点县农业局分管领导、植保站站长，港南区人民政府负责人以及广西科虹有害生物防治股份有限公司、广西南宁合一生物防治技术有限公司、桂林集琦生化有限公司等农企合作共建企业及当地干部群众约160人参加应急预案现场演练培训。演练各单位按演练流程逐项实施，根据灾情模拟启动应急响应，载人直升机、植保无人机、水旱两用自走式喷杆喷雾机、手动式喷雾器等施药设备同时开展大面积防控作业，各参演单位按预案流程圆满完成各环节演练任务，植保应急防控队伍应急能力在演练中得到了检验。

（四）积极推进区域应急防控设施及物资储备库建设

根据《全国动植物保护能力提升工程建设规划（2017—2025年）》（发改农经〔2017〕913号）、《农业农村部计划财务司关于报送2022—2025年中央预算内投资农业建设项目储备工作的通知》（农计财便函〔2021〕271号）要求，广西植保部门积极组织项目申报，于2021年8月申报广西重大病虫疫情区域应急防控设施及物资储备库建设项目，拟在柳州市鹿寨县建设重大病虫疫情区域应急防控设施及物资储备库。2022年3月下发的《国家发展改革委关于下达藏粮于地、藏粮于技专项（动植物保护能力提升工程项目）2022年中央预算内投资计划的通知》（发改投资〔2022〕404号）、2022年4月下发的《农业农村部关于下达相关专项（项目）2022年中央预算内投资农业项目任务清单（投资计）和绩效目标的通知》（农计财发〔2022〕11号）批复了该项目，并下达投资计划，项目总投资3949万元，其中中央投资1951万元、企业自筹1998万元。这是广西在国家支持下即将建设的第一个区域应急防控设施及物资储备库。项目建成后，项目点辐射1500万亩以上的耕地面积，分别覆盖区域周边市、县（区），整体形成日防治作业能力达25万亩、年防治作业能力达3000万亩次（按年作业140天计）的专业化防控服务体系，将大大提升区域联防联控、应急防控快速反应能力，提高对草地贪夜蛾、蝗虫、黏虫、甘蔗螟虫、稻飞虱、稻纵卷叶螟、稻瘟病、南方水稻黑条矮缩病、水稻细菌性条斑病、水稻白叶枯病、稻水象甲等流行性、暴发性、灾害性重大病虫疫情，提高新发突发重大植物疫情的应急处置能力，确保粮食等主要作物生产安全。

二、生物防控体系—天敌昆虫繁养基地建设

2019年10月21日，广西南宁合一生物防治技术有限公司通过农业建设项目管理平台申报了广西南宁市国家生防天敌扩繁基地建设项目。2019年10月30日，广西壮族自治区农业农村厅组织专家对《广西南宁市国家生防天敌扩繁基地建设项目可行性研究报告》进行了审查和批复，原则上同意项目可行性研究报告，纳入“农业建设项目管理平台——省级储备库”，并推送到农业农村部相关司局储备库。2020年6月30日下发的《国家发展改革委关于下达现代农业支撑体系专项2020年中央预算内投资计划的通知》（发改投资〔2020〕1015号）、2020年7月31日下发的《农业农村部关于下达农业生产发展等专项2020年中央预算内投资项目任务清单和绩效目标的通知》（农计财发〔2020〕14号）中明确要求，广西壮族自治区动植物保护能力提升工程——“生防天敌扩繁基地1个”列入现代农业支撑体系专项2020年中央预算内投资计划及任务清单下达表。2020年9月8日，《广西壮族自治区发展和改革委员会

广西壮族自治区农业农村厅关于下达现代农业支撑体系专项2020年中央预算内投资计划的通知》(桂发改投资〔2020〕985号)进行了细化。2021年9月，项目顺利建成，并于同年11月30日通过广西壮族自治区农业农村厅组织的项目竣工验收。

第四节　植物检疫体系的建设与发展

广西植物检疫机构是中华人民共和国成立后才建立和发展的。广西对外植物检疫机构的发展历程与全国各地情况一致，其隶属关系也是几经更替。1964年以前由广西商检部门负责，1964年以后受农业部、广西壮族自治区农业厅双重领导，以广西壮族自治区农业厅为主，先后设立了凭祥、水口、南宁、桂林、防城、梧州等口岸检疫所，1981年各口岸所收归农业部动植物检疫总所管理，其中南宁所保留了以地方为主的管理方式，隶属广西壮族自治区植保总站，1999年底又全部并入广西出入境检验检疫局，脱离农业系统。

广西内检机构始建于1956年，也经历了几度更替，直到20世纪80年代后才得以稳定和发展。1956年2月1日，广西省植物检疫站正式成立；1956—1959年，广西开始着手设置专区一级植物检疫站，先后建立了桂林、百色、平果、容县专区和桂西壮族自治州等植物检疫站。20世纪50年代，只有省地两级检疫机构设有若干专职技术干部，各县则聘请了兼职检疫员，1958年9月第一批兼职人员77名配备完毕。但20世纪60~70年代，广西刚建立起来的植检机构很快被精减撤销。1964年，广西的植物检疫站开始恢复，但不久因“文化大革命”影响，广西对内检疫工作被迫停顿。由于这两次冲击，在这期间蚕豆象、豌豆象、甘薯黑斑病和水稻白叶枯病等植物检疫性有害生物先后传入广西；原来的柑橘黄龙病和水稻细菌性条斑病也由于内检工作失管而扩大了疫区，加重了疫情。

1972年，广西壮族自治区农林局下发《关于恢复各级农业事业机构的通知》后，广西各市、县植保机构得以迅速恢复，并配备了96名专职检疫员。除了那坡、隆林、南丹、巴马和凤山等县，其他各县都设置1~2名植物检疫员，专职负责对内植物检疫工作。

1983年《植物检疫条例》公布，再一次给广西植物检疫事业注入新的活力。20世纪80至90年代，广西植物检疫事业蓬勃发展。1985年，广西专职检疫人员有108名，1990年增加到222名。到2002年，广西共有专职检疫人员415名，植物检疫站或植保植检站等检疫机构105个，配备兼职检疫人员1000多人。

2005年，红火蚁首次传入广西，为有效阻截红火蚁疫情在广西扩大蔓延，根据《广西壮族自治区人民政府关于设立临时植物检疫监督检查站的批复》(桂政函〔2006〕137号)精神，广西于2006年设立了30个临时植物检疫监督检查站，设立时间为期5年。其中农业独立建设4个站，农林联合建立18个站，林业独立建设8个站。为保障临时植物检疫监督检查站的顺利运转，临时新增农业专职植物检疫员44名，同时聘用兼职植物检疫员99名。

临时植物检疫监督检查站的设立，除有效阻截疫情传播外，还通过广泛宣传，使人们了解植物检疫的必要性和重要性，从不理解植物检疫工作转变为主动积极配合工作。临时植物检疫监督检查站设立的第4年，在公路上检查的种子、种苗及植物产品持有《植物检疫证书》比例由最初的不足30%上升到75%以上。据不完全统计，临时植物检疫监督检查站共检查车辆36500多车次，其中苗木618万株、种子354吨、农产品45万吨，有效阻截了检疫性有害生物传播蔓延。

2011年临时植物检疫监督检查站撤销后，随着各地农业植物检疫队伍的逐步壮大，各地植物检疫机构配备了足够的专业技术人员，无须再聘用兼职植物检疫员。至此，兼职植物检疫员退出了广西植物检疫历史舞台。此后，每隔2年对专职植物检疫员进行调整，注销调离岗位或退休的专职植物检疫员，同时新增一批专职植物检疫员补充岗位，广西专职植物检疫员队伍趋于稳定。至2020年底，广西各级植物检疫机构共117个，专职检疫员611名。

21世纪初，农业部为持续推进种子、种苗检疫监管，努力提升植物检疫执法规范化水平，每年都分区域组织开展种子、种苗跨省联合执法检查活动。为加大植物检疫执法检查工作力度，提升整体执法水平，广西每年都组织各市、县开展种子、种苗产地及市场自查活动，同时还开展跨市、跨县联合执法检查活动。通过开展检查活动，强化了区域联查、检打联动的工作机制，切实提升了种子、种苗检疫监管水平，有效遏制无证调运种子、种苗等违法行为。广西每年平均出动检疫员约1万人次，处理违章调运种苗1000批次。此外，从2014年开始，每年组织人员赴海南南繁基地开展植物检疫联合检查。通过加强与南繁植物检疫机构工作交流，掌握广西种子、种苗企业在海南的南繁情况，从源头上有效监管流入本地种子、种苗的安全。2017年，广西选送的《关于 ××× 违反〈植物检疫条例〉规定调运西瓜砧木葫芦瓜种子案》(富川瑶族自治县植物检疫站承办)，荣获2014—2017年全国农业植物检疫行政处罚优秀案卷。这是广西植检案卷首次获此殊荣，标志着广西农业植物检疫行政处罚规范化建设迈上新台阶，植物检疫执法水平明显提升。

2021年，因机构调整，全国自上而下成立农业综合执法部门，广西植物检疫机构的执法职能全部剥离，并移交农业综合执法部门，植物检疫机构不再承担检疫执法职能。

第五节　农药械推广与监督管理体系的建设与发展

广西是我国南方农作物病虫害发生为害较为严重的省区，近10多年来病虫害年均发生面积达2.5亿 ~2.8亿亩次，每年农药使用量为1.2万吨左右(有效含量折百)，其中以化学农药居多。化学农药以其快速、高效的特点被广泛使用。化学农药的使用，一方面为及时有效控制重大病虫为害，保障农业丰收作出了巨大的贡献；另一方面，由于乱用、滥用农药导致的农药污染、残留加重等问题严重影响农产品质量、食品安全和生态环境安全，引起社会各界的广泛关注。随着生物技术的飞速发展，特别是转基因抗病虫作物的出现，生物农药作为化学农药的替代技术应运而生，化学农药的使用逐步减少。近几年来，农作物病虫草害综合防治技术不断完善，应用范围逐步扩大，有效降低了防治成本，提高了防治效果，改善了农田生态环境，效果和效益十分显著。生物农药以及生物防治的应用虽然越来越普遍，但是在当前以及今后相当长的一段时期内，化学农药作为农作物病虫害防治的重要措施暂时不会改变，仍然是最有效的植物保护手段。因此，安全、合理、科学使用农药已成为我们面前的重要课题。随着人们环境保护意识的不断增强，对农药的安全性、环境相容性要求越来越高，尽管在如何减轻化学农药的负面影响、减少农药污染方面做了大量工作，仍远远不能满足实际生产的需要。植保学科和农药学科的研究和发展说明，农药的使用并不是一个简单的选择农药和施药量的药物学问题，而是一门涉及农药制剂、农药行为、生物行为、施药机械、作物生态、气象因素等多方面和多学科的系统工程。通过对农药雾滴运动特性、沉积分布状态以及害虫行为同农药雾滴运动和沉积分布关系的深入了解，人们清醒地认识到，提高施药机械质量、改进施药技术从而提高农药利用率是提高防治效果、减轻农药污染最经济最有效的重要手段，是减轻农药负面影响、节本增效、保护农业生态环境、保障无公害农产品生产的重要途径。

一、农药推广

农药推广是植保工作的重要组成部分。广西按照推广方式、防控规模、防控内容等变化特点，经历了探索起步，技物结合、开方卖药，项目带动、组网推广及全社会参与等发展阶段。

（一）探索起步阶段

1950—1980年的30年间，农作物病虫发生面积逐年扩大，为害程度日益加重，相应的防治面积也随之增大，销售和使用化学农药也有所增多。20世纪50年代后期至60年代，广西曾大量使用六六六治螟，60年代中后期使用叶蝉散防治稻飞虱、稻叶蝉，70年代中后期推广使用杀虫脒和杀虫双防治三化螟和稻纵卷叶螟。

（二）技物结合、开方卖药阶段

进入20世纪80年代后，随着农村经济体制的改革，广西各地植保技术推广的方式也做了相应的改革，由原来单纯靠行政手段推广技术变为行政与经济手段结合和有偿服务的方式，各地大胆探索、实践植保技术推广服务的新路子。20世纪80年代，柳江、贵港、兴安、苍梧、田东等县（市）试行了技术指导承包、合作植保、联产防治等服务方式；粮食基地县北流、荔浦、武鸣、邕宁、灵山，甘蔗生产基地崇左，蝗虫发生区武宣，玉米铁甲虫发生区罗城等10多个县（市），在自治区的扶持下，相继组建了机防专业队，配备了机动喷雾器、农用汽车、声像等工具和仪器设备，开展了防治当地主要害虫的承包防治或代治的有偿服务；广西壮族自治区植保总站（办公地点在南宁）以及平南、天等、横县等地相继成立了植保公司、植保技术服务部、植物医院等各种服务组织，为农民提供技术咨询、指导及开方供药等有偿服务，这些可以说是广西最初推行统防统治、代治包治、合作植保、双层经营、开方供药等多种形式的社会化服务的雏形。通过这些服务，相对地健全、完善、稳定了乡、村植保网络和队伍，基本解决了农户各自为战、分散防治的弊端，有利于防治技术措施的落实和新技术的推广，从而增强了抵御病虫害、减灾保产的能力。通过技物结合、开方供药、代治包治等有偿服务，增强了广西植保科技干部对改革开放的认识和实践能力，增强了工作责任心和工作能力，并取得了一定的经济效益，提高了自身的服务能力。然而，至90年代初，各地的机防专业队、部分植保公司、植物医院及统防统治等服务大多未能坚持下来或处于徘徊状态，没有太大的进展，基本只开展以防治某虫某病为项目的技物结合的服务形式，且规模不大。

1985—1987年，广西壮族自治区植保总站、广西农业科学院植保研究所主持开展“柑橘主要病虫综合防治技术推广”项目，3年综合防治技术推广应用面积达14.19万亩，取得了显著的效果，节省农药费及人工费达876.1万元，有效地控制柑橘主要病虫的为害。

1985—1988年，广西壮族自治区植保总站组织实施完成“广西农田鼠害及其防治研究”项目；县、乡两级前后投入灭鼠经费1762.76万元，推广敌鼠钠盐、杀鼠醚等杀鼠剂，举办灭鼠技术培训班1580期，培训38.01万人次，印发宣传资料63.78万份。

1986—1989年，广西壮族自治区植保总站实施“稻瘿蚊综合防治技术推广”项目，提出“冬春查虫源，测报做在前，培育无虫秧，把关在秧田，狠抓主害代，挑治重害田”的综合措施。据统计，仅1989年，广西使用以益舒宝防治为主推技术的稻瘿蚊综合防治技术推广应用面积达692.3万亩次，占发生面积的136.7%，经防治后挽回稻谷损失2.46亿千克。

1987—1990年，广西开展联合防治玉米铁甲虫的活动。经过4年的防治，柳州地区的来宾、忻城，南宁地区的宾阳和河池地区的都安、河池等30个乡（镇）已基本控制玉米铁甲虫为害，都安、河池、天峨和上林以及后来参加联防活动的平果、田林、隆林共7个县14个乡（镇）均全面控制了玉米铁甲虫为害。

1993—1996年，广西壮族自治区植保总站实施“稻飞虱监测与治理”项目。据统计，1993—1996年广西稻飞虱综合防治面积达8001.06万亩次，挽回稻谷损失202.05万吨。

（三）项目带动、组网推广阶段

广西壮族自治区植保总站1997年组织实施“广西植保减灾保产技术社会化服务网络工程”，以该项目为龙头，广西壮族自治区植保总站为牵头单位，各市、县（市、区）植保站成立的植保公司或植保技术服务部为依托，组网建立健全植保技术应用、物资供应、技术监督和服务网络4个系统，构建服务规模集约化、服务技术规范化、服务内容专业化，为农业生产提供产前、产中、产后配套的面向农村的现代植保服务体系。1995—1998年，组织实施“广西美洲斑潜蝇的研究及综合防治技术推广”项目。1997年2月至1998年12月，组织实施“广西稻田重大病虫害减灾保产技术推广应用”项目，该项目在广西范围内实施分区域重点病虫综合治理和以水稻为中心的多种病虫的总体治理，并组织编写了《农药重大病虫鼠草螺防治技术培训教材》和《粮食作物病虫及防治图册》，在广西开展了大规模的减灾保产技术培训，普遍提高了广大农民群众的科技素质和综合治理水平。该项目技术在广西的推广覆盖面达100%，将稻飞虱等8大病虫鼠害一并纳入治理范畴，推广应用面积达14476.05万亩次，比计划任务增加24.8%，挽回稻谷损失达375.83万吨，新增稻谷产量226.56万吨，项目纯收益为12.54亿元，投入收益比为1∶18.6，其治理规模之大和病虫种类之多，在广西病虫治理史上是空前的。1997—1998年，组织实施“广西稻田化学除草技术推广应用”项目，通过对广西有代表性的30多个县（市）进行全面的杂草调查，查明了广西水田杂草种类，基本摸清了区域性的杂草群落，并根据不同类型稻田及草相选择对口药剂，开展化学除草剂的试验筛选，通过试验示范探索出成套稻田化学除草技术，制定了广西稻田化学除草应用技术规范。据统计，1997—1998年，广西化学除草技术推广应用面积达3930.45万亩，取得了显著的经济效益和社会效益；1999—2000年，全广西农田化学除草技术推广面积维持在3199.99万 ~3259.68万亩次。1996—1999年，组织实施“广西大功臣防治稻飞虱试验与推广应用”项目。2004年2月至2007年12月，实施广西“高毒农药替代技术试验示范及推广应用”项目，其间召开高毒农药替代技术现场观摩会20期，举办“高毒农药替代技术培训班”250期，累计培训农技人员、农民和农药零售商近2.3万人次，先后组织印制了《安全科学使用农药》《全面禁止使用五种高毒农药》《安全科学使用农药挂图》《高毒农药替代产品和使用技术挂图》《农药管理六项新规定问答》《农药科学选购和合理使用》等宣传资料50万份。2002—2006年，实施“频振杀虫新技术的推广应用”项目。2003—2008年，实施“农区毒饵站灭鼠技术研究与应用推广”项目，通过项目的实施，先后推广大功臣、抗虫灵、杀虫双、植保灵、施稻灵、消菌灵、虫螨克、益舒宝、稻益丰、施稻灵、敌鼠钠盐、杀鼠醚、丰登、快杀灵、虫杀手、单吡等高效、对口农药。

二、科学安全使用农药

（一）大力抓好新农药试验示范和高效低毒环境友好型农药的示范推广工作

按照全国农技中心的统一部署，从20世纪90年代开始，先后与先正达（中国）投资有限公司、江苏辉丰农化股份有限公司、深圳市富巍盛科技有限公司、湖南博翰化学科技有限公司、广西田园生化股份有限公司、拜耳作物科学（中国）有限公司、陶氏化学公司、广西乐土生物科技有限公司、北京明德立达农业科技有限公司等企业合作，每年开展农作物主要病虫害新药剂试验示范任务15~50项。

（二）农业有害生物抗药性监测与风险评估

从2007年开始每年承担全国农技中心全国农业有害生物抗性监测工作，重点针对广西主要作物、重大病虫、大宗农药品种进行抗性监测和风险评估，并在褐飞虱、三化螟、小菜蛾高水平抗性地区开展药剂常规用量田间试验，以验证室内抗性监测结果。主要在龙州、玉林、永福、合浦、上林、柳州等市、县组织实施水稻抗性监测和风险评估项目，开展水稻稻飞虱（褐飞虱和白背飞虱）以及稻纵卷叶螟迁飞及发生为害的基本情况调查，监测和治理水稻褐飞虱对吡虫啉、噻嗪酮、吡蚜酮的抗性。

（三）农药利用率测试

从2016年起，每年由全国农业技术推广服务中心、广西壮族自治区植保总站牵头，会同中国农业科学研究院植保所在钦州、贵港、南宁、桂林和柳州等市县开展不同植保机械在防治水稻、甘蔗、柑橘病虫害的农药利用率测试。测试机械主要有植保无人机、自走式喷杆喷雾机、背负式机动喷雾机、担架式喷杆喷雾机和背负式电动喷雾机等。根据测试结果，再结合广西各地推广使用的各类植保机械作业情况，测算全区农药利用率。

（四）开展农户用药调查工作

从2014年起，每年承担全国农业技术推广服务中心安排广西农药使用调查监测工作任务，落实永福县、宜州区、北流市、八步区、合浦县、上林县、港南区、富川瑶族自治县等八县（市、区）为项目实施县，并确定专人负责，每个基点县选择3~5个乡镇，每个乡镇选择6~10户可反映当地农药使用水平的种植大户和普通农户作为调查农户。每一种调查作物不得少于30户农户。

（五）科学安全用药宣传培训

每年结合全国农技中心部署的“科学安全用药大讲堂”“绿色发展能力提升行动计划”“百县万名新型农民科学用药培训行动”，广泛开展科学安全使用农药公益性培训活动。广西每年举办科学安全用药培训班600~1800期，培训3万 ~10万余人次。

三、专业化统防统治

（一）定义

农作物病虫害专业化统防统治是指具备一定植保专业技术条件的服务组织，采用先进、适宜的设备和技术，为农民提供契约性的病虫害防治服务，开展社会化、规模化的农作物病虫害防控行动。

（二）重要性

农作物病虫害专业化统防统治，一是符合农村生产实际，适应病虫害防治规律，是全面提升植保工作水平的有效途径，是保障农业生产安全、农产品质量安全和农业生态安全的重要措施；二是转变农业发展方式的有效途径，其服务的产业是农业，服务的对象是农民，服务的内容是防灾减灾，不仅具有很强的公益性质，而且符合现代农业的发展方向，对保障国家粮食安全和促进农民增收作用重大；三是践行新发展理念，推进农业绿色高质量发展和实施乡村振兴战略的主要举措。

（三）推进专业化统防统治工作的原则

专业化统防统治工作以政府支持、市场运作、农民自愿、因地制宜为原则。在支持环节上，突出发展专业化防治组织；在防治模式上，突出发展承包防治服务；在发展布局上，突出重点作物和关键区域；在推进方式上，突出整建制示范带动。

（四）专业化组织和服务形式多样

各地因地制宜，探索形成多种组织形式，如专业合作社型、协会型、企业型、大户型、集体组织型和互助型等；开展的防治服务方式有代防代治、阶段承包防治、全程承包防治。

（五）广西探索的成功经验和做法

一是行政推动。整合国家农业生产救灾水稻重大病虫疫情防控、柑橘黄龙病防控、农机购置补贴、水稻生产全程机械化、植保无人机示范推广应用等项目资金，重点扶持面上作业能力较强、运作规范的服务组织。二是宣传发动。举办农民田间学校和现场观摩等活动，培训统防统治从业人员。三是示范带动。联合国内知名科研院所开展各种现代高效植保机械防治农作物病虫害试验示范。四是科技驱动。积极探索农机农艺融合栽培模式。

（六）发展现状

截至2021年12月底，广西累计各种类型的专业化防治服务组织2940个，其中工商民政部门注册的1297个，从业人员19237人；广西专业化服务组织共拥有各种新型高性能的机动施药器械16868台套，日作业能力达177.4万亩。据不完全统计，广西主要农作物统防统治面积3510万亩，其中主要粮食作物2073.27万亩，主要粮食作物统防统治覆盖率为47.82%，主要粮食作物"飞防"作业面积约476.7万亩次。据不完全统计，目前广西植保无人机拥有量1500多架，成规模的"飞防"服务组织超过40家，涌现出不少成功进行市场运作典型，如广西南宁农博士农业新技术有限公司、广西科虹有害生物防治有限公司、广西云瑞科技有限公司、广西凯米克农业技术服务有限公司、贵港市绿丰源生态农业有限公司、广西南宁田上飞农业机械专业合作社、象州县鼎立植保专业合作社、横县农汇农业服务有限公司、桂林乐耕农业发展有限公司、广西青禾润田农业科技有限公司等。港南区、上林县、融安县获评第二批全国农作物病虫害"统防统治创建县"。

（七）重要历程

2007年，广西农作物病虫害专业化防治工作在农业部、广西壮族自治区农业厅和地方各级党委、政府的大力支持下，广西各级农业植保部门结合实际情况，抓住机遇，加强农作物重大病虫监测防控体系队伍建设，把重大病虫应急防治专业队伍建设放在植保工作的重要位置，逐步引导建立了一批适合本地情况且健康发展的专业化机防服务组织，并在随后的3~4年间涌现出不少典型。如永福县罗锦社区植保专业机防队、广西凯米克甘蔗病虫害防治专业队、广西大丰收植保统防统治专业合作社、恭城瑶族自治县农业局机防队等。

2009年12月，广西壮族自治区农业厅出台《广西壮族自治区农作物病虫害专业化防治合作组织管理办法》，鼓励服务组织多元化、服务模式多样化、扶持措施多渠道，吸引社会资本积极参与，专业化统防统治进入全社会共同参与阶段。

2010年，农业部部署广西建立永福县、柳江县、兴宾区、合浦县等4个国家级专业化防治示范县（区）和象州县、防城区等41个示范区。国家安排广西农机购置补贴资金5.2亿元，占全国补贴资金的3.35%，农机补贴名录涉及7个植保机械品种、215个产品型号和78家生产企业。

2013年以来，广西每年从中央重大病虫害防控部分补助资金和自治区财政划拨专项资金给植保系统，通过招标采购植保无人机、自走式喷杆喷雾机、远程喷杆喷雾机等现代高效植保机械。高效大中型植保机械替代低效小型植保机械，能提升农药利用率，提高植保作业效率，促进统防统治的推广，改变一家一户分散打药的混乱局面，提高病虫害的防治能力。

2014年，广西在全国农作物病虫害防控专项补助资金中划拨300万元统一通过政府招标采购专业化统防统治植保机械一批，其中60万元用于购置电动单旋翼、多旋翼植保无人机共6架，扶持区内发展较好的6个专业防治组织，鼓励专业防治组织开展"飞防"服务。

从2016年开始，广西植保无人机示范推广应用项目纳入自治区年度财政预算支持的农作物病虫害综合防治项目，2016年安排了3个点，2017年、2018年各安排了10个点，每个点补助50万元，至少采购植保无人机5台，用于扶持广西各地的专业化防治组织提高装备水平和服务能力。通过政府购机扶持示范带动、市场引导，加上植保无人机具有作业效率高、节药节水、作业安全、作业效果好、适应性强等多个方面的明显优势，推进了广西植保无人机“飞防”事业健康发展。据不完全统计，至2021年，广西植保无人机拥有量达1500多架。

四、农区鼠情监测与防控

（一）鼠害发生情况

广西每年农区鼠害发生面积1800万～2000万亩次，发生程度为中等，局部中等偏重，各地普遍发生，重发生（密度＞10%）面积约80万亩次，农区农田鼠害密度一般为0.5%~8%，农舍鼠害密度一般为0.6%~9.5%。主要受害作物有水稻、玉米、甘蔗、马铃薯、红薯、果树、蔬菜等，重发生区域主要在家禽家畜养殖场、山边、村屯边、江河沟渠边田地、未收蔗地及农舍粮仓等地。广西每年因鼠害造成的实际粮食损失6000万～8000万千克。

（二）灭鼠工作开展情况

1. 强化责任落实，多方筹措资金

广西壮族自治区农业农村厅高度重视鼠害防治工作，每年根据实际情况印发春季农区统一灭鼠工作的通知和农区鼠害防控方案，组织指导面上鼠害防治工作，要求各地积极推动落实鼠害防治属地责任制和建立完善政府主导的工作机制，突出一个“早”字，早监测、早谋划、早部署、早行动；各地因地制宜，成立农区灭鼠工作领导小组，制定印发全年灭鼠工作方案，筹措专门经费，开展统一灭鼠行动。

2. 强化鼠情监测，科学指导防治

广西壮族自治区植保站把鼠情监测工作作为一项重要工作来抓，根据鼠情监测情况并结合生产实际，制定农区鼠情监测和灭鼠工作方案。各级农业植保部门严格按照农区鼠害监测技术规范开展鼠情监测和调查，准确掌握鼠情发生动态，及时发布鼠害发生防控信息。广西壮族自治区植保站每年发布有关鼠害发生防控情报信息5期以上，全区每年发布200~400期。广西4个部级鼠情监测点（灵山县、灵川县、北流市、巴马县）每月定期向全国农技中心上报鼠情监测调查数据，宜州站、天峨站等12个自治区级鼠情监测点坚持每季开展鼠情监测调查，定期向当地农业行政主管部门和上级业务部门汇报；广西各地也按要求开展鼠情监测调查工作，为科学防控鼠害提供科学依据。

3. 强化宣传示范，推动面上工作

农民群众是农区灭鼠的主力军和受益者，每年各地通过举办技术培训班、召开现场会以及利用电视、广播、报纸、板报、网络、微信等多种形式向广大农民群众宣传灭鼠知识及杀鼠剂科学安全使用技术。每年举办有关鼠害培训班400~600期，现场会80~100场次，培训人数达3万～5万人次，发放技术资料30万～40万份。

4. 强化科学灭鼠，确保工作成效

各地贯彻落实广西壮族自治区农业农村厅提出的“毒饵诱杀为主、饱和投饵达标、春秋重点突击、常年综合治理”的灭鼠策略，根据当地鼠情和作物布局特点及鼠害发生规律，因地制宜制定具体灭鼠方案，大力推广统一药物灭鼠、饱和投饵技术和示范应用“TBS围栏”控鼠技术、毒饵站灭鼠技术，做好技物结合配套服务，积极倡导应用生物、物理灭鼠技术，推广农田、果园养猫控鼠，提倡推广使用不育剂、生物杀鼠剂等新型鼠药，以降低化学杀鼠剂的使用量，减少对非靶标动物及农业环境的影响，取得良好效果。

5. 强化监管督查，保障杀鼠剂供应

各地认真贯彻落实全国农资打假电视电话会议精神，积极加强鼠药市场监管，对无证、无照非法配制和经营销售假、冒、伪、劣、急性剧毒鼠药的，坚决予以取缔，达到净化鼠药市场、科学安全灭鼠的目的。各地在春季灭鼠期间，农业行政执法部门和农业植保部门尽职尽责，充分履行自身的工作职能，强化鼠药市场管理，引导和指导农药经销商开展鼠药经营活动，实行定点经营，既确保杀鼠剂市场流通和市场供应有序规范，又方便群众及时购买到安全高效的鼠药。

五、农药市场监督管理

（一）高毒农药替代的时代背景

广西的地理位置和气候条件，对农业有害生物，特别是迁飞性、暴发性、流行性和检疫性生物的发生十分有利。广西还是一个农药使用大省，每年农药使用量均在1万吨以上（有效含量折百）。2004年以前，甲胺磷、对硫磷、甲基对硫磷、久效磷、磷胺5种高毒农药在广西的使用范围广、量大、使用不合理，严重影响了农产品质量安全，造成生态环境污染。根据农业部第194号、199号、274号公告，结合广西实际情况，2004年6月1日，广西壮族自治区人民政府印发《关于禁止使用和销售甲胺磷等高毒高残留农药的通知》（桂政办发〔2004〕13号），要求自通知发布之日起，在广西范围内禁止任何单位及个人销售和在各类作物上使用甲胺磷等5种高毒有机磷类农药及其混配制剂。为顺利实现2007年国家禁用甲胺磷等5种高毒农药的目标，广西壮族自治区植保总站积极开展高毒农药的替代试验示范项目，旨在通过该项目筛选出一批安全、高效、低毒、环境友好型的农药品种作为防治水稻三化螟、稻纵卷叶螟、稻飞虱的替代农药制剂，为“禁高”工作的推进提供科学依据。

（二）高毒农药替代项目实施情况

在实施高毒农药替代试验示范项目的过程中，得到了广西壮族自治区人民政府、广西壮族自治区农业农村厅及各级地方政府的大力支持，各级政府纷纷出台关于“禁高”的一系列规定和通知，为该项目的实施保驾护航。2005年，广西壮族自治区植保站经过充分调研，根据广西病虫害的种类和发生情况，科学选择玉林市植保站、象州县植保站、合浦县植保站、贺州市八步区植保站作为试验示范点，并严格按照《农药田间药效试验准则》的要求，为每一个试验示范点制定详细的试验方案，落实专人负责，站领导也经常深入试验示范点进行检查和指导，保障项目的正常开展。广西在高毒农药替代试验示范项目中主要承担三化螟、稻飞虱和小菜蛾等3种重要害虫的替代品种筛选。至2007年，顺利完成了40%毒死蜱乳油、20%三唑磷乳油、5%氟虫腈悬浮剂、30%氯甲胺磷乳油、1.8%阿维菌素乳油防治水稻三化螟田间药效试验；30% 氯甲胺磷乳油、40% 毒死蜱乳油、1.8% 阿维菌素乳油、30% 乙酰甲胺磷乳油、10% 呋喃虫酰肼悬浮剂5种药剂对稻纵卷叶螟的田间药效试验；10% 吡虫啉可湿性粉剂、25% 吡虫啉可湿性粉剂、25% 噻嗪酮可湿性粉剂、5% 氟虫腈悬浮剂防治水稻稻飞虱的田间药效试验；1% 甲氨基阿维菌素乳油、10% 呋喃虫酰肼悬浮剂防治蔬菜小菜蛾田间示范实验；15% 安打悬浮剂防治水稻稻纵卷叶螟田间药效试验和防治小菜蛾田间示范试验。

（三）农药市场监督管理体系的形成

2004年，随着广西壮族自治区人民政府“禁高”文件的出台，各市、县（市、区）人民政府积极响应号召，各级农业农村部门联合工商、经贸、质检、公安等部门，对农药生产相对集中的地区、农药批发市场进行拉网式排查、重点检查和突击检查，对禁止销售使用的5种高毒农药进行排查，进一步加强生产企业的核查和经营单位的监管。为更好地开展农药市场监督抽查和管理工作，广西壮族自治区植保总站于2010年成立市场监督科，农药市场监督管理体系初步形成。市场监督科成立以来，通过举办培训班，每年组织农药监督管理一线人员进行培训，增加一线监管人员的相关专业知识储备，为依法监管农药市场打下坚实的基础。

（四）市场监督管理的工作

1. 全面开展农药样品监督抽查

近年来，广西对农药生产企业、农药批发市场、乡镇农药门店的抽样力度逐年加大，覆盖地区逐年扩大。2014—2021年，农药制剂质量抽检合格率由83.42% 逐步提高到94.85%。有力维护了农药生产销售市场规范经营秩序。

2. 做好农药经营许可审批

根据农业生产需要，合理布局农药经营网点。严格审核经营者的技术、场所、管理等条件，促进农药经营门店规范化建设和服务水平提升。截至目前，累计核发普通农药经营许可证21325份、限制使用农药经营许可证514份，按时办结率100%。

3. 做好农药广告审批

农药广告宣传对农药生产、销售企业极其重要，直接影响到企业产品知名度、经济效益。按照《中华人民共和国广告法》《农药广告审查办法》等法律法规，严把农药广告审批关。

第六节　农药与农产品质量安全检测体系建设与发展

一、机构建设与发展

（一）自治区农药及农产品质量安全检测

从20世纪80年代起，广西壮族自治区植保站开展广西农药产品质量监督检验和执行农药登记法规相关管理工作，逐步建立了具有现代化分析手段的检测实验室。20世纪90年代建立了以登记管理为核心的农药管理制度，引入农药为害性评估和风险评估方法，限制使用或禁用了部分高毒、高残留、高风险农药，有力地保障了农产品质量安全。进入21世纪，农药管理由注重质量管理转变为质量与安全管理并重，重点抓好农药市场监督、科学用药指导和农药残留监控等工作。

1997年，广西壮族自治区植保总站农药检测实验室于首次通过自治区计量认证考核。2004年，广西壮族自治区编制委员会批准广西壮族自治区农产品质量安全检测中心（桂编〔2004〕74号“关于广西壮族自治区农业厅有关质检机构设置的批复”），在广西壮族自治区植保总站基础上增挂牌成立，实行“一套人马、两块牌子”管理。中心于2004年开展农药残留快速检测和定量色谱仪检测。

农药检测工作始于1984年成立的广西壮族自治区农药检定室。建室之初，主要开展以化学分析为主的检测。1990年后陆续采购了极谱、气相色谱、液相色谱、紫外可见分光光度计等仪器设备，农药检测进入仪器检测为主、化学分析为辅的阶段。1997年9月，广西壮族自治区农药检定管理所首次通过自治区“计量认证”考核，开始对外提供公正性检验检测服务，为广西农资打假、农药产品质量监督抽查提供技术支撑。2000年11月，广西壮族自治区农药检定管理所启动蔬菜水果农药残留快速检测工作；2002年，农业部农药检定所下达哒螨灵在荔枝上残留试验任务，农药残留定性定量检测能力逐步建立；2001年，农业部下达“广西区域农药质量监督检验测试中心”项目，在2003年与“广西农产品质量安全检测中心”项目合并执行后，购买了气质联用仪、气相色谱、原子吸收分光光度计等一大批设备，检测能力开始逐步得到提升；2004年8月，牵头承担广西蔬菜水果质量安全例行监测任务；2005年3月，首次承担农业部无公害蔬菜水果茶叶生产及出口基地农药残留监测任务，承担四川省农产品农药残留监督抽检。

2005年，农业部下达第五批部级质检中心筹建任务，由广西壮族自治区农产品质量安全检测中心在广西壮族自治区农产品质量安全检测中心和广西壮族自治区农药检定管理所实验室基础上筹建农业部农产品质量安全监督检验测试中心（南宁）。经过2年筹建，2007年，农业部农产品质量安全监督检验测试中心（南宁）通过农业部组织的部级质检机构审查认可和国家计量认证现场评审，农业部以891号公告批准了“农业部农产品质量安全监督检验测试中心（南宁）”正式挂牌并对外承担业务［2018年机构改革后名称变更为“农业农村部农产品质量安全监督检验测试中心（南宁）”］，检测范围包括农药残留、重金属元素和农药产品。2010年、2013年、2016年、2019年，中心连续通过4次复查和扩项评审（图12），现有农药和农产品检测能力参数519项（其中农药产品和差数292项，农药残留参数227项）、产品标准276项、方法标准93项，基本满足广西农药市场和农产品质量安全监督管理技术支撑需求。

2010年6月，农业部办公厅《关于广西壮族自治区农产品质量安全监督检验中心建设项目可行性研究报告审查的意见》（农办计〔2010〕54号）批复广西壮族自治区农产品质量安全监督检验中心建设项目立项，同时建议广西进一步整合资源，优化实验室设计。2011年5月，广西壮族自治区发展和改革委员会印发《关于广西壮族自治区农产品质量安全监督检验中心建设项目可行性研究报告的批复》（桂发改〔2011〕496号），项目总投资2475万元，由广西壮族自治区农产品质量安全检测中心和广西壮族自治区兽药监察所在业务范围内分别承担建设。其中，广西壮族自治区农产品质量安全检测中心投资1365万元，购置仪器设备27台（套），改造面积1433.1平方米。这个项目的实施，使农药和农产品检测实验室首次拥有三重四级杆气质联用仪、三重四级杆液质联用仪等单台（套）价格超100万元的精密设备。

中华人民共和国农业农村部

审查认可证书

根据《农业部产品质量监督检验测试中心基本条件》的要求，对你单位承建的农业农村部 农产品质量安全 监督检验测试中心（ 南宁 ）经审查合格，特发此证。

证书编号：（ 2019 ）农（质监认）字FC第1150号

有效日期： 2025 年12月15日

发证日期： 2020 年06月08日

农产品质量安全检测机构

考核合格证书

证书编号：［ 2019 ］农质检核（国）字第0012号

名称：广西壮族自治区植保总站（广西壮族自治区农作物病虫预测预报站、广西壮族自治区农产品质量安全检测中心、广西壮族自治区农药检定所）[农业农村部农产品质量安全监督检验测试中心（南宁）]

地址：广西壮族自治区南宁市青秀区新竹路38-18号新竹小区76栋

根据《中华人民共和国农产品质量安全法》和《农产品质量安全检测机构考核办法》的规定，经审查，你单位已具备农产品质量安全检测机构的基本条件和能力，考核合格，特发此证。

批准的检测范围见证书附表。

准许使用标志

CATL

发证日期：

有效期至：

发证机关（盖章）

检验检测机构

资质认定证书

名称：农业农村部农产品质量安全监督检验测试中心（南宁）

地址：广西壮族自治区南宁市青秀区新竹路38-18号新竹小区76栋（530022）

许可使用标志

CMA

发证日期：2020年12月16日

有效期至：

发证机关：

图12　2019年农业农村部农产品质量安全监督检验测试中心（南宁）审查认可、机构考核、资质认定证书

2017年，国家发展和改革委员会、农业部决定在全国实施动植物能力保护工程，并印发《全国动植物保护能力提升工程建设规划（2017—2025年）》（发改农经〔2017〕913号），广西被列入首批实施的项目点。2017年12月，广西壮族自治区发展和改革委员会印发《关于区域农药风险监测中心设施改扩建项目可行性研究报告的批复》（桂发改农经〔2017〕1589号），批复区域农药风险监测中心（广西）改扩建项目，项目实际投资1900万元，改造升级检测实验室1500平方米，配备仪器设备37台（套）。随着区域农药风险监测中心（广西）设施改扩建项目的实施和建设，农业农村部农产品质量安全监督检验测试中心（南宁）的硬件设施进入全国同类实验室先进行列。

（二）基层农产品质量安全检测

2002年，广西立项投资推动建立健全自治区、设区市、县三级农产品质量安全检验检测监测网络，设区市首批投资支持南宁、柳州、桂林和贺州4市建立农产品检测机构，并完善农药残留和重金属为主的检测能力。2004年起，自治区财政陆续投资建设8个设区市的农产品质量安全检测能力和各县（市、区）农药残留快速检测、乡镇流动检测能力，逐步建成以自治区为龙头、设区市为骨干、县乡为辅的三级监测网络。

2006年，农业部印发《全国农产品质量安全检验检测体系建设规划（2006—2010年）》，在全国布局建设农产品检验检测体系，广西获得1个省级综合质检中心和48个县级质检站建设任务。县级质检站主要以开展现场快速检测、服务地方农业生产为目的，配备农产品安全检测、农业生产和农业生态环境监测所需的基本设备，以样品前处理、快速检测仪器设备为主，同时考虑农药等有害物质快速检测、定量分析、突发性事件的应急处理、移动检测等实际需要，添置必要的仪器设备。

2012年，农业部印发《全国农产品质量安全检验检测体系建设规划（2011—2015年）》，继续加强和完善农产品质量安全检验检测、风险监测预警体系，广西14个设区市陆续获得投资，要求项目承担机构采购气质联用仪、液质联用仪等较为精密的检测设备，改扩建实验室环境条件，初步建成了较为完善的农产品质量安全农药残留检测体系。

为探索农产品质量安全监管全程监管手段，加大农资市场农药产品质量监督检查力度，2016—2017年，广西壮族自治区农业厅决定在广西分2批次支持14个设区市开展农药质量追溯管理项目建设，每个项目投资100万元，使各市具备农药产品质量监督检测能力，为农药实施行业管理奠定技术基础。

2022年，农业农村部印发《农业农村部办公厅关于组织开展县级农产品质量安全检测机构能力提升三年行动的通知》要求，以有效满足基层农产品质量安全监管需要为目标，通过全覆盖培圳、结对帮扶技术指导、骨干培养等措施，力争用三年时间，实现县级质检机构农产品质量安全检测机构考核和检验检测机构资质认定（简称“双认证”）通过率达80%以上，认证参数满足农兽药残留等农产品质量安全突出问题监督执法工作需要。

二、队伍与环境

农业农村部农产品质量安全监督检验测试中心(南宁)(农药和农产品检测)实验室占地800多平方米，现有技术人员9人，其中博士1人、研究生4人、高级农艺师1人、农艺师等中级职称及同等能力人员6人。农药检测工作多次获农业农村部农药检定所全国农药分析先进集体、植保总站先进集体嘉奖。

农业农村部农产品质量安全监督检验测试中心(南宁)拥有价值4000多万元的高精尖先进仪器设备，包括液相色谱－飞行时间串联质谱联用仪、液相色谱－质谱仪、气相色谱－质谱仪、气相色谱仪、液相色谱仪等约50台（套）前处理及检测设备。中心实验室监管数字信息平台利用物联网连接实验室各种环境设施、传感器，实时了解环境状态和设施的运行情况，及时预警，保证实验室的环境满足检测规范要求。实验室信息管理系统则将检验数据、标准库、样品库等数据基于安全性、可控性的前提下实现共享、互联互通，完善检测基础数据库，提升检测数据的准确性与效率性。中心实验室实现了人机分离操作，在工作环境、职业安全保护方面取得长足进步。另外，中心还配备了废水及废气处理设备，每年将“三废”处理纳入经费预算，大大减少对环境的影响。

三、机构工作职责

农业农村部农产品质量安全监督检验测试中心（南宁）实验室承担农业农村部、广西壮族自治区农业农村厅或其他有关政府行政主管部门下达的农药产品质量，农产品、农业生产环境农药残留监督抽查检验和优质产品评选、复查及跟踪检验；受农业农村厅或有关部门的委托，开展农药药害鉴定、风险监测，承担农药产品质量和农产品农药残留的仲裁检验和委托检验；负责对有关农药产品、农产品质量安全检验机构进行技术指导和人员培训；研究新的检测技术方法，承担或参与国家标准、行业标准的制定、修订和有关标准的试验、验证工作。同时，还对申请登记的农药产品化学性质、农药残留和环境影响等资料进行初审，为上级主管部门及社会各方提供强有力的技术支撑。

农业农村部农产品质量安全监督检验测试中心（南宁）在农业农村部和广西壮族自治区农业农村厅的领导、关心和支持下，全体职工认真贯彻习近平总书记“四个最严”要求，发扬严谨、务实、奉献的作风，严明组织纪律，严格工作要求，按照“科学、公正、高效、廉洁、服务”的质量方针，开拓进取、精益求精、扎实工作、不忘初心，继续加强业务能力的提升，持续有效地监测农药的安全性和有效性，降低农药使用对农产品质量和生态环境安全的影响，维护公众健康和社会稳定，为农业农村部门履行新修订的《农药管理条例》赋予的职责提供支撑，保障广西农业生产、农产品质量和农业生态的安全，促进广西农业生产健康可持续发展。

四、机构检测成效

（一）农药鉴别保生产

监测农药的安全性和有效性，降低农药使用对农产品质量和生态环境安全的影响，是新修订的《农药管理条例》赋予农业农村部门的重要职责。为了有针对性地监管农药市场，农业农村部和广西壮族自治区农业农村厅每年都对农药监管下达抽检任务，包括常规抽查、专项抽查、突击检查、交叉抽查等形式。农业农村部农产品质量安全监督检验测试中心（南宁）近年来为各地监管部门及农药生产、销售、使用单位和个人完成上万批次农药样品检测，在保障粮食增产和农业可持续发展，维护公众健康和社会稳定，促进经济、社会、自然和谐发展等方面发挥了重要作用。

（二）风险预警排隐患

科学、准确的农产品质量安全例行监测、专项抽检等各种风险监测结果，既是农业生产和监管者的眼睛，也是消费者的保护伞。农业农村部农产品质量安全监督检验测试中心（南宁）按季度完成监测任务，并收集、统计、分析广西风险监测数据，及时报送风险发现、处置、预警报告，及时排查各重大活动的食用果蔬的安全隐患，为各级政府改进农产品质量安全监管措施、提高农药使用风险预警和防控水平、稳定农产品质量安全作出贡献。

1. 承担农产品质量安全风险监测与统计工作

农业农村部农产品质量安全监督检验测试中心（南宁）曾承担全国园艺作物标准园创建的农药残留监测工作，同时承担四川省蔬果、茶叶标准园农产品的农药残留监测工作；根据广西壮族自治区农业农村厅的部署与安排，自成立以来已承担完成广西上万批次蔬菜水果例行监测的检测任务；在广西蔬菜、水果、茶叶农药残留专项整治行动和监督抽检工作中完成有关样品的抽检任务；在豇豆、红薯、金橘、西瓜、草莓、杧果、茶叶、猕猴桃、荔枝、龙眼等10多种广西大宗特色作物农药残留专项抽检工作中完成10000多个样品100多项参数的检测，为百姓餐桌上的安全监管与决策提供了客观依据。

此外，农业农村部农产品质量安全监督检验测试中心（南宁）还负责广西农产品质量安全例行监测数据统计工作，并起草广西农产品质量安全例行监测通报，报送自治区和各市县相关领导、部门，提示农产品质量安全方面的风险信息。

2. 有力支撑重要节庆及重大赛事中农产品保障检测任务

每年元旦、春节、中秋等重要节假日及中国—东盟博览会、中国—东盟商务与投资峰会期间，为切实保障农产品质量安全，农业农村部农产品质量安全监督检验测试中心（南宁）人员站好每班岗，认真对待每一个样品和数据。

2014年，第45届世界体操锦标赛在南宁举办，根据组委会保障部的安排，农业部农产品质量安全监督检验测试中心（南宁）承担世锦赛期间运动员食用蔬菜水果的质量安全农药残留检测。为确保参赛运动员吃上放心的新鲜蔬菜水果，中心检测人员全力以赴，加班加点，对体操世锦赛抽样部门送检的136批次蔬菜水果样品及时安排检测，及时反馈检测结果，有效避免不合格蔬菜水果送到配送中心，为排除食用果蔬的安全隐患、成功举办世锦赛作出了努力。

2017年，在广西两会期间，根据广西壮族自治区农业厅的部署，农业部农产品质量安全监督检验测试中心（南宁）实验室7天内完成135个红薯样品中克百威、毒死蜱、阿维菌素、辛硫磷的残留检测，并汇总305个红薯样品中克百威等4种农药和硒含量的数据统计和分析，用科学实际的数据迅速回复自治区领导和人大代表关心的红薯种植高毒农药滥用风险问题。另外，在自治区党委办公厅下达广西壮族自治区农业厅应急供应保障检测任务中，农产品质量检验科按要求及时完成蔬菜水果1450项次农残参数的应急监测任务，迅速用数据答复厅领导对蔬果农残风险的热切关注。

3. 开展农药登记残留试验

作为农药登记残留试验单位，完成5%啶虫脒乳油、15%哒螨灵乳油、40%辛硫磷乳油3个农药在萝卜上的田间农药残留试验，15%甲维·氟啶脲水分散粒剂在甘蓝上的田间残留试验，及时为萝卜用药联合试验参加企业提供了农药登记残留试验技术资料。

（三）应急监测解民忧

农业农村部农产品质量安全监督检验测试中心（南宁）建立农产品质量安全应急监测制度，按照上级部门要求，及时处理社会关注、公众关心、个人担忧的突发事件，快速、有效地开展监测。近年来，中心协助广西壮族自治区农业农村厅对克百威、氟虫腈、氧乐果等高毒农药涉及的农产品质量安全热点事件开展应急监测，及时回应有关各方关心问题，消除公众心理恐慌，传播正能量。

农药作为一种有毒化学品，发生各种类型的为害事件在所难免。作为技术支持单位，中心积极响应有关领导的要求，及时、准确地提供检测数据。在2007年7月8日上思县水库农药污染事件和同年10月5日柳州西瓜老鼠药中毒事件中，农业部农产品质量安全监督检验测试中心（南宁）抽调技术骨干为当地农业局和政府提供优质检测服务，为当地处理应急事务、挽救中毒者生命提供强有力的支持。

2014年5月，中央电视台财经频道曝光“药肥‘谷歌’坑农记”。为此，广西壮族自治区农业厅决定集中开展药肥专项整治行动。按照部署，农业农村部农产品质量安全监督检验测试中心（南宁）积极配合开展药肥的质量抽检，对抽检的38个药肥样品进行检测，及时提供准确可靠的检测结果，为各级农业行政主管部门加强药肥管理提供了科学依据。

2021年3月15日的“沃柑安全事件”中，按照广西壮族自治区农业农村厅的部署，农业农村部农产品质量安全监督检验测试中心（南宁）第一时间到沃柑收储运环节进行抽样检测，并与南宁海关技术中心同时对该批次的样品进行咪鲜胺、抑霉唑和2,4-滴的残留测定，并在取得一致可靠的结果后上报，为此次“沃柑安全事件”的解决获得了关键的依据；随后，参与武鸣沃柑收储环节的调研，并对当地沃柑浸果、分拣、预售环节进行抽检，获得进一步可靠数据，并提供给广西壮族自治区农业农村厅用以回应该事件，避免了该事件扩大，保护了广西沃柑产业。

（四）科研项目工作促发展

2007—2016年，农业部农产品质量安全监督检验测试中心（南宁）每年承担农业部关于农药安全性监测与评价项目，开展农药抗性及作物安全性监测和杂质与助剂监测［毒死蜱等6种农药中有害杂质和农药产品中2种助剂（溶剂）监测］、农药生产和农药杂质、助剂调研等工作，牵头毒死蜱等农药中治螟磷等5种有害杂质的分析检测方法研究；完成三唑磷、草甘膦、百草枯、井冈霉素4种农药田间抗性试验；承担乙酰甲胺磷残留验证试验以及丁硫克百威、氟铃脲、莠去津3种农药环境残留风险监测等任务，乙酰甲胺磷、哒螨灵残留验证试验，丁硫克百威、克百威、氟铃脲、莠去津环境残留风险监测试验；完成戊唑醇、苯醚甲环唑在香蕉上田间残留试验方案和市场抽检，开展环境中环丙唑风险评价试验，抽检不同地市县暴露区的稻田水、稻田土和地表水、底泥样品。中心工作得到农业部的肯定，杂质与助剂监测工作在全国成为典型。

2009—2010年，农业部农产品质量安全监督检验测试中心（南宁）承担广西壮族自治区科技厅“南宁地区食品药品安全公共平台科研项目”子课题“新型农药残留检测方法开发”，研究了双三氟脲、氟吡菌酰胺等9种农药在蔬菜中的残留检测方法。

农业农村部农产品质量安全监督检验测试中心（南宁）承担农药最大残留限量国家标准制修订，如乙虫腈、己唑醇、甲草胺、单嘧磺隆、氟吡菌酰胺等10种农药在农产品中最大残留限量国家标准编写，完成了氟吡菌酰胺在黄瓜上农药残留限量国家标准编制说明初稿起草。

在各项科研项目中，农业农村部农产品质量安全监督检验测试中心（南宁）更重视对农产品质量安全从源头到舌尖的把控，提高检测能力的同时丰富了分析风险和判定结果的经验，对农药安全使用与监管有更好的指导意义。

（五）农药登记资料严把关

农业农村部农产品质量安全监督检验测试中心（南宁）认真做好广西农药行业申报农药登记产品中产品的化学、农药残留，环境生态毒性试验等方面登记资料初审工作。对评审过程中发现的新问题、新情况提出可行性建议，并及时与农业农村部农药检定所沟通，严格为区内农药生产企业申报国家登记把关。

（六）能力考核本领硬

农业农村部农产品质量安全监督检验测试中心（南宁）积极参加农业农村部和国家认证认可监督管理委员会（简称“国家认监委”）组织的农药质量、农药残留能力验证考核，努力提高中心的检测能力水平，提高检测技能。每年参加农药质量检测和农产品中农药残留检测的能力验证，合格率98%以上，特别是在农药质量方面，检测能力在全国参考实验室中名列前茅；针对某个不合格的参数，中心通过深究原因、技术操练、内部能力验证等措施开展内部整改，锻炼队伍，促进检验能力的提高。

（七）培训帮扶当领头

农业农村部农产品质量安全监督检验测试中心（南宁）成立之后，承担起广西农产品质量安全检测体系建设的技术支撑，每年为各市县农产品质量安全检测机构进行技术指导和人员培训；为更扎实有效地提高基层检测机构的检测能力，中心每年承担广西农检机构能力验证的技术组织工作，以考促提，全面带动广西检测中心开拓进取，不断提升实验室技术能力，同时也加强了广西农产品例行监测管理，确保监测数据准确、可靠。

承办2011年、2013年、2016年、2019年第一至第四届种植业农产品质量安全检测技能竞赛现场培训与考核，选拔广西基层农产品检测优秀人才参加全国技能竞赛，第二届至第四届前十名优秀选手获自治区总工会“广西技术能手”称号，广西第一名获“五一”劳动奖章。

根据农业农村部农产品质量安全监管司《关于开展全国部县农产品质检机构“双百”对接帮扶活动的通知》(农质测函〔2018〕88号)及自治区农业农村厅办公室关于印发2022年全区县及农产品质量安全检测机构能力提升结对帮扶活动实施的通知》要求与安排，农业农村部农产品质量安全监督检验测试中心(南宁)对口帮扶贺州市富川瑶族自治县农产品质量安全检测站和苍梧县农产品质量安全检测中心，通过现场指导、跟班学习等方式，优化富川农产品质量安全检测机构的实验室质量管理体系，推进其内部规范运行，促进其人员检验检测水平的提高。通过帮扶以来，效果显著，被帮扶检测机构刷新以往纪录，每年均通过广西农产品农药残留能力验证，并通过了自治区检验检测机构资质认定和农产品质量安全检测机构考核，满足当地农残突出问题监督执法工作。

第七节　植保专业统计、农药械统计的起步与发展

一、植保专业统计的起步与发展

植保专业统计就是运用统计学的原理和方法，对农作物有害生物为害损失数量进行资料收集、整理、分析结果，是农业统计中的重要组成和不可缺少的部分。植保专业统计根据主要病虫草鼠害发生程度、发生面积、防治面积、挽回损失、实际损失等项目统计发生情况。通过统计，能够完整地保存历年来各种病虫草鼠害的发生实况，为国家科学防灾减灾提供历史数据，能从这些历史统计资料中掌握当地各种病虫草鼠害的发生规律，为来年及今后的病虫草鼠害发生趋势预测特别是中长期的预测预报提供科学依据。

广西植保专业统计工作是全国植保统计工作的重要组成部分。随着全国植保统计系统的发展，广西植保专业统计大致经历了4个阶段。

(一)从无到有的阶段(1980年以前)

植物保护措施早就存在，但对植物保护情况进行统计是在1950年初才初步建立的，当时只是进行一些简单的统计，积累一些简单的资料。从1972年起，全国开始开展病虫害发生和防治面积、挽回损失及防治后仍然损失等项目的统计。广西植保专业统计工作也在20世纪70年代初逐步发展起来，积累了一些早期的病虫害发生和防治情况数据。

（二）初步发展阶段（1981—1987年）

1981年，农业部植物保护局制定并印发了《植保专业统计报表制度》（〔1981〕农业（保）字第25号），要求各省区加强调查研究，采用典型调查及科学估算的办法进行统计。从此，全国有了统一的植保专业统计报表制度，广西植保专业统计工作也在农业部的统一部署下，边研究边上报，开始步入规范化管理的阶段。

（三）改革发展时期（1988—1991年）

20世纪80年代后期，随着改革开放的深入，耕作制度的调整和作物品种的频繁更换，使有害生物发生为害情况也出现了较大变化，1981年版的《植保专业统计报表制度》已不能适应新形势的需要。1988年，在农牧渔业部《关于印发〈植保专业统计报表制度〉和〈植保专业统计工作暂行规定〉的通知》指导下，广西壮族自治区植保总站对植保专业统计内容进行了调整，将统计病虫对象由原来的31种增至64种，同时增加农作物病虫防治措施、农药使用量、植保机械使用量、植保机构人员情况、植保服务组织和有偿服务情况等项目的统计。到20世纪90年代初，市、县（区）植保站已确定了专门的植保专业统计人员，初步形成了完整的植保统计数据，能比较全面系统地反映病虫害发生情况和植物保护工作情况，为各级政府决策提供有力的依据。

（四）快速发展时期（1992年至今）

1992年，广西基本形成了能够反映生物灾害情况和植物保护发展状况的统计网络。1998年，参加“全国植保统计50年数据库”搜集整理工作，系统整理了自1950年以来广西主要农作物病虫害发生、防治和损失情况数据。2008年，开始使用离线版统计软件，全面实行县级植保站电脑填报，实现了从最初的手工统计到计算统计分析质的飞跃。2010年，广西壮族自治区植保站被全国农技中心评为统计先进集体。2011年，使用网络版数据采集系统，各县（市、区）可通过计算机网络直接上报统计数据，大大减轻了基层统计人员的工作负担，加快了数据上报的速度，提高了统计效率。2018年，为适应新形势的需要，对植保专业统计系统内容做出调整，增删了部分内容。2020年，对网络版数据直报系统进行了升级，进一步优化了植保专业统计软件，大大提高了统计效率。

二、农药械统计的起步与发展

从2019年起，为适应新形势的需要，对植保专业统计系统内容做出部分调整，农药械统计从植保专业统计系统剥离，单独将种植业农药使用量和农作物病虫害专业化统防统治的基础数据录入农药械信息管理系统。

（一）实施农药使用调查监测

2014年，全国农业技术推广服务中心安排专项经费，在安徽、广东、广西、湖北、江苏、江西6个省（区）的6个县（广西为合浦县）开展农户用药调查、培训与数据统计工作，要求每个监测县培训50~960户农户，对农户调查数据进行统计分析，并录入农户用药监测系统。2015年，广西增加永福、宜州、北流、八步区4个县（区），2018年又增加上林县，2020年再增加富川县、港南区。目前，广西共有8个县（市、区）开展农户用药调查工作。

（二）开展系统调查监测和统计分析

为全面深入掌握全国农作物病虫害专业化统防统治的基础数据和发展动态，有针对性地提供指导和服务，根据《农药管理条例》《农作物病虫害专业化统防统治管理办法》（农业部第1571号公告）的有关要求，2019年全国农业技术推广服务中心组织开发“专业化防治组织信息管理系统”，用于开展农作物病虫害专业化防治组织调查和监测工作，要求各省（自治区、直辖市）所属的市、县级植保站把本地所有的防治组织纳入该信息管理系统，并开展系统调查监测和统计分析工作。

第二章　广西农作物病虫鼠害发生为害概况

第一节　1990年前广西农作物病虫鼠害发生为害概况

广西地处祖国南疆，属于南亚热带季风气候区，年平均气温为16~23℃、降水量为1000~2800毫米，气候温暖、降水丰沛，作物生长繁茂，造就了适合病虫草鼠滋生、为害的生态环境。据统计，广西农作物病虫种类达1700多种，常见的有350种，能造成为害的有200多种，其中发生频繁、为害面积大、为害严重的病虫害有20多种。

据近70年的统计，农作物常见病虫发生种类如表1。

表1　广西农作物常见病虫发生种类

为害作物	常见病虫种类
水稻	稻瘟病、水稻纹枯病、水稻白叶枯病、水稻细菌性条斑病、水稻恶苗病、水稻赤枯病、稻曲病、水稻胡麻叶斑病、南方水稻黑条矮缩病、稻飞虱、稻纵卷叶螟、二化螟、三化螟、稻蝗、黏虫、稻瘿蚊、稻叶蝉、稻蓟马、稻叶水蝇、稻秆潜蝇、稻苞虫
玉米	玉米丝黑穗病、玉米大斑病、玉米小斑病、玉米纹枯病、玉米螟、玉米蚜、大螟、玉米铁甲虫
甘蔗	甘蔗梢腐病、甘蔗黑穗病、甘蔗凤梨病、甘蔗螟虫、甘蔗绵蚜、甘蔗蓟马、甘蔗蔗龟、甘蔗蔗根锯天牛
果树	柑橘黄龙病、柑橘溃疡病、柑橘疮痂病、柑橘炭疽病、柑橘树脂病、柑橘叶螨、柑橘锈螨、柑橘蚧类、柑橘潜叶蛾、柑橘粉虱、柑橘蚜虫、柑橘花蕾蛆、柑橘木虱、柑橘小实蝇、柑橘蓟马、荔枝霜疫霉病、杧果炭疽病、月柿炭疽病、香蕉叶斑病、荔枝椿象、荔枝蒂蛀虫
蔬菜	白菜霜霉病、白菜软腐病、瓜类霜霉病、瓜类炭疽病、瓜类疫病、瓜类枯萎病、瓜类白粉病、番茄晚疫病、番茄病毒病、花生叶斑病、花生锈病、菜青虫、菜蚜、黄曲条跳甲、小菜蛾、斜纹夜蛾、美洲斑潜蝇、瓜蓟马、黄守瓜、豆荚螟、白粉虱
其他	草地贪夜蛾、福寿螺、鼠、土蝗、杂草

注：大宗作物以最高年份发生面积超50万亩算，蔬菜以及面积较小作物以30万亩算。

中华人民共和国成立以来，受各种因素影响，病虫的发生面积和发生主要种类也在不断变化。

病虫的发生与作物种植面积、结构调整、农事操作、防治技术变化等因素息息相关。20世纪50年代，年均发生面积962万亩次，防治面积378万亩次，这一时期田间管理比较粗放，病虫发生为害损失相对较重；20世纪60年代，年均发生面积1536万亩次，防治面积1033万亩次。到了20世纪70年代，由于种植结构调整、栽培技术变化、矮秆优良品种推广、田间管理技术变化等因素影响，使得田间生态环境有了很大改变，病虫发生也有了极大变化，防治比例明显提升。20世纪70年代，年均发生面积有了极大的上升，达5229万亩次，防治面积4361万亩次；20世纪80年代，年均发生面积7320万亩次，防治面积6341万亩次。20世纪90年代，年均发生面积达14411万亩次，防治面积13870万亩次（图13至图17）。

农作物发生病虫主要受气候变暖、耕作制度变化、优质高产品种推广、病虫害抗药性上升等多种因素的综合影响，也在变化。20世纪50年代，发生病虫种类以水稻、玉米等粮食作物病虫害为主，水稻主要病虫有三化螟、稻苞虫、水稻胡麻叶斑病，稻瘿蚊、黏虫、稻蝗、稻瘟病、稻恶苗病、稻蟠象、稻铁甲虫、负泥虫、稻叶蝉等在局部稻区有发生；玉米主要病虫有玉米霜霉病、玉米铁甲虫、黑毛虫、玉米螟、金龟子等，玉米纹枯病、玉米大斑病、玉米小斑病、玉米根腐病在局部种植区有发生。这一时期病虫发生特点是病虫发生面积比例不大，但相对受害损失较重，虫害明显重于病害。尤以三化螟发生最为严重，10年间有3年达大发生程度。此外，稻苞虫发生较普遍，稻瘿蚊、稻瘟病在山区稻田为害严重。

20世纪60年代，田间病虫发生种类仍以粮作病虫为主，但发生了一定变化。水稻病虫中水稻胡麻叶斑病、三化螟及稻苞虫发生为害程度明显下降，偏重发生频次大为降低，稻苞虫发生面积有了明显缩减，由主要害虫降为次要害虫。稻蝗发生面积明显下降。稻飞虱和稻纵卷叶螟发生面积逐步上升，稻飞虱年均发生面积由不足10万亩次上升到100万亩次以上，稻纵卷叶螟年均发生面积也由40万亩次上升到190万亩次以上，由次要害虫上升为主要害虫。稻叶蝉的发生也有明显上升，年均发生面积由17万亩次上升到91万亩次，尤其是中期发生比较严重，导致1965年、1966年稻黄矮病的流行。稻瘟病的发生面积也逐步上升。此外，稻瘿蚊、稻负泥虫、稻恶苗病的发生有所下降，水稻白叶枯病开始在局部地区发生为害。玉米病虫以玉米铁甲虫、黏虫、玉米丝黑穗病和玉米霜霉病为主，其中玉米铁甲虫在这一时期上升为主要害虫，1963年、1964年、1969年南宁及百色地区的春玉米受害严重。

20世纪70年代，病虫发生面积明显上升，部分病虫第一次发现。水稻细菌性条斑病于1970年第一次在百色地区报道发现，随后两年没有报道，但从1973年起，每一年都有零星发生。这一时期新发生的病虫害还有凋萎型白叶枯病、稻跗线螨、稻列爪螨等。三化螟、稻飞虱、稻纵卷叶螟、稻恶苗病、水稻纹枯病、稻赤枯病、水稻白叶枯病及玉米丝黑穗病、玉米大斑病、玉米小斑病、玉米纹枯病的发生面积皆呈上升态势，而玉米铁甲虫的发生有所回落。其中三化螟的发生在70年代呈明显上升势头，虽然螟害率比50年代低，但发生面积远高于50年代的246万亩次，年均发生面积达1028万亩次。迁飞性害虫的发生为害更趋严重。稻纵卷叶螟、稻飞虱、黏虫10年间偏重以上程度的年份分别达9次、6次、3次，年均发生面积由191万亩次、118万亩次、43万亩次分别上升到980万亩次、772万亩次、177万亩次。水稻病害的发生也更加普遍，尤以稻瘟病为甚。该病在1978年大发生，几乎使当时大多数地区种植的杂交稻受到毁灭性打击，导致广西杂交稻生产一度陷入停滞。水稻纹枯病的发生面积也迅猛上升，70年代年均发生面积达345万亩次，是60年代的8倍。水稻白叶枯病的为害是有统计数据以来最为严重的时段。稻叶蝉在这一时期的发生面积最大，但造成为害损失较轻。从这一时期开始，稻瘟病、水稻白叶枯病、水稻纹枯病和稻飞虱、稻纵卷叶螟、三化螟成为广西水稻最重要的病虫害，俗称“三虫三病”。水稻胡麻叶斑病发生面积在70年代中期达到峰值，随后呈下降态势，由于施肥水平的提高，其发生为害大大减轻。玉米病虫常发的有玉米丝黑穗病、玉米大斑病、玉米小斑病、玉米纹枯病、玉米蚜、玉米螟等，玉米铁甲虫在这一时期的发生有明显下降。

20世纪80年代，农作物病虫发生有了新的变化。由于种植业结构的变动，柑橘、花生、甘蔗等作物病虫的发生面积逐步上升。柑橘叶螨、柑橘潜叶蛾成为柑橘上的主要害虫，柑橘锈螨、柑橘蚧类在部分种植区也有发生。花生叶斑病、花生锈病在花生上比较常见。甘蔗螟虫、甘蔗绵蚜成为甘蔗上主要害虫，甘蔗蓟马也比较常见，80年代后期发生面积更是上升较快。稻纵卷叶螟、稻飞虱、稻瘟病、水稻纹枯病、稻瘿蚊成为水稻上的主要害虫，稻飞虱、稻瘿蚊、水稻纹枯病、水稻细菌性条斑病处于上升态势，尤其是水稻纹枯病和稻瘿蚊，发生面积上升较快，80年代后期成为水稻为害损失最重的病虫之一。而稻纵卷叶螟保持偏重发生态势，1985年、1986年皆达到大发生程度，尤其是1985年在局部稻区造成损失较重。三化螟较上个十年略有下降，黏虫和水稻白叶枯病总体明显减轻，但个别年份重发。稻恶苗病、稻叶水蝇、稻�象、稻蝗在某些年份的局部地区分别有不同程度加重为害的情况，成为当地的主要防治对象。此外，80年代中期，农田鼠害发生逐渐猖獗，发生面积逐年上升，为害逐步加重。玉米病虫也有了新变化。玉米丝黑穗病发生明显减轻；玉米蚜由于品种引进和推广，在部分品种如墨白一号上猖獗为害，成为玉米上发生面积最大的害虫；玉米铁甲虫的发生在80年代中期开始回升，在南宁地区的西部县，柳州地区的来宾、忻城，河池地区的罗城、南丹、天峨和都安等地连年偏重发生。玉米蚜、玉米铁甲虫、玉米螟、玉米纹枯病、玉米大斑病、玉米小斑病等成为玉米上的主要害虫。

第二节　1991—2020年广西农作物病虫鼠害发生为害概况

1991—2020年间，病虫害发生为害急剧上升，程度逐步加重，面积不断扩大，病虫害对农业生产安全的影响越来越大。由于种植业结构调整，这一时期柑橘等经济收益较高的作物种植面积增加，部分病虫发生面积迅速上升，同时农民在管理上更加用心，防治面积已逐渐赶上并超过发生面积。

20世纪90年代，病虫发生呈现跳跃式上升。农作物主要病虫年均发生面积14411.8万亩次，防治面积13870.0万亩次，相比上个十年分别增加96.8%、118.7%。水稻病虫年均发生面积8675.4万亩次，比上个十年增加47.4%。稻飞虱、稻纵卷叶螟、水稻纹枯病、稻瘿蚊、稻瘟病的发生面积明显上升，年均发生面积分别达1906.5万亩次、1526.9万亩次、1878.3万亩次、705.7万亩次、661.5万亩次，分别比上个十年增加78.0%、59.1%、97.4%、179.2%、70.9%，尤其稻纵卷叶螟在1990年大暴发，发生面积达2482万亩次，是中华人民共和国成立后至2019年的70年间发生最重年份；三化螟年均发生面积843.7万亩次，相比上个十年减少13.9%，是发生唯一降低的主要病虫。不过，三化螟的发生为害虽然有所下降，但仍保留着较大发生面积。以上6种病虫是这个时段水稻最主要的病虫，俗称“四虫两病”。此外，细菌性条斑病在这十年间的发生达到顶点，年均发生面积达287万亩次，其中1997年最高年，达425万亩次。玉米病虫年均发生面积619.9万亩次，比上个十年增加89.7%，玉米纹枯病、玉米蚜、玉米螟、玉米铁甲虫发生面积逐步上升，玉米大斑病、玉米小斑病在1990年在局部发生较重，随后面积有所下降，但比上个十年仍有较大上升。玉米丝黑穗病发生则进一步减轻。柑橘病虫年均发生面积521.9万亩次，比上个十年增加201.7%，柑橘叶螨、柑橘潜叶蛾、柑橘锈螨、柑橘蚧类的发生面积都呈上升态势，成为柑橘上的主要病虫害，柑橘溃疡病、柑橘疮痂病、柑橘炭疽病也渐有发生，面积逐步扩大。甘蔗病虫发生有了明显上升，年均发生面积659.3万亩次，比上个十年增加294.3%，甘蔗梢腐病、甘蔗凤梨病、甘蔗黑穗病成为甘蔗上的常见病害，甘蔗螟虫、甘蔗蓟马、甘蔗绵蚜的发生有明显上升，发生面积逐年扩大。蔬菜产业从无到有，有了明显发展，病虫害发生面积也随之急速扩大，年均发生面积436.5万亩次，比上个十年增加2397.3%，黄瓜霜霉病、番茄病毒病、白菜软腐病、白菜霜霉病、瓜类枯萎病、瓜类炭疽病、瓜类疫病、菜青虫、菜蚜、黄曲条跳甲、黄守瓜等病虫成为蔬菜上的常见病虫害，虫害发生重于病害。此外，花生叶斑病发生面积进一步扩大，花生蚜虫发生面积有了明显上升。

2000—2009年，病虫发生为害仍然保持急速上升态势，年均发生面积24053.59万亩次，防治面积22711.11万亩次，相比上个十年分别增加66.9%、63.7%。水稻上"四虫两病"演变为"三虫两病"，年均发生面积8868.9万亩次，略高于上个十年。稻飞虱、稻纵卷叶螟、三化螟、稻瘿蚊、水稻纹枯病、稻瘟病的年均发生面积分别为2209.9万亩次、1647.6万亩次、910.0万亩次、253.3万亩次、1841.0万亩次、868.0万亩次。水稻纹枯病、稻纵卷叶螟、稻瘟病保持偏重发生态势；水稻稻瘿蚊、水稻细菌性条斑病的发生有明显回落，尤其是稻瘿蚊，2007年后，年发生面积已不足百万亩，不再属于水稻上主要害虫；三化螟的年均发生面积虽然较上个十年略有升高，但是为害较以往偏轻，十年间发生为害呈下降态势；稻飞虱在此十年间发生最严重，2007年更是在广西大发生，全年发生面积高达2918万亩次，对水稻生产造成严重威胁，时任广西壮族自治区人民政府主席陆兵为此作出批示，要求各地广泛宣传发动农民群众迅速行动起来，大打一场防治稻飞虱的人民战争。玉米病虫发生稳中有升，年均发生面积934.0万亩次，比上个十年增加50.7%。玉米蚜、玉米螟、玉米铁甲虫、玉米纹枯病、玉米大斑病、玉米小斑病等主要病虫年均发生面积皆有明显上升，但玉米铁甲虫在2001年发生达到峰值96万亩次，随后呈下降态势，到2008年已经不足20万亩次。柑橘病虫害年均发生面积1334.8万亩次，较上个十年增加155.7%。柑橘溃疡病、柑橘疮痂病、柑橘炭疽病、柑橘叶螨、柑橘潜叶蛾、柑橘锈螨、柑橘蚧类的发生面积继续呈上升态势，虫害重于病害。甘蔗病虫年均发生面积1638.8万亩次，较上个十年增加148.6%。甘蔗梢腐病、甘蔗凤梨病、甘蔗黑穗病、甘蔗螟虫、甘蔗蓟马、甘蔗绵蚜等主要病虫发生继续呈上升态势，虫害重于病害。由于甘蔗种植面积越来越大，加上含糖量较高的台糖系列的引进，甘蔗蔗根锯天牛在这个十年间发生为害日趋严重，尤以桂南及沿海局部发生猖獗，成为甘蔗生产上需要注意的一个害虫。

2010—2019年，病虫年均发生面积26846.3万亩次，防治面积27501.4万亩次，相比上个十年分别增加11.6%、21.1%。受市场导向、农事操作、种植面积变化、气候等因素影响，部分病虫发生又有了明显变化。中前期农作物病虫总体发生仍在高位，但从2015年开始，病虫发生为害有所减缓，除柑橘、玉米病虫外，水稻、甘蔗、蔬菜病虫的发生面积都有所下降。水稻病虫总体发生呈逐年下降态势，年均发生面积7310.5万亩次，较上个十年减少17.6%，"三虫两病"变化成"两虫两病"，三化螟由于发生较轻，已不列入主要病虫。稻飞虱、稻纵卷叶螟、三化螟、水稻纹枯病、稻瘟病的年均发生面积分别为2099.8万亩次、1320.2万亩次、323.7万亩次、1829.1万亩次、610.1万亩次，较上个十年分别降低了5.0%、19.9%、64.4%、0.6%、29.7%。这十年间三化螟发生面积逐年减少，程度持续偏轻，发生面积到了2020年仅有171万亩次，与1977年的最高峰1919万亩次相差甚远。其他水稻上的主要病虫，除水稻纹枯病仍然保持偏重发生态势外，稻飞虱、稻纵卷叶螟、稻瘟病的发生面积都有一定下降。这其中又以稻纵卷叶螟下降比较明显，年均发生面积1320万亩次，较上个十年降低了19.9%。玉米病虫年均发生面积1072.7万亩次，较上个十年增加14.9%，但十年间病虫发生程度呈下降态势。2019年3月，草地贪夜蛾成虫在广西宜州第一次发现，随后陆续在广西14个设区市100个县都有发现，当年发生面积达212万亩次。该虫由东南亚迁入我国后，广西作为周年繁殖区，全年皆能发现，由于其主要为害玉米，因此成为玉米上的主要病虫害之一。

此外，玉米大斑病、玉米小斑病发生面积有了明显上升，玉米纹枯病、玉米螟、玉米蚜变化不大。由于市场看好，柑橘种植面积在这十年极大地增加，而柑橘病虫在这十年也有显著的上升，病虫年均发生面积达2555.4万亩次，较上个十年增加91.4%，其中2015年前发生较平稳，2015年后发生面积逐年快速上升，到2020年已高达3791万亩次。甘蔗病虫年均发生面积2554.8万亩次，较上个十年增加55.9%，也有明显提升，其中除甘蔗绵蚜略有减少外，其他病虫都有所增加，但是其发生面积在2013年达到3079.9万亩次后逐年下降。这十年间，甘蔗螟虫和甘蔗黑穗病发生为害有明显提升。甘蔗螟虫年均发生面积达995万亩次，上个十年为529万亩次，尤其是2012—2015年的4年，发生面积皆在千万亩次以上，但是从2015年起，由于人工放蜂、微生物制剂在防治上的进一步推广使用，甘蔗螟虫发生有所下降；甘蔗黑穗病则是稳中有升，年均发生面积192万亩次，上个十年年均发生面积不到60万亩次。蔬菜病虫年均发生面积2187.3万亩次，较上个十年增加18.9%。在比较常见的病虫中，白菜霜霉病、瓜类炭疽病、黄曲条跳甲、斜纹夜蛾、美洲斑潜蝇、瓜蓟马等病虫发生略有上升，小菜蛾、菜蚜、菜青虫、黄守瓜的发生面积略有下降，其余基本持平（图13至图17）。

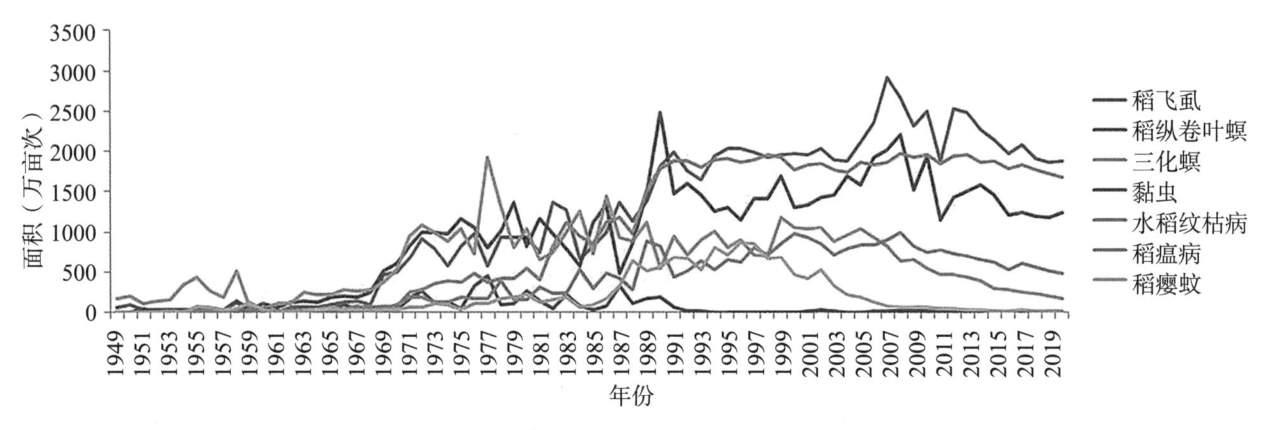

图13　1949年以来水稻重大病虫发生面积统计表

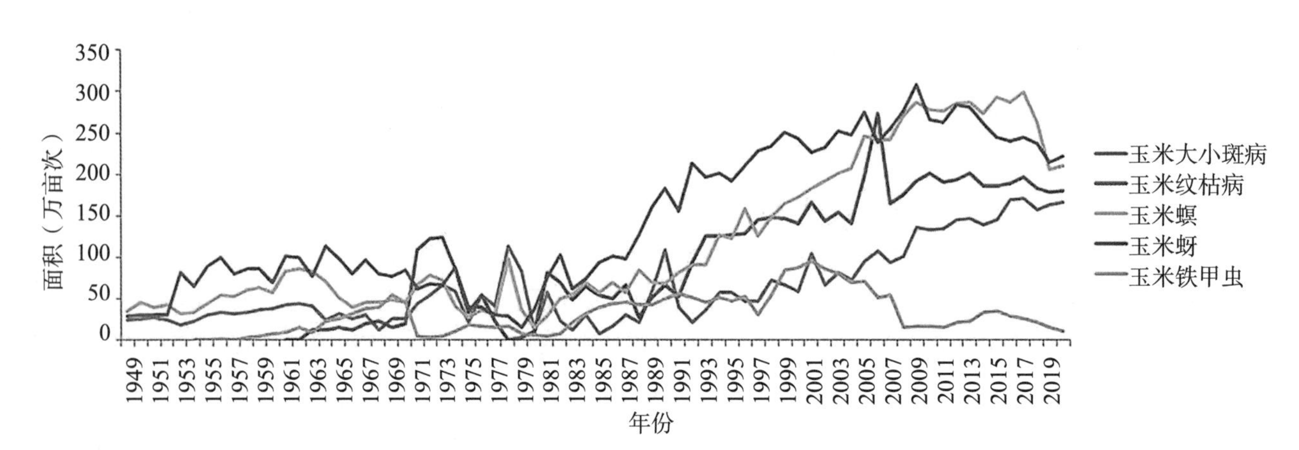

图14　1949年以来玉米重大病虫发生统计表

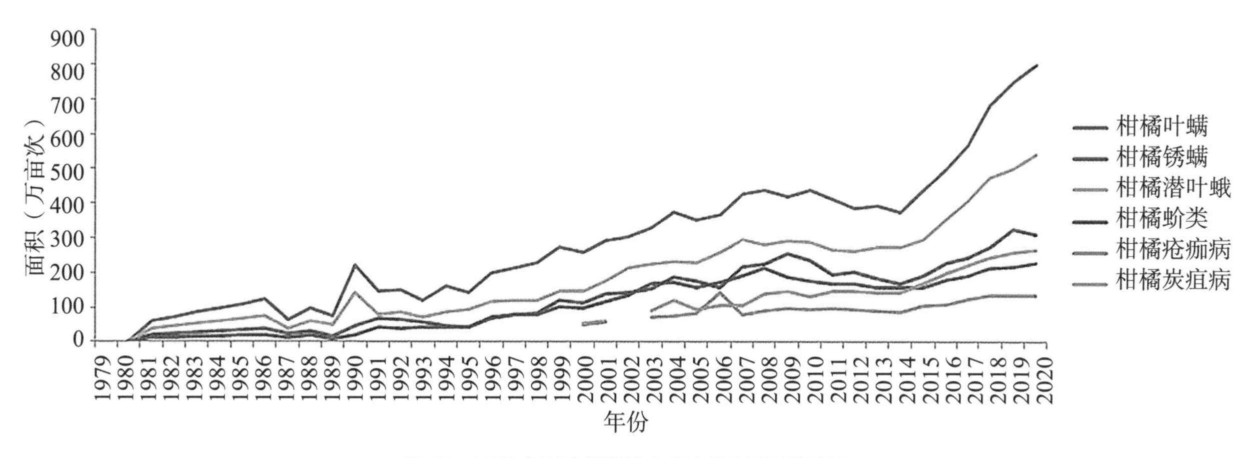

图 15　1979 年以来柑橘重大病虫发生面积统计表

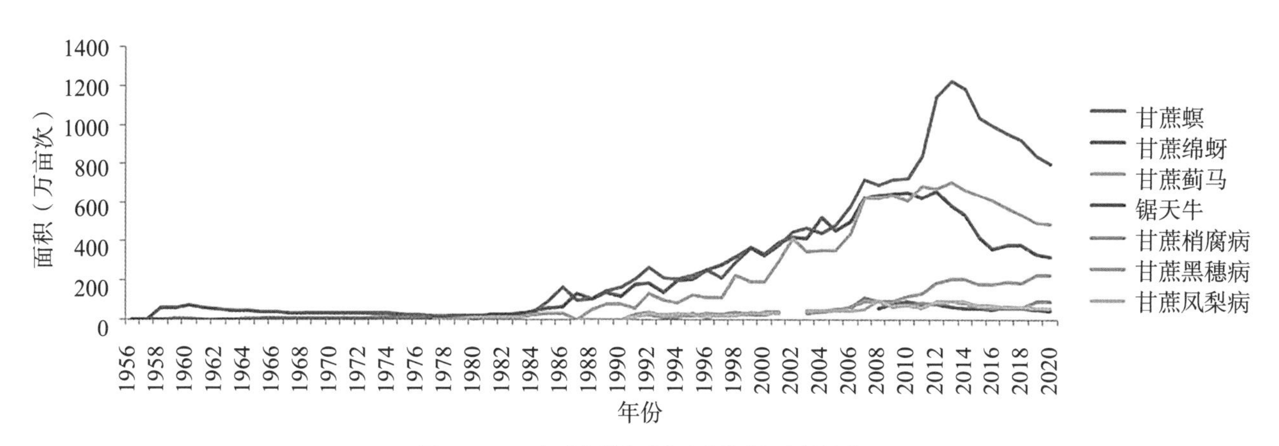

图 16　1956 年以来甘蔗重大病虫发生面积统计表

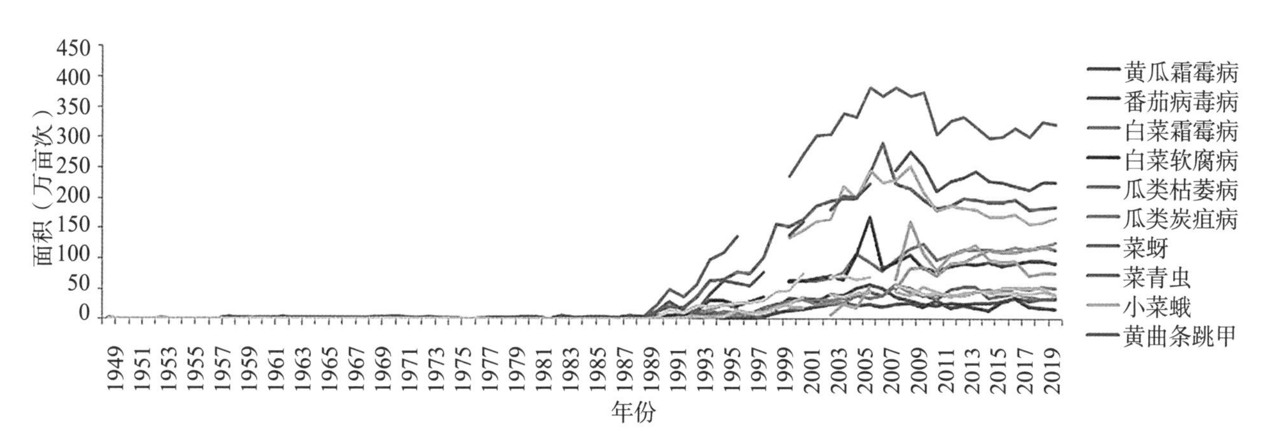

图 17　1949 年以来蔬菜重大病虫发生面积统计表

第三章　农作物病虫预测预报

第一节　测报沿革

1949年农业部设置病虫害防治司，1950年在全国各地建设了28个病虫害防治站，至1952年发展到120个，并在各大区农林部成立了病虫害防治工作机构。1951年广西省农林厅设立病虫害科（后改植保科），后又增设防治工作队（一套人马两块牌子），负责广西农作物病虫防治工作。各专区则在专署建设科属下设置农林技术推广站（业务受农林厅指导），站内设植保组，有3~5名植保技术员；1954年，各地专署建设科农林技术推广站撤销后，植保机构设在专署农林水利局农业科内。1950年冬，广西省农林厅按中央农林部的要求，下达文件，要求各专区农业试验站和各县国营农场负责本专区（县）病虫测报业务有关的技术工作，指定1名植保（或农业）技术干部兼管，按主要农事季节每10天向省农林厅植保科书面汇报1次。1956年，中共中央制定了《1956—1967年全国农业发展纲要》(草案)，要求从1956年开始，分别在7年或者12年内，在一切可能的地方，基本上消灭为害农作物最严重的虫害和病害。根据该草案的要求，广西省农林厅一方面加强植保组织建设和人才培训，另一方面积极开展病虫防治工作，使植保工作得到迅速发展。至1956年11月，广西植保工作机构体系已有了一个雏形。省专区和重点县都设置了植保技术工作机构，即广西省农林厅植保科设桂林、平乐、宜山、百色、容县等5个专区站，各专区站分别设置崇左、宾阳、全州、兴安、贺县、蒙山、宜山、石龙、平果、德保、容县和桂平等12个病虫测报点（县病虫测报点多设在县国营农场或县气象站内）。1957年4月，农作物病虫害预测预报业务由广西省农林厅植保科管理，原有的5个专区站下属的病虫测报点改为病虫预测预报站。

1958年，广西国家机关和事业单位精减机构，大批干部下放基层或精减还乡。植保机构和技术干部亦属精减下放对象。直到1962年11月，广西壮族自治区人民委员会作出《关于恢复和健全农业事业编制机构暂行规定》，决定恢复各县农作物病虫预测预报站的建制，并首次以广西壮族自治区人民政府文件，规定了县级病虫预测预报站要配备2名专司病虫测报的技术人员，面上的病虫防治工作另设专人负责。1963年，自治区召开农业工作会议，进一步强调农业技术工作的重要性，广西各级植保机构从此得到迅速恢复和发展。至1963年10月，全区75个县（不包括当时尚隶属广东省的钦州地区和北海市）都建立了农作物病虫预测预报站，共配备植保技术干部143人，每个站有技术干部2名左右。1964年下半年，广西壮族自治区编制委员会印发文件，在自治区和专区一级恢复植物检疫站和设置病虫预测预报站。至1966年，广西基本形成了自治区、专区、县三级植物保护（病虫测报）工作系统，植保工作逐步走上正轨。

1966—1976年，广西同全国各地一样，经历了“文化大革命”，植保事业遭到更为严重的摧残。各级植保机构被撤销，大批技术人员被下放到“五七”干校劳动或到农村“接受贫下中农再教育”。自治区一级的植保机构只在自治区革命委员会生产组下属的农林服务组留下4名植保技术干部。这种情况一直延续到1978年。“文化大革命”期间，整个植保事业包括推广、教育、科研工作都处于停顿或瓦解状态，前10多年的艰苦经营毁于一旦。

1978年以后，广西植保事业才得到恢复和发展。1979年5月24日广西壮族自治区植保植检总站成立，1981年7月更名为广西壮族自治区植保总站，增挂广西壮族自治区农作物病虫预测预报站牌子，并设立公章。广西壮族自治区植保总站负责广西主要农作物病虫监测体系的建设规划和管理工作，制定病虫测报工作长远发展规划；监测广西主要农作物病虫草鼠尤其是迁飞性害虫和流行性病害的发生趋势及动态，及时发布主要病虫草鼠中长期趋势预报和突发性病虫发生警报；跟踪调查农业产业结构调整过程中重要作物的主要病虫草鼠的变化及其测报技术的研究开发应用，指导广西的测报工作；试验、示范、推广广西农作物病虫草鼠测报技术；在执行国家测报技术规范的基础上，制定或修订广西农作物病虫草鼠测报办法或标准；指导与培训广西植保系统测报专业技术人员的技术；建设、维护广西测报网络；负责广西植保专业统计工作；执行测报工作的区内外合作与交流项目。

1980—1981年，全区各级植保测报机构全面恢复，一个崭新的测报工作网络迅速形成。1989年，全国植保总站在广西确定了合浦等14个县（市）测报（植保）站为全国区域性测报站，这些区域站在几十年的工作中表现突出，调查系统，数据精细，基本上负责以水稻为主的作物病虫调查工作，一直持续到90年代。

2004年以后，由于植保工程的启动和实施，农业部在广西重新建设“全国农业有害生物预警与控制区域站”，每个区域站投资200万～350万元不等，用于基础建设、仪器设备采购及技术实施等。2004—2012年，共投资建设了合浦等43个县（市、区）区域站。

2017年以后，国家启动植保能力提升工程，投资建设全国农作物病虫疫情监测分中心（省级）田间监测点，每个县投资约200万元，扶持广西建设了省级农作物病虫疫情信息调度指挥平台1个，省级草地贪夜蛾监测管理系统平台1个，2019—2021年分别在融安县、防城区、兴安县、乐业县、全州县、岑溪市、永福县、平乐县、荔浦市、合浦县、宜州区和田阳区等12个县（市、区）建设了县级病虫疫情信息化处理系统8套、田间监测点60个。同时，2017年自治区财政开始资助建设广西农作物重大病虫观测场，每个县（市、区）投资30万～60万元，截至2021年分别在岑溪、桂平和宜州等55个县（市、区）建立重大病虫观测场56个，农作物重大病虫监测预警开始迈入智能化和信息化阶段。

第二节　农作物病虫害测报调查技术发展

广西农作物病虫测报站自1979年成立，至1984年，制定了农作物病虫调查记载专用的58种表格和“广西农作物病虫测报工作岗位责任制”，使广西农作物病虫测报工作有了规范的技术要求和业务管理措施。1985—1990年，实施完成了《广西农作物病虫测报技术规范的研究和推广应用》项目工作。主要内容包括业务管理——测报技术岗位职责、技术考评及工作奖励办法、观测记载表册及汇报制度；测报调查技术——系统观测办法、大田普查抽样技术及统计方法、主要农作物病虫鼠害发生程度划分办法、电算统计分析程度等。全套技术标准编纂成《广西农作物病虫测报技术规范手册》，由广西科学技术出版社出版发行，经过5年的研究和推广应用，使广西的农作物病虫测报工作基本上实现了规范化和标准化。

1986—2008年，广西农作物病虫测报工作业务管理办法日益完善，测报调查技术与办法也有新的发展，在经验预测法、历期推算法、期距分析、单元回归分析的基础上，发展到多元回归分析、逐步判别分析、模糊聚类分析等多种方法并存。从80年代后期起，广西水稻病虫发生趋势数值预测研究得到了较快的发展，建立了一批表述农作物病虫地方发生规律的预测模型，促进了病虫测报技术的发展。在此期间，广西不仅水稻病虫测报工作开展得好，而且柑橘、甘蔗等主要病虫的测报与防治工作也比以前有所发展。由广西农作物病虫测报站组织编制的《柑橘、甘蔗主要病虫测报试行办法》(内部资料)印发全区各市、县（市）植保（测报）站，在一定程度上统一、规范了广西柑橘、甘蔗病虫测报办法。1986—1989年，由广西壮族自治区植保总站主持，在全区范围内的主要甘蔗区实施并完成了“甘蔗螟虫性诱测报及推广应用”项目工作；1986年，广西柑橘研究所完成了“柑橘潜叶蛾生活史及发生期预报方法研究”项目工作，桂平市农作物病虫测报站完成了“甘蔗二点螟性信息素诱测技术在测报技术上的应用”项目工作。1987年，广西柑橘研究所等单位进一步发展并完成了“柑橘潜叶蛾测报办法试验、示范及推广”项目工作。

2000年以后，广西测报工作改进并应用各项测报调查新技术：大部分县（市、区）采用虫情测报灯进行测报灯诱监测田间虫情，建立病虫信息采集系统，应用“中国农作物有害生物监控信息系统”“广西农作物有害生物监控信息系统”进行测报信息采集传输等。电子计算机网络技术的研究与推广应用，极大地促进了广西病虫测报调查技术现代化进程。病虫测报技术标准化也取得了突飞猛进的发展，在农业部制定的水稻病虫害测报调查规范基础上，结合广西实际情况，加强蔬菜、果树、甘蔗等病虫害测报调查规范。2003—2020年，广西植保部门相继制定了25种主要经济作物病虫的测报调查技术规范，并在《广西农作物病虫测报技术规范手册》的基础上，于2009年编辑出版《广西农作物主要病虫测报技术》，明确了广西农作物病虫测报工作要求，规范了水稻、玉米、蔬菜、果树、甘蔗等病虫的测报调查规范。这些测报调查规范均由广西壮族自治区质量技术监督局正式发布，作为广西地方标准执行，其发布实施，有效促进了广西在水稻、蔬菜、果树等主要病虫害测报调查技术上的均衡发展。

多年以来，以建设广西农业有害生物预警与控制区域站、植物保护能力提升工程、广西重大病虫害监测和预警预报重点区域站升级完善等项目形式，逐步在广西85个县级专业测报站建设农作物病虫标准观测场，观测场面积13.3公顷以上，内设1个0.67公顷以上的病虫观测圃，安装自动虫情测报灯、田间小气候观测仪、孢子捕捉仪，购置田间调查统计器、数码照相机、数码摄像机和简易交通工具等先进的病虫信息采集仪器设备，运用现代化测报调查技术手段进行农作物病虫信息的采集和预测预报工作。

随着“公共植保、绿色植保”理念的深入推广，农作物病虫测报工作愈显重要，加强植保工作，增加资金投入，强化基础设施，提高生物灾害监测防控能力势在必行。“十三五”期间，国家启动了植保能力提升工程，同时，广西财政资助建设重大病虫观测场项目。按照“聚点成网”和“互联网+”的总体思路，以提高农作物病虫疫情监测预警和防控指导水平及公共服务能力，更好地服务现代农业建设为宗旨，以病虫监测“自动化、智能化、信息化、网络化”为内在要求，大力推广物联网、大数据和地理信息系统等信息技术在病虫监测预报的应用，构建以自动化、智能化田间监测站点为基础，县级信息收集和处理系统为核心，省级病虫疫情调度指挥平台为骨干，国家级监控信息平台为龙头，上下相通、横向互联，与发展现代农业相适应的现代化病虫疫情监测预警体系。2017—2021年，累计建设1个省级农作物病虫疫情信息调度指挥平台，1个省级草地贪夜蛾监控管理系统平台，在融安、防城和兴安等12个县（市、区）建设全国农作物病虫疫情监测分中心（省级）田间监测点60个（表2），在岑溪、桂平和宜州等55个县（市、区）建设广西农作物重大病虫观测场57个（表3）。配置了农作物病虫害实时监测物联网设备、物联网自动虫情信息采集设备、害虫性诱远程实时监测设备、农作物病害实时监测设备以及田间小气候仪等。病虫监测网络进一步织牢织密，广西农作物重大病虫监测预警能力显著提升。

表2　2019—2021年全国农作物病虫疫情监测分中心（省级）田间监测点名单

年份	田间监测点建设地点	备注
2019—2020年	融安、防城、兴安、乐业	每个县（市、区）建设田间监测点5个
2020—2021年	全州、岑溪、永福、平乐、荔浦、合浦、宜州、田阳	

表3　2017—2021年广西农作物重大病虫观测场名单

时间	建设地点	备注
2017	岑溪、桂平、宜州、灵山、八步、昭平、武宣、天峨、兴安、平乐、北流、博白、柳城、防城、天等、靖西、乐业、资源、灵川、灌阳	
2018	合浦、苍梧、隆安、浦北、象州、永福、港南、凤山、横县、资源	2018年资源观测场升级
2019	宾阳、容县、东兰、大化、巴马、环江、宁明、融水、兴宾、富川	
2020	全州、忻城、都安、合山、阳朔、荔浦、上思、龙胜、平果、西林	
2021	那坡、马山、罗城、钦北、东兴、苍梧、南丹	

第三节　广西农作物主要病虫测报技术

广西水稻病虫测报技术规范的研制始于1985年，除病虫的调查方法由国家统一制定标准外，广西从观测记载表册的设计和测报工作规范的制定入手，进而对分区系统观测、大田普查抽样技术、病虫鼠害发生程度划分、电算预报程序的设计等主要测报技术做了比较深入的研究，经过多次修改、补充，于1988年形成了比较完整的省级测报技术规范，全套技术标准编纂成《广西农作物病虫测报技术规范手册》，由广西科学技术出版社出版发行，为当时国内第一部比较完整的省级病虫测报技术规范，在国内引起了很大的反响。该项目被广西壮族自治区列为重点科技成果立项推广。在此基础上，广西壮族自治区植保总站进一步组织开展“广西水稻主要病虫测报技术规范的推广应用”研究，通过示范、试行，于1990年被广西壮族自治区科学技术委员会列为重点科技成果立项推广，并获得广西农牧渔业技术改进一等奖。广西水稻主要病虫测报技术规范组建了广西水稻主要病虫观测资料数据库（包括50个县“三虫两病”的主要观测数据），并应用数据库进行广西水稻主要病虫区划分析工作，将广西水稻病虫区划分为五大发生区，即桂东南丘陵台地、平原发生区，桂东北丘陵山地发生区，桂中石灰岩盆地发生区，桂西北高原山地发生区和桂西南河谷丘陵山地发生区。自1991年起，“广西水稻主要病虫测报技术规范的推广应用”项目规范技术作为广西水稻病虫测报的常规技术全面推广使用，并在实践中不断完善，如对水稻、玉米主要病虫的情报发布与验证规范方法，以及预报对象、各类情报额定（低限）期数（全年合计为15期，中稻区定为12期）预报准确率评定办法都有了明确的规定，对主要农作物病虫害防治效果的评定也规定了统一的办法。

为适应新形势下病虫测报工作，保证调查数据的统一和准确，提高测报准确率，有效指导防治，广西壮族自治区农业厅要求植保总站着手制定农作物病虫害测报调查标准，2000年以后，广西病虫测报技术标准化也取得了进步，在原有的由农业部制定的水稻病虫害测报调查规范基础上，结合广西实际情况，加强蔬菜、果树、甘蔗等病虫害测报调查规范。2008年经过修订和增加，2009年编辑出版《广西农作物主要病虫测报技术》，明确了广西农作物病虫测报工作要求，规范了水稻、玉米、蔬菜、果树、甘蔗等病虫的测报调查规范，分别制定了《番茄青枯病预测预报调查规范》《斜纹夜蛾预测预报调查规范》《菜粉蝶预测预报调查规范》《十字花科蔬菜软腐病预测预报调查规范》《甜菜夜蛾预测预报调查规范》《黄瓜霜霉病预测预报调查规范》《小菜蛾预测预报调查规范》《萝卜蚜预测预报调查规范》《朱砂叶螨测报调查规范》《甘蔗梢腐病测报调查规范》《甘蔗赤腐病测报调查规范》《甘蔗黑穗病测报调查规范》《甘蔗蓟马测报调查规范》《甘蔗螟虫测报调查规范》《茶黄螨测报调查规范》《柑橘木虱测报调查规范》《荔枝蒂蛀虫测报调查规范》《东亚飞蝗测报调查规范》《黏虫测报调查规范》《黑线姬鼠测报调查规范》等，其中14个测报调查规范通过广西技术监督部门批准，作为地方标准予以发布实施。这些标准的发布实施，有效促进了广西在水稻、蔬菜、果树等主要病虫害测报事业上的均衡发展。

第四章 农作物病虫害防治

第一节 农作物病虫害防治措施的沿革

一、农作物病虫害防治措施的发展

农作物病虫害的防治措施主要有农业防治、物理防治、生物防治、化学防治以及综合防治。

（一）农业防治

广西的农业防治技术是在传统农业防治的基础上不断发展、提高的结果，由于注入了现代自然科学的理论和方法，现代农业防治更具有规律性和普遍性。以往，由于广西农村经济欠发达，农业防治是“寓防治病虫于耕作之意”，被称为“不花钱之防治方法”，因此在防治中往往先考虑农业防治。在20世纪30年代，广西已初步形成以农业防治为基础的防治体系雏形，如挖毁稻根、冬翻冬种、捕蛾采卵、春灌灭螟、扯拔“枯心”“白穗”、推广梳虫器和梳虫箕，对遏制当时稻螟、稻苞虫为害起到了很好的作用。农业防治作为一项经济有效的防治技术，沿用至今，并一直向前发展，从简单的人工摘除、人工捕杀、犁耙翻耕，到选育种植抗病虫作物良种，再到改善宜虫宜病生境等，其基础地位日渐凸显。

（二）物理防治

灯光诱虫早在20世纪20年代即有，只不过当时使用的是煤油灯，在防治上并未起到多少作用。到了20世纪60—70年代，黑光灯普遍使用，主要用于害虫测报。从2001年起，广西壮族自治区植保总站引进、试验示范频振式杀虫灯并在生产上大面积推广应用，取得了显著的效益，2005年以来累计应用面积5521.29万亩次；同时，利用害虫对颜色的趋性，在生产上大面积推广应用生态黏虫色板（黄板、蓝板）诱杀害虫技术，以黄板为主，至2020年，广西色板诱杀技术应用面积达2059.45（表4）万亩次。随着试验示范推进，物理防治措施不断多样化和丰富化，逐步形成理化诱控技术（光诱、色诱）等（表4）。

表4 2004—2020年广西物理防治与性诱监控面积应用统计表

年份	频振式杀虫灯应用面积（万亩次）	色板诱杀应用面积（万亩次）	性诱监控技术应用面积（万亩次）
2004	—	—	0.30
2005	122.37	—	1.05

续表

年份	频振式杀虫灯应用面积（万亩次）	色板诱杀应用面积（万亩次）	性诱监控技术应用面积（万亩次）
2006	216.50	—	4.35
2007	275.99	—	11.10
2008	336.19	173.08	32.46
2009	194.38	41.90	52.13
2010	228.52	48.09	101.79
2011	204.70	54.32	82.87
2012	233.10	66.96	106.66
2013	251.12	231.36	155.41
2014	297.77	114.08	217.53
2015	364.47	137.1	217.75
2016	374.96	143.84	236.56
2017	426.87	170.60	282.65
2018	513.59	215.66	277.92
2019	642.01	256.10	261.16
2020	838.75	406.36	350.80
累计	5521.29	2059.45	2392.49

注：数据来自广西植保专业统计。

（三）生物防治

自20世纪50年代初，广西就开展了生物防治技术的研究，如利用赤眼蜂防治玉米螟、螟卵啮小蜂防治三化螟。20世纪70年代，开展以农业防治为基础，以繁放赤眼蜂、喷洒杀螟杆菌、放养鸭、保护青蛙等生物防治为主的水稻害虫综合防治试验，推广防治面积达300多万亩。1976年，体外培育赤眼蜂首次取得成功，为以后大量人工繁殖寄生蜂开创了新路子。20世纪80年代，利用寄生蜂防治甘蔗螟虫，利用大突肩瓢虫防治甘蔗绵蚜，引进澳洲瓢虫防治柑橘吹绵蚧，开展绿僵菌、Bt制剂、保幼激素、性外激素等防治害虫试验研究和示范。进入21世纪，社会对环境的高度关注使生物防治发展加快，昆虫性信息素、害虫天敌逐渐大面积应用到生产上，但受制于规模化生产，加上使用农药防治害虫的传统习惯根深蒂固，生物防治技术的推广应用进展缓慢。2011年，广西壮族自治区植保总站联合广西南宁合一生物防治技术有限公司，开始利用米蛾卵进行螟黄赤眼蜂规模化繁育和放蜂治螟应用技术研究探索，首先在武鸣蔗区探索统防统治放蜂治螟工作；在取得良好的效果后，进一步创新突破米蛾卵工厂化生产和小卵天敌赤眼蜂规模化高效扩繁技术瓶颈，在南宁建成国内外首条拥有完全自主知识产权的小卵赤眼蜂自动化生产线，达到年扩繁小卵赤眼蜂500亿头，可防治螟害蔗田100万亩次、500万亩次的产能，彻底改变了长期以来我国多种优势优质小卵赤眼蜂长期受寄主卵缺乏的限制、始终未能规模化应用于大田作物的困境，实现了小卵赤眼蜂工厂化生产和产业化应用发展的历史跨越。2012年以来，广西在蔗田、稻田开展了大面积放蜂治螟示范应用及集成技术创新，改变传统的千家万户分散防治的方式，实行统一蜂源、统一时间、统一技术、统一培训、分户放蜂的“四统一分”、统分结合的放蜂模式，并在实践中创新形成了公共财政出一点、糖企出一点、农场出一点、蔗农出一点的“多个一”投入机制，建立多方联动、产—研—推结合的长效推广机制，提高了放蜂的效率、效果和效益。据查定，放蜂区各项主要技术和经济指标均优于常规农药防治区，其中甘蔗螟害节率平均降低45%，平均每亩增产1.18吨，糖分平均提高0.71个百分点，平均每亩增糖0.18吨，放蜂蔗区蔗农每亩平均增收531元，技术获得了蔗农及蔗糖企业的认可，应用面积逐年扩大，取得了蔗田增产、蔗农增收、糖企增利、财政增税、农药减量、生态改善“四增一减一改善”的显著成效。据统计，1979年广西生物防治面积约150万亩次，到2020年广西生物防治面积7598.28万亩次，是1979年的50倍左右，累计应用面积达93351.11万亩次。2018年后，农用抗生素、植物源农药、诱抗剂、昆虫生长调节剂等开始广泛应用（图18）。

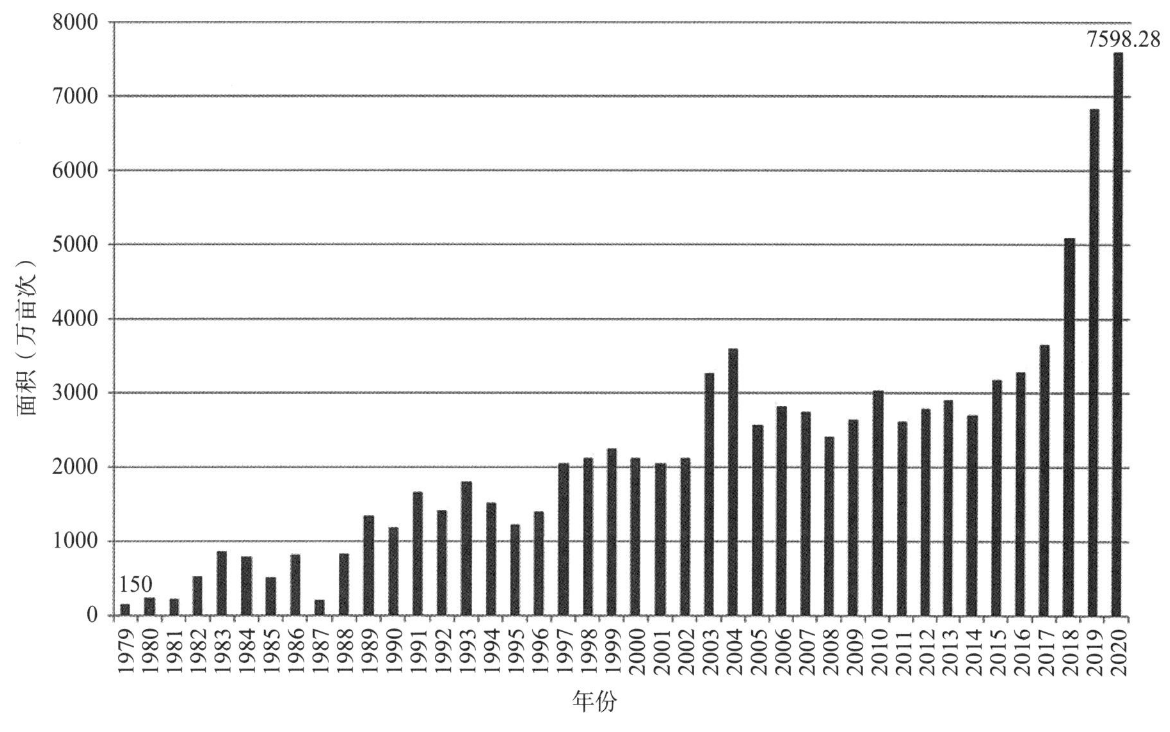

图18　1979—2020年广西生物防治技术应用情况

（四）化学防治

化学防治是农业生产中重要的防治手段。20世纪50年代中后期，化学农药开始在控制害虫上显示出强大的威力，特别是20世纪60年代至70年代前期，随着农药工业生产的迅猛发展，提出了“治早、治少、治了”的治虫口号，化学防治占据统治地位。随着环境污染和农药残留（residue）、有害生物再度猖獗（resurgence）、生物抗药性（resistance）的“3R”等问题的出现，农业部根据专家建议，1975年国家提出了“预防为主，综合防治”的植保方针，单纯依赖化学防治的局面才得以改变。但在农业病虫害防治中，化学防治仍然扮演着不可或缺的角色。各地大力倡导和实行合理使用化学农药，推广应用高效、低毒、低残留的农药新品种、新剂型和各种高效率的植保机械，充分发挥农药在综合防治病虫草鼠害中的正面作用（图19）。

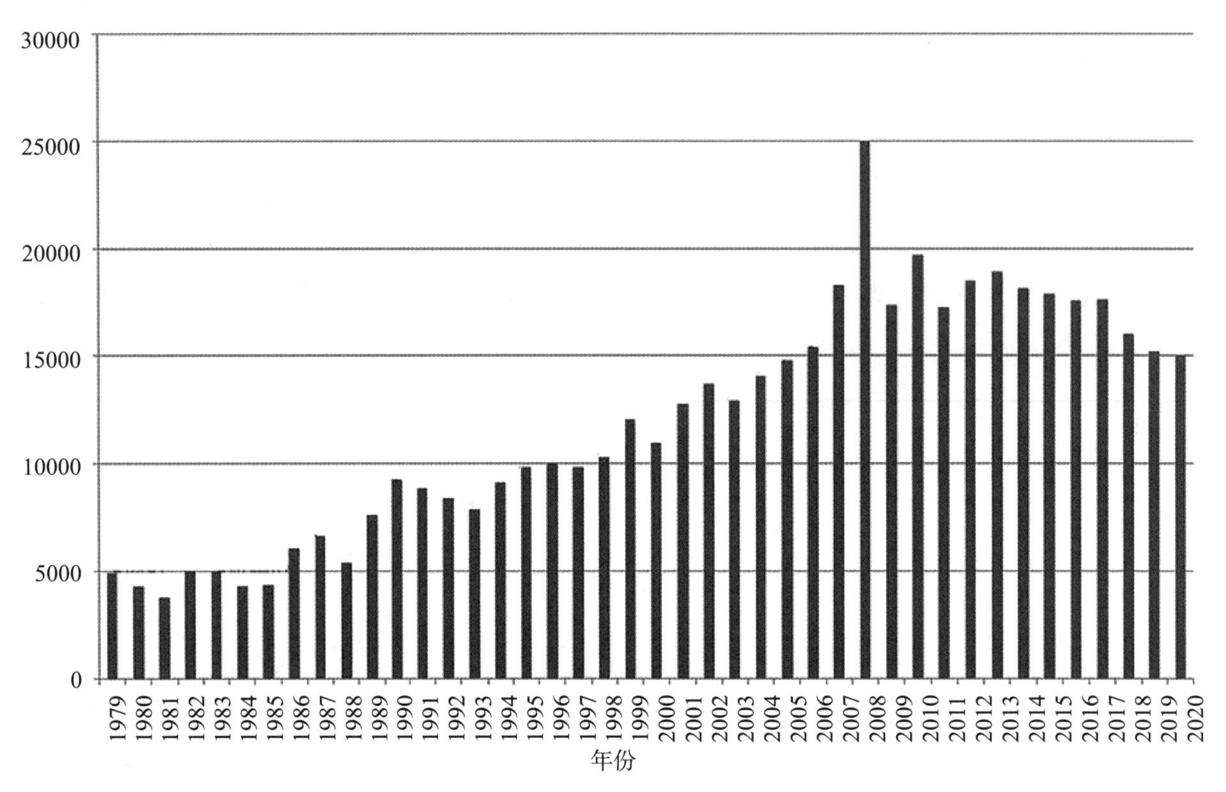

图19　1979—2020年广西化学防治技术应用情况

（五）综合防治

综合防治是把各种适宜的有效技术措施有机地合理地协调运用，将有害生物控制在经济损失允许水平以下。我国现行的植保方针是“预防为主，综合防治”，该方针制定于1975年，对广西的病虫防治工作产生巨大的推动作用。20世纪70—80年代，在玉林地区试验推广以生物防治为主的综合防治，80年代在广西较大面积推广应用。20世纪90年代以后，广西大力推广水稻病虫综合防治规范技术、玉米铁甲虫联防联控技术、农区统一灭鼠技术等，持续为广西农业发展和安全生产保驾护航。

21世纪初，广西大力推广应用“禁用高毒农药＋健身栽培、生态调控＋理化诱控＋生物防治＋科学安全用药＋产品检测”的动态植保综合防治模式，取得了显著成效。

二、农作物有害生物绿色防控主推技术

以理化诱控技术为核心，以健身栽培、农业防治和生态控害为基础，以禁用高毒农药、科学安全用药为前提，配套毒饵站灭鼠、以螨治螨、套袋、生物防治（生物农药、天敌昆虫）等绿色植保控害技术，形成“健身栽培＋农业防治＋‘四诱’技术＋科学安全用药＋产品检测”的动态防治模式，探索出一元技术、二元技术、多元技术模式及主要作物病虫害全程绿色防控技术模式等多种模式，如水

稻“杀虫灯 + 性诱 + 养鸭”、蔬菜“杀虫灯 + 性诱 + 黄板”、果树“杀虫灯 + 黄板 + 性诱剂 + 套袋”、甘蔗“放蜂治螟 + 性诱”。

(一) 光诱技术

1. 技术简介

利用光电原理、波振技术，将频振式灯发出的光、波设在特定的范围内，近距离用光、远距离用波，引诱害虫至灯周围的高压电网触杀，提高诱杀效果。

2. 使用技术

频振式杀虫灯应用较多的有交流电型和太阳能型2种，各种作物均可使用，平地连片40~50亩安装1台，丘陵山地20~30亩安装1台。灯高（接虫口对地距离）1.2~1.5米，如作物植株较高，则挂灯略高于作物，一般以20~30厘米为宜（图20）。

图20　水稻诱虫灯

(二) 性诱技术

1. 技术简介

雌性昆虫成虫在性成熟后释放性信息素，刺激雄性成虫触角中的化学感觉器官，引起雄性成虫个体性冲动并引诱其向释放源定向飞行，与雌虫交配繁衍后代。性诱技术利用此原理，仿生合成目标害虫性信息素化合物，通过诱芯释放到田间，引诱雄性成虫至诱捕器诱杀，破坏其交配，达到防治目的。

2. 使用技术

瓜果实蝇诱捕器（配套性诱剂，下同）每亩使用3~5个，小菜蛾诱捕器每亩使用3~6个，斜纹夜蛾、甜菜夜蛾诱捕器每亩使用1个，连片使用50亩以上效果更好（图21至图22）。

图21 小菜蛾等鳞翅目害虫性诱剂

图22 实蝇诱捕器

（三）色诱技术

1. 技术简介

利用害虫对颜色的趋向性（趋黄或趋蓝），在田间悬挂黏虫色板诱杀。亦可与信息素制成复合色板，提高防治效果。

2. 使用技术

对蚜虫、蓟马、粉虱、黄曲条跳甲、美洲斑潜蝇等小型昆虫具有较好的诱杀效果，害虫初发时每亩使用15~20片（40厘米×25厘米）（图23）。

图23 黏虫色板

（四）食诱技术

1. 技术简介

利用鳞翅目、双翅目害虫在羽化初期必须通过取食才能完成生殖发育并实现代际繁殖的特点，通过提取多种植物中的单糖、多糖和植物酸，合成具有吸引和促进害虫成虫取食的食诱剂，借助缓释载体和诱捕器释放到田间，吸引害虫成虫前来取食、诱杀，达到减少下一代虫口密度的目的。

2. 使用技术

根据目标害虫选择对口的食诱剂，按其操作方法使用（图24）。

图24　食诱剂

（五）生态调控技术

1. 技术简介

综合考虑作物区划、品种布局、间作、套作、轮作等耕作栽培技术和抗性品种的选育、生物防治等植保措施及水肥管理等农事操作，充分发挥自然控制因素的生态调控作用，创造有利于作物生长、有益于生物繁殖、不利于病虫发生繁殖的农田生态环境，持续控制有害生物。

2. 使用技术

稻田田埂保留禾本科杂草，为天敌提供过渡寄主；田埂种植芝麻、大豆等显花植物，涵养蜘蛛、寄生蜂、瓢虫、黑肩绿盲蝽、草蛉、青蛙等害虫天敌；田边种植香根草等诱集植物，丛距3—5米，减少二化螟和大螟的种群基数；利用不同遗传背景的水稻品种进行合理布局预防稻瘟病等。果园适当留草，或种植三叶草、山毛豆等草，供天敌栖息（图25）。

图25　农田生态环境

（六）以螨治螨技术

1. 技术简介

利用捕食螨对柑橘红蜘蛛、锈壁虱的捕食特性，人工释放捕食螨防治害螨。

2. 使用技术

1年释放1~3次，1株1袋（图26）。

图26 人工释放捕食螨

（七）放蜂治螟技术

1. 技术简介

利用赤眼蜂对螟卵的寄生特性，人工繁殖、释放赤眼蜂防治甘蔗螟虫、稻纵卷叶螟和二化螟。

2. 使用技术

蔗田防治甘蔗螟虫：每次每亩放5张蜂卡，每张蜂卡1000头赤眼蜂，整个甘蔗生长期放4~5次。稻田防治稻纵卷叶螟和二化螟：一代释放3次，每次每亩8张蜂卡，根据预测预报在螟蛾始盛期开始释放，连续释放3次，每次间隔5天（图27）。

图27 人工释放赤眼蜂

（八）果实套袋技术

1. 技术简介

在果实生长过程中，在果实的外面套上专用袋子，利用物理阻隔减少病虫为害。

2. 使用技术

在果实谢花定果后，选择合适的纸袋套在果实上（图28）。

图28 果实套袋

（九）毒饵站控鼠技术

1. 技术简介

利用害鼠喜欢钻洞的习性，制作圆筒形毒饵站，引诱害鼠进入取食毒饵，改变传统裸投毒饵的方式，保障人畜安全。

2. 使用技术

农家每户放置2个，分别放于猪圈和后屋檐下；农田每亩使用1个，放置在田埂边的鼠道上（图29）。

图29 圆筒形毒饵站

（十）“稻—灯—鸭”技术

1. 技术简介

“稻—灯—鸭”技术是以水田为基础、以种优质稻为中心、家鸭野养为特点的自然生态与人工干预相结合的生态技术模式。通过将雏鸭放入稻田，一天24小时生活在稻田中，利用鸭子吃掉稻田内的杂草、害虫，刺激水稻植株分蘖，产生浑水肥田的效果，使鸭子、水田、水稻形成一个动态的多级食物链网结构和动物循环再生利用体系。

2. 使用技术

主要包括杀虫灯的安装、水稻栽培管理和稻鸭共育控害技术3个环节。30~50亩安装1台频振式杀虫灯，水稻移栽后7~10天扎根返青、开始分蘖时，将15天左右的雏鸭放入稻田饲养，每亩稻田放鸭10~20只，在稻田四周用尼龙网围成防逃圈，围网高60厘米，每隔1.5~2米竖一根撑杆。在田的一角建设鸭舍，按每平方米10只鸭折算鸭舍面积，舍顶遮盖，三面围挡，以避日晒雨淋和通风透气。（图30）

图30 “稻—灯—鸭”技术

三、农作物病虫害绿色防控关键技术集成模式

（一）水稻

移栽前大田灌水灭蛹＋播种前种子消毒＋防虫网育秧＋施送嫁药＋理化诱控（光诱、性诱等）+Bt等生物农药防治＋稻鸭共育除虫控草＋高效低毒低残留农药防治。

（二）蔬菜

土壤消毒＋选用抗性品种＋药剂拌种＋防虫网阻隔育苗＋农业防治技术＋免疫诱抗技术＋理化诱控技术（光诱、性诱、色诱等）＋生物农药防治＋轮作。

（三）果园

冬季清园＋清理病虫残体＋生草栽培＋生物防治＋理化诱控（光诱、性诱、色诱、食物诱等）＋

高效低毒低残留化学农药防治。

（四）甘蔗

模式一：冬季清园＋蔗种消毒＋健身栽培＋理化诱控（光诱、性诱）＋中耕培土＋生物农药＋高效低毒低残留化学农药防治＋小锄低斩。模式二：冬季清园＋蔗种消毒＋健身栽培＋放蜂治螟＋性诱技术＋中耕培土＋生物农药＋高效低毒低残留化学农药防治＋小锄低斩。

（五）茶园

冬季清园＋农业防治（修剪等）＋理化诱控（光诱、色诱、性诱、食物诱等）＋生物防治＋高效低毒低残留化学农药防治。

第二节 农作物重大有害生物防治与技术推广

一、农作物重大病虫害防治

（一）《农作物病虫害防治条例》颁布施行

党中央、国务院高度重视农作物病虫害防治工作。习近平总书记指出，安全农产品和食品，既是产出来的，也是管出来的，但归根到底是产出来的，要加强源头治理，健全监管体制，把各项工作落到实处。李克强总理强调，要大力加强农业综合生产能力建设，夯实保障国家粮食安全的基础。我国是一个农业大国，农作物病虫害防治直接关系粮食安全、农产品质量安全和生态环境安全。近年来，随着气候变化、耕作栽培方式改变和农作物复种指数提高，农作物病虫害呈多发、频发态势，重大农作物病虫害疫情时有发生。2020年以前，植物保护领域一直缺乏涵盖农作物病虫害防治这一重要内容和主体工作的立法，现行的一些制度规范难以适应防治工作面临的新形势新任务，亟须通过立法明确防治责任、规范防治规程、完善防治方式、强化保障措施等，为防治工作提供有力的法律支撑。

2020年3月17日，国务院常务会议审议通过《农作物病虫害防治条例》，3月26日，李克强总理正式签署国务院第725号令，公布该条例自2020年5月1日起施行。《农作物病虫害防治条例》共7章45条，重点规定了农作物病虫害防控的基本原则、主体责任，并按照病虫害防控的主要环节，对监测与预报、预防与控制、应急处置、专业化服务和相应法律责任作了明确规定。《农作物病虫害防治条例》的颁布实施是我国植物保护发展史上的重要里程碑，开启了依法植保的新纪元，对于提升植保社会地位，落实农作物重大病虫害的防控责任，扎实推进农作物重大病虫害绿色防控和统防统治融合发展，全面提升重大病虫害监测预警、预防控制、应急防控和社会化服务能力，切实减轻为害损失，保障国家粮食安全和重要农产品有效供给具有重要意义。

2020年7月3日，广西壮族自治区农业农村厅启动《农作物病虫害防治条例》广西宣传月活动，组织指导全方位开展《农作物病虫害防治条例》宣传活动。2020年7月，在来宾市举办《农作物病虫害防治条例》专题解读班；10月，启动二类农作物病虫名录制定工作，经组织植保专家征求意见、专题研讨、审定等一系列程序后，于2021年1月14日将《广西二类农作物病虫害名录》向社会进行公告（桂农厅公告〔2021〕5号）；12月，邀请全国农技中心防治处专家再次对《农作物病虫害防治条例》进行全方位讲解。据不完全统计，广西利用广播电视、报纸宣传1599次，利用微信、QQ等自媒体平台进行网络宣传2460次，张贴标语3549条，发放资料、书籍175万份，开辟宣传栏345块，校园宣传22次，举办培训班、组织网络科普学习1477期，培训人员9.88万人次。

（二）广西农作物重大病虫防治

广西是我国农业生物灾害多发、重发区之一，病虫草鼠害年均发生面积约2.7亿亩次，能造成较大为害的有200多种，如蝗虫、水稻“两迁”害虫、稻瘟病、南方水稻黑条矮缩病、柑橘黄龙病等。受气候变异等因素的影响，农业生物灾害的发生在广西呈上升趋势，突发性、暴发性、迁飞性、灾害性、流行性病虫害发生及外来有害生物入侵呈种类增多、频率增加、为害加重的趋势（图31至图34）。

图31　稻飞虱为害水稻

图32　蝗虫为害甘蔗

图33　福寿螺为害水稻

图34　草地贪夜蛾为害玉米

20世纪80年代以来，广西植保部门积极开展防治技术研究及推广工作，依托项目示范带动面上农业有害生物防治工作。进入21世纪后，全力推进“公共植保、绿色植保”，建立了以政府主导、预案管理为核心的防控机制，形成了“政府主导，部门联动，群防群治，保障有力，快速高效”的工作局面，大力推进专业化统防统治、绿色防控、综合治理，突出主要作物、关键时期、重点区域、重大病虫防控，连续打赢了玉米铁甲虫、东亚飞蝗、水稻“两迁”害虫、福寿螺、甘蔗螟虫、南方水稻黑条矮缩病、草地贪夜蛾等重大病虫防控战役。

二、农作物病虫害绿色防控与技术推广

广西认真贯彻落实“预防为主、综合防治”的植保方针，大力推进绿色植保，尤其是进入21世纪以来，咬住绿色不放松，坚持绿色防控病虫害的可持续发展道路，率先在全国禁用高毒农药，以项目为依托，大力推进理化诱控、生态调控、生物防治等绿色植保技术，实施农药减量控害，取得了显著的成效（图35至图39）。

（一）项目拉动

1.“万家灯火”项目

从2005年起，广西壮族自治区设立财政专项，启动“万家灯火”项目，在广西大面积推广应用频振诱控技术。2005—2020年，投入公共财政资金2778万元，累计应用频振式杀虫灯11.93万台。2006年12月，“频振杀虫新技术的推广应用”成果获广西科学技术进步奖三等奖。

表5　2005—2020年频振式杀虫灯应用统计表

年份	投入资金（万元）	频振式杀虫灯采购数量（台）	广西应用面积（万亩次）
2005	100	5000	122.37
2006	200	10000	216.50
2007	250	13800	275.99
2008	400	21500	336.19
2009	400	21000	194.38
2010	100	5000	228.52
2011	100	5000	204.70
2012	160	5000	233.10
2013	160	5000	251.12
2014	160	5072	297.77
2015	160	5055	364.47
2016	160	5000	374.96
2017	160	5000	426.87
2018	100	2400	513.59
2019	88	2900	642.01
2020	80	2600	838.75
累计	2778	119327	5521.29

注：投入资金为自治区财政投入资金，杀虫灯采购数量为自治区级政府采购数量。

图 35　时任广西壮族自治区党委书记郭声琨视察病虫害绿色防控工作（2011 年 5 月 31 日）

图 36　时任广西壮族自治区人民政府主席马飚察看太阳能杀虫灯（2010 年 11 月）

图 37　时任农业部副部长危朝安视察“稻—灯—鱼”示范现场（2007 年 6 月）

图 38　时任农业部副部长范小建在兴业视察万家灯火项目（2006 年）

图 39　时任全国农业技术推广服务中心主任夏敬源在兴业县视察万家灯火项目（2006 年）

图 40　服务“三会一节”杀虫灯赠送仪式

图41 频振诱控技术国际研讨会现场

图42 与会代表现场观摩频振诱虫灯诱杀效果

2007年9月20—21日，重大农业害虫频振诱控技术国际研讨会在桂林召开。来自国际水稻研究所、联合国粮食及农业组织（简称“联合国粮农组织”）和菲律宾、越南、泰国等国家和地区的农业官员，中国农业科学研究院，中国农业大学，广西农业科学院、湖南省农业科学院、四川省农业科学院等农业科研与教学部门的专家，全国28个省（自治区、直辖市）农业厅和植保部门的代表共230多人参加了会议。与会代表观摩灵川水稻、临桂茶园和柑橘园频振诱控技术诱杀害虫现场，听取频振诱控技术控制重大农业害虫应用的国际报告、国家报告、区域报告和相关技术报告，分组讨论大力推广应用频振诱控技术的发展对策（图40至图42）。

2. 放蜂治螟项目

为解决甘蔗螟虫防治难题，2011年广西壮族自治区植保总站与南宁合一生物防治技术有限公司联合攻关，开展螟黄赤眼蜂规模化繁育和放蜂治螟技术攻关与示范推广。2015年起，广西壮族自治区农业厅将赤眼蜂生物防治项目列入自治区本级部门预算专项，截至2020年累计支持资金1370万元，自2017年起每年核心示范面积2万亩以上，带动面上应用16.35万亩（表6）。经过研究，项目组攻克了米蛾卵（寄主卵）扩繁的技术瓶颈和螟黄赤眼蜂工厂化生产的技术瓶颈，广西南宁合一生物防治技术有限公司在南宁建立了目前国内最大的螟黄赤眼蜂生产基地，年产赤眼蜂500亿头，可大田防治甘蔗螟虫100万亩次以上，田间应用面积连年扩大，取得了蔗田增产、蔗农增收、糖企增利、财政增税、农药减量、生态改善的“四增一减一改善”的显著成效。据不完全统计，2011年以来，广西实施放蜂治螟累计1300万亩次，减少化学农药28000千克（折纯）以上，放蜂当年即可替代针对蔗螟的化学农药，持续放蜂可长期稳定控制螟害。相关放蜂治螟技术课题先后获得南宁市科学技术进步奖一等奖、全国农牧渔业丰收成果奖二等奖、中国侨界贡献（创新成果）奖。

表6 2015—2020年广西放蜂治螟项目实施统计表

年份	自治区本级部门预算生物防治技术示范与推广项目	
	资金（万元）	释放赤眼蜂防治螟虫面积（万亩）
2015	110	1.38
2016	110	1.38
2017	240	2.82
2018	240	2.82

续表

年份	自治区本级部门预算生物防治技术示范与推广项目	
	资金（万元）	释放赤眼蜂防治螟虫面积（万亩）
2019	330	3.92
2020	340	4.03
合计	1370	16.35

注：投入资金为自治区财政投入资金。

2015年5月亚太区域植保组织病虫综合治理国际研讨会在北京召开，广西在会上做主旨发言，介绍生物防治经验。2017年10月，国家天敌昆虫科技创新联盟、广西壮族自治区农业厅、自治区糖业发展办公室、自治区农垦局在南宁市联合举办“国家天敌昆虫科技创新联盟2017（广西·南宁）天敌治虫现场观摩会暨天敌昆虫产业化高层论坛”，与会代表现场观摩了南宁合一生物防治技术有限公司的赤眼蜂自动化生产线，以及赤眼蜂在水稻、甘蔗作物上示范应用效果，国家天敌昆虫科技创新联盟成员单位在论坛上签署发布了“天敌昆虫保护利用南宁宣言”（图43至图46）。

图43　时任广西壮族自治区人民政府副主席陈章良视察赤眼蜂生产基地（2013年2月）

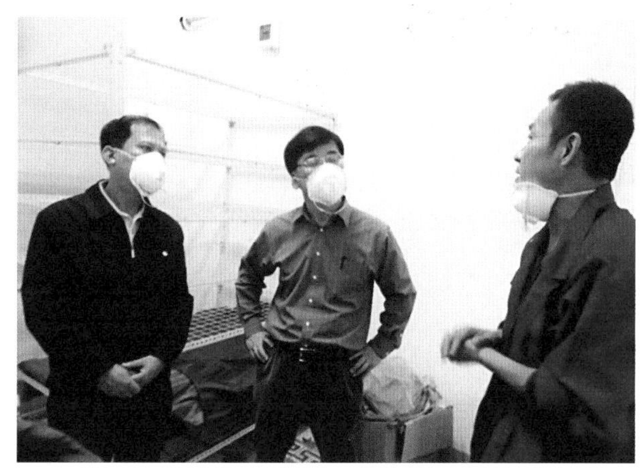

图44　联合国粮农组织 IPM 项目官员 Jan Willien Ketelaar 到赤眼蜂生产基地指导（2013年1月）

图45　FAO 亚太生物防治专家朴永范到赤眼蜂生产基地指导（2012年11月）

图46 保护利用天敌南宁宣言签署发布仪式

2018年9月25—28日，“海上丝绸之路”相关国家植物保护高级研讨会在南宁召开，来自柬埔寨、泰国等14个国家的植物保护高级官员参加了会议。与会代表参观了南宁合一生物防治技术有限公司赤眼蜂生产车间，肯定了广西的绿色防控工作，时任联合国粮农组织国际植保公约秘书处秘书长夏敬源在接受广西电视台记者采访时指出，广西的绿色防控技术世界领先，而且有了自身的绿色技术产品——螟黄赤眼蜂，希望能够加强与“一带一路”相关国家的合作，让广西的绿色防控技术走向世界（图47）。

图47 “海上丝绸之路”相关国家植物保护高级研讨会在南宁举办

3. 性诱监控项目

2004年广西开始进行害虫性诱技术试验、示范和推广，通过项目研究，解决了昆虫地理区系差异制约性诱剂应用的技术瓶颈，从性信息素的提取、分离、鉴定、合成、纯化、配制、诱捕器方面进行研究，并筛选出高效能的增效剂、稳定剂，研发出12种害虫的高效、稳定、持久性诱剂和诱芯3类、诱捕器4种。全世界范围首次开发出害虫性诱自动监测系统2套。开发出7种（类）害虫化学信息素复合色板，诱虫效果提高4—10倍。掌握了性诱剂使用的诱虫量、悬挂高度、密度、方位、添加剂、诱芯量、持效性、防治效果等9种性能指标，形成了5种害虫性诱测报调查规范、4种害虫性诱防治技术规程，并集成创新形成了12种害虫性诱剂及配套诱捕装置的核心技术体系，成功应用于害虫监测和防治，实现从技术创新、产品研发生产到技术集成、产业化推广、规模化应用的全过程，解决了害虫防治的重大课题。项目发表科技论文63篇，申请国家专利12项。广西壮族自治区农业厅把性诱技术列入生态农业建设的核心技术之一，以基地建设为依托，系统推广为主线，纳入生态农业模式中推广应用，至2020年底，广西累计推广应用2392.49万亩次。2011年12月，该项目的主要成果“重大农业害虫性诱监控技术研发与集成应用”获得了广西科学技术进步奖一等奖（图48至图51）。

图48　针对性诱监测项目启动专题、召开会议

图49　深入柑橘种植区察看监控效果

图50　组织专家学者到蔬菜基地察看黄色诱板

图51　现场交流性诱剂监控技术

2009年9月9—11日，重大农业害虫性诱剂监控技术国际研讨会在桂林召开。来自农业部有关单位、联合国粮农组织、国际水稻研究所、澳大利亚查尔斯特大学、浙江大学等国际组织和科研院校的专家学者以及全国28个省（自治区、直辖市）植保推广系统的推广技术人员共130多名代表参加了会议。会议交流了国内外重大农业害虫性诱监控技术的集成创新成果，总结了近年来我国应用性诱监控技术控制重大农业害虫所取得的成效，讨论了该技术在重大农业害虫控制中的应用前景，提出了进一步推广应用的建议。

4. 中国 /FAO 降低农药风险项目

中国 /FAO 降低农药风险（PPR）项目（GCP/RAS/226/SWE）由瑞典政府资助，通过联合国粮农组织在大湄公河次区域（柬埔寨、老挝、越南以及中国的广西、云南）实施。该项目由全国农业技术推广服务中心主持，由广西壮族自治区植保站、云南省植保总站组织实施。项目采用农民田间学校（FFS）的培训模式，通过成人非正规教育培训方式，向广大农民普及有害生物综合防治（IPM）理念，从而降低农药对人类健康和环境的为害，最终实现经济、社会、生态效益的协调发展。广西于2007年底启动该项目。2008年3月7日，中国 /FAO 降低农药风险项目农民田间学校辅导员培训班开学典礼在田阳举办。时任广西壮族自治区农业厅副厅长韦祖汉、联合国粮农组织官员 Jan Willem Ketelaar、时任全国农技中心防治处处长朱恩林、时任全国农技中心副主任钟天润及百色市、田阳县政府官员及有关部门负责人出席了开学典礼，朱恩林主持开学典礼，来自广西、云南、四川等省（自治区、直辖市）的42名教员、学员参加了开学典礼（图52）。培训班为期4个月，成员由6名辅导员和38名学员组成。培训班根据当地种植情况选取水稻、番茄和杧果作为目标作物，围绕农田生态系统分析方法，目标作物主要病虫害发生发展规律，目标作物栽培生产技术，农业有害生物综合防治技术，中国农药生产、销售、使用的相关法律、法规，农药相关知识和合理使用技术，农药中毒症状识别及防护措施，对农民进行培训的方法和技巧等内容展开，其间共邀请15名国内外专家就18个专题进行了辅导。在培训期间，结合培训内容在田阳县百育镇3个村选取水稻作为目标作物开办了6所农民田间学校，平均开班10次，共培训农民180人。农民学员经过培训后，有害生物综合防治观念明显增强，培训后农药用量平均减少30%，平均每亩增产约40千克，经济效益显著提高。根据世界卫生组织对环境的评估，综合防治田农药使用对生态环境的影响比农民常规防治（FP）田降低了66.5%，培训后社区生态效益明显提高。2008年8月，经过首期4个月培训的辅导员回到广西各地，开展降低农药风险项目农民田间学校培训工作，项目由此在广西各地全面铺开。截至2020年底，广西实施项目开办 IPM 农民田间学校401所，培训 IPM 新型农民12365人（表7）。2011年11月，FAO 项目评估专家 Daniel Shallon 到广西上林、柳江、融安等地评估项目实施情况，对广西工作给予了高度评价："广西项目实施政府支持力度大，群众参与积极性高，绿色防控技术推广成效显著，农民通过培训提高了用药水平，降低了农药残留，提高了农产品品质，经济效益显著提升，项目实施达到了满意的效果。"（图52至图59）

表7 2008—2020年广西农民田间学校开办情况统计表

年份	班数（所）	培训人数（人）
2008—2009	64	1892
2010	65	1978
2011	65	2015
2012	22	700
2013	32	1120
2014	22	700
2015	21	660
2016	9	270

续表

年份	班数（所）	培训人数（人）
2017	20	600
2018	20	600
2019	30	900
2020	31	930
合计	401	12365

图 52　2008 年 3 月 7 日，中国 /FAO 降低农药风险项目农民田间学校辅导员培训班开学典礼

图53　2008年8月2日，全国农技中心在广西田阳县举办中国 /FAO 降低农药风险项目农民田间学校辅导员培训班毕业典礼暨农民田间学校现场观摩会

图54　时任全国农技中心主任夏敬源、副主任钟天润，联合国粮农组织驻华代表 Victoria Sekitoleto、联合国粮农组织 PRR 项目首席技术顾问 Jan Willem Ketelaar，越南植保局观摩团，有关省（自治区、直辖市）农业厅（局）、植保站领导等120多人参加了会议

图55　2009年10月20—23日，FAO降低农药风险社区教育区域研讨会在桂林召开，中国、印度、泰国、菲律宾、越南、不丹、老挝、柬埔寨、马来西亚共9个国家及非政府组织专家50多人出席会议

图56　2012年11月联合国粮农组织、全国农技中心在合浦县联合举办“木薯粉蚧IPM暨PRR项目FFS辅导员培训班”，来自广西31个县及云南4个县共45名IPM辅导员参加了为期8天的培训

图 57　2011 年 11 月，FAO 项目评估专家 Daniel Shallon 到广西上林、柳江、融安等地评估项目实施情况

图 58　2018 年 2 月 28 日，中国 /FAO 降低农药风险项目中期评估会在南宁召开，联合国粮农组织项目官员 Jan Willem Ketelaar、时任广西壮族自治区农业厅一级巡视员王凯学出席项目研讨会

图 59　2018 年 11 月 15—17 日，中国 /FAO 降低农药风险项目（PRR）研讨会在桂林市举办，联合国粮农组织（FAO）北京代表处项目官员、时任全国农业技术推广服务中心防治处处长杨普云，四川、云南、海南和 NGO 农民田间学校培训专家及广西 10 个项目重点县（区）田间学校辅导员、学员代表等 30 多人参加培训班

5. 禁用“高毒”农药项目

2004年2月，广西壮族自治区人民政府办公厅印发《关于禁止使用和销售甲胺磷等高毒高残留农药的通知》(桂政办发〔2004〕13号)，广西在全国率先“禁高”(禁用高毒农药)，并开始探索替代技术，组织开展一系列大规模宣传培训，实践出一整套“禁高”病虫防治对策，共筛选出48个高毒农药替代品种，创新20多种植保防治技术模式，项目示范面积390万亩，辐射面积1.37亿亩，经济效益达8.75亿元。2010年1月，该项工作的主要成果《高毒农药替代技术试验示范推广应用》获得广西科学技术进步奖二等奖。

6. 生态工程项目

“利用生态工程技术防治稻飞虱”区域项目由亚洲开发银行资助、国际水稻研究所主持、全国农技中心承担、广西壮族自治区植保总站实施，目的在于研究应用生态工程技术提高稻田生态调控能力。项目于2009年启动，在广西桂林市临桂县和永福县实施。项目实施结果表明，在稻田生态系统中，天敌资源丰富，捕食性、寄生性、中性昆虫物种所占比例高达60%以上(表8)，生态稻田中的害虫和天敌的丰富度和个体数都高于常规稻田。稻田生境多样性有利于促进稻田节肢动物天敌群落的建立，可在一定程度上控制害虫群落的增长(图60至图61)。

图60—61　2008年10月19—22日，由全国农业技术推广服务中心、国际水稻研究所联合举办，广西壮族自治区农业厅植保总站承办的“应用生态工程技术控制水稻病虫害研讨会”在桂林市召开，时任全国农业技术推广服务中心主任夏敬源，桂林市政协副主席蒋廷春，广西壮族自治区农业厅总农艺师白先进，国际水稻研究所 K. L. Heong 博士，澳大利亚 Charles Sturt 大学 Gerffrey Gurr 教授，联合国粮农组织蔬菜 IPM 项目官员 Almalinda Abubakar，胡新梅，全国农技中心防治处处长朱恩林、副处长杨普云，浙江大学副校长程家安，云南大学校长朱有勇，华南农业大学梁广文教授，温州医学院杜永均博士，广西农业科学院王助引研究员，广西大学陆温教授等国内外知名专家40余人参加了会议

表8　早稻两类生境稻田天敌与植食性昆虫亚群落的多样性与均匀性指数比较(广西永福，2010)

亚群落	指数	稻田类型	调查日期(月－日)							
			05–25	06–07	06–28	07–13	08–18	09–02	09–14	10–02
天敌(捕食性、寄生性和蜘蛛)	多样性指数	生态稻田	4.889	3.247	4.805	5.460	4.652	4.816	4.978	3.732
		常规稻田	5.113	3.941	4.448	4.606	4.429	4.631	4.943	4.328
	均匀性指数	生态稻田	0.933	0.675	0.916	0.967	0.931	0.936	0.943	0.835
		常规稻田	0.963	0.870	0.921	0.902	0.894	0.945	0.946	0.919
植食性昆虫	多样性指数	生态稻田	2.632	0.505	3.524	2.149	3.295	3.694	4.442	2.749
		常规稻田	3.170	2.643	2.740	1.697	2.206	2.916	2.674	1.896
	均匀性指数	生态稻田	0.692	0.110	0.818	0.524	0.812	0.845	0.917	0.703
		常规稻田	0.791	0.746	0.723	0.449	0.555	0.761	0.749	0.584

(二)科技成果

1. 在标准制定方面

建立了58种病虫测报调查规范，制定发布了35种测报调查技术规程，为病虫害监测与防控提供了统一的规范。

2. 在科技创新方面

2000年以来，组织实施了中国/FAO降低农药风险项目(GCP/RAS/226/SWE)等国际项目2项，国家公益性行业(农业)科研专项“广西主要农作物有害生物种类与发生为害特点研究”和“柑橘黄龙病和溃疡病综合防控技术研究与示范”等4项，广西壮族自治区科学技术厅攻关项目“水稻‘两迁’害虫综合防治技术研究与示范”和“稻田福寿螺灾变规律及防控关键技术研究与集成应用”2项，广西农业重点科技项目“降低农药风险机制与技术研究应用”等多个项目，其中，获国家科学技术进步奖二等奖1项，广西科学技术进步奖一等奖2项、二等奖7项，其他奖12项。

3. 在科技著作方面

据不完全统计，2000年来广西壮族自治区植保总站先后公开出版《经济作物病虫及防治图册》《广西农作物主要病虫测报技术》《广西农民田间学校》等著作13部，公开发表科技论文194篇。

(三)示范带动

2004—2017年，围绕“猪—沼—果—灯—鱼”等生态农业模式建设，以示范样板为窗口，大力试验、示范植保“三诱”技术、毒饵站、以螨治螨、果实套袋、天敌控制、生物防治、农药安全使用及重大病虫配套综防技术、高毒农药替代技术等，广西建设绿色防控示范样板4879个，核心示范面积1680.53万亩次，技术覆盖100%的县(市、区)(图62)。

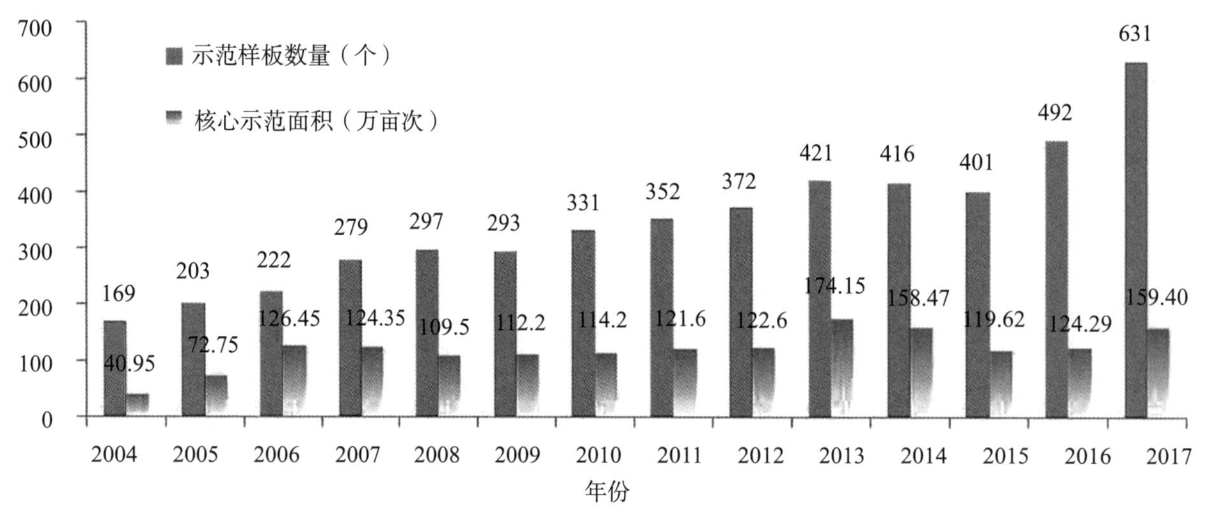

图62 2004—2017年示范样板数量与核心示范面积

（四）宣传发动

一是开办大型电视科普节目“植保进农家”。“植保进农家”是广西壮族自治区植保总站和广西电视台联合策划举办的全国首创的植保科普大型电视直播活动，其中2002年“植保进农家”荣获中宣部、国家广电总局等五部委颁发的全国优秀科普作品二等奖。二是开办农民田间学校。在广西开办农民田间学校320所，通过培训，培养了一批掌握IPM技术的新型农民，涌现出融安县大将镇东潭村、桂林市雁山区于家村、柳江县百朋镇小山村等一批农民田间学校典型。其中，融安县东潭村农民田间学校学员成立金橘合作社，进行标准化生产，由于产品质量的提高，产品销往上海等地超市，销售价格平均提高约50%，经济效益十分显著。三是举办各类现场会、展示会、技术培训班。每年组织举办防控现场会、技术展示会500多期。四是充分利用电视、网络、报纸、手机短信等大众媒体。广西植保系统每年发布电视预报300多期，网络信息4000余条，手机短信20万条，在报纸、期刊刊登信息100多期（图63至图68）。

（五）产业助推

加强与企业合作，共建示范基地，举办农药减量控害技术及绿色植保集成技术培训班，开展技术研究协作攻关，共同创新开发形成高效、科学、绿色的作物全程植保解决方案，推进植保服务机制创新。

与企业共同推动技术应用和产业发展。结合生物防治技术示范与推广、频振诱控技术示范与推广、农作物病虫害绿色防控创新示范等项目实施，加强与合作社、种植协会、种植大户和家庭农场合作，结合标准园区、生态园区、现代园区建设，推进统防统治与绿色防控融合。据不完全统计，近年每年有400多个专业化服务组织、50多家农药企业、800多个新型农业经营主体参与了示范共建。如2015年以来与南宁合一生物防治技术有限公司合作，建设万亩以上放蜂治螟示范区16个，带动了面上放蜂治螟的开展。同时，在实践中建立了行业联动模式，如“产＋学＋研”“推＋企＋教”“推＋工＋贸”等多种模式，形成合力，促进产业发展，取得实效。

第五届全国优秀科普作品奖

获奖证书

符峥嵘同志：

您创作的节目《2002植保进农家》荣获第五届全国优秀科普作品奖广播电视科普节目二等奖，特颁此证。

二〇〇三年九月

图63至图68　“植保进农家”是广西壮族自治区植保总站和广西电视台联合策划举办的全国首创的植保科普大型电视直播活动，1999—2006年共举办8届

2012年11月4日，农业部在广西南宁召开全国农作物病虫害绿色防控工作会议，贯彻落实时任农业部部长韩长赋在全国农作物病虫害科学防控高层论坛上的批示和副部长余欣荣的讲话精神，总结交流近年来农作物病虫害绿色防控取得的成效和经验，分析工作中存在的主要问题，研究部署大力推进农作物病虫害绿色防控对策和措施。会议要求各级农业植保部门要全面树立“公共植保、绿色植保”理念，围绕建设现代植保、服务现代农业，努力开创绿色防控工作新局面，切实提高我国植保工作水平（图69至图70）。

图69　全国农作物病虫害绿色防控工作会议在广西南宁召开

图70 现场考察交流经验

第三节　农药使用量零增长

一、启动仪式

广西农药使用量零增长行动于2015年3月启动，广西壮族自治区农业厅成立了由时任厅党组副书记、副厅长郭绪全任组长，相关处、站、室负责人为成员的农药减量控害行动推进落实领导小组。2015年5月初，领导小组召开专题会议，组织研讨了由广西壮族自治区植保总站起草的《广西到2020年农药减量控害行动方案》(简称《行动方案》)，对《行动方案》的总体框架、技术路线、工作重点提出了具体翔实的意见，并要求在《行动方案》中强调各市、县（市、区）也要成立相应的协调领导小组，主要领导总责负，加强协调指导，切实把推进农药使用量零增长行动作为促进现代特色农业产业品种品质品牌“10+3+2”提升行动的重大举措，强化措施落实，扎实推进，确保取得实效。2015年5月15日，广西壮族自治区植保总站组织广西区内有关植保专家对《行动方案》和《推进落实方案》实施的科学性、可行性进行了论证评估；6月19日，经广西壮族自治区农业厅党组扩大会议审定通过。2015年6月30日，广西壮族自治区农业厅正式发布了《行动方案》(图71)。

广西壮族自治区

农业厅文件

桂农业发〔2015〕63号

自治区农业厅
关于印发《广西到2020年农药使用量零增长行动方案》和《广西到2020年农药使用量零增长行动推进落实方案》的通知

各市、县（市、区）农业局（农委）：

根据农业部《到2020年农药使用量零增长行动方案》、全国农技推广服务中心《印发落实农业部<到2020年农药使用量零增长行动方案>技术措施与实施计划的通知》要求，我厅制定了《广西到2020年农药使用量零增长行动方案》和《广西到2020年农药使用量零增长行动推进落实方案》，现印发给你们，请结合本地实际，细化实施方案，加大工作力度，强化责任落实，有力有序推进，确保取得实效。

附件：1.广西到2020年农药使用量零增长行动方案

1

2.广西到2020年农药使用量零增长行动推进落实方案

广西壮族自治区农业厅
2015年6月30日

公开方式：主动公开。

广西壮族自治区农业厅办公室　　2015年7月1日印发

2

图71　广西壮族自治区农业厅发布《行动方案》

二、主要成效

（一）农作物重大病虫害得到有效防控

组织指导广西农业植保系统强化措施，切实抓好关键时期、重点区域的水稻、玉米、甘蔗、果树、蔬菜等作物重大病虫及农区蝗虫防治和主推技术的推广应用，推动面上防治工作全面展开。2015年以来，广西病虫草鼠害发生面积累计15.79亿亩次，防治面积累计16.26亿亩次，经防治后挽回损失约6454.5万吨，实际损失约806.82万吨，未出现病虫为害大面积连片成灾现象，确保了农作物生产安全。

（二）绿色防控面积逐年递增

大力示范推广理化诱控、生物防治、生态调控等绿色防控主推技术，广西农作物病虫害绿色防控面积累计4.34亿亩次，其中2020年绿色防控面积1.27亿亩次，比2014年增长268%，主要农作物病虫害绿色防控覆盖率42%。2019、2020年广西灵山、容县、田阳、兴安、八步等6个县（市、区）入选全国农作物病虫害绿色防控示范县。

（三）技术集成模式不断创新

通过联合攻关和应用集成研究，加强绿色防控技术集成创新，组装集成了一批以生态区域为单元、作物生长全程为主线的农药减量控害、绿色防控技术模式（规程）或全程解决方案，如在水稻上示范推广“移栽前大田灌水灭蛹 + 播种前种子消毒 + 防虫网育秧 + 施送嫁药 + 理化诱控（光诱、性诱等）+Bt等生物农药防治 + 稻鸭共育除虫控草 + 高效低毒低残留化学农药防治”，在蔬菜上示范推广“土壤消毒 + 选用抗性品种 + 药剂拌种 + 防虫网阻隔育苗 + 农业防治技术 + 免疫诱抗技术 + 理化诱控技术（光诱、性诱、色诱等）+ 生物农药防治 + 轮作”等模式。

（四）示范覆盖面逐年扩大

广西持续建设了部级专业化统防统治与绿色防控融合、果菜茶病虫全程绿色防控、农作物病虫害绿色防控集成等各类示范区3446个，核心示范面积1106万亩，涵盖水稻、甘蔗、蔬菜、柑橘、茶叶等作物，重点推广灯诱、性诱、色诱、食诱“四诱”措施以及生物防治、生态调控、“一喷三省”增效减量精准施药技术等措施。

（五）原创性科技成果涌现

2015年以来，制定发布省级技术规程6个，组织实施多个科技项目，其中获全国农牧渔业丰收奖二等奖2项，广西科学技术进步奖一等奖1项、二等奖1项，南宁市科学技术进步奖一等奖1项，先后公开出版了著作3部。

（六）统防统治面积逐年扩大

据初步统计，截至2020年底，广西有防治服务组织3851个，在工商民政部门注册的1022个，从业人员26215人，日作业能力174.9万亩，拥有高效植保器械28893台，专业化统防统治面积逐年扩大，主要粮食作物累计实施专业化统防统治面积1.02亿亩次，2020年主要粮食作物统防统治面积2455.4万亩次，覆盖率达61.79%，农药利用率40.81%。

（七）化学农药使用量持续下降

据统计，广西化学农药使用量逐年下降，呈现了负增长态势。2020年广西农药使用量12056.95吨(折百)，分别比上年和2014年下降2.7%和27.31%，农药利用率40.81%，比2015年提高10.81个百分点，持续保持负增长的良好态势。2018年9月25—28日，“海上丝绸之路”相关国家植物保护高级研讨会在南宁召开，联合国粮农组织国际植保公约秘书处秘书长夏敬源指出，广西的绿色防控技术世界领先，而且有自身的绿色技术产品——螟黄赤眼蜂，希望能够加强与“一带一路”沿线相关国家合作，让广西的绿色防控技术走向世界。2018年10月31日，农业农村部在南宁召开全国果菜茶绿色发展暨化肥农药减量增效现场经验交流会，肯定了广西的农药减量控害及绿色防控工作的成效。

三、工作措施

（一）强化行政推动

2015年，广西壮族自治区农业厅成立了由厅党组副书记、副厅长任组长，相关处、站、室负责人为成员的推进落实领导小组。6月30日，制定下发《广西壮族自治区到2020年农药使用量零增长行动方案》及其《推进落实方案》，要求每年年初制定、下发年度农药使用量零增长方案、农作物重大病虫防控方案等系列方案、通知，组织实施了农作物病虫害绿色防控创新示范等绿色防控项目。2020年行政推动进一步提升，4月23日，自治区副主席方春明在南宁主持召开会议，专题研究广西农作物病虫害特别是草地贪夜蛾防治工作。4月24日，广西壮族自治区农业农村厅组织召开了专题会议，研究落实全国农作物重大病虫害防控工作推进落实视频会及广西壮族自治区人民政府农作物病虫害防治专题会会议精神，提出了简化方案、成立专班、公布热线、加强宣传培训等具体措施。5月20日，广西壮族自治区农业农村厅成立以时任刘俊厅长为组长的草地贪夜蛾等重大病虫监测与防控工作专班，专班下设办公室和综合协调组、监测预警组、防控指导组、药剂药械组、宣传培训组5个工作组，同时设14个市级技术指导组，全面推动农作物病虫害防控工作和农药零增长行动实施。

（二）强化资金投入

广西壮族自治区农业农村厅协调财政部门投入2118万元，用于支持频振式杀虫灯、赤眼蜂释放、农药使用量零增长行动示范等项目实施，带动了各级地方政府和专业化服务组织投入。同时，2016—2020年自治区财政支农安排补助市县农作物病虫害绿色防控创新示范资金8930万元，建设农作物病虫害绿色防控创新示范和植保无人机示范推广项目。争取到中央农业生产救灾项目资金2.778亿元，其中2020年重点安排1830万元，在全州、兴安、港南、桂平等22个县重点开展稻田统一释放赤眼蜂生物防治创新示范，推进统防统治与绿色防控融合，要求稻田放蜂治螟示范的资金比例不低于项目安排资金总额的50%。

（三）强化准确测报

广西植保系统坚持做好农作物病虫害系统调查、大田普查和专家会商等工作。建设重大病虫观测场，开展农作物病虫害监测预警物联网监控。2015年来，广西累计建设重大病虫观测场49个，每年发布病虫情报1700期以上，为农民朋友准确掌握病虫害最佳防治适期提供了依据，减少乱用药、滥用药现象，减少农药使用次数。

（四）强化绿色示范

开展频振诱控技术、生物防治技术示范与推广、农作物病虫害绿色防控技术集成示范建设，开展全国农作物病虫害绿色防控示范县创建。2015年来广西建设各类农作物病虫害绿色防控、综合防治、农药减量控害等示范区3446个，示范面积1106万亩。

（五）强化科技引领

2015年来，先后组织实施中国/FAO降低农药风险项目（GCP/RAS/226/SWE）、国家重点研发计划《热带果树化肥农药减施增效技术集成与示范》、自治区重点农业科技攻关课题《农药减量控害技术集成创新研究与应用》、广西创新驱动发展专项《橘小实蝇的发生规律及其防控技术研究与应用示范》及《螟黄赤眼蜂规模化生产和甘蔗螟虫大面积绿色防控技术联合攻关与示范推广》等多个项目。其中，获全国农牧渔业丰收奖二等奖2项，广西科学技术进步奖一等奖1项、二等奖1项，南宁市科学技术进步奖一等奖1项。制定完成并发布技术标准6项，公开出版《广西农民田间学校》等科技书籍3部。

（六）强化农企合作

与桂林集琦、南宁合一生物防治技术有限公司等企业开展合作，共建示范基地，开展技术研究协作攻关，共同创新开发形成高效、科学、绿色的作物全程植保解决方案，推进植保服务机制创新，加强与合作社、种植协会、种植大户和家庭农场合作，结合标准园区、生态园区、现代园区建设，推进统防统治与绿色防控融合。2011年开始与广西南宁合一生物防治技术有限公司合作攻关，开展了螟黄赤眼蜂规模化繁育和放蜂治螟技术攻关与示范推广工作，攻克了米蛾卵（寄主卵）扩繁的技术瓶颈和螟黄赤眼蜂工厂化生产的技术瓶颈，在南宁建立了目前国内最大的螟黄赤眼蜂生产基地，年产赤眼蜂500亿头，可大田防治甘蔗螟虫100万亩次以上。2015年起，自治区农业厅将放蜂治螟列入自治区本级部门专项预算，累计支持资金1370万元，2017年起每年核心示范面积2万亩以上，带动面上应用16.35万亩以上。据统计，2015年以来，广西累计实施放蜂治螟约817万亩次，相关放蜂治螟技术课题先后获得南宁市科学技术进步奖一等奖、全国农牧渔业丰收奖二等奖。2015年5月“亚太区域植保组织病虫综合治理国际研讨会”在北京召开，广西在会上做主旨发言，介绍了生物防治经验。2017年10月，自治区农业厅与国家天敌昆虫科技创新联盟、自治区糖办、自治区农垦局在南宁市联合举办国家天敌昆虫科技创新联盟2017（广西·南宁）天敌治虫现场观摩会暨天敌昆虫产业化高层论坛，与会代表现场观摩了南宁合一生物防治技术有限公司的赤眼蜂自动化生产线，以及赤眼蜂在水稻、甘蔗作物上示范应用效果，国家天敌昆虫科技创新联盟成员单位在论坛上签署发布了“天敌昆虫保护利用南宁宣言”。人民日报、农民日报、新华社广西分社、广西日报等媒体均对广西天敌昆虫产业化和放蜂治螟工作作了专题报道。

（七）强化宣传培训

一是开展《农作物病虫害防治条例》宣传月活动，举办了《农作物病虫害防治条例》解读落实会议，与电视台联合制作了电视专题片《我眼中的农作物病虫害防治条例》，发放《农作物病虫害防治条例》印刷本5万册、海报2.5万份，在2021年7月10日的《广西日报》上刊登了题为“宣传贯彻病虫害防治条例，保障粮食安全和农产品质量安全——《农作物病虫害防治条例》图解”的专刊，制作发布《农作物病虫害防治条例》解读PPT、微信公众号推文等，在《广西农学报》发表解读文章，召开《农作物病虫害防治条例》解读落实会议，深入宣传贯彻条例精神。二是举办广西农药使用量零增长行动技术进万家宣传活动，每年9月下旬至10月下旬在广西范围内集中开展“到2020年农药使用量零增长行动”宣传月活动。三是举办各类技术培训班，先后举办“广西南方水稻黑条矮缩病暨农药减量控害技术研讨培训班”“中国/FAO降低农药风险项目研讨会”“广西水稻重大病虫害暨草地贪夜蛾监控技术研讨培训班”“广西植保技术人员素质提升培训班”等培训班，重点培训基层植保技术人员。四是编印《广西2020年农药使用量零增长行动——农作物病虫害绿色防控技术》挂图、《科学安全使用农药》挂图等宣传资料50.15万份。

（八）强化科学施药

筛选示范推广先进适用的植保机械，如自走式喷杆喷雾机、热力烟雾水雾机、静电喷雾机、植保无人机等高效植保机械和配套施药技术，提高农药利用率。截至2020年底，广西拥有高效植保器械28893台。开展农药利用率测试试验工作。会同中国农业科学研究院植保所袁会珠技术团队，分别在柳州市柳江区、贵港市港南区、钦州市钦北区开展了植保无人机等植保机械农药利用率测试试验。抓好新农药试验示范和高效低毒环境友好型农药的示范推广工作。开展了草地贪夜蛾应急药剂筛选试验、47%春雷·王铜WP（加瑞农）防治水稻稻曲病示范试验、0.136%赤·吲乙·芸苔WP调节柑橘生长示范试验、0.01%芸苔素内酯+吡唑醚菌酯调节甘蔗生长、0.5%藜芦碱防治柑橘红蜘蛛抗药性示范试验等84项新农药药剂的示范、试验。

（九）强化统防统治

建设全国农作物病虫害专业化“统防统治创建县”，2020年港南、融安、上林3个县获评全国农作物病虫害专业化“统防统治创建县”。充分发挥专业化统防统治防治效果好、效率高和病虫绿色防控生态、环保、安全的优势，促进两者集成融合，实施财政支农补助市县和中央转移支付专业化统防统治补助项目扶持，广西壮族自治区农业厅在2016年启动了植保无人机示范推广项目，2016—2018年自治区财政每年预算500万元，分别支持10个植保无人机示范推广项目，扶持做强一批专业化统防统治组织，扩大服务范围和规模，提高服务水平，做到哪里有专业化统防统治哪里就有绿色防控，推动农药减量、先进植保技术与绿色防控配套产品大面积示范应用，助推广西生态、循环经济产业升级发展。各市、县积极争取专业化统防统治补助有关政策、项目，用于扶持专业化服务组织发展壮大，部分有实力专业化服务组织也加大了资金投入。截至2020年底，广西有防治服务组织3851个，日作业能力174.9万亩，2015年以来广西主要粮食作物累计实施专业化统防统治1.02亿亩次。

（十）强化农药监管

一是强化服务意识，抓好行政审批，严把农药行政许可关口。自治区政府办公厅于2018年2月9日正式批复，将“农药生产许可”“农药经营许可”“农药登记初审”3项行政服务纳入广西壮族自治区政务服务中心集中办理。广西壮族自治区农业厅及时发布了农药登记初审、农药生产许可和农药经营许可行政许可操作规程、办事指南流程图和办事指南，报自治区审改办备案并在广西一体化网上政务服务平台上公布。成立广西农药生产许可审查专家库，印发《广西壮族自治区农业厅办公室关于印发广西壮族自治区农药经营人员培训工作方案的通知》，启动农药经营人员上岗培训工作。截至目前，广西核发农药生产许可证67张，现有工商登记农药企业100%执证依法经营，进入园区的企业有35

家，占53.84%；广西共核发农药经营许可证19736份，占工商登记店面90%以上；核发限制使用农药经营许可证420份，将限制使用农药逐步纳入规范监管范围。2016年以来，广西新增农药登记218个，与“十二五”相比，中等毒产品比例下降了9.05%，微毒产品比例上升了4.91%；乳油、可湿性粉剂登记老剂型占比下降了30.05%，悬浮剂等环保型剂型上升了30.05%。二是加强宣传培训，营造良好氛围。广西继续深入开展以最新的法律法规及配套规章为重点的法规宣传培训工作；连续三年举办广西农药管理业务培训班。组织开展“广西农药数字监督管理平台培训”“百县万名新型农民科学用药培训行动”“放心农资下乡进村宣传周”等培训活动。三是强化农药生产经营监管，积极防范农药安全风险。结合农药购销旺季，组织各级农业部门深入开展“八桂农业质量年”活动，扎实推进农资打假和禁限用农药专项整治行动，严厉打击各种违法生产经营行为，维护广大群众的合法权益。

第五章　农药检定

第一节　农药管理法规与机构建设

一、农药管理法规

1978年11月25日，化工部、农林部、全国供销合作总社联合颁布了《农药质量管理条例》，明确农药质量检定工作由农林部农药检定所负责。

1982年4月10日，农业部会同林业部、化工部、卫生部、商业部等颁布了《农药登记规定》，规定在国内生产的农药新产品，投产前必须进行登记，未经批准登记的农药不得生产、销售和使用。《农药登记规定》明确农药登记的具体工作由农业部农药检定所负责。

1982年6月5日，农牧渔业部、卫生部联合颁布了《农药安全使用规定》。《农药安全使用规定》将农药分为高毒、中等毒、低毒三类；规定高毒、高残留农药不准用于蔬菜、茶叶、果树、中药材等作物，不准用于防治卫生害虫与人、畜皮肤病。

1997年5月8日，国务院令第216号发布《农药管理条例》。《农药管理条例》规定，国家实行农药登记制度，生产和进口农药，必须进行登记；供销社、植物保护站、土壤肥料站、农业和林业技术推广站、森林病虫害防治机构、农药生产企业、国务院规定的其他经营单位7种经营主体可以经营农药。《农药管理条例》的颁布实施，标志着我国农药管理由行政推动向法制管理转变。

1999年，农业部发布《农药管理条例实施办法》。

2001年11月29日，国务院第326号令公布《国务院关于修改〈农药管理条例〉的决定》。

2007年12月8日，农业部发布《关于修订〈农药管理条例实施办法〉的决定》(农业部令第9号)、《农药标签和说明书管理办法》(农业部令第8号)、《农药登记资料规定》(农业部令第10号)，以及农药名称登记核准和管理规定的公告(农业部公告第944号)。

2007年12月12日，农业部与国家发展和改革委员会联合发布了《农药名称管理规定》(农业部公告第945号)和《农药名称登记核准和管理规定》(农业部公告第944号)公告。公告规定，从2008年1月8日起，农药名称一律使用通用名称或简化通用名称，直接使用的卫生用农药以功能描述词语和剂型作为产品名称；2008年1月8日起停止受理和审批农药商品名称，2008年7月1日起农药生产企业生产的农药产品一律不得使用商品名称。

2017年3月16日，国务院第677号令颁布新修订的《农药管理条例》，自2017年6月1日起施行。新修订的《农药管理条例》将农药登记、生产许可、经营许可及市场监管统一由农业部门实行全程监管，其中国务院农业行政主管部门承担农药登记、农药登记试验单位认定等职责，省级农业主管部门承担农药生产许可、农药经营许可等职责，市县农业主管部门承担农药经营许可、监督管理、使用指导等职责。为全面贯彻施行新修订的《农药管理条例》，农业部制定和完善了《农药登记管理办法》(农业部令2017年第3号)、《农药生产许可管理办法》(农业部令2017年第4号)、《农药经营许可管理办法》(农业部令2017年第5号)、《农药登记试验管理办法》(农业部令2017年第6号)、《农药标签和说明书管理办法》(农业部令2017年第7号)5个配套规章和《限制使用农药名录(2017年版)》(农业部公告第2567号)、《农药标签二维码格式及生成要求》(农业部公告第2579号)、《农药生产许可生产细则》(农业部公告第2568号)、《农药登记试验单位评审规则和农药登记试验质量管理规范》(农业部公告第2570号)、《农药登记资料要求》(农业部公告第2569号)、《农药行政许可事项服务指南》(农业部公告第2636号)6个规范性文件，构建起农药监管体系的"四梁八柱"，实现了我国农药多部门管理向一个部门统一管理的职能转变。

为进一步细化《农药经营许可管理办法》，2018年3月14日，广西壮族自治区农业厅印发《广西壮族自治区限制使用农药定点经营管理规定（试行）》《广西壮族自治区农药经营许可审查细则》。

二、机构建设

1983年，根据农业部《关于利用现有科研设备加强农药质量检验和残留分析工作的通知》和1984年《关于加强农药质量检测和残留分析工作的补充通知》精神，经广西壮族自治区人民政府同意建立广西壮族自治区农药检定室，确定广西壮族自治区农药检定室为自治区农牧渔业厅的二层机构，归广西壮族自治区植保总站代管。1984年12月，广西壮族自治区农药检定室正式成立。

1992年12月7日，广西壮族自治区农药检定室更名为广西壮族自治区农药检定管理所，主要工作职责是贯彻落实《农药登记规定》；协助有关部门查处生产、销售假劣农药等违法行为；开展农药基本情况调查；调查处理农药中毒、农作物药害等农药安全事故，宣传和指导科学用药；开展农药田间药效试验；开展农药广告审查，标签和说明书审查等。

2013年2月26日，广西壮族自治区机构编制委员会桂编〔2013〕96号文确认广西壮族自治区植保总站为正处级全额拨款事业单位，增挂广西壮族自治区农作物病虫预测预报站、广西壮族自治区农产品质量安全检测中心、广西壮族自治区农药检定所3块牌子。广西农药检定所内设登记管理科、市场监督科、农药检测科、农产品质量检验科4个科室，主要职责是协助做好农药登记初审具体工作，承担上级部门下达的农药质量监督抽检任务和农药质量委托检验有关工作，承担农产品质量抽查检验工作，协助有关部门查处重大农药违法案件，协助广西壮族自治区农业厅做好农药生产许可、经营许可技术性和事务性工作。

第二节 农药登记与市场监管

一、农药登记

《农药管理条例》规定，我国实行农药登记制度，在中国境内生产、销售、使用的农药，应当取得农药登记。国务院农业主管部门负责全国的农药登记和农药监督管理工作，省、自治区、直辖市人民政府农业行政主管部门协助做好本行政区域内的农药登记，省、自治区、直辖市人民政府农业行政主管部门所属的农药检定机构协助做好本行政区域内的农药具体登记工作。2017年6月1日起施行的新修订的《农药管理条例》，将农药登记初审设为行政许可事项。为确保登记初审工作顺利实施，广西壮族自治区农业厅按照中央和广西壮族自治区人民政府关于推行权力清单和责任清单的工作要求，编制了农药登记初审运行流程、办事指南等操作规范，明确了农药登记初审的承办机构、审查方式及标准、办结时限、办理流程等，并在广西数字政务一体化平台上公布，主动接受社会监督。2018年2月9日，经广西壮族自治区政务服务监督管理办公室批准，农药登记初审行政许可事项进入广西壮族自治区政务服务中心。

广西壮族自治区农药检定所认真履行农药登记初审职责，严格按照农药登记初审的审查流程和技术标准对企业提交的登记资料进行真实性、符合性和规范性审查，通过初审后上报农业农村部审批。截至2021年8月，广西累计有2701个农药产品取得农药登记，其中有1264个产品处于登记有效期状态。

现处于登记有效状态的1264个登记证中，原药16个，制剂1248个。按农药类别来分：杀虫剂（含杀螨）805个，占63.69%；除草剂（含植调剂）254个，占20.09%；杀菌剂195个，占15.42%；杀鼠剂10个，占0.79%。按农药剂型来分：乳油446个，占35.28%；可湿性粉剂178个，占14.08%；水剂154个，占12.18%；悬浮剂93个，占7.4%；微乳剂69个，占5.5%；颗粒剂61个，占4.83%；水乳剂43个，占3.4%；饵剂35个，占2.77%；水分散粒剂28个，占2.22%；超低容量液剂、粉剂等其他剂型157个，占12.42%。按农药毒性来分：微毒产品115个，占9.1%；低毒产品912个，占72.15%；中等毒产品235个，占18.59%；高毒产品2个，占0.16%。

从20世纪80年代至2017年，广西壮族自治区农药检定所是农业部认定的农药登记田间药效试验单位，累计完成几千项国内、国外农药生产企业委托田间药效试验。广西壮族自治区农药检定所通过开展大量田间药效试验，为广西农业生产筛选出核型多角体病毒、绿僵菌、多杀霉素、乙基多杀菌素、印楝素、虫螨腈、唑螨酯、螺螨酯、联苯肼酯、螺虫乙酯、乙螨唑、氯溴虫腈、烯啶虫胺、呋虫胺、噻虫胺、氯虫苯甲酰胺、氟啶虫胺腈、噻虫嗪、四聚乙醛、虱螨脲、茚虫威、毒氟磷、苯醚甲环唑、吡唑醚菌酯、丙环唑、春雷霉素、啶酰菌胺、多抗霉素、噁霉灵、甲基硫菌灵、咪鲜胺、嘧菌酯、嘧霉胺、噻呋酰胺、噻唑膦、烯酰吗啉、二甲四氯钠、吡嘧磺隆、草甘膦异丙胺盐、噁草酮、磺草酮、甲·莠·敌草隆、精喹禾灵、氯氟吡氧、乙酸异辛酯、五氟磺草胺、烟嘧磺隆、乙草胺、芸苔素、苄氨基嘌呤、复硝酚钠、烯效唑、吲哚丁酸等一大批高效、安全的新农药品种，为有效控制农业病虫草害，保障农业生产安全和农产品质量安全作出积极贡献。2010年11月，广西壮族自治区农药检定所被农业部农药检定所评为全国农药药效试验先进单位。

广西壮族自治区农药检定所2013年取得农业部认定的农药残留登记试验单位资质，先后完成15%甲维·氟啶脲在甘蓝上、15%阿维·吡虫啉微囊悬浮剂在番茄上农药登记残留田间试验。实施5%啶虫脒乳油、15%哒螨灵乳油、40%辛硫磷乳油3个产品在萝卜上田间农药残留试验，并组织企业申请扩展登记，解决了为害萝卜的黄曲条跳甲可选择药剂太少的难题。

二、市场监管

农药对现代农业发展具有极其重要的特殊性和重要性，只有加强农药市场监管措施，才能使其在保障农业生产安全、农产品质量安全方面发挥积极作用。广西壮族自治区农药检定所承担农业农村部、广西壮族自治区农业农村厅下达的监督抽查任务，严格按照“双随机、一公开”要求，深入各市、县（市、区）对农药生产企业、农药批发市场、乡镇农药门店采取随机抽查、重点抽查、专项抽查三种方式进行抽样，重点检测农药有效成分含量及是否添加其他违禁成分，摸清农药市场的质量状况。在日常监督检查中，重点检查农药批发市场及经营门店是否存在违规销售禁限用农药、假劣农药等行为；检查经营单位进货、销售、库存台账、溯源管理落实的情况，规范农药经营者销售行为。为准确把握生态文明建设对农药管理提出的新要求，广西抽样力度逐年加大，抽样个数逐年增加，覆盖地区逐年增大。从2014—2021年，农药质量抽检合格率由83.42%逐步提高到94.85%。通过抽样检测及时发现农药市场存在的问题，严厉打击了销售添加农药隐性成分、未登记药肥、劣质农药等违法违规行为，有力维护了农药销售市场经营秩序。

在新形势下，加强农药市场监管，需要从源头做起，规范农药经营许可准入，对农药市场监管有着积极作用。为加强农药经营许可管理，农业农村部制订《农药管理条例》《农药经营许可管理办法》，适用于农药经营许可的申请、审查、核发和监督管理。在我国境内销售农药的，应当取得农药经营许可证。农业农村部负责监督和指导全国农药经营许可管理工作。限制使用农药经营许可证由省级人民政府农业农村主管部门核发；其他农药经营许可证由县级以上地方人民政府农业农村主管部门根据农药经营者的申请分别核发。为加强广西限制使用农药的监督管理工作，广西壮族自治区农业农村厅结合广西农作物种植结构、面积及限制使用农药经营使用情况，编制了《广西壮族自治区限制使用农药定点经营管理规定》和《广西壮族自治区农药经营许可审查细则》。通过实行限制使用农药定点经营及定点数量控制，进一步加强对限制使用农药的监管，落实限制使用农药的经营和使用主体责任，实现专柜销售、实名购买、电子记录等溯源管理，促进农药使用者使用高效低风险农药品种，保障农业生产、农产品质量和农业生态环境安全。

2017年6月1日，新修订的《农药管理条例》正式实施。新规明确，国家实行农药经营许可制度，并对农药经营人员素质、专业技术水平、经营条件、管理制度等提出了更高要求。一是对经营人员的要求。由于农药的特殊性，它们的进货、销售、运输、储存都需要具备一定专业知识的人去完成。因此，在《农药经营许可管理办法》中有规定，农药经营者应当有农学、植保、农药等相关专业中专以上的学习经历或者专业教育培训机构56学时以上的学习经历，熟悉农药管理规定，掌握农药和病虫害防治专业知识，能指导安全合理使用农药。二是对场所的要求。营业场所不少于30平方米，仓储场所不少于50平方米。并与其他商品、生活区域、饮用水源有效隔离；兼营其他农业投入品的，应当具有相对独立的农药经营区域。同时还要配备通风、消防、预防中毒等设施，有与所经营农药品种、类别相适应的货架、柜台等设施设备。三是申请限制使用农药经营许可证的经营单位，必须符合广西限制使用农药定点经营布局。2018年3月15日，广西开始实施限制使用农药定点经营管理规定。按照总量控制、合理布局的原则，综合考虑用药需求、地理位置、交通状况、农产品质量安全等因素，自治区农业农村主管部门制定了广西限制使用农药定点经营布局。在农药经营单位自愿申报的基础上，自治区农业农村主管部门严格按照限制使用农药定点经营管理规定和经营许可申报流程及条件进行审批。为确保限制使用农药经营许可审批工作顺利推进，广西壮族自治区农业农村厅及时发布了农药经营许可操作规程、办事指南流程图，进一步明确了农药经营许可的承办机构、审查方式及标准、办结时限、办理流程等信息，并在广西数字一体化政务平台上公布。2018年2月9日，自治区政府办公厅正式批复将“农药经营许可”行政服务纳入广西壮族自治区政务服务中心集中办理。2018年5月31日，广西首张农药经营许可证由南宁市政务中心颁发，由此拉开了广西农药经营许可管理的序幕，标志着广西农药经营行为正式步入法治化轨道，对于实施乡村振兴战略，促进质量兴农、绿色兴农意义重大。截至2022年底，广西累计核发普通农药经营许可证21245份，限制使用农药经营许可证514份。

农药产品标签审核，也是农药市场监督管理工作的一项重要内容。农药标签是指农药包装物上或者附于农药包装物的，以文字、图形、符号说明农药内容的一切说明物，相当于农药产品的身份证，不仅能反映包装内农药产品的基本属性，还能起到指导经营者正确经营和施用者安全使用的作用。根据农业部令2017年第7号公布的《农药标签和说明书管理办法》，对已经取得登记的农药产品进行严格、全面的标签审核，并把农药电子标签通过标签采集系统录入发送到农业部的电子标签管理系统备案。对指导人们科学、合理、安全使用农药，在农药管理中具有十分重要的意义。

第三节 农药质量与残留检测

一、农药质量检测

（一）农药检测标准变化

农药质量技术指标一般通过产品标准来确定，常见的农药产品标准有国际标准、国家标准、行业标准、地方标准、团体标准和企业标准。农药质量检测技术标准包括产品标准和方法标准，产品标准规定相应农药成分的基本信息、技术要求、试验方法、标志标签包装和贮运。技术要求用于判定产品是否合格，试验方法则是规定了相应技术要求的测试方法。农药质量检测是按照标准规定的测试方法，检测出各项技术指标的实际数值。农药质量检测技术标准的变化直接反映了检测能力的变化。

农药检测产品标准主要有《烟嘧磺隆可分散油悬浮剂》（GB/T 28155—2011）、《甲霜灵原药》（HG/T 2206—2015）、《精喹禾灵乳油》（NY/T 3595—2020）等。2020年后新修订的国家标准、行业标准通常按有效成分来整合，如《精噁唑禾草灵》（GB/T 22616—2021）就把精噁唑禾草灵的原药和各种剂型产品都整合在一个标准里面。

农药检测方法标准主要有《农药水分测定方法》（GB/T 1600—2021）、《农药持久起泡性测定方法》（GB/T 28137—2011）、《农药倾倒性测定方法》（GB/T 31737—2015）、《农药产品中有效成分含量测定通用分析方法气相色谱法》、《农药产品中有效成分含量测定通用分析方法液相色谱法》(NY/T4119—2022)等。

(二)起步阶段的农药检测能力(1985—1989年)

1985年，广西农药检定室在建立的第二年就开始从事农药化学鉴定技术服务。

1986年3月，广西农药检定室印发《关于开展库存过期农药质量检验的通知》后，各地植保、农资部门根据相关要求，对本地农资等部门库存农药品种、数量、有效年限、是否对口以及田间使用药效等情况进行了全面调查并取样送检。据统计，广西取样送检进行质量鉴定的有45个农药品种439个样品。广西农药检定室对304个样品的有效成分含量和部分农药的酸度、乳油稳定性等指标进行测定。这表明，广西农药检定室已经具备依据农药质量检测标准开展检测服务的能力。

1987年，检测广西库存农药质量抽查委托样品166个，其中含量合格或者基本合格84个，降效43个，失效39个。

1989年，农业部和广西壮族自治区农业厅联合投资建设全国农药检测网点，广西农药检定室获批采购了气相色谱仪等一批仪器设备，改造了实验室。实验室改造完成后恢复质量检测，对农资、植保、农场、工商管理和法院等部门送来的30个农药样品进行了检验，有效成分合格率超过80%。

1985—1989年，农药产品标准受技术手段、国内农药生产条件、国际贸易技术壁垒和国家经济水平限制，农药有效成分、理化参数主要采用化学分析法来检测。气相色谱、液相色谱、紫外可见分光光度计、极谱等仪器分析手段逐步应用于农药检测，相应的产品标准也开始制订。

(三)仪器分析发展阶段(1990—2004年)

1990年，随着采用仪器分析的产品标准逐步增多和气相色谱仪的熟练操作，农药检测慢慢进入仪器分析阶段。1995年，广西农药检定管理所新增液相色谱仪、紫外可见分光光度计等一批仪器设备，农药检测仪器分析能力进一步加强。2002年，农业部农业国债投资项目“农药残留与农药质量监督检测中心”实施，广西农药检定管理所购置了气相色谱仪、液相色谱仪等一批仪器，农药检测拥有两台气相色谱仪、两台液相色谱仪、一台紫外可见分光光度计。2003年，进一步采购具有一定自动进样能力的进样器配套气相色谱仪使用，检测能力、检测效率不断提高。

1990年，广西农药检定管理所检测农药样品71个，承担40%稻瘟净乳油(DB/450000 G25-90)广西地方标准起草和验证。1991年检测农药样品90个，参加D·P-溴敌乳油、杀蚜威乳油广西地方标准起草工作。

1993年检测农药样品182个，1994年检测农药样品144个，1995年检测农药样品117个，这三年比较典型的问题是农药质量不合格样品比较多。1996年着手计量认证检测准备，改造装修实验室，编写质量体系文件，农药检测样品减少至61个。

1997年9月，广西农药检定管理所通过广西质量技术监督局计量认证，获得78个农药产品的检测能力，具备依法出具具有证明作用数据、结果的资质，为广西农药质量监管打下了重要基础。1997年检测农药样品52个。

通过计量认证后，检测样品数量逐年增加。1998年检测农药样品178个，1999年检测农药样品

195个。2000年检测农药样品达到226个，年度检测数量首次突破200个。

2002年检测样品327个，比2001年度的202个增长了61.88%。新设备的投入使用大大提高了检测效率，新设备投入使用前服务对象以经销商、生产厂家为主，投入使用后增加工商系统的质量抽检、委托送样等服务内容。桂林等部分地市县直接指定广西农药检定管理所为农药产品质量检测服务单位，为提高声誉、拓展检测服务赢得了良好的社会口碑。

2003年2月，农药检测通过广西质量技术监督计量认证复查评审，延续检测能力。2003年检测样品420个，其中社会委托检验263个，办证检验42个，市场监督抽检99个。2003年，广西壮族自治区农业厅于上半年（春季）组织开展了“打假护农保春耕”（第一号战役）活动，下半年（夏季）组织开展了“打假护农保双抢”（“第二号战役”）活动，广西农药检定管理所对群众和社会反映强烈的重点企业、重点区域、重点市场的重点产品抽检样品70个，广西壮族自治区农业厅、工商局及时联合在重要媒体对检测结果进行通报。

2004年，农药检测样品量继续增加，达到600个。广西农药检定管理所根据广西壮族自治区农业厅《关于开展春季农资市场联合执法检查行动的通知》（桂农业办发〔2004〕34号）、农业部农药检定所《关于印发2004年全国农药市场产品质量和标签抽查实施方案的通知》（农药检（监督）〔2004〕19号）等文件开展抽检，农药抽检结果表明农药单剂合格率远高于复配制剂。根据广西壮族自治区人民政府办公厅《关于禁止使用和销售甲胺磷等高毒高残留农药的通知》（桂政办发〔2004〕13号），农药检测围绕19种高毒农药及其混配制剂开展了积极的检测技术探索。

（四）仪器分析提升阶段（2005—2012年）

2005年，广西农产品质量安全检测中心农药检测能力提升项目采购了具有自动进样功能的两台液相色谱仪和一台气相色谱仪，用于农药检测的主要仪器设备全部采用了自动进样，效率继续提升。2005年检测农药样品764个，其中农药生产企业委托样品433个，检测结果均用于申报农药登记。农药检测工作获农业部农药检定所“农药检测先进集体”表彰。

2006年，检测样品705个，同时完成了农业部农产品质量安全监督检验测试中心（南宁）质量管理体系文件修订、宣贯和练兵检测任务。根据《农业部办公厅关于下达2006年防治水稻病虫害农药专项抽查任务的通知》（农办农〔2006〕42号）、农业部药检所《关于印发〈2006年全国农药市场产品质量和标签抽查实施方案〉的通知》（农药检（监督）〔2006〕16号）和《广西壮族自治区农业厅办公室关于做好2006年度自治区农资产品质量监督抽检工作的通知》（桂农办发〔2006〕47号），广西农药检定管理所抽检各类农药样品共50个，其中水稻用药专项抽检20个样品与四川农药检定所交叉互检。

2007年4月19日，农业部派出评审组对农业部农产品质量安全监督检验测试中心（南宁）进行“双认证”评审（农业部农产品质量监督检验测试中心审查认可和国家认监委计量认证），通过评审的农药产品检测能力168项。部级检测中心双认证顺利通过，对促进广西农产品质量安全检测体系发展、树立农业部门检测形象、引导检测事业发展方向等具有重要的示范作用，在农业部集中建设全国农产品质量安全检测机构、整合农业检测资源中处于优势地位，为中心发展提供了良好的机遇。2007年检测农药样品874个，其中委托样品429个，农业部任务抽检样品45个（其中15个与四川省农药检定所交叉检测），两年常温样品408个。

2008年，广西农药检定管理所通过广西质量技术监督局计量认证扩项、复评审，获得农药产品检测资质253项。2008年检测农药样品915个，参加了由农业部农药检定所组织的全国农药产品（辛硫磷原药、40%辛硫磷乳油、三环唑原药、75%三环唑可湿性粉）能力验证，结果满意。2009年检测农药样品884个，承担农业部农药产品质量抽查任务，检测广东省水稻用药样品24个、福建蔬菜用药样品25个。

2010年，农业部农产品质量安全监督检验测试中心（南宁）通过“2+1”（农业部农产品检测机构审查认可和机构考核、国家认监委资质认定）扩项、复评审，通过评审的农药产品检测能力168项。2010—2011年检测农药样品1194个，承担农业部农药检定所科研项目“乙酰甲胺磷质量检测”中30%乙酰甲胺磷乳油热贮稳定性试验相关工作，农业部农药检定所农药质量检测能力验证结果满意。2010年获得农业部农药检定所“农药质量检测先进集体”表彰。

2012年，“广西壮族自治区农产品质量安全监督检验中心项目”实施，招标采购了超高效液相色谱仪、全自动水分测定仪等新设备，对实验室布局重新设计并装修。2012年检测农药样品414个，其中各级监督抽查样品233个，其他委托检验样品181个，委托检验样品开始逐年减少。

（五）仪器分析纵深阶段（2013年以来）

2013年，“广西壮族自治区农产品质量安全监督检验中心项目”采购的仪器设备投入使用，调整了一台气相色谱质谱联用仪用于未知农药检测，对于可疑的样品用GC-MS进行定性筛查，具备了对非法添加农药筛查的能力。2018年区域农药风险（广西）设施改扩建项目实施，重点支持农药质量风险监测能力。项目招标采购了超高效液相色谱—飞行时间质谱仪、气相色谱质谱联用仪、液相色谱仪、气相色谱仪、表面张力仪、接触角测试仪、激光粒度分布仪等一批精密尖端仪器，农药质量检测硬件能力达到全国同类机构先进水平。2020年区域农药风险监测中心（广西）项目实施完成，重新规划并装修的实验室功能分区更加合理，实现了人机分离，在工作环境体验、职业安全保护方面取得长足进步，工作条件大幅改善。

2013年，农业部农产品质量安全监督检验测试中心（南宁）整合自身与广西农药检定管理所的检测能力，向农业部和国家认监委申报“2+1”扩项复评审，通过评审的农药产品检测能力239项。2013年检测农药样品401个，其中农业部门市场监督抽检样品326个，各方委托检验样品75个，市场监督抽检样品占大比例。

2014—2015年检测农药样品1348个，其中农业部和广西壮族自治区农业厅部署开展的广西农药市场质量监督抽检1033个，其他农药质量委托检测315个（农药登记办证登记204个）。2014年5月，参加广西壮族自治区农业厅开展的中央电视台财经频道曝光“药肥‘谷歌’坑农记”药肥专项整治行动，抽检38个药肥样品，及时提供准确可靠的检测结果，为各级农业行政主管部门加强药肥管理提供了科学的依据。参加农业部农药检定所“30%草除灵悬浮剂、30%二甲戊灵乳油气相色谱法和液相色谱法”全国检测能力比对，结果满意。

2016年7月，农业部农产品质量安全监督检验测试中心（南宁）通过“2+1”（农业部农产品检测机构审查认可和机构考核，国家认监委资质认定）扩项、复评审，通过评审的农药产品或参数共276项。2016—2018年检测农药产品1648个，筛查发现76个产品添加未登记农药有效成分。对市场监督抽检的不合格产品，各地农业行政执法部门对违法农药生产企业和农药经营单位进行了立案查处。3次参加全国农药质量检测能力比对，结果满意。

2019年农业农村部农产品质量安全监督检验测试中心（南宁）再次通过“2+1”扩项、复评审，通过评审的农药产品或参数共292项，为保障广西农药质量监管持续提供支撑。2019年检测农药样品427个，合格率93.2%，筛查发现12个样品添加未登记农药有效成分，违法添加现象较前3年大幅下降，农药检测合格率提高到90%以上；2020年检测农药样品500个，合格率93.2%，筛查发现8个样品添加未登记农药有效成分；2021年检测自治区本级农药抽检样品249个，合格率96.8%，筛查发现1个样品添加未登记农药有效成分。2019年、2021年全国农药质量检测能力比对结果持续满意。

二、农药残留

（一）农药残留的定义

农药残留是指农药使用后残留于生物体、农副产品和环境中的微量农药原体、有毒代谢物、降解产物和杂质的总称。长期食用农药残留超标的农副产品，会影响人体健康；农药残留过量超标影响农业生产和环境，影响产业发展。

农药残留是施药后的必然现象，是指由于使用农药而在农产品中出现的任何特定物质，包括被认为具有毒理学意义的农药衍生物，如农药在植物内的转化物、代谢物、反应产物及杂质等。实际上，在登记环节就对农药产品的安全性进行了科学评价，并提出了合理使用建议。因此，只要按照产品标签的要求使用农药和采收，农产品质量安全就可以得到保障。为加强农产品质量安全管理，了解各区域、各品种、各季节或各环节的农产品质量安全风险状况和开展农产品质量风险评估，系统和持续地对影响农产品质量安全的有害因素进行检验、分析和评价活动，各级相关部门会定期或不定期开展农产品质量安全风险监测、普查和专项监测等。同时，为监督农产品质量安全，依法对生产中或市场上销售的农产品开展监督抽查。

（二）农药最大残留限量的定义与作用

农药最大残留限量（MRL）也称为法定容许量，是由国际食品法典委员会或各国政府设定的允许某一农药在某农产品、食品或饲料中的最高法定容许残留浓度，是指在良好农业规范（GAP）下使用某种农药可能产生的在食物中的最高残留浓度（单位为mg/kg，指每千克商品中的残留农药的毫克数）。这一数值在毒理学上必须是可以接受的。MRL的制定，主要根据毒理学、人们的膳食结果数据和田间残留试验等三方面资料。为保护公众身体健康，保障农产品质量安全，促进食品、农产品公平贸易，维护正常农业生产秩序，依据《中华人民共和国农产品质量安全法》《中华人民共和国食品安全法》《中华人民共和国农药管理条例》《农药登记资料规定》，我国制定了《食品中农药残留风险评估指南》和《食品中农药最大残留限量制定指南》。

（三）农药残留检测的方法

农药残留检测过程分为采样、样品预处理、提取、净化、浓缩、定性、定量、确证、数据报告、质量控制和保证，在这些过程中，还涉及样品的传递、保存等操作。

样品制备是指将实际样品转变为实验室分析样品的过程。首先，去除分析时不需要的部分，如蒂、叶子、黏附的泥土、土壤中的植物体、石块等，然后采用匀浆、捣碎等方法，得到具有代表性的可用于实验室分析的样品。接着，根据农药和农产品的特性选用合适的试剂，采用震荡、超声波等方法从试样中提取残留的农药，得到的提取液经过净化方法去除共提物中部分色素、糖类、蛋白质、油脂以及干扰测定的其他物质，继而浓缩试样上机，提高检测响应值。

农药残留检测技术是农业安全生产和农产品质量安全监管的重要手段。目前常用的农药残留监测方法有快速检测法和色谱定量法。快速检测法简单快速，可现场检测，但主要基于20年前酶抑制法，技术标准较为落后，检测种类有限，灵敏度低，假阳性多。目前新的高效、准确、灵敏、快速的速测方法正在兴起，如胶体金快速检测法、原位电离质谱法等，为基地现场快速风险筛查提供了较好的方法，但检测种类也须进一步验证和开发。色谱定量法是利用色谱或质谱准确定性农产品样品具体农药品种具体含量的方法，灵敏度高，但前处理和上机等过程烦琐费时。目前速测是农残监测的初筛手段，同时结合对各环节一定数量农产品开展的农残定量检测，来了解农产品质量安全状况。

目前农产品中农药残留检测的标准方法有速测仪法，如《蔬菜中有机磷和氨基甲酸酯类农药残留量的快速检测》(GB/T 5009.199—2003)，是目前唯一一个农残速测标准方法，其主要能快速筛查种植农产品中有机磷和氨基甲酸酯农药。多农药残留定量监测的标准方法主要有GB 23200国标系列、GB/T 5009推荐国标系列、NY/T农业标准系列、SN/T商业标准系列，常用的《食品安全国家标准　植物源性食品中331种农药及其代谢物残留量的测定液相色谱—质谱联用法》(GB23200.121—2021)、《食品　国家标准水果和蔬菜中500种农药及相关化学品残留量的测定气相色谱—质谱法》(GB 23200.8—2016)、《水果和蔬菜中450种农药及相关化学品残留量的测定液相色谱—串联质谱法》(GB/T 20769—2008)、《食品安全国家标准　植物源性食品中90种有机磷类农药及其代谢物残留的测定　气相色谱法》(GB 23200.116—2019)、《食品安全国家标准　植物源性食品中208种农药及其代谢物残留量的测定气相色谱—质谱联用法》(GB 23200.113—2018)。

(四)农药残留检测的发展

农药的发展经历了天然药物时代、无机农药时代和有机农药时代3个阶段，农药残留的研究发展主要随着有机农药的使用而开展起来。1939年瑞士化学家发现的滴滴涕(DDT)成为人类历史上第一种有机合成农药。从20世纪40年代中期开始，农药的发展进入有机合成时代，随着这些合成有机物的广泛使用，农药在环境和生物体中的缓慢降解、累积、毒性以及残留为害也逐渐引起人们的重视，农药残留研究也随之开展。

2000年，广西壮族自治区植保总站开始开展农药残留检测工作，对南宁市的10个蔬菜市场54个品种共575个样本进行抽检，这是认真贯彻《农药管理条例》、响应农业部药检所要求全国各省积极开展农药残留检测工作号召的重大举措，也是在紧张条件下为农药检定管理工作做出的重大突破。

2001年，广西壮族自治区食品药品检验所对南宁市的蔬菜批发零售市场进行抽样检测，共抽检63个品种1936个果蔬样品，经检测合格样品1915个，平均合格率为88.6%。其中，当年样品的合格率比去年上升3个百分点。南宁市农药检定管理站从2001年10月起，每月随机在两个市场抽检果蔬样品90

个，检测农药残留，同时，到各蔬菜生产基地调查检测农药残留。特别是2001年11月1日至28日南宁市举办“两节一赛一会”期间，南宁市农药检定管理站到各宾馆、酒店进行大规模的蔬菜农药残留检测，共检测蔬菜样品2699个筛查所供蔬菜风险隐患，确保了“两节一赛一会”期间特供蔬菜的食用安全。柳州市蔬菜检测中心2001年购入先进的进口“气—质”连用（MS）等仪器，工作人员采用速测法检测了1644个蔬菜样品的农药残留，并开始使用气质联用仪对快速检测中发现超标比较严重的蔬菜品种进行复测。

农药残留快速测定酶抑制法测得的结果是科学的、可信的。但是，酶抑制法是利用离体生物反应来检验，其结果能反映出样本上含有有毒成分的范围，却无法得出有毒成分是什么、有多少，仪器定量检测技术亟待熟练掌握，为农产品质量安全精准监管提供靶性技术支持。

2002年、2003年，除开展蔬菜速测工作外，广西农药检定管理所首次完成哒螨灵在荔枝上的农药残留登记试验，这标志着广西农药检定管理所在开展的农药残留监控工作上，不仅掌握了一般的速测技术，同时在定性定量检测上取得了重大进展，积累了一些蔬菜水果农药残留超标规律的经验，为进一步开展蔬菜水果农药残留监督检测做好了铺底。2003年底，农业部投资的“农药残留与农药质量监督检测中心”项目和广西壮族自治区农业厅投资的“广西农产品质量安全检测中心”项目建设基本完成，两个项目的建设和实施，使广西农药检定管理所检测仪器设备不断充实，新添专门用于农药残留检测的气相色谱法仪和一台气质联用仪以及一批便捷高效的前处理设备，还有原子吸收光谱仪和原子荧光光谱仪，除了具备农残检测能力，还能定量检测农产品及环境中重金属成分。实验室不断规范和完善，重新装修的实验室面积达到1500平方米，其中农药质量检测占380平方米，残留检测占1120平方米，整个检测分析工作朝着高水平、高等次、上规模的方向发展。

2004年，在当时广西壮族自治区农业厅的领导下，广西农产品质量安全检测中心（以下简称“检测中心”）于2004年10月30日中国—东盟博览会开幕之际正式挂牌成立。自治区人大、政协领导在揭牌仪式后参观实验室时高度赞扬了检测中心的建设成果，热切希望检测中心在今后继续为广西的农产品质量安全事业作出更大的贡献。检测中心挂牌成立，标志着检测中心筹建工作进入机构完善和实验室认证认可阶段，取得关键性进展。2004年，根据农业部和自治区政府要求，为进一步加强广西蔬菜质量安全管理，全面推进“无公害食品行动计划”，保障城乡居民消费安全，开始开展广西蔬菜质量安全例行监测。按《2004年广西蔬菜质量安全例行监测工作方案》《广西蔬菜质量安全专项行动实施方案》要求，分析检测室承担北海、钦州、防城港和百色四个市的例行监测任务。按《2004年广西蔬菜质量安全例行监测工作方案要求》，检测中心完成叶菜、果菜、豆菜等5大类63个品种1765批次蔬菜样品的定量检测，以及北海、钦州、防城港和百色4个市的例行监测任务共680个蔬菜样品的定量检测，其中包含甲胺磷、乙酰甲胺磷、乐果、敌敌畏、氯氰菊酯、氰戊菊酯等18个农药成分。

2005—2007年，检测中心开始筹建并通过国家资质认证和农业部农产品质量安全机构考核和审查认可，其间每年承担区内例行监测任务数量达1200批次，承担国建任务，并根据农业部办公厅农办农〔2005〕19号《关于下达2005年全国无公害蔬菜水果茶叶生产及出口基地农药残留监测任务的通知》要求，对贺州、邕宁、田阳、田东、恭城、富川、凌云等7个无公害农产品基地县的蔬菜、水果、茶叶开展农药残留动态监测，完成133批次蔬果茶叶样品中13种农药成分残留的定性定量检测。

2008—2010年，检测中心集中精力攻关农产品中农药残留和重金属检测，3年来承担广西例行监测农残定量检测样品共2303批次，同时负责广西蔬菜质量安全例行监测数据统计工作，协助自治区农业厅起草《广西蔬菜质量安全例行监测通报》，分发自治区和各市县相关领导、部门，提示蔬菜质量安全方面的风险信息。此外，开始承担全国监测任务和相关科研项目，承担全国无公害蔬菜水果茶叶生产基地农药残留监测任务。针对广西茶叶基地、水果基地、中药材基地开展产品农药残留抽检、生产用药调查、生产记录检查；参与农业部安排的农药安全性监测与评价项目，完成毒死蜱等6种农药中有害杂质和农药产品中2种助剂（溶剂）监测，农药生产和农药杂质、助剂实地调研，毒死蜱等农药中治螟磷等5种有害杂质的分析检测方法研究，三唑磷、草甘膦、百草枯、井冈霉素4种农药田间抗性，乙酰甲胺磷残留验证试验以及丁硫克百威、氟铃脲、莠去津3种农药环境残留风险监测等任务，为农药登记管理提供数据支持，整个工作得到农业部的肯定，杂质与助剂监测工作在全国成为典型；参与自治区科技厅“南宁地区食品药品安全公共平台科研项目”子课题“新型农药残留检测方法开发”，研究了双三氟脲、氟吡菌酰胺等9种农药在蔬菜中的残留检测方法。

农产品中农药残留检测工作的第一个十年，从大范围的快速检测提升到准确痕量的定量检测，建立了部级中心实验室，从承担市级筛查任务到完成广西农产品质量安全风险筛查和参与国家农药登记管理项目及相关标准制定，彰显了检测中心队伍的努力和实力。

2011—2013年，广西农产品质量安全例行监测农药残留检测参数由13个参数增加至20个参数，检测中心承担广西种植农产品例行监测及其汇总分析，协助开展任务承担机构的技术培训和能力验证，承办了广西第二届种植业农产品质量安全检测技能竞赛。第一次作为部级农药登记试验单位承担农药登记试验，开展15%甲维氟啶脲在甘蓝上残留试验和15%阿维吡虫啉微囊悬浮剂在番茄农药登记残留试验以及近30项农药登记残留田间试验，开展小作物用药联合试验，在福建、广东、海南、四川、湖南和广西6个试验点开展关于辛硫磷、溴氰菊酯、哒螨灵3种农药在萝卜上的残留田间试验，验证农药使用和作物残留风险，为农药登记管理提供安全性数据；参与农业部药检所组织的己唑醇等4种农药在农产品中最大残留限量国家标准编写和关于吡虫啉等77种农药在玉米等农产品中180项残留限量标准草案，主要负责单嘧磺隆类农药在农产品中最大残留限量国家标准编写。检测中心继续参与国家农产品质量安全例行监测任务：对四川省的蔬菜、水果、茶叶标准园农产品交叉抽检，完成上报检测数据8000多项农药残留监控任务。检测中心参与农业农村部关于农药管理项目：在农药安全性监测与评价项目中承担开展作物安全性、农药环境风险评估等监测项目，即哒螨灵在柑橘中残留试验、丁硫克百威环境残留风险监测试验和克百威环境残留风险监测试验，为进一步加强农药管理提供科学依据。于2011年获中央财政部门通过的“广西壮族自治区农产品质量安全监督检验中心建设项目”，获得项目资金共2475万元（其中中央投资1980万元，地方配套495万元），检测中心进一步改造实验室，实现通风良好、无尘洁净的实验室环境，增加安捷伦三重四级杆气质联用仪、Waters的三重四级杆超高效液质联用仪、GPC凝胶渗透色谱联用仪、岛津双柱双塔气相色谱仪以及一批先进的前处理设备，农残检测参数增加至150项，为进一步更好开展农产品中农药残留风险监控、农药管理提供了更快更准的技术支持。

2014—2018年，广西农产品质量安全例行监测农药残留检测参数由20个增加至30个，助力在南宁举办的第45届世界体操锦标赛运动员食用农产品安全；除了例行监测，开始承担广西蔬菜、水果、茶叶农药残留专项整治行动和监督抽查，有针对性地开展广西农产品专项监测风险筛查，涉及豇豆、红薯、金橘、西瓜、辣椒、莴苣、荔枝、草莓、葡萄等作物及“三品一标”产品。2016年起，广西例行监测实施城市间交叉抽检，更客观地反映广西各地农产品质量安全风险状况。为进一步加强农产品质量安全风险筛查，当年第一次以政府采购方式委托第三方检测机构承担广西农产品专项监测任务，广西农产品质量安全检测中心受自治区农业厅委托，将1000个样品风险监测作为单一来源采购、1000个样品日常监测和600个金橘豇豆葡萄专项监测作为竞争性谈判采购，并承担技术监督。2017—2018年，每年均有2000批次样品的招标采购任务，专项监测涉及柑橘（含金橘）、豇豆、葡萄、草莓、辣椒、火龙果、香蕉、蔬菜等作物。中心开展农业农村部关于农药安全性监测与评价项目中戊唑醇、苯醚甲环唑在香蕉上田间残留试验方案和市场抽检方案，调查了试验点；完成5%啶虫脒乳油、15%哒螨灵乳油、40%辛硫磷乳油3种农药在萝卜上田间农药残留试验。到了2017年，根据新的《农药管理条例》等配套法规条例要求，广西农产品质量安全检测中心（药检所）不再承担农药登记试验任务，只负责农药登记资料初审工作。2014年开始，中心每年协助广西壮族自治区农业厅组织承担例行监测任务的市县级检测机构开展广西农产品农药残留检测能力验证。2018年根据农业农村部农产品质量安全监管局《关于开展全国部县农产品质检机构“双百”对接帮扶活动的通知》（农质测函〔2018〕88号）安排，中心对口帮扶贺州市富川瑶族自治县农产品质量安全检测站，通过现场指导、跟班学习等方式优化富川农产品质量安全检测站的实验室质量管理体系，推进其内部规范运行，并促进其人员检验检测水平的提高，帮扶效果显著。

2019年至今，广西农产品质量安全检测中心通过第四次部级农产品质量安全检测机构考核、审查认可和国家资质认定评审，农药残留参数检测项目达到227项，能有效准确快速筛查农产品中常用的农药和禁限用农药。“十三五”末期，广西农产品例行监测农药残留监测参数再次调整增至40项，“十四五”开局之年（2021年）参数调整至58项，进一步跟进作物用药变化的风险筛查。2019年，广西壮族自治区农业厅蔬果农残专项监测数量增至4000批次，涉及柑橘（包括金橘、沃柑、橙、沙糖橘、南丰蜜橘、皇帝柑）、杧果、猕猴桃、草莓、葡萄、豇豆、芹菜、葱、叶菜（包括芥菜、白菜、菜心、上海青、芥兰、空心菜）、莴苣、辣椒、红薯、龙眼、荔枝、茶叶等15种作物，为广西特色作物高质量发展提供重要的技术支撑。广西农产品质量安全检测中心配合完成公开招标和技术支持工作，承担专项监测机构开始纳入广西农产品农药残留检测能力验证。2020年初，广西农产品质量安全检测中心积极响应上级指示精神，及时对广西发往疫情重灾区（武汉、百色、上海等）的农产品进行监测，并24小时待命，随到随检，确保灾区百姓吃得放心、安全、健康。2021年，及时应对应急事件，对当年“3·15沃柑泡药”事件积极应对，第一时间到事发地沃柑收储运环节抽样检测，并到实地调研，用数据为事件的回应提供客观科学的证据。为更进一步有针对性地发现农产品质量安全风险隐患，根据广西壮族自治区农业农村厅安监处和广西壮族自治区植保站领导安排，检测中心协助参与金橘、沙糖橘、沃柑等柑橘基地用药调研；参与“治违禁控药残促提升”行动，对重点治理品种的“三棵菜”（豇豆、韭菜、芹菜）开展实际种植用药调研，并指导相关检测机构抽样检测，为下一步推广“三棵菜”标准化生产提供客观依据。协助对外经济合作处开展供深供港基地核验工作；配合国家在广西开展全国农产品质量安全例行监测和监督抽查的抽样工作。

2021年完成区域农药风险项目建设，通过本项目建设，检测中心实验室具备了干净整洁的无尘环境，配备安静高效的通风设备，实现人机分离，增加高精尖的超高效三重四级杆液质联用仪、气质联用仪、Q-TOF飞行时间质谱仪，先进的硬件条件提高了检测中心农药风险监测能力，实现农药风险监测广西全覆盖，及时响应和处置监测区域内农药风险事件，保证监测区域内农药风险事件监测到位。

今后开展农药残留工作在以下方面进行拓宽。①对农药事故与药害样品的鉴定分析。对上报的农药使用事故与药害的样品使用多种手段进行定性和定量分析，分析项目包括农药常规指标、其他成分和杂质，在规定的时间内得出分析结果和结论。从人才储备库中抽调相关专家建立农药药害应急预案小组，保证在发生药害后第一时间发现问题、分析问题、解决问题，在一定程度上减少经济损失。②各类监测样品的采集与分析检测。通过适当的前处理手段和高科技精密仪器设备对农田土壤、地表水及地下水农药污染、农作物农药残留进行分析检测。③监测信息跟踪收集与事故调查。实现对农药人畜中毒事故及对蜜蜂、水生物、天敌昆虫等有益生物影响信息的跟踪监测。建立农药不合格厂家名单制度，对不合格农药产品进行跟踪，加强对企业产品质量的管理，杜绝药害事故再度发生。对周边县（市、区）监测点建立种植作物、气候、农药使用量等综合数据库，为本区不同经济作物合理使用农药提供数据支持。④收集汇总、分析上报农药各类风险监测的数据或信息。在区域农药风险监测中心实验室建立信息管理系统。建立区域中心与周边县（市、区）监测站点“采集—送样—检测—留样”的可溯源体系，从对市场农药样品的抽查，到对检测点农田生态系统中农药残留的跟踪检测，将周边县（市、区）监测站点上报的农药风险数据或信息进行整理汇总后上报，保存原始记录，建立农药监管数字信息平台。⑤协助国家中心开展限量标准制修订等工作。

经过20多年的努力，农残检测工作从无到有，从简单速测到精准定量再到筛查未知。目前，中心已具备了先进而扎实的硬件和软件，未来将继续一如既往地秉承“公正、科学、廉洁、高效、服务”的方针，精、快、准，高质量完成上级下达的任务，为各级政府改进农产品质量安全监管措施、提高农药使用风险预警和防控水平、稳定农产品质量安全水平作出贡献。

第四节　农药生产及经销

广西的农药工业起步于1958年，当时的产品以有机氯、有机砷为主。广西于1963年建成有机氯六六六生产装置，设计年生产能力为45000吨，并于1964年7月正式投产，全年生产原药606吨，生产6%六六六粉剂3102吨。

为适应国民经济发展的需要，广西壮族自治区人民政府把农药工业列入“四五”发展规划，要求每个地区兴建一家农药厂。1966年前后，广西建设了数十家粉剂加工企业，六六六原药生产能力达到8000吨/年。1969年11月，又开发了有机氯杀虫剂毒杀酚，并形成1500吨/年的生产能力。

20世纪70年代后，广西农药工业向多品种方向发展。先后开发了有机磷杀虫剂及其他杀菌剂、除草剂、植物生长调节剂等农药品种，还有乐果、甲胺磷、乙酰甲胺磷、杀螟松、亚胺硫磷、杀虫脒、杀虫双、稻瘟净、异稻瘟净、甲基砷酸锌、甲基砷酸锌铁、西玛津、二甲四氯、草甘膦、增长素等数十个产品。广西农药品种单一的局面得以改变，并且在此基础上得到了不断的发展。1970—1976年，相继建成1000吨/年的敌百虫、500吨/年的敌敌畏、300吨/年的倍硫磷生产装置。为了提高农药的防治效果，降低农药毒性，提高杀虫能力，20世纪70年代后期除进行粉剂加工外，还进行了乳剂加工及颗粒剂、增效剂的生产。但1976—1981年，由于环境污染、生产技术、产品成本等方面的原因，广西的农药生产有了较大的调整，在此期间，对毒杀酚、倍硫磷、亚胺硫磷、杀螟松、马拉硫磷、磷化钙、苏化203、甲基对硫磷和乐果等9种原药相继停产。

20世纪80年代，广西的化学农药生产因六六六于1983年限令停产又进行了一次调整，原先进行六六六粉剂加工的企业纷纷改产，进行乳剂加工。为了支援广西的农业生产，农药生产企业加速了新产品的开发。1980—1989年先后开发了甲胺磷、水胺硫磷和氰戊菊酯3种产品。

1978—1997年，随着社会主义市场经济的发展，广西农药生产进入多元化时代，广西农药行业进入快速发展阶段，民营企业得到迅速发展，国有农药企业纷纷改制，农药生产能力得到较快提升，大量引进仿制高效适用品种。改革开放初期，广西农药主要以有机氯为主，占70%；20世纪90年代，以甲胺磷为代表的有机磷类农药生产量和使用量一度占到70%。由于有机磷类农药的长效性和对人身安全的隐患，当时很多国家相继禁用，我国农副产品出口因农残超标造成的退货愈演愈烈。1983年，我国决定停止六六六、DDT 的生产和使用。

1997—2017年，我国农药行业进入法治化管理阶段。随着《农药管理条例》于1997年5月8日施行，农药管理法制化深入推进，广西农药行业进入调整升级阶段，农药品种不断丰富，产品结构不断优化，产量和销售额不断提升。

1999年底，广西共有76家农药生产企业取得了国家石油和化学工业部核发的农药生产许可证或农药批准证书，其中原药生产企业15家，农药加工厂44家，农药分装厂17家；农药品种共有109个，其中除草剂10个，杀虫剂75个，杀菌剂12个，杀螨剂8个，植物生长调节剂4个；广西农药总产量12318.48吨（有效含量折百），销售收入9.01亿元，利税5334.694万元。

2003年底，广西共有87家农药生产企业取得国家有关部门核发的农药生产许可证或农药生产批准证书（共获得农药生产批准证书379张，农药生产许可证38张），其中原药生产企业16家，农药加工企业64家（含卫生杀虫剂企业14家），农药分装企业7家；农药生产总产量3.8万吨（有效含量折百），销售收入9.6亿元，利税7265万元。

新修订的《农药管理条例》（2017年2月8日国务院第164次常务会议修订通过，自2017年6月1日起施行）将农药生产许可职能划转至省级农业农村部门。2017年11月2日，自治区行政审批制度改革领导小组办公室印发《关于落实中央指定地方实施行政许可事项调整精神有关事项的通知》（桂审改办函〔2017〕21号）明确，广西壮族自治区工业和信息化厅立即停止实施“开办农药生产企业许可初审（D04007）”，广西壮族自治区农业厅要组织做好“农药生产许可（D17099）”事项的落实和衔接工作。2018年2月5日，广西壮族自治区农业厅向广西壮族自治区政务服务监督管理办公室上报《广西壮族自治区农业厅关于申请农药行政许可项目进入广西壮族自治区政务服务中心办理的函》（桂农业函〔2018〕1183号）。2018年2月9日，广西壮族自治区政务服务监督管理办公室批准“农药生产许可”等3项行政许可事项进入广西壮族自治区政务服务中心集中办理。

为依法、科学、公正、有序开展农药生产许可审查工作，依据《农药管理条例》《农药生产许可管理办法》有关规定，通过个人自愿申报、所在单位推荐、主管部门审核、网上公示等程序，广西壮族自治区农业厅于2018年3月7日组建了由21名专家组成的“广西壮族自治区农药生产许可审查专家库”。2018年3月8日，广西壮族自治区农业厅召开农药生产许可审查专家座谈会，会上，时任广西壮族自治区农业厅副厅长郭绪全布置有关工作，并向专家颁发聘书（图72）。2018年3月21日，广西壮族自治区农业厅印发《关于开展农药生产许可申请的通知》(桂农业发〔2018〕47号)，正式开始受理农药生产许可申请，标志着广西壮族自治区农业厅顺利承接农药生产许可职能。

图72 向农药生产许可审查专家颁发聘书

图73 广西壮族自治区农业厅核发广西第一张农药生产许可证

2018年4月28日，广西壮族自治区农业厅在广西壮族自治区政务服务中心农业厅窗口举行农药生产许可证颁发仪式。时任广西壮族自治区农业厅副厅长郭绪全为广西田园生化股份有限公司颁发农药生产许可证，这是广西壮族自治区农业厅承担农药生产管理职能后颁发的第一张农药生产许可证(图73)。截至2021年8月，广西共有67家农药生产企业取得广西壮族自治区农业农村厅核发的农药生产许可证，其中大田用农药生产企业50家，家用卫生用农药生产企业17家；取得原药农药登记证和生产许可范围的企业有5家。从产品结果看，杀虫(螨)剂占64.03%，除草剂(植物调节剂)占20.44%，杀菌剂占15.51%；生产地址位于园区内的企业41家，占61.19%，未进入园区的企业26家，占38.81%。据统计，2020年，广西农药设计年生产能力为233.86万吨(商品量)，实际生产量为68.7万吨(商品量)，销售量69.4万吨(商品量)，销售额24.79亿元；销售额过亿的企业分别有广西田园生化股份有限公司(10.1亿元)、广西易多收生物科技有限公司(7亿元)、广西发昌香业有限公司(1.5亿元)、南宁市德丰富化工有限责任公司(1.4亿元)、广西贝嘉尔生物化学制品有限公司(1.1亿元)、广西化工研究院有限公司(1.1亿元)、柳州市惠农化工有限公司(1.09亿元)。

第六章　药　械

第一节　植保机械的使用与发展

植物保护是稳产、高产、丰收的关键环节，而植保机械就是该过程中不可或缺的生产工具。相比播种机、耕耙等设备，植保机械的发展较晚，但它是防治病虫害的重要武器，是与环境安全、使用者人身安全相关的特殊设备，也是我国农业现代化的关键因素。

一、1949年以前植保器械防治

广西很早以前就十分注意研制取材便宜、结构简单、经济有效的植保器械用于防治虫害、鼠害。最为突出的是刘调化在1934—1935年研制的稻苞虫耙式梳、稻篦箕和拍板。耙式梳就是船梳，利用小船浮力装载竹梳，一人在后方推动前进，往返田中，依秩梳去，每次可梳稻四行，梳后虫苞完全解散，幼虫和蛹梳集在梳内，不死即伤，漏网的仅少数。稻篦箕也是一种竹梳，原是20世纪浙江农民创制，1933年经浙江省昆虫局改造，由刘调化引进广西并加以改良而成；有双人用和单人用两种，双人用每日可梳20亩，单人用每日可梳10亩。拍板是用两块木板拍压虫苞，据1933年柳支英在浙江省昆虫局试验，4小时内可拍轧虫苞1852个，而且不会拍断禾叶，极合农家采用，后由刘调化引进广西。稻苞虫耙式梳、稻篦箕和拍板3种器械都曾在广西大面积应用推广，极受农民欢迎。1938—1940年，柳支英和严家显在柳州沙塘创制胶箱，粘杀蔬菜害虫黄曲条跳甲，利用该虫具有遇惊乱跳下坠假死的习性除虫，在菜苗畦可驱除成虫60%，在菜株驱除成虫达80%以上。据试验，菜株被害时，用此箱粘杀跳甲，10多分钟内往往可灭虫数万头，效果颇好，1939—1941年间广西有46个县推广应用。广西鼠害十分严重，鼠多鼠大为习见习闻之事。1939年冬，中央农业试验所广西工作站李肇赢在吴福祯博士和冯敦堂博士的指导下，在柳州沙塘创制了一种连续捕鼠器，捕捉小鼠效果很好。1941年，于菊生、念曾、李时茂和蒙铨继续研究设计改进捕鼠箱，利用重心、杠杆原理，制成多种木箱简易捕鼠器和木箱简易连续捕鼠器在仓库和居室试用，6克重的小鼠、150克重的大鼠均能捕获。

至于灯光诱虫，早在1927年柳州羊角山广西实业院病虫课时即有。但当时是煤油灯，而且使用的灯下杀虫剂是煤油加水，诱得的虫往往变形不易识别科、属，工作又时断时续，在防治和测报上并未起到多少作用。自1934年起，广西农林试验场诱虫灯自3月至11月连续工作，绘制出一年内各类昆虫逐月消长曲线，但欠精细。1935—1936年，广西农事试验场病虫害组与中央农业实验所合作，每晚点煤油灯一盏，观察以三化螟为主的水稻害虫，确定了三化螟等水稻害虫在柳州的发生期，积累了宝贵的数据资料。

二、中华人民共和国成立后植保器械发展情况

中华人民共和国成立后一段时间，随着经济的发展，劳动力价格不断提高，植保机械逐步进入人们的视野，很长一段时间内广西主要使用的植保机械有手动式药械及机动式药械。

近10多年，随着专业化统防统治组织快速发展，广西植保机械化水平稳步提高。2007年5月，广西壮族自治区植保总站首先在永福县配合县植保站建立4支水稻病虫害防治机防队，每个防治机防队配备机手8~10人，主要负责当地水稻病虫害代防代治、阶段性承包防治和全程承包防治等有偿服务，植保机械主要以背负式电动喷雾机为主。之后，广西各地植保部门结合当地实际，参照永福模式大力推广植保机防队模式。各级植保部门按市场原则，引导和推动专业化统防统治组织进行市场化运作，整合重组，建立自我向前发展的运作机制。截至2020年底，广西累计具有各种类型的专业化防治服务组织3851个（其中在工商民政部门注册的1022个），从业人员26215人，其中涌现出不少市场运作成功典型，例如广西农博士农业新技术有限公司、广西科虹有害生物防治股份有限公司、广西凯米克农业技术服务有限公司、广西齐齐盛农业发展有限公司、象州县鼎立植保专业合作社、桂林乐耕农业发展有限公司、广西云瑞科技有限公司、广西青禾润田农业科技有限公司、贺州市八步区田园绿农作物病虫害防治专业合作社、来宾市丹凯劳务有限公司等。

三、航空植保机械及“飞防”组织发展情况

广西是个“八山一水一分田”的地区，农业耕地极其细碎化。2012年初，植保无人机最早出现在农业植保领域。当时，广西田园生化股份有限公司曾多次开展无人机植保作业试验示范。在2012年5月17日举行的广西现代农业创新发展现场会上，由广西壮族自治区植保站推荐的农用全智能无人直升机进行喷药作业演示，吸引了所有参加会议人员及当地群众的眼球，成为本次现场会上的一大新亮点。2013—2015年，广西每年举行的专业化统防统治现场会，广西壮族自治区植保站都邀请外省植保无人机生产企业进行现场演示作业，大力推广植保无人机。2014年，广西从中央下拨重大病虫防控补助资金中划出部分资金，通过政府招标采购8台植保无人机。2016—2018年，自治区财政划拨专项资金1150万元，相继通过政府招标采购115台，全部授权给广西31个专业化统防统治服务组织使用。通过5年多的推广应用，由于植保无人机在作业效率、节药节水、作业安全、作业效果、适应性等多个方面具有明显优势，已成为现代农业关注的热点和焦点。随着植保无人机产业化的推进、技术的成熟、价格的降低，植保无人机市场前景十分广阔。截至2020年底，广西植保无人机拥有量超过1000架，日飞防作业能力超过20万亩，全年“飞防”作业面积590万亩次；广西成规模的“飞防”服务组织超过40家，其中包括2016—2018年植保无人机示范推广应用项目扶持23家。

第二节　手动药械的使用与发展

1950年，我国引进并大量生产了单管式喷雾器和手摇式喷粉机并在全国推广，随后的弓形手压背负式喷雾器是在单管式喷雾器的基础上改进而来，而现在使用的手压背负式喷雾器也是在弓形手压背负式喷雾器的基础上将手柄改到身侧，更便于给药箱加压。手压背负式喷雾器由于其简单的结构、便宜的价格，占据了整个植保机械80%的市场份额，全国70%以上的病虫害防治面积依靠其来完成，主要型号有3WB-16型、3WBB-16型等。552型压气型和3WS-16型喷雾器由于使用时容易漏气和装载药量少，逐渐被淘汰，572型和57型手摇喷粉器因粉剂使用量减少，产销量逐渐减少，FY-5型仅有少数在温室中使用。

改革开放后，广西植保机械化长期存在高效机动植保机械装备数量不足、机械化植保作业水平不高、手动机械依然占很大比例等问题。据广西植保部门2013年8月统计，当时广西使用的植保机械有20多个品种100多个型号，社会保有量400多万台，中小型植保机械占90%以上，承担的防治面积占80%以上，常用植保机械有单管喷雾机、压缩式喷雾器、背负式喷雾机、喷杆喷雾机等，其中90%以上都是背负式手动喷雾器，施药机械合格率低，各种喷雾器存在严重的“跑、冒、滴、漏”现象，影响了农药利用率和防治效果，易造成环境污染、人身药害事故和农药残留超标等安全隐患。在当时的农业生产过程中，耕地、播种、收割等环节已经全面实现机械化，唯独植保机械化程度较低，农民普遍认为田间最繁重的劳动就是病虫害的防治—打药环节。2006—2010年间，广西利用中央重大病虫害防控部分补助资金，通过政府招标采购背负式电动喷雾机、担架式电动喷雾机、烟雾弥漫机等植保机械分发到广西各市、县（市、区）植保站，再由植保站无偿授权给当地专业化服务组织使用。

第三节　机动药械的使用与发展

机动式植保机械主要包括2个类型：一是机动背负式喷雾弥雾机，二是机动担架式喷雾弥雾机。背负式喷雾弥雾机的代表品种为WFB-18型，它是超低雾喷雾机，能够以超低量喷射乳油型农药而不用水；机动担架式有多个品种，代表品种为工农-36、山城-30型等，都属于多用途的机械，主要用于果园中。

2013年以来，广西每年从中央重大病虫害防控部分补助资金和自治区财政划拨专项资金给植保系统通过招标采购植保无人机、自走式喷杆喷雾机、远程喷杆喷雾机等现代高效植保机械。这些高效大中型植保机械替代低效小型植保机械，从而提升农药利用率、提高植保作业效率，促进统防统治的推广，改变一家一户分散打药的局面，提高病虫害的防治能力。据不完全统计，截至2020年底，广西统防统治服务组织具有各种新型高性能的机动施药器械2.96万台，其中，背负式喷杆喷雾器和电动背负式喷雾器1.81万台，各类(担架式、推车式、车载式)液泵喷枪喷雾机9613台(套)，植保无人机1065架，其他大型设备（悬挂式喷杆喷雾机、牵引式喷杆喷雾机、大型风送式弥雾机、直升机、动力伞、三角翼等）304台（架），日作业能力达174.9万亩。

第二篇　害虫篇

第一章　粮食作物害虫

第一节　水稻主要害虫

一、稻飞虱

稻飞虱属同翅目飞虱科，在广西褐飞虱和白背飞虱常常混合发生，是广西水稻最主要的害虫之一。该虫在广西分布广泛，在各地早、中、晚稻的各个生育期均可见到，但主要在水稻生长的中、后期发生为害。

（一）发生区划

稻飞虱在广西发生区划可分为偏重发生区、中等发生区及偏轻发生区3个区域。（1）偏重发生区：包括桂东、桂北稻区。常年发生趋势为偏重发生程度，局部达大发生。早稻发生稍重于晚稻。（2）中等发生区：包括桂中稻区。常年发生趋势为中等至中等偏重程度，早稻发生为害重于晚稻。（3）偏轻发生区。包括桂西南稻区。常年发生趋势为中等偏轻程度。

（二）发生特点

稻飞虱在广西属于常发性重要害虫，广西普遍发生，在广西各地早稻、中稻、晚稻上均有发生。在广西一年可发生7~10代，有明显的世代重叠现象。在广西为害水稻的稻飞虱主要有褐飞虱和白背飞虱。在早稻上发生以白背飞虱为主，在晚稻上则以褐飞虱为主。2种飞虱均能以各种虫态在桂南过冬，但白背飞虱的存活率较低。早春虫源主要是随西南气流从越南迁入广西。稻飞虱喜欢荫蔽、潮湿的环境，成虫、若虫一般都群集在稻丛下部活动（白背飞虱的位置要比褐飞虱高些），在茎基部刺吸汁液，成虫还在下部叶鞘背部组织中产卵，致使下部叶片枯黄。当虫口密度大时，还会引起烂秆、死苗，形成一团一团的“黄塘”“落窝”现象，甚至全田稻株枯黄倒伏，对产量影响极大。白背飞虱以分蘖盛期到孕穗抽穗期发生为害最重；褐飞虱以孕穗后期至抽穗扬花期为害最重。

（三）演变过程

根据稻飞虱在广西的发生面积、发生级别及造成损失等因素，可将其发生演变过程划分为6个阶段（图74）。

第一阶段：1949—1960年。此阶段稻飞虱在广西有发现，但发生较轻，年发生面积不超过10.5万亩次，对水稻生产影响极小。

第二阶段：1961—1968年。此阶段广西稻飞虱上升为水稻的次要害虫。年发生面积为64.5万~151.5万亩次，对水稻生产有一定的影响，年均实际损失一般在1500吨左右，个别年份在2000吨以上。

第三阶段：1969—1989年。此阶段广西稻飞虱上升为水稻的主要害虫，年发生面积499.5万~1399.5万亩次，发生程度达中等至中等偏重，个别年份可达大发生程度。造成的年均实际损失2.6万吨，最高年份达5.9万吨。

第四阶段：1990—2005年。此阶段稻飞虱已上升为水稻生产上威胁最大的害虫，年发生面积为1800.0万~1999.5万亩次，发生程度在中等偏重以上，大多数年份达到中等偏重局部大发生程度。年均实际损失达5.2万吨，最高年份达8.5万吨。

第五阶段：2006—2015年。此阶段稻飞虱发生面积进一步加大（除2011年为1875.8万亩次外），造成实际损失进一步增加。年发生面积为2147.1万~2917.8万亩次，年均实际损失7.54万吨，最高年份达10.83万吨。发生程度为中等偏重以上，最高达大发生程度。其中2007年稻飞虱大发生，当时广西大打了一场防治稻飞虱的人民战争，并大获全胜。

第六阶段：2016—2020年。此阶段稻飞虱仍是广西水稻的主要害虫，但发生面积与造成的实际损失比前一个阶段偏少。年发生面积为1856.9万~2095.4万亩次，年均实际损失4.29万吨，最高年份为4.83万吨。发生程度均为中等偏重。

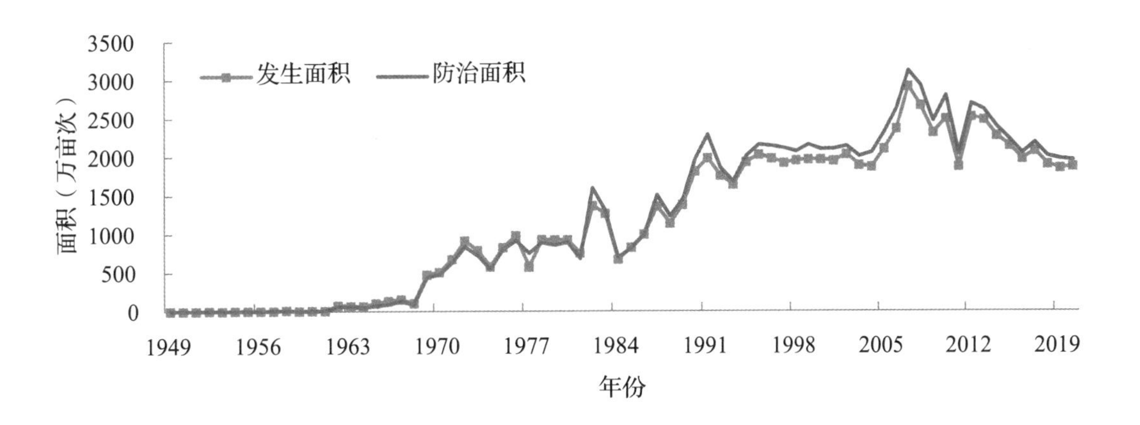

图74　1949—2020年广西稻飞虱发生面积和防治面积统计图

二、稻纵卷叶螟

稻纵卷叶螟，俗称卷叶虫。属鳞翅目，螟蛾科。在广西各地的早、中、晚稻上均可发生为害，是广西水稻上的主要害虫之一。

（一）发生区划

稻纵卷叶螟在广西可分为桂南发生区域和桂北发生区域，桂北发生区可分为桂西北和桂东北2个亚区。

1. 桂南发生区

该区属典型南亚热带气候区，由于冬季温暖干旱，具有一定数量的越冬虫源。在早稻、晚稻上普遍发生为害，但早稻受害重于晚稻。

2. 桂北发生区

桂北发生区越冬虫源较少，一般年份几乎查不到越冬虫源。上半年桂北发生的外地迁入量较大，发生为害多重于桂南发生区。桂北发生区又可分为桂西北亚区和桂东北亚区。桂西北亚区主要包括河池大部地区、百色北部各县，本地越冬虫源少，多为外地虫源迁入为害，上半年发生为害稍轻于桂东北亚区，下半年则重于桂东北亚区。桂东北亚区主要包括桂林、柳州、来宾、贺州4市，早稻发生为害较重，晚稻发生较轻。

（二）发生特点

稻纵卷叶螟在广西一年可发生6~8代。以幼虫和蛹越冬，除南部少数地区外，越冬成活率均很低。成虫喜欢在生长繁茂的稻田中产卵，并多产于上部嫩绿叶片的背面。幼虫孵化后通常先集中在心叶内为害，稍大后即分散到附近叶片上，吐丝将叶片纵卷成筒状，藏身于内啃食叶片上表皮和叶肉，仅留下下表皮，故其为害状如白色长条斑。老熟幼虫大多在禾兜下部黄叶或叶鞘内化蛹，只有少数是在老虫苞内化蛹的。水稻在分蘖期间受害，只要不是满田白叶，由于稻株自身对伤害的补偿能力，对产量的影响不是很大。在孕穗至抽穗期间，当剑叶及其下两张功能叶受害严重时，对产量的影响较大。

（三）演变过程

稻纵卷叶螟是广西重要的水稻害虫之一，根据不同历史时期的发生面积、发生程度及实际损失等因素可将其发生演变过程分成以下5个阶段（图75）。

第一阶段：1949—1961年。此阶段广西生产力落后，以单季稻为主的水稻生产受到制约，农田生态系统不利于该虫大规模繁殖，因此稻纵卷叶螟发生较轻，其中1958年和1960年发生较重。年均发生面积为46.94万亩次，其中1958年（143万亩次）、1960年（113.23万亩次）发生面积超过100万亩次。年实际损失为10353.92吨，其中1958年、1960年实际损失超过4000吨。

第二阶段：1962—1975年。广西大力推广双季稻制度，该虫在广西发生逐年加重，年发生面积128.81万~1164.21万亩次，年均实际损失为9997.24吨。

第三阶段：1976—1988年。广西水稻栽培制度陆续形成了延续至今的格局，即除桂北、桂西北局部高寒山区常年种植单季中稻外，以双季稻种植为主。此阶段该虫发生程度时重时轻，年发生面积486.7万~1364.41万亩次，年实际损失6507.6~31029吨。

第四阶段：1989—2015年。除个别年份中等程度发生外，绝大部分年份均发生程度中等偏重以上，其中1990年为特大发生年份，发生面积增至2482.38万亩次，为历史最高位，比1989—2015年（除

1990年）年均发生面积1530.65万亩次高出62.18%，年实际损失17205.37~107790.7吨。

第五阶段：2016—2020年，此阶段发生比前一阶段轻，发生程度均为中等偏轻局部偏重，年均发生面积1216.42万亩次，年均实际损失21039.04吨。

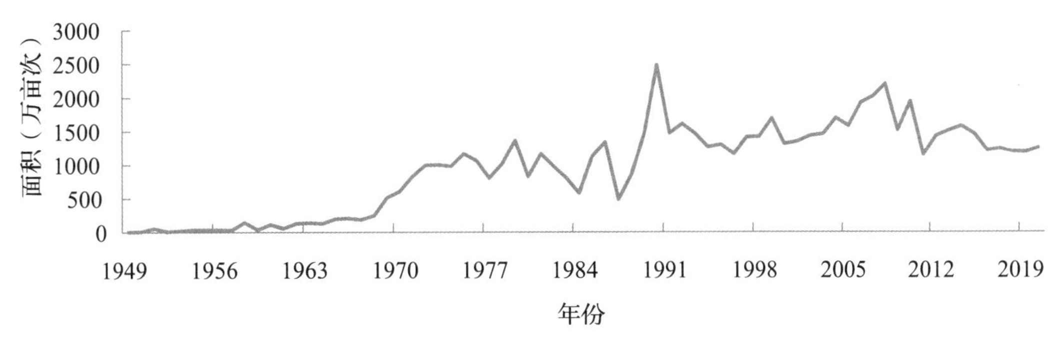

图75　1949—2020年广西稻纵卷叶螟发生面积统计图

三、三化螟

三化螟俗称钻心虫，属鳞翅目螟蛾科。该虫属单食性害虫，仅仅为害水稻一种作物。它以幼虫钻蛀茎秆形成枯心苗、白穗或枯孕穗。

（一）发生区划

根据三化螟在广西发生为害的特点、规律等，将三化螟在广西发生区划分为2个区域。（1）中等发生区：包括柳州、来宾稻区。年发生世代为4代或5代，其中多有不完整的第五代；多数县三化螟发生程度为中等。（2）轻发生区：包括桂南、桂北稻区。桂南稻区一般年发生4~5个世代；桂北稻区一般年发生4个世代，多数年份偏轻发生。

（二）发生特点

三化螟在广西除高寒山区一年发生3代外，其余大部分地区可发生4代，桂南稻区为4~5代。三化螟以幼虫在近根部的茎秆内过冬，至第二年春天气温回升到16℃以上时开始发育化蛹，羽化成虫（螟蛾）。螟蛾有明显的趋光性，卵一般产在叶片上部。初孵幼虫（蚁螟）在水稻分蘖期时，从茎秆近水面处蛀孔侵入，为害造成“枯心苗”。在孕穗末期至抽穗期，幼虫多从剑叶叶鞘与茎秆的合缝处钻入，蛀食穗茎造成“白穗”或“枯孕穗”。

（三）演变过程

20世纪50年代，三化螟是广西水稻害虫发生为害最重的一种，年均发生面积245.93万亩次，尤其是1954年（343.08万亩次）、1955年（438.98万亩次）、1958年（518万亩次）。年均实际损失26187.16吨。20世纪60年代三化螟发生受遏制，末期呈上升态势，发生面积和实际损失的年均值比20世纪50年代下降12.1%和87.17%，但1969年两者都有所回升，为20世纪60年代的最高年。20世纪70年代，三化螟发生面积急剧上升，发生面积和实际损失与20世纪60年代年均值相比分别增加3.76倍、8.17倍，1977年发生面积为1919.67万亩次，实际损失80821.81吨，两者至今仍为历史最高值。20世纪80年代，三化螟发生及其为害呈波浪式下降，与20世纪70年代相比变化较大，发生面积略有下降，实际损失相当；前期明显下降，中期表现为突增，但低于20世纪70年代后期的平均值，后期稍有下降。20世纪90年代三化螟发生呈现间歇性回升，但与20世纪70、80年代相比，年均发生面积仍分别减少14.3%、20.5%，实际损失也分别减少49.74%、53.78%。其中，20世纪90年代前期呈下降趋势，但在中期又趋回升，1994年发生面积达1008.17万亩次，是20世纪90年代的次高年份；1997年、1998年均下降，发生面积控制在720万亩次以下；1999年明显回升，发生面积达1178.51万亩次，实际损失为27142.36吨，皆为20世纪90年代的最高年份。进入21世纪，2000—2005年三化螟发生面积、实际损失虽然比20世纪90年代略有降低，但仍然维持在较高水平，年均发生面积为1007.21万亩次，年均实际损失为15637.14吨；随后，其发生呈逐年下降的态势，2006年（171.40万亩次）至2020年（940.05万亩次）年均发生面积为456.26万亩次，年均实际损失为5601.69吨（图76）。

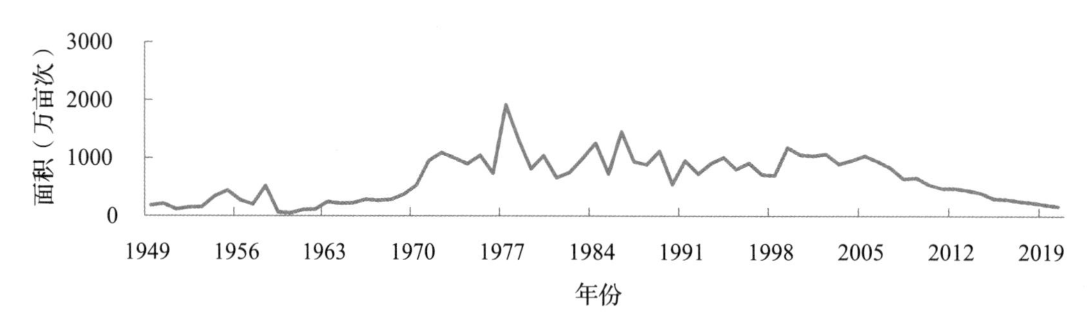

图76　1949—2020年广西三化螟发生面积统计图

四、二化螟

二化螟又称蛀秆虫，属鳞翅目螟蛾科。该虫除为害水稻外，还可侵害玉米、甘蔗、茭白等作物。以幼虫蛀食叶鞘、茎秆，可造成枯鞘、枯心苗、枯孕穗、白穗。

（一）发生区划

根据近年来广西二化螟发生为害情况和特点，将广西二化螟区划分为4个区域。

1. 桂北中等局部偏重发生区：主要包括桂林市大部稻区。
2. 桂东及桂西偏轻、局部偏重发生区：包括百色、贺州、柳州、河池、南宁局部稻区。
3. 桂中、桂西南偏轻发生区：包括柳州、来宾、梧州、崇左局部稻区。
4. 桂东南、桂南轻发生区：包括贵港、玉林、钦州、防城港、北海局部稻区。

（二）发生特点

二化螟在广西一年可发生3~4代。幼虫可在稻根、稻草内越冬。成虫产卵，苗期多产在叶片上，圆秆拔节后则多产在叶鞘上。初孵幼虫有先集中在叶鞘内为害造成枯鞘的习性，至3龄以后即转株分散为害。老熟幼虫多在叶鞘或茎秆内结茧化蛹。二化螟较三化螟耐低温而不耐高温。低温多湿年份有利于二化螟的发生。

（三）演变过程

根据二化螟在广西发生及为害情况，可分为5个阶段（图77）。

第一阶段：20世纪50—60年代。二化螟在广西发生为害较轻，年均发生面积约为6.3万亩次，年均实际损失为200吨。

第二阶段：20世纪70年代。广西二化螟为害零星发生。

第三阶段：20世纪80年代为平稳扩展期。1983年发生为害出现一个小高峰，发生面积为98.7万亩次，是上一年的28.61倍，实际损失为2005吨。

第四阶段：20世纪90年代为扩展蔓延期。前期二化螟发生及为害缓慢回落，而1995年开始则呈现显著的逐年上升态势。1999年出现另一个小高峰，发生面积达148.67万亩次，实际损失为1228.83吨。

第五阶段：21世纪为迅速蔓延期。进入21世纪，广西二化螟发生及为害前5年（2000—2004年）出现缓慢回落之后又再次呈现显著的逐年上升态势。2005—2020年，年均发生面积为191.59万亩次，年均实际损失为1454.59吨，分别是20世纪90年代的2.99倍、2.04倍。2019年、2020年发生面积均超过三化螟，成为广西水稻钻蛀性害虫中发生最重的害虫。2020年发生面积、实际损失比2005年分别增加47.85%、5.67%。

图77　1981—2020年广西二化螟发生面积统计图

表9　2001—2020年广西二化螟发生、为害和损失情况统计表

年份	种植面积（万亩）	发生面积（万亩次）	防治面积（万亩次）	实际损失（吨）
2001	3357.8	86.17	108.72	598.37
2002	3241.9	93.99	118.07	725.88
2003	3149.4	86.62	105.72	628.84
2004	3112.52	109.21	161.74	704.25
2005	3111.93	150.84	207.27	1455.9
2006	3114.37	163.94	203.51	894.52

续表

年份	种植面积（万亩）	发生面积（万亩次）	防治面积（万亩次）	实际损失（吨）
2007	3023.64	184.64	246.56	962.77
2008	3046.83	162.02	230.01	1233.35
2009	2968.7	188.68	257.51	2015.14
2010	3026.72	172.65	217.88	1340.34
十年平均	3115.38	139.88	185.7	1055.94
2011	2941.38	208.28	253.28	1575.05
2012	2920.57	203.72	221.33	1564.96
2013	3054.69	213.39	238.41	2057.93
2014	2918.75	198.77	218.75	1384.74
2015	2917.08	198.11	218.09	1477.04
2016	2856.13	184.83	198.98	1327.69
2017	2921.56	209.53	238.62	1369.7
2018	2894.47	195.5	205.57	1607.83
2019	2782.47	207.57	227.37	1468.02
2020	2668.613	223.01	253.45	1538.52
十年平均	2887.57	204.27	227.39	1537.15

五、大螟

大螟属鳞翅目夜蛾科。该虫食性较杂，除水稻外，还为害玉米、甘蔗、小麦及其他禾本科杂草。在广西各地均有零星发生，茎秆粗壮、叶阔浓绿的杂交稻受害较重。

（一）发生特点

一年可发生3~5代。幼虫一般在稻根或杂草根际、玉米、甘蔗残株中越冬。成虫喜好在田边以及茎秆粗壮、叶色浓绿、叶鞘抱合不紧的稻株上产卵。一般以早插田、生长繁茂的杂交稻受害较重。初孵幼虫群集叶鞘为害，形成枯鞘。二、三龄后则就近分散转株侵入茎秆内，形成枯心苗或虫伤株。每头幼虫可为害3~4条稻株。幼虫蛀孔较大，并堆积有较多的虫粪和残屑。分蘖后期至圆秆期受害最重。老熟幼虫多在稻株下部的枯鞘内化蛹。蛹裸露无茧覆盖。

（二）演变过程

2008年开始有为害记录。2008—2020年均为零星发生，年均发生面积为12.47万亩次，年均实际损失119.86吨。其中2020年发生面积达最高，为29.93万亩次，比上年增加75.44%，是均值的2.40倍，实际损失为310.93吨，分别是上年、均值的2.3倍、2.59倍。

表10 2008—2020年广西大螟发生、为害和损失情况统计表

年份	种植面积（万亩）	发生面积（万亩次）	发生面积占种植面积比率（%）	防治面积（万亩次）	实际损失（吨）
2008	3046.83	3.59	0.12	4.31	68.9
2009	2968.7	8.67	0.29	11.72	105.86
2010	3026.72	6.11	0.20	1.96	44.32
2011	2941.38	10.11	0.34	53.21	189.44
2012	2920.57	11.48	0.39	25.39	126.99
2013	3054.69	13.24	0.43	26.89	117.51
2014	2918.75	13.88	0.48	26.89	81.35
2015	2917.08	13.2	0.45	17.21	58.32
2016	2856.13	8.77	0.31	10.77	153.41
2017	2921.56	11.37	0.39	13.08	65.42
2018	2894.47	14.73	0.51	16.53	100.56
2019	2782.47	17.06	0.61	20.69	135.16
2020	2668.613	29.93	1.12	33.90	310.93
均值	2916.77	12.47	0.43	20.20	119.86

六、稻瘿蚊

稻瘿蚊俗称“标葱”，属双翅目瘿蚊科。

（一）发生特点

一年可发生7~9代。以幼虫在再生稻或沟边蓉草上越冬。早稻发生轻微，主要是侵害分蘖后期的无效分蘖；随后转而为害中、晚稻秧田和本田；中、晚稻秧苗期和分蘖期是受害最严重的时期。成虫产卵在叶片上，以外围叶片正面较多。初孵幼虫借助叶片上的露水沾湿身体后缓缓向下蠕行，至近水面时沿叶鞘缝隙处钻入稻株内部。幼虫侵食稻株生长点，并使之受刺激肿胀，植株受害不能正常生长发育，形成“大头秧”“大肚秧”。幼虫发育成蛹后，叶鞘组织则继续伸长变成“葱管”，蛹可在葱管内上下移动，最后在葱管末端刺孔羽成虫。受侵害的稻株变成“标葱”后就不能抽穗了。

（二）演变过程

20世纪50年代，稻瘿蚊在广西山区普遍发生，部分年份发生为害猖獗。1955年发生面积为86万亩次，造成实际损失10708.74吨；1959年发生面积为130.8万亩次，造成实际损失5109.32吨。

20世纪60年代稻瘿蚊为害明显减少。

20世纪70年代至80年代初，水稻种植制度改变，双季稻、中稻、单季稻同时存在，为稻瘿蚊的发生提供了很多桥梁田和有利的生态环境，发生为害逐年加重，由间歇发生至常发生，由水稻次要害虫上升为主要害虫，发生面积不断扩大。1973—1983年，稻瘿蚊在广西常年发生，年均发生面积为

138.15万亩次，年均实际损失为11074.96吨。

20世纪80年代中后期至90年代末，为稻瘿蚊在广西发生为害的高峰期，对水稻生产构成了严重的威胁。1985—1999年，年均发生面积为588.15万亩次，年均实际损失为29271.45吨。1988年，稻瘿蚊广西发生面积为645.9万亩次，造成的实际损失高达103195吨，是历史为害最重的年份。

进入21世纪，前期（2000—2002年）为害水平比20世纪90年代略有降低，年均发生面积为475.14万亩次，年均实际损失为9686.28吨，发生程度中等或中等偏轻。随后，稻瘿蚊发生呈逐年下降态势，2003—2020年年均发生面积为82.58万亩次，年均实际损失为1535.26吨。2020年发生面积仅为15.63万亩次，比2003年减少95.23%（图78）。

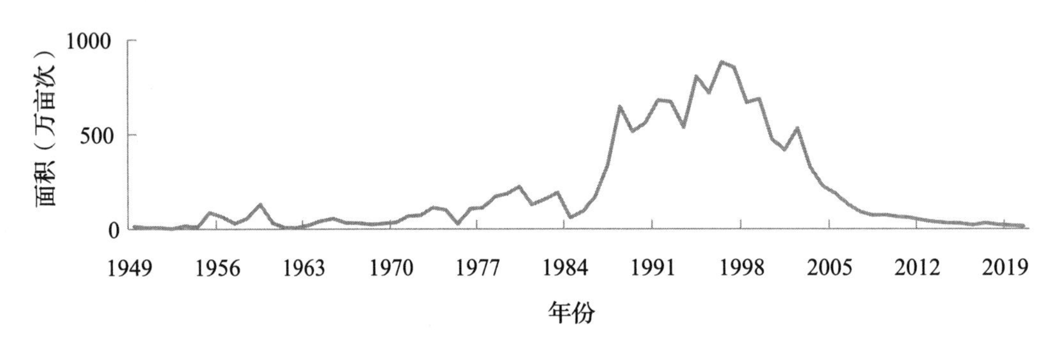

图78 1949—2020年广西稻瘿蚊发生面积统计图

七、稻水蝇

稻水蝇属双翅目水蝇科。幼虫钻入稻茎内潜食心叶，受害叶片抽出后有裂缝并闻到腐烂臭味。水稻受害后植株矮，穗短，结实率降低，早稻被害重于晚稻。

（一）发生特点

一年可发生8个世代左右。晚稻收割后成虫飞到田边、沟边蓉草上产卵，以幼虫在蓉草内越冬。翌年3月化蛹羽化，第一代幼虫主要为害蓉草，第二代从4月中旬开始为害水稻，以迟插的早稻被害较重。水稻以分蘖期受害最重，孕穗期次之，抽穗期停止为害。冬暖夏凉有利发生。幼虫凌晨孵化，借助露水爬行到心叶处，钻入茎内取食嫩叶或幼穗。一头幼虫为害3~4片嫩叶，老熟幼虫在叶鞘处化蛹。

（二）演变过程

1960年开始有记载，1962年开始有为害记录。

第一阶段：20世纪60代年至70年代总体为零星发生，年均发生面积6.21万亩次，年均实际损失为179.24吨。

第二阶段：1981—2012年稳定发生期，年均发生面积91.71万亩次，是上个阶段的14.77倍，其中1987年达历史最高值278万亩次；年均实际损失1587.79吨，是上个阶段的8.86倍，其中1987年达历史最高值3285.5吨。

第三阶段：2013年以后进入下降期，2013—2020年年均发生面积68.76万亩次，比上个阶段减少25.02%；2020年发生面积为49.45万亩次，为1986年以来最低值；年均实际损失为1023.98吨，较上阶段减少35.51%（图79）。

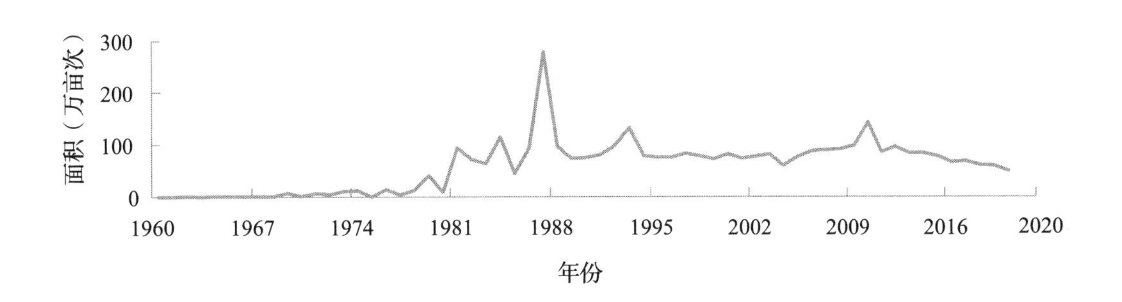

图79　1960—2020年广西稻水蝇发生面积统计图

八、稻叶蝉

稻叶蝉属同翅目叶蝉科。以刺吸式口器刺入稻株、叶片吸取汁液，破坏稻株的养分、水分输送组织，使稻株及叶片出现不规则斑点，随后这些斑点变成褐色的斑块，受害严重时稻株会发黄枯死。在广西为害的稻叶蝉主要有黑尾叶蝉、白翅叶蝉等。黑尾叶蝉还会传播普通矮缩病、黄矮病、黄萎病和黄化病病毒等。

（一）发生特点

黑尾叶蝉在广西一年发生7~8代。冬季几乎没有滞育现象，在田边、沟边杂草及绿肥田里随时可发现其活动，耐寒力强。成虫活跃善跳。5月上旬在早稻田出现第一代成虫为害。雌虫产卵在水稻叶鞘内侧及茎秆的组织内，排成行，每行3~26粒。雌虫以杂草为食产卵较少，以水稻为食产卵较多，一雌虫可产卵150粒左右。成虫寿命一般20天左右，过冬的成虫寿命可达150天。广西早稻发生数量较少，为害不严重。8、9月发生数量最大，晚稻受害较严重。

白翅叶蝉在广西一年可发生6~7代。成虫寿命较长，一般40~50天，比黑尾叶蝉长一倍以上，较耐寒，冬天无滞育现象，气温达到10℃以上便活动取食。晚稻收割后，迁移到附近杂草中，有群集性。广西冬季绿肥田随时可见成群活动。雌虫将卵产在水稻叶片背面中脉组织内，每处产1~3粒，一雌一生产卵100粒左右。孵化出若虫后，多集中在叶片背面取食，受惊时即横着爬行，剧烈震动时即跌落水面，然后在水面爬行再回到稻株上。

（二）演变过程

第一阶段：20世纪60年代前期（包括60年代前期，除1960年以外）零星发生，年均发生面积19.53万亩次，其中1960年发生面积93.92万亩次，是均值的4.81倍。年均实际损失610.96吨，其中

1960年实际损失为1651.02吨。

第二阶段：1966年后。进入上升期，1977年达历史最高值959.01万亩次，年均发生面积262.99万亩次，是之前年均发生面积的13.46倍。年均实际损失5302.86吨，是上一阶段的8.68倍，其中1977年达历史最高值22544.13吨。

第三阶段：1978—1988年进入下降期，年均发生面积247.72万亩次，比上升期减少5.81%。年均实际损失4676.82吨，比上一阶段减少11.81%。

第四阶段：1989—2012年进入稳定发生期，年均发生面积92.06万亩次。年均实际损失1142.26吨。

第五阶段：2013年以后逐年下降，2013—2020年年均发生面积52.27万亩次，比上一阶段减少43.22%，其中2020年发生面积33.13万亩次，为1964年来的最低。年均实际损失567.61吨，为有发生记载以来的最低（图80）。

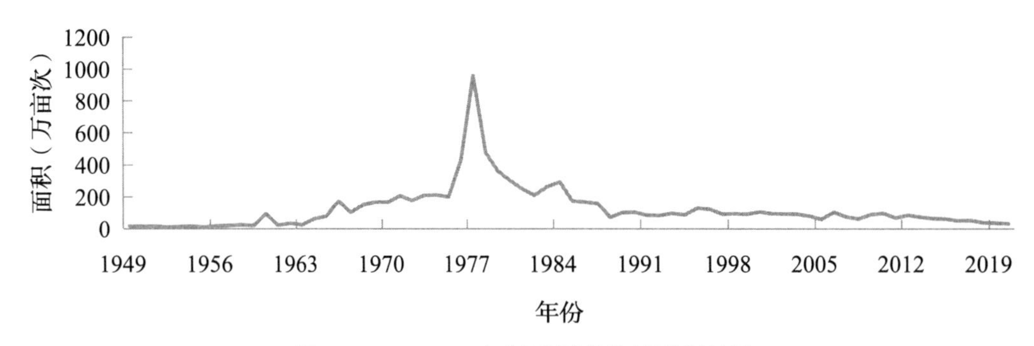

图80　1949—2020年广西稻叶蝉发生面积统计图

九、稻蓟马

稻蓟马属缨翅目蓟马科。虫体很小，成虫和若虫均可为害，以口器刮破稻苗嫩叶表皮锉吸汁液，使叶片出现白色斑点，受害严重时叶片纵卷，叶尾枯焦。抽穗扬花时受害，造成秕谷，减少产量。

（一）发生特点

广西一年可发生16个世代以上，而且世代重叠，数量很大。该虫在田间雌虫占90%以上，雄虫数量很少，除两性繁殖外，还能孤雌生殖，但孤雌产的卵孵出的后代多为雄虫，甚至全是雄虫。4月开始发生数量逐步增加，到6月晚稻常规稻秧田期虫量最多。7、8月高温期虫量急剧下降，9月又回升。以成虫在田边、沟边杂草越冬，在10℃时可活动。若冬季温暖，早春雨水偏少，有利越冬成虫提早繁殖，从而积累更多的虫源。

（二）演变过程

1953年开始有为害记录。

第一阶段：1953—1972年为零星发生。年均发生面积9.84万亩次，年均实际损失51.71吨。

第二阶段：1973—2013年呈波浪形发生期。年均发生面积86.87万亩次，是上一阶段的8.83倍。年均实际损失为680.79吨，是上一阶段的13.17倍。其中1979年发生为高峰，发生面积为225.00万亩次，实际损失为1041.4吨。

第三阶段：2014年以后为逐年下降期。年均发生面积26.05万亩次，年均实际损失236.19吨。其中2020年发生面积为17.18万亩次，比2014年减少62.18%（图81）。

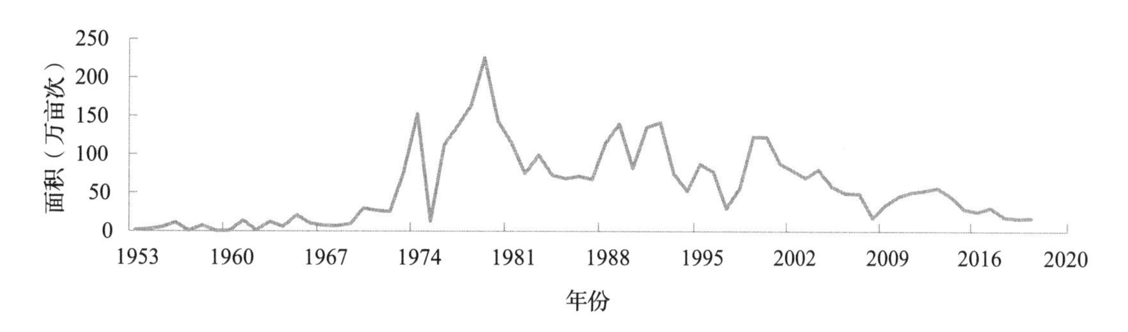

图81　1953—2020年广西稻蓟马发生面积统计图

十、稻螨

广西当前主要发生的稻螨为稻跗线螨，属蜱螨目跗线螨科狭跗线螨属。被害严重的水稻可抽穗但不灌浆，有的成半死穗，剑叶叶鞘变黑褐色，俗称为“黑骨”。

（一）发生特点

稻跗线螨于1974年在浦北县首先发现。1975年在合浦、博白、北流、陆川、玉州、平南、贵港等县市也发现为害水稻。此螨在广西一年至少可发生15个世代。繁殖能力强，在同一叶鞘内同时可见卵、幼螨和成螨，少则几十头，多则一二千头。在干燥情况下，幼螨和成螨爬行很快，若叶鞘有水则爬行缓慢。以幼螨、成螨和卵在田边蓉草等多种禾本科杂草上越冬。翌年4月下旬迁至稻田为害，早稻收割后又回到田边杂草上。一般以晚稻被害严重，由田边逐渐向田中间蔓延。禾苗生长差，施肥不足，迟熟品种受害较重。气候干旱有利发生。

（二）演变过程

1954年开始有稻螨为害记录，发生面积仅为0.87万亩次，实际损失为2.98吨。1954—2016年为零星发生，年均发生面积4.65万亩次，年均实际损失111.69吨。2017—2020年发生范围扩大，局部稻区偏轻发生，年均发生面积28.15万亩次；其中2020年发生面积达最高，为46.63万亩次，是均值的1.66倍；年均实际损失1484.71吨，其中2020年达到最高值1838.26吨。

表11　2008—2020年广西稻螨发生、为害和损失情况统计表

年份	种植面积（万亩）	发生面积（万亩次）	发生面积占种植面积比率（%）	防治面积（万亩次）	实际损失（吨）
2008	3046.83	3.37	0.11	3.6	93.7
2009	2968.7	5.62	0.19	5.14	30.5

续表

年份	种植面积（万亩）	发生面积（万亩次）	发生面积占种植面积比率（%）	防治面积（万亩次）	实际损失（吨）
2010	3026.72	9.9	0.33	8.9	34.4
2011	2941.38	1.92	0.07	1.91	3.6
2012	2920.57	4.8	0.16	4.67	13
2013	3054.69	4.62	0.15	4.6	8.52
2014	2918.75	4.06	0.14	4.05	7.68
2015	2917.08	3.6	0.12	3.6	3.6
2016	2856.13	3.67	0.13	3.67	7.07
2017	2921.56	20.35	0.70	11.75	2789.4
2018	2894.47	15.56	0.54	14.39	399.11
2019	2782.47	30.04	1.08	28.51	912.07
2020	2668.613	46.63	1.75	44.72	1838.26
均值	2916.77	11.86	0.42	10.73	472.38

十一、稻象甲

稻象甲属鞘翅目象虫科。广西各地均有发生，除为害水稻外，还可为害瓜类、番茄、甘蓝等作物。

（一）发生特点

一年可发生2代。以成虫或幼虫在杂草根部或泥缝里越冬。在早、中、晚稻均可发生为害。幼虫侵食稻株幼嫩须根，造成叶尖发黄，严重时不能抽穗或形成秕谷。成虫咬食稻苗茎秆，使抽出的心叶上出现横排圆形小孔，并产卵在小孔中。幼虫孵化后沿茎秆往下钻入土中，群集在土下深约3~5厘米的根际附近，以幼嫩的须根和土壤中的腐殖质为食料。该虫的发生在旱秧田多于水秧田，沙质土重于黏性土。春季温暖多雨有利其越冬，故发生为害也较重。

（二）演变过程

2000年开始有为害记录，发生面积为1.27万亩次，实际损失为33.8吨。2004—2012年为高峰发生期，年均发生面积44.58万亩次，年均实际损失467.11吨。2013年起逐年下降期，年均发生面积21.52万亩次，年均实际损失203.09吨，分别比上一阶段减少51.73%、56.52%。其中2020年发生面积12.11万亩次，比2013年减少59.36%（图82）。

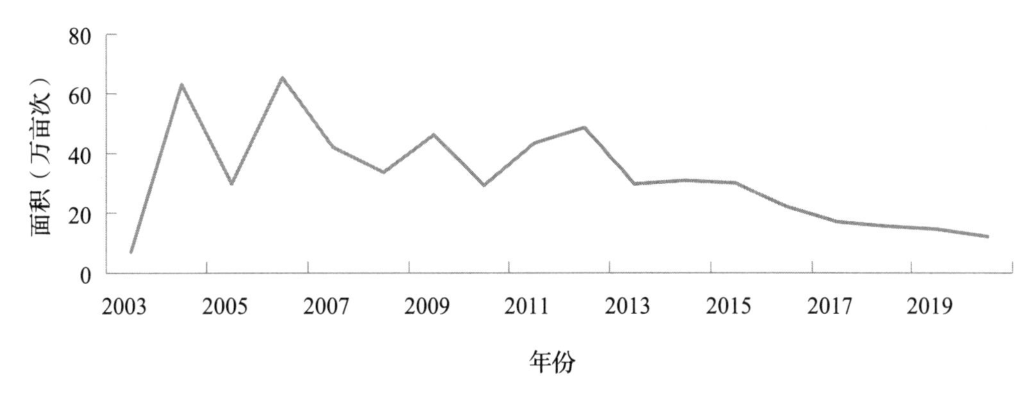

图 82　2003—2020 年广西稻象甲发生面积统计图

十二、稻蝗

稻蝗俗称蚂蚱、蚱蚂，属直翅目斑腿蝗科。广西发生较多的主要有长腿稻蝗和中华稻蝗。除为害水稻外，还为害甘蔗、玉米、豆类、烟草等许多作物和杂草，是一种杂食性害虫。

（一）发生特点

广西一年发生2代，以卵在背风向阳、土质松软潮湿的荒山坡、堤坝、河、沟旁和田边3~5厘米的表土深处越冬。翌年4月起若虫陆续孵化，因孵化期长和受环境、食料等因素影响，若虫龄期长短参差不齐。一般低龄若虫集中在原产卵地为害杂草、芦苇及附近作物，三龄后便陆续迁向稻田为害。蝗虫以成虫、若虫于上、下午或阴天咬叶片成缺刻，严重时可全部吃光叶肉，只留叶脉。穗期可咬断大小穗梗、弹跌谷粒或造成白穗，还能大量取食乳熟期谷粒，以8、9月第二代成虫为害山边稻田较为严重。早稻、晚稻收割后则迁向山坡、草地或甘蔗等其他作物。

（二）演变过程

1949年开始有为害记载。

第一阶段：中华人民共和国成立初期（1949—1954年）为完全不防治期。年均发生面积31.83万亩次，年实际损失1800~7400吨，从1954年开始防治，但防治面积只占发生面积的54.73%，所以实际损失仍高达1100吨。

第二阶段：1956—1982年为零星发生。年均发生面积5.09万亩次，年均实际损失93.65吨。其中1974年与1977年为害最重，年实际损失分别达716.4吨、873.14吨。

第三阶段：1983—2004年呈波浪形稳定发生期。年均发生面积42.68万亩次，年均实际损失445.74吨，分别是上一阶段的8.38倍、4.76倍。其中1994年为害最重，年实际损失高达1335.17吨。

第四阶段：2005—2012年为发生高峰期。年均发生面积92.77万亩次，年均实际损失1241.89吨。其中2007年发生达最高峰，面积112.39万亩次；2008年为害最重，实际损失1548.94吨。

第五阶段：2013—2020年呈逐年下降。年均发生面积64.68万亩次，年均实际损失857.97吨。其中2020年发生面积最低，为51.90万亩次，比均值减少19.76%，比2013年减少34.12%；年实际损失

703.50吨，比均值减少18.00%（图83）。

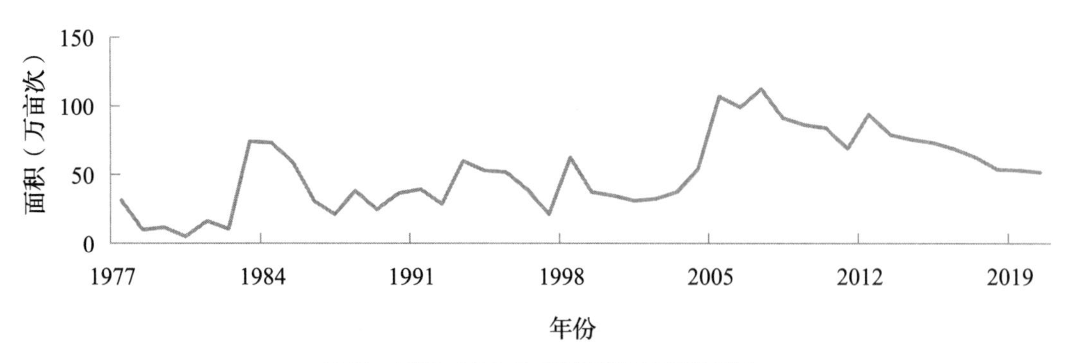

图83　1977—2020年广西稻蝗发生面积统计图

十三、黏虫

黏虫、劳氏黏虫、白脉黏虫又称行军虫、剃枝虫、五色虫，均属鳞翅目夜蛾科。在广西各地常混合发生。以幼虫为害，是为害水稻、玉米、甘蔗、绿肥和禾本科杂草的一种暴食、杂食性、迁飞性害虫。

（一）发生特点

在广西桂南一年可发生7~8代，一年四季都可发现有幼虫发生为害，其中以2—4月和9—10月为害最重。3—4月羽化的成虫，部分往北迁飞，余下继续繁殖为害冬春作物和早玉米。9—10月上旬再从北方迁回为害晚稻和其他秋冬作物。成虫多昼伏夜出。趋蜜性强，须先取食蜜源补充营养后才交配产卵。喜欢在生长茂密的水稻中下部的枯黄叶片、叶尖及玉米的枯叶尖与穗部苞叶上产卵。幼虫有群集性。初孵幼虫常群集隐蔽于心叶取食叶肉，造成花斑，不易被人发现。二、三龄逐渐分散为害，三龄食量开始突增，进入暴食。当虫口密度大、食料不足时，常有成群迁移为害现象。晴天幼虫潜伏在稻丛基部和土缝中，晚上或阴雨天出来取食。遇惊动，即从植株上跌下地面，卷曲不动。老熟幼虫在稻丛或土缝中化蛹。

（二）演变过程

1949年开始有为害记录。

第一阶段：中华人民共和国成立初期（1949—1953年）为完全不防治期。年均发生面积51.19万亩次，年实际损失1700~12800吨，其中1950年发生面积为95万亩次，实际损失12800吨，为历史最高。

第二阶段：1954—1970年为平稳发生期。年均发生面积40.85万亩次，年均实际损失599.64吨。

第三阶段：1971—1991年为波浪形高峰期。平均每4年出现1次局部偏重发生，年均发生面积165.77万亩次，其中1972年、1976年、1977年、1980年、1983年、1987年发生较重，发生面积分别为275.07万亩次、327.78万亩次、454.33万亩次、264.17万亩次、219.50万亩次、330.80万亩次，年均实际损失4976.30吨，是上一阶段的8.30倍。其中1976年为害最重，实际损失12119.96吨为历史最高值。

第四阶段：1992—2020年为零星发生期。年均发生面积15.27万亩次，年均实际损失516.15吨。

其中2002年发生比较重，发生面积42.61万亩次，实际损失4426.52吨，分别是均值的2.79倍、8.58倍；2020年发生最轻，发生面积8.56万亩次，实际损失37.87吨，分别比均值减少43.94%、92.66%（图84）。

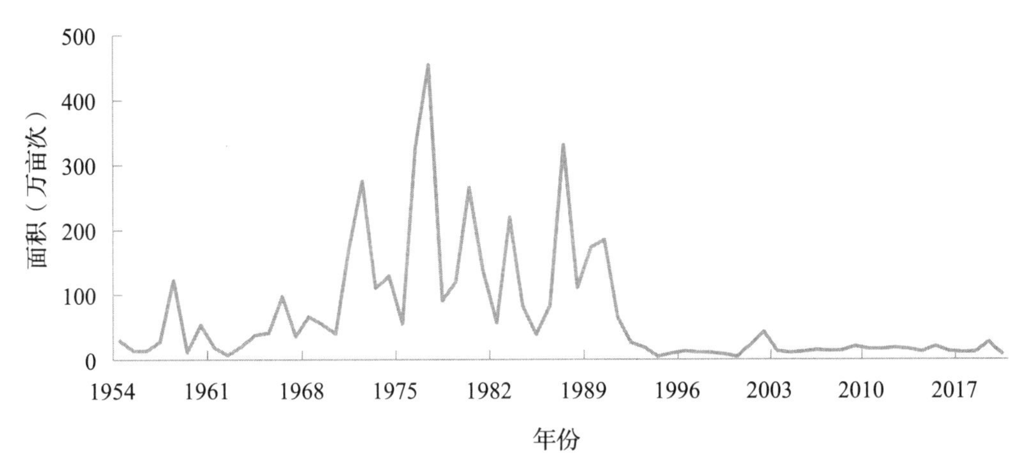

图84　1954—2020年广西黏虫为害水稻发生面积统计图

第二节　玉米主要害虫

广西有记载玉米的虫害有玉米螟、玉米蚜虫、玉米铁甲虫、棉铃虫、土蝗、黏虫、玉米叶螨、玉米蓟马、斜纹夜蛾、地下害虫等，草地贪夜蛾2019年开始有为害记录。主要发生为害的是玉米螟、草地贪夜蛾、玉米蚜虫、玉米铁甲虫，其他害虫均为零星发生。

一、草地贪夜蛾

草地贪夜蛾，俗称秋黏虫，属鳞翅目夜蛾科秋翅蛾属。为多食性害虫，嗜食禾本科植物，在广西主要为害玉米、甘蔗、水稻、竹芋、高粱、花生、香蕉等。草地贪夜蛾属于迁飞性害虫。

（一）发生特点

广西是我国草地贪夜蛾周年发生的虫源基地，该虫在广西一年可发生6~8代。成虫主要在夜间羽化，并进行迁飞、取食、交配和产卵等活动；具有趋光性，对绿光（500~565毫米）、黄光（565~590毫米）和白光行为选择性较强。初孵幼虫聚集为害，趋嫩性明显，可吐丝随风迁移扩散至周围植株的幼嫩部位或生长点。幼虫白天潜藏于植株心叶、茎秆或果穗内部、土壤表层，夜晚出来取食为害。1~3龄幼虫多隐藏在玉米心叶内取食，使叶片形成半透明薄膜“窗孔”，4~6龄幼虫取食叶片后形成不规则的长形孔洞，造成叶片破烂，甚至将整株玉米叶片食光，严重时可造成玉米生长点死亡，植株倒伏，影响叶片和果穗的正常发育。此外，高龄幼虫钻蛀未抽出的玉米雄穗及幼嫩穗，或者直接取食玉米雄穗、花丝和果穗等，严重威胁玉米的产量和品质。有时幼虫会在茎基部钻蛀或切断玉米幼苗的茎，形成枯心苗。4~6龄幼虫期为暴食期，取食量占整个幼虫期取食量的80%以上，为害部位常见大量排泄的虫粪。

（二）发生情况

2019年2月初，广西开始在桂南和桂西南玉米种植区布设监测点，密切监测草地贪夜蛾入侵情况。3月11日河池市宜州区蛾类通用诱捕器首次诱到1头成虫，标志着草地贪夜蛾正式迁入广西。3月中旬至下旬初，河池市都安县、东兰县，百色市右江区、田林县相继用专用诱捕器诱到成虫，4月3日崇左市扶绥县测报人员在昌平乡木民村调查发现幼虫为害。2019年草地贪夜蛾前期发生蔓延较为迅速，后期发生较为平缓，从首次发生入侵为害，短短2个多月，虫情迅速扩散到广西14个设区市的97个县（市、区），10月以后，草地贪夜蛾发生有所减缓，发生面积增速放慢。2019年草地贪夜蛾发生面积204.45万亩次，主要为害玉米，其次为害甘蔗、高粱。2020年发生面积为209.1万亩次，主要为害玉米，其次为甘蔗、水稻、竹芋，发生程度为偏重发生，实际损失7905.76吨。

二、玉米螟

在广西为害的玉米螟是亚洲玉米螟，属鳞翅目，螟蛾科。玉米螟是广西玉米的主要害虫，各玉米种植区均有发生。玉米螟食性杂，除为害玉米外，还为害高粱、甘蔗、棉花、麻类等植物。

（一）发生区划

根据广西玉米螟发生为害情况和特点，将广西玉米螟发生区划分为3个区域。（1）重发生区：包括河池、百色等桂西部分地区。(2)中等发生区：包括崇左、南宁、柳州和来宾等桂中、桂南部分地区。(3)偏轻发生区：包括玉林、防城港、北海、钦州、桂林、贵港、贺州和梧州等桂东北、桂东南部分地区。

（二）发生特点

玉米螟在桂中、桂西和桂南地区一年发生6~7代，在桂北一年发生4代，世代重叠。成虫白天躲藏在玉米叶片下或杂草中，晚上出来交尾。交尾后1~2天产卵。卵多产在玉米叶片背面中脉两侧，成块，一雌蛾可产2~3个卵块，经3~5天孵出幼虫。幼虫取食卵壳后分散觅食。幼虫行动敏捷活泼，可吐丝下垂，随风飘移到别株为害心叶、雌穗、雄穗及一些幼嫩部位，咬食或蛀入为害。受害心叶抽出后，叶片形成花叶或排孔。雄穗受害，小穗被咬断，不能传粉。幼虫经26~28天老熟，在蛀道近孔处或叶鞘内化蛹。蛹经8~10天羽化成成虫。末代幼虫老熟后即可越冬，成为翌年的虫源。玉米生长嫩绿茂密，引诱成虫集中产卵，受害严重。在桂西早中晚稻玉米混栽区，以第一代、第二代幼虫为害早玉米，第一至第三代为害中玉米，第四代至第七代为害晚玉米。其中以第一代为害早玉米心叶期，第三代为害中玉米穗期和第四、第五代为害晚玉米心叶期为较重。

（三）演变过程

第一阶段：20世纪50年代零星发生。年均发生面积45.94万亩次，年均实际损失2239.02吨。其中1949—1953年为完全不防治时期，年均发生面积38.99万亩次，年均实际损失高达1996.22吨；

1954—1959年为防治处置率低时期，仅为9.76%~15.28%，年均发生面积51.74万亩次，年均实际损失2441.35吨。

第二阶段：20世纪60—70年代为平缓扩展期。年均发生面积57.52万亩次，比上一阶段增长12.63%；防治处置率为19.97%~82.57%，造成的为害较20世纪50年代轻，年均实际损失1269.30吨，比上一阶段减少43.31%。

第三阶段：20世纪80年代为扩展蔓延期。年均发生面积55.94万亩次，较上一阶段略减；平均防治处置率为63.01%，较上个阶段增加17.67%，年均实际损失809.56吨，比上一阶段减少36.22%。

第四阶段：20世纪90年代至21世纪前期为迅速蔓延期。玉米螟为害呈稳步上升态势，年均发生面积159.09万亩次，年均实际损失3929.41吨，分别是上一阶段的2.84倍、4.85倍。其中2007年发生面积241.68万亩次，是1990年的3.50倍。(图85)

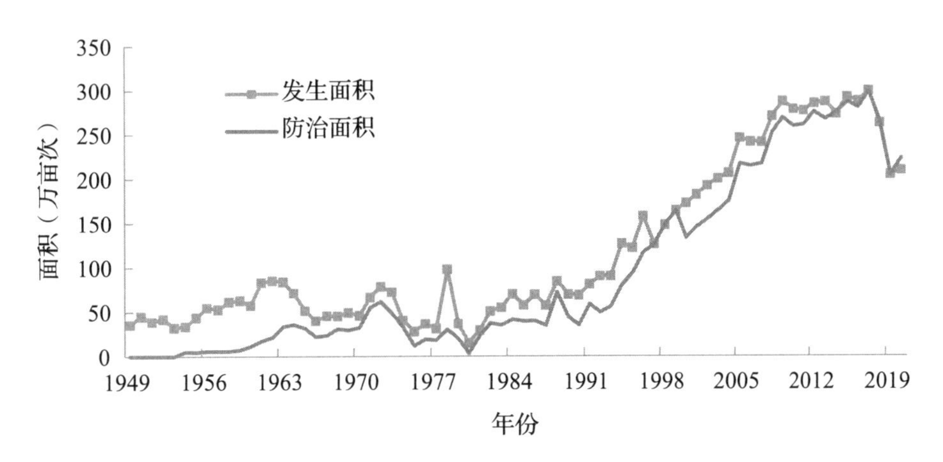

图85　1949—2020年广西玉米螟发生面积和防治面积统计图

第五阶段：2008—2018年为平稳发生期。年均发生面积282.04万亩次，年均实际损失5725.16吨，分别比前10年增加41.10%、20.76%。

第六阶段：2019—2020年发生为害出现下降态势。年均发生面积207.53万亩次，年均实际损失3206.14吨，分别比上一阶段减少26.42%、44.00%(图86)。

三、玉米蚜

玉米蚜虫俗称蚴虫、腻虫，属同翅目，蚜科。除为害玉米、高粱、大麦、水稻等作物外，还可为害狗尾草、马唐、稗草、李氏禾、芦苇等禾本科杂草。玉米蚜在广西各地都有分布，以早、中玉米发生最重。

(一)发生特点

玉米蚜在广西一年发生20代以上，在桂南地区全年都能发育繁殖，以成虫、若虫在高粱等寄主的茎秆、叶鞘内过冬。玉米蚜在平均气温7℃以上时即可繁殖为害，以旬平均气温23℃、相对湿度85%时最为适宜。迁入春玉米地的玉米蚜虫，在玉米未抽穗前多在心叶内繁殖为害，随着心叶长大开展后，又陆续转入新生的心叶集中为害，因此一般在叶面上不易找到，仅见其蜕下的一层皮，至孕穗期则群集于剑叶正、反面为害，抽穗后扩散至雄穗上为害，尤其在扬花期，因气温适宜，繁殖更快、为害最严重，也是对玉米的主要为害期。连续大雨或暴雨，部分蚜虫常被冲死，对其有抑制作用。玉米蚜刺吸玉米汁液，同时排泄大量的蜜露，易引起烟煤病，影响光合作用，使植株生长衰弱，叶片变黄，产量下降。玉米进入乳熟期后，玉米蚜又产生大量有翅蚜迁至迟熟玉米或秋玉米上繁殖为害。

（二）演变过程

根据玉米蚜虫在广西的发生情况等因素，可将其演变过程分为6个阶段。

第一阶段：1949—1953年为完全不防治时期。年均发生面积40.65万亩次，年均实际损失1803.72吨，其中1953年发生最重，发生面积达81.59万亩次，实际损失4177吨。

第二阶段：1954—1974年为平稳发展期。年均发生面积84.44万亩次，年均实际损失2348.42吨，其中1961年、1964年发生面积超100万亩次。

第三阶段：1975—1979年为逐年下降期。年均发生面积31.03万亩次，年均实际损失602.56吨。其中1979年发生面积仅15.37万亩次，比1975年减少61.58%。

第四阶段：1980—1991年为平缓蔓延期。年均发生面积106.38万亩次，年均实际损失4979.40吨。

第五阶段：1992—2009年为迅速蔓延期。年均发生面积238.04万亩次，年均实际损失5238.61吨，分别比上一阶段增加123.76%、5.21%。其中2009年发生面积达到历史最高值308.96万亩次，实际损失为历史第四位7453.01吨（第一至第三位：1997年9167.99吨、2010年8403.00吨、1993年8283.83吨）。

第六阶段：2010—2020年为平缓下降期。年均发生面积234.15万亩次，与上一阶段基本持平；年均实际损失4738.39吨，比上一阶段减少9.55%。其中2019年发生面积214.46万亩次，为1997年以来最低值（图86）。

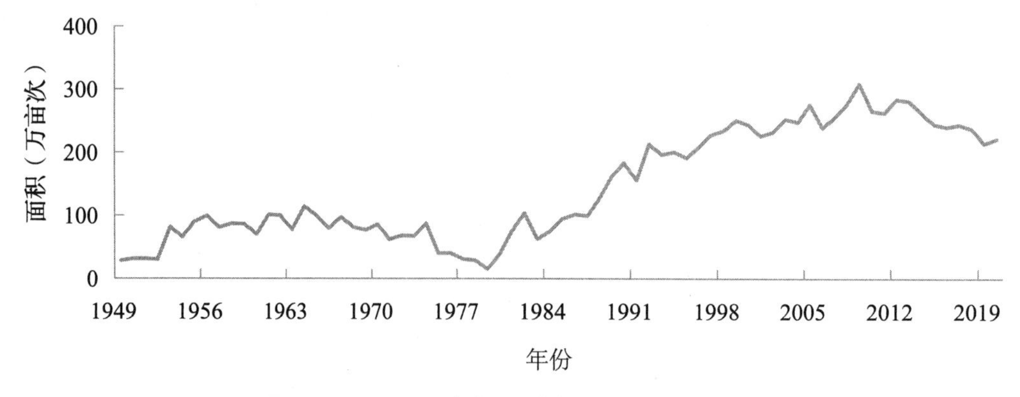

图86 1949—2020年广西玉米蚜发生面积统计图

四、玉米铁甲虫

玉米铁甲虫属鞘翅目铁甲科，是广西区域性的玉米害虫，主要分布在南宁、百色、柳州、河池等市。除玉米外，还为害甘蔗、高粱、小麦、水稻、芒草、芦苇等多种禾本科植物。

（一）发生区划

根据玉米铁甲虫历史发生数量及严重程度，可将玉米铁甲虫发生区相应划分为3个区域。

（1）重发生区：主要分布在崇左、南宁、来宾、百色及河池部分县。

（2）轻发生区：主要分布在百色、河池。

（3）零星发生区：主要分布在南宁、来宾、百色、河池、防城港。这3个发生区是动态变化的，可随着时间推移，农田生态环境、自然气候和人为因素等条件的改变而相应改变。

（二）发生特点

玉米铁甲虫在广西一年发生1代，少数2代。主要以第一代为害春玉米，其发生量最大，为害也最重。以成虫在玉米地附近山上、沟边的杂草丛中或宿根甘蔗上越冬。3月上旬，当气温稳定在18℃以上时，成虫从越冬场所迁移到玉米地。一般3月下旬至4月上旬成虫进入盛发期，聚集在玉米地取食为害，在叶面上顺着叶脉咬食叶肉，形成长短不一的白色线条。4月上中旬是成虫产卵盛期，卵粒散产于嫩绿的心叶上端。卵期一般为12~15天，幼虫孵化后即在叶片内咬食叶肉，直至化蛹，叶片被害后仅留上下表皮，形成白色的枯斑，在虫口密度大的情况下，叶片常被蛀成一片枯白，致使产量损失惨重，甚至颗粒无收。幼虫期平均约20天，蛹期10天左右，成虫寿命长达9~11个月。5月下旬至6月上旬为第一代成虫盛发期，随后飞到山下或甘蔗地越夏，只有少部分成虫在玉米上产卵繁殖完成其第二代生活史，主要以第一代成虫越冬成为翌年的虫源。

（三）演变过程

据文献记载，20世纪20年代玉米铁甲虫在广西大新县有为害；1954年，农业植保专项统计开始有玉米铁甲虫发生情况的记录，20世纪60年代植保系统开展正式虫情调查；20世纪70年代，调查结果显示，玉米铁甲虫严重发生为害甚至成灾的达20多个县（市、区）。至此，玉米铁甲虫已经成为广西玉米产区的主要害虫，部分地区受害玉米严重减产甚至失收。1960年的广西农作物病虫普查，曾在南宁、百色、柳州、玉林等市的35个县（市、区）采集到玉米铁甲虫标本（《广西农作物病虫害名录》）。20世纪70年代，经过人为控制及其自然演变，已有平南、容县、玉林、融安、融水、金秀、环江、凌云、百色、田林、那坡、上思、邕宁等13县（市）的玉米铁甲虫在统计表和分布图上基本消失，实地也很难找到虫源。而新增有虫记录的有来宾、合山、大化、宾阳、马山、凭祥、河池、西林等8个县(市)。在20世纪后期的20多年里，玉米铁甲虫基本上维持在种植玉米的西部石山地区约30个县(市、区)发生。从地理上看，呈桂西南一大片、桂西北一条线的分布状。一大片是以大新县为中心及其周边的天等、龙州、江州、扶绥、隆安、德保等县，一条线是以大化县为中间点及其沿红水河两岸，向下游延伸的马山、都安、上林、忻城和向上游延伸的东兰、南丹、天峨等县的范围。这一片一线的十几个县均为玉米铁甲虫集中偏重发生的地域。20世纪末，玉米铁甲虫虽维持在30多个县（市、区）内发生，但其发生的乡镇和发生面积总体上仍呈逐年递增、扩大的趋势。2006年以来，玉米铁甲虫发生变化明显，发生区域基本维持原状，但发生范围有所改变，历史发生区发生范围有所缩小，新发生区则有所增加，主要发生地仍为崇左、南宁、河池、百色、来宾等市的历史发生区，从2006年起，新增加防城港市部分乡（镇）发生。

20世纪70年代至80年代前期，玉米铁甲虫在广西发生不平稳，呈波浪形发生动态，年发生面积3.34万～32.67万亩次，年实际损失33.5~807.5吨。1985—1998年（1997年除外）为平稳缓慢发展阶段，年发生面积40.2万～54.35万亩次，年均实际损失1771.54吨。其中1985年为害最重，发生面积40.2万亩次，防治面积仅占发生面积的69.9%，造成的实际损失高达2156.5吨，比均值增加21.73%。1999年突破80万亩次后呈上升趋势；2001年发生面积为历史最高年（96.24万亩次），之后呈逐渐下降态势，到2009年又开始呈缓慢上升态势，2015年以后呈逐年下降态势。2020年发生面积仅为10.48万亩次，为1983年以来最低值；实际损失仅为282.12吨，为1984年以来最低值（图87）。

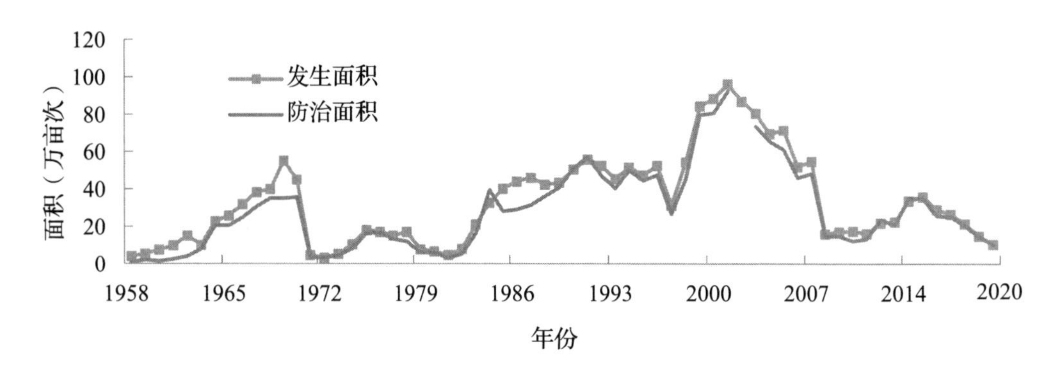

图87　1958—2020年广西玉米铁甲虫发生面积和防治面积统计图

表12　2003—2020年广西玉米铁甲虫发生、为害和损失情况统计表

年份	种植面积（万亩）	发生面积（万亩次）	发生面积占种植面积比率（%）	防治面积（万亩次）	实际损失（吨）
2003	830.45	80.58	9.7	73.66	7098.85
2004	827.73	69.29	8.37	65.28	5726.5
2005	848.5	71.4	8.41	60.9	4980.79
2006	858.63	51.79	6.03	45.8	2212.12
2007	847.7	54.65	6.45	48.14	3524.2
2008	901.32	16.05	1.78	14.69	476.66
2009	859.54	17.01	1.98	14.75	382.08
2010	865.85	17.43	2.01	12.05	1675.61
2011	815.07	16.16	1.98	13.21	663.96
2012	836.28	21.84	2.61	23.51	536.63

续表

年份	种植面积（万亩）	发生面积（万亩次）	发生面积占种植面积比率（%）	防治面积（万亩次）	实际损失（吨）
2013	837.03	22.48	2.69	20.74	542.47
2014	808.23	33.57	4.15	35.08	876.96
2015	821.26	35.75	4.35	34.9	635.06
2016	842.71	28.94	3.43	25.43	522.48
2017	847.28	26.49	3.13	25.21	869.11
2018	857.14	21.48	2.51	20.41	804.27
2019	831.83	14.91	1.79	14.51	396.26
2020	893.36	10.48	1.17	10.26	282.12
均值	846.11	33.91	4.03	31.03	1789.23

第二章　糖料作物害虫

广西属热带季风气候和亚热带季风气候，适宜甘蔗生长，甘蔗从萌芽、分蘖、伸长至成熟等不同生长期均会受到甘蔗害虫的为害。广西已知甘蔗害虫有360多种，根据为害部位分为蛀茎害虫、地下害虫和蔗叶害虫等，主要害虫包括甘蔗螟虫、甘蔗绵蚜、甘蔗蓟马、蔗根土天牛等。

一、甘蔗螟虫

在广西甘蔗种植区，常见的甘蔗螟虫种类主要包括条螟、二点螟和黄螟等。

（一）发生特点

1. 条螟

广西桂中桂南一年发生4~5代，以幼虫越冬。越冬的位置各不相同，在蔗茎的干枯叶鞘内占66.5%，在落叶后的蔗茎上占6.8%，在地面上残碎物占26.2%，在蔗茎内部仅占0.5%。蛹的雌雄性比例是1：0.6–0.9，平均1：0.8，雌虫比雄虫略多一些。越冬代蛹期平均17天，以后各代9~10天。越冬代成虫一般于次年3月中旬始见，4月上中旬盛发，4月下旬至5月上旬终止。各代的发生世代重叠，即第一代发生于4月中旬至6月中旬，第二代为5月下旬至7月下旬，第三代为7月中旬至9月下旬，第四代为9月上旬至次年5月上旬。条螟属于逐代递增型，第一、第二代发生量不大，主要为害蔗苗；第三、第四代发生量较大，为主害代，主要为害蔗茎，大多蛀食生长点，造成死尾。另外，条螟喜高温干燥，如冬春天气特别温暖，则发生期早，发蛾量高，第一代卵可比常年提前15天出现，卵量比常年多10倍以上，发生量大大增加。

2. 二点螟

广西一年可发生5代，以老熟幼虫在蔗头、秋笋和残茎内越冬。翌年一般2月中旬开始化蛹，3月上旬羽化成虫。各世代的时间大致为第一代3月上旬至6月下旬，第二代5月中旬至8月上旬，第三代6月至9月上旬，第四代8月上旬至10月中旬，第五代9月中旬至翌年4月下旬，第五代为越冬代。各地区由于气温不同，各代出现的时间有差异。一般旱地和沙土地比水田地发生多、受害重，宿根蔗与春植蔗受害也较重，冬植蔗较轻，秋植蔗受害较少。

二点螟主要在甘蔗苗期为害，从3月中下旬开始一直到6月苗期结束都会发生，导致甘蔗苗期枯心。其中有2个高峰期，一个在4月中下旬，另一个在5月下旬至6月上旬，以第一个高峰期发生量最大。第一高峰期的二点螟多为害母茎，对甘蔗生产影响较大；第二个高峰期是甘蔗分蘖盛期以后，此时田间苗数较多，枯心的多为分蘖，因此对甘蔗生产的影响比第一个高峰期小。

3. 黄螟

广西南宁地区一年发生6~7代，无明显的越冬现象。卵散产于甘蔗叶鞘或叶片上。整年在田间都可以找到黄螟的各个虫态。黄螟发生与为害期随各地气温及种植期的不同而有异，宿根蔗枯心比春植蔗枯心提前一个月左右。为害甘蔗苗期的黄螟主要是3—5月间发生的第一、第二代。而为害蔗茎的则是6月、7月间发生的第三、四代。

（二）演变过程

广西是全国甘蔗主产区，几十年来甘蔗螟虫都是甘蔗上的重大害虫种群，多年来因为气候演变、耕作制度和主导栽培品种等因素的变化，甘蔗螟虫的发生为害、种群结构、分布区域等也相应地发生了变化。

近10年来，甘蔗螟虫在广西的发生总体呈现明显的波动，发生面积由2011年的843万亩次迅速攀升到2013年的1200万亩次，达到峰值；其后连续几年发生面积逐年降低，到2019年为844万亩次，几乎与2011年持平。甘蔗螟虫的实际损失与总体发生保持着一致的下降走势，并随着控害水平提升愈发显著。20世纪90年代的甘蔗螟虫种群中，二点螟在广西属于广布性的害虫种群，黄螟、条螟则主要在桂中以南蔗区发生较多。近10多年来，条螟的种群地位上升，已经变为优势种群，特别是在桂西南和桂南等蔗区发生较多。

广西甘蔗螟虫的发生以来宾市、崇左市两市为核心区域，两市的发生面积占广西的50%左右；其次柳州、南宁、百色、钦州等地的发生面积也较大；常年发生程度一般为中等，局部偏重，具有发生区域与种植区域高度吻合的特点。

二、甘蔗绵蚜

甘蔗绵蚜属同翅目蚜科，我国南方各蔗区均有发生，还广泛分布于东南亚和大洋洲，是甘蔗上的重要害虫。

（一）发生特点

甘蔗绵蚜行孤雌胎生繁殖，在华南地区一年发生约20代。每年8—10月盛发，一般8—9月为害最严重。一年中有2次迁飞扩散盛期：第一次4—6月，由越冬场所向宿根蔗和春植蔗迁飞，繁殖无翅幼蚜；第二次10—12月，成群飞到秋冬植蔗和蔗区附近杂草上越冬。当气温20~25℃时，10多天即可完成一代。

（二）演变过程

甘蔗绵蚜是广西甘蔗上的一种常见害虫，其发生分布在桂中、桂南的崇左、柳州、来宾、南宁等市相对集中。近10年来广西总体的甘蔗绵蚜发生呈急剧下降的趋势，2012年广西发生面积660万亩次，其后连年降至2019年的330多万亩次，恰好为最高值的一半，实际损失不到最高值的1/3，可见近10

年来广西开展的综合防控措施发挥了良好防效。

三、蔗褐蓟马

蔗褐蓟马属缨翅目蓟马科，分布于广西各蔗区，是广西甘蔗蓟马的主要种群。该虫栖居于甘蔗包卷的心叶内锉吸蔗叶汁液，使叶尖卷缩干枯呈黄褐色，严重影响甘蔗的生长。

（一）发生特点

该虫一般5—8月在甘蔗上发生为害。成虫和若虫均怕光，平时栖居于甘蔗未展开的心叶内，早晚或阴天偶有成虫爬到叶面活动。成虫迁移扩散能力较强，有趋嫩习性。雌虫有孤雌生殖能力。每头雌虫可产卵80粒左右。20~25℃为生长和繁殖的适宜温度，温度高于28℃时，生长发育受抑制。春夏干旱，甘蔗心叶展开慢，有利于该虫发生。`

（二）演变过程

蔗褐蓟马是甘蔗上一类常见的为害叶片的害虫种类，其在广西的发生分布以崇左、柳州、来宾、钦州等市较为集中且发生相对偏重。近10年广西甘蔗蓟马的发生总体呈现稳步下降趋势，广西发生面积自2011年的690万亩次到2013年略有上升，之后逐年减少至2019年的490万亩次，发生程度一般偏轻至中等；实际损失与发生面积表现正相关性。

四、蔗根土天牛

蔗根土天牛又名蔗根锯天牛，属鞘翅目天牛科。在广西主要分布于桂南蔗区，是为害甘蔗的主要地下害虫之一，主要以幼虫蛀害蔗根、蔗蔸和种茎的内部组织，造成空心蔗，甘蔗被害后易倒伏或整株枯死，造成死苗缺株，严重影响甘蔗产量，同时还会使甘蔗糖分降低1%~2%，造成很大的经济损失。除为害甘蔗外，该虫还为害龙眼、柑橘、木薯等，食性非常广泛。

（一）发生特点

蔗根土天牛在我国蔗区两年发生1代，以老熟幼虫在蔗蔸内或在蔗蔸附近的土中缀纤维、植物碎屑与泥土结茧过冬。3月开始化蛹，4月为化蛹盛期，4月中下旬开始有成虫出现，5月中下旬为成虫羽化出土盛期。6月上、中旬为卵盛孵期。8—9月为害根部，以后在根部取食、越冬。该虫世代重叠明显，不同世代的幼虫可以同时在蔗蔸内取食为害。

（二）发生规模的演变进程

蔗根土天牛是一种地域性特色明显的地下害虫，在沙质土的蔗田发生重，在广西以崇左市发生最为集中，发生面积占广西的半数以上，南宁及沿海蔗区次之，近10年来广西发生总体也呈下降趋势，以2016年50万亩次为最少，最近几年基本维持在55万亩次左右；发生程度偏轻，自2013年以后保持较低水平的产量损失。

五、甘蔗蔗龟

在广西蔗区常见的蔗龟主要包括突背蔗龟、大头霉蔗龟和红脚丽金龟等3种。突背蔗龟属鞘翅目金龟科，是我国甘蔗的主要害虫之一；大头霉蔗龟属鞘翅目犀鳃金龟科，主要分布在广西南部等蔗区；红脚丽金龟属鞘翅目丽金龟科，是华南、西南蔗区的常见种。

（一）发生特点

1. 突背蔗龟

每年发生1代，为害期很长。成虫为害期自4月中旬至9月下旬；幼虫为害期自11月至翌年3月，长达5个月。成虫在每年4月中下旬开始羽化，5—6月间活动最盛，7月温度过高则进入夏蛰，不食不动。8月复苏继续取食并交尾产卵，卵历期13~16天。幼虫共3龄。9月中旬开始出现1龄幼虫，10月中旬开始出现2龄幼虫，11月中下旬至翌年3月为3龄幼虫期。3月下旬开始化蛹，蛹期约2天。

2. 大头霉鳃金龟

每年发生1代，以成虫分散在甘蔗根区周围距表土10~25厘米的土中越冬，翌年3月底或4月上旬成虫开始出土活动，4月中下旬为出土活动盛期。成虫期230~270天，其中越冬潜伏期为60~180天，出土活动期为70~90天。成虫出土活动后经30天左右的取食补充营养后，5月上中旬开始产卵。5月中旬至6月中旬为产卵盛期，卵期8~10天；6月中下旬至7月上旬为幼虫孵化盛期，幼虫期120~150天；9月下旬幼虫开始化蛹，10月上中旬为化蛹盛期，蛹期11~14天；10月上旬成虫开始羽化，10月中下旬为羽化盛期，在化蛹处越冬。成虫羽化后不再出土活动，一直在羽化处越冬，到翌年3月底或4月初日平均温度达20℃以上才出土活动。成虫为夜出性，白天潜伏在3~10厘米深的较疏松的土中，傍晚7时开始出土活动，20时为出土活动高峰期，直至黎明前又入土栖息和产卵。交配时间多在出土活动高峰时进行。

3. 红脚丽金龟

每年发生1代，以幼虫在土中越冬。翌年3—8月在土中2~3厘米深处做室化蛹。成虫发生期为4—9月，盛发期6—7月。成虫昼夜均可取食，气温高、闷热无风夜晚大量活动，有假死性和趋光性。产卵前期为1个月，一生交配多为1次，也有2次的。每头雌虫平均产卵60~80粒，卵分散产于土中，多产在新鲜腐熟的堆肥中。成虫除产卵时钻入土中外，大都在地上活动，隐伏于浓密的寄主枝叶丛中。5月中旬至8月为产卵盛期，卵期11~16天，幼虫期300~320天，其中1龄30~40天，2龄40~60天，3龄200~230天，6月上旬至第二年8月中旬为幼虫发生期，以3龄幼虫为害最为严重。蛹期13~15天。

（二）演变过程

蔗龟是广西蔗区一类重要的地下害虫，喜好透气性好的沙质土壤，坡地发生重于洼地；桂西南各地蔗区发生集中，崇左市发生面积年均40万亩次，占广西的30%以上，南宁、柳州、来宾、百色、钦州等市发生次之，年均5万 ~8万亩次不等。近10年来广西总体发生缓慢下降，2012年最高时105万亩次，到2016年最低，近几年又有一定回升，大约在80万亩次；自2015年以来年均产量损失基本在1.0万吨以下。

第三章 果树害虫

本章中所述果树害虫，包含柑橘、荔枝、龙眼和杧果等果树上发生的主要害虫。

一、柑橘小实蝇

柑橘小实蝇是柑橘上的一种重要害虫，也可以为害桃、李、杧果、枇杷等果树。

（一）发生特点

柑橘小实蝇幼虫老熟后即脱离果入土化蛹，入土深度多在3~4厘米之间，沙质松软的土壤稍深，黏土较浅。蛹期在夏季为8~9天，春秋季为10~14天。主要以幼虫随被害果的远距离运输而传播。

（二）演变过程

柑橘小实蝇是为害广西柑橘类果树的一种重要害虫，一度被列为全国植物检疫对象，现为广西二类农作物病虫害之一。近10年来，随着广西柑橘种植面积由300万亩发展到800万亩，该虫也在广西各地扩散为害，2018年、2019年、2020年广西发生分别为62万、81万、119万亩次；总体上桂北发生重于桂南，发生面积大，为害程度重，以桂林、柳州、贺州、梧州等传统主产区为主，广西年均损失在0.4万 ~1.2万吨左右。

二、柑橘全爪螨

（一）发生特点

柑橘全爪螨在广西每年可发生22代，世代重叠明显，一年中以春秋两季发生最严重。3—4月春梢期，该虫从老梢上迁移到新梢，在幼嫩部位增殖为害。6月中旬至8月高温季节，田间虫口密度下降，秋梢抽出后虫口又开始回升，导致为害加重。

（二）演变过程

柑橘全爪螨是广西柑橘类果树的一种重要又常见的害虫，2015年以后，随着广西柑橘种植面积的不断扩大，该螨发生为害面积逐年扩展，增势十分明显。柑橘全爪螨在广西各地普遍发生，但呈现出以桂林、南宁为中心的南北重点发生区域的格局，最近几年广西年均实际损失3万~4万吨。

三、柑橘木虱

（一）发生特点

柑橘木虱在广西每年可发生7—8代，第一代3月中旬可见虫，末代最晚12月上旬。主要以成虫在寄主植物的叶背越冬，3月越冬代成虫开始产卵，卵散产于芽隙内或未张开的嫩叶上（若无嫩芽或嫩叶，一般不产卵），在柑橘的春芽上卵历期8~9天，若虫19天，成虫一般35天，夏秋芽和冬梢上历期各有加减。一年中一般5月上旬为当年成虫第一个高峰期，7月上旬、9月上旬分别为第二、第三个高峰期，10月以后虫口密度逐渐减小。

（二）演变过程

柑橘木虱是广西柑橘上一种常见的害虫，因其是柑橘黄龙病的媒介昆虫而在生产上有很高的关注度。近年来该虫发生面积随着柑橘种植面积的不断扩大而逐年加大，扩张速度较为明显，桂林、柳州、梧州、贺州等4市是广西重点发生区域，来宾、崇左、玉林等市最近几年的发生面积也有所扩张。近年，由该虫造成的直接产量损失为0.3万~0.5万吨。

四、荔枝蒂蛀虫

（一）发生特点

荔枝蒂蛀虫在广西南部地区每年可发生12代，有世代重叠现象。幼虫在12月中下旬在荔枝、龙眼的冬梢及早熟荔枝花穗轴的顶端内越冬，翌年2月上中旬羽化成虫。主要为害夏梢，5月下旬至6月下旬的早、中、晚熟的荔枝果实，以及7月下旬至8月上旬的中晚熟龙眼果实。

（二）发生规模的演变进程

荔枝蒂蛀虫近10年来总体发生呈现稳中有降的趋势，2011年为害面积最高，达252万亩次；在广西发生具有明显的地域性特点，以钦州、玉林为核心区，南宁、梧州、防城港等3市为辐射区。该虫造成的直接产量损失呈同步降低趋势，年均0.9万~1.1万吨。

五、荔枝蝽

（一）发生特点

荔枝蝽一年发生1代，常以成虫在荔枝、龙眼树冠层茂密的叶丛背面越冬，翌年2—3月越冬成虫开始取食春梢、花穗汁液。成虫产卵在叶背、花穗或枝条上，常以14粒卵排成两列；若虫盛孵期在4月下旬至5月中旬，孵化后群集取食为害，5月下旬后逐渐羽化为成虫。

（二）发生规模的演变进程

荔枝蝽近10年来总体发生先升后降，广西发生面积多年保持在180万 ~200万亩次；发生区域与荔枝蒂蛀虫相似，钦州、玉林为核心发生区，贵港、南宁等地次之。

六、杧果扁喙叶蝉

（一）发生特点

杧果扁喙叶蝉在广西右江河谷地区一年发生13代，世代重叠。以成虫越冬，每年3月下旬至4月上旬为第二代若虫盛发期，此时正是早中熟品种末花期、座果期和迟熟品种的盛花期，是一年中为害最严重的时期。该虫主要产卵于嫩芽嫩叶的中脉表皮下，卵粒成行排列，卵期3~5天，若虫历期10~15天。

（二）发生规模的演变进程

杧果扁喙叶蝉自2014年至今总体发生较为平缓，年度间略有波动，一般在30万 ~35万亩次；该虫发生与果园管理密切相关，一般年份多为轻发生，个别年份达到偏轻发生程度。杧果扁喙叶蝉发生区域具有显著的地域性，与杧果产区和面积关联性大；广西以百色市为核心发生区，占广西发生面积的85% 以上，其他地区如钦州、玉林有一定程度的发生。

七、白蛾蜡蝉

（一）发生特点

白蛾蜡蝉在广西南部一年可发生2代，以成虫在寄主植物的杧果、荔枝、龙眼等枝叶上越冬，翌年2—3月开始取食、交尾产卵，卵产于嫩梢和叶柄组织下，卵期一般21天，若虫历期60~87天，成虫平均57天。第一代若虫盛发期为4—5月，第二代为8—9月，这两个时段也是果园为害的严重时期。

（二）发生规模的演变进程

白蛾蜡蝉近年来发生呈较为明显的下降趋势，发生偏轻，最近几年广西发生面积保持在30万亩次左右；发生的地域性也很明显，以玉林、钦州、百色为核心发生区。

第四章　蔬菜害虫

一、小菜蛾

（一）发生特点

小菜蛾在广西南部一年可发生17代，世代重叠，无越冬、越夏现象；广西田间一般有2个为害高峰，大约在3—5月和8月下旬至11月。成虫白天蛰伏，夜晚活动，交尾1~2天后可产卵，多分散产于叶背叶脉附近凹陷处，幼虫在叶片上取食，老熟后在叶背结茧化蛹。

（二）演变过程

小菜蛾近年来发生面积呈下降趋势，偏轻至中等发生程度。由于蔬菜具有较高的复种指数，广西发生面积在年度间波动，一般在160万 ~180万亩次。各地发生跟种植布局相关，以桂林、南宁、贺州、柳州、钦州等地发生面积稍大。

二、斜纹夜蛾

（一）发生特点

斜纹夜蛾在广西南部一年可发生7~8，有3个主要为害高峰，即5月的第二代，主要为害十字花科蔬菜及其他春种作物；7~9月的第三、第四代，主要为害莲藕、芋头、甘薯、花生、水稻、玉米等作物；11~12月的第七代，主要为害十字花科的秋、冬种蔬菜。该虫的成虫产卵块于叶背的叶脉交叉处，初孵幼虫有吐丝随风飘荡的习性，幼虫取食为害叶片，老熟后在土下做室化蛹。

（二）演变过程

斜纹夜蛾是一种间歇性暴发的害虫，广西近10年各地发生上升趋势较为明显，近几年广西发生面积在100万 ~120万亩次，发生程度总体轻至偏轻，个别年份局部地区达到中等发生程度。各地发生跟蔬菜种植及其他作物种植的多样化有关，以桂林、玉林、贺州等地发生面积较大，每年可占广西的42%~56%。

三、美洲斑潜蝇

（一）发生特点

美洲斑潜蝇在广西南部一年可发生14~17代，世代重叠，终年可对田间蔬菜为害，越冬现象不明显。广西田间幼虫盛发期在5月初至7月初，以及9月中旬至11月中旬，形成2个主要为害高峰期。

（二）演变过程

美洲斑潜蝇最近几年在广西发生较为平缓，年发生面积在75万亩次左右，发生程度总体轻至偏轻；各地发生与常规及秋冬种蔬菜种植布局有较大关联，以桂林、钦州、百色等地发生面积较大，来宾、防城港等地发生次之。

四、黄曲条跳甲

（一）发生特点

黄曲条跳甲在广西一年可发生7~8代，以成虫在落叶、杂草或土缝中越冬，翌年春天气温回升到13℃左右时恢复活动，成虫产卵期长1个月以上，世代重叠，发生不整齐。幼虫和成虫在一年中以春秋两季发生比较严重，秋季重于春季，菜田湿度大的发生为害虫。

（二）发生规模的演变进程

近年来，黄曲条跳甲在广西各蔬菜种植区发生较重，历年多中等发生程度，桂林、南宁、贺州、柳州、百色、河池等地的发生面积均较大。广西发生面积总体呈先升后降的波动趋势，以2014年243万亩次达到峰值，此后基本保持在220万亩次左右。

五、菜青虫

（一）发生特点

菜青虫在广西一年可发生7~8代，以蛹在被害的菜株上越冬，翌年2—3月羽化为成虫，交配后1~2天即可产卵，幼虫孵化后为害蔬菜。一年中以春秋两季发生比较严重，盛夏多雨和高温天气时虫口密度迅速下降。

（二）发生规模的演变进程

近年来，菜青虫发生程度一般偏轻，局部中等，在广西各地发生区域十分普遍，桂林、南宁、百色、贵港等地的发生面积均较大；广西发生面积年度间起伏较大，最近几年在180万亩次左右，处于历史低位区间。

第五章　其他害虫发生情况

蚜虫是农作物一类常见的主要害虫，属同翅目蚜虫科的不同种属，本章将橘蚜、菜蚜、豆蚜（花生蚜）综合在一起进行描述。

（一）发生特点

上述3种蚜虫在广西一年可发生20代左右，世代重叠严重，其中菜蚜和豆蚜无越冬现象，橘蚜在桂北地区主要以卵在枝干上越冬，在桂南则无明显越冬现象。

橘蚜越冬卵从3月起开始活动，卵孵化为无翅蚜群集为害春梢，若蚜成熟后可繁殖数代，遇有种群密度过大、高温等恶劣条件时则会产生有翅蚜迁飞扩散，广西柑橘以春、秋、冬梢发生为重，夏梢轻发生。

豆蚜一般以5—6月和10—11月发生较多，菜蚜则以9—11月发生较多，两者均喜气温15~26℃、相对湿度70%的温湿条件，这与广西春秋季节作物相吻合。

（二）发生规模的演变进程

近年来，蚜虫发生总体上呈上升趋势，一般年份发生程度为中等。菜蚜和豆蚜的年度间变化不大，其中菜蚜的占比超过40%；橘蚜发生面积自2017年起一直呈现较快上升态势，这与柑橘种植面积扩大有关。广西发生十分普遍，各类蚜虫以桂林、南宁、贺州、柳州等地的发生较为集中、面积较大。

第三篇　病害篇

第一章　粮食作物病害

第一节　水稻主要病害

一、稻瘟病

稻瘟病初名稻热病，俗称火烧瘟、吊颈禾、黑节瘟等，广西各地均有发生。水稻从种子发芽至收获各个生育期都可能受到稻瘟病的侵害，根据其侵害水稻部位或生育期可分为苗瘟、叶瘟、叶枕瘟、节瘟、穗颈瘟和谷粒瘟，以叶瘟和穗颈瘟较为普遍。

（一）发生区划

稻瘟病在广西14个市均有发生，根据稻瘟病发病率、发生面积、发生程度，可将稻瘟病发生区划分为3个区。(1)偏重发生区：包括桂东北、桂东南、桂西南北部的稻瘟病历史发生区。(2)中等发生区：包括桂西北、桂中大部及桂东局部稻区；桂东、桂中稻区为稻瘟病历史发生区。(3)轻发生区：包括桂中、桂西局部及沿海稻区。

（二）发生特点

稻瘟病晚稻发生重于早稻。晚稻种植期间高温多雨，有利于稻瘟病病菌入侵，加上抽穗期容易遭遇寒露风、台风天气，降低植株抵抗力，增加伤口，穗颈瘟易发生流行。超级稻、优质稻发生机率重于常规稻。近年推广的部分杂交稻、优质稻品种（组合）对稻瘟病的抗性有所减弱，部分稻区感病品种（组合）种植面积较大。中稻发生加重。稻瘟病是典型的气候型病害，广西8月主要受副热带高压、热带气旋、热带辐合带等天气的影响，易出现高温、暴雨和大风天气。中稻一般种植在高寒山区，昼夜温差大，雾多露重，有利稻瘟病的发生流行，尤其是在降雨时段及前期、后期间最易引起穗颈瘟的流行。

（三）演变过程

稻瘟病的发生演变与水稻品种组合布局、气候因素等关系十分密切。根据稻瘟病在广西发生的历史情况等可将其发生演变过程划分为6个阶段（图88）。

第一阶段：20世纪40年代至50年代，稻瘟病为零星发生。其中1949—1953年为完全不防治时期，年均发生面积3.61万亩次，年均实际损失水稻229.08吨。

第二阶段：20世纪50年代末至60年代，稻瘟病发生率开始有所上升，1957—1969年年均发生面积37.50万亩次，年均实际损失1292.33吨。

第三阶段：20世纪70年代缓慢蔓延，个别年份发生为害严重。年均发生面积182.24万亩次，年均实际损失16412.12吨。其中1978年发生面积达到385.08万亩次，实际损失为截至当年历史最高值81474.74吨，分别是均值的2.11倍、4.96倍。

第四阶段：20世纪80年代至90年代呈波动型迅速蔓延。1981—1999年年均发生面积543.10万亩次，年均实际损失35182.58吨，分别是上一阶段的2.98倍、2.14倍。

第五阶段：2000—2011年动态平稳发展期，发生面积虽然增大了，但损失却有所减少。年均发生面积851.37万亩次，比上一阶段增56.76%；年均实际损失32489.88吨，比上一阶段减少7.65%。其中2008年发生面积为历史最高值996.31万亩次，实际损失为45525.7吨，排历史第8位（1—7位：1978年、1989年、1999年、1997年、1990年、1984年、2002年）。

第六阶段：2012—2020年呈逐年下降态势。年均发生面积600.57万亩次，年均实际损失17074.73吨，分别比2012年减少17.50%、12.72%。其中2020年发生面积484.48万亩次，为1992年以来最低值；实际损失13088.35吨，为1986年以来最低值（图88）。

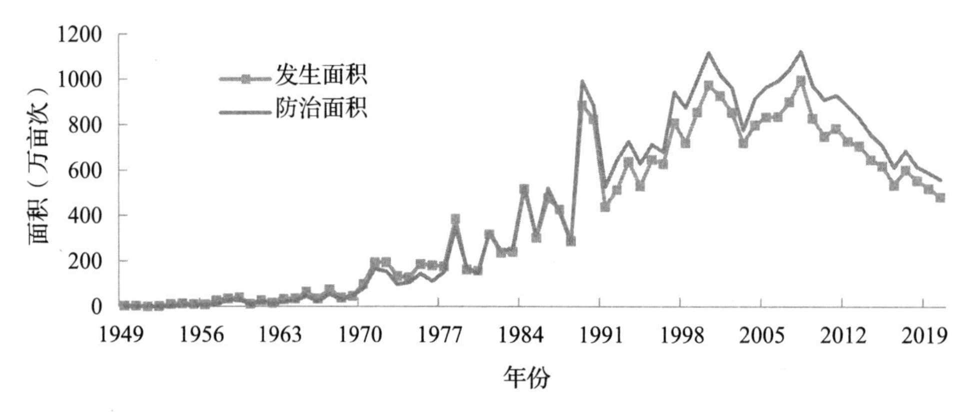

图88 1949—2020年广西稻瘟病发生面积和防治面积统计图

二、水稻纹枯病

水稻纹枯病又称烂脚病、花秆瘟，是广西发生面积最广、受害损失最大的水稻病害。早、中、晚稻均有发生。水稻纹枯病病原菌寄主范围甚广，包括水稻、玉米、甘蔗、高粱、大麦、粟、大豆、花生、黄麻、芋艿、茭白等。

（一）发生区划

根据广西水稻纹枯病病害发生为害的情况，将广西水稻纹枯病发生区域划分为3个区。（1）偏重发生区：包括桂东北、桂东南、沿海稻区。（2）中等发生区：包括桂中、右江河谷地带稻区。（3）轻发生区：包括桂西南、桂西北稻区。

（二）发生特点

水稻纹枯病病原菌主要以菌核在土壤中越冬，也能以菌丝体在病残体、田间杂草等寄主上越冬。当水稻收割时大量的菌核落入田中，成为翌年或下季稻的初侵染源。翌年春灌时，菌核漂浮于水面与其他杂物混在一起，插秧后菌核黏附于稻株近水面的叶鞘上，条件适宜时生出菌丝侵入叶鞘组织进行为害，逐渐形成病斑并长出气生菌丝又侵染邻近植株。水稻拔节期病情开始加重，病害横向、纵向扩展，抽穗前以叶鞘为害为主，抽穗后向叶片、穗颈部扩张。田间越冬菌核残留量越多，发病则越重；一般老稻区发病重，新稻区发病轻。水稻纹枯病适宜在高温、高湿条件下发生和流行，生长前期降雨多、空气湿度大、气温偏低，则病情发展缓慢，中后期空气湿度大、气温高，病情则迅速发展，后期高温、干燥则抑制了病情。气温20℃以上，相对湿度大于90%，水稻纹枯病开始发生；气温为28~32℃，遇连续降雨，病害则发展迅速；气温降至20℃以下，田间相对湿度小于85%，发病迟缓或停止发病。另外，插秧密度大、长期过度深灌，过迟或过量单一施用氮肥，缺少磷肥、钾肥、锌肥，则会使水稻的抗病性降低，有利于病害的发生，水稻纹枯病的发生也就更严重。水稻纹枯病一般从水稻分蘖期开始发病，孕穗期前后达到高峰，乳熟期后病情下降。以分蘖末期到灌浆期受害最重。广西早稻纹枯病发病始见期一般在4月下旬至5月上旬、中旬（桂南在4月下旬，桂北在5月上旬、中旬），流行期在5—7月；晚稻始见期一般在8月中旬，流行期在9—10月。

（三）演变过程

水稻纹枯病自广西有记载已历经60多年，根据发生情况等将其演变过程分为4个阶段（图90）。

第一阶段：20世纪50年代至60年代初零星发生，统计1954—1966年，年均发生面积24.88万亩次，年均实际损失673.86吨。

第二阶段：20世纪60年代后期至80年代初发展平缓，统计1967—1981年，年均发生面积308.73万亩次，年均实际损失10220.09吨。

第三阶段：20世纪80年代暴发猖獗，1982—1988年7年年均发生面积1005.21万亩次，年均实际损失43684.64吨，分别是上一阶段的3.26倍、4.27倍。

第四阶段：20世纪80年代末至21世纪20年代严重持续。这个时期广西水稻纹枯病总体达中等偏重至大发生程度。1989—2020年年均发生面积1833.20万亩次，年均实际损失80560.90吨，分别比上一个阶段增82.37%、84.41%。其中2008年发生面积达历史最高值1968.12万亩次，占种植面积的64.60%。1989—1993年为害最重，造成的实际损失为107050.6~152393.2吨。1990年实际损失为历史最高值152393.2吨，但发生面积仅为1778.55万亩次，略少于均值，占种植面积46.61%。2020年发生面积1973.90万亩次，为1990年以来最低值，造成的实际损失48634.12吨，为1986年以来最低值（图89）。

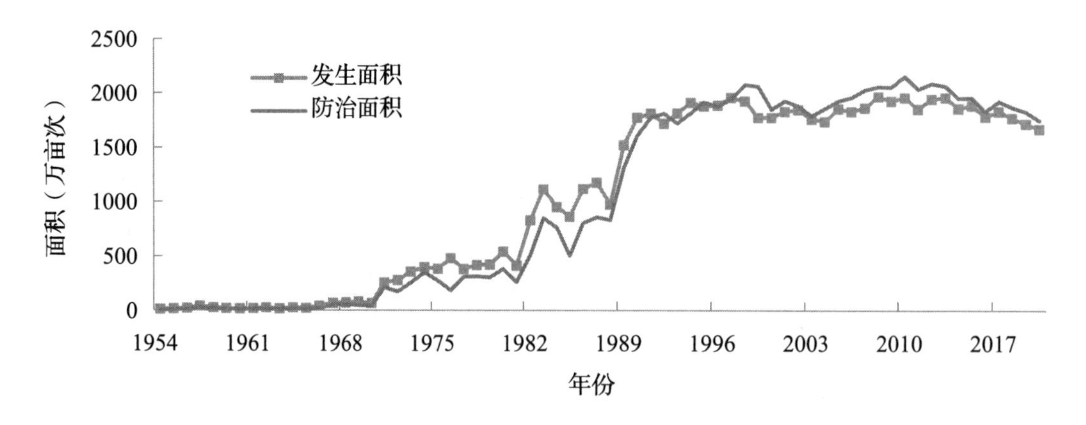

图 89　1954—2020 年广西水稻纹枯病发生面积和防治面积统计图

三、水稻白叶枯病

水稻白叶枯病俗称白叶瘟，是南方稻区的主要细菌病害之一。水稻受害，稻叶干枯，光合作用减少，千粒重降低，秕谷增多，米质变劣，损失严重。水稻白叶枯病主要为害叶片，秧苗期开始发病，但以孕穗前后最为严重。根据水稻品种抗病性、环境条件以及病菌侵入方式不同，叶枯病可分为叶枯型和凋萎型两种类型。

（一）发生特点

水稻白叶枯病由水稻黄色单胞杆菌水稻致病变种侵害引起，由带病的稻种、稻草和稻桩引发初次侵染。播种病种时，病菌可通过幼苗的根部和芽鞘侵入。带病的稻草和稻桩上的病菌遇到雨水即渗入水中，从水稻叶片的水孔或伤口侵入。病叶上的菌脓可随风、雨或流水传播，进行再次侵染。水稻白叶枯病流行适温为26~30℃，雨水多，湿度大，尤其是台风暴雨，常给稻叶产生大量伤口，为病菌的侵入和病害蔓延提供有利条件。大面积种植感病品种，秧田淹水，水田串灌、漫灌和偏施氮肥等，均有利病害的发生流行。

（二）演变过程

20世纪70年代前水稻白叶枯病为零星发生。20世纪70年代至80年代后期呈蔓延扩展，个别年份发生严重，年均发生面积110.62万亩次，年均实际损失5920.55吨；1971—1987年17年间有6年发生面积超过100万亩次，分别为1973年159.30万亩次、1975年169.61万亩次、1978年199.09万亩次、1979年165.36万亩次、1980年196.01万亩次、1985年132.5万亩次，其中1985年损失最大，年实际损失达11346.5吨，为历史最高值。1988年至今发生明显降低，年均发生面积39.10万亩次，年均实际损失1272.62吨；其中2000年发生面积仅为14.24万亩次，实际损失270.52吨，为1971年以来最低值（图90）。

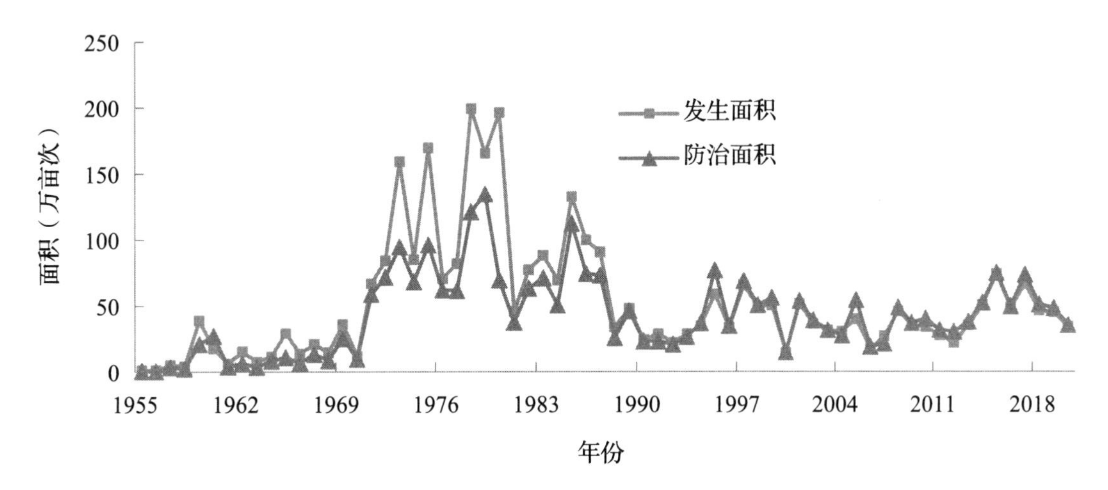

图 90　1955—2020 年广西水稻白叶枯病发生面积和防治面积统计图

四、水稻稻曲病

水稻稻曲病是稻穗的主要病害，广西各地均有发生。稻曲病不仅为害谷粒，污染粮食，还间接影响健粒发育充实，增加秕谷。病菌代谢产生毒素，严重损害人畜健康。

（一）发生特点

稻曲病是一种真菌病害，由半知菌类稻绿核菌侵害引起，由病田土壤中的菌核和附在种子上的厚垣孢子引发初次侵染。病菌借气流传播，侵害水稻花器和颖壳。稻曲病的发生与天气、品种和栽培管理等条件有关，一般在穗期连续阴雨或雾大露重的天气，种植粳稻、糯或杂交稻感病组合，深水灌溉，迟施、偏施氮肥，禾苗贪青等条件下，都容易诱发稻曲病。

（二）演变过程

20世纪90年代前稻曲病为零星发生。1991年发生面积激增，达82.12万亩次，是1989年年均值（8.08万亩次）的10.16倍，实际损失3622.85吨，为历史第二高值；1992年发生有所下降，发生面积68.27万亩次，实际损失1241.46吨，分别比1991年减少16.87%、65.73%。1993—2006年发生维持在一个较平稳的水平，年均发生面积30.95万亩次，年均实际损失1327.15吨，分别比1992年减少57.67%、6.46%；其中1999年发生面积仅为17.58万亩次，为1991年以来最低值，比均值减少43.20%。2007—2020年进入迅速蔓延期，年均发生面积75.54万亩次，是前15年均值的2.05倍，年均实际损失1790.51吨；其中2015年发生面积达历史最高值100.3万亩次，实际损失为历史之最3701.53吨（图91）。

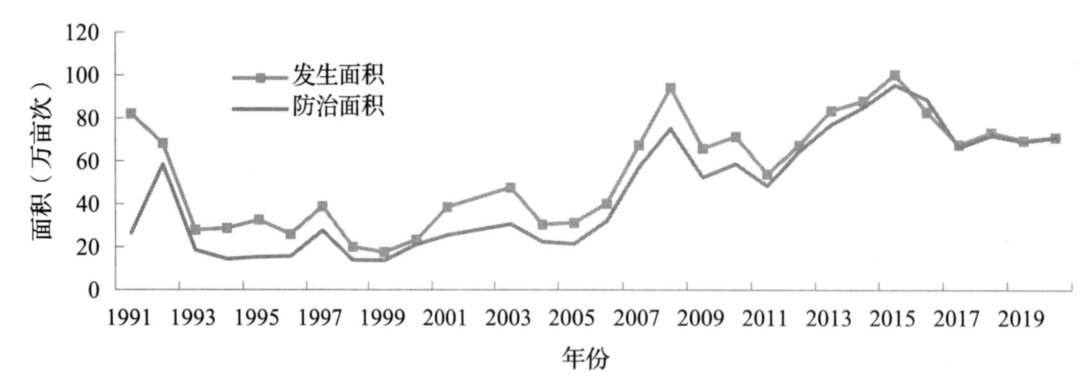

图 91　1991—2020 年广西水稻稻曲病发生面积和防治面积统计图

五、水稻赤枯病

水稻赤枯病俗称坐蔸、铁锈病，属生理性病害，广西各地时有发生。

（一）发生特点

水稻赤枯病可分为缺钾型和根部中毒型。缺钾型是由于土壤缺钾或氮钾比例失调引起，常在沙土田、“漏底”田、红壤土和石灰性土的稻田发生。根部中毒型多发生于潜育性和次生潜育性的深水涎田，是由于土壤“水多气少”，通透性差，形成缺氧环境，有机质在嫌气条件下分解，产生大量的如硫化氢、甲烷、亚铁、有机酸、二氧化碳等有毒物质，伤害根部，造成黑根。

（二）演变过程

20世纪50年代至60年代初水稻赤枯病为零星发生，年均发生面积仅11.38万亩次。20世纪60年代中期至20世纪70年代前期，水稻赤枯病发生面积有所扩大，年均发生面积58.89万亩次，年均实际损失2990.91吨。20世纪70年代中期至20世纪80年代中期，水稻赤枯病迅速蔓延，年均发生面积120.56万亩次，年均实际损失4952.81吨，分别是前一时期的2.05倍、1.66倍。1987—2010年水稻赤枯病发生面积有所下降，为平稳发展期，年均发生面积68.24万亩次，年均实际损失2049.95吨。2011—2020年水稻赤枯病的发生面积、实际损失逐年下降，年均发生面积50.66万亩次，年均实际损失1137.08吨，分别比上一阶段减少24.76%、44.53%；其中2020年发生面积仅为33.73万亩次，为1966年以来的最低值（图92）。

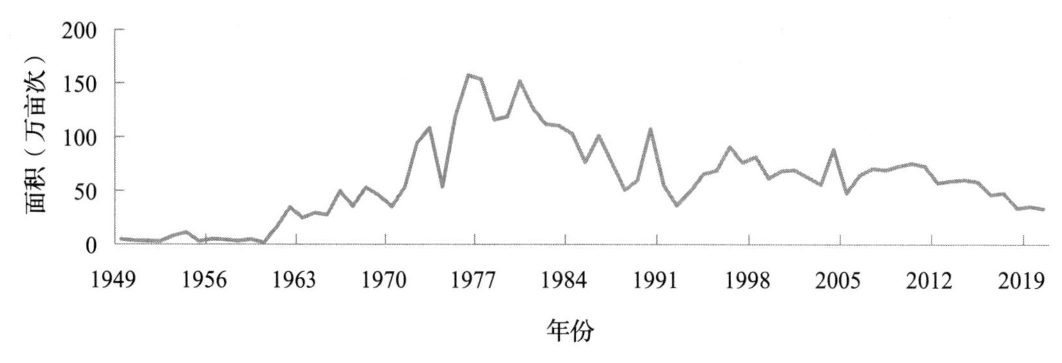

图 92　1949—2020 年广西水稻赤枯病发生面积统计图

六、水稻细菌性条斑病

水稻细菌性条斑病是广西的主要水稻病害之一，属国内植物检疫对象。此病对水稻产量影响较大，轻病田减产6%~10%，较重病田减产15%~20%，重病田减产75%以上。

（一）发生区划

根据水稻细菌性条斑病在广西发生为害情况，将广西水稻细菌性条斑病发生区划分为3个区。

（1）中等发生区：包括桂南及桂东南稻区。

（2）中等偏轻发生区：包括桂北和桂东稻区。

（3）轻发生区：集中在桂西北稻区。

（二）发生特点

水稻细菌性条斑病为细菌病害，由水稻黄色单胞杆菌稻生致病变种侵害引起，由带病种子及带病稻草引发初次侵染。病原细菌从稻叶的气孔和伤口侵入，引起发病。病斑上溢出的菌脓随水流、风吹、雨溅、叶片接触和农事活动传播，其发生流行与水稻品种、天气和栽培管理有关。凡种植感病品种或杂交组合，温度在26~30℃、空气相对湿度为85%以上，雨多露重特别是台风暴雨天气，偏施氮肥，稻田过早封行荫蔽，田水深灌、漫灌、串灌等，都有利病害流行。

（三）演变过程

水稻细菌性条斑病从20世纪50年代传入广西，经历了6个阶段（图93）。

第一阶段：20世纪60年代零星发生。

第二阶段：20世纪70年代、80年代蔓延成灾。

第三阶段：20世纪90年代为害严重。

第四阶段：21世纪初仍较猖獗。

第五阶段：2009—2012年为害损失得到有效控制。

第六阶段：2013年后又抬头加重为害。（图93）

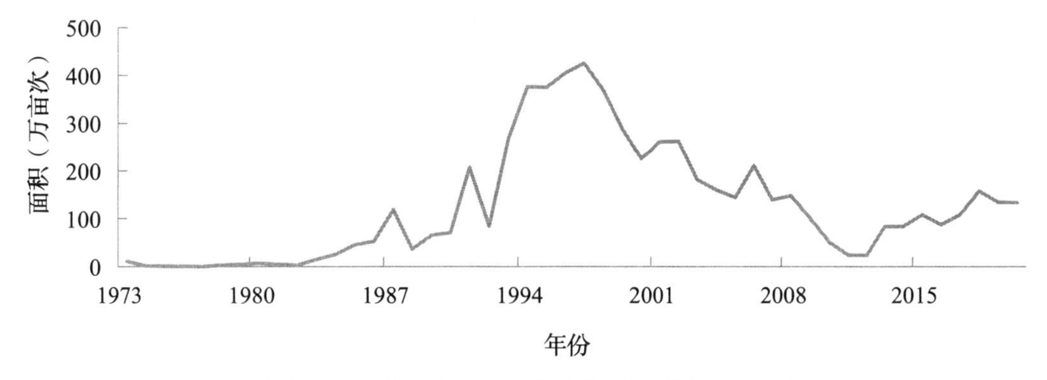

图93　1973—2020年广西水稻细菌性条斑病发生面积统计图

七、南方水稻黑条矮缩病

南方水稻黑条矮缩病的病原为南方水稻黑条矮缩病毒（Southern rice black-streaked dwarf virus，SRBSDV），属呼肠孤病毒科（Reoviridae）斐济病毒属（Fjijivirus）。在自然界里，SRBSDV仅通过白背飞虱传播，病毒可在虫体内复制增殖，虫体一旦获毒即终身带毒，但不能通过虫卵传至下代飞虱。无毒白背飞虱在水稻病株上取食获毒，最短获毒的取食时间为5分钟。获毒后的白背飞虱不能立即传毒，需经过6~14天的潜育期才能传毒。经过潜育期的带毒白背飞虱通过取食将病毒传至健康稻株，最短传毒取食时间为30分钟。

（一）发生特点

南方水稻黑条矮缩病是近年水稻发生的新病害，该病可在不同的组织部位出现症状，如根系变化：水稻根系在染病后可出现根系变短、变少，后期变为黑褐色。在染病后期，茎干部有白色瘤状突起，手摸有明显粗糙感，突起呈纵向排列，习惯称为“蜡白条”，后期“蜡白条”的颜色常变为黑褐色或黄褐色，茎干节间的根须生长方向呈朝上生长，与自然生长方向相反，习惯称为“倒生根”或“气生根”，在早期染病后，特别是在苗期，还可导致水稻拔节困难，表现为植株“矮缩”；在较高节间出现分枝现象，习惯称为“高节位分枝”。部分南方水稻黑条矮缩病叶片有明显的皱褶突起，往往发生在叶片中间部位两侧，并且延叶片伸展方向发生，感染后的新生叶片在叶片基部或叶尖部呈现明显的卷曲，同时，叶片颜色深绿。分蘖期染病后，抽穗困难或抽包颈穗，穗小畸形，结实少。“蜡白条”“高节位分枝”是该病比较典型的特征。南方水稻黑条矮缩病在各个水稻感染时期均有相应的症状，染病水稻生长周期越早，表现症状也越重，可导致水稻明显矮缩、拔节困难、分蘖增多，严重者可导致水稻死亡。

（二）演变过程

2001年该病害首次发现于我国广东省阳西县，2008年正式确认为一病毒新种。2001—2008年，该病害在广西局部稻区零星发生，生产上没有形成明显的灾害，没有引起重视。2009年秋，广西桂南沿海的防城港市、钦州市、北海市等稻区出现较大面积稻株矮化现象，经鉴定是由南方水稻黑条矮缩病感染引起。2010年该病在广西首次暴发为害，发生面积94.65万亩次，主要在中晚稻上发生。2011—2016年年平均发生面积10.45万亩次，比2010年减少88.91%。2017年该病在广西再次暴发为害，发生面积接近2010年，中晚稻发病较重。2018—2020年发生面积逐年下降，三年发生面积分别为44.39、24.41、18.71万亩次。

表13　2018—2020年广西南方水稻黑条矮缩病发生、为害和损失情况统计表

年份	种植面积（万亩）	发生面积（万亩次）	发生面积占种植面积比率（%）	防治面积（万亩次）	实际损失（吨）
2018	2894.47	44.39	1.53	74.77	1230.73
2019	2782.47	24.41	0.88	48.09	1496.51
2020	2668.61	18.71	0.70	31.53	607.45
均值	2781.85	29.17	1.04	51.46	1111.57

第二节　玉米主要病害

广西有记载的玉米主要病害有玉米纹枯病、玉米大斑病、玉米小斑病、玉米锈病、玉米丝黑穗病、玉米褐斑病、玉米弯孢霉叶斑病、玉米茎腐病、玉米瘤黑粉病、玉米干腐病、玉米苗期根腐病、玉米穗腐病、玉米矮化病、玉米圆斑病、玉米霜霉病、玉米细菌性叶斑病、玉米病毒病等。主要发生为害的是玉米纹枯病、玉米大斑病、玉米小斑病，其他均为零星发生。

一、玉米纹枯病

（一）发生区划

根据玉米纹枯病发生为害的情况和特点，结合历史资料，将广西玉米纹枯病发生区划分为3个区。（1）偏重发生区：包括桂西南、桂西北、桂东北局部地区。（2）中等发生区：范围较广，包括除桂西南、桂东南大部地区外的玉米种植区。（3）轻发生区：集中在桂东南、桂南、桂西大部地区。

（二）发生特点

玉米苗期很少发病，喇叭口期至抽雄期开始发病，抽雄期开始扩张蔓延，吐丝期发病速度加快，灌浆期至成熟期病情垂直发展速度最快，是为害的关键时期。生长后期植株老健，病菌不易侵入，病情趋于稳定。该病主要为害叶鞘、叶片和穗部，也侵害茎秆。最初多由近地面的叶鞘发病，由下而上逐步发展。其症状为在叶片和叶鞘上形成典型的呈暗绿色水浸状的同心斑，大面积覆盖被侵染叶片和苞叶，或形成不规则的云纹状病斑，中部灰褐色，边缘深褐色，随后病斑逐渐扩大，包围整个叶鞘直至叶鞘叶片干枯，病斑向上扩展至果穗基部，果穗停止发育并迅速发展至全穗，最后死亡；茎秆受害，病斑褐色，形状不规则，后期茎秆质地松软，组织解体，露出纤维束，使植株极易倒伏；果穗受害，苞叶上产生云纹状病斑，常常倒致果穗秃顶，籽粒灌浆不足，秕粒增多，粒重明显下降，严重时果穗干腐，穗轴霉变，影响玉米的产量和品质。玉米纹枯病以菌核在土壤中、病禾秆和田边杂草上越冬，玉米收获时大量菌核落入土壤内成为翌年的主要侵染源。当翌年温度在23~25℃、湿度80%左右时菌核萌发菌丝，先在玉米茎基部叶鞘上开始发病，后逐渐向上扩展，病菌借助株间叶片接触、雨水溅散或流水向四周继续蔓延扩展。

（三）演变过程

广西从1963年开始有玉米纹枯病发生的记载。20世纪60年代零星发生，年均发生面积仅16.25万亩次，年均实际损失512.51吨。20世纪70年代初，玉米纹枯病发生面积有一个上升的过程。1971—1974年年均发生面积110.41万亩次，年均实际损失2864.45吨，分别是20世纪60年代的6.79倍、5.59倍。20世纪70年代后期与整个80年代玉米纹枯病发生面积有所下降，年均发生面积42.80万亩次，年均实际损失868.17吨，分别比70年代初减少61.24%、69.69%。进入20世纪90年代后，玉米纹枯病呈上升的态势，1993—2020年年均发生面积171.76万亩次，年均实际损失4552.69吨。其中2006年发生面积为历史最高值273.77万亩次，比均值增加59.39%；1997年为害最重，实际损失为历史最高值6698.72吨（图94）。

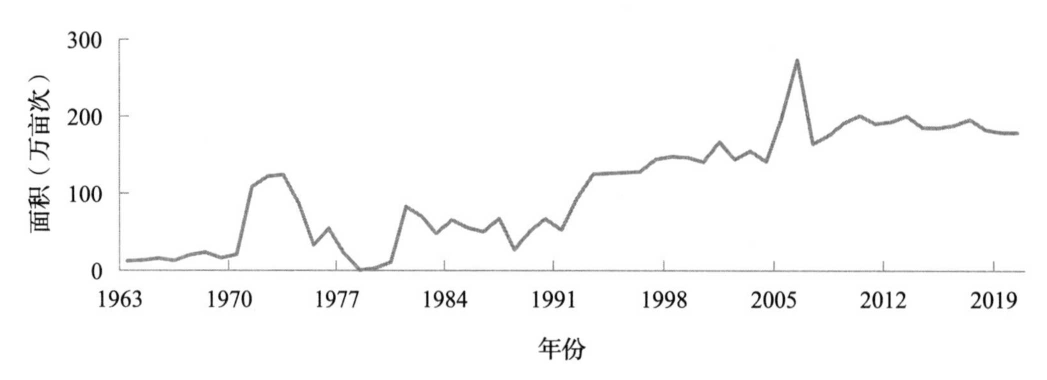

图94 1963—2020年广西玉米纹枯病发生面积统计图

二、玉米大斑病和玉米小斑病

（一）发生特点

玉米大斑病和玉米小斑病均是真菌性病害，分别由半知菌类的两种蠕孢菌侵害引起。病菌以菌丝体或分生孢子在病残体内越冬，翌年在适宜条件下产生大量分生孢子，借风雨传播到玉米叶片上萌发而侵入，历经10~14天，病菌又产生大量的分生孢子，进行再次侵染。在玉米生长期可发生多次侵染。病害发生与品种、菌源数量、温度、湿度和栽培条件有关。病原菌多、种植感病品种，病害严重；高温多雨湿度大，病害严重；玉米早播发病轻，迟播发病重；连作地发病重，轮作地发病轻；间作套种的比单作的病轻；缺肥，生长不良，发病早而重。

（二）演变过程

根据玉米大斑病和玉米小斑病在广西发生为害情况等因素，其演变过程可分为3个阶段（图96）。

第一阶段：1949—1997年为轻发生，个别年份偏重发生。年均发生面积38.47万亩次，其中1978年、1979年、1990年发生面积分别为113.58万亩次、83.2万亩次、109.21万亩次；年均实际损失1455.66吨。1990年发生最重，发生面积109.21万亩次，防治面积仅占发生面积的45.24%，造成的实际损失高达8863.3吨，为历史最高值。

第二阶段：1998—2008年平缓蔓延时期，年均发生面积84.27万亩次，年均实际损失2143.72吨。

第三阶段：2009—2020年迅速蔓延时期，年均发生面积150.73万亩次，年均实际损失2872.23吨。其中2017年发生面积为历史最高值171.11万亩次，比均值增13.52%；防治面积占发生面积的89.52%，造成的实际损失为2982.01吨，与均值基本持平（图95）。

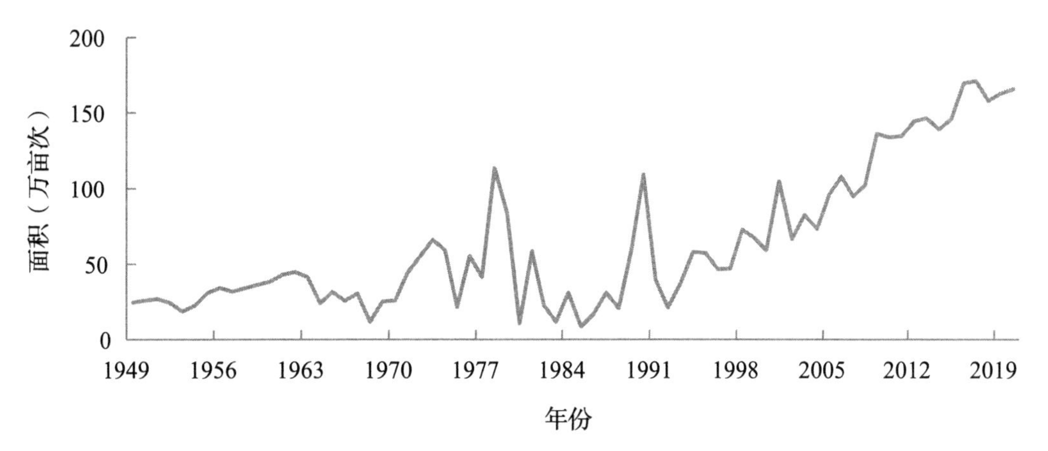

图 95　1949—2020 年广西玉米大小斑病发生面积统计图

第二章 糖料作物病害

甘蔗是广西主要糖料作物，甘蔗病害的种类很多，分布也很广。世界上已知的甘蔗病害有130种左右，我国已证实的有60多种，其中广西报道发生病害30多种，发病较为普遍的有梢腐病、黑穗病、凤梨病、赤腐病、花叶病、轮斑病、褐条病、黄叶病和黄斑病等，本章选前三者加以叙述。

一、甘蔗梢腐病

甘蔗梢腐病是由半知菌类镰孢霉属中的镰孢菌（*Fusarium* spp.）引起的，是甘蔗生产过程中一种常见病害。

甘蔗梢腐病在广西近10年的发生呈峰谷式的趋势，2011—2014年处于较为稳定的高值，其后至2018年下探明显，2019年开始蝎尾式上升；广西发生程度总体为偏轻发生，局部中等发生。地域上以崇左、柳州、钦州、来宾、防城港等5市发生多，占广西发生面积的七成（图96）。

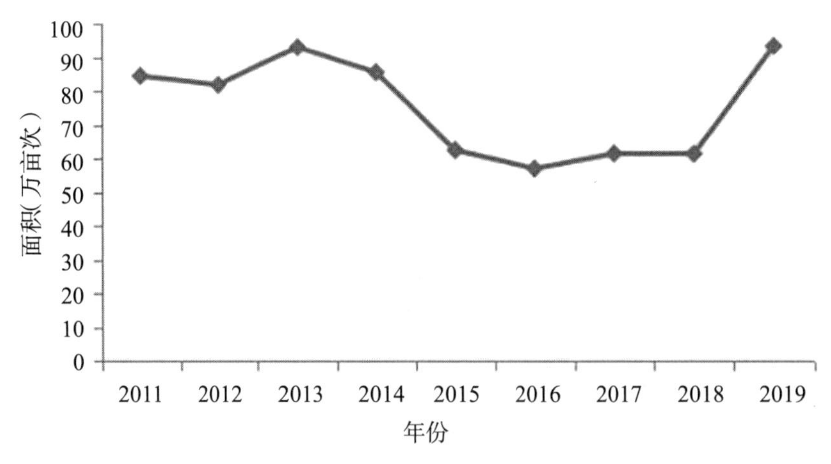

图96 2011—2019年广西甘蔗梢腐病发生面积

二、甘蔗黑穗病

甘蔗黑穗病又名鞭黑穗病、黑粉病，病原菌为担子菌门孢堆黑粉菌属的甘蔗鞭黑粉菌（*Sporisorium scitaminea*），是一种易侵染植株幼嫩分生组织的寄生菌。广西发生比较普遍，坡地、丘陵地种植的甘蔗发病较严重，严重的地块产量损失10%~20%。近年来，随着我国蔗种无性繁殖栽培技术的推广，蔗种频繁引进调运，蔗田长期连作同一品种，宿根蔗年限延长，造成甘蔗黑穗病发生日趋严重。

甘蔗黑穗病在广西21世纪头十年发生面积即呈上升趋势，到2013年超过200万亩次，达到一个峰值，其后几年总体保持在190万亩次上下浮动，2019年跃升到225万亩次，这些都与种植面积的波动关系密切；广西发生程度总体为偏轻至中等发生，个别年份局部偏重发生。发生地域分布以来宾、崇左、柳州为主，每年可占广西的75%左右（图97）。

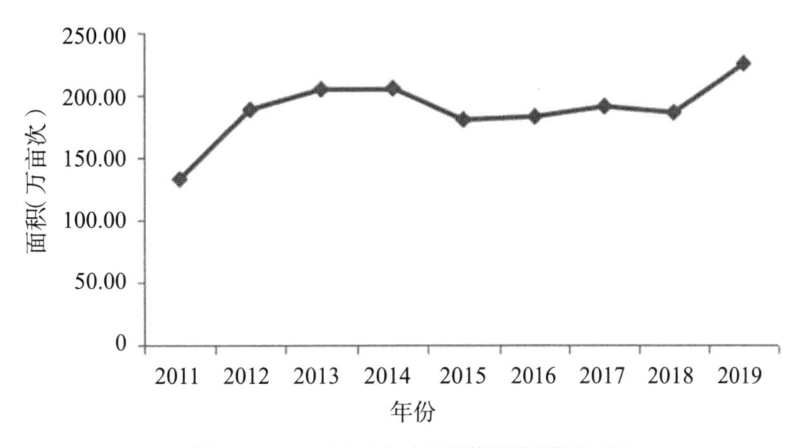

图97　2011—2019年广西甘蔗黑穗病发生面积

三、甘蔗凤梨病

甘蔗凤梨病在广西蔗区普遍发生，病原主要为奇异长喙壳（*Ceratocystis paradoxa*），属子囊菌类真菌。常使蔗种腐烂，种植后萌发不良，尤以冬春植蔗受害为重，严重的缺株率可达80%以上。

甘蔗凤梨病发生与种植品种和轮作方式等有关，近10年发生也是前多后少的局面，广西发生程度为偏轻发生，总体上南宁、钦州2市发生面积较大，占到广西一半以上；其次是崇左、河池、来宾、贵港4市（图98）。

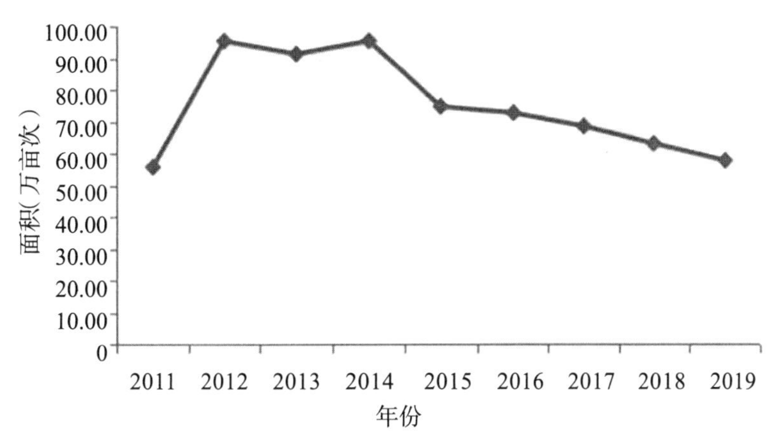

图98　2011—2019年广西甘蔗凤梨病发生面积

第三章　果树病害

广西果树种类多，分布广，品种的地域性明显，因此果树病害也十分多，本章选取柑橘这种常见大宗水果的病害加以叙述。

一、柑橘溃疡病

柑橘溃疡病是一种细菌性病害，病原为柑橘黄单胞杆菌柑橘亚种（*Xanthomonas citri* subsp. *citri*），主要侵染芸香科的柑橘属和枳壳属。广西各地均有分布，主要为害叶片、枝梢与果实，以苗木、幼树受害较严重，造成落叶、枯梢、落果等，可减弱树势和降低产量。

柑橘溃疡病是一种检疫性果树病害，广西近年柑橘种植面积的增长和苗木调运的活跃，促使该病发生率也随之增长，2018年至今年发生面积从100万亩发展到180万亩，分布上以南宁、桂林、贺州和来宾等占比较大；各地发生程度一般为偏轻至中等发生，但由于其传播蔓延的速度快，应当做好严格检疫防控（图99）。

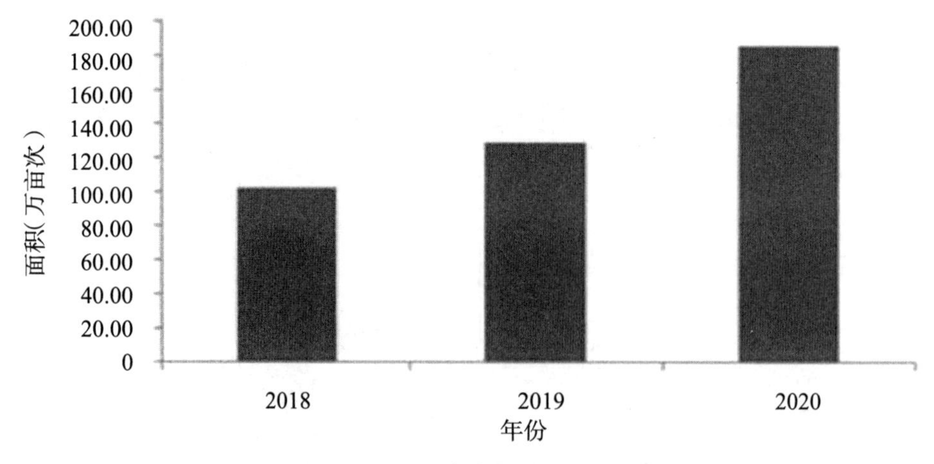

图99　2018—2020年广西柑橘溃疡病发生面积

二、柑橘疮痂病

柑橘疮痂病是柑橘的重要病害之一，广西各地均有分布，主要为害柑橘类植物的嫩叶、新梢和果实，新梢和嫩叶被害后引起生长发育不良，被害后果树易落果，果实表皮粗糙，小而畸形，经济价值下降。

柑橘疮痂病在广西随着种植面积的扩大，发生面积不断增加，水果跨区域交易和苗木的调运是该病传播的一大原因。2015年以后，该病在广西呈持续上升的发生趋势，2019年达到最高时的137万亩次，广西一般偏轻程度发生，个别地区中等程度发生，发生区域主要以桂林柑橘种植区为主，发生面积占广西的40%~50%，其次贺州、柳州发生面积也相对较大（图100）。

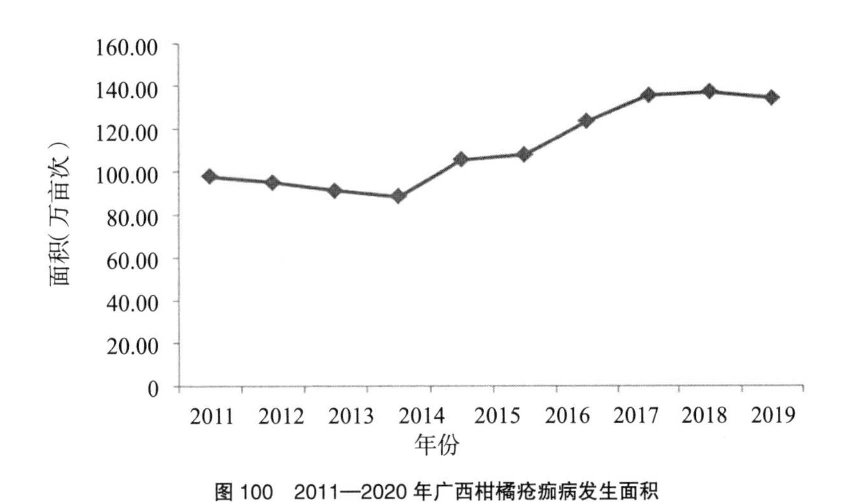

图100　2011—2020年广西柑橘疮痂病发生面积

三、柑橘炭疽病

柑橘炭疽病在广西各地普遍发生，为害较为严重，可造成柑橘树大量落叶、枯梢、树皮爆裂和落果，导致树势衰弱，严重时全株枯死。果实储藏、运输期间可造成大量果实腐烂。

柑橘炭疽病的发生趋势与柑橘种植面积呈正相关，2015年以来年均增长幅度较大；广西主产区常年中等发生程度，其他地区偏轻发生，以桂林、贺州种植区常年集中发生为主，来宾、南宁、百色等种植区2016年以后发生面积的上升势头明显（图101）。

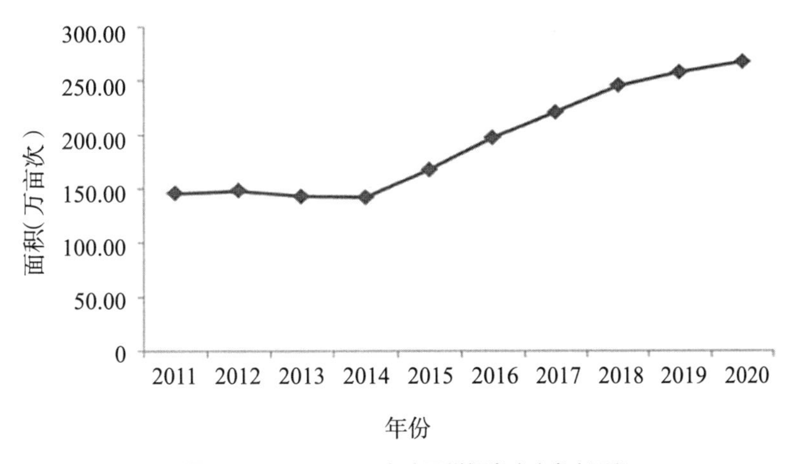

图101　2011—2020年广西柑橘炭疽病发生面积

第四章　蔬菜病害

一、霜霉病

霜霉病是蔬菜最重要的病害之一，主要为害白菜、菜心、甘蓝、油菜、花椰菜和萝卜等，尤以白菜受害最重，受害后不耐储藏、损失极大。广西各地普遍发生，近10年来广西发生面积一直维持在110万亩次左右，发生程度较重，在蔬菜种植区常年呈偏轻至中等发生程度，分布区域较为分散，以南宁、柳州、桂林、贺州、百色、贵港等种植区发生面积略大；广西总体上多年发生面积的波动不大（图102）。

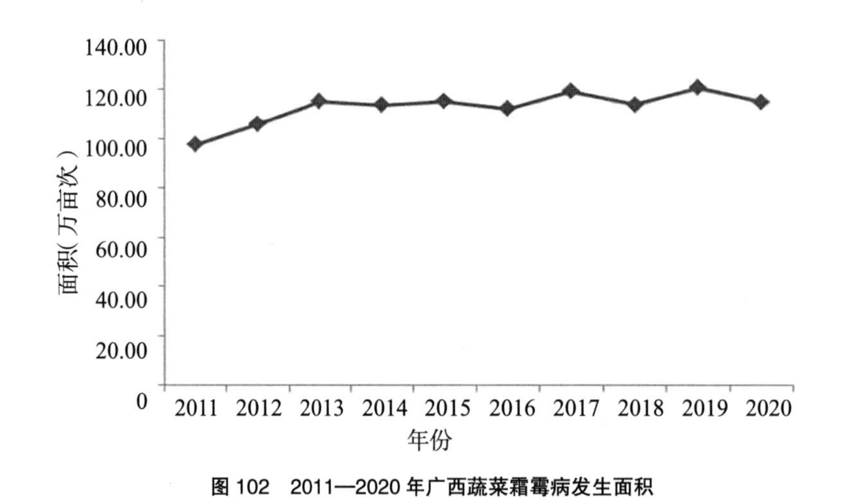

图 102　2011—2020 年广西蔬菜霜霉病发生面积

二、软腐病

软腐病是蔬菜重要的细菌性病害，广西各地普遍发生，受害后不耐储藏，会造成极大损失。近10年来广西发生面积一直在90万亩次左右，年度间波动不大。各蔬菜种植区均有发生，多数为轻至偏轻发生程度，个别区域中等发生；广西以桂林、贵港、柳州、贺州、河池、钦州等市的发生面积较大（图103）。

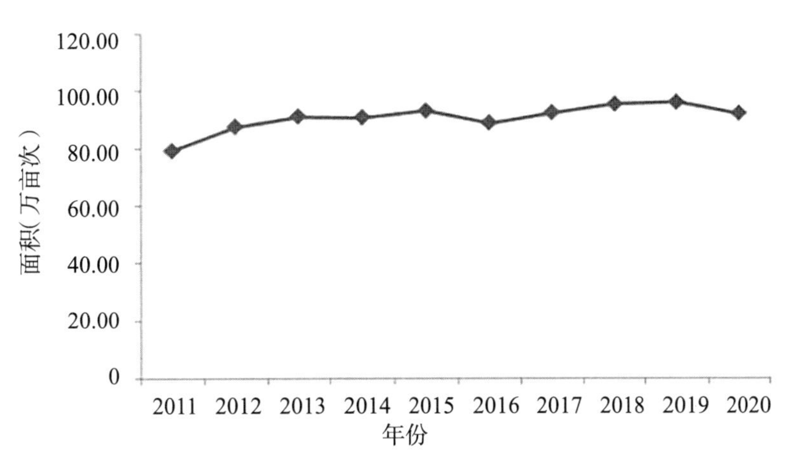

图 103 2011—2020 年广西蔬菜软腐病发生面积

三、番茄晚疫病

番茄晚疫病是番茄的一种毁灭性病害，广西各地均有发生。该病除为害番茄外，还是马铃薯的重要病害。广西发生面积一般为30万 ~35万亩次，年度间变动不大。各蔬菜种植区均有发生，各地对该病的毁灭性具有清晰的认识，非常重视该病的发生防控，10年来发生程度一般为轻至偏轻；广西以百色及桂林、南宁、贵港等地较为集中，发生面积较大（图104）。

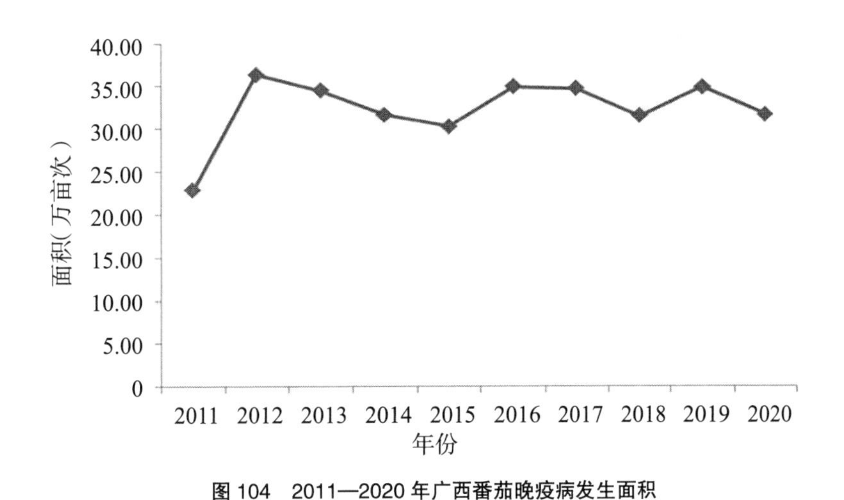

图 104 2011—2020 年广西番茄晚疫病发生面积

四、瓜类枯萎病

瓜类枯萎病主要为害西瓜、黄瓜、冬瓜、节瓜等瓜类，广西各地均有发生，一般年份发生程度轻至偏轻，在局部田块常造成严重损失。广西发生面积一般为35万 ~50万亩，相对其他蔬菜病害而言面积不大，但对于高附加值的西瓜、黄瓜等瓜类的影响却很大。广西以南宁、桂林及贺州发生比较集中（图105）。

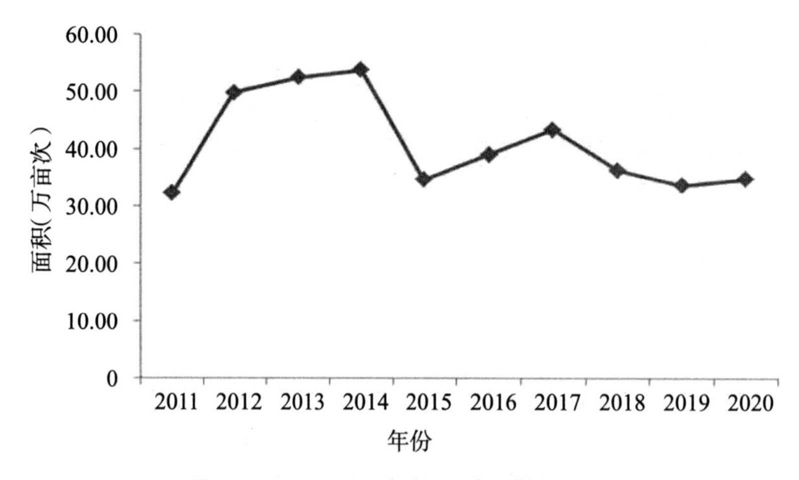

图 105　2011—2020 年广西瓜类枯萎病发生面积

第四篇　蝗鼠草害篇

第一章　蝗　虫

第一节　东亚飞蝗

东亚飞蝗在广西各地均有分布，常年零星发生，蝗灾发生频率较低，属东亚飞蝗偶发区，其发生区域主要在桂中沿河岩溶内涝型和泛涝型生态区，如兴宾、武宣、象州、宾阳、贵港、桂平、平南、横州等10多个县（市、区）的部分乡镇。

一、发生特点

东亚飞蝗在广西每年发生2~3个世代，主要以卵越冬，但亦有少量第三代蝗蛹和成虫可存活至翌年春夏期间。为害代主要是第二代和第三代，且重叠发生，卵、蝻、成虫等各种虫态同时并存。温度和湿度对蝗蝻、蝗卵发育历期有一定的影响，长期高温干旱，会延缓蝗卵的发育，使其处于休眠状态，降雨可解除蝗卵的休眠，经一场暴雨后，蝗卵很快孵化，且孵化较整齐。东亚飞蝗取食植物有明显的选择性，尤以蝗蝻为最，主要取食玉米、高粱、甘蔗、小麦、两耳草，对五节芒、茅草则取食较少。卵孵出后3~4小时才开始取食，蝗蛹在蜕皮前后和成虫刚羽化时一般停食4小时左右。其余时期昼夜均取食，一般16:00~17:00为取食高峰时间。

二、发生概况

（一）1949年以前

东亚飞蝗蝗灾在广西有记载已有800多年，最早记载的蝗灾1191年在横县（今横州）发生。

1.1405—1832年

在兴安、临桂等23个县（市、区）发生蝗灾，分布于桂林、柳州、梧州及玉林4个市。一般相隔290—335年才发生1次，发生频率低。

2.1833—1836年

是广西东亚飞蝗蝗灾历史上的第一次高峰期，发生地区包括24个县（市、区）。其中全州、阳朔、来宾、玉林、桂平及苍梧6个县（市、区）连续2年大发生，宜山（现宜州）、罗城、宾阳、武鸣、平南、北流6个县（区、区）则连续3年大发生。

3.1837—1847年

柳城、荔浦等8个县（市、区）曾先后发生过蝗灾，均属局部发生。

4.1850—1855年

有31个县（市、区）大发生，是广西东亚飞蝗蝗灾历史上的第二次高峰期，其中临桂、靖西、武鸣、玉林、贵港、容县、北流等7县（市、区）连续2年大发生，兴宾、武宣、北流等3县连续3年大发生。

5.1856—1949年

全州、三江等16个县（市、区）时有蝗灾出现，但发生频率较低。

（二）20世纪中后期

这一时期广西先后发生了3次大面积的蝗害。

1.1955年7—9月第一次暴发为害

在柳城、鹿寨、柳江、柳州市郊、来宾、宾阳、贵县（今贵港）、平南、横县（今横州）、邕宁等10个县（市、区）。主要受害的作物有水稻、玉米、高粱等，共计2200公顷，且主要集中于上述县市新开垦的国营农场及与其毗邻的荒地、农田中，虫口密度高的为90~135头/平方米，一般也有2~3头/平方米。

2.1963年第二次暴发为害

此次发生区域较1955年大，包括柳城、柳江、柳州市郊、宜山（今宜州）、象州、来宾、武宣、贵县（今贵港）、武鸣、邕宁、宾阳、扶绥、崇左、宁明、百色、田阳、田东、平果等18个县（市、区），发生面积达3.12公顷，其中受害的农作物主要有玉米、甘蔗、水稻、小麦等，主要发生为害时期为6—7月和9—10月。虫口密度75~120头/平方米，高的150头/平方米以上。

3.1988年第三次暴发为害

在来宾、宾阳、武宣3个县都有发生。当年8月18日，来宾（今兴宾区）的石陵乡（今石陵镇）福山村有群众发现成群的蝗蝻从低洼的沟边迁入甘蔗地为害，至9月5日已有60多公顷甘蔗受害。9月上旬至10月上旬，宾阳县的黎塘、邹圩、新宾等3个乡镇也相继发生蝗害，蝗蝻群集，每群约有10万头，占地面积0.01~0.03公顷，总的发生面积达1000万多公顷。虫口密度为150~300头/平方米，高的600~750头/平方米。9月中旬至10月中旬武宣县黄茆、二塘等8个乡镇的700多公顷甘蔗受害，其中有35.53公顷蔗叶被食仅剩中肋。二塘乡蝗蝻密度最高的达2181头/平方米。8月下旬至10月上旬，来宾（今兴宾区）、宾阳、武宣等3个县的12个乡镇、3个农场约38个村（公所）发生蝗害，发生面积3244.87公顷，受害农作物有甘蔗、玉米、高粱和水稻等，共计879.87公顷，其中甘蔗受害796.67公顷，占受害作物面积的81%，其他受害作物面积分别为水稻42.47公顷，玉米7.4公顷，高粱33.33公顷。

（三）21世纪以后

这一时期是中华人民共和国成立以来广西东亚飞蝗发生为害最为严重的时期。

1.2003年第四次暴发为害

在北海市合浦、银海2县（区）局部暴发东亚飞蝗，这也是中华人民共和国成立以来北海市在中华人民共和国成立后首次出现飞蝗灾害，成灾面积达866.67公顷，田间虫口密度一般为100~300头 / 平方米，高的达1000头 / 平方米以上，其生态类型以群居型为主，群居、散居和过渡型3种类型并存，以甘蔗、玉米、牧草等作物受害严重，局部田块甘蔗植株被啃食后全部呈光杆状，仅剩叶脉和茎秆。

2.2004—2006年

东亚飞蝗发生范围有所扩大，发生面积逐年上升。2004年8月2日北海市又在出口加工区内的平整荒地、坡地上发现了东亚飞蝗，发生面积153.33公顷，以群居型为主，其中2—4龄蝗蝻占98%，虫口密度一般为300~500头 / 平方米，高密度群集处达5000头 / 平方米。2005年9月来宾市东亚飞蝗大暴发，“蝗军”起飞遮天蔽日，所到之处，甘蔗叶片一扫而光，其中武宣县发生严重的甘蔗地受害株率达100%，叶片被啃吃得只剩叶脉，呈光秆状；兴宾区甘蔗地虫口密度最高达2130头 / 平方米，平均为12.6头 / 平方米。2006年东亚飞蝗发生面积达到中华人民共和国成立以来的最高值，并连续出现高密度蝗蝻点片。桂中兴宾、象州、柳江、柳城及钦州等县（市、区）呈现出由偶发区向常规区转变的趋势。

3.2007年以后，随着各级政府加大治理力度，东亚飞蝗发生面积较2006年大大减少（图107）。2007年、2008年东亚飞蝗发生偏轻，2009年有所回升，2010年达到一个高峰值，之后发生面积逐年减少，暴发程度也有一定缓解。2010年东亚飞蝗主要是在兴宾、象州、柳城、武宣、柳江、宾阳等地发生，其中历史发生区兴宾区发生较严重。2011—2020年年发生面积为0.05万 ~1.61万公顷次，比2006年的4.84万公顷次减少67%~99%（图106）。

图106　2006—2020年广西东亚飞蝗发生面积

第二节 土 蝗

广西发生的土蝗种类主要有小车蝗、剑角蝗、尖翅蝗、中华稻蝗、蔗蝗和黑背蝗等。其分布范围广，从河滩平地到高山荒坡均有分布，尤以山区和坡地的稻田、玉米田和豆田较多。

从广西自中华人民共和国成立后的70多年来的土蝗发生情况来看，20世纪50年代大发生的年份有4个（1950年、1951年、1952年、1953年），60年代发生较轻，70年代大发生的年份有2个（1974年、1977年），80年代大发生的年份有3个（1983年、1984年、1985年），90年代大发生的年份有4个（1993年、1994年、1995年、1998年）。21世纪以来偏重发生，2004年后局部地区土蝗发生早且面积广、来势猛、为害重，年均发生面积为8.12万公顷次，大发生的年份有5个（2007年、2008年、2009年、2012年、2014年），主要为害水稻、玉米、甘蔗、花生、蔬菜、芋、竹、杂草等，其主要为害种类有腹露蝗、异歧蔗蝗、竹蝗、稻蝗等。

第二章　农田鼠害

广西农田鼠害自20世纪80年代中期起已开展防治工作，但由于后期农业产业结构调整、社会经济发展及自然条件的变化等因素的影响，鼠害发生很大变化，迄今农田鼠害仍然保持高发态势。

一、鼠害种类

据1984—1986年调查，广西农田鼠害主要有黄毛鼠、小家鼠、黄胸鼠、褐家鼠、板齿鼠、针毛鼠、社鼠等7个种类，以黄毛鼠为优势种，其数量占种群的62%以上。据2010—2012年调查，发现鼠种20种，分别是黄毛鼠、小家鼠、黄胸鼠、褐家鼠、板齿鼠、棕色田鼠、红尾沙鼠、黑线姬鼠、大足鼠、臭鼩、社鼠、长尾仓鼠、睡形田鼠、灰仓鼠、社田鼠、根田鼠、五趾跳鼠、大仓鼠、白尾松田鼠、东方田鼠，其中小家鼠、褐家鼠、黄毛鼠和黄胸鼠为主要鼠种，广泛分布于各类作物种植区中。

二、发生为害情况

1980—1989年，广西农田鼠害年均发生面积为28.19万公顷次，比1979年增加141.9%。

1990—1999年，年均发生面积上升到80.72万公顷次，比20世纪80年代年均发生面积增加186.4%。1993年大多地域鼠害呈上升趋势。玉林地区鼠害率：早稻最高类型田平均为10.7%，各类型田平均为1.69%，晚稻最高类型田平均为30%，各类型田平均为2.85%。河池市的宜州、凤山等县（市），晚稻鼠害率高的达20.5%，各地的平均为害率为1.1%~2.74%。1994年广西农作物鼠害发生面积上升达83.34万公顷次，比上一年多15.79万公顷次，其中水稻53.59万公顷次、玉米12.20万公顷次、花生3.23万公顷次、甘蔗13.07万公顷次、其他作物1.43万公顷次，中等、局部中等偏重发生。早稻以秧田受害较重，晚稻则以孕穗后期受害严重。据玉林市调查鼠害率：早稻高的达30%（比上年增加64.3%），一般为2.4%~6.5%；晚稻高的达80%（比上年增加62.5%），一般为4.4%~7.2%，少数受害严重的田块，产量损失20%~30%，甚至绝收。1999年发生面积则上升至103.88万公顷次，经防治后仍损失粮食2.65万吨。

2000—2009年，发生面积为106.64万 ~152.91万公顷次，一直呈上升状态，其中2009年达到历史最高值152.91万公顷次。2000—2009年年均发生面积135.42万公顷次，比20世纪80年代、90年代年均值分别增加3.80倍、0.68倍，经防治后仍损失粮食年均9.3万吨。

2010—2020年，发生面积约129.89万公顷次，2014年达到141.76万公顷次，2014年后发生有所缓解。发生较重的区域为桂南、桂北部分县，桂东南及沿海地区。每年鼠害发生有2次明显的小高峰，第一次发生在每年的3—4月，主要受害作物为玉米、花生、香蕉、水果、蔬菜；第二次发生在7—9月，主要受害作物为水稻、玉米。

第三章　农田杂草

广西农田主要杂草共有91科346属604种。其中蕨类植物14科14属18种；双子叶植物62科237属427种；单子叶植物15科95属159种；蝶型花科有20属45种；菊科46属81种；禾本科54属87种。“十三五”期间监测农田杂草累计发生面积2.95亿亩次，化学防除面积2.79万公顷次，挽回经济损失1207万吨。

第一节　水田杂草

广西水田杂草主要是水稻田杂草，常年发生面积约130万公顷次，分为直播田、移栽田、抛栽田和免耕抛栽田4种类型田杂草。

一、直播田杂草

直播田杂草种类主要有稗草、千金子、萤蔺、两歧飘拂草、黑墨草、日照飘拂草、双穗雀稗、异型莎草、碎米莎草、鸭舌草、矮慈姑、母草、陌上菜、节节菜、园叶节节菜、草龙、空心莲子草、谷精草、野慈姑、辣蓼、眼子菜等20多种。杂草发生特点：早稻直播时气温较低，稻苗生长缓慢，杂草萌发不一致。晚稻直播时气温较高，稻苗生长快，一般是先长苗后长草，或草、苗同时生长。早、晚稻直播田杂草一般均有2个明显的杂草出苗高峰，第一个杂草出苗高峰在水稻直播后3~15天，占总出草量的50%~60%，第二个杂草出苗高峰在直播后20~50天，占30%~40%，以后还有少量出草。在第一个杂草出苗高峰，直播后3~7天萌发的主要杂草是稗草、千金子、节节菜，7~15天为莎草科杂草和阔叶杂草。在第二个杂草出苗高峰，主要是矮慈姑、母草、辣蓼、鸭舌草等阔叶杂草。杂草的出草规律随稻田土质、酸碱度、肥水管理的不同而略有异。

二、移栽田杂草

移载日杂草种类主要有稗草、异形莎草、千金子、陌上菜、节节菜、眼子菜、野慈姑、鸭舌草、泥花菜、水蓼等。杂草发生特点：杂草以湿生、沼生为主，移栽田5~7天后，先以禾本科杂草为主，后以莎草科、阔叶杂草为主。15~25天出现出草高峰。

三、抛栽田杂草

抛载田杂草种类主要有稗草、异形莎草、节节菜、鸭舌草、矮慈姑、陌上菜、萤蔺、水蓼等。杂草发生特点：杂草发生早，早期发生量大，发展快。抛秧后4~20天，出现以禾本科杂草和阔叶杂草为主的出草高峰，莎草科出草较迟。

四、免耕抛栽田杂草

免耕抛栽稻田的优势种杂草有稗草、日照飘拂草、鸭舌草、节节菜。亚优势种杂草有两栖蓼、扁穗莎草、空心莲子草、异型莎草、狗牙根、千金子、丛枝蓼、陌上菜、野慈姑、矮慈姑等。杂草发生特点：杂草发生早、延续时期长、出草峰次多。在抛栽后3~4天稗草及其他湿生性杂草开始萌发，一般是在抛栽后7~10天出现第一个杂草出苗高峰，主要以禾本科的稗草、日照飘拂草和莎草科的异型莎草、扁穗莎草等1年生杂草为主，也有部分阔叶类杂草；抛栽后16~20天出现第二个杂草出苗高峰，主要发生杂草为莎草、大部分阔叶类杂草及少部分禾本科杂草。

第二节　旱地杂草

广西旱地杂草常年发生面积约270万公顷次，主要是蔗田、玉米田、果园等杂草。

一、蔗田杂草

蔗田杂草共有32科157种。其中菊科27种，占总数的17.7%；其次是禾本科，有22种，占总数的14.5%；第三是莎草科，有9种，占5.9%。其他依次为苋科7种，大戟科6种，锦葵科5种。每年春季甘蔗幼苗期，蔗区最常见、发生量最大的优势杂草为马唐、光头稗、千金子、狗尾草、虮子草、碎米莎草、异型莎草、胜红蓟、日本草、小藜等杂草；部分旱坡蔗地，常受白茅、铺地藜、狗牙根等多年生杂草为害；低湿蔗地，常受空心莲子草、红花酢浆草、香附子、双穗雀稗等多年生杂草为害。甘蔗拔节长高后，行间荫散度降低，部分蔗地的鱼黄草、牵牛生长迅速，成为甘蔗生长中后期的重要杂草。

二、玉米田杂草

玉米田杂草种类繁多，生长迅速，主要有胜红蓟、马唐、旱稗、牛筋草等，其余较常见的还有铁苋菜、狗尾草、香附子、猪殃殃、飞扬草、空心莲子草等。从玉米的整个生育期来看，杂草发生前期以胜红蓟、马唐出草较早，发生最为普遍，也最严重；部分地块狗尾草、小飞蓬、牛筋草、粟米草、空心莲子草等发生较严重，后期以旱稗、胜红蓟发生最为普遍，部分田香附子、碎米莎草、猪殃殃等发生较重。

三、果园杂草

果园杂草有19科53种，其中禾本科杂草种类最多，达17种；杂草群落以旱地一年生杂草为主，为害较重的杂草优势种（相对多度30%以上）有胜红蓟、马唐，其次为香附子、牛筋草、飞扬草、铁苋菜、雀稗等；香蕉园的杂草种类有33种，分属17科，为害较重的杂草优势种为蓼科的酸模叶蓼、菊科的胜红蓟、玄参科的母草等。

第五篇　植物检疫篇

第一章　农业植物检疫概述

第一节　植物检疫的概念和重要性

一、概念

植物检疫按其职责、任务，分为“出入境植物检疫”和“国内植物检疫”。前者主要负责与境外的国家和地区进行植物检疫事宜，后者主要负责国内植物检疫事宜，二者互相支持和配合。植物检疫是植物保护总体系中的一个重要组成部分，它是一个预防危险性有害生物传播扩散的预防体系。它在植物保护工作中具有独特的、其他措施所无法替代的重要作用和深远意义。

二、重要性

无数事实证明，许多危险性有害生物主要是通过人为因素而进行远距离传播的，传到新区后，如果条件适宜，它们就能生存繁衍，甚至造成严重为害，留下无穷的后患。植物检疫就是以法制的形式来控制人为传播危险性有害生物的经济活动和社会活动，以预防或推迟危险性有害生物传入，并帮助扑灭、控制或延缓已传入的有害生物蔓延。古今中外一些国家和地区历史上由于危险性有害生物人为传播而造成巨大损失的事例，以及由于采取了检疫措施而防止了有害生物传播的事例，都可以作为植物检疫重要性和必要性的有力佐证。

马铃薯晚疫病（*Phytophthora infestans*）：19世纪30年代，由于从南美洲的秘鲁引进马铃薯而传入欧洲。40年代此病在欧洲大流行，1845年，在爱尔兰引起了马铃薯毁灭性的灾害，造成了历史上著名的大饥荒，死于饥荒者达20万之众，另有160多万人逃亡他乡，成为众所周知的案例。

毒麦（*Lolium temulentum*）：一种有毒的恶性杂草，原产欧洲，20世纪50年代由苏联及东欧一些国家传入我国。1957年在黑龙江省仅有8~9个县发生，1962年扩散到45个县，80年代初已扩展到22个省、自治区、直辖市，几乎所有种植小麦的省、自治区都有毒麦的分布，不仅造成严重的经济损失，且由此引起的人、畜中毒事件也时有发生。

美洲斑潜蝇（*Liriomyza sativae*）：原分布于美洲、大洋洲、亚洲、非洲等地，我国1993年12月在海南省三亚市首次发现该虫，截至1998年底，全国除西藏外其他各省、自治区、直辖市均有分布。广西仅1995年发生面积就达14万公顷次（约210万亩次），相当于广西蔬菜种植面积的1/3，当年造成直接经济损失达3亿元之多。

除以上列举的病虫害以外，在我国由于人为因素随种苗调运而传播蔓延并造成局部地区农业生产严重灾害的还有水稻细菌性条斑病、稻水象甲、柑橘黄龙病等。

与上述情况相反，严格执行植物检疫制度，采取有效的检疫措施而防止了危险性有害生物的传播定殖，从而避免了严重损失的事例，在国内外也屡见不鲜。

马铃薯甲虫（*Leptinotarsa decemlineata*）：这是一种为害马铃薯等茄科作物的重要害虫，对马铃薯可造成毁灭性为害。该虫早已传遍欧、美许多国家，而英国却因长期以来制订严格的检疫制度和对进口马铃薯提出严格要求，并宣传和动员广大群众对该虫进行监测，采取根除措施等一系列检疫措施，迄今，该虫还未能在英国定殖。尽管该虫曾几度传入英国，但都被根除。我国也是采取了严格的检疫措施，才将该虫控制在新疆的局部地区。

谷斑皮蠹（*Trogoderma granarium*）：分别于1960年从索马里、1968年从阿富汗、1974年从美国和1986年从缅甸传入广西，但都由于检疫部门的及时封锁控制，采取熏蒸、蒸煮甚至烧毁整栋仓库的做法而得到了扑灭。

假高粱（*Sorghum halepense*）：1978年，因从美国、加拿大进口小麦，这种恶性杂草传入广西，其种子在运输途中沿线撒落。后自治区植检站组织有关地、市、县植物检疫员，从防城港市直至全州县，沿公路、铁路步行3000多千米，挖除了所有萌发的假高粱植株，铲除了对广西农业有威胁的这种恶性杂草。

第二节　植物检疫的目的和任务

我国的《植物检疫条例》第一条明确规定“为了防止为害植物的危险性病、虫、杂草传播蔓延，保护农业、林业生产安全，制定本条例”。因此，植物检疫的目的就是：通过按照有关植物检疫法规、法令对调运的植物、植物产品进行检验检疫，并进行有效的除疫处理，控制危险性有害生物的传入或传出，同时允许健康的植物及其产品调运。简单地说，植物检疫的任务，首先是预防危险性有害生物的传入，其次是对已经传入的危险性有害生物进行检疫封锁和控制扑灭。

第三节　植物检疫与植物保护的区别

一、管理体系不同

植物检疫是包括法制管理、行政管理和技术管理的综合管理体系，由法定的植物检疫机构和植物检疫人员来执行，具有国家强制性；植物保护主要是技术管理和必要的行政管理，不强调法制管理，由业主按经济规律办事，不具有普遍约束力和强制性。

二、管理对象不同

植物检疫主要是针对本国、本地没有发生或虽有发生但分布不广的危险性有害生物以及它们的载体，另外还管理与植物检疫有关的人（受植检法规约束的人）；植物保护主要针对本国或本地多年历史形成或分布已广的主要有害生物以及它们的载体，不涉及人的管理。

三、控制要求不同

植物检疫对检出的或刚传入的检疫性有害生物力争根除，植物保护对所防治的有害生物要求种群密度降低到经济允许水平以下，并不要求消灭其种群。

四、价值取向不同

植物检疫主要是防患于未然，造福子孙后代，着重考虑的是全局的、长远的利益；而植物保护是单纯建立在生产者经济利益之上的病虫防治技术推广工作，着重考虑的是当前、当地的经济利益。

第四节　植物检疫的工作方法

一、做好规章制度宣传

宣传《植物检疫条例》及国家、地方各级政府发布的其他植检法令和规章制度，树立群众植检意识。如利用报纸、广播、电视进行专题宣传，在集市场所办宣传车，在交通要道和公共场所张贴宣传资料，组织种苗繁殖及经营单位学习等。最有力的方法是争取以政府名义发布公告。要着重宣传植物检疫的重要性和必要性，举例讲解检疫工作所取得的成绩和由于有害生物传入所造成的巨大损失，以及如何办理检疫手续等。

二、组织检疫队伍

组织一支强有力的以专职检疫员为主，兼职检疫员为辅的检疫队伍。队伍人员要稳定，素质要高，包括业务水平和执法水平都要有很高标准。要逐级开展技术培训工作，新检疫员要进行上岗培训，老检疫员也要3—5年轮训1次。对兼职检疫员要明确其权力、管辖范围和应负的责任，其待遇视当地检疫收入及财政情况决定。

三、搞好产地检疫

在植物生长期间，组织检疫调查，按有关产地检疫规程或标准实施产地检疫。由于产地检疫工作量较大，一般要通过组织兼职检疫员或联合检查的方式实施，前者由县级植检机构组织，后者由省级或地（市）级植检机构组织。调查表格要编号签名，并统一归档。

四、把好调运检疫关

经实施现场检疫、室内检验合格的，签发植物检疫证书；经过产地检疫的，凭产地检疫合格证换取植物检疫证书。调入地检疫机构可进行复验检查，种苗省间调运要凭检疫要求书。

五、公路设卡检疫和市场检疫

目前仍以检查证书为主，以法制管理为主要内容，但这是一项政策性很强的工作，设立检查站必须经省级人民政府批准。在当前禁止公路“三乱”的情况下，要争取当地木材检查站配合开展工作。开展市场检疫则要与工商、税务、财政等部门密切合作，充分发挥他们的行政管理职能，达到共同把关的目的。

六、提升检疫检验条件

配备检疫检验设备，逐步健全检疫检验室，按照“检疫规程”从事检验，为检疫签证提供科学依据。

第二章　植物检疫基本制度

植物检疫制度是植物检疫工作的行为规范，是建立良好工作秩序的基础，根据国内植物检疫工作的开展情况、管理特点及植物检疫法律、法规、规章有关规定，国内植物检疫工作主要有以下几项基本制度。

第一节　植物检疫人员管理制度

植物检疫人员管理制度是全国植物检疫系统管理植物检疫人员的一项基本制度。建立这种制度目的在于通过加强统一管理，不断提高检疫人员的思想素质、业务素质和正确执行检疫法规的能力，促进检疫工作的发展。

一、专职植物检疫员管理制度

根据《植物检疫条例》(简称《条例》) 及《植物检疫条例实施细则（农业部分）》(简称《细则》) 的规定，各级植物检疫机构必须配备一定数量的专职检疫人员。1984年3月，农业部印发了《颁发中华人民共和国农业部植物检疫员证的通知》，1987年10月，农业部又会同财政部、林业部印发了《关于农业专职植物检疫工作人员制服供应办法的通知》，1987年、1988年，农业部、林业部又分别会同财政部制定了农业、森林专职植物检疫人员制服供应办法。至此，在各级植物检疫机构建立起专职植物检疫员制度，并统一穿着植物检疫制服，体现了全国植物检疫工作的严肃性和法制性。1990年12月，农业部制定了《中华人民共和国农业部植物检疫员管理办法（试行）》，进一步完善了该项管理制度。

（一）专职植物检疫员实行分级管理

专职植物检疫员由地（市）、县农业行政主管部门推荐，省（自治区、直辖市）植物检疫机构考核，省（自治区、直辖市）农业农村厅（局）审批，报农业农村部备案并发证。免除程序同上。根据植物检疫工作的需要，植物检疫员增补审批手续每2年办理1次，备案工作在当年11月至12月进行。

凡因公调离的植物检疫员，当地农业行政主管部门需征求上一级植物检疫机构的意见，报省（自治区、直辖市）农业农村厅（局）审批同意后，方可办理调离手续。对不称职的专职检疫员，需取消其检疫员资格的，应征得审批单位的同意。证件丢失者须登报声明作废，方可办理补证手续。

因调离、退休或不称职等原因注销检疫员资格的，应按审批和备案程序办理，并注销检疫员证。

为了保证植物检疫法规的贯彻执行和植物检疫工作的开展，必须保持专职植物检疫队伍的相对稳定。

（二）专职植物检疫员任职条件

第一，具有助理农艺师及以上技术职务，或具有中等专业学历并从事植保工作三年以上；第二，热爱植物检疫事业，熟悉植物检疫业务，遵纪守法，坚持原则，忠于职守，有一定的思想觉悟和政策水平；第三，必须专职从事植物检疫工作；第四，身体健康，能坚持正常工作。

（三）专职植物检疫员的职权

第一，专职检疫员有权进入车站、机场、港口、仓库、邮局、苗圃、良种繁育场地、集市贸易及应检植物、植物产品的加工、运输、销售、存放、种植等场所实施检疫、疫情监督，并依照规定抽取样品；第二，有权签发植物检疫证书及其他检疫单证；第三，对兼职植物检疫员进行业务指导；第四，有权参加检疫培训；第五，有权依法查处违法单位（或个人）并处理其植物或植物产品。

（四）专职植物检疫员的职责

第一，坚持四项基本原则，认真贯彻执行党的路线、方针和政策；第二，热爱本职工作，坚守岗位，努力熟悉植物检疫法规，正确行使职权，精通检疫业务，认真完成各项植物检疫任务；第三，执行植物检疫任务必须持植物检疫员证，穿着检疫制服，佩戴检疫标志，仪容整洁端庄；第四，遵守职业道德、廉洁奉公、秉公执法，严格按照植物检疫法规办事；第五，敢于同违反植物检疫法规的行为作斗争；第六，定期参加植物检疫培训，并接受考核。

对认真贯彻《植物检疫条例》，正确行使植物检疫员职权，履行职责，有效地完成各项植物检疫任务的植物检疫员应给予奖励；因玩忽职守，滥用职权，致使国家和人民利益蒙受重大损失的植物检疫员，视情节轻重，给予批评教育，取消检疫员资格，直至依法追究刑事责任。

二、兼职植物检疫员聘任制度

根据《细则》第五条“各级植物检疫机构可根据工作需要，在种苗繁育、生产及科研等有关单位聘请兼职植物检疫员或特邀植物检疫员协助开展工作”的规定，检疫机构所聘兼职植物检疫员由其所在单位推荐，当地植物检疫机构审查合格后，报地（市）植物检疫机构考核审批，发给统一格式的兼职检疫员证，并报省级植物检疫机构备案。兼职检疫员证由省级植物检疫机构统一印制。兼职检疫员的增补、资格注销程序与聘任相同。

兼职植物检疫员职责：积极宣传和模范执行植物检疫法规；密切配合检疫部门开展植物检疫工作；有权制止违反植物检疫法规的行为，并及时向有关部门报告。

三、植物检疫人员的培训

植物检疫人员培训，一是教育提高在职检疫员的业务水平、执法水平；二是提高检疫人员的思想政治觉悟。具备一支高素质的植物检疫队伍是关系到各项检疫任务顺利完成的重要保证。中华人民共和国成立以来，党和政府十分重视培训德才兼备的植物检疫干部，先后举办过各种类型、各个层次的植物检疫培训班，培养了一大批优秀的植物检疫人员，从而确保了各项植物检疫任务的完成。随着社会主义建设的发展和行政诉讼法的实施，对植物检疫工作提出了更高的要求，因此迫切需要大力培养思想觉悟高、业务素质好、知法、懂法的植物检疫干部。1983年，农业部在浙江农业大学（后经院校调整，现为浙江大学农业与生物技术学院）投资兴建了全国植物检疫干部培训中心，该培训中心每年举办两期培训班，为各省（自治区、直辖市）培训师资力量，为重点地（市）、县培养植物检疫骨干，迄今已开办70多期，共培训省、市、县各级植物检疫人员千余人。1983年、1985年、1992年该培训中心还举办了省级植物检疫站站长《植物检疫条例》学习班、植物检疫干部法制培训班以及植物检疫理论和实务高级研讨班等。

为进一步促进植物检疫人员对植物检疫知识的学习和了解，1998年9月农业部举办了全国植物检疫知识竞赛。1999年农业部种植业管理司下发了《关于印发2000—2002年全国植物检疫员培训规划的通知》，用3年时间对全国专职植物检疫人员进行了系统的知识培训。

自1983年全国恢复植检工作以来，广西的植检事业也随之取得了很大发展，先后举办了十五期广西专职植检员培训班，组织学习了《行政诉讼法》《行政处罚法》《生物安全法》和有关植检法规、技术知识，提高了各级植检队伍的执法水平和业务水平。

第二节　植物检疫对象审定及疫情管理制度

一、植物检疫对象审定制度

（一）植物检疫对象的概念

简单地说就是国家通过法律、法规、规章明确规定不得人为传播蔓延的病、虫、杂草。

（二）植物检疫对象确定的基本条件

《条例》第四条规定“凡局部地区发生的危险性大，能随植物及其产品传播的病、虫、杂草，应定为植物检疫对象。”该规定明确了制定植物检疫对象的3个基本条件，缺一不可。

1. 国内尚未发生或虽有发生但分布不广的病、虫、杂草等有害生物。

2. 危险性大，一旦传入则难以根除。

3. 能随植物及其产品传播。

（三）植物检疫对象审定权限

根据《条例》第四条和《细则》第九条规定，对植物检疫对象的审定权限有严格的限制，全国植物检疫对象名单由农业农村部审定，各省补充的植物检疫对象名单由各省级农业行政主管部门审定，省（自治区、直辖市）以下的各级农业行政主管部门无权制定。

（四）植物检疫对象名单的公布

1. 全国植物检疫对象名单。应施检疫的植物、植物产品名单和国外引种应注意的危险性病、虫、杂草名单，由农业农村部植物检疫机构提出，经审定委员会通过，报农业农村部批准公布。

2. 省（自治区、直辖市）补充植物检疫对象名单，由省（自治区、直辖市）级植物检疫机构提出，经省级植物检疫对象审定委员会审定通过，报省（自治区、直辖市）农业行政主管部门批准公布。

（五）严格审查和科学制定植物检疫对象名单

为严格审查和科学制定植物检疫对象名单，更好地贯彻《植物检疫条例》，有效地保护农业生产安全，1989年6月，农业农村部成立了全国植物检疫对象审定委员会，同时制定了《全国植物检疫对象审定委员会章程》，2004年农业部下发《关于印发全国植物检疫性有害生物审定委员会章程的通知》，对1989年制定的章程进行了修改。该委员会是审定全国植物检疫对象的技术咨询组织，由农业行政、检疫管理、科研教学和技术推广等部门的有关领导、专家和技术人员组成。它的主要任务：

1. 审定植物检疫对象名单及应施检疫的植物、植物产品名单和国外引种检疫审批应注意的危险性病、虫、杂草名单；

2. 协调、指导省（自治区、直辖市）植物检疫对象补充名单的审定工作。

农业农村部1957年、1966年、1983年、1995年曾根据特定时期农业生产发展和植物病、虫、草害发生为害情况制定、修订并公布全国植物检疫对象名单。1995年5月4日公布包括水稻细菌性条斑病、小麦矮星黑穗病、稻水象甲、假高粱等全国植物检疫对象和32种热带作物检疫对象，1996年两次制定、修订并公布全国植物检疫对象和森林植物检疫对象。林业部1996年1月5日公布的全国森林植物检疫对象35种。1995年5月，农业部修订公布应施检疫的植物、植物产品名单包括了粮、棉、油、菜、瓜果、花卉、中药材、牧草等八大类植物即可能受疫情污染的其他植物产品和包装材料。

2005年农业部公告第453号新增红火蚁为全国植物检疫性有害生物。2010年农业部国家林业部公告第1380号新增扶桑绵粉蚧为全国农业、林业植物检疫性有害生物。2006年农业部公告第617号、2009年农业部公告第1216号、2020年农业农村部公告第351号重新调整并公布全国农业植物检疫性有害生物名单。

2020年公布的全国农业植物检疫性有害生物共31种，其中昆虫9种（菜豆象、蜜柑大实蝇、四纹豆象、苹果蠹蛾、葡萄根瘤蚜、马铃薯甲虫、稻水象甲、红火蚁、葡萄根腐蚜、扶桑绵粉蚧），线虫3种（腐烂茎线虫、香蕉穿孔线虫、马铃薯金线虫），细菌7种（瓜类果斑病菌、柑橘黄龙病菌、番茄溃疡病菌、十字花科黑斑病菌、水稻细菌性条斑病菌、亚洲梨火疫病菌、梨火疫病菌），真菌6种（黄瓜黑星病菌、香蕉镰刀菌枯萎病菌4号小种、玉蜀黍霜指霉菌、大豆疫霉病菌、内生集壶菌、苜蓿黄萎病菌），病毒3种（李属坏死环斑病毒、黄瓜绿斑驳花叶病毒、玉米褪绿斑驳病毒），杂草3种（毒麦、列当属、假高粱）。

应施检疫的植物及植物产品名单包括：菜豆、芸豆、豌豆、绿豆、赤豆、豇豆等豆类植物籽粒；柑橘属、金柑属等芸香科，葡萄属，桃、杏、李、樱桃、苹果、梨、山楂等蔷薇科寄主植物苗木、接穗、果实等；马铃薯种薯、块茎、植株以及带根带土植物；茄子、番茄等茄科植物种子、种苗、果实、叶片、植株；水稻种子、秧苗、稻草、稻谷和根茬；带土农作物苗木、带土观赏植物苗木、草坪草等、锦葵科、茄科、菊科、豆科等寄主植物苗木；甘薯、洋葱、当归、大蒜等寄主植物块茎、鳞球茎、块根；香蕉、芭蕉等芭蕉属，红掌等天南星科和竹芋科植物苗木；西瓜、甜瓜、南瓜、葫芦、黄瓜、西葫芦等葫芦科寄主植物种子、种苗；油菜、白菜、萝卜等十字花科寄主植物种子、种苗；玉米种子、秸秆；大豆种子、豆荚；苜蓿种子、饲草；小麦、大麦等麦类种子；向日葵、烟草、辣椒等植物种子、种苗；高粱等植物种子。

2001年4月，广西成立自治区第一届农业植物检疫对象审定委员会，委员会成员共9名，分别由农业行政、检疫管理、科研教学等部门的领导、专家组成。2001年8月，委员会第二次会议审定通过了广西壮族自治区农业植物检疫对象补充名单，经广西壮族自治区农业厅审核发布了蔗扁蛾、瓜实蝇、菊花叶枯线虫、茶饼病、黄瓜黑星病、马铃薯环腐病、剑麻斑马纹病、香蕉枯萎病、猕猴桃溃疡病、枣疯病、龙眼荔枝丛枝病、香蕉花叶心腐病、葡萄扇叶病毒病共13个省内补充植物检疫对象。2010年1月，委员会重新调整并审定通过了广西壮族自治区农业植物检疫对象补充名单，广西壮族自治区农业厅发布了马铃薯环腐病、葡萄扇叶病毒病、木薯细菌性枯萎病、龙眼荔枝丛枝病、桑萎缩病、谷斑皮蠹、褐纹甘蔗象、杧果果实象甲等8个省内补充植物检疫性有害生物。

二、植物检疫对象的调查制度

《细则》第十一条规定：各级植物检疫机构对本辖区的植物检疫对象原则上每隔3~5年调查一次，重点对象要每年调查。根据调查结果编制检疫对象分布资料，并报上一级植物检疫机构。农业农村部编制全国农业植物检疫性有害生物分布至县的资料，各省（自治区、直辖市）编制分布至乡的资料，并报农业农村部备案。

三、植物检疫疫情发布制度

2010年农业部令2010第4号发布了《农业植物疫情报告与发布管理办法》，进一步规范疫情报告与发布工作。

（一）农业植物疫情的概念

《农业植物疫情报告与发布管理办法》第二条指出，农业植物疫情是指全国农业植物检疫性有害生物、各省（自治区、直辖市）补充的农业植物检疫性有害生物、境外新传入或境内新发现的潜在的农业植物检疫性有害生物的发生情况。

（二）疫情的发布

《细则》第十二条规定全国植物检疫对象、国外新传入和国内突发性的危险性病、虫、杂草的疫情，由农业部发布；各省、自治区、直辖市补充的植物检疫对象的疫情，由各省、自治区、直辖市农业主管部门发布，并报农业部备案。《农业植物疫情报告与发布管理办法》第十三条规定全国农业植物检疫性有害生物及其首次发生和疫情解除情况，由农业部发布。

（三）疫情的报告

《农业植物疫情报告与发布管理办法》第六条规定在本行政区域内发现境外新传入或境内新发现的潜在的农业植物检疫性有害生物，全国农业植物检疫性有害生物在本行政区域内新发现或暴发流行，经确认已经扑灭的全国农业植物检疫性有害生物在本行政区域内再次发生，市（地）、县级植物检疫机构应当在12小时内报告省级植物检疫机构，省级植物检疫机构经核实后，应当在12小时内报告农业部所属的植物检疫机构，农业部所属的植物检疫机构应当在12小时内报告农业部。

同时，全国实施农业植物疫情月报、年报制度。《农业植物疫情报告与发布管理办法》第七条规定省级植物检疫机构应当于每月5日前，向农业部所属的植物检疫机构汇总报告上一个月本行政区域内全国农业植物检疫性有害生物、境外新传入或境内新发现的潜在的农业植物检疫性有害生物的发生及处置情况，农业部所属的植物检疫机构应当于每月10日前将各省汇总情况报告农业部。第八条规定省级植物检疫机构应当于每年1月10日前，向农业部所属的植物检疫机构报告本行政区域内上一年度农业植物疫情的发生和处置情况，农业部所属的植物检疫机构应当于每年1月20日前将各省汇总情况报告农业部。

四、疫区、保护区的划定

疫区是指在某一植物检疫对象未广泛发生的情况下，对发生了这一植物检疫对象的地区，为防止其向未发生区传播扩散，经省（自治区、直辖市）人民政府批准而划定并采取封锁、消灭措施的区域。

保护区是指在某一植物检疫对象发生已较普遍的情况下，对尚无此检疫对象分布的地区，为了防止检疫对象传入，经省（自治区、直辖市）人民政府批准而划定，采取保护措施的区域。

划定疫区的原则。《条例》第五条规定局部地区发生植物检疫对象的，应划为疫区，采取封锁、消灭措施，防止植物检疫对象传出；发生地区已经较普遍的，则应将未发生地区划为保护区，防止植物检疫对象传入。

疫区、保护区的划定与撤销。根据《条例》第六条的规定，划区的程序为：由省（自治区、直辖市）农业主管部门提出，经省（自治区、直辖市）人民政府批准，报国务院农业主管部门备案。划区范围涉及两个以上省（自治区、直辖市）的，由有关省（自治区、直辖市）农业主管部门共同提出，报国务院农业主管部门批准后划定。疫区、保护区的撤销程序与划定时相同。

疫区和保护区的检疫措施。根据《条例》第五条规定，疫区和保护区划定时，要有相应的封锁、消灭和保护措施，必要时可以派人参加当地的道路联合检查站或者木材检查站；发生特大疫情时，经省（自治区、直辖市）人民政府批准，可以设立植物检疫检查站，开展植物检疫工作。《细则》第十三条规定疫区内的种子、苗木及其繁殖材料和应施检疫的植物、植物产品，只限在疫区内种植、使用，禁止运出疫区；如因特殊情况需要运出疫区的，必须事先征得所在地省级植物检疫机构批准，调出省外的，应经农业部批准。

第三节　无危险性病、虫、杂草种苗繁育基地的建立

《细则》第十九条规定种苗繁育单位或个人必须有计划地在无植物检疫对象分布的地区建立种苗繁育基地，新建良种场、原种场、苗圃等，在选址以前，应征求当地植物检疫机构的意见；植物检疫机构应帮助种苗繁育单位选择符合检疫要求的地方建立繁育基地。

建立无植物危险性病虫的种苗繁育基地，如良种场、原种场、苗圃等，最重要的是确保繁育基地的安全，防止基地外的病、虫、杂草，特别是检疫对象的传入，使基地繁育出来的种苗真正无检疫对象和危险性病、虫、杂草，而且一般病虫害也尽可能少的健康种苗。生产健康种苗，对防止危险性病、虫、杂草随种苗传播，保护非疫区具有重要意义。因此，许多国家都把生产、种植健康种苗当作植物保护和植物检疫的重要措施，为此，基地建设应注意以下几个问题：

一、选址

地址的选择一定要在无检疫对象和危险性病、虫、杂草分布的地区。基地最好有自然隔离条件，如森林、河流、湖泊等的隔离，种苗繁育基地与种植同类作物的大田相距一定距离。如为防止传播柑橘黄龙病，要求平原区柑橘种苗基地周围3千米内，有高山、大河、湖泊等自然屏障，周围1.5千米以内无柑橘类植物。此外，基地应有独立的排灌系统，交通比较方便。

二、原料

基地内所用的种子、苗木及其他繁殖材料，一定要确保是健康无检疫对象和危险性病虫的；所用肥料也应是不带病虫的。外来种苗一定要来自无病虫发生的地区，并在基地种植前进行消毒处理（热处理或化学处理等）。有条件的地方，对有些作物还可以采用茎尖脱毒技术获得无病毒的繁殖材料，《马铃薯种薯产地检疫规程》中就列入了这项技术。

三、病虫害防控

加强基地内的病、虫、杂草发生动态的监测、调查和防治工作，一旦在基地内传入了检疫对象，应采取紧急措施，力争迅速根除，并将有检疫对象的范围进行隔离、封锁；如检疫对象在基地内已扩散蔓延，短期内难以扑灭，则此基地已失去繁育健康种苗的作用，应报请上一级主管部门撤销此基地，改为一般生产用地。

第四节　产地检疫

《细则》第十八条规定，各级植物检疫机构对本辖区的原种场、良种场、苗圃以及其他繁育基地，按照国家和地方制定的《植物检疫操作规程》实施产地检疫，有关单位或个人应给予必要的配合和

协助。

一、产地检疫概念

指植物检疫机构对种子、苗木及其他应施检疫的植物、植物产品在产地生长期间进行的检疫检验，并根据检查和处理结果作出评审意见，决定是否发放《产地检疫合格证》的过程。它主要是把准备交换和调运的种子、苗木及其他应施检疫的植物、植物产品的检疫工作提前在植物生长期间进行，经产地调查确认没有检疫对象，可签发《产地检疫合格证》，在调运时不再进行检疫，而凭《产地检疫合格证》到调出地检疫机构换取《植物检疫证书》。

二、产地检疫与一般病虫害调查的区别

（一）产地检疫的目的是为检疫出证提供依据，强调调查对象是否发生；一般病虫害田间调查，是为防治服务，强调发生程度。

（二）产地检疫必须按产地检疫规程规定的时间、程序和方法进行检查，强调的是统一性；而一般病虫害田间调查则要求不严。

（三）产地检疫必须由植物检疫机构组织实施；一般病虫害田间调查任何单位和个人都可进行。

三、产地检疫的优点

（一）由于目前我国的检疫检验技术水平的限制，一些危险性病虫害（特别是病毒类），靠抽样检疫检验有困难，而在田间生长期间有明显的症状，容易识别，便于掌握。

（二）调运时抽样检验，有时需进行室内培养，获得结果的时间较长，对病毒病害很难及时、准确查出检验结果，影响货物运输；而产地检疫能够做到快速、准确。

（三）目前在现代交通运输发达，调运种苗渠道多，特别是在撤销道路检查后，漏检现象时有发生的情况下，搞好产地检疫，从生产上把检疫对象杜绝在种苗调运之前，可以更有效地防止疫情的扩散蔓延。

所以，产地植物检疫是植物检疫具有积极性、主动性、预防性的措施，是严防病、虫、草害传播蔓延的根本途径。

四、产地检疫的对象

全国植物检疫性有害生物及各省（自治区、直辖市）补充的植物检疫性有害生物；产地检疫规程中列出的危险性病、虫及杂草；出口农产品贸易合同中或其他国家通过其他方式提出的检疫要求中列出的病、虫、杂草。

五、产地检疫的重点

良种繁育体系（良种场、原种场、苗圃等）繁育的种苗；农林院校和科研单位试验、示范、推广的种子、苗木和其他繁殖材料；运出发生疫情的县级行政区域的植物及植物产品。

六、产地检疫程序

（一）申报

生产前，生产单位（或个人）应事先向当地植物检疫机构申报登记，然后植物检疫机构再根据不同的作物，所针对的不同病虫对象等，决定产地检疫的时间和次数。如果是建立新的种苗基地（如原种场、良种场等），则在基地的地址选择、所用的种子、苗木、繁殖材料的选取和消毒处理等方面，都应按植检法规的规定和植检人员的指导进行。

（二）产地检疫调查

1. 确定调查时期：一般选择在症状最明显时候进行。

2. 进行检疫调查：可采取一般调查和重点调查相结合。发生情况较清楚的常规性病虫害的可作一般调查。重点调查：①新引进试种的植物；②繁种单位明确提出要求限制而当地过去不太注意的病、虫、杂草；③已发生可疑对象的地块及其相临地区繁殖的种苗；④种植感病虫品种的地块；⑤以前曾发生过检疫对象的地块；⑥种植名、优、经济价值较高的作物的地块。

3. 记载调查数据。

4. 处理产地检疫结果：未发现应检有害生物的签发《产地检疫合格证》；发现疫情的必须进行除害处理，处理不合格的禁止外调。

为了保证产地检疫的准确性，国家标准局先后颁布了水稻、玉米、小麦、棉花、大豆、马铃薯、柑橘、香蕉、苹果、杧果、西瓜、向日葵、甘薯等13种作物的《产地检疫操作规程》，各级植物检疫机构在开展产地检疫时，应按产地检疫规程的要求规范产地调查，做好记录和总结。

在产地检疫过程中，产地检疫申报单位（或个人），要派员协助植检人员进行检查检验，听取检疫结果和有关的结论意见。若发现疫情，要按照植检人员提出的意见进行处理。只有经过产地检疫确认不带有检疫对象和应检病虫的种子、苗木和其他农产品，才签发《产地检疫合格证》。

第五节　调运检疫

调运植物检疫是植物检疫工作十分重要的环节，通过这一环节，可以有效的防止检疫对象随植物及植物产品的调运而传播蔓延，达到植物检疫的目的。

一、调运植物检疫概念

调运植物检疫制度是植物检疫机构对植物种子、苗木及其他繁殖材料和应施检疫的植物、植物产品在调运过程中进行的检疫检验、监督处理和签证制度。

二、调运检疫范围

是指植物检疫机构及其工作人员在什么范围内进行植物检疫。检疫范围通过立法程序，在有关植物检疫法律、法规和规章中作出明确的规定。根据《条例》第四条、《细则》第九条的规定，农业农村部2020年发布第351号公告，公布了《应施检疫的植物及植物产品名单》，具体见表14。

表14 应施检疫的植物及植物产品名单

检疫性有害生物	检疫对象
昆虫	
1. 菜豆象	菜豆、芸豆、豌豆等豆类植物籽粒
2. 蜜柑大实蝇	柑橘类果实
3. 四纹豆象	绿豆、赤豆、豇豆等豆类植物籽粒
4. 苹果蠹蛾	苹果、梨、桃、杏等果树苗木、果实等
5. 葡萄根瘤蚜	葡萄属植物苗木、接穗
6. 马铃薯甲虫	马铃薯种薯、块茎、植株，以及茄子、番茄等茄科植物种苗、果实、叶片、植株
7. 稻水象甲	水稻秧苗、稻草、稻谷和根茬
8. 红火蚁	带土农作物苗木、带土观赏植物苗木、草坪草等
9. 扶桑绵粉蚧	锦葵科、茄科、菊科、豆科等寄主植物苗木
线虫	
10. 腐烂茎线虫	甘薯、马铃薯、洋葱、当归、大蒜等寄主植物块茎、鳞球茎、块根
11. 香蕉穿孔线虫	香蕉、柑橘、红掌等芭蕉科、天南星科和竹芋科植物苗木
12. 马铃薯金线虫	马铃薯种薯、块茎，以及带根带土植物
细菌	
13. 瓜类果斑病菌	西瓜、甜瓜、南瓜、葫芦等葫芦科寄主植物种子、种苗
14. 柑橘黄龙病菌（亚洲种）	柑橘属、金柑属等芸香科寄主植物苗木、接穗
15. 番茄溃疡病菌	番茄等茄科寄主植物种苗
16. 十字花科黑斑病菌	油菜、白菜、萝卜等十字花科寄主植物种子、种苗
17. 水稻细菌性条斑病菌	水稻种子、秧苗、稻草
18. 亚洲梨火疫病菌	梨、苹果、山楂等蔷薇科寄主植物苗木、接穗
19. 梨火疫病菌	梨、苹果、山楂等蔷薇科寄主植物苗木、接穗
真菌	
20. 黄瓜黑星病菌	黄瓜、西葫芦、南瓜、西瓜等葫芦科寄主植物种子、种苗

续表

检疫性有害生物	检疫对象
21. 香蕉镰刀菌枯萎病菌4号小种	香蕉、芭蕉等芭蕉属寄主植物苗木
22. 玉蜀黍霜指霉菌	玉米种子、秸秆
23. 大豆疫霉病菌	大豆种子、豆荚
24. 内生集壶菌	马铃薯种薯、块茎
25. 苜蓿黄萎病菌	苜蓿种子、饲草
病毒	
26. 李属坏死环斑病毒	桃、杏、李、樱桃等蔷薇科寄主植物苗木、接穗
27. 玉米褪绿斑驳病毒	玉米种子、秸秆
28. 黄瓜绿斑驳花叶病毒	西瓜、甜瓜、南瓜、葫芦、黄瓜等葫芦科寄主植物种子、种苗
杂草	
29. 毒麦	小麦、大麦等麦类种子
30. 列当属	瓜类、向日葵、番茄、烟草、辣椒等植物种子、种苗
31. 假高粱	小麦、大麦、玉米、水稻、大豆、高粱等植物种子

三、调运检疫对象

根据《条例》第七条、第八条第三款和《细则》第十条的规定，省间调运植物、植物产品，属于下列情况的必须实施检疫：

（一）凡种子、苗木和其他繁殖材料，不论是否列入应施检疫的植物、植物产品名单和运往何地，在调运之前都必须经过检疫；

（二）列入全国和省、自治区、直辖市应施检疫的植物、植物产品名单的植物产品，运出发生疫情的县级行政区域之前，必须经过检疫；

（三）对可能受疫情污染的包装物、运输工具、场地、仓库等也应施检疫。

调运检疫是一种强制行为，调运应施检疫的植物、植物产品必须事先申请检疫，检疫合格的才准调运。

四、调运检疫程序

（一）植物检疫手续

为了防止植物检疫性病、虫、杂草传播蔓延，国内省与省之间、地区与地区之间、县与县之间调运植物和植物产品，必须办理植物检疫手续，但省间调运检疫手续与省内调运检疫手续有所不同。《条例》第十条，《细则》第十五条、第十六条、第十七条对省间调运检疫程序作了明确规定。

1. 申报：调入单位必须事先向所在地的省（自治区、直辖市）植物检疫机构或其授权的植物检疫机构申报，取得植物检疫机构发给的《调运植物检疫要求书》。

2. 受理检验检疫：调出单位向所在地的省（自治区、直辖市）植物检疫机构或其授权的植物检疫机构申请检疫，同时出示《调运植物检疫要求书》，检疫机构签署检疫意见。

3. 实施检疫检验：在货主不能出具《产地检疫合格证》的情况下，植物检疫机构根据《调运检疫操作规程》实施现场检疫。

4. 检疫结果处理：凡符合下列条件的予以调运。

（1）在无植物检疫对象发生地调运植物、植物产品，经核实后签发《植物检疫证书》；

（2）在零星发生植物检疫对象的地区调运种子、苗木及繁殖材料时，应凭《产地检疫合格证》签发《植物检疫证书》；

（3）对产地植物检疫对象发生不清楚的植物、植物产品，必须按照《调运检疫操作规程》进行检疫，证明不带植物检疫对象后，签发《植物检疫证书》；

（4）在检疫过程中，发现有检疫对象时，必须严格进行除害处理，合格后签发《植物检疫证书》，未经除害处理或不合格的，不准放行。

5. 复检：调入地植物检疫机构，对来自发生疫情的县级行政区域的应检植物、植物产品，或其他可能带有检疫对象的应检植物、植物产品可以进行复检。复检，主要是核查《植物检疫证书》，如认为可能携带有检疫对象的，则可抽样检疫，但不再收费；如无检疫证书或证书与实际不符的情况下，则对该批产品重新检疫。复检中发现问题的，应当与原签证植物检疫机构共同查清事实，分清责任，由复检的植物检疫机构按照《植物检疫条例》的有关规定予以处理。

省内调运应施检疫的植物、植物产品，也必须办理检疫手续，可以不办理《调运植物检疫要求书》，其他与省间调运检疫手续相同。

（二）植物检疫证书的签发

1. 签证权。根据《细则》第六条规定，省间调运检疫签证机关为各省（自治区、直辖市）植物检疫机构及其授权的地（市）、县级植物检疫机构。省内调运检疫各级植物检疫机构都有权签发《植物检疫证书》。

2. 签证人。必须是专职植物检疫员，兼职检疫员等非专职检疫员不得签发。

3. 植物检疫证书格式。证书由农业部按各省编号并统一印制，其他任何单位和个人不得随意翻印。证书一式两份，第一联经收寄或托运单位查验后随货运寄，第二联由签发单位检疫机构留存。现广西使用的《植物检疫证书》分为省间调运《植物检疫证书》和省内调运《植物检疫证书》，省间调运《植物检疫证书》套印"广西壮族自治区植物检疫站检疫专用章"，省内调运《植物检疫证书》只统一编号，省间植物检疫证书由广西壮族自治区农业厅授予省间调运植物检疫签证权的植物检疫站签发，省内植物检疫证书由县以上植物检疫站签发，两种证书不能混用。签发《植物检疫证书》时必须加盖签发地植物检疫机构检疫专用章。

根据国家有关规定，为进一步深化行政审批制度改革，推进政府职能转变和管理创新，2014年10月10日，自治区十二届人民政府第36次常务会议决定取消、下放（含部分下放、委托下放，下同）和调整一批行政审批项目。《广西壮族自治区人民政府关于取消下放和调整一批行政许可等事项的决定》（桂政发〔2014〕69号）公布，"植物检疫证书签发"和"从外省调入应施检疫农业植物及农业植物产品的检疫要求审批”两个事项中，将自治区管理权限下放设区市、县级植物检疫机构实施。

4. 检疫证书填写。《植物检疫证书》是一种法律文书，又是货主调运的有效凭证，一旦检疫性病、虫、杂草发生，《植物检疫证书》将起到主要的物证作用，也是行政赔偿是否成立的关键，因此证书的填写必须认真、规范。2002年1月，广西下发了“关于印发《广西壮族自治区植物检疫证书管理及使用暂行规定》的通知”，对规范签证和证书管理作了明确的规定。

2017年为提升农业植物检疫审批的信息化水平和执法监管能力，农业部升级改造了“全国农业植物检疫信息化管理系统”，并相应修订了植物检疫单证。农业部办公厅下发《关于启用新版农业植物检疫单证的通知》(农办农〔2017〕8号)，自2017年7月1日起，在全国范围统一启用新版《植物检疫证书》《国（境）外引进农业种苗检疫审批单》《产地检疫合格证》和《专职植物检疫员证》。其中省内和省间的《植物检疫证书》由旧版的一式联份修改为一式两联。同时对农业植物检疫单证的编号规则进行了重新制定。全国农技中心下发《关于印发新版植物检疫单证填写规范的通知》(农技植保〔2017〕13号)，根据农业部启用的新版农业植物检疫单证，制定了新版植物检疫单证填写规范。

（三）协作配合

植物检疫工作涉及面广，国内交通四通八达，给调运植物检疫工作造成许多难度，这就需要植物检疫部门加强与铁路、邮政、民航、交通等部门的协作配合，共同把好植物调运检疫关。《条例》第九条、第十九条对邮政、铁路等部门在植物检疫工作中的职责作了明确的规定。1983年农牧渔业部、林业部、铁道部、交通部、邮电部、国家民航局联合发出了《关于国内邮寄、托运植物和植物产品应施检疫的联合通知》。1995年7月，广西壮族自治区农业厅、柳州铁路局、广西壮族自治区邮电管理局、广西壮族自治区交通厅联合下发了《关于进一步加强广西农业植物及植物产品调运检疫的通知》，2001年7月，农业部、铁道部、交通部、国家邮政局、中国民用航空总局再次联合下发了《关于加强农业植物及植物产品运输检疫工作的通知》，对进一步加强和完善调运植物检疫制度起到了积极的促进作用。

第六节　国外引种检疫审批制度

国外引种检疫分为引种检疫审批、口岸入境检疫、种苗引进后种植检疫3个环节。

一、国外引种检疫审批

《条例》第十二条，《细则》第二十一条、第二十二条、第二十三条和1993年农业部印发的《国外引种检疫审批管理办法》，对从国外和港、澳、台地区引种的植物检疫作了详细的规定，另外为了加强国外引种的行业管理，1997年3月农业部令第14号发布了《进出口农作物种子（苗）管理暂行办法》，1999年6月，农业部、国家检验检疫局下发《关于进一步加强国外引种检疫审批管理工作的通知》，以上文件明确了国外引种检疫审批程序及管理办法：

（一）申报

1. 引种单位在引种前必须向省（自治区、直辖市）种子管理站提出申请，填写《进（出）口农作物种子（苗）审批表》，经审核同意后报农业农村部审批。经审批同意后再向省级植物检疫机构申请办理国外引种检疫审批手续。

2. 引种单位必须在对外签订贸易合同、协议30日前到省级植物检疫站申请办理检疫审批手续。

（1）国务院有关部门所属在京单位、驻京部队单位、外国驻京机构等，向农业农村部或其授权单位提出申请；

（2）各省、自治区、直辖市有关单位和中央京外单位向种植地的省、自治区、直辖市农业厅（局）植物检疫机构提出申请。

3. 申请办理国外引种检疫审批时，须提交有效的《进（出）口农作物种子（苗）审批表》第二联，并按要求填写“国外引进种苗检疫审批申请表”。

（1）对于新引进或过去已引进但近3年内未引进的品种，仅限少量引进隔离试种，引种单位应事先做好隔离试种计划，申请时应提交所引进种苗源产地病虫害发生情况、种苗引进后隔离试种计划等材料；

（2）对于引进3年内已作隔离试种检疫或集中种植检疫的品种，申请时应提交种苗产地病虫害发生情况、近3年内检疫机构签署的该种苗的《进口植物种苗疫情监测报告》或《鉴定报告书》、引进后详细的种植计划等材料；

（3）对于引进经多年监测均未发现危险性病虫害的大面积生产用品种，申请时应提交前年该种苗国内种植病虫害发生情况、本次引进后种植计划等材料。

（4）报农业农村部审批的生产用种苗，还须提供种植地的省、自治区、直辖市农业厅（局）植物检疫机构签署的有关种苗的疫情监测报告；引种单位应调查了解引进植物在原产地的病虫发生情况，并在申请时向检疫审批单位提供有关疫情资料。

（5）对于引进数量较大、疫情不清，与农业安全生产密切相关的种苗，引种单位应事先进行有检疫人员参加的种苗原产地疫情调查。

（二）审批

1. 国外引种检疫审批实行省、中央两级审批制度。

2. 植物检疫审批单位收到申请表之日起15个工作日内给予审批或答复。符合条件的、限量内的种苗引进由省级植物检疫站审批；超过限量的，或国际区域性试验和对外制种的种苗引进，由省植物检疫站签署意见后报农业部审批。

1993年农业部制定的《国外引种检疫审批管理办发》，对种质资源、科研试材和生产种苗的引种检疫审批限量有详细规定。随着对外开放的进一步扩大，为促进农业生产和经济贸易的发展，1999年农业部下发《关于进一步加强国外引种检疫审批管理工作的通知》，调整了省级检疫审批的限量。

表15　广西引种检疫审批限量

类别	作物	限量
种子类	粮食作物：稻、麦、玉米、谷类、高粱、豆类、薯类	100千克
	经济作物：油菜、花生、油葵、甜菜、棉、麻、茄科、烟草、芦笋、花椰菜、芹菜、甘蓝、洋葱、白菜、菠菜、胡萝卜、瓜类、菜豆类、西瓜、空心菜、草本花卉等	500千克
	草坪草、牧草	1000千克
苗木类（含种球）	果树：苹果、梨、桃、李、杏、梅、荔枝、葡萄、柑橘等	100株
	木本花卉：巴西木、发财树等	500株
	草本（水果）花卉：草莓、郁金香、康乃馨等	5000株（头）

3. 检疫机构签署审批意见和要求。审批意见和要求一般包括3个方面。

（1）要求提交由种苗原产国家植物检疫机关出具的植物检疫证书，证明引进种苗符合检疫要求；

（2）引进种苗不得带有规定的植物检疫对象和应检病虫；

（3）种苗引进后所采取的种植检疫对策等。

植物检疫机构批准申请人的申请后，应签发《引进种子、苗木检疫审批单》。

审批单中应写明引种单位名称、地址、电话、项目负责人、审批单编号、审批日期及有效日期、引进种苗的中文名和拉丁学名、引进种苗的数量、原产地、计划引种时间、计划种植地区等事项。对外检疫要求应写明：要求输出国政府授权机关出具的植物检疫证书，证明符合我国的检疫要求；禁止入境的有害生物名称（分别用中文和拉丁文填写）；是否要求种苗在原产地进行除虫、灭菌等除害处理。在备注栏里注明监督执行的植物检疫机构名称及有关事宜。最后签署检疫审批机构的意见，加盖植物检疫专用章。审批单的有效期一般为6个月，特殊情况有效期限可适当延长。但最长有效期限不得超过一年。

引种单位办理检疫审批后，检疫审批单已逾有效期限或需要改变引进种苗的品种、数量、输出国家或地区的，均须重新办理检疫审批手续。

取得审批后应将检疫审批要求列入贸易合同或协议中。

二、口岸入境检疫

引进种子、苗木和其他繁殖材料抵达口岸前或到达口岸时，由引进单位或个人凭《引进种子、苗木检疫审批单》等单证向种苗入境口岸植物检疫机关报检。口岸检疫机关根据检疫审批要求和审批意见，核验种苗原产国检疫机构出具的植物检疫证书，进行抽样和室内检验，并根据检验结果签发“检疫放行通知单”或“检验处理通知单”，将《引进种子、苗木检疫审批单回执》退回审批单位。

三、种苗引进后的种植检疫

（一）检疫的重要性

为了防止外来有害生物的传入，必须严格加强种苗引进种植过程的检疫工作，主要原因是：

1. 植物检疫对象和应检病虫，一般都是国内没有或少有发生的危险性病、虫、杂草。植物检疫对象和应检病虫，主要是根据国外危险性病、虫、杂草的发生分布资料来制定。但有时出现在国外发生危险严重的病、虫、杂草传入后并不造成重大损失，而国外发生危险不太严重的病、虫、杂草传到国内后，由于生态条件的改变而造成重大经济损失。经过引种种植检疫，可以有效地观察引进种苗寄生病虫在国内可能会发生为害的情况。

2. 口岸植物检疫抽样检查具有一定的偶然性。一是由于现有检疫技术水平所限；二是由于引进种苗传带病原物和害虫、杂草在数量微小的情况下，抽样检查可能漏检，而种苗传带的少量病、虫、杂草、若遇生态条件适合，就可能引起流行为害。

3. 对于某些种苗携带的病原生理小种、病毒病，口岸难以查出，加之传出地作物抗性、天敌和微生物种群与病、虫、杂草是否蔓延流行关系很大，这些因素在制定检疫对象名单和入境口岸检查时判断不一定很准确，但隔离试种期间可以观察发生并推测流行情况，可以充分发挥国内植物检疫工作的特点，一旦发现传入危险性病、虫、杂草，可及时控制并消灭。

4. 从国外引种虽然输出国植物检疫机构签发有植物检疫证书，但是不排除为了倾销产品，弄虚作假，或者错检漏检行为。

（二）检疫监督和疫情监测

国外引种种植检疫常被称为引种检疫的第三道防线，得到各国政府的高度重视。《条例》第十二条规定："从国外引进、可能潜伏有危险性病、虫的种子、苗木和其他繁殖材料，必须隔离试种，植物检疫机构应进行调查、观察和检疫，证明不带危险性病、虫的，方可扩散种植。"引种单位必须在审批单位指定的地点进行隔离种植引进的种苗，并接受检疫机构监督和疫情监测。

1. 疫情监测机构：疫情监测主要由种苗种植地的植检机构进行，重点疫情监测可由全国农业技术推广服务中心检疫处组织进行。

2. 监测时限：一年生植物不得少于一个生育周期，多年生植物不得少于两年。

3. 疫情处理：是指引进植物上发生检疫性和危险性病、虫、杂草后，植物检疫部门根据发生情况做出的检疫处理决定。疫情处理应区别对待，消毒处理且处理合格可作种苗使用；无法消毒处理的，改变用途或就地销毁处理。因疫情处理造成的开支和经济损失由引种单位承担。

（三）种植检疫制度

1. 对首次引进或植物检疫机关认为携带危险性病、虫、杂草可能性很大的种苗，采取隔离试种检疫制度。

贯穿种植检疫的整个过程须填写一份《引进苗木入境入疫情监测报告》。此类种苗只允许少量获得审批引进种植。在种苗到达口岸前要落实好隔离试种场所，由检疫人员指定或核定。在种植过程中要求引种单位做好病虫害观察与防治工作，配合植物检疫机构执行疫情监测任务。由省级植物检疫机构组织有关单位的专家进行检疫鉴定，确认未发生危险性病、虫、杂草的给予放行，发现危险性病、虫、杂草的不予放行，并责成引种单位采取有效措施进行扑灭，防止疫情扩散蔓延。

2. 对虽经往年引种试种未发现危险性病虫，但由于时间或其他原因造成种苗产地疫情发生变化，很有可能携带危险性病虫的种苗，或经口岸检疫未能做出明确判断，须进一步种植检疫才能确认是否携带危险性病虫的种苗，采取集中种植检疫制度。

种苗进境后由口岸检疫机构检疫后只允许在指定地点集中种植，不允许流通到非预定地点种植。种植期间由种植地植物检疫机构会与检疫审批机构进行疫情监测，写出《引进种子苗木境后疫情监测报告》交引种单位和检疫审批机关，作为今后引种的依据。

3. 对于已经多年引进检疫均未发现危险性病虫或危险性较小的商品种苗，采取大田布点检疫监测制度。

此类种苗引进经口岸检疫后，由省级植物检疫机构安排县级植物检疫机构进行疫情监测，写出《引进种子苗木境后疫情监测报告》，交省级植物检疫机构作为今后引种审批的依据。

随着我国农业现代化发展和国际交往增多，从国外引进的种子、苗木越来越多，而且种类繁多，渠道广泛，国外危险性病、虫、杂草传入国内的机会增多，给我国农业安全生产带来了极大威胁。特别是近几年，口岸检疫机关不断从进口货物中截获到小麦矮腥黑穗病、马铃薯金线虫、谷斑皮蠹、谷象、柑橘小实蝇、玉米细菌性枯萎病、甜菜锈病、地中海实蝇、大豆象、假高粱等国家检疫对象，因此，加强国外引种检疫管理，对保护我国农业生产具有重大意义。

第七节　植物检疫收费管理制度

《条例》第二十一条规定“植物检疫机构执行检疫任务可以收取检疫费”。1983年农牧渔业部、财政部、商业部和国家物价局联合制定了《国内植物检疫收费办法》。1988年、1992年两次对国内植物检疫收费标准进行了调整。2014年财政部、国家发展改革委联合下发《关于取消停征和免征一批行政事业性收费的通知》(财税〔2014〕101号)，对小微企业免征国内植物检疫费。2016年财政部、国家发展改革委再次联合下发《关于扩大18项行政事业性收费免征范围的通知》(财税〔2016〕42号)，将国内植物检疫费免征范围扩大到所有企业和个人。从此以后，包括产地检疫、调运检疫和国外引种检疫均免收任何费用。

第三章 植物检疫性有害生物

第一节 广西植物检疫工作回顾

一、检疫性有害生物传入风险加大

20世纪60~70年代，广西对内植物检疫工作被迫停顿。在这期间先后传入了蚕豆象、豌豆象、甘薯黑斑病和水稻白叶枯病等植物检疫性有害生物。原来的柑橘黄龙病和水稻细菌性条斑病也由于内检工作失管而扩大了疫区，加重了疫情。20世纪90年代末，传入了香蕉穿孔线虫和木薯细菌性枯萎病。随着国内经济快速发展，物品流通频繁，检疫性有害生物传入风险加大。21世纪初，先后传入检疫性有害生物9种，其中病害3种，分别为香蕉枯萎病、瓜类果斑病、黄瓜绿斑驳花叶病毒病；虫害5种，分别为三叶草斑潜蝇、扶桑棉粉蚧、稻水象甲、葡萄根瘤蚜、四纹豆象；杂草1种，豚草。

二、植物疫情阻截带监测网络成功构建

1976年和2001—2002年，自治区植物检疫站分别组织两次广西农业植物检疫性有害生物疫情普查工作，1994年组织边境地区开展边境贸易植物有害生物调查。除此以外，1982年、1995年、1998年、2000年、2001年、2002年还分别组织开展了广西柑橘黄龙病、美洲斑潜蝇、杧果象甲、蔗扁蛾、香蕉枯萎病、木薯细菌性枯萎病、假高粱等专项调查。2001—2002年开展的有害生物普查，查明了广西分布的23种检疫性有害生物具体分布范围、普遍率和为害情况。通过电子地图绘制了广西23种农业植物检疫性有害生物疫情发生区域分布图。现在，每年都由自治区统一组织开展各项检疫性有害生物专项调查不少于5次。特别是重大植物疫情，如柑橘黄龙病、香蕉枯萎病和红火蚁等，每年都要进行一次全面的摸底调查。

2007年农业部启动重大植物疫情阻截带建设项目，将广西列为沿海地区重大植物疫情阻截带之一。经各方努力，在各边境贸易点、重要港口、机场、铁路等交通枢纽、大型农产品贸易市场等地设立190个监测点。2014年在监测点中又重点建设了5个国家级关键监测点和15个自治区级关键监测点，明确了阻截有害生物名单，制定并下发了疫情监测办法。通过监测点联防，初步形成安全的植物疫情阻截带，阻截成效明显，有效阻截了谷斑皮蠹、马铃薯甲虫等重大疫情的传入为害。近年来，广西还不断加大对植物疫情阻截带建设力度，通过加强检疫员培训和监测手段升级，广西植物疫情阻截带监测、阻截能力得到不断提升，实现植物疫情早发现早防控，有效阻截新疫情传入和老疫情扩散蔓延。

三、重大农业植物疫情防控成效显著

广西植物检疫机构建立以来，曾先后多次组织力量扑灭国内其他地区传入广西的检疫性有害生物。1986年成功扑灭传入防城港的谷斑皮蠹，1987年和1996年两次扑灭传入百色的杧果象甲，1987年扑灭传入梧州、玉林的大豆象和传入南宁的小麦腥黑穗病，2005年扑灭了传入北海的假高粱疫情。

柑橘黄龙病、香蕉枯萎病和红火蚁等重大植物疫情防控工作，从由农业部门主抓，逐步上升至政府层面。2005年广西壮族自治区人民政府发布广西第一个农业有害生物防控应急预案《广西红火蚁防控应急预案》，并组织召开自治区红火蚁防控工作视频会议。2008年广西壮族自治区人民政府发布《广西壮族自治区果树种苗管理办法》，对果树种苗的检疫管理进行了明确规定。2011年广西壮族自治区人民政府发布《广西壮族自治区农业生物灾害应急预案》，植物检疫应急防控是其中的重要内容。2012年广西壮族自治区人民政府召开秋季重大动物疫病暨红火蚁防控工作电视电话会议。2015年自治区农村工作领导小组办公室召开广西柑橘黄龙病防控工作会议。广西通过构建“政府主导、社会参与、属地责任、区域协作、联防联控、群防群治”的联防联控疫情防控机制，重大植物疫情防控成效明显。

自2006年全面开启柑橘黄龙病综合治理工作以来，广西通过不断探索，总结经验，逐步形成一套科学、系统、高效的柑橘黄龙病综合治理体系，并成功构建柑橘黄龙病防控长效机制。在组织领导方面建立防控柑橘黄龙病的长效机制。自上而下，形成政府主导、农业部门主抓、各部门齐抓的柑橘黄龙病疫情防控机制。在防控策略方面提出分类指导，针对不同发生区域实施不同的防治措施。在宣传方面，充分利用各种媒体或手段，层层举办技术培训班和组织农技人员进村入户，实现90%以上的果农培训率。在柑橘无病毒苗木繁育方面，由自治区政府颁布实施《广西壮族自治区果树种苗管理办法》，规范柑橘种苗的繁育、生产和销售。2019年9月，自治区十三届人大常委会第十一次会议审议通过《广西壮族自治区柑橘黄龙病防控规定》，并于同年11月1日起实施。这是全国首个专门针对柑橘黄龙病防控制定的地方性法规。解决了柑橘黄龙病防控中清除病树、种苗监管、鉴定检测、木虱防控等无法可依的问题，标志着广西的柑橘黄龙病防控进入法制化轨道，将极大推动柑橘黄龙病防控，促进广西柑橘产业健康发展。2021年广西壮族自治区人民政府办公厅下发《关于印发广西柑橘黄龙病综合防控工作方案（2021—2025年）的通知》（桂政办发〔2021〕85号），全面部署“十四五”期间广西柑橘黄龙病综合防控工作，保障柑橘产业安全健康发展。

广西从2011年开始在多个县市试点实行柑橘无病苗购苗补贴制度。在防治方法方面，通过柑橘黄龙病疫情监测网络和柑橘木虱发生动态监测网络的建立，摸清柑橘黄龙病流行规律和木虱发生动态。创新“沤埋法”，解决病树清理传统难题。对开展柑橘木虱统防统治的地区实行补贴制度，加快区域性联防联控步伐。在推广模式方面，引入村规民约和专业合作社，创新农技推广新模式，解决农民小果园防控难的历史问题。引导各柑橘种植村屯把柑橘黄龙病综合治理内容写入《村规民约》。提倡成立柑橘合作社，并推行柑橘黄龙病防治“三统一”，即由统一培训，统一购药，统一施药。在统防统治方面，建立推行“三个一联动”（1份村规民约 +1个柑橘专业合作社 +1支病虫防治专业队）。在制度保障方面，各地实行县直部门和乡镇领导包村责任制，同时制定督查奖惩制度。广西柑橘黄龙病综合治理取得显著成效。平均病株率从2005年的6.45%，下降到2020年的3%以下，挽回农民经济损失超过15亿元。柑橘产业得到快速发展，柑橘面积和产量年年增长，种植面积从2005年的16.2万公顷，产量189万吨，发展为2020年的58.48万公顷，1382万吨，实现了柑橘面积、产量和产值增长，病株率减少即“三增一减”的良好局面。2014年农业部在广西兴安县召开全国柑橘黄龙病防控现场会，广西成为全国成功防控柑橘黄龙病的标杆，其成功经验走向全国。从2017年开始，广西柑橘种植面积和产量已跃居全国第一。

在香蕉主产区通过设立香蕉枯萎病疫情监测点，构建广西香蕉枯萎病疫情监测网络，准确掌握疫情发生动态，及时调整防控策略。加强香蕉种苗检疫监管，特别是二级苗的检疫监管。对香蕉种苗繁育基地实施严格的产地检疫，加大市场联合检查，严厉查处违法繁育种苗的行为，净化香蕉种苗市场。划片区建立香蕉枯萎病综合防控示范区，以点带面，示范推广集成防控技术，推进群防群控、联防联控局面形成。通过采取有效的综合防控措施，香蕉枯萎病疫情得到有效控制，与周边省相比较，广西成功地控制了该疫情的快速传播蔓延，疫情得到有效遏制。发生面积增长缓慢，且以零星发生为主，未造成大面积成灾损失，保障了广西香蕉产业的健康发展。

2005年广西传入红火蚁疫情后，各级农业植物检疫部门积极应对，及时、有效地开展防控治理工作。在对疫情全面普查的基础上，提高红火蚁的防控技术水平，探索建立以政府为主导的有害生物应急防控作用机制。在所有疫情发生区按照分级管理、属地实施的原则，建立各级应急防控组织指挥体系，形成政府重视、部门协作、群众参与的疫情防控局面。通过开展系统地疫情普查、监测及防控根除工作，蚁巢防除效果一直保持在90%以上。经过努力，广西有3个红火蚁的疫情发生区通过专家查定，率先在全国成功解除疫情，根除总面积达124.8公顷，保护了群众生产、生活环境及生态平衡。

对新传入的植物疫情，如黄瓜绿斑驳花叶病毒病、稻水象甲及葡萄根瘤蚜等，加强疫情监测，实现疫情早发现，与高校、科研院所联合开展防控技术攻关，采取有效措施，开展疫情应急防控，将疫情控制在原发生区附近，减缓疫情发展。

广西农业植物检疫发展的60年取得了辉煌的科技成果，共获广西壮族自治区人民政府科学技术进步奖二等奖1项，三等奖5项。分别是“广西柑橘黄龙病疫情普查、防控技术研究与推广”“国家对外检疫对象大豆象的发现及扑灭”“广西杂交稻制种基地水稻细菌性条斑病综合防治技术推广”“广西美洲斑潜蝇的研究及综合防治技术推广”“广西农业植物有害生物疫情普查”“广西红火蚁疫情普查和防控技术研究与应用”。

第二节 检疫性有害生物简介

一、香蕉枯萎病

（一）香蕉枯萎病概述

香蕉枯萎病又称香蕉黄叶病、香蕉巴拿马病，是由香蕉镰刀菌枯萎病菌4号小种引起的一种真菌病害。香蕉枯萎病属于全国农业检疫性有害生物，又称巴拿马病、黄叶病，是一种为害十分严重的传染性、毁灭性病害。20世纪初该病引起南美近40000公顷蕉园的香蕉毁灭。1967年在我国台湾首次发现该病，20世纪70年代整个台湾地区香蕉种植业毁于该病。我国最早传入该病的是广东省，时间是

1996—1998年，主要在珠江三角洲地区，随后该病传入海南、福建等省。该病对香蕉产业的影响极大，仅仅10年左右的时间，广东、海南香蕉产业受到重创。因该病海南香蕉种植面积从最高峰的80多万亩一度萎缩到35万亩。自2007年香蕉枯萎病首次传入广西浦北县后，广西香蕉枯萎病疫情整体发展呈现“面缓点快”的趋势，即广西面上的疫情发生扩散较缓，原发生疫点面积逐年向外扩散、为害逐年加重。截至2021年，广西共有5个市10个县（区）确认发生香蕉枯萎病。

（二）寄主范围及为害特点

香蕉镰刀菌枯萎病菌4号小种能为害所有的香蕉种类，如“大蜜哈”、矮香蕉、野蕉、棱指蕉、粉蕉、大蕉等。

香蕉枯萎病是引起香蕉维管束系统坏死的一种毁灭性病害，目前仍无有效的抗病材料。广西香蕉枯萎病防控工作措施如下。

1. 下力气，增强疫情调查监测的广度

2007年底疫情发生后，广西壮族自治区农业农村厅高度重视，立即组织植保部门和植保专家进行调查研究，并要求自治区植保植检部门迅速深入地进行普查，制定科学、有效的防控措施。广西壮族自治区植保站立即向全广西下发了《广西香蕉枯萎病调查监测技术方案》和《广西香蕉枯萎病防控技术指南》，指导、督促各地农业部门组织人员迅速对发生疫情地区采取封锁控制措施，防止疫情扩散蔓延。为加强广西香蕉枯萎病疫情监测与防控工作力度，广西壮族自治区植保站先后以广西壮族自治区农村厅办公室名义下发了多份重要通知，保障调查监测工作顺利实施，增强调查监测的广度、深度。此外，还在南宁、崇左、百色、钦州、北海、防城等香蕉主产区设立16个香蕉枯萎病疫情调查监测点，构建广西香蕉枯萎病疫情监测网络，及时掌握疫情发生动态。

2. 抓普及，积极开展科普宣传培训

广西各地充分利用多种形式，大力开展香蕉枯萎病识别及防控技术宣传培训，重点开展了针对香蕉种苗繁育单位或个人，以及香蕉种植大户的植物检疫法规宣传和香蕉枯萎病防控知识培训，进一步提高广大蕉农的防病意识和水平，同时各地积极引导蕉农主动参与香蕉枯萎病的调查和防控，营造群防群控的良好社会氛围。

3. 找弱点，加强对香蕉种苗的检疫监管

为进一步加强香蕉种苗（主要是二级苗）的检疫监管，下发了《关于加强香蕉大棚苗繁育基地检疫监管的通知》，组织各地对辖区内的香蕉大棚苗繁育基地进行一次全面、认真地摸底调查，排除隐患。同时，结合农业农村部组织开展的植物检疫联合执法行动，加大对香蕉种苗的检疫监管力度，查处一批违法繁育的种苗，有力净化了香蕉种苗市场。

4. 建示范，探索集成防控技术体系

分别在浦北县、隆安县、平果市、扶绥县、江州区、田阳县等地建立7个香蕉枯萎病综合防控示范区，核心示范面积3500亩，示范辐射面积约2万亩。通过示范区建设查找问题，增强信心，积累经验，同时以点带面，辐射带动周边蕉区主动开展香蕉枯萎病阻截防控，推进群防群控、联防联控局面形成。

二、柑橘黄龙病

柑橘黄龙病是由寄生在韧皮部内的革兰氏阴性细菌引起的，能够侵染柑橘属、金柑属、枳属和九里香等多种芸香科柑橘亚科的近缘属植物。

柑橘属的宽皮柑橘、甜橙、柚、柠檬、来檬、香橼、葡萄柚和酸橙的实生植株或嫁接植株均受为害。病害引起叶片黄化，早落，再发的梢短、叶小；病树不长新根，有的根部腐烂，大量枝条枯死；果实早落，或果小、畸形、味淡，失去商品价值。病树加压注射四环素后，可以恢复正常生长、结果，但一、二年后病害复发，治疗措施不宜推广应用，目前，病树无法治愈。

柑橘是广西最主要的大宗、优势水果，是许多农民脱贫致富的支柱产业。但是广西是柑橘黄龙病老病区，许多地区都遭受不同程度柑橘黄龙病为害。20世纪60年代以来，因柑橘黄龙病造成毁园的面积超过100万亩，经济损失超过100亿元。为重振柑橘产业雄风，2005年以来，通过“创新防控技术+创新推广模式”，广西持续开展大规模的柑橘黄龙病综合治理行动，并形成了政府主导，属地管理，部门协作，群防群控的社会氛围。

截至2021年广西共14个市78个县（市、区）不同程度地发生柑橘黄龙病。经过多年的防控治理，广西柑橘黄龙病病株率维持在2%左右。广西柑橘产量和种植面积连续几年位居全国榜首。广西防控柑橘黄龙病的成功经验吸引了大批的国内外专家、同行来桂考察学习。2010年4月“全国柑橘黄龙病联防联控启动仪式”在广西举办，广西的成功经验走向全国，成为典范和榜样。

（一）组织领导方面

2007年广西壮族自治区人民政府下发了内部明电《关于加强柑橘黄龙病综合治理工作的通知》，要求各级政府把防控柑橘黄龙病作为实现富民强桂的大事、要事和急事来抓，并建立防控柑橘黄龙病的长效机制，深入持久地做好疫情防控工作。2019年9月自治区十三届人大常委会第十一次会议审议通过《广西壮族自治区柑橘黄龙病防控规定》，这是全国首个专门针对柑橘黄龙病防控制定的地方性法规。2021年8月广西壮族自治区人民政府办公厅印发《广西柑橘黄龙病综合防控工作方案（2021—2025）年》，全面保障“十四五”期间广西柑橘产业安全健康发展。广西自上而下，各柑橘主产市、县、乡镇都成立了政府层面的柑橘黄龙病领导小组，形成以政府主导、农业部门主抓、各部门齐抓的柑橘黄龙病疫情防控机制。

（二）防控策略方面

提出分类指导。柑橘黄龙病发生区，研制集成以防治木虱为中心，及时清除病树和种植无病苗木为基础的柑橘黄龙病综合防控技术体系；柑橘黄龙病未发生区，研制集成以抓好苗木检疫管理种植无病苗木为重点；在柑橘黄龙病发生区，以及时防治柑橘木虱和清除病树为重点的柑橘黄龙病综合防控技术体系。

（三）宣传发动方面

充分利用广播、电视、报纸、信息网络、墙报等各种媒体或手段，通过组织实施“柑橘黄龙病防控技术进村入户”“百万农民党员实用技术大培训”“千万农民大培训”“科技下乡”和开设农家课堂、农民田间学校等，层层举办技术培训班和组织农技人员进村入户。

（四）柑橘无病毒苗木繁育方面

2008年由广西壮族自治区人民政府颁布实施《广西壮族自治区果树种苗管理办法》，进一步规范柑橘种苗的繁育、生产和销售。广西壮族自治区农业厅安排财政资金3000多万元，建成自治区级柑橘无病苗木繁育中心1个，区域分中心8个，无病苗木繁育基地40多个，建设面积达3000多亩，育苗网棚约2000亩。年繁育柑橘无病苗能力从2005年不足10万株发展到超过1000万株。为扶优汰劣，更好地扶持抓好苗圃建设，各地还拿出部分资金用于无病苗购苗补贴。广西壮族自治区农业厅从2011年开始在15个县市试点实行柑橘无病苗购苗补贴制度，促进果农选购无病苗木的自觉性和积极性。

（五）防治方法方面

通过柑橘黄龙病疫情监测网络和柑橘木虱发生动态监测网络的建立，逐步摸清柑橘黄龙病在广西的流行规律和柑橘木虱发生动态，通过科学监测，及时调整防控策略，确保防控成效。同时创新“沤埋法”，解决病树清理传统难题；通过防治药剂筛选试验和创新“动力烟雾机防治柑橘木虱”，不仅破解大规模区域性防治难题还提高了防治效率；创新“飞机防治柑橘木虱”，突破复杂地形难防治的瓶颈。部分地区对统防统治柑橘木虱实行补贴制度，加快了区域性联防联控的步伐。

（六）在推广模式方面

引入村规民约和专业合作社，创新农技推广新模式，解决农民小果园防控难的历史问题。引导各柑橘种植村屯把柑橘黄龙病综合治理内容写入《村规民约》。让村民互相监督，凡违反者以不能享受村集体公益事业论处。提倡成立柑橘合作社，并推行柑橘黄龙病防治“三统一”，即由统一培训，统一购药，统一施药。在统防统治方面，建立推行“三个一联动”（1份村规民约 +1个柑橘专业合作社 +1支病虫防治专业队）。

（七）制度保障方面

各地实行县直部门和乡镇领导包村责任制，同时制定督查奖惩制度，对工作推进快、成效明显的予以及时通报表扬及现金奖励，对工作进度慢，敷衍塞责的进行通报批评或直接与个人年终奖金挂钩，扣发部分奖金。

三、红火蚁

红火蚁属杂食性，取食昆虫和其他节肢动物、无脊椎动物、脊椎动物、植物和腐肉等。红火蚁的为害是多方面的，对人和动物具有明显的攻击性和重复蜇刺的能力。它主要影响了入侵地人们的健康和生活质量，对农业、牲畜、野生动植物和自然生态系统也有严重的影响，它还损坏公共设施电子仪器，导致通讯、医疗和害虫控制上的财力损失。

当蚁巢受到干扰，红火蚁迅速出巢表现出很强的攻击行为。红火蚁以上颚钳住人的皮肤，以腹部末端的螯针对人体连续叮蜇多次，每次叮蜇时都从毒囊中释放毒液。人体被红火蚁叮蜇后有如火灼伤般疼痛感，其后会出现如灼伤般的水泡。大多数人仅感觉疼痛、不舒服，而少数人由于对毒液中的毒蛋白过敏，会产生过敏性休克，有死亡的危险。如水泡或脓包破掉，不注意清洁卫生时易引起细菌二次感染。

红火蚁取食多种作物的种子、根部、果实等，为害幼苗，造成产量下降。它损坏灌溉系统，降低工作效率，侵袭牲畜，造成农业上的损失。

红火蚁有可能降低自然生态系统中的生物多样性，对野生动植物也有严重的影响。它可攻击海龟、蜥蜴、鸟类等的卵，对小型哺乳动物的密度和无脊椎动物群落有负面的影响。有研究表明，在红火蚁建立蚁群的地区，蚂蚁的多样性较低。

红火蚁是一种外来危险性有害生物，为全球100种最危险有害生物之一，严重为害人们的身体健康、生态环境、农业生产和公共设施安全，属于我国入境植物检疫性有害生物和全国植物检疫性有害生物。2005年3月红火蚁首次传入广西，初期传播蔓延较慢，但从2010年开始蔓延速度加快，截至2021年广西红火蚁发生县级行政区已增至94个。

当前广西红火蚁疫情有3个特点，一是红火蚁传播蔓延呈加快趋势。2010年以前广西红火蚁发生县级行政区仅10个，2010年开始广西红火蚁发生区个数增加较快，仅2021年就新增红火蚁发生区20个。二是发生区地型已变得更加多样化和复杂化。红火蚁为害生境涉及城市公园绿地、农田、林地、江河堤坝、城乡垃圾场、撂荒地、风景区，以及公路边、高速公路服务区、住宅小区、学校操场、重大建设工程等绿化区域。三是传播蔓延途径以调运绿化植物为主。道路交通的方便快捷，各地经济的快速发展，新建公园、绿地逐年增多，种苗和草皮等绿化植物的区域性调运频繁；调查分析，近10年，广西红火蚁新发生区大多是因为从疫情发生地调入绿化草皮、绿化树木而造成疫情传入。

自2005年红火蚁疫情传入广西后，各级植物检疫机构和有关专家制定防控方案，严格检疫监管，开展应急防控，宣传普及疫情识别和防范措施，取得明显成效。

（一）加强领导，落实责任

2005年红火蚁疫情发生后，广西壮族自治区人民政府下发了《广西壮族自治区红火蚁疫情防控应急预案》，在自治区层面建立了疫情防控组织指挥体系并明确农业、住房建设、林业、卫生、财政等成员单位的职责。各发生区的市、县（区）也已制定了本级政府层面的应急预案。

（二）加强红火蚁疫情监测，掌握疫情动态

及时开展疫情调查监测，重点开展对荒坡地、农田田埂、堤坝、村道、果园、废旧物资加工厂周边、苗木场周边等高风险区域的调查监测。实行疫情月报和突发疫情24小时上报制度，及时上报疫情快报和月报，掌握了红火蚁疫情发生情况。

（三）加强宣传培训，提高社会公众对红火蚁的为害认知

充分利用电视、报纸、信息网络、宣传单和现场培训等多种形式，提高公共认识、识别、防控、

应对红火蚁能力，提升公众群防群治意识。

（四）争取项目资金，开展防控示范

2018年以来，广西壮族自治区农业农村厅争取到“全球环境基金中国PFOS（全氟辛基磺酸及其盐类）优先行业削减与淘汰项目”资金近200万元，用于红火蚁防控药剂替代示范区建设，已建成上林县、柳江区、钦州市、梧州市、雁山区、临桂区6个示范区，面积4932亩。近几年，自治区每年都采购2吨红火蚁药，用于红火蚁应急防控。

四、稻水象甲

稻水象甲的寄主广泛，尤其喜食水稻和禾本科及莎草科的杂草。除幼虫为害水稻外，在稻田周围禾本科植物稗，假稻、雀稗、狗尾草等，泽泻科的矮慈姑，鸭蹠草科的鸭蹠草等22种植物上可以找到幼虫、卵、土茧等虫态。

成虫多在叶尖、叶缘或叶间沿叶脉方向啃食嫩叶的叶肉，留下表皮，形成长短不等的白色条斑，长度一般不超过3厘米。低龄幼虫啃食稻根，造成断根，形成浮秧或影响生长发育，是造成水稻减产的主要因素。该虫为害引起的产量损失为20%左右，严重者可达50%左右。

广西周边省份已发生稻水象甲多年，疫情传入风险极高，防控形势十分严峻，广西壮族自治区植保站在疫情防控中突出一个“早”字，实行早重视、早谋划、早部署、早行动。2013年发现稻水象甲首次传入广西，通过持续开展一系列的疫情监测防控，至今稻水象甲疫情仍阻截3个原发生县，未造成疫情扩散蔓延。

（一）高度重视稻水象甲防控工作

为防范稻水象甲传入广西，为害粮食生产安全，广西壮族自治区植保站高度重视稻水象甲监测与防控工作，将其列为广西植保植检的重点工作，列入单位年度业务职能工作目标。每年广西壮族自治区农业厅与各市农业局签订重大病虫害防控责任书，其中就包括稻水象甲防控工作，将疫情防控工作由植物检疫部门行为上升至农业行政主管部门行为，增强了疫情防控工作的力度。

在疫情发生后，广西壮族自治区农业厅印发《广西壮族自治区农业厅办公室关于开展稻水象甲疫情监测防控工作的通知》，在广西范围内开展稻水象甲疫情监测和防控工作。先后派出多个专家组进行现场指导，并下拨180万元稻水象甲专用防控资金用于全州县阻截防控稻水象甲，要求当地要坚持“公共植保、绿色植保”理念，明确“属地管理、分级负责、部门联动、社会参与”的防控原则，按照“全面普查、科学监测、依法防控、依法阻截”的办法。采取“分区治理，分片围歼、综合防控、统防统控、群防群控、联防联控、常防常控、严控扩散、减少损失”的防控策略，大力发展统防统治工作，对发生区开展“地毯式”用药，严防扩散。

（二）结合阻截带建设实施疫情监测工作

广西于2008年初始在全区建设190个重大植物疫情监测点，初步建立了广西植物疫情监控网络体

系。通过广西壮族自治区农业厅办公室下发了《关于印发广西重大植物疫阻截带监测点名单、阻截有害生物名单及疫情监测办法的通知》；组织专家编辑印刷《广西重大植物疫情阻截带阻截对象的监测技术规范》。从2008年起，稻水象甲就是阻截带监测的重点检疫性有害生物；稻水象甲监测点覆盖了广西与广东、湖南、贵州和云南等省接壤的粮食主产区市、县（区），在全区形成了有效的监测网络，能实现对疫情从外省传入地动态监测。

（三）坚持检疫监管与科普宣传并举

广西壮族自治区植保站每年都会于种子销售季节组织开展广西植物检疫检查专项行动，检疫检查的重点是水稻种和玉米种。在检疫检查的过程中，注重植物检疫基本知识和政策法规的宣传，发放宣传单或宣传册，实现执法与宣传、执法与服务、执法与防疫的有机统一，主动防范了稻水象甲随水稻种及其包装物从疫区扩散传播。

（四）加强技术培训提高监测防控能力

提高基层植物检疫员的监测防控能力是确保稻水象甲监测防控成效的关键。每年举办一次的广西植物检疫员培训班，把稻水象甲监测与防控作为其中的重点内容。广西壮族自治区植保总站多次举办广西稻水象甲监测防控技术培训班和现场会，邀请广西大学农学院的昆虫学教授来讲课，来自广西各市和粮食产区的县级植保植检站技术人员参加培训。经过多层次培训，提高了基层植物检疫员对稻水象甲的检测防控能力。

五、黄瓜绿斑驳花叶病毒

黄瓜绿斑驳花叶病毒（Cucumbergreen mottle mosaic virus，CGMMV），属烟草花叶病毒属（*Tobamovirus*）的植物病毒，主要为害西瓜、黄瓜、甜瓜等葫芦科植物，属全国农业植物检疫性有害生物。该病毒该病毒可随汁液摩擦、接穗、砧木、种子、土壤等传播，可引起西瓜果肉暗红色出现空洞，并且呈丝状纤维化，最终腐烂变味。

黄瓜绿斑驳花叶病毒病是我国植物检疫性有害生物，主要为害黄瓜、西瓜、甜瓜、葫芦、西葫芦等葫芦科作物，受害植株表现为花叶、皱缩、畸形、局部坏死等症状，使产量减少，质量下降，一般损失15%~30%，严重的会造成绝收。该病是一种通过种子远距离传播的病毒性病害，其传播蔓延速度很快。广西于2012年5月在横县（今横州市）首次发现该病害，截至2021年共有4个市8个县（区）发现该病害。

黄瓜绿斑驳花叶病毒病的主要防控措施如下。

（一）高度重视，组织领导

2012年5月广西横县发生疫情后，广西壮族自治区农业厅高度重视，立即组织植保部门和植保专家进行调查研究，并要求自治区植保植检部门迅速深入地进行普查，制定科学、有效的防控措施。各级相关部门密切配合，农技干部积极参与，分工明确，责任到位。确保防控的时效性、可行性及规范性，为防控黄瓜绿斑驳花叶病毒病提高组织保障。

（二）加强宣传培训，提高防控意识和水平

为了切实做好该疫情的普查防控工作，下发了《关于开展黄瓜绿斑驳花叶病毒病调查的通知》，要求各地迅速开展疫情发生情况调查。通过明确责任，加强部门协作，组织统一防控，全力扑灭疫情，有效控制疫情的为害和传播扩散。并及时组织举办了黄瓜绿斑驳花叶病毒病为害、识别等相关的技术培训班，加强各市、县（区）植保站、农业服务中心对农作物种苗采购、疫情识别与防控知识的宣传教育。随后对重点区域，重点作物立即开展调查工作，确定疫情后指导、督促当地农业部门组织人员迅速采取封锁控制措施，防止疫情扩散蔓延。

（三）加强监测防控，及时发现处置植物疫情

广西各级植保植检部门精心组织宣传、培训、普查、监测等工作，确保做到早发现、早预警、早防控。各市、县（区）植保站、农业服务中心对本区域内大田种植的西瓜和苗圃进行全面深入的排查，及时掌握疫情动态，及时汇报。组织农户对西瓜病株进行销毁，对发生该病毒病的西瓜种苗来源进行调查，防止新的疫情发生。并严格实施检疫，对较大的西瓜嫁接苗圃进行检查，要求育苗业主提供西瓜种子调运检疫证书，并按防控技术要求业主育苗前对西瓜种子进行消毒，在嫁接、移栽等农事操作过程中要求对手及用具进行消毒，防止人为交叉感染和传播病毒，确保育出健康种苗。

（四）切实采取措施，积极妥善处置

广西黄瓜绿斑驳花叶病毒病疫情发生范围较广，在南宁市、桂林市、贺州市、北海市都有发生，对广西的农业生产造成重大威胁。一旦发现疫情，即销毁发病植株，防治疫情扩散。同时，广西壮族自治区农业厅高度重视病害善后处置工作，认真调解经济纠纷，落实经费保障。根据《广西农业生物灾害突发事件应急预案》分级响应原则，“确保病害防控所需的直接防治费、实物补偿费和相关工作经费”。各级政府农业部门认真做好群众思想工作，对病害涉及的农户、病害发生面积进行登记造册，帮助其尽快销毁病株。各级政府及时落实帮扶资金，恢复生产，改种其他农作物，减少经济损失。

第六篇　地市篇

第一章　南宁市

第一节　概　述

南宁市总面积2.21万平方千米，辖兴宁区、青秀区、西乡塘区、江南区、良庆区、邕宁区、武鸣区和横州市、宾阳县、上林县、马山县、隆安县，是广西重要的粮食、糖料蔗和果蔬生产基地。北回归线从南宁北部贯穿而过，属典型的亚热带季风候区，充足的阳光和充沛的雨水，造就了南宁得天独厚的优势农业生产条件，孕育了米、糖料蔗、香蕉、沃柑、火龙果、甜玉米、蔬菜、食用菌等一大批优质农产品。农业生产离不开植物保护，植保工作作为重要的农业生产关键环节，为农业生产安全、生态安全和农产品质量安全保驾护航做出了应有的贡献。

中华人民共和国成立后，南宁的植保机构从无到有，科技人员不断增加，工作能力从弱趋强，在减灾保产促丰收的道路上开创出一片新天地，这是一代又一代植保人一步一个脚印、踏踏实实干出来的。1978年，中国共产党第十一届三中全会胜利召开，全面解放思想和改革开放为国家的发展注入了强大的动能，新时期的植保工作同样迎来了新一轮的发展机遇，有了更大的格局，植保功能从单一粮食的减灾保产扩展到更加关注主要农产品的质量安全和农业生态安全，服务内容从单一的数量延伸到对数量、质量与生态的统筹兼顾，农作物病虫害的防控技术技能得到飞跃式的发展。在坚持“预防为主，综合防治”植保方针的基础上，绿色防控、统防统治及其集成、融合防控模式不断扩容增速，自动化的病虫监测设备设施与植保无人机、大型植保机械的广泛应用，为智能、安全和高效的新植保添加了浓墨重彩的一笔，“公共植保、绿色植保”地位不断加强与巩固，并伴随着《农作物病虫防治条例》《广西壮族自治区柑橘黄龙病防控规定》《南宁市农业重大有害生物及外来物种入侵突发事件应急预案》等一批法律、法规和规章的颁布实施，开启了依法开展植保工作的新征程。

据调查统计，南宁市农作物病虫草鼠害发生种类达500余种，其中列入一类的有11种、二类9种及地方区域性重大病虫8种，近年来年均发生面积约2600万亩，防治面积2400万亩，处置率在90%以上，年均挽回损失大于84万吨，取得了显著的经济效益、社会效益和生态效益。

第二节 植物保护体系建设与发展

中华人民共和国成立初期，南宁市农业主管部门直管市属的几个乡镇（公社），植物保护工作由农业局（农林局、农牧渔业局）协调乡镇农技站统一管理，1978年后由新成立的南宁市农业技术推广站承接，直至改革开放后的1980年，南宁市植保植检站成立，植保工作才正式步入专业、快速发展的阶段，并伴随着城市的发展和区划的调整逐步发展壮大。

一、市直机构

（一）人员编制

南宁市植物保护站现有事业编制9名，其中党政领导职数为1正1副，专业技术岗位6名，后勤服务人员控制数1名，属公益一类事业单位。现实有在编在岗人员9名，其中植保专业技术（含农学）人员8人，副高级职称4人、中级职称3人，大学本科以上学历8人(其中博士研究生和硕士研究生各1人)。

（二）业务工作

南宁市植物保护站长期致力于做好全市农作物重大病虫害监测预警和防控技术指导工作，加快绿色防控产品和技术推广应用，加快促进绿色防控与统防统治相融合，持续推进农药减量化，促进农业绿色和高质量发展。据统计，近5年市本级年均发布病虫情报11期，开展新技术、新产品试验示范2个；开展技术培训班8期，培训人数320余人次；进行田间技术指导800人次以上。

二、县级机构

（一）人员编制

南宁市12个县（市、区）中设有植保机构的有4个（横州市、宾阳县、隆安县、上林县），均为独立法人机构，单位性质为公益一类事业单位，除此之外的马山县及7个城区由农业技术推广中心（或农业服务中心）承担植保业务工作，通常配置1~2人（马山县5人、武鸣区7人）。截至2021年底，12个县(市、区)实际在岗植保工作人员为47人。其中独立的4个植保机构合计核定植保人员编制数为45人，实际在岗25人（部分人员借调外部门，部分编制因招聘困难暂时空缺），均为财政供给人员。在岗人员中植保专业技术（含农学）人员34人，副高级及以上职称人员5人。4个县级植保部门均承担病虫监测与防治、植物检疫等技术性工作，隆安和上林兼顾开展农药管理工作，隆安县同时承担农业植物检疫审批工作。城区植保技术人员1人兼任多职的现象较为普遍，除常规植保业务如病虫监测与防治、植物检疫、农药管理外，通常还兼顾土肥、经作、农业生态环保等业务。

（二）业务工作

近5年，12个县(市、区)植保工作年均每县发布病虫情报18期，开展新技术、新产品试验示范1.6

个，办理农药经销许可38个，开展技术培训班9期，培训人数661人次，田间技术指导1654人次，办理农业植物检疫审批1.5万批次，高质量地完成了全年植保工作任务。

第三节　植物保护技术推广与培训

一、植物保护技术推广

（一）20世纪50—70年代

1952年，南宁市农业部门开始配备农业技术干部，针对当时稻苞虫、稻螟发生严重的情况，在继续推广使用梳虫器防治稻苞虫、采用人工捕蛾摘卵方式防治稻螟的同时，开展了以毛鱼藤为主的土农药防治害虫的宣传普及，并于1953年在邕武路大塘垦殖场种植毛鱼藤2000多亩，1957年在南宁园艺场种植2000多亩，1958年在居仁青年农场种植800多亩，用于农田害虫防治，直到1960年才停止种植。

1953年，南宁首次示范使用六六六粉剂和DDT乳剂，1955年推广使用敌百虫，化学农药防治技术逐渐成为防治病虫害的主要方式。

1976年，推广释放赤眼蜂等生物防治技术，在市郊石埠乡建立赤眼蜂站，采用人工饲养方式繁殖螟黄赤眼蜂来防治甘蔗螟虫，取得了较好的防治效果。

（二）20世纪80年代以来

20世纪80年代，随着种植结构调整和生态环境的变化，农田鼠害逐年上升，为害严重。1984年南宁市农田鼠害发生面积16.05万亩次，损失粮食253.6万千克。1985年首先在沙井乡政府机关和金鸡村一队开展化学药剂防治鼠害示范，投饵350千克，取得了良好效果。1986—1988年在坛洛、江西、那龙、石埠、沙井、心圩、津头、那洪、安吉等9个乡开展大面积农田灭鼠行动，累计投饵54吨，防治面积18.45万亩次，农户30.6万户，灭鼠143.29万只，共挽回粮食损失908.1万千克，对鼠害基本实现了有效控制。

1. 水稻病虫综合防治技术推广

20世纪80年代中期全面推广杂交水稻种植，三化螟、稻纵卷叶螟、稻飞虱、水稻纹枯病、稻瘟病等逐渐上升为主要病虫，暴发性病虫害如稻蟒象、稻瘿蚊、水稻白叶枯病等呈常年趋重之势。

1991年，两县一郊实施了水稻“三虫两病”综合防治技术应用推广，采取以推广抗性品种为关键，控害、高产栽培防治技术为基础，防治指标为依据，科学用药为重要措施，保护天敌促生态平衡的综合防治配套技术，推广综合防治面积20.25万亩。

2007—2011年，配合南宁市百万亩超级杂交水稻示范与推广项目实施，相继建立了7个超级稻病虫害系统观测区，对超级稻病虫害主要种类、发生期、发生量与品种关系等方面进行调查，掌握了超级稻病虫害发生特点，有针对性地开展了大量的高效低毒农药品种筛选试验，为制定超级稻病虫害防治策略提供技术支撑。5年累计防治面积715.5万亩，挽回粮食损失3.57亿千克；同时扶持、指导组建专业化有害生物应急防控队伍，开展以频振式杀虫灯为核心的病虫无害化治理技术推广应用，2009—2011年在超级稻示范区累计实施统防统治面积7.65万亩次，无害化治理面积3.9万亩次，取得了良好的社会、经济、生态效益。

2009年下半年，各县（市、区）局部稻区零星出现南方水稻黑条矮缩病为害，该病是近年来我国新发现的一种由白背飞虱为传毒媒介的水稻灾害性病害，南宁市植保植检站在全市范围内组织植保（农技）部门技术人员进行发生分布情况和为害程度普查，开展发生规律、防控关键技术的初步研究，提出了“治虫防病”的防治策略，通过防虫网覆盖育苗，农药拌种育秧和施用“送嫁药”等措施，从秧田到分蘖前期适时防治白背飞虱、喷施安全保护药等一系列措施，组装出一套南方水稻黑条矮缩病综合防控技术，并于2010—2011年病害发生的关键时期在全市12个县区开展防控技术示范，为全市南方水稻黑条矮缩病的防控工作提供技术支持。

2. 蔬菜病虫害防治技术

1996—2006年，进行无公害蔬菜生产技术示范推广，以选择抗病虫害的高产优质良种、合理施肥灌水、起畦搭架、轮作间种、清理菜地病残株等健身栽培技术为基础，优先使用物理防治、生物防治手段，选用生物源和仿生物农药或高效低毒低残留化学农药，根据病虫测报适时施药，集成组装南宁市无公害蔬菜生产技术规程，累计推广应用面积19.05万亩次，认定无公害蔬菜生产基地18.3万亩，其中推广频振式杀虫灯502台，黄色诱虫板4.2万张，瓜实蝇、小菜蛾及甜菜夜蛾和斜纹夜蛾性信息诱捕器11.27万个，应用防治面积2.85万亩。同时通过大量的试验筛选，推广应用酶抑制法作为南宁市实行蔬菜质量安全准入的检测农药残留方法，并拟定了操作技术规范。

3. 甘蔗病虫防治技术

2012—2016年，开展大面积释放赤眼蜂防治甘蔗螟虫示范推广，采用统一释放时间、统一释放数量、统一释放点设置、统一释放方法的技术规程，在武鸣区仙湖镇、陆斡镇糖料蔗种植区累计实施面积9.6万亩次，释放赤眼蜂约25.3亿头，放蜂区比农民常规防治区苗期枯心率降低6.37%~23.2%，螟害节率降低6.4%~12.76%，增加甘蔗产量约5.7万吨，增加蔗糖产量1.03万吨。

2014年以来，在南宁市优质高产高糖糖料蔗基地病虫治理推广配套关键技术，编制甘蔗重大病虫防治月历，突出准确测报、达标防治、保护天敌和科学安全用药等主要病虫防控技术，大力推广频振杀虫灯、性诱剂、释放赤眼蜂等绿色植保防控技术，实行全程技术控害，多年来累计防治面积667.4万亩，其中绿色防控面积199.65万亩，挽回损失79.03万吨。

4. 果树病虫综合防控技术

20世纪80年代后期，龙眼荔枝种植面积迅速扩大，由于当时对病虫害认识不足，防治技术水平较低，不少果园每年因病虫为害造成大量减产，为解决上述问题，1994年南宁市植保植检站联合广西大学农学院开展龙眼主要病虫害发生种类调查，基本明确了全市为害龙眼荔枝的虫害107种，病害19种，协调运用农业防治、生物防治、物理防治和药剂防治等措施编制龙眼荔枝主要病虫害防治年历，推广以生态系统为管理单位，加强栽培管理、合理用药、保护利用天敌为基本要求的龙眼荔枝主要病虫害综合防治技术。到2000年底，累计推广应用面积1.05万亩，辐射全市龙眼荔枝种植乡镇27.9万亩。

5. 农田鼠害防治技术

经过20世纪80年代中后期大灭鼠行动，农田鼠害得到有效控制，到90年代后期，由于各种因素的影响农田鼠害再度回升，尤其是2003年行政区域的调整变化，全市农田鼠害发生面积扩大，发生程度偏重。2004—2006年继续推广以化学药剂防治为主的灭鼠技术，使用敌鼠钠盐、杀鼠醚和溴敌隆等高效低毒抗凝血杀鼠剂，采取统一组织、统一药剂、统一供应毒饵、统一时间投饵、统一检查的方式，在全市12个县区组织开展农区大面积统一灭鼠行动。

2004年推广物理防治和化学防治相结合的毒饵站灭鼠技术，将裸露投放改为将毒饵放于竹筒或PVC塑料管制作的毒饵站内，利用老鼠喜好钻洞的习性，长期置于田间和农舍，防止毒饵遭遇雨水冲刷或受潮，能较长期保存毒饵不发霉变质而保持灭鼠效果，同时避免其他动物取食，实现经济、持久、安全、高效、环保的长期控鼠目的。毒饵站安置在田畦、田埂或沟边等老鼠常常出没之处，筒内投放50克左右毒饵。推广应用3年后累计防治面积487.95万亩次，挽回粮食损失45.8万吨。

2017年在隆安县那桐镇示范推广围栏捕鼠（TBS）无害化控鼠技术，不使用杀鼠剂和其他药物，利用鼠类沿障碍物边缘运动的行为特点，在围栏内埋设捕鼠筒对鼠类进行诱捕，示范应用面积800余亩。

6. 统防统治技术推广应用

统防统治对于农业产业规模化、集约化经营，农业机械化水平提高，农产品品质提升有着积极意义。1999年南宁市植保植检站和武鸣县植保植检站联合在武鸣县双桥镇首次开展水稻病虫害统防统治示范，示范面积1000亩。1999—2006年因多种因素的制约，全市统防统治产业化进程缓慢，8年间累计统防统治面积仅24.3万亩次。2007年以项目形式安排资金配备机动喷雾器350台，在各县区建立植保机防队20支，当年开展统防统治示范推广，面积22.05万亩次，逐步有力推动了统防统治产业化进程。

2012—2013年，在宾阳县、上林县、横县及武鸣县开展无人直升机防控水稻主要病虫害示范，示范防控面积2900亩，在统防统治服务多元化之路上迈出了坚实的一步。近年来，南宁市病虫害统防统治服务从无到有，服务方式从单一到多元化，防控病虫从单一水稻扩大到其他主要农作物，2014—2020年，全市统防统治面积累计1347.15万亩，作业面积覆盖水稻、甘蔗、水果等农作物。

7. 病虫害绿色防控技术

通过推广农业防治、物理防治、生物防治、生态调控以及科学、安全、合理使用农药等技术，达到有效控制农作物病虫害的目的，是提升农产品质量安全的必然要求，是降低农药使用风险，确保农业环境安全的有效途径。1995年，南宁市首先在蔬菜上实施无公害生产技术，在两县一郊蔬菜基地推广应用杀虫灯、黄板、性诱剂等持续治理蔬菜虫害。

从2004年开始，在全市12个县区大面积推广使用频振式杀虫灯等绿色防控技术，累计推广频振式杀虫灯6000多台，使用范围涵盖水稻、甘蔗、蔬菜、香蕉等作物。尤其是2015年开展化肥农药零增长和农药减量增效行动以来，南宁市加大了推进绿色防控技术的应用推广力度，重点推行农业防治、生态控害、“四诱”技术、生物防治、达标防治、安全科学用药和农产品质量检测的绿色植保技术模式，全市农作物病虫害绿色防控面积逐年递增，2015—2020年累计绿色防控面积1916.85万亩。

二、植物保护技术培训

植物保护技术培训是植物保护工作中重要的一环，多年来，南宁市各级植保（农技）部门一直采取举办培训班、印发宣传资料、科技下乡、农民田间学校、田间地头咨询宣传、广播电视、报纸等多种形式开展各种层次的专业技术培训，并随时代发展开始利用QQ、微信、网络平台、手机APP等新媒体对植物保护技术进行有效的推广宣传，均取得了良好的效果。

1989—1991年，组织县区植保技术人员和乡镇农技人员开展一系列病虫害测报技术培训。

1997年，国务院颁布实施《农药管理条例》，为顺利开展农药经营许可证的发放工作，1999年开展农药从业人员法规宣传、业务技能等培训，培训人数200多人，发放上岗证200多份和农药经营许可证150多份。

2005年，南宁农产品质量安全检测网络组建，为提升市场和生产基地检测人员业务水平，开展抽样办法、速测仪使用和上岗技能等培训，共举办培训班3期，受训人数320余人次。

2008—2011年和2015年，在武鸣、上林、良庆和邕宁4个县区共开办农民田间学校10所，累计培训IMP农民学员363人，县区技术辅导员8人，通过整个作物生长季节的参与式培训，培养农民科学防治病虫的自觉性，提高了农民的自身素质，取得了明显成效。

2009年下半年，南宁市各稻区局部零星出现南方水稻黑条矮缩病为害，为提高广大农技人员和农民对该病害的识别和防控技术水平，2010年开展病害症状、为害性和防控措施等技术培训，累计召开防控动员技术培训会7期，现场技术指导12次，5个县区电视台播放了南方水稻黑条矮缩病防控技术讲座，发放防控技术光盘120份、资料2万多份，张贴防控宣传画1500多张。

2012—2016年，南宁市在武鸣县仙湖镇、陆斡镇实施大面积释放赤眼蜂防治甘蔗螟虫项目，结合放蜂进度，南宁市植保植检站在项目实施地点组织多次村级人员培训，主要培训内容包括放蜂治螟原理、技术规程等，累计培训人数700多人次。

2019年，草地贪夜蛾在南宁市首次发生，为普及草地贪夜蛾防控知识，指导农民科学防治，全市各级植保(农技)部门累计举办室内培训、田间指导等各类培训100余期，培训指导人数达4000余人次，发放宣传资料8万多份。

2018年，南宁市人民政府印发《南宁市柑橘黄龙病综合防控实施方案（2018—2020年）》，2019年《广西壮族自治区柑橘黄龙病防控规定》颁布实施，为南宁市柑橘产业的安全和可持续发展提供了有力的保障，作为柑橘黄龙病防控工作的重要一环，为推动防控措施的全面落实，2018—2020年全市共举办柑橘黄龙病防控技术培训286期，培训人数6.24万人次。

随着社会上对食用农产品质量安全的关注度越来越高，结合广西农药减量增效工作的推进和食用农产品“治违禁，控药残，促提升”行动，各级植保（农技）部门在全市范围内采取多种形式，持续开展科学安全用药培训，累计举办各类培训57期，培训人数3197人次，发放各种科学安全用药宣传材料1.5万份。

第四节　病虫测报与防治

一、病虫测报的发展

中华人民共和国成立初期，受当时科技水平的限制，南宁市的农作物病虫预报以发生期预报和短期预报为主，且无法保障准确率。

1975年，国家农林部在全国植保工作会议上提出了“预防为主，综合防治”植保方针，农作物病虫害的测报与防治工作由被动转变为主动。1987年，南宁市颁布实施《南宁市水稻主要病虫测报技术规范化实施细则》，规定预报主要对象：三化螟、稻纵卷叶螟、稻飞虱、稻瘿蚊；稻瘟病、水稻纹枯病、水稻白叶枯病（简称“四虫三病”）；次要对象有：黏虫、稻叶水蝇、螩象、稻蓟马等；水稻细菌性条斑病、水稻胡麻叶斑病、稻曲病、恶苗病等；同时规定发生“四虫三病”无论轻重，都要及时发布情报；根据次要对象在本境内发生为害实况和实际需要，有选择地发布有关情报。1990年，南宁市制定《南宁市乡级测报组织病虫测报防治工作考评办法》，进一步规范了各项测报指标。

2006年，国家进一步确立了“公共植保、绿色植保”的理念，南宁市紧跟国家部署，病虫害测报与防治工作也逐步从传统的以消灭病虫为目的的短期行为，发展到着眼于农业可持续发展，病虫害的监测预警能力也逐步提升。一方面，随着网络时代的到来，开始利用QQ、微信公众号、网络等现代媒体发布病虫预报，提高病虫情报覆盖率；另一方面，依托“植保工程”“重大病虫观测场建设”项目，不断更新病虫害监测设施、增加监测手段，推进重大病虫害监测预警智能化、信息化和标准化，逐步提升病虫害监测预警能力和科学防控技术指导水平。近年来，南宁市做到了病虫情报对乡镇覆盖率达100%，平均测报准确率87.5%；达到了防后产量损失目标控制线，蝗虫不起飞，重大病虫不蔓延为害的目标。当前，全市已建成农作物重大病虫观测场3个（隆安、宾阳、横州）、在建1个（马山）、列入2022年建设计划1个（上林），将全面实现在办公室即可直观测数据的愿景。

2019—2021年，南宁市累计投入财政资金3334万元用于柑橘黄龙病的综合防控工作，其中市财政2873万元，县（市、区）配套461万元；2021年，南宁市累计获得中央农业生产救灾资金373万元用于水稻、草地贪夜蛾及红火蚁等农作物重大疫情监测及防控工作，自治区补助市县项目资金150万元，用于甘蔗和玉米绿色防控示范工作及马山县重大病虫观测场建设。

二、主要病虫害发生与防治

（一）水稻主要病虫

重点监测的虫害有蝗虫、稻苞虫、黏虫、三化螟、稻叶蝉、稻螩象、稻飞虱、稻纵卷叶螟、稻瘿蚊、二化螟、稻跗线螨；病害有水稻赤枯病、水稻白叶枯病、水稻胡麻叶斑病、稻瘟病、水稻细菌性条斑病、水稻纹枯病、南方水稻黑条矮缩病。据《南宁市志·经济卷》（1998年广西人民出版社出版）记载，南宁市曾在1953年发生黏虫为害，1954年、1955年两度发生螟虫为害。1963年，坛洛等地发生严重“稻黄病”；1968年后，稻蝗成为常发性害虫。20世纪70年代以来，稻苞虫和黏虫转为间歇性发生的虫害，而稻纵卷叶螟、稻飞虱和稻叶蝉上升为常发的害虫。20世纪80年代开始，南宁市水稻主要病虫害可概括为“三虫两病”，即三化螟、稻纵卷叶螟、稻飞虱、水稻纹枯病和稻瘟病。近10年来，南宁市水稻病虫害的年均发生面积约为680万亩次。

1. 三化螟

三化螟曾是南宁市水稻生产中的重发害虫之一。1995年和1996年，南宁市连遭三化螟的严重为害，自然损失的稻谷高达3115.16万千克。该虫2003—2009年在南宁市的年均发生面积118万亩次，年均防治面积108万亩次。2010年以来发生面积逐渐减少，近年来在田间仅零星可见虫。与此同时，二化螟和台湾稻螟近年来在南宁市的发生面积则逐步扩大，2020年南宁市二化螟发生面积15.6万亩次，防治面积15.6万亩次；2021年，二化螟发生面积已高达47.18万亩次，防治面积49.57万亩次。

2. 稻飞虱

稻飞虱是南宁市的常发性重要害虫，以白背飞虱和褐飞虱为主，白背飞虱为优势种群。2007—2013年稻飞虱在南宁市发生面积大，发生程度偏重，年均发生面积高达245.85万亩次，防治面积223.10万亩次；其中2007年发生面积297.99万亩次，中等局部大发生，防治面积295.29万亩次。2010—2020年该虫在南宁市的年均发生面积为217万亩次，防治面积210.96万亩次。

3. 稻纵卷叶螟

稻纵卷叶螟曾在2003—2007年严重为害南宁市水稻。2007年，南宁市稻纵卷叶螟局部中等偏重发生，发生面积高达254.68万亩次，防治面积259.19万亩次。随着防治水平的提升，该虫发生面积逐年下降，2010—2020年该虫在南宁市年均发生面积为145万亩次，防治面积142.92万亩次。但近两年来该虫在南宁市局部地区有抬头的趋势。

4. 水稻纹枯病和稻瘟病

水稻纹枯病和稻瘟病常年为害南宁市水稻，2010—2020年年均发生面积分别为210万亩次和79万亩次，年均防治面积分别为200.31万亩次和74.73万亩次。

5. 南方水稻黑条矮缩病

南方水稻黑条矮缩病于2009年首次在南宁市被发现为害水稻。2010—2011年该病在全市呈扩散蔓延趋势，两年累计发生面积约2.7万亩次。2012—2016该病在南宁市发生面积迅速减少；2017年南方水稻黑条矮缩病卷土重来，当年全市累计发生面积24.51万亩，其中成灾面积约3.60万亩，绝收面积约0.91万亩。但2018年后该病在南宁市再次销声匿迹，截止2021年年底已连续4年未发现为害。

6. 稻瘿蚊

稻瘿蚊也曾是南宁市晚稻生产主要害虫之一。20世纪70年代，稻瘿蚊的为害范围从山冲田逐步扩大到平原稻区，90年代开始，稻瘿蚊在南宁市的发生面积逐年扩大，1997年发生面积已超过45万亩次。1998年随着南宁市开始大面积施行旱育抛秧的栽培方式以及使用各种有效农药，稻瘿蚊发生面积开始逐渐下降。近5年该虫在南宁市的年均发生面积仅0.8万亩次，防治面积0.75万亩次。

7. 蝗虫

据调查记录，2006年江南区江西镇同江村和西乡塘区石埠镇三江村分别发生了1200亩次和850亩次的农田蝗虫（土蝗）；同年，青秀区伶俐苗圃发生了300亩次的竹林蝗虫（竹蝗）。

（二）玉米主要病虫

重点监测病虫害有玉米螟、黏虫、蚜虫、草地贪夜蛾；玉米纹枯病、玉米大斑病、玉米小班病。近10年来，南宁市玉米病虫害年均发生面积约为134万亩次。

1. 玉米铁甲虫

玉米铁甲虫2001年在南宁市武鸣县首次被发现，造成约30亩玉米绝收，受害面积约2000亩，随后逐渐向周边地区扩展蔓延。2003—2007年，该虫在南宁市的年均发生面积为14.71万亩次，防治面积13.38万亩次，以马山、武鸣、隆安发生最重。2008年以来，该虫的发生面积骤减，近年来已难寻踪迹。

2. 草地贪夜蛾

草地贪夜蛾于2019年在南宁市首次被发现，当年发生面积45万亩次，防治面积44.54万亩次。监测发现该虫可在南宁市周年繁殖，目前已发展成为南宁市玉米上的常见害虫。2020年和2021年该虫在南宁市的发生面积分别为35.68万亩次和72.21万亩次，防治面积分别为36.59万亩次和75.80万亩次。

（三）甘蔗主要病虫

重点监测虫害有金龟子、螟虫、蓟马、蚜虫；病害有甘蔗凤梨病、甘蔗赤腐病、甘蔗黑穗病。近10年南宁市甘蔗病虫害年均发生面积约为287万亩次。

甘蔗螟虫是南宁市甘蔗的常发性虫害，其种类主要包括黄螟、条螟和二点螟，合计年均发生面积233.77万亩次，防治面积332.75万亩次。甘蔗黑穗病近10年来面积逐步扩大，2011年，南宁市甘蔗黑穗病的发生面积仅为4.14万亩次，防治面积2.69万亩次；2020年，该病在南宁市的发生面积达31.65万亩次，防治面积30.77万亩次。

（四）柑橘主要病虫

南宁市柑橘重点监测虫害有凤蝶、天牛、潜叶蛾、红蜘蛛、锈壁虱、蚜虫；病害有柑橘黄龙病、柑橘疮痂病、柑橘溃疡病。南宁市柑橘病虫害的发生面积随着柑橘种植面积的不断扩大而快速增加，2011年，南宁市柑橘病虫害的发生面积仅为10万亩次，2016年已高达82.76万亩次；2018年上升至210.26万亩次，2021年已发展到了296万亩次。

柑橘天牛在20世纪90年代曾严重为害南宁市柑橘，造成严重减产。此后南宁市柑橘面积急速缩减。2012年，南宁市引入柑橘品种沃柑，柑橘面积不断扩大，最主要的病虫害除红蜘蛛、锈壁虱外，还有柑橘溃疡病，2020年南宁市柑橘溃疡病的发生面积为46.22万亩次，防治面积41.45万亩次。

（五）香蕉主要病虫

重点监测病害有香蕉炭疽病、香蕉束顶病、香蕉花叶心腐病、香蕉叶斑病、香蕉黑星病、香蕉枯萎病（4号小种）；虫害有蕉苞虫、斜纹夜蛾、花蓟马、黄蜘蛛、褐足角胸叶甲。2011—2021年间，南宁市香蕉病虫害年均发生面积约49万亩次。

（六）蔬菜主要病虫

重点监测虫害有菜青虫、小菜蛾、甜菜夜蛾、斜纹夜蛾、蚜虫、斑潜蝇、黄曲条跳甲、蓟马、豆夹螟、白粉虱；病害有软腐病、黑斑病、霜霉病、白粉病、炭疽病。2011—2021年间，南宁市蔬菜病虫害年均发生面积约268万亩次。

三、应急预案的建立、完善与演练

2006年，为了进一步提升南宁市植保机构对突发性农业重大病虫和植物疫情的预警水平，突显南宁市公共植保机构的社会管理能力，南宁植保植检站开始筹划、起草和完成《南宁市农业重大有害生物及外来生物入侵突发事件应急预案》，并于年底提交南宁市应急联动中心，作为部门预案实施。

2007—2010年，通过连续多年在植保系统内小规模的演练，检验了《南宁市农业重大有害生物及外来生物入侵突发事件应急预案》可操作性和联运机制，并在此基础上不断进行修改完善。

2011年12月，市人民政府编制发布了《南宁市农业重大有害生物及外来生物入侵突发事件应急预案》，标志着南宁市植保工作走向了法制化的轨道。作为政府专项预案，全面指导包括植物疫病在内的全市农业重大有害生物的监测、预警和防控工作，强化重大灾情属地管理，加强组织领导和责任落实，采取有力措施，确保每一次重大病虫防控“战役”都有政府领导挂帅，每一个重点防控区域都有专人负责，从人力、物力、财力上加大投入力度，广泛发动群众，充分发挥政府强有力的组织领导作用。

2012年11月，作为南宁市首批要求进行演练的《南宁市农业重大有害生物及外来生物入侵突发事件应急预案》，南宁市农业局在兴宁区五塘镇五塘社区平鸟坡组织开展了大规模的演练工作，农业局、发改委、应急办、财政局、民政局、工商局、环保局、公安局、交通局、卫生局、林业局、园林局、供销社、粮食局等14个部门作为成员单位按照各自职责履职，各县（区）观摩团到场，演练按预先制定的方案有序开展，圆满成功，并得到了现场应急专家组的一致好评。通过演练，能加强业务上下级间的磨合、成员单位间的沟通，以及对相关工作的细化和规范，形成了行动迅速、统一指挥、人技物有保障的快速反应机制，基本完成了与全市应急联动管理的数据对接，应急反应能力得到进一步加强。

2020年1月，《南宁市农业重大有害生物及外来生物入侵突发事件应急预案（修订）》经修改完善，由南宁市人民政府重新发布实施，将继续为南宁市的植保工作发挥重要的作用。

第五节　农药、药械供应与推广

农药、药械在防治农作物病虫、促进农业增产丰收上发挥了重大的作用，但在各个时期推广和使用的农药农械品种是不同的。

20世纪50年代，人们对许多病虫的发生和防治缺乏科学的知识，仅依靠各种自然因素抑制病虫害，处于无意识的自然控制状态。在黏虫、稻包虫等主要病虫害发生严重时，大多采用人工摘除或使用虫梳等简单器械灭虫，农药使用量极少，年均亩使用量仅0.04千克，有部分土农药和植物性农药的应用。1953—1958年，在部分农场种植5000多亩毛鱼藤用于农田虫害防治。1953年南宁市首次示范使用六六六粉剂和DDT乳剂，1955年推广使用敌百虫。

20世纪60年代至70年代，推广应用的农药品种逐渐增加，有机氯、有机磷和有机氮农药得到广泛应用，主要杀虫剂有六六六、DDT、敌百虫、杀虫脒、杀螟松、马拉硫磷、亚铵硫磷、乐果、敌敌畏等，杀菌剂有稻脚青、西力生、稻瘟净、代森锌、退敌特、代森铵、稻瘟散等，化学除草剂和杀鼠剂开始推广应用，主要以除草醚和磷化锌为主。农药使用量较50年代有大幅度提升，60年代年均亩使用量约1.5千克，70年代年均亩使用量约3千克，单位面积使用量增加40~70倍。70年代六六六年均供应量约1200吨，占每年农药供应总量的80%左右。药械应用方面，从50年代的唧唧筒、单管喷雾器发展到60年代的圆筒背负式喷雾器，至70年代基本以工农牌背负式手动喷雾器为主。

20世纪80年代至90年代，随着农村生产体制改革和种植业结构变化，农作物病虫害发生种类增多，发生面积逐年扩大，为害程度日益加重，农药供应和推广也得到迅速发展，进入百花齐放时期。80年代中后期，杀虫剂随着六六六、DDT、杀虫脒等剧毒高残留农药退出市场，有机磷农药如甲胺磷、氧化乐果、水胺硫磷、乐果、敌敌畏、甲基异柳磷等品种占据主导地位，其他杀虫剂有菊酯类药剂、杀虫双、噻嗪酮、克百威、苏云菌杆菌等，杀菌剂有百菌清、代森锰锌、叶枯唑、三环唑、富士一号、井冈霉素、春雷霉素、甲基硫菌灵等，除草剂有丁草胺、乙草胺、草甘膦、莠去津、百草枯等，杀鼠剂有敌鼠钠盐、溴敌隆等。复配农药在80年代末开始进入市场，品种繁多，如菊马乳油、敌氰乳油、丁苄颗粒剂等。90年代新型农药大量出现，如吡虫啉、灭幼脲、阿维菌素、毒死蜱、氟虫腈、噻螨酮、咪鲜胺、霜霉威等，到90年代末期，随着农药残留、病虫抗药性和环境安全等问题日益受到关注，新型农药逐渐替代了有机磷等部分高毒、高残留农药品种的使用。80年代中期，植物保护部门开始开展药剂防治试验示范工作，1985年南宁市植保植检站在郊区进行多种灭鼠剂型田间效果试验，1988年秋季组织开展全市开展灭鼠竞赛达标活动，1990年考查验收实现一级达标；1993—1998年，南宁市植物保护站和邕宁县农作物病虫测报站承担新药剂田间试验，年均开展试验数分别达17个和21个，作物涵盖水稻、甘蔗、蔬菜、果树，通过大量工作加大了农药应用推广的力度和深度。这个时期农作物病虫草害发生程度重，防治面积相应增大，农药供应量也呈现明显的上升，年均供应量2500~3000吨。药械应用方面，90年代中期背负式电动喷雾器基本取代了背负式手动喷雾器，机动喷雾器和担架式喷雾器开始逐渐应用，低容量和超低容量喷雾器在一定程度上得到推广使用

2000年以来，《食品安全法》《农产品质量安全法》以及《农药管理条例》等法律法规的颁布，将农药使用纳入法制化轨道，同时新型高效低毒低残留农药品种不断出现，已全面取代了国家禁限用农药品种的使用。近年来绿色植保理念的提出，构建资源节约型、环境友好型病虫害可持续治理技术体系成为主题，随着农药减量增效和科学安全使用农药行动的开展，通过绿色防控集成、统防统治的示范与推广，农药年销量逐年降低。2000—2002年农药供应量年均3000吨左右，2003年行政区域的变化，作物种植面积增加，农药供应量大幅度提升，比2002年增加4~5倍，2003—2015年农药供应量年均14000~15000吨，2016年以来农药供应量年均约13000吨。药械应用仍以背负式电动喷雾器为主，但随着统防统治工作的全面开展及植保社会化服务的发展，高效植保机械得到广泛应用，2012年南宁市植保植检站在宾阳县首次开展植保无人机防治水稻病虫害示范，2015年武鸣县植物保护站在双桥镇开展自走式喷杆喷雾机防治水稻玉米病虫害示范。近年来全市防治组织、合作社等经营主体中高效植保机械的保有量约926台（架），其中植保无人机106架，自走式喷雾机22台，其他大型喷雾机械22台，机动弥雾机40台，液泵喷雾机336台，日作业能力达7.9万亩。

第六节　植物检疫

一、农业植物疫情基本情况

南宁市现有全国农业植物检疫对象7种（四纹豆象、柑橘黄龙病、水稻细菌性条斑病、香蕉枯萎病4号小种、扶桑绵粉蚧、黄瓜绿斑驳花叶病毒病、红火蚁）。其中原有农业植物检疫对象有柑橘黄龙病、水稻细菌性条斑病2种；2000年以来新传入的全国农业植物检疫对象有5种，扶桑绵粉蚧于2003年在

西乡塘区首次发现、红火蚁于2005年在西乡塘区首次发现、香蕉枯萎病于2008年在武鸣县（广西东盟经开区）首次发现、黄瓜绿斑驳花叶病毒病于2012年在横县首次发现、四纹豆象于2017年在西乡塘区首次发现。

近10年来，南宁市发生的重大植物疫情主要有3种，分别为柑橘黄龙病、红火蚁和香蕉枯萎病。柑橘黄龙病从20世纪80年代已有发生，该病曾对南宁市柑橘产业造成毁灭性打击，到2012年全市柑橘种植面积下降到10万亩以下。2012年后南宁市开始引进种植沃柑、茂谷柑等柑橘晚熟品种，种植面积逐年扩大，目前种植面积已超过100万亩。随着柑橘种植面积的增加，柑橘黄龙病的发生面积也随之增加。红火蚁于2005年开始传入南宁市，目前全市12个县（区）都发现有红火蚁，主要发现在城市公园绿化地及公路沿线绿化地及县郊部分村屯，近年经常发生红火蚁叮咬人的事件，引起市民的极大关注。香蕉枯萎病于2008年开始传入南宁市，2016年暴发，由于该病的传染力强，防控难度大，造成的影响也极大，因该病南宁市香蕉种植面积从2015年最高峰87万亩萎缩到目前的48万亩，下降了近一半。

二、农业植物检疫队伍与职能

从20世纪80年代起，南宁市、县（区）两级农业植保植检（植物检疫）机构独立承担农业植物检疫全部职能，全市植保系统做了大量卓有成效的工作。2016年随着机构改革的深入，植物检疫行政职能剥离，目前南宁市市本级农业植物检疫技术性、事务性、辅助性工作主要由南宁市植物保护站负责（配有专职植物检疫员8名），行政执法职能主要由南宁市农业综合行政执法支队负责，行政管理职能主要由南宁市农业农村局负责。市辖12个县（市、区）中成立有专门植物检疫机构的有横州市、宾阳县、隆安县、上林县4个县（市），其他8个县（区）没有设立专门植物检疫机构，其中马山县植物检疫技术性、辅助性工作主要由农业技术推广站承担、武鸣区主要由农业农村综合服务中心承担、其余6个城区主要由农业服务中心承担。各县（市、区）植物检疫机构及农业服务中心主要负责植物检疫技术性、辅助性工作（全市县级配有专职植物检疫员65名），行政执法职能主要由各县（区）行政执法大队负责，行政管理职能主要由各县（区）农业农村局负责。

三、检疫与违章处理

（一）产地检疫、调运检疫、市场检疫和违章处理

南宁市是广西重要的种子种苗集散地和繁育基地。登记在册的种子经营企业在220家以上（其中主要农作物近30家）；2000—2010年高峰期备案的制种基地近100个，分布在邕宁区的蒲庙、那楼，良庆区的那马、那陈，江南区的吴圩、延安，兴宁区的三塘、五塘，青秀区的长塘、南阳，西乡塘区的坛洛、金陵、安吉，武鸣区的太平以及横州、宾阳、上林和隆安等县（市）；主要繁育的作物品种有杂交水稻、杂交玉米和部分常规稻、蔬菜及香蕉、柑橘、西瓜苗木等。

2006—2010年全市农业植物产地检疫年均实施基地数为62~113个，面积14148~18360亩，完成102~168批次，其中检疫种子124万~327万千克、苗木107万~1510万株；调运检疫每年完成1.38万~2.05万批次，其中检疫种子190万~396万千克、苗木98万~760万株、产品类2980万~37165万千克；

市场检疫每年完成528~713批次，其中检疫种子51万~83万千克、苗木17万~89万株，产品类30万~48万千克；违章处理每年完成29~41批次，其中种子类1.5万~2.4万千克，苗木0.12万~0.35万株，产品类5万~24万千克。

2011—2015年全市农业植物产地检疫每年实施基地数为51~119个，面积6677~19500亩，完成164~222批次，其中检疫种子194万~332万千克、苗木56万~2520万株；调运检疫每年完成0.49万~0.88万批次，其中检疫种子304万~547万千克、苗木303万~6010万株、产品类863万~5253万千克；市场检疫每年完成745万~920万批次，其中检疫种子29.5万~60.5万千克、苗木11.56万~36.5万株，产品类3.1万~18.67万千克；违章处理每年完成20~35批次，其中种子类1.2万~2.3万千克，苗木0.03万~12万株，产品类3万~20万千克。

2016—2020年全市农业植物产地检疫每年实施基地面积为1.12万~2.18万亩，共涉及41~63个单位，557~723个品种，完成195~214批次，其中检疫种子203万~1258万千克、苗木19086万~43373万株；调运检疫每年完成1.14万~1.85万批次，其中检疫种子2251万~4288万千克、苗木1096万~2920万株、产品类555万~1343万千克。

（二）市场检疫的几次重大行动

市场检疫重点是对农产品的调运检疫。应施检疫的农产品检疫工作一直是各地农业植物检疫的薄弱环节，20世纪90年代末，南宁市为全面强化农产品调运检疫工作，开展了多起重大行动。

1994—1995年，南宁市植保植检站开始对南宁火车南站饲料原粮市场的到站农产品进行检疫证书核验和开展调运检疫工作，全面推动了南宁市对应施检疫农产品的检疫工作。但由于车站方面一些客观原因，该项工作仅维持了近两年。

1995—2008年，市植保植检站对原郊区金陵镇、坛洛镇等香蕉市场实施市场检疫，年均检疫达到了1500批次约2000万千克，高峰期的2005年，年检疫量达到了2300批次约3000万千克。

1998—1999年，邕宁县人民政府发布了《关于加强市场植物检疫的通告》，市、县两级农业植物检疫队伍联合入驻市场，通过抓好邕宁吴圩西瓜市场调运检疫试点，逐渐在全县域推广，促进了邕宁县市场检疫数量的大幅度增长。

四、重大疫情普查与防控（扑灭）

（一）假高粱、小麦腥黑穗病（1988—1989年）

1998年南宁市从南美大量调入小麦加工面粉，同时传入假高粱和小麦腥黑穗病。对小麦腥黑穗病，采取集中熏蒸消毒处理；对假高粱，连续2年完成对相关铁路、公路沿线的普查，扑灭疫点1处；经上述处理后，南宁市再没有发生这两种病害。

（二）杧果果核象甲（1992—2000年）

1992—2000年连续多年对杧果育苗基地普查和市场果实抽样调查，末发现该虫。

（三）蔗扁蛾（2000—2002年）

2000年，南宁市在一荫生植物园巴西木、发财树上首次发现蔗扁蛾，现场可查到大小幼虫、蛹及蛹壳。2001年，完成蔗扁蛾的普查工作，涉及两县两区16个乡镇，沿途公路300多千米，调查面积6800多亩，调查采样数量1500多个，调查植株30多万株、花卉1万余盆，剖查虫害株6000余株，基本掌握了蔗扁蛾在主要寄主植物上的发生为害情况，初步掌握了蔗扁蛾在南宁市的发生（繁育）规律。因该虫为害植物未涉及农作物，各地将普查结果移交相关部门、单位和业主处理。

（四）扶桑绵粉蚧（2003年）

2003年南宁市普查首次发现扶桑绵粉蚧在市区绿化带朱槿上零星发生，并将普查结果移交相关部门处理。

（五）紫茎泽兰（2003—2004年）

2003年在南宁市首次发现，同年普查确认邕江和红水河两岸滩涂上有零星发生。为了掌握紫茎泽兰的防控技术，2004年8月在西乡塘区石埠镇老口渡口沿岸开展草甘膦等化学药剂防治试验，因后期遭受洪水淹没试验地，无法取得最终试验结果。洪水过后再次普查，邕江两岸再没有发生。截至目前，仅有马山县红水河沿岸一带发现有零星发生。

（六）香蕉穿孔线虫（2004—2007年）

于2004年12月31日发现，疫点仅限1处，发生植物为红掌（花卉）苗木。2005年3月，南宁市植保植检站联合当地植物检疫机构进行了疫情处置，共销毁可能带疫苗木866盆，并对可能染疫的栽培基质、花盆、工具和土壤等实施了消毒处理。2006年，经调查和土壤采样检测，未发现此线虫，扑灭行动获得完满成功。该成功案例还在2007年度全国香蕉穿孔线虫项目组工作会议（北京）上进行了交流，得到了与会专家的一致好评。

（七）红火蚁（2005至今）

2005年3月4日普查首次发现，疫情发生仅于1个城区的1个疫点。然后经过一个缓慢的增长期，到2012年开始增速，特别是2014年后，全市呈爆发性增长，截至2020年市辖12个县（市、区）均有发生。2020年，南宁市制定了防控方案，以政府分管领导挂帅，以农业、林业、园林和城乡建设等4部门为成员单位，成立了领导小组，落实部门责任，形成了统筹谋划、条块管理，各司其职的防控机制。自2012年起，市政府每年至少召开1次由农业、林业、园林和城乡建设部门参加的防控工作协调会，以促进防控工作的全面开展。特别是2014年第45届体操世锦赛在南宁举办，市委市政府领导作出对全市红火蚁加强防控的有关批示，以保障重要体育场馆和人员聚集场所及其周边环境的安全，确保世锦赛的顺利召开。南宁市植保机构配合市农委组织召开了多次南宁市红火蚁防控专题会议，下发了《关于加强红火蚁防控工作确保世锦赛顺利召开的紧急通知》，部署开展红火蚁防治工作。据统计，全市“十二五”以来，红火蚁防控用药累计达8000千克（诱饵）以上，年均接近2000千克水平，有效控制了红火蚁疫情的蔓延。

2021年农业农村部等9部委联合印发了《关于加强红火蚁阻截防控工作的通知》，紧接着南宁市也调整了领导小组成员单位，南宁市农业农村局、南宁市林业局、南宁市住房和城乡建设局、南宁市城市和园林管理局、南宁市交通运输局、南宁市水利局、南宁市卫生健康委员会、南宁海关、南宁铁路局和南宁市邮政局等作为新一轮的履职部门将继续履行各自的防控职责。农业农村部门除了履行领导小组办公室职责和提供技术支持外，依职责认真做好农村、农田的红火蚁调查防控工作，同时加强部门间组织协调力度。

（八）香蕉枯萎病4号小种（2008年）

2008年9月10日，南宁市发现首例香蕉枯萎病疑似病例，9月23日经抽样检测确认；同年经普查后再次发现该病的第二处疫点。2009—2013年，疫点不断增加，表现为小面积、发病分散、呈现多个远距离发病中心的特点。主要原因是2007—2008年霜冻灾害过后广西蕉苗供应严重不够，大量外省疫区苗木流入南宁市并分散定植，以及传入病源二次传染叠加，病害感染经潜伏期后逐步表现症状的结果。2014年起，全市蕉区香蕉枯萎病呈爆发性增长态势，由于该病防治困难，大量蕉园改种其他作物，香蕉种植面积锐减。2015年起，全市共设立8个香蕉枯萎病疫情监测点，监测该病在南宁市的发生发展情况，同时加强了对全市香蕉二级苗生产基地和销售集散地的监测和检疫工作，有效地扼制的该病快速蔓延之势。2008年后，随着桂蕉9号、宝岛蕉和粉杂一号等抗（耐）病品种的推广应用，南宁市香蕉种植面积出现了恢复性增长。

（九）黄瓜绿斑驳花叶病毒病（2012—2015年）

2012年在南宁市横县大田种植的西瓜中首次发现病例，经教育动员后农户自愿铲除并改种木瓜，后经2013—2014年监测，发病地块疫情已全部扑灭。2015年，一西瓜育苗基地发生疫情，市区两级植物检疫机构联动，全部铲除染疫30余万苗，避免了疫情的扩散蔓延。

（十）四纹豆象（2017年）

2017年5月，根据有关线索，南宁市农业植物检疫人员到现场进行豆类仓储害虫抽样检查，经广西大学农学院有关专家鉴定，确认发现四纹豆象。同年5月10日，向上级发出四纹豆象疫情快报，并组织检疫执法人员到现场进行疫情处置，将该地与疫情相关的绿豆、红豆等豆类产品200千克及2个货柜进行卫生除害处理。此后，植物检疫机构又组织人员对全市粮油批发市场、大中型超市等豆类交易市场和仓储设施进行抽样送检，结果未发现四纹豆象。

（十一）柑橘黄龙病（2018—2021年）

2018年5月，为进一步加大南宁市柑橘黄龙病防控工作力度，有效控制柑橘黄龙病的扩散蔓延，切实保障南宁市柑橘产业的健康发展，南宁市人民政府印发了《南宁市柑橘黄龙病综合防控实施方案》，2021年10月又制定了《南宁市柑橘黄龙病综合工作方案（2021—2025年）》，全面强化南宁市柑橘黄龙病的防控工作。2019—2021年，南宁市本级财政共下达柑橘黄龙病专项防控经费2873万元，专门用于柑橘黄龙病综合防控及病树砍除工作。全市设立重大植物疫情固定的监测点、阻截带23个，整个“十三五”其间，全市共发放防控植物疫病技术资料82万份，技术光碟2300张，举办培训班1150期，培训人员30余万人次。

第七节　农药质量监管与残留检测

一、农药质量监管

1998年，南宁市植保植检站加挂南宁市农药检定管理所牌子，增加农药检定管理职能，由农业主管部门委托授权，进行农药质量监管工作，重点是抓好农药质量抽检和违规行政处罚。

1999年，依照原《农药管理条例实施办法》的规定，市植保植检站（市农药检定管理所）开展了相关技术培训和农药经营许可审查。2002年7月中华人民共和国农业部第18号令决定对原《农药管理条例实施办法》进行修改后，该业务停止。

质量监管方面，重点抓好春、秋两季播种时期的农资打假、农药市场巡查和质量抽检，通过市场巡查、群众举报等线索或上级业务部门交转办案件，对违法行为实施调查取证、立案侦查，重点查处重大农药违法案件和违禁鼠药。据统计，2005—2019年，全市年均抽检30余批次近100个样品、检查农药标签40余批次近400张、行政处罚3~5例，处理假冒伪劣农药300~1500千克，罚款3500~15000元。

2010年，南宁市农业（种植业）综合执法支队成立，农药行政执法职能剥离；2013年，事业单位职能清理规范，农药行政管理职能剥离。至此，南宁市植物保护机构不再承担农药行政管理和行政执法职责，仅保留农药检定管理的技术性工作。

二、农残检测

20世纪90年代末开始，农药残留问题日益突显，成为全社会人民群众的重大关切问题，在2002和2003年农业部对南宁市蔬菜例行抽检中，农残超标率分别为48.3%和33.5%，处于全国37个大中城市最严重的区域。南宁市植物保护部门没有推卸责任，顶着压力，毅然承担起农药残留检测的技术组装、队伍建设、工作推进和技术指导等工作。在酶抑制速测卡检测方法（快检）的引进、试验与推广应用方面做了大量的工作。通过大量的试验研究，2003年制定完成了地方标准《南宁市农产品质量要求 蔬菜》(DB45/T 91.1—2003)，由广西壮族自治区质量技术监督局发布，以法规的形式实施，并纳入蔬菜市场准入的管理规范，且沿用至今。通过2003—2005年3年实施，建立了覆盖全市主要蔬菜生产基地、主要农贸市场和大型超市的检测网络，达到了日检测蔬菜样品2300~2400份、蔬菜10万千克以上的检测能力。其间，每逢在南宁市举办重要节假日和重大活动，这支检测队伍还进驻各大接待酒店，在使用前对采购的农产品原始食材进行统一快检，确保其质量安全。据统计，从2004年1月至2005年12月，共检测样品171.84万个，检出并销毁农残超标蔬菜8.84万千克。与此同时，通过在主要蔬菜生产基地推广无公害生产技术，全面提升了蔬菜安全质量，在连续几年农业部例行抽检中，南宁市蔬菜安全质量合格率从52%提升到了98%，质量安全水平从落后地位一跃迈入了全国先进行列。

2005年，南宁市农产品质量安全检测中心成立，农产品质量安全职能由该中心统一承担，南宁市植物保护机构不再承担农残监测和抽样检测任务。

三、农作物病虫抗药性监测实验室建设

2001年，南宁市植保植检站承担了国家农业部农作物病虫抗药性监测项目，筹建南宁市农作物病虫抗药性监测实验室，配置了气相色谱、生物培养等大型仪器设备，并于2003年通过初步验收。但因资金和人员等诸多原因，相关监测工作未能开展起来。

第八节　南宁市植物保护机构组织沿革

一、1949—1977年

南宁市直辖市郊的9个乡镇（公社）(上尧、津头、亭子、安吉、沙井、那洪、石埠、新圩、三塘)，农业植保工作由南宁农业局（农林局、农牧渔业局）协调乡镇（农技站）统一管理，没有专门的植物保护机构。

二、1978—1999年

1978年南宁市农业技术推广站成立，其中有多名植保专业技术人员承担农作物病虫测报与防治技术指导和农业植物检疫工作。1980年，南宁植保植检站成立，编制4人，主要负责农作物病虫测报与防治技术指导和农业植物检疫工作。1989年，南宁市植保植检站重新核定编制为8人，为区（科）级单位，职能不变。1998年，南宁市植保植检站加挂南宁市农药检定管理所牌子，增编至11人，职能增加农药检定管理。

其间，1981年新增3个乡镇（金陵、坛洛、那龙），市辖11个乡镇；1983年邕宁、武鸣两县划归南宁市管辖，1984年南宁市成立郊区人民政府（原市辖乡镇划归郊区），至此南宁市辖两县一郊五城区（邕宁县、武鸣县、郊区和兴宁区、城北区、新城区、永新区、江南区，其中五城区不辖乡镇）。

三、2000—2021年

2005年，南宁市农产品质量安全检测中心成立，南宁市植保植检站（南宁市农药检定管理所）作为筹建单位，划拨2人到该中心，编制核减至9人，职能不变。

2013年，事业单位职能清理规范，剥离农药检定行政职能，南宁市植保植检站（南宁市农药检定管理所）主要职责调整为：承担农业植物保护和农业植物内部检疫的具体事务性和技术性工作；负责农作物病虫害监测与防治工作；负责农药检定的技术性工作。

2014年，南宁市植保植检站（南宁市农药检定管理所）核定为从事公益服务的公益一类事业单位。

2016年，南宁市农业领域综合行政执法改革，农业内部植物检疫职能剥离，南宁市植保植检站（南宁市农药检定管理所）更名为南宁市植物保护站（南宁市农药检定管理所），主要职责调整为：负责农作物病虫害监测与防治工作；负责农药检定的技术性工作。

2019年，伴随着深化南宁市农业综合行政执法改革，剥离执法队伍公益职能，国内农业植物检疫的技术性、事务性、辅助性工作回归南宁市植物保护站（南宁市农药检定管理所）。

其间，2001年撤销南宁市郊区，原郊区乡镇分别划入南宁市的五个城区管辖，市辖两县五城区；2003年横县、宾阳县、上林县、马山县和隆安县划入南宁市管辖，市辖七县五城区。2004年邕宁县撤县设区，南宁市城区重新调整为兴宁区、青秀区、西乡塘区、江南区、良庆区和邕宁区，市辖六县六区；2015年武鸣撤县设区，市辖五县七城区；2021年横县撤县设市，市辖五县（市）七城区。

四、历任站长名单

第一任站长，莫树森，任期1980—1987年；

第二任站长，岑湘云　任期1987—1992年；

第三任站长，陈永宁　任期1992—2007年；

代管领导，孔德工副局长，时间2007—2008年；

第四任站长，黄柳春，任期2008至今。

第九节　历年科研项目和荣获的科学技术进步奖项

1987—1990年，“南宁市水稻三虫两病综合防治”项目，荣获1992年南宁市科学技术进步奖三等奖。

1990—1992年，“南宁市水稻主要病虫综合损失率研究”项目，荣获1993年南宁市科学技术进步奖三等奖。

1992—1994年，“南宁市柑橘病虫害综合防治技术示范推广”项目，荣获1993年南宁市科学技术进步奖三等奖。

1995—1996年，“南宁市美洲斑潜蝇普查与防治技术研究”项目，荣获1997年南宁市科学技术进步奖二等奖。

1995—1999年，“龙眼主要病虫害发生种类调查及主要种类防治技术研究”项目，荣获2000年南宁市科学技术进步奖二等奖。

1996—1998年，“南宁市万亩无公害蔬菜技术经济开发”项目，荣获2000年南宁市科学技术进步奖一等奖。

2002—2003年，“农产品（蔬菜）农药残留快速检测技术应用推广”项目，荣获2004年南宁市科学技术进步奖二等奖。

2003年，制定标准《南宁市农产品质量安全要求　蔬菜》，由广西壮族自治区质量技术监督局发布实施（标准文号：DB45/T 91.1-2003）。

2005年，制定标准《南宁市农产品质量安全要求　水果》，由广西壮族自治区质量技术监督局发布实施（标准文号：DB45/T 91.2-2005）。

2005—2006年，“南宁市10万亩无公害蔬菜生产技术示范推广”项目，荣获2007年广西科学技术进步奖三等奖、南宁市科学技术进步奖一等奖。

2006—2009年，“蔬菜全程无害化生产及快速检测技术集成配套及示范应用”项目，荣获2010年广西科学技术进步奖三等奖。

2007—2011年，“南宁市百万亩超级杂交水稻示范推广”项目，分别荣获2009年、2012年南宁市人民政府授予的科学技术进步奖一等奖和重大贡献奖。

2008—2009年，“广西福寿螺防控技术研究与应用”项目，2010年获中国植物保护学会授予的技术推广类二等奖。

2008—2011年，“瓜实蝇发生规律及防治技术研究与应用示范”项目。

2011—2013年，“香蕉褐足角胸叶甲防治技术规程研究制定与示范应用”项目，荣获2014年南宁市政府授予的南宁市科学技术进步奖三等奖。

2013—2014年，“螟黄赤眼蜂规模化生产和甘蔗螟虫大面积绿色防控技术联合攻关与示范推广”项目，荣获2015年南宁市政府授予的南宁市科学技术进步奖一等奖。

第二章　柳州市

第一节　概　述

柳州市农业技术推广中心是财政全额拨款的参公事业单位，其植保科主要负责全市农作物病、虫、草、鼠害的预测预报，发布农作物病虫情报，进行农作物病虫害防治技术的研究、示范与推广，组织对农作物病虫害防治的指导和宣传，负责农药使用技术咨询、宣传、培训与技术推广，开展新农药试验、示范、推广工作等工作。人员编制和法人代表统一在市农业技术推广中心内，科里工作人员共有2人。柳州市所辖六县四城区，六县(柳江、柳城、鹿寨、融安、融水、三江)都有植保机构，四城区(城中区、柳南区、柳北区、鱼峰区)没有植保机构，属财政全额拨款的事业性单位，植保工作人员共59人。目前乡（镇）级尚无植保机构。

2019年，全市农作物总播种面积572.32万亩（其中粮食播种面积215.25万亩、经济作物播种面积156.02万亩、其他农作物播种面积201.05万亩）；全市农林牧渔业总产值从1978年的3.88亿元到2019年的359.42亿元（其中农业产值从1978年的2.73亿元到2019年的220.29亿元）。农民人均纯收入从1978年的82元到2019年的14715元，粮食产量从1978年的59.85万吨到2019年的72.01万吨；甘蔗产量从1978年的24.57万吨到2019年的642.38万吨；水果产量从1978年的8125吨到2019年的107.5万吨。（数据来源：2020年柳州统计年鉴）。

第二节　植物保护体系建设与发展

1987年12月3日，按照《关于成立柳州市农业技术推广中心请示的批复》(柳编〔1987〕64号)，成立柳州市农业技术推广中心，为柳州市农业局下属事业单位，编制共42名；原柳州市农业技术推广站、柳州市土肥站、柳州市植保植检站的编制取消，但仍保留柳州市农业技术推广站、柳州市土肥站、柳州市植保植检站的牌子。

2020年起，按照《关于印发〈柳州市农业技术推广中心职能配置、内设机构和人员编制规定〉的通知》(柳编办通〔2020〕78号)，柳州市植物保护工作主要由柳州市农业技术推广中心植保科（原柳州市植保植检站）承担，主要职责：负责农作物病虫鼠害预测预报、综合防治指导、示范工作及植物检疫的相关技术性工作，开展科学用药、植保新技术、新产品等引进、试验、示范及推广应用，开展农业植物保护的技术调查、宣传、培训及指导下级业务部门进行事务性和技术性工作。

自成立以来，柳州市农业技术推广中心植保科完成了大量的农业项目及科技项目，组织和主要参与实施的科技项目获柳州市科学技术进步奖二等奖4项、三等奖5项、四等奖1项，获广西计算机推广应用成果三等奖1项。截至2016年，柳州市植保体系已有农业技术推广研究员1人、高级农艺师5人；获得“柳州市拔尖人才”称号4人次，获得柳州市优秀青年科技人才称号3人次，入选柳州市“个十百人才工程”第二层次人选1人。

柳州市市级及五县一区（柳江区）均设立有专门从事植物保护工作的机构，拥有专职检疫员。经过多年的机构改革，部分县区植保站已并入农业技术推广中心或与土肥站、生态站合并等，不再是独立法人单位。

此外，为更好地开展植保工作，1986年成立柳州市植物保护学会。柳州市植物保护学会是柳州市植物保护工作者的群众性专业学术团体，经市民政局审批备案（登记证号：柳市社证字A-169），业务主管单位为柳州市科学技术协会，学会挂靠柳州市农业技术推广中心，办公地点设在柳州市农业技术推广中心。其会员组成包括出入境检疫、园林、林业、农业、植保产品生产经销企业等多个部门及行业，目前已有会员215人。1995年以来会员主持或参加实施植保科技项目27项，开展课题探讨和技术攻关，并收到良好的经济效益和社会效益。其中“广西大功臣（吡虫啉）防治稻飞虱试验与推广应用”等2项获广西科学技术进步奖三等奖；“网络化智能化的柳州市农业科技专家服务系统及其在植保上的应用示范”等4项获柳州市科学技术进步奖二等奖，“农业植物有害生物疫情普查”等11项获柳州市科学技术进步奖三等奖。会员在各自的工作岗位上积极工作并取得各类荣誉，其中7位会员被评为柳州市专业技术拔尖人才，8位会员被评为柳州市优秀青年科技人才。

第三节　植物保护技术推广与培训

一、1987—1990年

根据“有害生物综合治理（IPM）”的理论原则和生产实际，采用“农、菌、灯、药”的病虫害综合防治措施，有效控制了水稻、蔬菜病虫害的为害，改善了农田生态结构，减少化学农药的使用量。

二、1991—1995年

开展水稻主要病虫综合防治规范技术试验示范推广，建立了水稻病虫害监测调查规范，采取农业防治压基数、科学用药控为害、保护天敌促平衡等综防技术，保障了水稻生产安全。

三、2011—2017年

全面开展农作物病虫害绿色防控技术示范推广。2011年以来，大力示范应用植保“三诱”（光诱、色诱、性诱）技术、毒饵站、以螨治螨、果实套袋、天敌释放、生物防治、农业防治、健身栽培和生态调控等环境友好型绿色植保集成技术、综防配套技术。结合“清洁田园·美丽柳州”活动的开展，在多种作物上创建了多个绿色植保技术防控示范样板，2013—2017年在全市共建立116个绿色植保技术示范样板，示范面积116万亩次，打造出了一批绿色农产品品牌，降低了田间农药的使用量，减少农药对环境的污染，通过示范带动作用，使得绿色植保技术的社会认可程度逐步提高。

第四节　病虫测报与防治

一、病虫测报体系建设发展概况

柳州市植保植检站成立以来主要实施了农作物病虫害的监测与防控技术研究应用示范、检疫性有害生物普查与监控技术研究应用示范等项目，通过项目的实施在柳州市范围内建立健全了覆盖全市的农作物病虫害监测预警网络，利用计算机互联网实现了各监测网点信息传递的标准化、现代化，提高了病虫情报发布的时效性和准确性；基本摸清了主要农作物病虫害在柳州市的发生规律和防治技术措施，明确了检疫性有害生物在柳州市的发生分布情况并采取了切实有效的监控防除措施，建立了专业化的防治技术队伍，保障了农业生产的安全。

二、病虫测报监测技术的发展

1996—2000年：开始将计算机技术应用于病虫害监测预警中，利用计算机互联网实现了各监测网点的信息传递标准化、现代化，提高了病虫情报发布的时效性和准确性。

2001—2005年：在全市开展全面的农业有害生物疫情普查，明确了检疫性有害生物在柳州市的发生分布情况，建立了柳州市农业有害生物疫情数据库，同时采取了切实有效的监控防除措施，保障了农业生产的安全。

2006—2010年：开始将GPS技术应用在柳州市农作物病虫害监测预警与防治上，健全了市、县、乡（镇）三级农作物病虫害监测预警与防治网络体系，实现了植保信息的动态定位采集、网络上报和动态更新、可视化显示，定位指导面上病虫害防治，从而全面提升农作物病虫害的防治水平，增强了防灾减灾能力。

第五节　农药、药械供应与推广

柳州市植保植检站成立以来，一直致力于推行公共植保、绿色植保，实现农药减量增效。2016年以来，柳州市农药使用量（折百）分别为2016年896.98吨、2017年888.65吨、2018年739.6吨、2019年787.58吨、2020年634.44吨。

除了实现农药减量增效，柳州市还通过项目实施示范推广专业化植保器械。其中，2011—2016年购置先进防治器械，建立了专业化的防治技术队伍，开展病虫害专业化统防统治技术推广应用示范，研究应用植保航空器械开展病虫害专业化防治工作，初步完成了机手培训、飞机维护、高功效农药应用、优化集成无人机的技术设施及应用系统（如：农药条码管理平台、机载信息记录仪等）等技术研究工作。

第六节　科研成果

一、市厅级科技成果奖

（一）获奖项目概览（表16）

表16　市厅级科技成果奖统计表

序号	获奖年份	获奖项目	完成单位	主要完成人员	发证机关
广西计算机推广应用成果奖三等奖					
1	2004	智能化网络化的柳州市农业科技专家服务系统建设及其在植保上的应用示范	柳州市农业技术推广中心	刘觉滨、董志德、曹先毅、廖宪成、李伟权、黄革文、韦振锦、黎坤、周颀、谭大奎	广西壮族自治区信息产业局、广西电子信息系统推广应用办公室、广西电子学会
柳州市科学技术进步奖二等奖					
1	1989	蔬菜害虫综合防治试验、示范、推广	柳州市植保植检站	梁裕宁、刘文发、黄晋豪、龙华、黄亚松、钟燕辉、黄丽琼	柳州市人民政府科学技术进步奖评审委员会
2	1993	水稻主要病虫综合防治规范技术试验示范推广	柳州市植保植检站、柳江县植保植检站、柳城县农作物病虫害预测预报站	黎坤、覃文显、李永松、欧木生、郭锦耀、韦炳端、计仁欢	柳州市人民政府科学技术进步奖评审委员会
3	1999	柳州市稻田重大病虫鼠害减灾保产技术推广应用	柳州市植保植检站、柳江县植保植检站、柳城县农作物病虫害预测预报站	黎坤、欧木生、潘雪萍、杨葵、刘喜献、计仁欢、覃艳群	柳州市人民政府科学技术进步奖评审委员会
4	2003	智能化网络化的柳州市农业科技专家服务系统建设及其在植保上的应用示范	柳州市科技局、柳州市信息化领导小组办公室、柳州市农业技术推广中心、柳州市植保植检站、柳州市计算机技术研究所、柳州市科技情报所	刘觉滨、董志德、曹先毅、廖宪成、李伟权、黄革文、韦振锦	柳州市人民政府科学技术进步奖评审委员会
5	2012	姜瘟病综合防治技术研究Ⅱ	柳州市农业技术推广中心	杨桂芬、覃程辉、罗泽科、韦志勇、黄桂珍、王毓、龚志宏	柳州市人民政府
柳州市科学技术进步奖三等奖					
1	1993	水稻“浸种灵”“增稻灵”扩大试验示范	柳州市农业技术推广中心、柳江县农业技术推广中心、柳城县农业技术推广中心、柳州市扶贫办、柳州市化工研究所	何宝才、杨伟林、黄甫兴、王毓	柳州市人民政府科学技术进步奖评审委员会
2	1994	杂交稻制种田水稻细菌性条斑病综合防治试验	柳州市植保植检站、柳江县植保植检站、柳江县种子公司	欧木生、覃文显、韦广能	柳州市人民政府科学技术进步奖评审委员会
3	1997	50%抗蚜威可湿性粉剂防治甘蔗绵蚜试验示范推广	柳州市植保植检站、柳城县农作物病虫害预测预报站	韦仕团、刘喜献、韦炳端、覃艳、董志德	柳州市人民政府科学技术进步奖评审委员会

续表

序号	获奖年份	获奖项目	完成单位	主要完成人员	发证机关
4	2004	柳州市农业植物有害生物疫情普查及防治技术在农业生产上的应用	柳州市农业技术推广中心	董志德、周颀、廖宪成、秦善秀、覃和朋	柳州市人民政府科学技术进步奖评审委员会
5	2009	氟虫腈防治三化螟等水稻害虫技术推广	柳州市农业技术推广中心	周颀、廖宪成、高建煌、莫小敏、李克	柳州市人民政府科学技术进步奖评审委员会
6	2010	GPS技术在柳州市农作物病虫害监测预警与防治上的应用	柳州市农业技术推广中心、柳州市植保植检站	廖宪成、李为能、邹秋玲、王新旺、黄桂珍	柳州市人民政府
7	2014	柑橘果蝇类害虫监测及综合治理技术研究与示范	柳州市植保植检站	廖宪成、李为能、谢培超、卢进才、刘明强	柳州市人民政府
柳州市科学技术进步奖四等奖					
1	1990	5%尼索朗防治柑橘红蜘蛛试验示范推广	柳州市植保植检站、广西农药检定室	罗传娥、郑清、徐小坚、陈焕于、欧木生	柳州市人民政府科学技术进步奖评审委员会

（二）部分获奖项目简介

1. 水稻主要病虫综合防治规范技术试验示范推广

实施年限：1991—1993年。

获奖名称：1993年度柳州市科学技术进步奖二等奖。

成果概述：本项目采取农业防治压基数、科学用药控为害、保护天敌促平衡等综合防治技术，两年实施47.19万亩，综合防治区均达到或超过项目要求的各项技术指标。项目要求综合防治区病虫综合损失率控制在经济指标允许以下，实施结果病虫为害程度均为一级；项目要求综合防治区农药防治费下降15%~20%，实施结果下降26%；项目要求1991年综合防治示范区粮食增产10%，1992年粮食有所增长，实施结果1991年增加11.6%，1992年增加5.9%；综合防治区害虫天敌增加57.03%，达到广西同类项目的先进水平。

推广应用前景：应用水稻主要病虫综合防治规范技术，可以起到减少化学使用量、减少农药用药次数的作用，具有明显的经济、社会效益，在水稻病虫害防治上具有很好的推广应用前景。

本单位完成人员：黎坤、欧木生。

2. 柳州市稻田重大病虫鼠害减灾保产技术推广应用

实施年限：1997—1999年。

获奖名称：1999年度柳州市科学技术进步奖二等奖。

成果概述：项目采取以水稻为中心，八大稻田病虫鼠害发生规律为依据，综合治理技术为手段，减灾保产为目的，组装和实施一整套稻田重大病虫鼠害测报和综防配套技术，开展植保技术社会化服务示范，有效控制病虫鼠害。项目对病虫害的预报准确率平均为96.3%；推广各重大病虫鼠害减灾保产技术474.1万亩次，综合治理153.7万亩；防治病虫鼠害总体效果达92.4%；通过项目技术推广应用将病虫鼠为害损失控制在3%以下；共挽回稻谷损失11.9万吨；项目区比常规防治区平均亩增产9.7%；

新增利税5720.75万元，成果有创造性、先进实用性，达到区内同类项目先进水平。

推广应用前景：柳州市稻田主要有害生物如稻飞虱、稻瘿蚊、水稻纹枯病等重大病虫鼠的为害长期威胁柳州市水稻生产。若不实施有效控制，每年将造成稻谷自然损失约9万吨，严重制约本市粮食生产。项目技术的应用能有效控制水稻有害生物的为害，达到减灾保产的作用。

本单位完成人员：黎坤、欧木生、董志德、兰张红。

3. 智能化网络化的柳州市农业科技专家服务系统建设及其在植保上的应用示范

实施年限：2000—2003年。

获奖名称：2003年度柳州市科学技术进步奖二等奖，2004年度广西计算机推广应用成果三等奖。

成果概述：项目通过把现代信息技术与现有农业技术服务体系进行整合，得到一个新型的、高效的农技信息服务模式，项目有效集成各种网络资源、硬件资源、软件资源及信息资源建成的网络化智能化的柳州市农业科技专家服务平台和服务体系；包括两个网络子系统：（1）利用自主开发国内首创的虚拟寻呼网频道信息管理系统平台软件（VC-CIMS）建成的主要面向农村广大低端用户的科技小神通金农星信息服务系统;(2) 主要面向高端用户的柳州市智能化农业科技专家服务系统。项目已在全市（原柳州市行政区域）31个乡镇实施，2000—2002年实施3年来，在水稻种植上的实施应用面积达255.37万亩次，经防治后挽回损失16.08万吨，共增收节支10102.56万元，平均每亩次应用面积增收节支约39.6元。项目在应用虚拟寻呼网频道信息管理系统平台服务于大面积的水稻植保工作方面，在国内尚属首次。项目的技术及应用在实际生产中达到国内同类项目先进水平。

推广应用前景：应用计算机网络技术、数据库技术、多媒体技术、人工智能技术等现代信息技术，并与农业领域专家结合而建成的柳州市智能化农业科技专家服务系统，是一种新型农业技术推广系统，具有传播速度快、覆盖面广、形象逼真、易于操作、可智能决策等优点，农业专家系统与计算机网络的结合克服了农业专家短缺和专家知识盲点，改变了传统的农技推广方式，是农民、农技推广人员和各级政府部门传播推广实用技术、普及农业科学知识的重要手段。随着社会的发展、计算机的不断普及、上网成本的降低、农民综合素质的提高及农业信息化的推进，网络化智能化的农业科技专家服务系统广泛应用是必然的发展趋势。

本单位完成人员：董志德、廖宪成、黎坤、周颀。

4. 姜瘟病综合防治技术研究Ⅱ

实施年限：2007.01—2009.12。

获奖名称：2012年度柳州市科学技术进步奖二等奖。

成果概述：针对生姜生产中姜瘟病为害严重的问题，进行姜瘟病综合防治技术研究。项目集成一套无害化的姜瘟病综合防治技术，制定了广西地方标准《姜瘟病综合防治技术规程》（DB45/T 820—2012），综合防治技术示范应用取得显著成果，姜瘟病病株率降低到1%以下、防效达98%以上，增产72%以上，累计示范应用4569亩，新增仔姜总产量427万千克，平均每亩新增纯收入6039元，新增总纯收入2759万元。项目超额完成合同规定的技术经济指标。经鉴定委员会鉴定，成果达国内领先水平。

本单位完成人员：杨桂芬、覃程辉、黄桂珍、王毓、龚志宏、周芳睿、廖宪成、欧木生、杨日、覃孟春、兰毅、顾冰、高畅。

二、农业系统科技成果奖

（一）获奖项目概览（表17）

表17　农业系统科技成果奖统计表

序号	获奖年份	获奖项目	完成单位	主要完成人员	授奖单位
广西壮族自治区农业厅科技成果三等奖					
1	1993	水稻主要病虫综合防治规范技术试验示范推广	柳州市植保植检站、柳江县植保植检站、柳城县农作物病虫害预测测报站	黎坤、覃文显、李永松、欧木生、郭锦耀、韦炳端、计仁欢、钟桂英、韦洪秀、刘喜献	广西壮族自治区农业厅
广西农牧渔业科技改进三等奖					
1	1989	5%尼索朗防治柑橘红蜘蛛试验示范推广	柳州市植保植检站	罗传娥、郑清、徐小坚、陈焕于、欧木生、秦瑞明、关明、陈瑞贤、莫献忠	广西壮族自治区农业厅
2	1993	细菌性条斑病疫区杂交稻制种基地改造配套技术的探讨	柳州市植保植检站、柳江县植保植检站	欧木生、覃文显、韦广能、黎坤、韦志团、覃海斌、莫玉谋、罗传娥	广西壮族自治区农业厅
柳州市农业系统科技成果奖一等奖					
1	1988	蔬菜害虫综合防治试验、示范、推广	柳州市植保植检站	梁裕宁、刘文发、黄晋豪、龙华、黄亚松、钟燕辉、黄丽琼	柳州市农业委员会
2	1994	杂交稻制种田水稻细菌性条斑病综合防治试验	柳州市植保植检站、柳江县植保植检站、柳江县种子公司	欧木生、覃文显、韦广能	柳州市农业委员会
柳州市农业系统科技成果奖二等奖					
1	1990	5%尼索朗防治柑橘红蜘蛛试验示范推广	柳州市植保植检站、广西农药检定室	罗传娥、郑清、徐小坚、陈焕于、欧木生、秦瑞明、关明、陈瑞贤、莫献忠	柳州市农业委员会
2	1990	综合防治稻瘿蚊的试验示范	柳州市植保植检站	张早安、韦炳端、郑清、黄庚亮、银立权、钟桂英、周文斌、秦善秀、张平、覃文显、邓展云、计仁欢、钟仁娥、卢文祥	柳州市农业委员会
柳州市农业系统科技成果奖三等奖					
1	1990	敌鼠钠盐灭鼠示范推广	柳州市植保植检站	罗传娥、欧木生、黎坤、韦志团、银立汉、钟桂英、董志德、韦宗赛、周文斌、邓展示	柳州市农业委员会
2	1992	水稻主要病虫综合防治试验示范	柳州市植保植检站	欧木生、覃文显、韦炳高、黎坤、钟桂英	柳州市农业委员会
3	1992	特异性昆虫生长调节剂——扑虱灵防治稻飞虱试验示范总结	柳州市植保植检站	欧木生、覃文显、计仁欢、黎坤、董志德	柳州市农业委员会
4	1995	50%抗蚜威可湿性粉剂防治甘蔗绵蚜试验示范推广	柳州市植保植检站、柳城县农作物病虫害预测测报站	韦仕团、刘喜献、韦炳端、覃艳、董志德、黎坤、欧木生、林孝珊、梁志军、李永松	柳州市农业委员会

续表

序号	获奖年份	获奖项目	完成单位	主要完成人员	授奖单位
柳州市农业系统农业科技成果四等奖					
1	1988	水稻化学除草试验	柳州市植保植检站		柳州市农业委员会
2	1989	尼索朗防治柑橘红蜘蛛的药效试验	柳州市植保植检站	罗传娥、郑清、陈瑞贤、张早安、陈焕于、岑百花、李桂兰、覃祖元	柳州市农业委员会

（二）“细菌性条斑病疫区杂交稻制种基地改造配套技术的探讨”项目获奖简介

获奖名称：1993年广西农牧渔业科技改进奖三等奖。

成果概述：制定完善了适合柳州市的杂交稻制种田水稻细菌性条斑病防治技术规范。完成制种基地面积达4669.50亩，试验地点在柳江县进德乡的8个村屯，制种组合有10个品种。采用主要技术措施有：清洁田园及时耙沤田；选用无病种子，做好种子消毒；科学肥水管理，实行健身栽培；药物预防和防治。

推广应用前景：应用项目制定的水稻细菌性条斑病防治技术，可以大大提高水稻细菌性条斑防治效果，具有明显的经济、社会效益，在水稻病虫害防治上具有很好的推广应用前景。

三、地方标准制定

地方标准制定概览（表18、表19）

表18　广西地方标准制定一览表

序号	年份	标准名称	标准发布号	起草单位	起草人员	发布单位
1	2012	姜瘟病综合防治技术规程	DB45/T 820—2012	柳州市农业技术推广中心	杨桂芬、覃程辉、黄桂珍、韦志勇、杨日、罗泽科、欧木生、龚志宏、兰毅、王毓、廖宪成、覃孟春、吕中杰、林玲、顾冰、高畅、李里	广西壮族自治区质量技术监督局

表19　柳州市地方标准制定一览表

序号	年份	标准名称	标准发布号	起草单位	起草人员	发布单位
1	2011	十字花科叶菜拟除虫菊酯类农药残留微生物降解技术规程	DB450200/T0032—2011	柳州市农业技术推广中心	翁春英、黄阳成、李翔、韦江峰、韦流宜、吕中杰	柳州市质量技术监督局
2	2015	柑橘生产质量安全综合管理技术规程	DB450200/T0045—2015	柳州市农业技术推广中心	李翔、黄阳成、廖宪成、翁春英、韦江峰、胡支向、刘颖、陈宗道、胡玉兰、王亮、李雪凤	柳州市质量技术监督局

四、著作出版一览表（表20）

表20　著作出版统计表

序号	出版时间	著作名称	出版单位及书号	编者
1	2005	柳州市农作物病虫害综合防治手册	广西科学技术出版社，书号：ISBN 7-80666-614-1	董志德、周颀、朱泽亮、陈军、黄桂珍、秦善秀、韦春洪、计仁欢、刘喜献、李克、李为能、易巧玲、欧木生、柳有广、廖宪成、潘多集、黎坤

第三章　桂林市

第一节　概　述

桂林市总面积2.78万平方千米，辖11县（市）6城区，总人口560万。截至2020年底，粮食作物播种面积505.89万亩，产量176.93万吨；水果种植面积371.5万亩，产量792万吨；蔬菜种植面积（含复种面积）334万亩，产量533.65万吨；罗汉果种植面积16.1万亩，产量15.25亿个；食用菌种植面积4230.85平方米，产量43.56万吨。

桂林市农作物品种丰富多样，历年来农作物病虫草鼠螺发生严重，2020年病虫草鼠螺发生面积4544.58万亩次，防治面积5552.46万亩次，挽回各类作物产量损失124.76万吨。2020年发布病虫情报314期，准确率在90%以上，病虫防控预警信息乡（镇）覆盖率100%，覆盖90%以上行政村。

桂林市植物保护站始终坚持以科学发展观为统领，牢固树立“公共植保、绿色植保、科学植保”理念，贯彻“预防为主，综合防治”植保方针，以病虫监测预警为主线、以农药减量控害为抓手、以绿色防控和统防统治为主要内容、以控害保产和提高农产品品质为目的，采取综合治理与应急处置相结合，强化病虫监测预警，做到早发现、早预警、早治理，大力推广绿色植保技术、统防统治技术、农药减量控害技术、科学安全施药技术等，综合协调应用多种防治措施，持续推进农企合作，强化联防联控，群防群治，提高重大病虫应急防控能力，努力将病虫为害控制在经济允许损失水平之下，为广大农民增产增收保驾护航。

第二节　植物保护体系建设与发展

一、机构设立与人员编制

中华人民共和国成立后，桂林分别成立了桂林市人民政府和桂林行政公署。桂林市政府辖市区、郊区及临桂、阳朔两个县。桂林行政公署辖灵川、兴安、全州、灌阳、平乐、恭城、荔浦、永福、资源、龙胜10个县，统称桂林地区。

20世纪50年代末至60年代初期，桂林地区植保工作主要由桂林公署农业局下属的农业科承担，在农业科内设立1~2名植保技术员负责植保植检日常业务。1976年1月，为适应农业生产发展的需要，贯彻“以粮为纲，全面发展”的方针，根据地区革委会桂地革〔1976〕18号文件，恢复地区农业局下属植保植检站机构，编制5人。1987年4月，根据桂地编〔1987〕38号《关于核定地属事业单位编制的通知》，重新核定桂林地区植保站编制到8名。1987年9月根据桂地编〔1987〕70号文件，桂林地区植保站核定为科级单位。1991年根据市编〔1991〕84号《关于调整桂林市农业局部分事业单位机构编制的通知》，同意桂林市植保站加挂桂林市植物检疫站牌子，人员编制6名，并从桂林市推广站分出来，作为独立的事业单位，隶属桂林市农业局领导。1991年8月，根据桂地编〔1991〕57号文件，桂林地区植保站增加1名事业编，使编制数达到9名。1998年12月，实行地市合并，按照市编〔1998〕109号文件，原桂林地区植保站与原桂林市植保站合并，合并后机构为：桂林市植物保护站（对外增挂桂林市农药检定管理所、桂林市植物检疫站牌子），机构级别相当于区（科）级，核定编制19名（财政拨款）。2000年8月，根据市编办〔2000〕3号文件，同意桂林市农业局法规科增挂（农业行政执法监察支队）牌子，支队没有独立编制，人员在桂林市农业局内部相关业务站调剂，其中从植保站抽调1名专业人员，主要协助开展全市农药市场执法检查和监督管理。2004年11月，根据市编〔2004〕27号文件，从桂林市植物保护站调整1名到桂林市农产品检测中心，桂林市植物保护站编制由19名调整为18名。2006年，为了适应工作需要，根据市编办〔2006〕8号文件，桂林市植物保护站编制由18名调整为15名。2009年5月，根据市编办〔2009〕41号文件，核定桂林市植物保护站领导职数为1~3名。至2014年，为了加快桂林市国家农业科技园建设，设立广西桂林国家农业科技园区管理委员会，其编制构成从相关站划转，桂林市植物保护站划转1名全额事业编制，划转后桂林市植物保护站全额事业编14名。至2019年，根据市编〔2019〕67号文件，重新核定桂林市植物保护站全额事业编制13名，机构设置相当正科级、公益一类财政全额拨款事业单位，保留桂林市植物检疫站牌子，不再加挂桂林市农药检定所牌子。至2021年5月底，桂林市植物保护站现有编制13名，现有在职人员13名，其中推广研究员2名，高级农艺师5名，农艺师4名，助理农艺师2名。

随着机构改革不断深入，县（市、区）级植保机构也进行了调整，多数县植保站保留全额事业独立法人机构和编制。部分县（区）植保站兼并到农业农村局下属的推广中心或农业发展服务中心，内设植保股。有的县（区）植保站纳入参公管理。这些县经机构改革和调整后，不再保留植保站独立法人机构和编制，但工作性质和职能不变。至2021年5月底，桂林市、县（区）两级植保部门现有人员编制共94人，在职人员75人，其中正高级职称4名，副高级职称14名，中级42名，初级11名，其他人员4人。全市现有持证检疫人员78名。

二、植物保护体系建设

20世纪60年代初期，随着地市级植保机构的建立，各县植保机构也先后设立。全州县于1958年成立了县级农作物病虫测报站，是广西最早成立的县级植保机构。1964年，桂林地区各县相继成立了农作物病虫测报站。1980年后，陆续更名为县植保站。1982年，随着农村经济体制进行重大改革，实行联产承包责任制，植保建制顺应历史潮流，创建合作植保体系，形成地、县、乡（镇）、村4级植保联防联控网络。在地区植保站的指导下，10个县都建立健全了植保植检工作体系，119个乡（镇）推广站配备至少1名植保技术员，1333个村公所基本有1名以植保为主的农科员，农科员一般为副村长，主要协助县级植保站和乡级推广部门开展农作物病虫害防治和指导工作。基本实现点面结合，横向联系，纵向指导，互相交流的现代化植保体系。

20世纪80年代末至90年代初期，在农业部、广西壮族自治区农业厅的大力支持下，桂林市先后在灵川、永福、兴安、全州等县建立了全国和广西农作物病虫测报网区域测报站，植保设施得到了进一步改善。进入21世纪，农业部、广西壮族自治区农业厅加大了植保工程项目的资金投入，加强农作物病虫害观测场和植保工程项目建设，至2021年，桂林市实施植保工程项目县达11个，已建成并投入使用的病虫害观测场19个，柑橘木虱监测点10个，草地贪夜蛾自动监测点14个，安装物联网监控系统7套。建立专业化统防统治服务队伍292支，从业人员2583人，日防治作业能力8.959万亩。病虫害监测预警和防控体系建设得到了进一步完善。

三、植物保护事业发展

20世纪50年代，桂林专区植物保护机构不健全，技术力量单薄，当时桂林专区农业局只有1~2名植保技术员，大多数县局只有1~2名经过短期培训后就从事植保工作的人员，对农作物病虫防治缺乏技术，工作被动。病虫害防治多采用人工捕打、土农药喷洒等原始方法。到了60年代，随着各级政府的不断重视，植物保护机构逐渐完善，植保队伍不断壮大，农作物病虫防治工作也逐渐步入正轨。1960年上半年，广西农学院安排毕业生到桂林专区会同当地植保人员，开展农作物病虫害普查工作，经普查结果显示，桂林地区病虫害种类989种，其中病害572种，虫害417种。

进入70年代，桂林地区稻纵卷叶螟、白背飞虱、褐飞虱为害面积大及为害程度重，预测预报难度加大，准确度低，防治工作被动，为此桂林地区植保站积极组织技术人员进行攻关，参加科研协作，取得了显著成绩。1976年参与广西农学院主持的“广西稻纵卷叶螟迁飞研究”课题实施，获得广西科学技术进步奖一等奖、农业部科学技术进步奖一等奖；1974—1978年，桂林地区植保站组织14个严重发生稻瘟病的山区乡镇进行综合防治示范，示范面积3.1万亩，采取种子消毒、完善稻田排水系统、科学施肥，压苗瘟、控叶瘟、狠治穗瘟的综合防治措施，有效控制了稻瘟病大流行为害，共挽回粮食损失865.2万千克，该项目获得广西壮族自治区农业厅科学技术进步奖三等奖。1977—1978年参与江苏农科院、江苏农学院主持的“全国褐飞虱迁飞规律阐明及预测预报中的应用”课题实施，该项目获得农业部科学技术进步奖一等奖，国家科学技术进步奖一等奖。1982—1984年桂林地区植保站、湖南郴州、桂林地区农科所共同主持的“南岭稻区褐飞虱、白背虱、稻纵卷叶螟迁飞规律及综合防治”项目，通过桂、湘、粤、赣四省区14个地、县级植保站参与协作研究，明确了本区域三虫迁入、迁出、回迁同步衔接关系，以及与气象因素的关系，该项目于1984年获广西科学技术进步奖三等奖。

2001—2010年，桂林市植保部门根据广西壮族自治区植保总站的统一部署，积极推广“三诱（灯诱、色诱、性诱）害虫防控技术”，取得了显著成效。至2010年，全市推广“三诱”害虫防控面积达6万多公顷，在多种农作物上建立“三诱”技术防控示范点30多个，减少农药使用和农药残留风险，为保护农业生态和农业生产安全发挥了重要作用。10年间，桂林市植物保护站主持实施的各类科技项目6项，其中获农业部农牧渔业丰收奖2项、桂林市科学技术进步奖4项。

2011年以来，桂林市、县植保部门牢固树立“公共植保、绿色植保、科学植保”理念，贯彻“预防为主，综合防治”植保方针，大力推广绿色植保、统防统治、农药减量控害等技术，强化联防联控，群防群治，提高重大病虫应急防控能力，努力将病虫为害控制在经济允许的损失水平以下。2020年，全市发布各类病虫情报314期，病虫情报准确率在90%以上。病虫害预警信息乡（镇）覆盖率100%，行政村覆盖率90%以上。推广农作物绿色防控技术面积1372.23万亩次，绿色防控覆盖率43.08%。开展统防统治面积446.34万亩次，统防统治覆盖率40.65%。大力推进农药减量工作，减少农业面源污染，亩次减少农药使用量10%~15%。推广“一喷三省”农药减量控害技术850万亩次，开展各种技术培训311期，培训人员2.5万人次。认真开展植物产地检疫、调运检疫、开展检疫对象（稻水象甲、红火蚁、黄瓜绿斑驳花叶病毒病、柑橘黄龙病、橘小实蝇、葡萄根瘤蚜等）调查和防控工作。

中华人民共和国成立后，经过几代植保技术人员的共同努力，桂林市植保体系和基础设施不断完善，生物灾害监测预警能力明显提高，重大病虫害控制能力持续增强，绿色植保推广面积不断加大，植物检疫得到科学防控。各项事业取得了长足发展，为保障农业生产安全和农产品质量安全做出了重要贡献。

第三节　植物保护技术推广与培训

一、植物保护技术推广

（一）基层合作植保试点

1979年，临桂县茶洞公社农技推广站在茶洞大队进行合作植保试点，对早稻穗颈瘟流行原因调研，提出应对措施。对四代三化螟开展防治示范，取得一定效果：亩均用药成本由1978年的1.47元，降低至0.82元，减少44.2%；平均白穗率由19.6%压低至0.6%，减少97%，比对照组（未参加合作植保生产队）平均白穗率（10.6%）少94.3%，当年全大队晚稻增产145吨。

（二）推广水稻纹枯病综合防控技术

1985—1987年在9县25个乡镇示范，规模由17万亩增至25万亩。大田防效81%，亩均增产14.9%，亩均纯经济效益15.48元，经济效益比值1∶7.4。方案及组织实施办法经广西壮族自治区植保总站转发全广西推广。

“推广水稻纹枯病综合防治技术，促进粮食增产”项目于1988年5月获广西壮族自治区农牧渔业厅技术改进三等奖。

（三）推广稻瘿蚊综合防治技术

1989年，桂林地区植保站组织灵川、永福、平乐、荔浦、恭城5县参加广西壮族自治区植保总站主持的“稻瘿蚊综合防治”项目。综防规模25个乡镇39.9万亩，占当年该虫发生面积的93.2%；实施效果明显，达到既定的各项技术经济指标。综防区晚稻挽回损失33949.6吨，增产35.89%，投入与新增产值比为1∶3.47。

1990年，项目获广西壮族自治区农牧渔业厅技术改进二等奖，获桂林地区科学技术委员会科学技术进步奖三等奖。

（四）推广稻飞虱防治特效农药

1985—1987年，针对当时防治稻飞虱药剂单一等问题，引进有机氮新农药叶蝉散EC，在11个县试验示范推广。3年累计推广345.59万亩次，占稻飞虱药剂防治面积的54%，销售345589千克，平均防效94%，节约农药费117.5万元，效益良好。

1987年，“叶蝉散乳剂防治稻飞虱试验示范推广”项目成果获广西壮族自治区农牧渔业厅技术改进三等奖。

（五）敌鼠钠盐灭鼠技术示范推广

1985年4月，桂林地区植保站在荔浦县青山乡开展敌鼠钠盐杀鼠剂全乡统一灭鼠示范，参加灭鼠农户5455户，占全乡总户数88%。该技术灭鼠效果达86%~100%，灭鼠55641只，受益农田2.65万亩，纯收益47.8万元，经济效益比1∶274。示范效果明显，促进了该灭鼠剂应用技术的推广。

1985—1987年，桂林地区销售敌鼠钠盐600余千克，农田灭鼠75万亩，农村住宅灭鼠33.5万户，灭鼠1750万只，受到群众欢迎，贵州省等地曾来函咨询。

“敌鼠钠盐统一灭鼠技术”项目于1985年先后获得桂林地区科技成果奖四等奖、广西壮族自治区农牧渔业厅技术改进四等奖。

（六）新型灭鼠剂试验示范

1986年12月至1987年4月引进第二代抗凝血灭鼠剂大隆（TALON），用以对付对第一代抗凝血灭鼠剂敌鼠钠盐产生抗性的老鼠。示范区设在灵川县潮田乡，采用含0.005%溴敌隆（Brodifacoum）有效成分的大隆蜡块毒饵（由英国卜内门公司提供原药，上海联合化工厂加工制成）进行全乡范围统一灭鼠示范，有34个自然村，19个乡直单位1352户参加。住宅投毒1130间，农田投毒10453亩（占该乡农田面积54.7%），公共场所投毒1508亩。经统计，示范区灭鼠21495只，户均15.9只。室内、农田灭效分别为82%、70%，达到国内同类水平，评价良好。

《大隆（TALON）大面积统一灭鼠效果观察》一文在《广西农业科学》1988年第四期发表，在1987年6月广西壮族自治区植保总站与英国ICI公司（Imerial Chemical Indusries）联合召开的大隆灭鼠技术交流会上宣读。

此外，还引进了第二代抗凝血灭鼠剂溴敌隆在兴安、平乐等地试验示范，以期作为杀鼠剂的替补、轮换使用品种。

（七）推广柑橘病虫综合防治技术

1986—1988年，桂林地区植保站参加广西壮族自治区植保总站主持的“保护利用捕食螨，防治红蜘蛛为主要内容的柑橘病虫综合防治”项目，旨在克服单纯依赖化学农药，避免造成“3R”现象，即农药残留（Residue）、害虫抗性（Resistance）、再增猖獗（Resurgence）。

综合防治技术在全州、兴安、灵川、平乐、荔浦等5县51个乡镇进行推广，1986年示范推广3528亩，1987年87800亩，1988年130000亩，1991年后达到20万亩，占柑橘面积38.5%。经3年示范推广，综合防治园内病虫如红蜘蛛、潜叶蛾、锈壁虱、蚧壳虫、溃疡病、炭疽病、疮痂病等得到控制，为害减轻。1987年全地区综合防治面积8.78万亩，节约防治成本186.51万元，挽回损失701.8万元，防治收益888.31万元，扣除综合防治成本305.28万元，经济效益583.03万元。当年综合防治区红蜘蛛亩均化学防治成本2.65元，非统合防治区7.60元，亩均减少4.95元，下降66.2%。进行综合防治后，果园生境改善，天敌种群数量上升，益害比达1：50。

1988年项目先后获广西壮族自治区农牧渔业厅技术改进三等奖、广西科学技术委员会科学技术进步奖三等奖。

（八）农田害鼠监测研究

1987—1990年，桂林地区植保站同灵川县测报站合作，对灵川县农田鼠类生态学以及灭鼠后鼠种群密度回升状况进行调研，查明黄毛鼠和黑线姬鼠为主要为密种类，前者为优势种占75%，后者次之。两者为防治主攻对象，种群密度有季节性变化。灭鼠时间为11月至次年1月，即开展冬季灭鼠最佳。

项目获1990年广西壮族自治区农牧渔业厅技术改进三等奖。

（九）推广应用“桂北稻区水稻病虫综合防治规范”IPM 项目

1991—1993年，桂林地区植保站组织灵川、全州、荔浦、恭城、永福、兴安等6县74个乡镇657个村公所，34.17万农户参加项目实施，3年共示范推广408.4万亩。以“四虫两病”（稻飞虱、稻纵卷叶螟、三化螟、稻瘿蚊、稻瘟病、水稻纹枯病）为重点靶标，突出抓稻瘿蚊、稻瘟病两个灾害性病虫防治。

通过3年实施，有效控制了“四虫两病”的发生为害，总体防效达84.66%，为害程度均在经济允许水平之下。综防区新增总产量2204.26万千克，新增产值1543.05万元，节省农药投入1220.48万元，节约用工成本1022.01万元，投入产出比1：31.78。农田生态环境得到改善，稻田天敌种群增加。

1995年5月，项目获桂林地区科学技术进步奖二等奖，从而把单一病虫综防改进为多靶标综防。

（十）“三诱”技术推广示范

2002年，桂林市引进推广了许多物理、生物防控害虫的植保新技术，“三诱”技术（昆虫性信息诱虫、生态诱虫板、频振诱虫）得到广泛推广。

2003—2006年，桂林市植保部门分别举办各种形式的杀虫灯使用技术培训班、应用技术研讨会，并通过市县电视台、报刊、墙报、网络（桂林农业信息港）等各种媒体推介频振式杀虫技术。频振式杀虫灯在果树、蔬菜、水稻等作物上得到全面使用，全市范围推广使用12000台，占全广西推广使用量20%~25%。至2010年，全市推广“三诱”害虫防控面积达6万多公顷，在多种农作物上建立“三诱”技术防控示范点30多个。据统计，2016—2020年，“三诱”技术在农作物病虫害绿色防控示范区面积达1154万亩。其中2020年290万亩，相对2015年的135万亩，增长114.80%。

桂林市频振式杀虫灯推广被列入2004年市政府的工作报告，2007年重大农业害虫频振诱虫技术国际研讨会在桂林召开，2009年重大农业害虫性诱剂监控技术国际研讨会在桂林召开。

2008年“频振式杀虫新技术的推广应用”项目获桂林市科学技术进步奖三等奖，2012年“橘小实蝇性诱剂田间应用技术研究与示范推广”项目获桂林市科学技术进步奖二等奖。

（十一）天敌控害技术推广示范

2002年起，桂林市开始引进推广生物防控害虫的植保新技术，其中包括捕食螨、赤眼蜂等天敌控害技术。

“稻田人工释放赤眼蜂防控稻纵卷叶螟技术研究与示范推广”项目于2015年起推广实施。水稻田间释放赤眼蜂防治稻纵卷叶螟，防效达75%~96%，有效减少农药使用，已在兴安、灵川、灌阳、全州、龙胜等多县开展推广。桂林大力推进赤眼蜂防控稻田螟虫技术，累计推广应用面积10多万亩，亩均新增效益753元。

2016年起，“以螨治螨”生物防治技术在阳朔、荔浦、兴安等多个县市全面推广。在柑橘园释放天敌捕食螨（胡瓜钝绥螨），使得柑橘树生长良好，果实品质达到国家绿色标准，每1万株果树节约成本3万余元。

二、植物保护技术培训

（一）课堂讲授

1994—1995年配合植保社会化服务，编写资料《农药商品知识》，印发给各地参训学员（县乡村农技员）。先后赴临桂、资源、恭城等县巡回讲授咨询。

2008—2018年，桂林市开办农民田间学校，以田间为课堂，采用以启发式、互动式为特点的技术培训活动，提高农民技术水平，每年开办20~50期培训，培训达2万人次。

2016—2020年，在桂林市各县区市开展农药减量控害及绿色防控巡回培训，培训内容为科学安全用药及药械使用。每年开展80期以上，培训人员5000人次以上，发放资料2万份以上。

（二）多媒体宣传

1985年至今，以在学术期刊、学术会议发表专题论文、试验示范总结、调查研究报告等方式，对相关植保技术直接、间接宣传推广。

2004年至今，全市每年发病虫情报280期以上，约8万份。2006—2007年与桂林电视台合作，每年播出2~4期病虫电视预报；在水稻病虫防治关键时期和重大病虫防治时期，通过桂林日报发布病虫防治信息2~4期。

（三）植保技术考察

1986—1987年，主管部门先后4次组织各县植保干部26人次分别前往中国柑橘研究所、西南农业大学，以及川、闽、粤、湘等地学习考察柑橘病虫综合防控。

2005年组织各县植保干部前往河北省及北京市学习考察当地植保情况。

（四）专家讲学

1986年11月，邀请中国柑橘研究所张格成研究员到桂林开办综防讲习班，为期7天，学员60多人，印发讲义120多份。

1987年7月，邀请华南农业大学陈守坚教授来桂林、兴安等地作柑橘病虫综防技术报告2次，听众100多人次。

1987—1998年，举办柑橘病虫综合防治技术培训班91期，参训人员8530人次，印发资料13650份、柑橘病虫情报74期21790份，现场面对面技术指导326次。

（五）结合病虫综防工作，开展宣传培训

1991—1993年，在“推广应用水稻主要病虫害综合防治”项目工作中，采用广西壮族自治区植保总站1992年新编《广西水稻主要病虫综合防治规范培训教材》《桂北稻作区水稻主要病虫鼠害综防技术规范图》为主要内容开展培训。综防区举办培训班168期，培训人员36.14万人次，召开综防会议662次，印发病虫情报789期，墙报黑板报2.79万版，标语2.17万条，播放TV录像136次，出动宣传车41次。

2007年起，为做好柑橘黄龙病及葡萄病害宣传培训和防治工作，各级植保专家在全市13县（市、区）每年开展柑橘黄龙病防治20期以上，2期葡萄病害防治技术培训班，培训乡镇农技员、种果大户60000人次以上。

2016年起，推广“一喷三省”农药减量控害技术850万亩次，开展各种技术培训311期，培训人员2.5万人次。

第四节　病虫鼠害测报与防治

一、测报体系建设情况

20世纪80年代末至90年代初期，在农业部、广西壮族自治区农业厅的大力支持下，先后在灵川、永福、兴安、全州等县建立了全国和广西农作物病虫测报网区域测报站，植保设施得到了进一步改善。进入21世纪，农业部、广西壮族自治区农业厅加大植保工程项目的资金投入，加强农作物病虫害观测场和植保工程项目建设，病虫害监测预警和防控体系建设得到了进一步完善。

20世纪50年代，桂林专区农作物病虫防治缺乏技术，力量不足，工作十分被动。病虫害防治多采用人工捕打、土农药喷洒等原始方法进行扑灭。至60年代，随着各级政府的不断重视，植物保护机构逐渐完善，植保队伍不断壮大，农作物病虫防治工作也逐渐步入正轨。

1980年以来，桂林地区水稻病虫预测预报基本有了统一规范方法。首先是资料收集，包括气象资料、农情信息、生产进度、病虫发生信息等，通过诱虫灯（黑光灯）灯下害虫数量及田间发生情况，对稻飞虱、稻纵卷叶螟、三化螟、稻瘟病、水稻纹枯病等进行系统调查测报，对其他病虫进行一般调查测报。认真全面做好点上观察，及时开展面上普查，随时掌握田间病虫发生动态，准确及时发布病虫情报。近10年来，每年全市发布各类病虫情报245~314期，病虫情报准确率在90%以上。病虫害预警信息乡（镇）覆盖率100%，行政村覆盖率90%以上。2010年以前各县一般以信件的方式邮寄到各乡镇农业服务中心及所有的村委，病虫信息入村率达到100%，确保稻飞虱等病虫信息及时传递到农户当中。此外还开展电视预报，通过电视、广播、网络、手机短信、报纸、标语板报等方式发布病虫情报信息。近几年开始在微信等新媒体上发布病虫信息。

二、主要病虫发生及防治概况

桂林市是广西农业大市，素有桂北粮仓之称，全市耕地面积达40.13万公顷，其中水田20.27万公顷。随着种植业结构调整，复种指数提高，农作物病虫害发生面积逐年增大。农作物病虫害发生面积由20世纪80年代年平均66万公顷上升到90年代105万公顷，2000年150万公顷，2008年169万公顷，2020年302万公顷。20世纪80年代年损失农产品产量为3.29万吨，1995年为4.2万吨，2000年为7.5万吨，2008年为7.67万吨，2020年8.31万吨。经防治，20世纪80年代挽回产量损失年均为15.26万吨，1995年为35万吨，2000年为50万吨，2008年为83.6万吨，2020年124.7万吨。

水稻病虫害主要有稻瘟病、水稻纹枯病、二化螟、三化螟、稻飞虱、稻纵卷叶螟等。两迁害虫逐渐取代螟虫上升为桂林市主要害虫。三化螟发生逐年减轻，从主要害虫变为次要害虫；稻瘿蚊从20世纪90年代为害猖獗，到21世纪初逐渐消失。果树病虫害以柑橘为主，柑橘种植面积约17.47万公顷，近10年来柑橘病虫发生面积67.27万公顷次以上，防治面积87.93万公顷次以上。全市蔬菜播种面积16.67万公顷次，蔬菜病虫发生面积25.57万公顷次以上，防治面积27.53万公顷次以上。

（一）水稻病虫害

1. 稻瘟病

桂林市是稻瘟病高发区，病原菌分布广。稻瘟病的发生为害与水稻品种、天气条件和栽培管理有密切关系，如种植感病品种、早稻抽穗时期与阴雨天气相重合或秋季晚稻穗期降温至20℃以下、连续阴雨、大雾3天以上、偏施氮肥等往往成为稻瘟病偏重发生的重要条件。1992年、1993年连续在病区大发生为害，失收现象连片，发生面积8.17万～8.66万公顷。21世纪初稻瘟病发生也较重，最重年份为2002年，发生面积11.44万公顷。主要是老病区和种植感病品种区域发生重，全市穗瘟成灾面积上千亩，失收面积有数百亩，2005年非病区也有部分田块发生穗瘟严重而失收。2010年以来，稻瘟病主要在感病的优质常规稻上发生重，发生区域不明显，发生面积一般为4.76万～7.70万公顷，发生程度一般中等偏轻、局部中等偏重。

20世纪90年代桂林市及各县植保部门进行了多项稻瘟病防治用药试验，经过不断摸索，直至1995年最终筛选出防效最佳75%丰登（三环唑），75%丰登（三环唑）成为稻瘟病特别是穗颈瘟防治的首选农药，仅1998年推广75%丰登（三环唑）10吨，一直沿用至今，得到广大农户的认可和好评。

2. 水稻纹枯病

水稻纹枯病是历年发病严重的病害，发病田块很普遍。发病严重田块病丛率达100%；一般田块病丛率在30%~50%，少数防治差的田块剑叶发病，严重影响产量，但大部分可以用井冈霉素进行防治，就可以取得较好的防治效果，总体为害较轻。20世纪80至90年代，发生面积均在13.33万公顷以上，21世纪发生面积一般在17.33万公顷以上，发生程度一般为中等偏重、局部大发生，最重年份2005年，发生面积20.40万公顷，全市大发生，部分稻田出现穿顶倒伏现象。

3. 南方水稻黑条矮缩病

南方水稻黑条矮缩病是由白背飞虱传毒引起的一种水稻病毒病，水稻整个生育期均能受病毒侵染，一旦发生将给作物造成不可逆转的损失，水稻苗期、分蘖前期感染发病后基本绝收。该病于2001年首次在广东省阳江市阳西县发现，2009—2010年，该病在我国发生态势呈突发加重之势，2009年在广西南部沿海钦州、防城港、北海等单季晚稻区暴发，2010年在广西扩散蔓延。2009年桂林龙胜县中稻、平乐县晚稻局部发生严重，2010年在桂林中稻区发生严重，全市失收近4千亩。由于是新发生的病害，群众对此不了解，认为是种子质量问题，在桂林市多个县引发群众上访索赔事件。2010年全市中稻发生面积1.23万公顷左右，约占种植面积的40%，龙胜、兴安、灌阳、全州、灵川等县发生较重。据调查，中稻病丛率一般为10%~20%，少数严重的达80%以上；病丛率在50%以上的田块约占发生面积的3.89%，病丛率在30%~50%的占8.38%，病丛率在10%~30%的占18.92%，病丛率在10%以下的占68.81%。晚稻水稻病毒病是零星发生，大部分病丛率在5%以下，极个别田块发生严重，病丛率达30%。

经过采取一系列防控措施，桂林市南方水稻黑条矮缩病得到有效控制。2011—2016年水稻病毒病在当地发生面积迅速减少，年发生面积在0.43万~1.04万公顷，田间主要为零星发生，病丛率在3%以下。2018—2019年出现回升趋势，发生面积达1.2万公顷。近几年轻发生，农民放松了警惕，绝大部分农民没有采取预防措施，局部中稻区发病重。

主要发病品种及其严重程度各县有所不同，主要有Y两优系列、丰两优系列、中浙优系列、Q优系列、新两优系列等品种发病重，具体包括Y两优302、Y两优1号、Y两优3218、Y两优3721、丰两优1号、丰两优2号、中浙优1号、中浙优8号、中优281、中优85、宜香优系列725、宜香2677、宜香2292、深两优5814系列、Q优6号、Q优1280、新两优6380、新两优5814、新两优6号、准两优527、准两优1411、丰T优1202、香辐优98、特优402、深优5814、沪优1256、五丰优128、D优158、特优2058、淦鑫688、金优408、金优207、天优华占、珞优8号、金梅优167等品种。高山区发生较轻，低山区和平地大垌发生较严重。

2010年发生严重原因分析：第一，南方水稻黑条矮缩病是一种新的水稻病毒病害，白背飞虱是此病的传播媒介，该虫连年在桂林市暴发为害，加速了该病病毒的传播蔓延；第二，越南近几年水稻病毒病发生严重，而桂林的稻飞虱主要是由越南迁入，带毒虫源多。此外广大农民群众对南方水稻黑条矮缩病不甚了解，没有防治这个病害技术和习惯，误认为是种子有问题，防治工作没有及时抓好，对发病初期的染病病株没有及时清除；第三，抗病品种匮乏；第四，是栽培制度对病害发生有利。目前桂林市水稻单双季混栽现象普遍存在，栽插期拉长，桥梁作物面积增加，为白背飞虱转移传毒和该病毒流行扩散提供了广泛的食料和寄主场所。

4. 水稻“两迁”害虫

稻飞虱20世纪80年代在早稻发生面积占水稻面积的35%~45%，90年代上升到55%~70%，近几年稳定在80%~90%；稻纵卷叶螟20世纪80年代发生面积占水稻面积25%~30%，90年代上升到35%~40%，21世纪以来年稳定在80%~90%。“两迁”害虫逐渐取代螟虫上升为桂林市主要害虫。且在早稻田发生期提前，为害周期长。桂林地处湘桂走廊要冲，是迁飞性害虫南北往返迁飞的主要路径及繁殖为害地，也是长江中下游乃至朝鲜半岛稻区的主要虫源基地。每年春夏之交，稻纵卷叶螟和稻飞虱大量从南方迁入本地，在本地繁殖为害。6月下旬至7月，又大量随气流往北迁入到长江流域稻区为害；8月下旬至9月又大量从北方回迁本地繁殖为害。因此，桂林是迁飞性害虫南北迁飞和繁殖的中转站，近30年来迁飞性害虫发生严重。

（1）稻飞虱。1964年前，零星分布在多雨区的“湘桂走廊”——永福、灵川、兴安、全州一线局部早、中稻田为害，年发生0.33万~0.66万亩，偶有灾象。历史上，该虫有随早稻面积扩大而蔓延的趋势。1965年全地区开始“双改”（单季改双季，高秆改矮秆），当年稻飞虱在早稻上大发生，占早稻面积的47%。20世纪70年代初晚造大面积推广早稻翻秋，受害程度也开始较早造严重，一年中田间由1次为害高峰演变为2次为害高峰（6月中下旬至7月上旬、9月中下旬至10月上旬）。其特点是繁殖快、数量多、来势猛、为害重、短期内可暴发成灾。1973—1978年，除1975年大发生，局部出现灾情外，大面积经防治都能控制为害。虫源由外地迁入，早稻中期（6月中旬）以前白背飞虱为优势种，后期及晚稻褐飞虱为优势种。20世纪80—90年代，发生面积一般在14.95万~19.40万公顷次，发生程度一般为中等偏重局部大发生。进入21世纪，稻飞虱基本处于重发生态势，年发生面积在22.46万公顷次以上，发生程度一般为大发生，重发生年份为2006—2008年，2010、2021年，发生面积在29.38万~31.69万公顷次，发生程度为大发生局部特大发生，发生特点表现为虫源峰次多、面广、量大，来势凶猛，田间发生严重，发生偏早偏重更是成为一种持续的趋势。稻飞虱上半年主害代为第二、第三代，下半年主害代为第五、第六代。

①迁入。桂林早稻稻飞虱发生以白背飞虱为主，约占90%，白背飞虱主害代一般为第三代，迁入量大，迁入峰期长，且世代重叠防治难度大。大多数年份白背飞虱迁入主峰日均为6月上中旬、6月下旬至7月，又大量随气流往北迁入到长江流域稻区为害。褐飞虱主要在6月中旬至7月初迁入，若虫高峰在6月下旬至7月初（占早稻褐飞虱总迁入量的85%左右），成虫迁出在7月中旬至7月底。晚稻田受害虫源来自本地早、中稻田间残留和9月回迁虫源。

②早稻田间发生虫量。早稻白背飞虱田间若虫高峰期多出现于6月中旬，中等发生年份发生量为1000~1500头/百丛，大发生年高达1万头/百丛以上。褐飞虱田间若虫高峰期多出现于6月下旬至7月初，中等程度发生年发生量为800~1200头/百丛。

③迁出。桂北稻区白背飞虱始迁出期在6月底，7月上中旬大量迁出，并可延至7月下旬，褐飞虱迁出期比白背飞虱偏迟10天以上，7月上旬始迁出，7月中旬大量迁出，并延至7月下旬，大部分北迁。

④晚稻田间发生为害规律。晚稻受害虫源主要来自早、中稻田间残留虫源和9月（个别年份8月下旬）外地回迁虫源。8月上旬至下旬灯下成虫为本地虫源，9月上旬外地回迁虫源为主，约占90%以上。灯下成虫以褐飞虱为主，一般占83%~96%。9月上旬回迁虫源在晚稻田可繁殖二代。晚稻孕穗期虫量基数大，特别有短翅成虫出现，到抽穗灌浆期若虫易出现大爆发。面上最高虫量为4500~11250头/百丛，一般为150~300头/百丛。9月底回迁虫源因桂北晚稻已基本成熟，虽然不能繁殖为害，但一旦迁入量过大，田间虫量会快速增加，往往晚稻在收获前10天左右少数田块会出现落窝灾象。

为提高稻飞虱的防治效果，1995年桂林市开始推广使用10%大功臣（吡虫啉）防治，市县两级植保部门积极进行试验，挂牌大面积示范，取得良好效果，使用面积迅速扩大。

（2）稻纵卷叶螟。稻纵卷叶螟是南宁市水稻主产区重要的害虫之一，具有远距离迁飞的特性，造成为害的虫源以外地迁入为主，由于集中迁飞和降落，其种群的发生具有突发性和爆发性，是严重威胁水稻生产的主要害虫。

1964年以前发生面积不到早、中稻面积的10%。1966—1969年上升到20%~30%，而5月田间零星发生，一般不作防治，6月上中旬虫量高峰，7月中旬大量蛾子外迁，并因秋旱，晚稻受害面积不大。1972年后，虫口密度上升很快，二代发生面积占早、中稻面积的70%~80%，5月上旬、6月上旬各出现1次明显的蛾峰，虫源主要由外地迁入。近年来随着杂交水稻的逐步推广，早稻后期（7月上中旬）和晚稻（8月中下旬）受害有明显加重趋势。其发生，以“湘桂走廊”一线多雨区发生量大，各代峰次无一定规律，每代都出现2~3个蛾峰，间隔时间较长，虽然给防治增加了困难，但经防治，一般都没有出现大面积白叶现象。

20世纪80—90年代，发生面积一般在10.36万~14.96万公顷次，发生程度一般为中等到中等偏重，重发生年份为1990年，达大发生局部特大发生程度。进入21世纪，基本都处于中等偏重程度以上，年发生面积在18.06万公顷次以上，重发生年份为2006—2008年，发生面积在20.25万~29.22万公顷次，发生程度为大发生局部特大发生；2009及2011年发生略轻，为中等发生程度，2015年后发生为害较轻且逐年下降。稻纵卷叶螟主要影响早稻，晚稻发生面积较少。

①高峰期桂林地区的稻纵卷叶螟最早活时间是4月上旬，稻纵卷叶螟主要寄生于杂草中。早稻高发期是5月中旬中到7月下旬初，晚稻高发期主要集中在8月中到10月中旬末，7月下旬到8月中旬，主要影响中稻。

②迁飞时间。影响桂林地区的稻纵卷叶螟活动可以分为北迁和南迁两大阶段，第一阶段是5月上旬到7月下旬，以自南向北迁飞为主（包括迁入和迁出），这一时期主要是早稻分蘖到早稻灌浆期，在早稻成熟期前后，稻纵卷叶螟会因为食物的供给不足而继续北迁迁出；第二阶段是自8月中旬到10月底，以自北向南迁飞为主（回迁），主要影响晚稻。

③早稻田稻纵卷叶螟的田间蛾量消长。第一代（4月15日以前）零星发生，蛾量小，发生轻，在本地基本不产生为害。第二代（4月16日至5月20日）发蛾高峰期在5月上旬，此时双季早稻大部分秧苗刚抛栽不久，秧苗的食料条件不适合稻纵卷叶螟定居繁殖，稻纵卷叶螟主要集中在河沟边、田边的杂草丛，之后杂草蛾量逐渐下降，并逐渐转移进入稻田中产卵繁殖。第三代（5月21日至6月20日）为主害代，高峰期在6月上、中旬，正值早稻分蘖期至拔节期，为害最重，5月下旬以来，南北强对流天气频繁，连日降雨，稻纵卷叶螟大量迁入。第四代（6月21日至7月20日）发蛾高峰期在7月中旬，为害较轻。近年晚稻迁入量少，基本不造成为害。

5. 三化螟

三化螟以幼虫蛀茎为害，分蘖期形成枯心，孕穗至抽穗期，形成枯孕穗和白穗，转株为害进而形成虫伤株。“枯心苗”及“白穗”是其为害后稻株主要症状。三化螟在20世纪60年代中期以前与二化螟混合发生，年发生面积占水稻面积5%左右，属三代多发型。一般年份中、晚稻白穗率1%左右。初步考查，1928—1929年、1945—1946年局部地方偶有大发生；1968年三化螟发生面积上升到占晚稻面积的30%。桂林地区中、北部县由受3个世代为害演变为受4个世代为害。20世纪60年代末，第四代发蛾量明显上升，占全年总蛾量的80%，第三代蛾量由70%~80%下降为18%~20%，由3代多发型演变为逐代递增的3代、4代多发型。1974年春旱，早晚稻三化螟特大发生，受害严重。1975—1978年蛾量仍然是呈大发生趋势，晚稻少数不防治的田块，白穗率仍达5%~10%，甚至20%~50%。三化螟在

20世纪80年代至21世纪初一直是桂林水稻主要害虫之一，主要在桂林南部县发生较重。除20世纪90年代部分年份（发生面积2.9万～5.53万公顷次），发生面积一般为8.42万～14.93万公顷次，发生程度一般为中等至中等偏重。2008年以来，三化螟发生程度逐年减轻，从主要害虫变为次要害虫，2008—2014年发生面积逐年从3.97万公顷次降至0.94万公顷次，2020年发生面积仅为0.41万公顷次。

6. 二化螟

二化螟是水稻上为害较为严重的常发性害虫之一，在分蘖期受害造成枯鞘、枯心苗，在穗期受害造成虫伤株和白穗。桂林北部县是二化螟在广西的主要发生地，近年来发生呈上升的态势。二化螟在20世纪80年代以前与三化螟混合发生，属于次要害虫；到20世纪80至90年代发生也一直处于轻至中等偏轻程度，发生面积为1.66万～4.25万公顷次。到21世纪初，二化螟发生逐渐加重，发生范围逐步南移，二化螟取代三化螟成为桂林主要的钻蛀性害虫。到2005年发生面积达8.5万公顷次，之后15年来二化螟大多处于中等程度发生，面积一般在8.76万～10.67万公顷次之间；重发生年份是2007年、2011年、2019—2020年，发生面积为10.12万～10.62万公顷次。

7. 稻瘿蚊

稻瘿蚊是一种潜伏性的钻蛀性害虫，主要为害水稻，也寄生于游草等杂草中，以幼虫吸食水稻生长点汁液，致受害稻苗基部膨大，随后心叶停止生长且由叶鞘部伸长形成淡绿色中空的葱管，葱管向外伸形成“标葱”。水稻从秧苗到幼穗形成期均可受害，受害重的不能抽穗，几乎都形成“标葱”或扭曲不能结实。稻瘿蚊在1958年前零星发生，1959年和1969年曾较大面积发生。一般属间歇、局部为害，发生面积不到晚稻的2%，标葱率2%~5%。但自1973年以来，中、南部各县晚稻扩种分蘖期长、分蘖力强的井泉糯及三系制种、杂优，为害年趋严重。其特点是，从山区扩展到平原，由中南部县扩展到北部的兴安、灌阳，由局部间歇性为害到连续三年大发生，发生面积占发生区晚稻面积的20%。不防治田标葱率一般达5%~8%，重达40%~50%，成为晚稻重要害虫之一。稻瘿蚊在桂林地区自20世纪80年代末由次要害虫上升为主要害虫后，曾猖獗为害10多年，90年代其发生程度一直处于中等偏重局部大发生。1981—1988年，桂林地区发生程度为轻至中等偏轻局部中等，1985年发生面积仅为450亩次，1989年暴发，发生程度达中等偏重局部大发生，之后10年基本处于较重发生态势，发生面积为2.39万～3.21万公顷次。进入21世纪以来，稻瘿蚊发生为害程度呈逐年下降趋势，2003年中等局部中等偏重发生，发生面积3.98万亩次，2004年中等偏轻发生，发生面积2.42万亩次，2005年轻发生，田间看不到为害状，至此，稻瘿蚊基本销声匿迹。究其原因，主要是2000年以来，随着农业产业结构调整、品种布局、新品种、新技术，特别是水稻抛秧栽培技术的大面积推广，各种化学除草剂的广泛使用，对清除再生稻、落谷稻、游草等寄主起到了很好作用，恶化了稻瘿蚊的生态环境，抑制其发生和发展。另外，晚稻秧田期、大田分蘖前期使用高效长效的防虫农药如益舒宝、益舒丰、米乐尔等，都对抑制稻瘿蚊的发生和为害起到重要的作用。

（二）果树病虫害

随着农村种植业结构调整，新品种、新物种不断进入，生态环境和小气侯的变化，农作物病虫也随之发生变化，新病虫、突发病虫不时出现，次要病虫上升为主要病虫，如柑橘粉虱自1999年在恭城发生为害并造成煤烟病，后蔓延至全市各地为害，主要在部分柑橘园、柿园为害严重。

1. 柑橘病虫

桂林市是我国著名的柑橘优势产区，2003年被农业部列入“赣南—湘南—桂北柑橘优势带”，种植面积逐年扩大，2005年柑橘面积8.3万多公顷，产量105万吨，2020年增加到17.47万公顷，产量552万吨，面积及产量均居于全国第一。桂林市2003—2008年柑橘病虫发生面积为47.33万～59.65万公顷次，防治面积36.62万～48.71万公顷次，2009—2016年发生面积为65.77万～67.74万公顷次，防治面积74.73万～94.52万公顷次，2015年以来随着柑橘种植面积增加，病虫发生面积也随之直线上升，2015—2020年病虫发生面积85.61万～90.26万公顷次，防治面积100.33万～137.47万公顷次。发生程度总体为中等局部中等偏重。柑橘主要病虫有炭疽病、疮痂病、溃疡病、柑橘红蜘蛛、锈蜘蛛、介壳虫、蚜虫、潜叶蛾、粉虱、木虱等。

（1）柑橘炭疽病。发生程度一般为中等至中等偏重，2011—2014年发生面积为5.05万～5.4万公顷次，2015—2020年病虫发生面积6.44万～7.8万公顷次，发生面积逐年增加。炭疽病一般在春梢生长期开始发病，夏、秋梢期发病较多，在高温多雨季节最容易发生。柑橘一旦感染了炭疽病，叶片、枝梢、花朵、梗和果实都会受到为害，可以引发落叶、落花、枝条枯死、大量落果和果实腐烂，在果实贮藏运输期间，还会引起果实腐烂。

（2）柑橘红蜘蛛。发生程度一般为中等偏重。2003—2014年发生面积为13.12万～17.43万公顷次，2015—2020年病虫发生面积15.17万～20.45万公顷次，重发生年份为2007年、2008年、2019年，发生面积分别为18.61万公顷次、17.73万公顷次、20.45万公顷次。柑橘红蜘蛛4—6月虫量逐渐增加，部分果园发生严重；下半年10—11月红蜘蛛虫量也较大，果园红蜘蛛发生普遍。

防治要点：①搞好冬季清园，降低越冬虫口基数；清园时可用炔螨特辅以矿物油（如绿颖）。结合冬季修剪，剪除病虫枝叶，枯枝和残果；修剪清园后的枝、叶、草要集中烧毁，消灭其中越冬病虫及越冬场所。②化学防控；在虫口密度低时（平均5头/叶左右）喷药，主要以螺螨酯、哒螨灵、乙螨唑等杀螨剂为主来进行防控。轮换使用杀螨剂，以延缓抗药性产生。③生物防控。利用捕食螨对柑橘红蜘蛛、锈壁虱的捕食特性，人工释放捕食螨防治害螨，每株1袋。调查一百叶，掌握在平均每叶1~5头时释放捕食螨防治害螨，果园适当保留生草，以便给捕食螨提供良好生存环境。

（3）柑橘木虱。柑橘木虱是柑橘黄龙病的唯一自然传播媒介。20世纪90年代中期以前，桂林市只在南部县有柑橘木虱发生。随着冬季最低月平均气温不断升高，柑橘木虱的发生分布不断向北扩散。据2004年以来全市12个县的柑橘木虱系统观察，发现最北部的全州县和高寒山区资源县均有柑橘木虱发生。在2008年冰冻天气侵袭前，北部全州绍水等地失管果园虫仍能找到柑橘木虱。可见，柑橘木虱常年在桂林各县都能安全越冬。

2008年初，桂林遭遇自1957年以来最严重的一次冰冻雪害，给柑橘生产造成了严重的影响，但同时为害柑橘的木虱也受到了致命打击。全市共调查103个乡镇、938个果园，发现活虫果园仅占调查果园数的3.3%，平均每株仅0.032头。其中桂林北部6县只在14个果园发现柑橘木虱共52头，全部为死虫，均未发现柑橘木虱活虫；桂林南部6县共查到柑橘木虱2333头，其中死虫2046头，总死亡率87.70%。且柑橘木虱主要集中在失管果园、零星果树及九里香和黄皮树等其他寄主上。这场低温雨雪天气使越冬柑橘木虱死亡率显著增加，尤其是桂林北部6县在2008—2009年柑橘木虱的发生量比以往几年减少许多，但南部一些区县柑橘木虱的发生量却随着气候升高和柑橘新梢抽发而不断升高。2009年暖冬为柑橘木虱越冬创造良好条件，阳朔县在高田、兴坪等地调查柑橘木虱越冬情况，均发现成虫、若虫、卵三种虫态，虫源基数较2008年大幅度增加，其中高田镇蒙村虫梢率达92%。

2017年以来，桂林柑橘果园批发价一直保持低位运行，种柑橘无钱可赚甚至亏本，失管、半失管橘园普遍存在，一些种植大户已丢弃橘园。一些橘园周边的黄皮果树、佛手、九里香等柑橘木虱寄主植物较多。农资价格普遍上涨，生产成本增加，正常管理橘园用药防控柑橘木虱次数减少。由于以上种种原因导致桂林市2020年柑橘木虱暴发，2021年柑橘木虱发生程度及田间虫量均为历年最高。管理正常的果园虫量也明显比常年偏高，桂林市柑橘黄龙病防控面临严峻形势。

（4）柑橘粉虱。柑橘粉虱自1999年在恭城县柑橘上发生为害，后蔓延至全市各地为害，在部分柑橘园、柿园为害严重，全市发生面积一般为2.42万 ~3.59万公顷次，发生程度一般为中等至中等偏重，重发生年份为2005年，达大发生程度。第一代发生高峰期3月中、下旬，第二代发生高峰5月下旬，第三代发生高峰7月下旬至8月上旬，第四代发生高峰9月下旬。

2. 月柿病虫

桂林月柿种植面积约2.33万公顷，月柿主要病虫有炭疽病、角斑病、柿绵蚧等，中等至中等偏重程度发生。月柿炭疽病在柿子园发生普遍，枝条发病高峰在4月下旬至5月中旬，果发病高峰在7—8月。

（三）蔬菜病虫害

据统计，桂林市蔬菜病虫害2002—2008年发生面积15.82万 ~25.89万公顷次，2011—2020年发生面积23.42万 ~28.25万公顷次，发生程度一般为中等偏轻、局部中等。蔬菜主要病害有霜霉病、软腐病、枯萎病、疫病、黑斑病、病毒病；主要虫害有斜纹夜蛾、小菜蛾、甜菜夜蛾、菜青虫、黄曲条跳甲、粉虱、蚜虫、斑潜蝇等。

1. 白菜霜霉病

桂林市及近邻地区霜霉病发病盛期为春季2—4月、秋冬季10月中旬至12月。年度间发病盛期在14~24℃区间反复波动；早晚温差大、露水重、晴雨相间、相对湿度较高的年份发病重；田块连作、地势低洼积水、湿度大排水不良的田块发病重；种植密度大、肥水不足或氮肥过多的田块发病重。

2. 白菜软腐病

桂林市的白菜软腐病主要发病盛期为4—11月。年度间春夏温度偏高，多雨年份发病重；秋季多雨，多雾年份发病重；田块连作，地势低洼，排水不良的田块发病重；种植密度大，氮肥过多的田块发病重；黄曲条跳甲、小菜蛾、菜青虫等害虫造成伤口多的田块发病重。

3. 斜纹夜蛾

2016年应用斜纹夜蛾性信息素对斜纹夜蛾成虫进行调查监测。斜纹夜蛾的发生在下半年明显高于上半年，峰期明显，6月下旬、9月上旬、11月上旬均有为害高峰，9月上旬出现第二个高峰，10月上旬诱蛾量略有下降；12月至次年4月种群数量逐渐降低，其中1月底至3月为全年最低值。斜纹夜蛾幼虫在5月下旬进入发生盛期，8月上旬、9月下旬受高温气候影响，幼虫发生略微减少；11月以后随着气温下降，以及白菜等喜食作物种植增加，再次出现1个为害高峰。

4. 小菜蛾

应用小菜蛾性信息素对小菜蛾成虫进行调查监测。2016年小菜蛾诱蛾量分别在5月上旬及11月上旬出现高峰，全年诱蛾量在11月2日达到最高值；其他各个时期蛾量均较少，峰期不明显。由于小菜蛾生长受温度影响较大，在气温偏高的6—9月虫口密度很低，12月至次年2月气温下降之后，虫量也相应减少。

5. 黄曲条跳甲

在桂林黄曲条跳甲有多个为害高峰，主要在春夏和冬季发生，主要高峰期分别为5月中下旬、7月中下旬至8月上旬、11月上旬，11月下旬至次年4月上旬种群数量基本维持在低水平状态。

三、鼠害

鼠类适应性强，繁殖力极强，直接和间接地骚扰和威胁着人们的生活和安全。桂林市地处广西东北部，属南岭丘陵山区，气候温暖而湿润。农作物有水稻、玉米、红薯、花生、蔬菜等，为农田害鼠的繁殖和为害提供了优越的环境和丰富的食料，因此，桂林农田鼠害发生较为严重。据统计，1986—1995年农田鼠害发生面积为3.58万~4.82万公顷，发生程度为中等偏轻至中等偏轻、局部中等；2002—2009年发生面积为7.53~10.65公顷，发生程度为中等；2011—2020年发生面积为12.36~13.74公顷，发生程度为中等，实际损失为1565~2351吨。

（一）桂林农田害鼠发生概况

1. 主要发生种类

据监测，在农田和农舍区发生的鼠种主要有小家鼠、褐家鼠、东方田鼠、黑线姬鼠、黄毛鼠等，其中农舍区以褐家鼠和小家鼠为主，农田鼠种以东方田鼠、黑线姬鼠和黄毛鼠为主。农区害鼠活动重点区域主要在农舍、猪栏及村边、荒地、山边的田块和田埂或地头及灌排水沟边，其中，黑线姬鼠在灵川县区域常见。采用的监测方法是布夹法（在鼠夹上放老鼠爱吃的食物诱集取食夹捕）。

2. 发生规律

（1）繁殖规律。从灵川站5年间每月对捕获的害鼠解剖结果看，多数鼠种都有明显的繁殖高峰期。以黄毛鼠为例，一年中从3月开始到10月止，每月解剖均可见到孕鼠，繁殖时间长达8个月，其中3—4月和7—9月两个时期为繁殖高峰期。雌鼠一胎中最多怀崽8只，最少4只，平均6.39只。

（2）害鼠密度上升，为害加重。据各县调查，2009—2018年农田害鼠密度一般为0.5头 / 亩，高的4.5头 / 亩，田间害鼠捕夹率农田一般为3%~15%，高的达25%，农舍为1.2%~3%，高的达6%；水稻等各种作物被害率一般为1.5%~3%，高的达10%。随着农田鼠密度的逐年增加，农作物受害也逐年加重全市鼠害发生面积也逐年增加。

（3）旱地鼠密度高于稻田。据全州县2005—2007年3年间对稻田、旱地定点监测，旱地鼠密度高于稻田区。旱地全年平均捕获率6.69%，比稻田4.79% 高39.67%。兴安县2006年2月调查，旱地捕鼠率7.5%，比稻田5% 高50.00%。旱地害鼠在一年中有两个明显的高峰，即3月和7月，最高为7月，鼠密度为11.71%。稻田只有3个明显的害鼠高峰，密度为8.4%。旱地害鼠高峰期出现比稻田早。

一年中桂林稻田有3个害鼠为害峰期。一是3月中旬至4月上旬，在水稻播种育秧期，主要为害“二叶一针”前秧苗。二是6月上旬至7月上旬早稻孕穗期。三是8月下旬至9月上、中旬晚稻孕穗期。后两个峰期正值害鼠怀孕高峰，母鼠大量取食营养高的水稻幼穗来满足胎中幼鼠发育所需营养。据观察，一只黄毛鼠一个晚上可以咬断11~20株禾苗。一般地，鼠害在播种至幼苗期重于分蘖、拔节期；孕穗期重于成熟期。

稻田中鼠害严重程度与地理位置密切相关。丘陵山边稻区重于平原稻区；村庄附近稻田重于远离村庄的稻田；插花种植的稻田重于连片种植的稻田；早稻早熟品种重于中、迟熟品种。

玉米鼠害为春玉米在播种至幼苗期受害重于抽穗结苞期，秋玉米在灌浆期受害重于结苞期，零星种植玉米地重于连片种植玉米地。花生鼠害以春花生重于秋花生，花生结夹期重于苗期，零星分散种植重于集中连片种植区。

第五节　农药、药械供应与推广

“十三五”期间，桂林市市、县、乡三级农业部门严格按国家绿色农业发展“农药减量”行动方案要求，在农作物病虫防控工作中，大力推进生物农药、低毒低残留高效农药、“一喷三省”和新型植保机械相融合的农作物病虫害绿色防控技术。截至2020年12月30日，桂林市农药使用商品量5099.98吨，比2015年的6950.74吨减少1850.76吨（减少率26.63%），农药利用率上升到40.75%。

一、大力推广“一喷三省”与新型植保机械的高度融合技术，提高农药利用率

依据各县市区统计数据，桂林市2020年主要粮食作物农药利用率测算结果为40.75%。

（1）加快植保新型药械推广应用，提高农药利用率。根据植保药械利用率测定，背负式油动喷雾器农药利用率为52%、植保无人机农药利用率为58.9%、自走式大型喷药机械农药利用率55%，因此桂林市加大植保无人机、大型植保机械和背负式油动喷雾器植保新型药械推广应用。截至2020年12月，桂林市植保无人机保有量82架，防治面积29万亩次；大型自走式植保机械6架，防治面积0.1万亩次；背负式电动喷雾器38793架，防治面积19.23万亩次。

（2）加大“一喷三省”等农药助剂的应用，提高农药利用率。农药助剂可提高农药利用率为45%，截至2020年桂林市农药助剂使用量38.33吨，防治面积64.56万亩次。

二、大力推进“三诱”技术和赤眼蜂应用技术，建立病虫害绿色防控综合示范区

据统计，2016—2020年，大力推广杀虫灯（光诱）控害技术、性诱剂控害技术和黄色黏虫板控害技术，共建设农作物病虫害绿色防控示范区面积1154万亩。其中2020年290万亩，相对2015年135万亩，上升114.80%。大力推进赤眼蜂防控稻田螟虫技术，累计推广应用面积10多万亩，亩均新增效益753元。

三、大力组建病虫害专业化防治队伍

据统计，截至2020年12月，桂林市现有专业化防治服务团队292个，施药机械2583台或架（其中植保无人机94架），从业人员2275人，日防治作业能力8.99万亩。病虫害专业化防治覆盖率由2015年的23.25%提高到2020年的40.65%。

第六节　植物检疫

1956年桂林成立植保站以来，按照植物检疫的各项制度开展检疫，并不断地发展植物检疫体系，主要开展调运检疫、产地检疫及危险性有害生物的普查、防控、扑灭工作。

一、加强检疫宣传、培训

桂林市植物检疫机构高度重视植物检疫法规的学习宣传贯彻工作，采取多种形式开展宣传，取得了良好的效果。组织人员、车辆，悬挂横幅、张贴标语、印发宣传材料、现场咨询等多种形式，广泛宣传贯彻柑橘黄龙病等检疫性有害生物的防控工作及《植物检疫条例》等法律法规，对全市种子生产、经营企业进行植物检疫法规及有关业务知识培训。

二、严把产地检疫关

做好产地检疫工作，是做好危险性农业有害生物源头检疫工作的关键。在进行产地检疫过程中认真逐村逐块查检，不留死角，保证检疫质量。2004—2006年全市种子产地检疫面积1万～1.1万亩，签证合格种子140万～250万千克，苗木地检疫面积600~850亩，每年签证合格苗600万株。2007年全市种子产地检疫面积0.35万亩，签证合格种子62.7万千克，苗木地检疫面积4.5万亩，签证合格苗3万株。2020年全市种子产地检疫面积1.5万亩，签证合格种子415万千克，苗木地检疫面积65亩，签证合格苗750万株。

三、依法办理调运检疫

依法核准每一项手续，认真办理植物检疫证书，按时办结率达100%。凡属《植物检疫条例》第七条规定的情况，都实施现场检疫，经检疫合格后，方才签发《植物检疫证书》，坚决杜绝不认真检疫以及滥发《植物检疫证书》的情况发生。对应施检疫的植物进行现场检疫，没有检疫性有害生物和危险性病虫害的签发《植物检疫证书》，有检疫性有害生物或危险性病虫害的则按有关规定进行处理，同时对各县植保植检站加强了监督指导，对存在的问题及时指正。2004年全市种子种苗省间调运签证574批次。2008年全市种子种苗省间调运签证342批次。2020年全市种子种苗省间调运签证373批次。

四、开展外来有害生物及检疫性有害生物的普查、监测、防控

（一）柑橘黄龙病

中国柑橘研究所（赵学沅先生参加）及广西柑橘黄龙病研究组于1961—1965年就桂林地区柑橘黄龙病问题进行了调查。此次调查了龙胜、兴安、全州、灌阳、恭城、荔浦六县及市郊，在桂林市七星大队杨家村发现20株疑似树，在荔浦县茶城乡过村和城关乡沙子村各发现1株病树，说明桂林地市南部县在20世纪60年代已有柑橘黄龙病发生。各级植保部门一直以来都十分注重该病害的发生动向和防治措施。柑橘黄龙病是目前桂林柑橘生产中为害最严重的病害，地、县植保部门先后于1975年、1982年、1990年、1995年、2004年在全地区（市）范围内进行了柑橘黄龙病普查。1975年普查，荔浦县有少量柑橘黄龙病病株，其他各县均未发现病株，当时桂林地区被列为无病区；1982年普查，调查了11个县的127个乡镇及7958个果场1107万株柑橘树（占总株数1435.7万株的77.3%），发现患有柑橘黄龙病树的有36个乡镇（占普查乡镇数的27.5%），294个柑橘园1.60万株，发病株率0.14%，分布于荔浦、平乐、永福、灵川、恭城以及临桂等县。病株数值由南向北沿湘桂走廊递减，兴安、全州、灌阳、龙胜、资源没有发现病株，也未发现木虱，该病主要局限在桂林南部县区，发现病株不多；1990年普查，参加普查的有1323人，普查了95个乡镇903个村公所的2262.43万株柑橘树，查出柑橘黄龙病树8.71万株，病株率0.33%。柑橘黄龙病树主要分布于荔浦、灵川、永福、平乐、恭城五县。全地区仅有龙胜、资源没有发现病株和木虱，兴安、全州、灌阳已出现少量病株。面对该病逐年向北扩展，为害逐年加重，1996年桂林行署组织地区植保站、水果办联合开展柑橘黄龙病综合治理项目，并开始了全地区第四次柑橘黄龙病普查。此时龙胜、资源仍然没有发现该病。2004年桂林市植保站组织各县植保站对柑橘黄龙病进行了抽样调查，全市各县都发现了该病病株和木虱。

桂林柑橘黄龙病的扩散蔓延既是自然现象，又有人为因素。自然现象主要体现在暖冬气候已成常态，没有冰冻天气的冬天有利于柑橘木虱的越冬传毒；人为因素表现在柑橘苗木繁育混乱，品种引进和调运无序，带病苗木泛滥，果园小规模种植不利于统防统治。

在各级政府的领导和关怀下，市县植保站在防控柑橘黄龙病的工作中做了大量的示范推广并有一些成效。加强柑橘苗木产地、调运检疫，大力推广柑橘木虱的统防统治，全面开展柑橘黄龙病防控工作。

目前桂林柑橘种植面积达到了历史最大面积，柑橘品种更加丰富。

（二）稻水象甲

2013年5月2日在全州县发现稻水象甲首次传入广西，当年全州县开展普查，普查结果显示，全县共发现有稻水象甲水稻面积1.9万亩，主要发生区域在国道322、湘桂铁路沿线，分布的乡镇有文桥、庙头、黄沙河、永岁、全州、才湾、绍水、咸水，虫口密度最高的达2~3头/平方米，一般为0.1~0.5头/平方米。2015年兴安、灵川两县先后传入稻水象甲疫情，分布区域是兴安县界首镇，面积600亩，灵川县的潭下镇，面积5000亩。近年来按照“全面普查、科学监测、依法防控、依法阻截”的办法，采取“分区治理，分片围歼、综合防控、统防统控、群防群控、常防常控、严控扩散、减少损失”的防控策略，大力发展统防统治工作，对发生区开展“地毯式”用药，严防扩散，2015—2020年，稻水象

甲没有扩散到新的区域，发生面积在1.90万~4.45万亩次之间，其中2020年发生面积3.84万亩次。

（三）红火蚁

红火蚁的入侵传播包括自然扩散和人为传播，自然扩散主要是生殖蚁婚飞或流水扩散，也可随搬巢而做短距离移动；人为传播主要因园艺植物、草皮等带土移植的植物，土壤废土移动，堆肥，垃圾，园艺农耕机具设备运输等污染做长距离传播。

2011年4月6日在桂林市七星区育才路站首次发现有红火蚁疫情，4月7日桂林市植物保护站组织各县区植保专业技术人员开展红火蚁防控知识培训，开展全市普查，查清了疫情的分布、发生情况，2011年全市发生面积约40亩，发生区域在叠彩区大河乡及七星区育才路、甲天下广场。2013年象山区、秀峰区、阳朔县白沙镇发现疫情，2015年灵川县发现疫情，2016年恭城县发现疫情，2017—2021年平乐县、雁山区、临桂区、荔浦市、兴安县先后发现疫情。2020年全市被叮咬人数20205人，送医治疗2208人。因红火蚁为害，发生区域的农民不敢下田进行农事操作，导致田地撂荒，城市居民也不敢到有草皮的休闲区域散步或其他休闲活动。

2021年3月12日国家九部委印发了《关于红火蚁阻截防控工作的通知》后，桂林市农业农村局领导专门做了要加强红火蚁调查、监测、防控的批示，并印发了《桂林市农业农村局关于加强全市红火蚁防控工作的通知》，召开市级防控会议1次。各县（市、区）农业农村系统召开县级防控会议5次，乡级会议3次，村级会议1次；印发了防控红火蚁的县级文件5个。全市农业农村系统及时开展红火蚁的调查、监测、防控、宣传、培训，举办培训班9期，培训人员632人次，发放宣传资料17200份，防控红火蚁9110亩次，发放防控药剂4194千克。至2021年5月止，桂林市灵川、恭城、荔浦、兴安、平乐、阳朔6个县市及临桂、雁山、叠彩、象山、七星、秀峰6个城区49乡镇都有红火蚁发生，发生面积约21.76万亩。其中，农业生产田块、农村生活区及周边180654亩，林地、草原、苗圃9573亩，城市公园绿地以及园林绿化带7702亩，水利工程、河流湖库周边绿化区8190亩，公路交通线路两侧用地范围以内绿化带7850亩，住宅小区522亩，学校40亩，工业园区1220亩，荒地2130亩。

（四）黄瓜绿斑驳花叶病毒病

黄瓜绿斑驳花叶病毒病可为害西瓜、黄瓜、葫芦、甜瓜等多种葫芦科植物，是典型的种传病毒，昆虫不传病。2012年在桂林市雁山区发现该病为害春种西瓜。桂林春季湿度大，春种西瓜时，为了预防西瓜枯萎病，瓜农习惯用嫁接苗种植，由于部分西瓜嫁接苗繁育企业采用的砧木种子是从外地调入的带病毒葫芦种子，带病毒砧木通过嫁接传播该病毒病，因此嫁接苗在种苗繁育时就感染了病毒，种植到大田才表现症状。2012—2014年雁山、全州、平乐等县（区）用嫁接苗种植的春种西瓜都有不同程度发生黄瓜绿斑驳花叶病毒病，全市发生面积约10000亩。2015年以后加强了对育苗企业的管理，育苗企业使用经检疫合格的葫芦种子或者自繁的葫芦种子作砧木繁育种苗，黄瓜绿斑驳花叶病毒病已很少发生。

（五）毒麦

毒麦是一种植物检疫性杂草。1977年，广西壮族自治区植保总站开展全域性植物检疫对象普查，桂林地区植保站、各县病虫测报站、乡（镇）推广站农技人员均集中力量参与调查。要求调查深入每个村庄，凡连片种植农作物地块都要调查，摸清本地农作物的检疫对象。

当时在兴安县白石乡门家村，首先在一块村民种植大麦的自留地里发现异常植株，疑似毒麦，取样检查后上报至地区植检站。桂林地区植保站派出专家会同兴安县测报站技术干部实地考察鉴定，确认为毒麦，这是桂林地区的范围内首例发现。经调查，该田块大麦种植面积0.8亩，毒麦率1.1%。随后又在兴安县白石乡白石村的梯田里，发现210多亩连片种植大麦的田中有毒麦，多点调查统计平均发生率为0.8%。毗邻白石乡的高尚乡经调查也有发生。经与村公所领导和村民现场宣讲毒麦的为害后，杜绝食用毒麦，未产生人、畜受害的后果。

经溯源调查，兴安县白石乡白石村历年来有种植大麦的习惯，面积均不大，种子皆为自留种。经亲戚朋友给门家和高尚两个乡个别村民种植，传播途径有限。

1978—1979年连续两年复查，原发生地区已改种玉米，没有发现毒麦。

（六）水稻细菌性条斑病

该病于1978年9月在平乐县张家公社榜津大队制种田发现，是桂林地区首次发现该病。1976年广西大力推广杂交水稻，全广西稻作区都到海南制种繁育，大批带病种子调回桂林。自1978年被发现以后，该病在全地区已经开始稳步上升，从零星发生到大面积发生，1988年发生面积已达40多万亩，在整个20世纪90年代，该病发生面积一直稳定在60多万亩，晚稻、早稻均有发生。经过多年的综合防治，该病害自2000年发生程度逐步减轻，发生面积逐渐减少。

（七）美洲斑潜蝇

1995年桂林地区植保站在市场检疫中发现调入桂林的西瓜、蔬菜叶片上有被害状，经鉴定是美洲斑潜蝇。随后组织各县植保站进行普查，发现该虫寄主范围广，为害作物有葫芦科、豆科、茄科、十字花科等植物，其中丝瓜、西瓜、菜豆、豆角、番茄、辣椒等作物受害较重，发生普遍。1997年调查统计，全地区都有该虫发生，发生面积20多万亩，对桂林蔬菜生产造成一定的影响。之后针对该虫开展了综合治理。

（八）橘小实蝇

橘小实蝇是钻蛀取食的昆虫，为害具有隐蔽性，易造成错失防治时机。2004年开始，在桂林市范围内推广使用橘小实蝇性诱剂。2008年重庆等地发生的“果蛆”事件把橘小实蝇推上了风口浪尖，引起社会关注。为了进一步发展完善该虫的综合治理工作，桂林市植物保护站对该虫进行了深入研究，开展了成虫越冬监测、种群消长监测、种群消长与作物结构和当地条件的相关性、越冬代成虫饲养观察等工作，得到了宝贵的第一手资料。根据监测研究结果，制定了桂林橘小实蝇诱捕器安放使用技术规程，全面推广使用实蝇诱捕器，提高了应用效率和效果。并推广成虫羽化高峰期地面用药、成虫羽化高峰前松土除蝇和果园养鸡食蛹相结合，降低虫口基数，杜绝了桂林柑橘出现“果蛆”事件。

（九）葡萄根瘤蚜

2015年7月，首次在广西兴安县溶江镇司门村及龙源村发现，在兴安县只发现根瘤型为害状，未发现叶瘿型为害状。主栽品种巨峰、夏黑、温克均发现葡萄根瘤蚜为害，但以巨峰发生普遍且严重。该虫在地下为害根部，发生为害轻时不易发现，世代重叠，孤雌生殖，因而给防控带来一定困难。截至2020年，桂林市仅有兴安县3个乡镇有葡萄根瘤蚜为害，分别是2015年的溶江镇、2016年的严关镇和2017年的湘漓镇；发生面积总计为1818.67公顷，占葡萄种植面积的19.91%。其中，溶江镇葡萄种植区一甲、廖家、车田、莲塘、千家、五甲、半圩、富江、司门、龙源、茶源等11个村发现有葡萄根瘤蚜发生，发生面积为1558.67公顷，占全县葡萄面积的85.7%；严关镇杉树、同志2个村发现有葡萄根瘤蚜发生，发生面积为180公顷，占全县葡萄面积的9.9%；湘漓镇龙禾村发现有葡萄根瘤蚜发生，发生面积为80公顷，占全县葡萄面积的4.4%。

第七节　农药管理与残留检测

一、果蔬农药残留检查情况

桂林市农产品质量安全检测中心成立于2004年，根据《桂林市人民政府关于实行果蔬质量安全市场准入制度的通告》，从2004年10月开始在市区5个农贸市场开展蔬菜质量安全检测，主要检测农药残留状况。中心从最初的20多名检测员，发展到2021年的109名检测员，25个固定检测室，蔬菜质量安全检测室基本上已经覆盖市区各大农贸市场。检测员每天对上市蔬菜进行农药残留检测。经过农业部门多年的努力，桂林市蔬菜质量安全监测体系也不断完善，基本上覆盖了产前、产中、产后等生产全过程，使桂林市蔬菜质量安全得到大幅度提高。

2015—2020年，年检测果蔬样品数量保持在78万～80万个之间，合格率都稳定在99.97%以上，协助销毁农药超标蔬菜49.05万千克，没有出现因农药残留而引发的安全事故。

二、农药管理工作情况

（一）农药质量抽检情况

2015—2020年，年抽检农药产品样个数分别是20、40、50、75、72、44个；合格率分别是85%、85%、86%、82.7%、87.5%、88.6%。不合格农药产品违法违规主要有有效成分不达标、有效成分未检出、添加未经登记的有效成分、低毒农药添加高毒农药、生物农药添加化学农药等。

（二）重大案件移送公安机关情况

根据《农药管理条例》《行政执法机关移送涉嫌犯罪案件的规定》，经桂林市农业农村局重大案件审查委员会集体讨论，在2018—2019年移送3起涉事生产、销售假农药案件到公安机关查处。

1. 桂林市恒晟农资经营部涉嫌经营假农药案，涉嫌农药产品39种，库存货值金额为6.47万元，销售违法所得145.53万元，总计152.00万元。

2. 桂林市皮皮贸易有限公司涉嫌生产、销售未依法取得农药登记证的假农药，库存货值金额4.74万元，销售金额21.74万元，总计26.48万元。

3. 桂林家宝蚊香原料有限公司生产、销售未依法取得农药登记证的假农药、库存货值金额7.00万元，销售金额9.96万元，总计16.96万元。

（三）做好高毒农药定点经营工作

根据广西壮族自治区农业厅桂农业办发〔2011〕169号文件精神，到2012年底，每个县区至少选定3个乡镇，每个乡（镇）设1个高毒农药定点经营单位，农药经营集中的区域可适当增加设点的原则，到目前按照“安全第一、合理布局、公平公开”的原则，全市已设立高毒农药经营点168个。高毒农药经营点必须严格执行农药备案制度，对进销的高毒农药需作详细记录，实行实名购药。掌握高毒农药销售流向，以高毒农药100%信息可查询、100%流向可跟踪、100%质量有保证为工作目标，确保农业生产安全。

三、抓好高毒高残留农药的管理工作

根据农业部、广西壮族自治区人民政府和桂林市人民政府关系禁销禁用和限制使用甲胺磷等高毒高残留农药的通告精神，2004年桂林市人民政府发布了关于实行果蔬质量安全市场准入制度的通告，要求从2004年10月1日起开始实行果蔬市场准入制度。当年6—7月，在全市范围内开展了“双禁”宣传活动。一是在《桂林日报》上全文报道市政府办公室“双禁”通知；二是召开全市农资经销商座谈会，向他们传达“双禁”通知；三是通过电视报道进行宣传；四是在全市各乡镇、村委会、农资市场、交通要道张贴农业部“双禁”通知，在各农资市场悬挂横幅标语；五是印发“双禁”宣传资料，下发到各村民和居民手中；六是通过宣传车、集市散发宣传资料的形式宣传。宣传活动共出动宣传车439台次，出动执法人员2736人次，悬挂横幅标语5851条，张贴通知2万余条，印发宣传资料686760份，各级媒体报道98次。

在广泛宣传的基础上，从当年8月开始对农资生产经营单位进行了全面拉网式排查，共检查1610家、查获“双高”农药6000公顷，并责令在规定的时间内全部退回厂家。此后，“双禁”工作作为每年常态化的一项重要工作来抓，市、县农业执法人员通过明察暗访是否有购进和使用了高毒高残留的农药，做好清查收缴工作。2007年查封甲胺磷28.5公顷，杜绝“双禁”农流入市场及高毒高残留农药在蔬菜、瓜果上使用。依法抓好从田间到市场的全程监管，没有出现因食用农产品而中毒的现象。

第四章　玉林市

第一节　概　述

玉林市总面积1.28万平方千米，辖北流市、容县、陆川县、博白县、兴业县、玉州区、福绵区7个县（市、区）和玉东新区。2020年末总人口741万，全市共有耕地面积约423万亩，林业用地面积1235万亩，森林覆盖率达61%。玉林市是广西农业大市，是广西重要的粮食生产、水果种植、禽畜养殖基地，粮食种植面积400多万亩，主要粮食作物有水稻、玉米、马铃薯、红薯和其他杂粮作物，大宗经济作物主要有水果、蔬菜、中药材、食用菌等。玉林市还是荔枝、龙眼、沙田柚、百香果等特色水果的主产区。

玉林市植保工作从中华人民共和国成立开始，经过几代植保人的不懈努力与艰苦奋斗，从无到有，逐步发展壮大。近年来，玉林市各级植保部门紧紧围绕“农业增效，农民增收”的发展主旨，始终坚持“绿色植保、公共植保”的理念，增强风险防范意识，不断加强重大病虫害预警防控能力建设，积极应对复杂的农作物病虫害发生态势，切实做到监测预警到位、信息传递到位、技术指导到位，有效遏制农作物重大病虫害的扩散蔓延，保障了全市农业的生产安全。玉林市各级植保部门认真贯彻“预防为主，综合防治”的植保工作方针，加快提升农作物病虫害绿色防控技术覆盖面积，加快推进重大病虫统防统治，为农业高产、高效、生态、安全提供有力支撑。

第二节　植物保护体系建设与发展

中华人民共和国成立以后，各级政府十分重视农业基础地位，玉林市植物保护机构随着农业生产的发展、国家经济体制的改革，从无到有，逐步建立、发展、壮大和完善服务体系。

一、机构设立与人员编制

1953年成立玉林县农林技术指导站，编制20人，由3个植物保护干部负责指导农民进行病虫害防治工作。1956年，玉林县隶属容县专区，成立容县专区植保植检站，有5人，设有植检、防治工作，同年派1人参加农业部举办的“全国农业病虫害预测预报训练班”学习，为广西第一批专门受训的植保科技人员。1957年，成立玉林专区级病虫预测预报站以及容县、桂平县农业局病虫预测预报站。1958年，撤销容县专区，成立玉林专区，容县专区植保植检站从容县迁至玉林，更名为玉林专区植保植检站，设在玉林地区农业局植保组；玉林专区所辖的玉林县、贵县、桂平县、平南县、容县、北流县、陆川县、博白县农业局，均成立县级农作物病虫预测预报站。至此，玉林市已建成了1个专区级植保植检站、1个专区级病虫测报站、8个县级农作物病虫预测预报站，共10个植保专业机构，共有人员30人，主要承担病虫测报、指导防治和植物检疫对象调查职能。

20世纪60至70年代，玉林市植保机构受到一定影响。1960—1962年，国民经济一度出现严重困难，玉林农业生产受到严重破坏，植保机构大批干部下放基层或精简还乡，测报、防治工作无人管理。1966—1976年，受“文化大革命”的影响，玉林地、县两级的植物保护机构被撤销，大批植保技术人员下放到“五七”干校劳动或到农村“接受贫下中农再教育”，植物保护力量被大大削弱，但玉林农试站的植保科技人员克服重重困难和压力，仍始终不间断地进行病虫观测调查和测报业务，各县农业局仍保留1~2名植保干部从事植保工作，确保了玉林市病虫调查数据资料的连续性、完整性、系统性，为后来病虫害预测预报业务和防治工作提供了科学宝贵的历史分析数据资料。1971年，撤销玉林专区，改置玉林地区。1973年由农业部拨款，玉林县农作物病虫测报站建设测报大楼和养虫室。1978年以后，玉林市植保机构陆续得到恢复和发展，由农业部拨款，建设玉林地区农作物病虫害测报大楼，玉林专区级农作物病虫预测预报站更名为玉林地区农作物病虫害预测预报站。

20世纪80至90年代，玉林市植物保护机构逐步完善，形成了比较健全的植物保护网络和测报网络，农作物病虫测报、防治和植物检疫工作逐步向规范化、标准化方向发展，植保工作走上正常化轨道。1981年，玉林地区农作物病虫害预测预报站与玉林地区农业局植保组合并成立玉林地区植保植检站，县级农作物病虫测报站全面恢复，迅速形成，地、县两级设植保站（或农作物病虫测报站），每个乡镇农技站分工1名技术干部，负责病虫害测报，各村设有农民技术员（农总）负责病虫害防治。全玉林地区建立了地、县两级植保站9个，共有植保技术干部146名，技术工人17名，到1990年植保技术干部增到269名，技术工人14名。1983年撤销玉林县，设立玉林市，玉林县农作物病虫测报站改名为玉林市农作物病虫测报站。1984年，玉林市、陆川县、博白县、北流县、容县农作物病虫预报预测站内设植物检疫站。1989年，玉林市、博白县农作物病虫测报站成为第一批全国农作物病虫测报区域站，玉林地区农作物病虫测报站成为第一批广西农作物病虫测报区域站。1992年，全国农业部植保总站、广西壮族自治区农业厅和博白县农业局联合投资30万元，建设博白县测报站办公楼。1994年撤销北流县，设立北流市。1997年撤销玉林地区，设立玉林市，原玉林市划分为玉州区、福绵管理区和兴业县，原玉林地区管辖的贵港、桂平、平南3个县级植保站划为地级贵港市管理，玉林市辖玉州区、福绵管理区、兴业县、北流市、容县、陆川县、博白县，玉林地区植保植检站更名玉林市植保站，玉林市农作物病虫测报站更名为玉林市玉州区植保站，博白县、陆川县、北流市、容县对应更名植保站，同年成立玉林市农药检定管理站；兴业县、福绵管理区分别于1998年、2000年成立了植保站。2000年全市所辖7个县（市、区）均设置植保站，均为全额拨款事业单位，主要承担农作物病虫测报和防治、植物检疫、农药管理等工作。其中，玉林市本级及博白县、北流市、容县的植保站内设植物检疫站（一套人员两块牌子），农药检定管理站独立分开，编制19人；陆川县、玉州区、兴业县实行植保、植检、农药管理工作一套人员三块牌子的管理方式；福绵管理区植保站、植检站有机构没编制，植保、植检、农药管理日常业务工作由管区农业局编制内调剂人员负责。

21世纪后，玉林市植物保护体系建设进一步发展，形成了公共植保体系与多元化专业服务组织系统的新型植保体系的构架。2012年机构改革，玉林市农药检定管理站属参公事业单位，2020年机构改革更名为玉林市农药检定站，编制5人；2013年北流市、博白县、容县农药检定管理站与执法大队合并，不再设置独立单位和编制。自2013年起，农药市场执法和管理主要由农业综合行政执法支队（大队）承担。2013年福绵管理区改置福绵区，福绵区植保站编制3人。2014年机构改革，玉林市植保机构8个，其中市本级、北流市、玉州区、兴业县植保站属参公事业单位，福绵区、容县、陆川县、博白县植保站为全额拨款公益一类事业单位。2017年容县植物保护站与原容县土壤肥料工作站、原容县经济作物站合并为容县土肥植保经作站。自2001年乡镇农业技术推广机构改革后，乡镇农技推广机构工作与植保业务基本上处于脱钩状态，乡镇、行政村不再配备植保人员。2021年，全市8个植保站有编制79个，在编人员56人，其中，研究生以上学历5人，本科25人，大专17人，中专及以下9人。推广研究员3人，高级农艺师7人，农艺师19人，助理农艺师10人，其他17人。主要承担农业植物病虫监测、农作物病虫害预测预报、农业植物检疫、农业植物病虫害防治、农用药械管理及相关社会服务等职能。20世纪以来，随着优质稻、中药材、马铃薯、香蒜等传统特色产业的稳步发展，香蕉、果蔗、糖料蔗、青提、柑橘、花卉等新兴特色产业逐步壮大，玉林市植物保护服务网络体系逐步走向“植保机构＋多元化服务组织”的模式。

二、农作物病虫预测预报体系

（一）病虫测报网络的发展

1956年3月，广西省农业厅在玉林农试站（玉林地区农业科学研究所）建立了专区级病虫测报点，1957年4月改为玉林专区预测预报站，同年，容县专署分别在容县、桂平两县农业局建立县级病虫预测预报站。1957—1958年，玉林专区所属的其他县农业局也先后成立了县级农作物病虫预测预报站。1960年全地区已有1个专区级、8个县级共9个农作物病虫预测预报站。1958—1962年和1966—1976年期间，玉林病虫测报机构撤散，力量被大大削弱，但玉林农试站植保组的植保科技人员克服重重困难和压力，仍始终不间断病虫观测调查和测报业务，各县农业局仍保留1~2名植保干部从事植保工作。1978年4月，玉林地区革命委员会下文同意恢复玉林地区农作物病虫害预测预报站。1976—1978年，农业部投资兴建玉林地区级病虫测报大楼，1978年11月正式挂牌成立“玉林地区农作物病虫害预测预报站”。1977—1978年，各县农业局也相应恢复了农作物病虫预测预报站。20世纪70年代末至80年代初期，玉林地区病虫测报事业得到了全面的恢复和发展，病虫测报网络迅速形成，玉林地区病虫测报站在玉林地区农科所、贵县西江农场、博白那林、贵县覃塘、玉林新桥，北流清湾、博白龙潭五一大队、桂平金田大队、北流隆盛大队设立了病虫测报点。同时，各县级站也在所属的公社设立了4~5个病虫测报、观测点。形成了地、县有专业测报站、公社有测报点、大队有植保员的专业测报和群众测报相结合的病虫测报网络，实施“地、县测报、社校正、队查定”的分级负责的方法，把病虫测报与防治工作密切地联系起来。但80年代后期，因经费等原因，这些测报网又再次中断，至今仍没有恢复。据1978年统计，全地区地、县有测报站9个，测报干部29人，工人15人；公社有测报点90个，植保干部136人；大队有植保员377人。

80年代以来，玉林地区农作物病虫测报站曾先后从基层农技部门调入和从大、中专毕业生分配中增加测报干部。1980年底，经地区行署劳动局批准增加测报员和植保员劳动指标共19名，地区2名，每县1~2名，进一步充实了地、县测报人才力量。1981年3月，玉林地区农作物病虫测报站与玉林地区农业局植保组合并，正式成立玉林地区植保植检站，编制定员11人，负责全地区农作物病虫害预测预报及防治、植物检疫、植保技术服务等业务。1997年，玉林撤地设市后，贵港、桂平、平南县测报站划为地级贵港市管理，同年11月10日玉林地区植保植检站更名玉林市植保站，玉林市新设的兴业县、福绵管理区也先后成立了县级植保站，所辖的其他县（市、区）病虫测报站也变更为植保站。据2005年统计，全市有专业植保站8个，植保技术人员69人。其中，专职测报25人，兼职16人，测报网成网乡镇72个，人数56人，成网村56个，人数254人。据2020年统计，全市有专业植保站8个，植保技术人员（含乡镇）96人。其中，专职测报18人，兼职27人，专职防治11人，兼职防治47人，专职检疫员23人；职称方面，推广研究员3人，高级农艺师11人，农艺师43人，助理农艺师18人，技术员6人，其他15人。

为提高测报人员包括乡镇兼职植保干部的测报水平，各级植保站编印技术资料、多次举办技术培训班。1964年，庞福全、何振群主编《桂平县农作物主要病虫害及防治》一书，印发桂平全县乡镇及农技站，并作为培训讲义。1977年9月，玉林地区革命委员农业局编印通俗易懂、易记实用的供培训大队植保员试用教材《水稻主要病虫害基本知识》一书，发至大队，在公社、大队培训植保员，并在贵县桥圩公社举办了全地区培训班，参加培训人员达400多人次。1983年9月12日至10月18日，玉林地区植保植检站举办一期以测报为主的脱产培训班，参加人数为县、公社的农业技术员共23人，培训前，李伟明等编写一套植保培训教材。1984年4月15日至5月10日，举办一期由地、县、乡植保干部参加的生物统计脱产学习班，学员40人，邀请广西农学院罗达新教授上了部分课。1990年，举办两期以乡镇植保干部为主的测报植保技术培训班。2000年4月，举办蔬菜病虫测报和防治培训班，参加人员为县级及蔬菜种植面积较大的乡镇农业技术人员，邀请广西农学院韦刚教授上了部分课。2020年，举办植保人员专业技术培训44次，共有647人次参加培训；举办农民培训班155次，共有7034人次参加培训。

（二）病虫测报体系的建设

通过加强农作物病虫专业测报站、建立病虫重点测报站、区域性测报站和增加病虫测报基本设施等，充分发挥测报网的功能，提高测报水平。

1. 病虫区域性测报站、重点测报站建设

1989年，全国植保总站在广西确定14个县（市）测报站（植保站）为全国区域性测报站，玉林市玉州区（原县级玉林市）农作物病虫测报站、博白县农作物病虫测报站被定为全国区域性测报站。同时，玉林市农作物病虫测报站也被确定为广西11个重点病虫测报站之一。区域性测报站除了做好广西规定的病虫观测和测报工作外，还要按全国统一规定的对象做好系统监测，玉州区区域测报站的全国性系统监测对象有黏虫、三化螟、稻飞虱；博白县区域测报站的全国性系统监测对象有稻瘟病。

玉林市作为广西重点测报站（现玉林市植保站），1976—1978年，农业部直接投资拨款在玉林五里桥金鸡岭建设玉林地区病虫测报办公大楼一幢。1982—1985年，广西壮族自治区植保总站拨款8万元，地区站自筹2万多元，先后建设植保站职工宿舍楼一幢、养虫室一间，开挖深水井一口。1988年，农业部又以重点测报站建设项目投资30万元建设植保、土肥、推广职工宿舍楼一幢。博白县全国区域测报站，1992年农业部全国植保总站、广西壮族自治区农业厅和博白县农业局联合投资30万元，建成两层共18间的测报站办公楼1幢，建筑面积448.51平方米，并购置仪器设备一批。2005年，农业部再次投资建设广西博白县农业有害生物预警与控制区域站，共投资355万元。目前已建成应急防治药品及药械库面积500平方米，计划建设检验检测室面积520平方米、试验配套用房面积320平方米、信息网络、培训用房面积310平方米及标准化病虫观测场面积1300平方米，进一步完善和全面提升博白县区域测报站的功能和综合能力。玉州区全国性区域测报站，1991年农业部投资拨款10万元，1992年广西壮族自治区农业厅投资拨款5万元，建设宿舍楼1幢，并购买了汽车和一批实验仪器设备。

2. 病虫测报信息网络体系建设

2004年，玉林市植保站建设了地市级“玉林植保网”，大大加快了植保信息传递速度，进一步扩大了病虫测报信息的覆盖面，提高了时效性，基本上实现病虫情报发布可视化、植保信息传递网络化。目前，全市各级植保站全部配备了计算机、传真机，部分站还配备了数码照相机和摄像机。病虫信息均通过微信群、QQ群、微信公众号、网络等现代新媒体来发布，病虫情报到位率大大提高，确保病虫信息100%覆盖到村。

三、农药质量监管及残留检测体系建设

（一）农药质量监管机构建设

1997年成立玉林市农药检定管理站，编制5人。该站行使农药监督管理执法权，承担农药登记、农药执法监督、农药技术培训、农药广告审查以及药政管理职能。近年来随着机构改革，监督执法职能划转到农业执法部门，现在主要负责农药质量检测技术方面的工作。

（二）农药残留检测机构与体系建设

玉林市农产品安全检测机构于2002年9月开始立项筹建，2005年9月，玉林市农业局下发了《玉林市农业局关于建立广西农产品质量安全监督检验测试玉林分中心的通知》（玉市农〔2005〕51号），从玉林市药检站、土肥站、推广站、种子站等单位抽调人员组成玉林分中心，由市药检站站长韦相贤兼任中心负责人。2006年4月，玉林市农产品安全检测中心经玉林市机构编制委员会批准成立（玉编〔2006〕26号文），属正科级财政全额拨款事业单位，核定编制7名，由原市农科所高级农艺师刘盛武担任主任。到2006年10月已健全了1个市级农产品质量检测实验室、7个县（市）级农产品质量检测站（室）、26个乡镇流动检测点的三级检测体系，实现了检测结果电脑联网传送，承担着全市农产品质量监测检验任务。

玉林市农产品安全检测中心（广西农产品质量安全监督检验测试玉林分中心）是玉林市农产品检验和农产品质量安全评价鉴定检验机构，各县（市）区农产品质量安全检测站（室）和农产品质量安全流动检测工作站，协助开展农产品质量安全例行监测工作。检测队伍逐步发展壮大，2006年刚成立时，玉林市在农产品质量安全机构工作的人员有25人左右，基本能完成每月的农产品安全例行检测工作。至2020年市级检测中心工作人员10人，县级35人，市级检测机构每年开展安全例行定性检测样

品1500份以上，定量检测样品1000份以上，检测能力有了巨大的提升。

四、玉林市植物检疫机构历史沿革

（一）植检机构人员历史沿革

1956年2月，“广西省植物检疫站”正式成立，根据广西壮族自治区农业厅的要求，容县专区植物检疫站于1956年6月在容县成立，编制5人，杨定任副站长，办公地点在容县专署农业科。

1958年，容县专区植物检疫站及人员随专署迁至玉林，容县专区植物检疫站更名为玉林专区植物检疫站，办公地点设在玉林专区农业局。

1959年，玉林专区植物检疫站迁到玉林汽车修配厂办公。

1960年，玉林专区植物检疫站再次搬迁到玉林气象台大楼办公。同年10月，国家经济困难，植物检疫机构被精减撤销，植检人员有的被下放基层，有的被精简还乡。直到1964年春，全国经济进入较快的恢复期后，广西壮族自治区编制委员会批准广西壮族自治区农业厅的报告，在自治区和专区一级恢复植物检疫站，植物检疫工作逐步走向正轨，玉林专区植物检疫站设在玉林专区农业局粮食生产科，杨定任副科长，同时兼管植物检疫工作。

1972年，广西农林局下达〔1972〕146号文《关于恢复各级农业事业机构的通知》以后，各地、市、县的农业事业机构逐步恢复。1975年，经玉林地区革命委员会批准，下发了“地区植检站”公章一枚，但没有确定人员编制，机构尚不健全。1978年4月23日玉林地区革命委员会玉地革〔1978〕33号文批准玉林地区农业局“关于恢复地区农作物病虫害测报站和健全地区植物检疫站的报告”，两站共定编7人，其中配备有专职植检员3人，办公地点在玉林地区农业局植保组。1981年3月，玉林地区行政公署批准“玉林地区植检站和玉林地区农作物病虫害测报站”合并，成立“玉林地区植保植检站”，黄新、李伟明任玉林地区植保植检站副站长。

1982年底，玉林地区各县（市、区）都有专职或兼职植检干部，人员逐步稳定。1983年1月，国务院颁布《植物检疫条例》，给植物检疫工作注入了新的活力，各地在认真贯彻和宣传条例的同时，完善了植检机构，充实了植检人员。1984年，各级植检机构进一步得到巩固，玉林地区所属的陆川县、博白县、玉林县、北流县、容县都建立了植物检疫站，全地区共有专职植物检疫员13人。

1997年，撤地设市后，“玉林地区植保植检站”更名为“玉林市植保站”，业务管辖博白县、陆川县、容县、北流市（今北流县）、原玉林县分出的（兴业县、福绵区、玉州区）等五县两区。

进入21世纪后，玉林市植物保护体系建设进一步发展，形成了公共植保体系与多元化专业服务组织系统的新型植保体系的构架。2005年全市共有植物检疫站8个，专职植检员23人，基本上每个县（市、区）植物检疫站已配备3~4名专职植检员。到2022年，全市共有专职植物检疫人员46名，比1984年的13名翻了3倍多，检疫范围也由过去的产地检疫扩大到调运、邮寄、市场检疫。

（二）植检职能历史沿革

20世纪50年代末开始开展植物检疫对象调查职能，20世纪60年代至70年代中期，植物检疫工作处于停滞状态，1975年开始开展调运检疫职能，20世纪80年代至90年代，植物检疫条例颁布，植物检疫机构不断完善，植物检疫工作逐步向规范化、标准化方向发展，1983年开展产地检疫、调运检疫职能。1984年，玉林市、陆川县、博白县、北流县、容县农作物病虫害预报预测站内设植物检疫站，专职植检员16人。1985年前后，全地区各县人民政府发布“关于贯彻执行国务院植物检疫条例”的布告。1987年7月查获国外检疫对象大豆象，于1990年扑灭。1992年玉林市开展市场检疫职能，至此，玉林市植物检疫机构承担产地检疫、调运检疫和市场检疫三大职能。进入21世纪，植物检疫体系建设不断加强，玉林市植物检疫事业朝着正常化、规范化、法制化的方向发展，形成了比较完善的植物检疫执法体系。2005年全市共有植物检疫站8个，专职植检员23人，基本上每个县（市）区植物检疫站已配备3~4名专职植检员。2001—2004年，农业植物有害生物疫情普查，普查作物332种，查获检疫性(或危害性)农业植物有害生物13种，其中属新发现的有蔗扁蛾、香蕉穿孔线虫、木薯细菌性枯萎病。2007年玉林市博白、陆川、容县、北流成为全国重大植物疫情阻截带监测点。2012年，玉林市开展植物检疫联合执法检查活动，在福绵区、陆川县发现香蕉枯萎病（香蕉枯萎病菌4号小种引起），采取砍伐和改种等有效的检疫处置措施，达到铲除目的。2013年以来，玉林市各级植检机构每年都开展广西植物检疫宣传周活动，每月在全国农业植物检疫信息管理系统填报植物检疫发生防控信息。2014年以后，农业农村部门在政务中心设立植物检疫政务服务窗口，更好地服务群众。

五、玉林市植保科研工作及获奖情况

玉林市植保科研工作开始于1954年，广西农业综合试验站植保系（后改广西农业科学院植保系）在玉林农业试验站(后改玉林地区农科所)内设植保组，当时何彦琚任主任，主要业务是农作物病虫害试验、调查、研究和预测预报，其他植保科研人员有李子辛、岑岳伦、朱光锦、龙达坤、梁成芳等10余人，后来又从基层农技部门和分配的大、中专毕业生中调入部分人员。1954—1955年，广西三化螟大发生，有54个县受害严重，时任自治区农林厅长林山指示，在螟虫特别严重的玉林县设立容县专区治螟联络站，亲自指挥治螟工作，何彦琚主任作为治螟植保专家组成员，成功试验和推广了六六六泼浇、点蔸和混肥施用治螟技术，为治螟作出了重大贡献，被评为全国劳动模范。1956年，何彦琚等研究黏虫，认为该虫在玉林一年发生7代，并有明显的夏季迁出，秋季迁入的迁飞规律。1950—1990年先后有陈理德等开展了稻飞虱迁飞规律研究；岑岳伦等开展了荔枝果蛀虫调查及其主要种类、黏虫迁飞规律研究；李子辛等开展了三化螟、稻飞虱等病虫测报技术研究；朱光锦、龙达坤等开展了水稻纹枯病、黑点病、心腐病、稻瘟病发生与防治技术研究等多项植保科研课题，取得了大批显著的科研成果。

1966—1974年，植保机构和技术人员被解散，植保科研工作几乎处于停顿状态，调查、研究工作无人管理，但病虫观测、测灯诱虫工作继续进行，也不间断发布病虫情报。直到1975年全国科学大会召开后植保科研活动才得到恢复。

1976年，玉林农试站的植保组研究人员实行分工，李子辛、梁芳珍、何桂芬专职负责病虫测报，其余人员搞科研。1978年11月，病虫测报人员调往玉林地区农作物病虫测报站。

1985年以后，玉林植保工作开始正常化，形成了比较健全的植保网络、测报网络，在植保领域取得了显著成效。植保科技工作者在教育、科研和推广工作中，获得了大量科研成果奖励，涌现出大批的先进单位和先进个人。1990年玉林地区植检站被农业部授予全国植检先进单位，2003年玉林市植保站荣获全国病虫测报先进单位，2004年获全国病虫电视预报工作先进单位、全国新农药械推广先进单位，2005年获全国农业植物有害生物普查先进单位。蔡中仁、刘振新、陈景成、党景周等先后荣获全国植检、测报或新农药械等先进个人。蔡中仁推广研究员（1999年1月晋升，为玉林市农业系统第一个推广研究员）1993年获得国务院颁发的“为发展我国农业技术事业做出突出贡献的科技人员”称号，并享受国家特殊津贴待遇。蔡中仁、陈景成、彭启德、龚玉源、朱豪红曾先后获得“玉林市专业技术拔尖人才”称号。党景周获得“广西青年科技标兵”和“玉林市首批优秀青年科技人才”称号。1980—2005年，全市植保系统科技成果获得广西科学技术进步奖的有3项，其中三等奖2项、四等奖1项；获得广西农牧渔业技术改进奖10项，其中一等奖1项、二等奖2项、三等奖3项、四等奖4项；获玉林市科学技术进步奖10项，其中一等奖1项、二等奖3项、三等奖6项；被评为植保工作先进单位99次，其中，省部级6次、地厅级66次、县（处）级27次；被评为植保工作先进个人337人次，其中，省部级6人次、地厅级187人次、县处级144人次。

表21　玉林市植保部门获得科研成果奖励情况统计表

获奖年份	项目名称	获奖名称及等级	完成单位及主要人员
1981	为害水稻的几种叶蝉、飞虱卵的区别	广西农牧渔业技术改进四等奖	容县农作物病虫测报站
1983	大面积使用井冈霉素防治水稻纹枯病	广西科学技术进步奖四等奖	贵县综防所
1986	甘蔗二点螟信息素诱测技术在测报技术上的应用	广西农牧渔业技术改进四等奖	桂平县农作物病虫测报站（卢芳泉）
1986	综合技术灭鼠，经济效益显著	广西农牧渔业技术改进四等奖	平南县测报站（李超云、李绍武、黄宗耿、覃厉贤、卢宇清、周伟波、欧世高）
1987	广西农田鼠害调查及其防治研究	广西科学技术进步奖三等奖	玉林地区植保站
1990	国外检疫对象——大豆象的发现及扑灭	广西农牧渔业技术改进二等奖	玉林地区植检站（蔡中仁、韦相贤等）
1990	大面积推广稻瘟病综合防治技术	广西农牧渔业技术改进三等奖	玉林地区植保站（陈景成、冯贤德、罗昭南、梁文伟、王善才、麦玉强、黄硕珍）
1990	大面积推广稻瘟病综合防治技术	玉林市科学技术进步奖二等奖	同上
1990	大面积推广水稻纹枯病综合防治技术	广西农牧渔业技术改进三等奖	玉林地区植保站（党景周、蔡中仁、张朝相、邹镜昌、莫昌平、李武南）
1990	广西水稻主要病虫测报技术规范的推广应用	广西农牧渔业技术改进一等奖	玉林地区农作物病虫测报站
1990	预测稻飞虱准确，指导防治效益高	广西农牧渔业技术改进四等奖	平南县测报站（赵秀清、颜锐发、莫进雄、覃厉贤、粟艺玲、叶瑞芳、欧志高）
1990	大面积推广稻瘿蚊综合防治技术	玉林市科学技术进步奖二等奖	玉林地区植保站（蔡中仁、刘振新、陈景成）
1991	国家对外检疫对象——大豆象的发现及扑灭	广西科学技术进步奖三等奖	玉林地区植检站（蔡中仁、韦相贤等）
1991	应用性诱剂迷向法防治甘蔗条螟	博白科学技术进步奖二等奖 玉林市科学技术进步奖三等奖	博白县测报（刘唐玲、麦国珍）

续表

获奖年份	项目名称	获奖名称及等级	完成单位及主要人员
1991	水稻主要病虫综合防治技术规范的推广应用	玉林市科学技术进步奖三等奖	玉林地区植保站（黄家善、刘振新、李伟明、杨海祥、何振群、李武南、梁广林）
1991	推广水稻病虫测报技术规范，指导防治效果显著	玉林地区科学技术进步奖三等奖	玉林地区植保站（党景周、陈景成、蔡中仁、邹镜昌、徐群、黄硕珍、陈雄波）
1991	推广水稻病虫测报技术规范，指导防治效果显著	广西农牧渔业技术改进三等奖	玉林地区植保站（党景周、陈景成、蔡中仁、邹镜昌、徐群、黄硕珍、陈雄波）
1991	国家对外检疫对象大豆象的发现及扑灭	玉林地区科学技术进步奖二等奖	玉林地区植检站（蔡中仁、韦相贤、陆家逸、党景周等）
1992	甘蔗扁飞虱发生规律测报法及防治技术研究	广西农牧渔业技术改进二等奖	玉林地区植保站、玉林农校（陈景成、张庆石、卢树培、韦玉梅、陈红波等）
1993	甘蔗扁飞虱发生规律测报方法及防治技术研究	玉林地区科学技术进步奖三等奖	玉林地区植保站、玉林农校（陈景成、张庆石、卢树培、韦玉梅、陈红波等）
1998	水稻商品化旱育秧研究与实践	玉林市科学技术进步奖二等奖	玉林市植保站
1999	玉林水稻主要病虫监测与综合治理	玉林市科学技术进步奖二等奖	玉林市植保站（蔡中仁、陈景成、党景周、罗昭南、宁运任）
2000	玉林市稻田化学除草技术推广与应用	玉林市科学技术进步奖二等奖	玉林市植保站（陈景成、蔡中仁、党景周、黄家善、李春光）
2004	玉林市农业植物有害生物疫情普查	玉林市科学技术进步奖三等奖	玉林市植保站（党景周、陈景成、黄家善、古彪、林英等）
2006	水稻免耕抛秧栽培病虫发生规律研究和防治技术研究	玉林市科学技术进步奖一等奖	玉林市植保站（陈景成、岑佩琴、党绍东、龚玉源、朱豪红、刘华荣、范铁兵等）
2007	农作物病虫电视预报技术的研究开发与应用	玉林市科学技术进步奖一等奖	玉林市植保站（陈景成、甘建华、党绍东、党景周、吕俊、龚玉源、朱豪红、李大卫、李其明）
2008	玉林市冬瓜病虫害调查及防治技术研究	玉林市科学技术进步奖二等奖	玉林市植保站、广西农业科学院植保所（陈景成、朱豪红、黄思良、吴永官、岑佩琴、党绍东、卢继英等）
2009	柑橘小实蝇监测与治理	玉林市科学技术进步奖二等奖	玉林市植保站（陈景成、党景周、黄家善、李鼎伟、龚玉源、李丽英、刘华荣、刘天赵、王克林、李其明、党绍东）
2010	玉林市福寿螺防控技术研究及应用	玉林市科学技术进步奖二等奖	玉林市植保站（林霞、朱豪红、陈景成、党绍东、卢继英、毛琦、甘军勇、谢植干、文洪波、罗昭南、党景周、黄家善）
2010	广西福寿螺防控技术研究与应用	技术推广类二等奖	玉林市植保站
2011	重大农业害虫性诱监控技术研发与集成应用	广西科学技术进步奖一等奖	玉林市植保站
2012	红火蚁重大疫情防控技术研究与应用	玉林市科学技术进步奖二等奖	玉林市植保站(陈景成、党景周、黄家善等)
2012	稻飞虱、稻纵卷螟发生新特点及抗性治理研究	玉林市科学技术进步奖二等奖	玉林市植保站（朱豪红、陈景成、卢继英、党绍东、文洪波、谢植干等）

续表

获奖年份	项目名称	获奖名称及等级	完成单位及主要人员
2014	农作物病虫害绿色防控技术集成与应用	玉林市科学技术进步奖二等奖	玉林市植保站（陈景成、朱豪红、党绍东、卢继英、林英、梁玉娥、刘天赵、谢植千、毛琦等）
2019	五彩田园千亩马铃薯示范基地建设	广西科技成果登记	广西昊华农业有限公司、玉林市植保站（肖军委、黄翠流、毛琦、卢继英、党绍东、王育荣等）
2020	马铃薯新害虫窄缘施夜蛾生物学特性及防治技术的研究与应用	广西科技成果登记	玉林市植保站、广西农业科学院植保所（孙贵强、朱豪红、曾宪儒、刘华荣、卢继英、文洪波、党绍东、黄翠流等）

表22　玉林市植保站获得先进工作表彰奖励情况统计表

获奖年份	获奖名称	完成单位	发证机关
1992	全国植物检疫系统先进集体	玉林地区植物检疫站	中华人民共和国农业部
1995	1995年春季农田灭鼠先进单位	玉林地区植保站	广西壮族自治区农业厅
1996	1995年农业技术推广先进单位	玉林地区植保站	玉林地区行政公署农业局
1998	广西1991—1997年度植物检疫工作先进单位	玉林地区植保站	广西壮族自治区人民政府办公厅
1998	1995—1997年度广西壮族自治区植物保护工作先进集体	玉林市植保站	广西壮族自治区农业厅
1998	1997年植保集琦科技基金奖	玉林市植保站	广西植保集琦科技基金会、广西壮族自治区植保总站
1999	1998年度广西壮族自治区植物保护先进单位	玉林市植保站	广西壮族自治区农业厅
1999	1998年“大功臣”应用技术开发和推广先进单位	玉林市植保站	广西壮族自治区农业厅
2000	1999年度植保新技术推广、农作物病虫害综合防治工作先进单位	玉林市植保站	玉林市农业局
2000	1999年度广西壮族自治区植保工作先进单位	玉林市植保站	广西壮族自治区农业厅
2004	全国农作物病虫电视预报工作先进集体	玉林市植保站	全国农业技术推广服务中心
2004	2003—2004年全国植保信息暨农药械推广先进集体	玉林市植保站	全国农业技术推广服务中心
2004	首届全国农作物病虫电视预报优秀节目（荔枝、龙眼收花后要及时防治病虫节目）鼓励奖	玉林市植保站	全国农业技术推广服务中心
2005	全国农业植物有害生物疫情普查工作先进集体	玉林市植保站	中华人民共和国农业部
2005	2004年度全市农业局系统先进单位	玉林市植保站	玉林市农业局
2006	“佳多杯”全国农作物病虫电视预报工作先进单位	玉林市植保站	全国农业技术推广服务中心
2006	全国植保信息暨农药械推广先进集体	玉林市植保站	全国农业技术推广服务中心
2006	2005年度全市农业局系统先进单位	玉林市植保站	玉林市农业局
2007	2006年度全市农业局系统先进单位	玉林市植保站	玉林市农业局
2008	2007年水稻“两迁”害虫防控工作先进集体	玉林市植保站	广西壮族自治区农业厅
2008	2007年度全市农业局系统先进单位	玉林市植保站	玉林市农业局

续表

获奖年份	获奖名称	完成单位	发证机关
2008	2007年度广西农作物病虫电视预报工作一等奖	玉林市植保站	广西壮族自治区植保总站
2009	2007—2008年度玉林市农村科普工作先进集体	玉林市植保站	玉林市科学技术协会
2009	2008年度全市农业局系统先进单位	玉林市植保站	玉林市农业局
2010	全国农作物重大病虫害测报技术与预报发布创新工作先进单位	玉林市植保站	全国农业技术推广服务中心
2010	全国植保信息暨农药械推广先进集体	玉林市植保站	全国农业技术推广服务中心
2010	2009年度玉林市农业系统先进单位	玉林市植保站	玉林市农业委员会
2011	2006—2011年度广西柑橘黄龙病综合治理先进集体	玉林市植保站	广西壮族自治区植保总站
2011	2010年广西南方水稻黑条矮缩病防控工作先进单位	玉林市植保站	广西壮族自治区农业厅
2011	2010年度玉林市农业系统服务基层工作先进单位	玉林市植保站	玉林市农业委员会
2012	2011年度玉林市农业系统先进单位	玉林市植保站	玉林市农业委员会

第三节　植物保护技术推广与培训

一、植物保护技术咨询服务

玉林市植物保护技术大范围的推广服务开始于1981—1984年，以植保专业承包形式为主开展技术有偿服务。1981年，玉林地区首先在贵县湛江公社沙岭大队开展试点工作，当年3月，在贵县农业局、贵县综防所和湛江农技站的具体帮助下，经过沙岭大队和生产队干部群众自上而下、自下而上的充分酝酿和讨论，成立了“沙岭植保公司”。在贵县湛江公社沙岭大队植保专业承包取得经验的基础上，1982年玉林地区试点工作扩大到各县，承包形式主要有单包法和全包法两种。1982年，北流县农作物病虫害测报站与北流县附城公社甘村大队签订技术承包合同，承包面积3300多亩，约占该大队水田面积的97.3%，承包户556户，占总户数的98.2%。

玉林县新桥公社旺久大队1982年2月成立了禾医室，开展病虫测报、田头会诊、培训、组织农药供应等服务，同时每亩收取股金1元；同年7月制订了旺久大队禾医室章程（草案），平南县植保站在1982年开展了植保服务承包和代销推广部分新农药的工作，对及时有效防治病虫害起到了较好的作用，同时通过经营和承包，获得了一些收益，如1982年代销农药50吨，并开展植保技术承包，及时防治了病虫害，共获利润3万多元，解决了部分办公经费的不足和科技人员的福利待遇低的问题；在此基础上1984年成立了植保公司（各乡镇也相继成立了植保公司），1985年5月该公司解散，后成立了植保技术咨询服务部。

1983年，根据中共中央〔1983〕1号文件中精神，8月23日，玉林县农业局制订了《大队级农业技术服务站工作条例》和《公社级农业技术服务公司工作条例》（讨论稿），对技术服务公司的宗旨、组织机构、工作业务范围、服务管理、技术员职责、承包户与示范户的权利和义务等方面作了具体规定。

但由于农村千家万户的分散经营模态，加上农户对承包的认识不足，影响了承包工作的开展，植保咨询服务受到了阻碍。1985年开始，各地农业技术部门基本上不再采用植保专业承包的形式进行技术有偿服务，而采取了另一种形式，即“既开方、又卖药”。1989年底国务院印发了《关于完善化肥、农药、农膜专营办法的通知》，1990年3月农业部、国家工商局印发了《关于贯彻“国务院关于完善化肥、农药、农膜专营办法的通知”的通知》，对农垦、农技推广部门开展技术服务配套供应化肥、农药、农膜明确了规定，对各地开展植保服务工作起到了很大的促进作用，此后，各地县植保部门、各乡镇农业技术推广站基本都成立以植保为主的技术咨询服务部或植物医院，这种技物结合配套服务的植保技术咨询服务方式一直沿用到2013年机构改革。

玉林农资系统也加强了服务的工作，1990年后，各基层供销合作社也纷纷兴办庄稼医院，有的庄稼医院还聘请农业部门专家当顾问，或委托其培训庄稼医院医生，协助做好服务工作，开展技术咨询工作，这些举措对玉林地区（市）植保站推动植保技术服务咨询工作起到了较大的作用。

（一）1982年开展植保专业承包试验试点工作

与陆川马坡农技站合作在马坡公社推行植保专业承包（单包），早稻有8个大队，含94个生产队2221户，种植面积共6664亩，占全公社水稻总面积的17%，晚稻参加承包的有十三个大队，含286个生产队5514户，种植面积共19700亩，占全公社晚稻总面积的51%。

（二）1985年11月21—22日召开植保技术服务暨农药订货会。当时地、县、乡植保技术干部（或参加植保技术服务的干部）共200人参加了会议，地区农牧渔业局李和财副书记到会并就开展植保服务等工作提出了要求，地区植保站站长蔡中仁传达了有关植保工作改革形势、开展植保服务等工作政策和意义。同时本站也积极参与并主动帮助和指导各地做好技术服务工作。

（三）1983年开始，结合植保业务工作。植保站现有人员在搞好主要业务工作站前提下结合开展植保技术服务，1985年在全地区植保系统建立了服务网，进行新农药代销服务，及时将农药运送到县、乡植保服务点。1985年11月1日，玉林地区农业局批复同意地区植保站设立植保技术服务部，1995年，根据工商部门的要求，玉林地区（市）植保站变更为玉林宏达植保技术综合服务部，直至2013年因机构改革注销。1989年，与广西壮族自治区农业技术推广总站、玉林地区微生物研究所合办广西壮族自治区农业技术推广总站玉林实验厂，厂址在植保站大院内，生产销售高效叶面肥“喷必灵”等支农产品，虽然由于机制等原因2年后解散，但对叶面肥在作物上的推广应用起到了一定的作用。

（四）1985年、1993年、1996年、1999年、2000年先后在玉林召开了较大规模的名、新、优农药推广会，由农药企业及地（市）县、乡、村农业技术人员、经销商等参加，人数一般有200人以上；1999年7月在陆川、2000年7月在兴业、2001年3月在博白、2002年3月在北流分别召开了当地县、乡农技人员参加的新农药推广会。通过召开推广会、试验示范和植保服务工作，对推广新农药起到了重要作用。

二、农作物病虫电视预报

2004年，是农作物病虫信息可视化工作快速发展的一年，全市各级植保部门积极开展农作物病虫电视预报，玉林市植保站积极开展农作物病虫电视预报工作，电视节目质量和数量都有了新的突破，各地亦相继开展了病虫电视预报工作，全市已经有市站、容县、博白等植保站从事病虫电视预报工作，容县还制作并分发了沙田柚黑斑病防治技术光盘。由于工作出色，玉林市植保站2004年获得了全国农业技术推广服务中心授予的“全国农作物病虫电视预报工作先进集体”“全国植保信息暨药械推广先进单位”两项荣誉称号。玉林市植保站和玉林市电视台联合实施的《农作物病虫电视预报技术的研究开发与应用》项目，于2007年获玉林市科学技术进步奖一等奖。

《植保专栏》是玉林市植保站和玉林电视台长期合作的农作物病虫电视预报节目，是玉林电视台《农村天地》栏目中的一个重要版块，《植保专栏》于2003年开始定期播放，在农作物生长期（5—10月）定期播放，其余月不定期播放，每期在玉林电视1台和2台（即现在的新闻频道和公共频道）滚动播放8次，2005年每期节目还在广西公共频道播放1次。

自2003年来，玉林市植保站共编制了100多期农作物病虫电视预报节目，节目内容以最新病虫草鼠发生实况及防治知识为主，此外还有高效低毒农药推荐、农药的安全科学使用技术、生态农业病虫无害化治理技术等植保技术知识。节目主要制作方式采用玉林市植保站拍摄好的影像资料和撰写好的节目文字稿，电视台负责配音编辑播放等后期工作组成，2007年节目以电视台配音、单位编辑为主。节目资金主要通过多渠道积极筹集，主要是上级植保部门、政府、单位、农药厂商等支持和赞助，保障病虫电视预报工作的顺利开展。经过多年来的不断完善，目前市植保站拥有了一批高性能电脑、数码摄像机、数码相机、刻录机等病虫电视预报设备。

三、植物保护信息网络发布

玉林市积极加强植保信息网络化的建设，克服技术、人员、经费等方面的困难，开通了在广西同类单位中处于领先水平的玉林植保网，使该网站成为玉林市各地农技人员、农资经营人员和农民群众了解最新病虫情报及防治方法等植保信息的窗口。玉林植保网于2004年3月20日正式开通并及时、全面、准确发布植保信息、农作物病虫鼠草情报，推广农作物病虫草鼠的综合治理技术、高效低毒新农药以及先进植保药械等。玉林植保网主要包括8大板块：植保信息、病虫测报、病虫防治、植物检疫、植保药械、政策法规、农业技术、技术咨询。网站开通的信息被各种媒体宣传报道，先后得到《玉林日报》、广西农业信息网、广西科技信息网、新华网广西频道等媒体报道。玉林植保网亦被众多搜索网站收录，如百度、雅虎、google搜索、搜狐等众多知名网站。全市各地的植保信息除了通过玉林植保网发布外，各地植保站亦通过当地农业信息网发布。2018年底政府网站精简整合，玉林植保网关闭，玉林市植保信息整合到玉林市农业信息网中发布。

四、农民田间学校培训

农民田间学校是联合国粮农组织提出和倡导的农民培训方法，是一种自下而上参与式农业技术推广的方式，强调以农民为中心，充分发挥农民的主观能动作用。1984年，联合国粮农组织开始在东南亚实施水稻IPM项目，1992年，联合国粮农组织在IPM项目实施中总结认为，在田间全生长季办农民田间学校可使农民转变观念，是一种改变乱用药现状、增加效益、保护环境的最好方法。20世纪90年代初，该方法扩展到亚洲其他国家和地区，后扩展到非洲、美洲、东欧等地区。

农民田间学校是全国农业技术推广服务中心在执行联合国粮农组织等国际机构资助的水稻、棉花和蔬菜病虫害综合防治项目过程中采用的一种农业技术推广方式，始于1994年，其培训学员和培训地点是开放的，可能涉及当地村、组的整个社区。农民田间学校是以人为本，以田间为课堂，实践为手段的非正规教育培训方式，以满足农民在生产中对技术需求为目标，采取自下而上、启发式、互动式和参与式教育手段培养农民动手、动口、动脑能力，在农民田间学校有益活动中，不仅提高农民科学防治病虫害、合理用药水平，减少农药使用量，降低农药对人体健康和环境危害，提高农产品质量安全水平，促进农业增产、农民增收，而且发展一批懂科学、善管理、会经营的农民群体，造就村民互学互帮，团结协作，邻里和睦，文明时尚的新型农村建设。

玉林市开展农民田间学校比较晚，为尽快在玉林开办农民田间学校，在广西壮族自治区植保总站的大力支持下，2009年11月，玉林选派4名技术干部，参加在临桂县开设的中国/FAO降低农药风险项目辅导员再培训班。2010年5月，玉林选派3人，参加全国农技中心在柳州市举办的农民田间学校培训方法培训班。此后，玉林共选派多名技术干部参加了2011年3月上林县举办的第一阶段中国/FAO降低农药风险项目IPM农民田间学校辅导员培训班，2011年7月荔浦县举办的第二阶段中国/FAO降低农药风险项目IPM农民田间学校辅导员培训班，2012年合浦县举办的木薯粉蚧防治暨降低农药风险农民田间学校辅导员培训班（TOT）培训等，通过参加区植保总站组织的辅导员培训学习，玉林植保系统的技术员的专业水平有了较大提升。

2010年5月，玉林市首期农民田间学校在新圩镇宋村村委会开班。共有学员36人，上课11期，培训内容和方式深受学员欢迎，学习热情高涨。2010年开设农民田间学校4所，学校分布在北流市新圩镇宋村、玉东区茂林镇泉东村、陆川县马坡镇界垌村、容县，学员144名，开设培训课程5~11期。2011年开设农民田间学校5所，学校分布在兴业县卖酒镇党州村、北流市新荣镇五常村、玉州区仁厚镇荔枝村、容县容西乡祖立村、容州镇平坡村，学员150多人。2012年开设农民田间学校1所，设在兴业县大平山大苏村，开设培训课程7期。2013年开设农民田间学校2所，目标作物水稻。2014年开设农民田间学校2所，目标作物水稻、花生。2015年开设农民田间学校2所，目标作物水稻。2017年开设农民田间学校1所，目标作物水稻。

五、科学安全用药培训

玉林市植保站一直以来十分重视科学安全用药技术的推广与培训，凡是开展植保技术推广培训，都把科学安全用药知识进行重点培训。在植保电视预报、病虫情报、农民田间学校等载体和活动中都专门进行科学安全用药的讲解与培训。同时积极参加玉林市农业农村局组织下的植保、农资、推广、农药管理等部门开展的以新型农业经营主体、植保社会化服务组织、新型职业农民为主体的科学安全用药培训，农药使用量零增长技术宣传培训，科学安全用药培训，农药使用“安全生产月”等活动，来推进安全科学用药及植保机械更新换代工作，同时推荐一批安全高效低毒农药和高效助剂，不断提升广大农民群众科学安全用药的意识与水平。据调查统计，通过多年来的培训，对种植大户、专业化统防统治、农民专业合作社等个人或组织，科学安全用药指导到位率达100%，确保他们在开展农作物病虫害防治使用农药时，严格按照农药标签使用农药，落实农药安全间隔期制度，帮助他们掌握精准防治、农药减量、绿色防控、科学安全用药等技术。

第四节　病虫测报与防治

农作物病虫预测预报是植保部门的主要工作，是贯彻落实“预防为主，综合防治”植保方针，主动及时控制病虫草鼠为害，是保障农业安全生产的重要手段，也是制订防治策略，指导大田防治的主要依据。

一、农作物病虫预测预报的起步和发展

玉林市农作物病虫预测预报机构设置始于中华人民共和国成立后，1954年冬，广西省农业厅发文，要求农业科学研究和农业技术推广部门都要切实抓好农作物病虫预测预报，规定凡是与病虫测报业务有关的技术工作均由各专区农业试验站和各县的国营农场派员兼管。1955年，玉林专区建立病虫测报组织，1956—1958年，先后建立县一级病虫测报站。50年代中期至70年代初期，玉林市级病虫害调查观测工作主要在玉林农试站（玉林地区农业科学研究所）进行。主要病虫调查观测对象有稻螟、稻苞虫、稻纵卷叶螟和稻瘟病；次要对象有黏虫、蟓象、叶蝉等。观测工具十分简陋，开始时用油灯作为诱虫灯，害虫多发盛发期用汽灯诱虫，后改用200瓦的白炽电灯作为诱虫灯，还有捕虫网、养虫笼、扩大镜、显微镜等。这个时期病虫测报的研究内容，主要是害虫的生活史、生活习性以及虫害发生分布的调查等。

自从1956年广西组建专业病虫测报站开始，广西省农业厅根据农业部植保局的要求，制订了预测预报业务规章制度，统一主要病虫的测报方法，规定测报调查对象分为两大类：一是测报对象，包括稻螟、稻苞虫等，要求各县测报站根据当地情况选择1—2种进行系统调查；二是观察对象，有稻瘿蚊、负泥虫等10多种。观测设备主要用诱虫灯、糖醋器、草把、花圃、空中孢子捕捉器等。预报方法主要以诱虫灯的虫量消长和田间幼虫发育进度为依据，进行历期推算，以作出发生期的短期预报，要求按旬发布。1957年玉林专区测报站、贵县测报站开始对三化螟进行了长期系统观察，因此积累了大量的观测资料，使短期预报准确率达90%以上。

1960—1966年，玉林农作物病虫测报科学研究取得较大成果，玉林专区病虫测报站一方面负责开展病虫发生情况的田间调查；另一方面，还对水稻三化螟、大螟、黏虫、褐飞虱、稻瘟病等主要病虫害（即主要测报对象）进行系统的研究，基本探明当时发生为害的主要病虫的发生流行规律、年生活史、发生世代数、各虫态历期以及生活习性等用于预测预报的理论依据及技术指标。这些研究成果为1972—1973年广西革委会农林局写的《水稻病虫害防治》（植保手册）和1977年广西壮族自治区农业局主持编制的《广西农作物病虫预测预报办法》一书提供了大量丰富的数据资料，已为广西各级病虫测报站广泛参考引用，对广西和玉林病虫测报事业的发展与技术水平的提高和测报技术规范，起到了积极的推动作用。

中华人民共和国成立初期，由于耕作制度比较单一，生产水平较低，作物病虫发生种类较少，玉林地区主要观测调查的对象主要有三化螟、稻苞虫、稻瘟病、蝗虫等7—8种病虫。20世纪60年代，

玉林普遍推广水稻矮秆品种，同时耕作制度也发生了很大的变化，生产水平有了较大提高，病虫发生的种类渐趋复杂，发生的面积也不断扩大，各县病虫测报站的病虫测报对象有近10种，但能比较系统定点调查的仅局限三化螟1种。20世纪70年代，农业生产水平又有进一步的提高，由于化肥和农药的大量使用，生态环境条件未能得到较好控制，主要病虫有了较大的变化，发生的频次、发生面积和为害损失均急剧增加，扩大增加的观测调查的对象主要种类有：稻飞虱、稻叶蝉、水稻蓟马、水稻纹枯病、水稻白叶枯病、稻细菌性条斑病、玉米大斑病、玉米小斑病甘蔗螟虫等，观测调查对象已达30多种。20世纪80—90年代，农作物病虫观测对象不断增加，据1995年各县所发的病虫情报及病虫发生为害统计表中，涉及预报对象和调查对象达到79种，有水稻、玉米、大豆、花生、甘蔗、果树、蔬菜、烟草等作物病虫。2003—2005年，玉林市容县、博白县、陆川县等地土蝗局部突发，2005年在陆川县、北流市发现红火蚁疫情，因此从2005年起又将蝗虫、红火蚁列为重点监测调查对象。2019年4月，草地贪夜蛾侵入玉林市，在各县（市、区）普遍发生，成为玉林市迁入和周年繁殖为害玉米的重要害虫。21世纪以来，观测调查病虫鼠草对象已达90多种。

诱虫灯是最早使用的虫情观察设备，从病虫测报站建站开始一直沿用至今。20世纪50年代初期，由于缺乏电源，最初采用煤油灯或汽灯。20世纪60年代以后，有电源的地方普遍采用了200瓦白炽灯或20瓦黑光灯诱虫，用以监测田间水稻螟虫等多种害虫的发生、消长情况。除诱虫灯外，还用糖醋草把诱测黏虫；用昆虫性信息素诱测稻螟、甘蔗螟、果蔬实蝇；用花圃诱测稻苞虫。20世纪70年代后期，玉林地区农试站植保组在贵县龙山乡平天山顶安装高山捕虫网，监测迁飞性的稻纵卷叶螟、稻飞虱迁飞动态，开展迁飞性害虫的迁飞规律研究。用于观测病害发生动态的主要设备有空中孢子捕捉器。1981—1983年，玉林地区农作物病虫测报站在玉林县沙田公社东风大队用钢材竖起高达10米的支架，分高、中、低三层安装空中孢子捕捉器，捕捉器由小马达驱动，转动时间可由闹钟自动控制，并定时把涂有凡士林的玻片取回室内镜检，预测稻瘟病的发生期。此外，调查飞虱、叶蝉时用涂有机油的白色搪瓷盘黏着虫体；调查蚜虫等用黄色胶黏诱虫板；捕捉飞行、跳跃昆虫用捕虫网等等。

应用于农作物病虫预测预报的方法主要有经验预测法、实验预测和统计预测法三大类。经验预测法是指用流传于民间或测报科技人员总结出的自然现象与病虫发生的具有相关规律性的经验来预测病虫未来发生动态的方法。经验预测法是最早应用的测报方法，直到现在还在作中、长期病虫发生趋势分析。实验预测法是指通过测报科研的结果，结合病虫调查数据来预测病虫发生状况的方法。如通过诱虫灯或田间调查等确定当代害虫的发育进度，应用其生活史、虫态历期等实验资料，进行历期推算，预测下一世代害虫发生期。这是当今仍然最广泛应用且准确度较高的短期预测预报方法。统计预测法是指应用病虫历史观测资料及其相关因子（如天敌、农情、气象等因子）进行数理统计分析，预测病虫未来发生动态的方法。这是一种比较先进的预测方法，主要用于病虫发生期、发生量的中、长期预报，常用的有中期距推算法、逐步回归分析法、时间序列分析法、模糊聚类分析法和生命表分析法。中期距推算法在70年代中后期已普遍推广应用，其他几种数理统计预测法是进入80年代后才推广应用。1983年，玉林地区农作物病虫测报站在玉林地区农科所举办了数理统计基础知识培训班，接受培训的地、县、乡植保技术人员达100多人。上述方法与培训极大地提高了玉林病虫测报技术水平。

表23 玉林农作物病虫预测预报技术发展概况统计表

时期	预报类别	主要预报方法	计算工具	测报调查对象	病虫情报发布方式
20世纪50年代	发生期短期预报	经验预测法	算盘	7—8种	手工刻印寄发
20世纪60年代	发生期中、短期预报	经验预测法、历期推算法	算盘	10多种	手工刻印寄发
20世纪70年代	发生期中、短期预报，发生量中期预报	经验预测法、历期推算法、期距分析法、单元回归分析法	算盘、电子计算器	30多种	机械打印寄发
20世纪80—90年代	发生期中、短期预报、发生量中、长期预报	经验预测法、历期推算法、期距分析法、单元及多元回归分析法、逐步判断分析法、模糊聚类分析法、生命表分析法	电子计算器、电子计算机	70多种	机械打印寄发、电脑打印、复印寄发
21世纪以来	发生期中、短期预报、发生量中、长期预报	经验预测法、历期推算法、期距分析法、单元及多元回归分析法、逐步判断分析法、模糊聚类分析法、生命表分析法	电子计算机、数码相机、摄像机	90多种	电脑打印、复印寄发，网上发布、电视发布、微信群、QQ群、公共邮箱、微信公众号等信息共享

1979年，玉林地区农业局印发了《玉林地区病虫测报工作条例(草案)》，规定地区建立中心测报站，县建立测报站，公社建立测报点，大队设测报员，地、县站要固定3~5个技术干部，并配备2~3个技术工人，公社和大队要有1人兼管；并明确了测报对象和任务。1981年1月和3月，玉林地区农业局先后印发了《关于县测报站建立观测圃的通知》《县测报站病虫观测圃观察记载办法》。

20世纪80年代以来，在广西农作物病虫测报站的领导下，玉林农作物病虫测报的工作逐步向规范化、标准化方向发展。一是统一执行全国“农作物主要病虫害预测预报办法”和“广西病虫测报工作岗位责任制”、58种农作物病虫调查记载专用表。二是在此基础上，自1985年开始，全地区推广实施广西壮族自治区植保总站制订的“广西农作物病虫测报技术规范”，对病虫测报技术岗位职责、业务技术考评、工作奖励、观测记载表汇报制度等业务管理和病虫情报发布及验证、主要病虫系统观测田间调查、病虫发生、为害状况调查、病虫鼠害发生为害程度划分、主要病虫害防治效果评定等测报调查技术基本实现了规范化和标准化。20世纪80年代至90年代，玉林地区农作物病虫测报工作有了长足的发展，全地区农作物病虫害中、短期综合平均预测预报准确率已达85%以上，全市病虫测报技术业务工作一直走在广西先进行列。据统计，2018—2020年全市各级植保站共发布病虫情报456期，其中粮食作物病虫情报380期，经济作物病虫情报76期，病虫测报调查对象90种以上，全市病虫短期测报准确率达95%以上。

病虫信息传递基本实现规范化、网络化。20世纪50年代，玉林各级病虫测报站是以表格、情报等书面形式传递病虫情报，60年代后，以“病虫测报”为主的形式，发布“情报”“警报”，内容包括病虫发生期，发生量、防治时间、对象田及方法等。病虫情报直接寄发到乡、村及当地政府、上级部门领导和各地测报部门之间。80年代初期，按照全国及广西制订的统一组建模式，又开展对稻瘟病、水稻纹枯病、稻飞虱、稻纵卷叶螟、黏虫等病虫模式电报发报业务，加速了病虫信息传递效率。进入21世纪后，随着植保事业的飞速发展，病虫测报工作已进入了信息时代，玉林市各级植保站已配备了电脑、摄像机、数码相机等先进设备，2002年以来，玉林市及部分县（市、区）植保站开始进行病虫情报发布可视化，病虫信息传递网络化工作，并在2005年基本实现可视化、网络化。玉林市植保站于2004年在广西率先建设了地市级“玉林植保网”，在网上发布全市病虫情报、植物检疫、农药管理等植物保护服务信息，极大地提高了病虫信息的传递速度、覆盖面、普及率和时效性，及时有效地指导了面上病虫防治，取得显著的成绩；随着智能手机的普及，目前微信群、QQ群、微信公众号等新媒体已成为病虫信息主要共享通道，使病虫信息能更快更有效传达与共享。

二、病虫防治体系建设与发展

20世纪50年代，农业病虫防治主要采取群防群治和统防统治方式，防治措施以人工防治、农业防治为主，农药防治为辅，如1954—1955年，采取摘除卵块、灯光诱杀、灌水灭螟、铲除杂草等技术防治三化螟，采用温汤浸种防治水稻恶苗病；此时期药械简易，多用唧筒、单管喷雾器。20世纪60年代仍采取见虫就治、见病就防的做法，采用群防群治和统防统治模式，随着农药品种不断增多，有机氯农药广泛使用，化学防治面积迅速扩大，有效地遏制稻飞虱、稻纵卷叶螟、稻瘟病等为害。化学防治逐渐成为主要防治措施，应急防治实行飞机喷药，如1960—1962年，先后在玉林县、陆川县、北流县开展飞机喷药防治稻叶蝉、稻飞虱、稻纵卷叶螟、稻苞虫、三化螟，1969年进行了早、晚稻大规模飞机除虫，玉林、北流、陆川、桂平、平南五个县共81个公社进行了16架次飞机施药，防治面积175.27万亩，主要对象为稻飞虱、稻纵卷叶螟、三化螟，取得一定效果，但由于飞机除虫作业时间拉得过长，提早或延迟的效果不够理想；药械发展为圆筒背负式喷雾器，推广工农背负式喷雾器。20世纪70年代，化学防治仍为主要防治措施，农药以有机氯为主，开始注意农药的轮换，避免长期大量使用六六六等单一农药，注意按防治指标施药；推广工农背负式喷雾器；1975年实施“预防为主、综合防治”植保方针后，各地大搞综合防治运动，推广养鸭、养蜂、井冈霉素和杀螟杆菌等生物防治，推广栽培避螟技术。20世纪80年代初，玉林市实行家庭联产承包责任制的农村经济体制改革，粮食生产得到高度重视，植物保护机构逐步健全，病虫测报与防治紧密联系起来，重点村有植物保护技术人员组织培训农民，指导开展防治工作，初步形成地、县、乡、村四级防治服务网络体系。病虫防治以行政命令的大规模统防统治和群防群治基本消失，主要采取广播、电视、报纸、发放和张贴宣传资料、开展培训等多种形式向广大农民宣传病虫防治时期和技术，由农户自主防治，但重大的病虫严重发生时，仍需要通过政府组织、宣传和指挥防治。全地区推广“两查两定”技术，做到防治准确，用药及时，提高了防效，既节省农药成本，又有利于保护天敌，控制农药残留。从80年中期特别90年代开始，推广使用高效、低毒、低残留农药，坚持安全、高效和经济的原则，提倡按防治指标进行施药防治，执行“农药安全使用标准”和“农药安全使用准则”，严格控制施药量、次数和产品的采收安全间隔期，做到“安全、经济、有效”原则；改革农药剂型和喷撒技术，减少环境污染。80年代有机磷农药取代有机氯农药，农药生产进入多品种发展阶段，一些超高效的除草剂、杀虫剂和杀菌剂开始应用于农业生产；80年代中期推广低量或超低量喷雾器，对逐步提高防效和工效，起到较大的作用。90年代菊酯类农药开始大量使用，其他结构的农药品种如扑虱灵、吡虫啉也日益增多，国外产品也涌进来；玉林地委、地区行署号召农业种养向能人集中，通过实施“冬种玉林”“山上玉林”“养殖业玉林”这三大农业综合大开发战略，推动农业适度规模经营并向产业化方向发展，病虫统防统治、群防群治、联防联治又逐渐兴起，90年代后期，动力喷雾器使用增多，普遍用于果园。化学农药成为防治病虫特别是应急防治的主要手段，同时注重农业防治，如适当调整播种期，秧田期实行旱育并覆盖薄膜，减轻三化螟、稻瘿蚊等害虫为害，90年代后期三化螟、稻瘿蚊发生面积和为害程度大大减少，同时水稻细菌性条斑病、水稻白叶枯病发生也大幅度下降。

进入21世纪以后，玉林市通过土地流转，种植业呈现生产规模化、布局区域化特点，优质稻、中药材、马铃薯、香蒜等传统特色产业稳步发展，香蕉、果蔗、糖料蔗、青提、柑橘、花卉等新兴特色产业逐步壮大，病虫防治更加复杂，防治体系建设进一步提升，实施预防为主、综合防治方针，坚持政府主导、属地负责、分类管理、科技支撑、绿色防控，病虫治理对策、技术模式、服务方法等取得创新长足发展，植物保护服务网络体系逐步走向“植保机构＋多元化服务组织”模式。自2000年以来，玉林市广泛推广抛秧栽培技术，实施秧田旱育和薄膜覆盖技术，营造三化螟、稻瘿蚊的不利生境，三化螟、稻瘿蚊发生态势减轻，每年轻发生，为次要害虫。2005年，玉林市有效地防控局部土蝗、棉铃虫暴发以及红火蚁入侵和蔓延，促进玉林市农业生物灾害突发事件应急体系的建立。2006年以来，全市树立“公共植保，绿色植保”理念，以无公害农产品、绿色农产品生产基地为依托，以靶标为主线的绿色防控模式大面积推广应用，绿色防控覆盖率不断提高。2007年，积极有效应对有历史记载以来最严重稻飞虱暴发，玉林市政府健全完善农业生物灾害突发事件应急体系，制定了《玉林市农业生物灾害突发事件应急预案》。2010年以来，创新植保技术推广模式，举办农民田间学校。2013年以来，每年国家都实施重大农作物病虫疫情防治补助项目，玉林市获2013—2020年中央农业生产救灾资金项目1895万元，大力推动绿色防控和专业化统防统治融合在水稻重大病虫疫情和草地贪夜蛾防控上广泛应用。2015年以来，玉林市全面推进农药使用量零增长行动，大力推广植保专业合作社、家庭农场、种植大户、股份公司等模式开展专业化统防统治和绿色防控，专业化统防统治和绿色防控覆盖率不断提高，农药减量控害效果明显。

通过2010年晚稻防控新病害南方水稻黑条矮缩病；2015年防控玉州、北流、兴业等局部暴发新病害水稻橙叶病；2017年防控全市马铃薯新害虫窄缘施夜蛾，北流局部荔枝肖剑心银斑舟蛾，晚稻南方水稻黑条矮缩病、跗线螨、细菌性谷枯病；2019年，防控玉米新害虫草地贪夜蛾；进一步完善应急防治和统防统治体系，植保专业化防治服务组织不断发展、壮大。2020年，全市植保专业化防治服务组织共计764个，其中经工商、民政注册登记且在农业部门备案数量43个，从业人员总人数3738人，其中经农业部门专业技术培训人员数量954人。全市背负式机动弥雾机和背负式喷杆喷雾机1838台套，无人航空喷雾机49架，各类液泵喷枪喷雾机244台套，广泛用于水稻、甘蔗、柑橘、荔枝、龙眼、香蕉、蔬菜、马铃薯等农作物上。

三、农作物病虫预测预报与防治的主要成就

20世纪80年代至90年代是玉林地区农作物病虫预测预报技术研究和技术推广最活跃、取得成果最为丰硕的时期。这个时期，玉林市植保技术干部主要开展的科研推广活动有病虫发生规律及其防治技术研究、害虫生物学特性研究、害虫自然种群生命表研究、病虫害预测预报技术研究、空间分

布型及抽样技术研究、性信性激素在害虫测报上的应用、病虫测报规范化技术推广，利用计算机和FoxBASE+2.1数据库管理系统开发了“病虫同期对比表数据库管理系统”“水稻病虫发生防治统计数据统计系统”等。多个测报技术研究项目获得了地区、自治区科研成果奖励，研究的报告或发表在国内学术刊物上，或在有关专业学会上交流，或收编入植保资料论文集中。自1985年以来先后获得地厅级以上科技成果27项，其中广西科学技术进步奖3项，广西农牧渔业技术改进奖7项，玉林市科学技术进步奖17项，获得省部级先进单位5次，市厅级先进单位20多次。如1992—1994年获广西壮族自治区农业厅病虫测报工作先进集体，1995—1997年获广西壮族自治区农业厅植物保护工作先进单位，1998年、1999年获广西壮族自治区农业厅植保工作先进单位，2000—2002年获广西壮族自治区农业厅病虫测报及防治，植物检疫先进单位，2002年获“全国农作物病虫测报先进单位”称号、2004年获“全国农作物病虫情报发布可视化先进单位”光荣称号。在省级以上刊物发表论文60多篇。

第五节　农药、药械供应与推广

一、农药管理体系建设与发展

1997年玉林市农药检定管理站成立，2000年玉林市农业局发文《关于委托市农药检定管理站实施农药监督管理行政执法的通知》。市农药检定管理站行使农药监督管理执法权，承担农药登记、农药执法监督、农药技术培训、农药广告审查以及药政管理职能。2000年5月，玉林市农药检定管理站主办了全市第一例农业行政执法处罚案件，首次上交市财政罚没款2.5万元。2000—2012年，玉林市农药检定管理站开展农药执法办案148件，查处假冒伪劣农药186.2吨，涉案金额2150万元，罚没款52.5778万元。2012年11月玉林市农业委员会明确，农药检定管理站行政执法处罚权统一收归由农业综合行政执法支队行使，农药检定管理站的工作是做好日常监督管理，县（市、区）农药市场执法和管理主要以执法大队开展，农药检定管理站配合。2013年以后，随着农业综合执法的开展，各县（市、区）农业行政执法大队相继成立，农药市场执法和管理主要以执法大队开展。2015年高毒农药管理、定点经营管理工作列入当年的绩效考核目标。2019年机构改革以后，农药经营许可证发放归属农业农村部门，主要由县级农业农村部门统一组织实施。

二、农药品种的变迁、使用情况

（一）农药品种的变迁

1. 土农药

中华人民共和国成立后，玉林土农药生产应用出现两个高峰。第一次是1958—1959年，全地区掀起大搞土农药运动；第二次是20世纪60年代末至70年代末，由于病虫大面积增加，发生加重，化学农药不能及时保证供应，又再一轮掀起土农药高潮，发明了许多土制农药配方，各县搞起了土农药厂，几乎社社都有土农药厂。70年代末，由于农药供应充足、品种增多，而土农药防效不稳定、成本高，因此自此以后极少使用土农药。

2. 化学农药

20世纪50—60年代，以有机氯杀虫剂为主，如六六六、DDT等防治害虫和有机汞如西力生、赛力散防治稻瘟病等病害或种子消毒处理。70年代，以有机磷如1605、乐果等为主，并逐渐取代有机氯，或与有机氯农药混合使用。有机氮如杀虫脒及氨基甲酸酯类的农药叶蝉散、速灭威分别在70年代中期后大力推广；同时杀菌剂种类逐渐增多，稻瘟灵、退菌特、井冈霉素等先后应用。80年代，以有机磷为主的农药广泛应用，菊酯类等农药引进和使用，有机氯杀虫剂、杀虫脒农药基本停止使用，新农药甲胺磷、杀虫双、呋喃丹等得到很快应用，成了主要的杀虫剂。杀菌剂品种如叶青双、托布津等得到推广，其中井冈霉素得到最广泛应用，而稻脚青因其使用不安全，从80年代末基本不再使用。90年代，高效低毒农药得到发展，农药品种更新演替速度加快，防治稻飞虱特效农药扑虱灵、吡虫啉先后推广并广泛应用，可杀得、敌力脱、大生M、灭病威等先后引进和应用。菊酯类农药大量应用，有机磷农药及杀虫双应用不衰，有机磷与菊酯类农药大量混合复配剂大量增多；此期间还有大量的进口农药进入玉林。2004年，根据自治区有关文件精神，玉林市7月1日起禁止销售和禁止使用甲胺磷、甲基1605、对硫磷、久效磷、磷胺等5种高毒农药，甲胺磷、甲基1605等高毒农药在2005年基本绝迹。此外、除草剂、植物生长调节剂、杀鼠剂等种类在90年代后也日益增多。如除草剂在90年代后得到了广泛应用，“920”在杂交稻制种上为必备的调节剂，敌鼠钠盐、杀鼠醚等慢性杀鼠剂先后在80、90年代成为大面积灭鼠的主要鼠药。

3. 生物农药

中华人民共和国成立后，各地生物农药收录于1959年出版的《中国土农药志》和《515种土农药》中。1972年，我国规定新农药的发展方向为发展低毒高效的化学农药，逐步发展生物农药。受此影响，我国生物农药在20世纪70至80年代经历了蓬勃发展。1975年发布的“预防为主，综合防治”植物保护工作方针，将生物防治列为主要病虫害防治方法之一。首款国产生物农药井冈霉素水剂于1985年获农业部登记，1987年，首款进口的生物农药春雷霉素水剂也获农业部登记，此后我国生物农药自主研发取得明显进步。现阶段，我国已经掌握了诸如微生物农药苏云金杆菌、枯草芽胞杆菌、蜡质芽胞杆菌，生物化学农药极细链格孢激活蛋白、诱虫烯，植物源农药印楝素、鱼藤酮，抗生素类春雷霉素、井冈霉素等大量生物农药制造的关键技术及产品研发方法。经过多年发展，我国生物农药因其安全、环保、低残留等独特的优势取得明显进步。根据《我国生物农药登记有效成分清单（2020版）》，共有微生物农药有效成分47个、生物化学农药有效成分28个、植物源农药有效成分26个，合计101个有效成分。其中苏云金杆菌是近年来研究最深入、开发最迅速、应用最广泛的微生物杀虫剂。

（二）农药使用情况

20世纪50至60年代，每年使用量为1000~2000吨，70年代前中期，每年使用量为6000~7000吨，70年代末为1万~1.3万吨，80年代，每年使用量达1.5~1.8万吨（其中1982年达18853吨），90年代全地区每年使用量达2万吨以上。从使用量最大的品种看，50至60年代使用的最多是六六六农药；70年代为甲六粉、叶蝉散、乐果大量使用；80至90年代，甲胺磷、甲基1605、叶蝉散、杀虫双等排在化学农药的前几位，每年使用量均为300~400吨；70年代末至今井冈霉素用量最大的品种之一，每年使用量达400~500吨，使用面积达500万亩（次）；草甘膦除草剂近年每年使用量达700~1000吨。从农药结构品种看，80、90年代农药中为杀虫剂占70%、有机磷占70%、有机磷农药中高毒农药占70%。但随着高毒农药的禁用和菊酯类等其他类型农药的大量使用，高毒农药和有机磷农药使用明显下降。

化学防治在除虫灭病中发挥了较大的威力，获得了显著的效果。但长期和大量以农药防治为主造成了不良效果：①污染了环境和食物；②害虫产生抗药性。如连续多年使用吡虫啉、扑虱灵等农药防治稻飞虱，稻飞虱对其产生了抗性，且大量使用化学农药严重地污染了环境。

2009—2020年玉林市农药使用情况如下：2009年农药使用商品量为9082.15吨，折百量为2021.56吨。2010年农药使用商品量为9476.93吨，折百量为2106.00吨。2011年农药使用商品量为7693.67吨，折百量为1815.12吨。2012年农药使用商品量为7483.86吨，折百量为1871.98吨。2013年农药使用商品量为7627.3吨，折百量为1837.5吨。2014年农药使用商品量为7294.68吨，折百量为1811.32吨。2015年农药使用商品量为6984.32吨，折百量为1717.31吨。2016年农药使用商品量为7308.35吨，折百量为1716.15吨。2017年农药使用商品量为5807.79吨，折百量为1570.82吨。2018年农药使用商品量为4230.93吨，折百量为1043.93吨。2019年农药使用商品量为3695.90吨，折百量为883.73吨。2020年农药使用商品量为3501.08吨，折百量为813.67吨。

三、农药安全使用

（一）农药中毒事故

农药中毒事故在20世纪50至60年代就有发生，70年代时有发生，80年代中毒人数增多，1981年桂平、平南、贵县农药中毒事故达88起，其中死亡5人，仅桂平县先锋、石咀公社的部分农户使用“1605”加杀虫双中毒的就有59人，其中死亡2人；平南县丹竹公社部分生产队用“1605”农药防治秧田螟虫中毒24人，其中死亡3人。1985年4月下旬至6月，桂平县南木公社80多人在使用“甲胺磷”“1605”等农药时出现农药中毒，其中死亡2人。1987年5月23—25日，玉林市沙田乡使用农药甲胺磷、杀虫脒、二嗪农“等出现中毒，中度以上的25人，轻度的30多人。

（二）药害事故

1982年，北流、陆川、玉林出现早稻敌草隆药害事件，面积316.66亩，损失稻134076千克。广西壮族自治区生资公司、玉林地区生资公司、玉林地区植保站等单位进行了联合调查，主要原因是自治区生资公司把无标签的敌草隆误作叶蝉散卖给农民。此次事故，地区领导重视，亲自过问，并赔偿受害农户。

2004年，早稻大胎期时，陆川县某乡镇一农户李某错把除草剂当杀虫剂用，结果造成近3亩禾苗不抽穗，损失惨重。2004年，兴业县蒲塘镇一农药店主误将一箱除草用的“喷立净”当作杀虫剂“喷立杀”卖给果农邓某，而邓某没有仔细看清，把其中10瓶药水喷洒到自家158棵已桂果龙眼树上。这158棵龙眼树第二天出现了不同程度的黄叶和大量落果的现象，经当地消协调解，店主一次性赔偿10500元给果农。

2004年，玉州区城北镇罗某在4月28、29日先后两次在玉林镇某一农资购销部购买由该部推荐使用的“蔗草净”除草剂（浙江长兴中山化工有限公司生产）共30包，罗某没有仔细阅读使用说明，误以为该除草剂成分与去年使用过的“莠灭净”化学成分相同且具有同样的功效，使用时按“莠灭净”方法喷施杂草及天冬，次日发现天冬植株有轻微发黄现象，5月3日天冬普遍发生枯黄枯死等药害症状。玉林市植保站于2004年5月22日前往调查，受害天冬面积约15亩，天冬地上植株枯死率在80%~95%之间，有些天冬植株地上部分已全部枯死，但其根不死尚能萌发出新芽。天冬的枯死是由于施用“蔗草净”除草剂及使用技术不当而产生药害所致。

2012年5月，福绵区蔗农向当地农业部门投诉，反映甘蔗地使用除草剂后，甘蔗出现严重药害。当地蔗农4月下旬施用标签标注为“玉米田专用除草剂”的莠去津48%可湿性粉剂进行除草，施药后雨天较多、降水量较大，施用除草剂后7~10天开始出现药害症状。甘蔗药害症状主要为植株矮化、萎缩，叶片变黄，根系细弱、多呈黄褐色、白根少，受害严重的甘蔗植株心叶扭曲变形，有的甘蔗枯死。据初步统计，药害面积约51公顷，估计较大部分甘蔗失收，生产损失重大，农民反应强烈。此次甘蔗药害的出现，分析其喷施的莠去津中可能添加有其他除草剂成分，通过液相色谱检测，样品中的莠去津含量合格，但还含有5%的烟嘧磺隆，违法添加烟嘧磺隆是造成本次甘蔗药害事故的根本原因。

（三）科学安全使用农药

1981年10月，地区农业局、供销社、卫生局联合印发了“关于加强农药安全使用和保管、防止发生中毒事故的通知”，并附“剧毒农药安全使用注意事项”一文。对1985年出现的农药中毒事件，玉林地区植保站于7月18日发了通报，并要求各县加强农药安全使用宣传，防治中毒事故再次出现。80年代玉林行署根据国务院文件精神，分别下发了关于六六六、杀虫脒农药的通知，六六六、杀虫脒、DDT等先后被禁用。

2004年，玉林市狠抓了毒鼠强的整治，玉林市农业局联合公安、工商等部门深入乡村进行毒鼠强全面彻底的拉网式、地毯式清查，收缴剧毒鼠药，并移交自治区集中销毁，毒鼠强之类的鼠药在市场基本绝迹，对确保人畜安全及更好地开展灭鼠起到积极作用。

2004年，根据广西壮族自治区人民政府办公厅印发的《关于禁止使用和销售甲胺磷等高毒高残留农药的通告》(桂政办发〔2004〕13号文件）和国家农业部颁布的第322号公告，玉林市政府出台禁止销售和使用含有甲胺磷、甲基1605、对硫磷、久效磷、磷胺5种高毒有机磷农药的产品的布告，并公布了禁止在蔬菜、果树、茶叶、中药材上使用的其他高毒农药品种清单。经过狠抓落实检查，玉林市长期大量使用的甲胺磷、甲基1605在2005年后基本绝迹。针对高毒农药的禁用，玉林市植保站2004年起，根据广西壮族自治区植保总部的安排，开展了高毒农药替代试验示范，先后筛选了吡虫啉、噻酮、毒死蜱等10多种高效低毒农药。根据国务院《农药管理条例》和农业部、卫生部、国内贸易部、国家环保局、国家工商局《关于严禁在蔬菜生产上使用高毒、高残留农药，确保人民食菜安全的通知》，玉林市农业局组织开展了农药残留抽查检测；玉林市植保站还编印了无公害蔬菜生产与病虫防治技术培训资料，并示范推广农产品无生产公害技术，推广诱虫黄板、杀虫灯、瓜果诱捕器等。通过上述工作，取得了较好效果，药害、农药中毒事件大大减少。

2017年以来，玉林市农业局组织植保、农资、推广、农药管理等部门，以新型农业经营主体、植保社会化服务组织、新型职业农民为主体，广泛开展科学安全用药培训，开展农药使用量零增长技术宣传培训，开展科学安全用药培训，开展农药使用“安全生产月”活动，推进安全科学用药及植保机械更新换代工作，推介一批安全高效低毒农药和高效助剂，不断提高广大农民群众科学安全用药的意识与水平。

四、器械的使用

20世纪50年代多用唧筒、单管喷雾器，60年代发展为圆筒背负式喷雾器，70年代推广工农背负式喷雾器，如1974年玉林县测报站进行了电动和手摇的超低量喷雾器试验示范。70年代末80年代初推出东方红机动喷雾器，80年代中期又推广低量或超低量喷雾器，对提高防效和工效起到较大的作用。90年代，农民还是较普遍（占70%以上）使用喷筒防治水稻病虫，使用喷筒防治病虫，不仅用药量大、浪费多、效果差，还会污染农产品和环境。

2000年以来，背负式喷雾器是最常用的植保机械，21世纪初期大部分使用背负式手动喷雾器，2010年以后背负式电动喷雾器大面积推广应用，目前背负式手动喷雾器仍然有一定保有量，但在实际生产中大部分已经使用背负式电动喷雾器。据2020年植保专业统计，手动喷雾器（含背负式、压缩式、踏板式）社会保有量131299台，电动喷雾器（含背负式、手持式）社会保有量414837台，动力液泵喷雾器（含担架式、推车式、车载式、背负式、框架式）社会保有量2450台，喷杆喷雾机（含自走式、悬挂式、牵引式、遥控式）社会保有量150台，机动喷雾喷粉机（含背负式机动喷雾喷粉机、背负式机动喷雾机）社会保有量520台。

背负式机动喷雾器在玉林使用相对较少。2007年是稻飞虱大发生年，玉林市财政划拨稻飞虱防治专款150万元，购置了一批防治器械、药剂，其中购置机动喷雾器500台，分发到各县（市、区）乡镇一线，组建了100支应急防治专业队，深入乡村为农户服务，在各地迅速开展了应急防治现场，主要帮助稻飞虱重发区进行应急防治。据不完全统计，在2017年第三代稻飞虱防治中，全市出动防治机械1.32万台次，防治面积1.5万亩，同时对困难户免费赠送防治物品，对缺乏劳动力的农户由机防队帮助防治。

2010年以来，植保无人机得到快速发展，其作业高效、操作简易、效果可靠、成本降低等特点，适用于水稻、玉米、甘蔗、果树等多种作物的病虫害防治作业，市场需求极为强劲，应用愈来愈广泛。植保无人机在玉林市尚处于发展阶段。受到地势地形复杂、田间障碍物多、无人机价格贵、作业成本较高等因素影响，玉林市植保无人机保有量较低，作业面积较少。2017年以来，利用中央农业生产救灾资金和自治区财政支农补助项目资金，北流市采购植保无人机5台，博白县采购植保无人机18台，容县采购植保无人机4台，财政资金采购的植保无人机全部授权给从事植保作业的农业生产经营组织托管使用。据统计，玉林市已购买可以使用的植保无人机总数量58架，其中博白县18架、容县17架、兴业县10架、北流市8架，购买的植保无人机主要是由大疆农业和极飞科技生产。2020年，玉林市植保无人机在农业上总作业面积6.63万亩次，租用无人机（由无人机企业组织开展作业）作业面积3.63万亩次，主要在水稻上开展飞防作业防控病虫害。此外，植保无人机播撒应用也逐渐在玉林市示范推广，应用比较多的包括水稻直播与撒肥、油菜籽播撒等。

五、专业化统防统治

玉林市共组建了62个机防队，其中组建了以市场化运作方式的机防专业队5个。全市共配有以WFB-18AC背负式喷雾喷粉机的药械共866台，配备机手887人。

2010年，博白县按照建机防队要求新组建了5个队，包括英桥张兵植保机防服务队、冯光巨植保机防服务队、亚山镇民富专业植保机防服务队、龙潭国良病虫害防治机防队、博白县金谷源农机服务专业合作社队。博白杂交制种协会2009年建立有4个机防队，2010年继续广泛用于制种基地的病虫害的统防统治和920喷洒工作。2010年，陆川县有专业化防治组织2个，为陆川县农业局植保机防队和陆川县宇绿植保专业合作社队，分别下辖14个乡镇农业服务中心植保机防队、7个村机防服务站。2010年，北流在新荣镇、新圩镇的2个专业化防治组（新荣镇扶中振新，新圩镇河村）重点在粮食高产示范片实施统防统治，在早晚稻稻飞虱发生严重之际，组织机防队，发送广西壮族自治区植保总站配套的对口农药，开展专业化防治。2010年，玉州区组建机防队8个，喷雾器74台，中型喷雾器5台，106个从业人员。2010年，兴业县已组建机防队17个，共配有WFB-18AC背负式喷雾喷粉机120台，3W273-8.8A动力喷雾机10台，配备机手230人，葵阳镇橘香庄园、龙安镇广龙庄园、大平山燕光果园、石南镇凤山果园等基本实行专业化防治。

据2021年统计，玉林市全年农作物专业化统防统治面积6.83万亩，其中水稻面积5.17万亩，水果、甘蔗，西瓜等作物1.66万亩。统防统治对象作物包括水稻、果树、西瓜、玉米、果蔗。重点区域在水稻高产示范区、病虫综合治理示范区、杂交稻制种基地以及各大果场、土地流转大宗作物种植区。

六、农药试验

（一）土农药

1958年，玉林农业试验站选用枫叶、苦楝叶、乌臼叶、扫把叶、大叶桉、丁竟、木薯叶、细叶桉、水榕叶等分别制成土农药液试验防治稻瘟病，结果显示用扫把叶制成的土农药水的效果最好。1958年，提出稻瘟病严重的稻田要撒草木灰加石灰粉或者使用石硫合剂。1959年，建议用福尔马林、赛力散进行种子消毒。北流县农科所用苦晚藤、羊角扭、烟骨、辣椒、鱼过命、樟木叶和樟木皮等晒干制粉，防治稻瘿蚊。1973年，使用烟茶辣合剂、石灰茶合剂、茶烟匀（茶麸＋烟骨＋匀果）防治晚稻秧田稻飞虱、叶蝉。利用茶麸辣椒干（或生辣椒、烟筋或次烟叶）制成土农药，再加1605治螟灵、马拉硫磷或敌敌畏混合成705土农药，并推广使用，用于防治稻飞虱、三化螟、卷叶虫。玉林地区农科所用茶麸、柴油、乐果制成土农药，防治稻飞虱。

（二）有机氯杀虫剂

1955年，广西省农业厅工作组、玉林农业试验站在玉林绿罗乡红太阳农业社进行六六六治螟试验，使用6%可湿性六六六兑水150倍，喷于禾根上，螟虫死亡率很高，枯心苗显著减少。1956年，广西省、专区、县、区以及玉林试验站组成工作组，在容县河口乡开展稻瘿蚊防治示范，施用六六六毒杀成虫与幼虫，经过防治后，受害率一般仅为0.1%~0.4%。1957年，玉林农业试验站在黏虫3龄前用6%

六六六150倍稀释液喷杀，3龄后用0.5%六六六加5%DDT各半的稀释液喷杀，每亩用药2千克，防效在95%以上。1958年5月，提出25%DDT乳剂拌粪水拨淋，亩用药1千克加粪水20担，或结合防治水稻螟虫每亩用6%六六六0.75~1千克，即每担粪水25%DDT乳剂80克，6%六六六80克混合泼淋。

（三）有机磷杀虫剂

20世纪70年代，采用乐果乳油、敌敌畏乳油、甲六粉（甲基1605粉剂+六六六）等防治稻叶蝉、稻飞虱。1969年，提出1059、1605、敌敌畏乳油防治黏虫，或亩用火油6~7两，肥皂1钱防治。1974年，使用敌百虫、乐果、土农药等防治黏虫，由于敌百虫防治效果好，所以一直成为防治黏虫的主要农药。1981年，玉林县测报站在新桥公社每亩用25%喹硫磷（瑞士产）0.1千克对水60千克喷雾防治卷叶螟，防效为87.5%。1989年使用3%甲基异柳磷粉剂3~3.5千克/亩、3%呋喃丹颗粒剂（3~4千克/亩）敌百虫（150克/亩），防治稻瘿蚊。1992年，田间试验亩用5%益舒宝（丙线磷）2.5千克，在秧田期防治稻瘿蚊，防效达78.6%。1995年，北流植保站在民乐镇试验亩用5%爱卡士（喹硫磷）颗粒剂1.25千克、10%益舒宝颗粒剂1千克、3%甲基异柳磷5千克分别拌细土10~15千克于秧田1.5~2叶期撒施防治稻瘿蚊。

（四）有机氮杀虫剂

1979年，博白提出在稻纵卷叶螟盛孵期亩用杀虫脒水剂200克，防效达90%以上。1981年，玉林县测报站早稻试验，25%杀虫双水剂250毫升/亩，防治稻飞虱效果为47.29%，防治卷叶螟为75.9%。1981年，玉林地区农科所用3%呋喃丹颗粒剂2.5千克/亩制成泥球深施，防治稻纵卷叶螟效果好，达到90%以上，持续时间30天。1980—1981年，玉林地区农科所用3%呋喃丹颗粒剂作防治稻飞虱试验，其中以拌泥制药球深施，防效达99.39%；3%呋喃丹颗粒剂大田防治稻瘿蚊，效果为57.59%~59.23%。

（五）氨基甲酸酯类杀虫剂

1976年，玉林地区农科所试验用3%叶蝉散粉50倍撒施，药后1天对稻叶蝉防效为100%，药后7天为81.7%。1979年，罗昭面在晚稻上试验，每亩3%叶蝉散粉2千克拌细沙75千克，用柴油0.4千克兑匀，防效达97.5%；叶蝉散2千克加牛尿5千克加柴油0.1千克，防效达90.4%。叶蝉散防治稻飞虱、叶蝉是当时最好的农药，在20世纪70年代后期及整个80年代取代了有机氯农药，被大量使用。

（六）特异昆虫生长调节剂

1991年，北流县在早稻上试验江苏淮阴电化厂生产的25%扑虱灵可湿性粉剂防治稻飞虱，试验用量分别30克/亩、25克/亩、50克/亩，最高防效分别达93.6%、84.7%、81.2%，持效期长达30天左右，容县等其他县植保站试验效果与之基本一致。由于扑虱灵防治效果优异，玉林地区1992年开始推广应用，1993年在全地区基本普及应用，基本取代了叶蝉散。该药成为多年来推广应用最快的农药，是防治稻飞虱效果最好的农药之一，贵县综防所还获得了玉林地区科学技术进步奖成果三等奖。但2005年玉林市植保站晚稻试验及面上调查表明，稻飞虱对扑虱灵产生了一定抗性，防效降为70%~85%。

1996年，玉林地区植保站引进10%吡虫啉可湿性粉剂防治稻飞虱，在北流市、玉林市试验表明，

10%吡虫啉可湿性粉剂具有用药量少、持效长的特点，可喷雾、毒土、泼浇，对天敌安全，还可防治稻瘿蚊、叶蝉、蓟马、蚜虫等多种害虫。1997年，在各县（市）区示范吡虫啉防治稻飞虱，1998年大面积推广。1998年后，吡虫啉成为防治稻飞虱的主要农药，每年使用面积80~150万亩次。随着扑虱灵、吡虫啉的推广应用，稻飞虱为害大大减轻，自1993年以来很少出现较大面积的穿顶现象。但自2004年晚稻开始，褐飞虱对吡虫啉已产生了很大的抗性。2005年玉林市植保站晚稻试验及面上调查表明，吡虫啉防治褐飞虱效果降至40%~60%。

（七）其他类型或复配型杀虫剂

1986年，王缉健用10%灭幼脲乳剂的0.001浓度溶液防治荔枝蝽若虫，结果若虫的死亡率为85.9%，但对成虫无明显药效。1993年，党景周等试验2.5%百事达1500倍乳油防治荔枝蝽象，平均防效达93.95%，2.5%敌杀死乳油1200倍平均防效达95.8%，安绿宝乳油1000倍平均防效达92.5%，敌百虫乳油1000倍平均防效达99.1%~63.7%。2005年在早稻上开展的防治稻纵卷叶螟的试验显示，锐劲特WG 3克/亩加敌杀死20米/亩，防效达92.69%；锐劲特WG 4克/亩、锐劲特WG 3克/亩+碧宝（高效氯氟氰菊酯）60毫升/亩防效分别达97.87%、100%。

（八）无机杀菌剂

1959年，玉林农业试验站，进行水稻白叶枯病防治试验，发现硫化钾防效为62.5%，硫酸亚铁防效为65.2%，石灰水防效为57.2%，西力生水防效为63.2%。1978年，北流清湾农技站试验敌枯双、石硫合剂、茶麸牛尿防治水稻白叶枯病，防效分别为84.46%、70.58%、72.63%。1979年，博白龙潭公社进行穗颈瘟防治试验，结果显示稻瘟净防效为68.0%，石硫茶合剂防效为57%、铜安合剂防效为52%、牛尿+高锰酸钾防效为43.2%。1979年玉林县新桥推广站唐寿全采用敌克松、硫酸铜进行防治早稻烂秧（绵腐病）试验，认为敌克松300~600倍、硫酸铜2000倍防治绵腐病效果较好。1998年，陈景成、党景周在北流市新圩镇甘村试验示范晚稻细条病防治，亩用植保灵100克、连喷2次，防效为76.72%~88%。

（九）有机杀菌剂

1969年用代森铵、1975年用杀枯净、1976年用叶枯净（又名杀枯净）防治水稻白叶枯病。1984年，在北流县附城乡甘村进行药剂防治试验，使用20%叶青双、25%川化018、农用链霉素、5%石灰水喷雾，发现只有叶青双和川化018有较稳定的防治效果，农用链霉素在发病初期有一些预防作用。由于叶青双成本较低效果好，又能防治水稻细菌性条斑病，因此在1985年后得到了大面积推广。1984年，玉林地区测报站在早稻上进行25%三环唑（日本产）粉剂、20%加收米（日本产）、25%富士一号乳剂（日本产）、40%异稻瘟净（浙江产）防治稻瘟病试验。2004年，容县龚玉源试验10%水分散粒剂世高（先正达有限公司生产）药液浸果，防治沙田柚黑斑病效果好。

（十）其他杀菌剂

1976年，玉林地区农科所、农校及贵县测报站进行井冈霉素50ppm防治水稻纹枯病试验，效果较好。为加快井冈霉素推广，玉林地区1977年1月10日下发《关于推广使用井冈霉素防治水稻纹枯病，促进农业稳产高产的通知》。

（十一）除草剂

1965年，贵县使用五氯酚钠、敌稗防治除稗效果分别达81%、95.2%。1976年，玉林县测报站在开展了化学除草试验工作，除草醚早稻试验平均防效达82.5%，除草醚、敌草隆加除草酰防除花生杂草防效分别达78.4%、83%。1977年玉林县测报站使用敌草隆、扑草净防除冬小麦、花生杂草，防效达67.5%~96.7%，平均防效87%。陈景成等先后于1990年、1992年、1993年、1995年、1996开展了丁草胺、果尔、丁草净、乙草胺、水田除草剂、丁西除草剂、农乐、稻益丰、扫弗特等在秧田或本田上的试验示范，并对防效85%以上的丁草胺、乙草胺、水田除草剂、丁西除草剂、稻益丰、扫弗特等效果好、使用方便和安全的除草剂进行了推广。1997—2000年，玉林市植保站引进了抛秧净（二氯苄）、省力宝、抛秧一次净（丁苄）、苯·苄等试验示范。2001年，进行了泡腾剂苯·苄（40克／亩）试验，防治效果达90%以上，该药使用方便，只要散在稻田水面上，药可随水张力均匀扩散在整块田上。2005年3月在水稻免耕上试验，88%飞达红（草甘膦）粉剂防除杂草效果显著，农民乐、克无踪（百草枯）、草甘膦对大部分杂草也有很显著的防除效果。

（十二）杀鼠剂

1975年，玉林县永红公社龙潭大队用磷化锌泡米，再用鸭蛋白过浆，干后施用，共灭鼠8000多只。1982年8月玉林县病虫测报站引进敌鼠钠盐（大连产），用谷制成毒饵，在新桥、石南等镇试验，取食率达95%以上，保苗效果达成99%。试验成功后，即在9月全县大面积推广应用，共投施毒饵11万千克，共捡到死鼠1786331头。此后，该药在全地区得到了大面积推广应用。1994年12月，北流罗昭南等试验河北张家口产的7.5%杀鼠醚和0.0375%毒饵灭鼠效果达71.3%，对比药0.2%敌鼠钠盐毒饵为65.9%，0.01%溴鼠灵毒饵为66.3%。1995年1月，平南县吴小栋等试验0.0375%杀鼠醚毒饵、0.2%敌鼠钠盐毒饵、0.05大隆毒饵灭鼠，效果分别达91.5%、88.5%、95.7%，由于杀鼠醚效果较好、对人畜安全，因此在1995年以后得到了大面积推广，推广面积仅次于敌鼠钠盐。

第六节　植物检疫

一、植物检疫业务开展

中华人民共和国成立后直到20世纪80年代初，玉林市植物检疫业务主要是开展检疫性病虫普查及防治。通过几次大规模全面普查，基本查清了玉林市检疫性病虫种类分布及为害情况。改革开放以后，随着经济迅速发展，对植物检疫工作也有了新的要求，逐步从检疫性病虫普查防控进入到植物检疫管理阶段。1983年国务院颁布了《植物检疫条例》，1995年农业部颁布了《植物检疫条例实施细则（农业部分）》，玉林市植物检疫业务工作也有了以下调整：明确地、市（区）、县级植物检疫站的主要职责和专职植物检疫员的职权和职责，完善了进行产地检疫管理、调运检疫管理、植物检疫收费管理，制订了植物检疫人员奖励制度、植物检疫的处罚制度。及时处罚植物检疫违章事件，表彰先进单位和先进个人。新的植检业务开展以来，据统计，1985—2005年，玉林市共处理植物检疫违章事件117次，罚款7140元，烧毁带病苗木122374株，改变种子用途14908千克。

进入21世纪后，植物检疫工作逐步实现信息化、规范化，便民化。一是办理植物检疫证书实现信息化。2007年，广西壮族自治区开始推广普及计算机办理植物检疫证书，2016年全国实行网络化机办理植物检疫证书，办证企业和群众足不出户即可通过手机、电脑实现植物检疫证书的申请与办理。二是植检各项报表实现网上填报。各级植保部门根据各自权限，分级填报，分级管理，大大提升了信息报送时效性。三是规范植物检疫管理，严把检疫关口。玉林市各级植保植检部门认真贯彻执行《中华人民共和国行政许可法》和《植物检疫条例》，将玉林市农业植物检疫行政许可办事程序及咨询分别在各级植检站办公场所和玉林市政务服务中心综合窗口对外公示，广泛接受社会的咨询与监督；加大植检法规宣传力度，进一步规范植物检疫执法行为，公开植物检疫行政许可办事程序，不断提高植物检疫执法水平和植检业务素质；重点抓好"双杂"制种产地检疫，把好调运检疫关，开展杂交稻种子检疫检查，完成各项检疫检查任务。同时全面开展了植检执法自查自纠工作，整个过程始终以《中华人民共和国行政许可法》《植物检疫条例》《植物检疫实施细则（农业部分）》等法律法规为依据，从行政许可执法主体，包括机构、人员设置等到植物检疫证书管理、检疫费收支、服装整顿等情况逐一对照检查，发现问题并及时纠正。

二、玉林植检对象分布调查及疫情普查

（一）1957年农作物病虫害普查

1957—1958年，玉林开展中华人民共和国成立以来首次农业作物病虫害调查，查出1957年定为全国植物检疫对象的病虫害15种。参加这次调查的主要是玉林专区和各县植保技术干部，以及广西省农业厅、广西农学院、中山大学生物系等3个单位派驻各地的调查组。1958年的调查以当地植保技术干部为主，整理记录到县的第一批检疫性病虫害分布资料，为水稻白叶枯病、水稻干尖线虫病、甘薯黑斑病、甘薯瘟、甘薯小象甲、马铃薯块茎蛾、柑橘溃疡病、柑橘瘤壁虱、棉红铃虫、黄麻炭疽病、咖啡豆象、蚕豆象、豌豆象、梨小食心虫、十字花科根肿病。

（二）1960年农作物病虫害普查

这次普查由广西壮族自治区农业厅组织，广西农学院、广西农校（南宁地区农校）、玉林地区农校师生152人、加上玉林地、县两级农技干部累计共170人，对全市农作物病虫害包括植物检疫对象的种类和分布进行了全面普查。共查出植物检疫对象14种，为水稻白叶枯病、水稻干尖线虫病、甘薯黑斑病、甘薯瘟、甘薯小象甲、柑橘溃疡病、柑橘黄龙病、棉红铃虫、黄麻炭疽病、咖啡豆象、豌豆象、十字花科根肿病、玉米干腐病、花生根线虫病。

（三）1976年玉林地区开展了全地区植物检疫对象普查

这次普查是中华人民共和国成立后第一次针对植物检疫对象的分布及为害进行的专题调查。参加

普查有地、县农业局植保干部11人，广西农学院师生20人，中华人民共和国凭祥动植物检疫所1人，商业、粮食、外贸等单位12人，抽调（乡镇）社队农民植保员33人，累计77人。调查从当年4月25日开始至7月5日结束，历时70天，普查面覆盖玉林市135个乡镇（公社）占100%，共调查1004个村（大队），占大队总数的48.3%。同时调查了粮食、供销外贸等部门的仓库5140间（国家仓库1986间，集体仓库3154间）。1977年、1978年，各地又对1976年普查中的疑点和毒麦、甘薯黑斑病、水稻细菌性条斑病等重要检疫对象进行了复核。这次共查田间作物面积50.6万亩，农作物有水稻、玉米、红薯、豆类、花生、麻类、烤烟、果树、蚕桑等10多种，仓库农产品和中草药50多种，查出大田作物、贮粮、中药材、皮毛等检疫对象17种；首次记录了甘薯黑斑病在玉林地区的玉林县、陆川县等地引起耕牛中毒情况，还查明了咖啡豆象、麦蛾、印度谷蛾害虫对田七、当归、槐山等中药材的为害。

普查中发现的植物检疫对象：水稻白叶枯病、柑橘黄龙病、柑橘溃疡病、柑橘小实蝇、棉红铃虫、四纹豆象、椰甲、木瓜花叶病、咖啡豆象、西贡蕉枯萎病、红麻炭疽病、红薯黑斑病、红薯小象甲、红薯瘟、花生线虫病、桑萎缩病。

（四）1982年玉林地区柑橘黄龙病普查

20世纪70年代中期，玉林地区各地大力种植柑橘，由于本地苗木不足，各地纷纷到福建、广东等省调运苗木，1975—1980年，每年从省外内调入的苗木达50~100万株，这些苗木不少来自柑橘黄龙病疫区，为了弄清柑橘种植区的疫情及老柑橘区的发病程度，为培育无病苗木寻找隔离区，自治区布置组织了普查工作。普查由广西壮族自治区农业厅拨出专款，省、地、县三级分级培训，全地区植检干部、各乡（镇）农业技术推广站、各园艺场、各农场的干部都投入普查工作，普查覆盖面达100%乡（镇），每个乡查60%种柑橘的大队，所有农场，园艺场、试验研究单位查到作业区，是中华人民共和国成立以来涉及面最广、最深入的柑橘黄龙病普查工作，普查时附带记录了柑橘溃疡病、裂皮病的分布情况。

这次普查表明，玉林地区范围内柑橘黄龙病发病程度已十分惊人，出现大片果树死亡现象，如玉林县南江公社江岸大队种植的2万株柑橘，年产柑橘果30多万千克，到1976年大部分果树已经死亡。据统计，有80%的果园在柑橘苗种下后3~4年开始零星发病，8~9年内被柑橘黄龙病毁掉，只有20%左右的果园能维持10~12年。这次普查资料公布后，各级农业部门领导震动很大，立即组织农业专家共商对策，提出了治理方案，一是到自治区内外调运苗木，必须坚持到无病区调运并经过检疫；二是遭受柑橘黄龙病毁灭性灾害的柑橘产区，建议改种荔枝、龙眼等果树。

（五）1987年进行香蕉花叶心腐病、香蕉束顶病普查

1987年下半年，以广西植物检疫站牵头，玉林地区植物检疫站组织本地区所属各县植物检疫站人员开展了香蕉花叶心腐病、香蕉束顶病（简称“两病害”）的普查工作，对全玉林地区香蕉产区的464个村进行了调查，调查香蕉园面积16328亩。普查结果反映，“两病害”在各香蕉产区均有不同程度发生，其中以北流、容县、玉林发生较重，博白、陆川较轻。两病害中，又以香蕉束顶病发生分布较广，为害严重，一般株发病为1.05%~2.42%，较重的为5%~10.86%。香蕉花叶心腐病发病率一般为0.31%~0.42%，较重的为1.6%~1.96%。

北流县（现北流市）禾界村联办蕉园150亩，1986年开始发生香蕉花叶心腐病，病株率为5.4%，使产量从1985年的4000.5千克下降到3000千克。1987年春发病率上升到58%，6月底挖除120亩的病蕉，余下的仍继续发病，整个蕉园濒临毁灭，损失惨重。原县级玉林市1987年也由于香蕉花叶心腐病失收面积达1761.55亩，经济损失158万多元，可见，香蕉束顶病和香蕉花叶心腐病已成为香蕉产区产量不稳定的重要因素和生产发展的重大障碍，对香蕉生产造成严重威胁。

（六）农业植物有害生物疫情普查

2001—2004年，玉林各级植检站严格按照《广西壮族自治区农业厅关于做好广西农业植物有害生物疫情普查工作的通知》的精神，高度重视这项普查工作，做到组织落实、人员落实、任务落实。根据普查实施方案的各项要求，制度普查工作计划，合理安排普查时间。在政府、农业部门及有关领导的重视和大力支持，各级植检站发扬团结协作精神，开展全面普查，并重点抓好近年来新引进的国内外新品种作物、本地具有出口优势的作物和花卉基地作物等重要作物上发生的有害生物普查。2000—2004年共投入参加普查人员238人，投入普查经费81500元，调查面积达151.9万亩，普查作物332种，全市共查获检疫性（或为害性）农业植物有害生物共13种，其中属新发现的有5种，基本上摸清了玉林市农业植物检疫性有害生物的发生种类、疫情分布和发生为害等基本情况。2005年，荣获农业部授予的全国农业植物有害生物疫情普查先进集体，《玉林市农业植物有害生物疫情普查》项目获玉林市科学技术进步奖三等奖。

（七）1980—2005年

玉林市各级植检站，根据国家实行改革开放政策和我国加入世贸组织后面临的国内、国际货物调运频繁的新形势，加大了植物检疫力度，先后查出了发生在玉林市辖区内并且是新发现的全国植物检疫对象和自治区公布的区内补充检疫对象共7种。

（1）大豆象。1987年7月14日从玉林地区罐头厂进口的18.5吨法国青刀豆种子中查获。该虫主要为害豆类种子粒。

（2）美洲斑潜蝇。1995年普查时发现，主要为害蔬菜，全市性分布。

（3）蔗扁蛾。2000年普查时发现，主要为害观赏植物。甘蔗虽是寄主，但当年普查时未发现为害。

（4）香蕉穿孔线虫。2001年普查时发现，主要为害观赏植物。香蕉、柑橘也是穿孔线虫的寄主作物，但当年普查时尚未发现为害。

（5）木薯细菌性枯萎病。2002年普查时发现，分布于福绵管理区石和镇爱国村、长发村，兴业县石南镇七团村，北流市新圩镇陶山村。

（6）龙眼、荔枝丛枝病（又称鬼帚病）。2002年普查时发现，全市性分布。

（7）红火蚁。2005年普查时发现，分布于陆川县温泉镇九龙山庄和泗里村，北流市西埌镇凉水井村田心工业园区和北流镇六地坡村、鸭垠村。当时玉林市财政划拨80万元作为红火蚁防控经费，及时进行疫区封锁，组织普查防控，红火蚁疫情扩散蔓延的趋势得到初步遏制。玉林市人民政府办公室印发《玉林市红火蚁疫情防控应急预案》。此后北流市、容县、玉州区、博白县、兴业县、福绵区先后发现红火蚁入侵，各级政府有序地有效地开展了监测和防控工作。

红火蚁主要为害人、畜。人受红火蚁叮螫后，皮肤出现红斑、红肿、痛痒、起疮等过敏症状。分布于陆川县温泉镇九龙山庄和泗里村，北流市西埌镇凉水井村田心工业园区和北流镇六地坡村、鸭垠村。其中，西埌镇田心疫点为时任玉林市植保站站长陈景成发现，其余各点均为群众举报。此外，时任玉林市植保站副站长党景周被评为2005年度全国农业植物有害生物普查先进个人。

（八）2005—2020年

玉林市各级植保部门全年不定期地开展有害生物普查，先后查出了发生在玉林市辖区内并且是新发现的全国植物检疫对象和自治区公布的区内补充检疫对象共6种，具体为红火蚁、柑橘黄龙病、水稻细菌性条斑病、香蕉镰刀菌枯萎病菌、扶桑绵粉蚧、龙眼荔枝丛枝病毒。

三、国内外植物检疫对象在玉林的重大疫情及其封锁控制

（一）扑灭仓库检疫害虫大豆象

1987年1月27日和5月7日，广西玉林地区罐头厂分别两次从法国进口青刀豆种子18.5吨，作为生产青刀豆罐头的原料用种。7月14日，玉林地区植检站接到玉林地区罐头厂“发现本厂从法国进口的青刀豆种子被虫蛀害严重”的报告，随即派植物检疫员到该厂仓库检查，结果发现贮存种子的仓库在未开仓前门缝及门头气窗缝已有成虫爬出扩散。打开仓库检查，除第一批调回的10吨已将其中的7吨分发到玉林各地种植外，存在仓库的尚有372包共11.5吨，抽样363克共1274粒，被蛀孔71粒，占5.57%，查出活虫64头，解剖镜检查，确认为国家对外检疫对象大豆象。在玉林地区植检站及上级业务部门和当地政府派员指导和监督下，采取了以下措施：①由玉林地区罐头厂聘请玉林市粮食局化防人员，选用80%敌敌畏500倍稀释液对仓库周围及走廊全面喷杀后，再对库存的11.5吨青刀豆种子分两次进行熏蒸灭虫。经农牧渔业部、南宁植物检疫站、自治区植物检疫站、玉林地区植物检疫站、玉林地区罐头厂、中华人民共和国梧州动植物检疫所等单位8月20日检查，仓库内灭虫效果100%。②对已发售给县级玉林市、贵县、容县、北流县等4个市县11个乡（镇）供销社11035个农户种植的7吨豆种，开展追踪检疫，共照价回收种植后剩下的豆种230.3千克，其中作饲料7.5千克；容县容厢供销社仓库剩存123.5千克由于污染严重就地烧毁，其余99.3千克集中熏蒸处理。③进行大豆象监测。首先在曾经发生大豆象疫情的玉林地区罐头厂种子仓库和容县容厢供销社仓库长期安放青刀豆种子作为诱饵，然后专人定期检查记录。其次在青刀豆种植区进行田间调查，查看豆荚被蛀害情况，并用捕虫网进行田间捕虫调查。

经过1987年8月底至1990年8月底连续3年跟踪监测，均未发现大豆象。每年春植和秋植豆收获期间，经自治区植物检疫站、中华人民共和国梧州动植物检疫所、玉林地区植物检疫站、玉林地区罐头厂派专家组成检查小组进行全面检查验收，认为已成功地扑灭了从国外传入的大豆象。

（二）扑灭杧果象甲

1992年7月29日，平南县农科所没有办理检疫手续，违规从云南调进杧果种核71090粒，经玉林地区植检站、平南县植检站现场检查鉴定，确认该批杧果种核带有国家检疫对象杧果象甲，在平南县

人民政府和平南县农业局领导的支持下，地、县植检站采取了果断的检疫措施，迅速追回已分散的杧果种核，将该批染疫杧果种核全部烧毁，对染疫仓库、场所、用具进行了药剂处理，同时对该所的杧果树全部施药保护，并根据植检条例有关规定对平南县农科所处以适当罚款，同时向玉林地区农业局写了书面报告，建议上级机关就此事件通报全地区。当年8月10日，玉林地区农业局下发《关于平南县农科所违章调入杧果种核带进检疫对象杧果象甲的通报》(农秘字〔1992〕35号)。

（三）美洲斑潜蝇的检疫与防治

1994年底，玉林地区局部发现蔬菜受到美洲斑潜蝇的为害。1995年1—5月进一步开展普查，结果证实该虫在玉林地区范围内已普遍发生。1995年6月，玉林地区植物检疫站主动争取玉林地区行署领导的重视和支持，以玉林地区行政公署的名义，召开了玉林地区直属及当时所辖的贵港、桂平、平南、博白、陆川、玉林、北流、容县等8个县市的人民政府办公室、交通局、公安局、工商局、邮电管理局、供销社、农业局、果品蔬菜公司及玉林地区辖区内的陆川、玉林、贵港火车站等部门单位领导参加的控制美洲斑潜蝇的协调会。会后，各部门单位按照会议所部署的工作任务，各司其职，互相协作，共同把关，把美洲斑潜蝇在玉林的蔓延为害降到最低。

1997年6月，全市开始进行防治美洲斑潜蝇的药剂试验，筛选出1.8%虫螨克乳油作为主要防治药剂，防治美洲斑潜蝇效果达95%以上。

（四）杂交稻制种基地水稻细菌性条斑病的综合防治

1985—1988年，玉林地区植保站承担广西壮族自治区植保总站下达的《杂交稻制种基地水稻细菌性条斑病综合防治试验研究》项目，项目选择在80年代以来历年都有不同疫情发生的博白、陆川和北流三县作为技术开发试验和示范点，项目采取的综合防治措施主要如下。

1. 清洁田园及沤田灭菌

在播种和插秧前，清除田间残留的稻草、稻桩和附近的野生稻，提前15~20天每亩撒施50~150斤石灰犁耙沤田，加速稻草、稻桩、落谷秧和再生稻的腐烂，以消灭田间残留病源，杜绝田间的初次侵染来源。

2. 种子消毒和培育无病壮秧

综合防治区内所用的水稻种子（包括繁殖和制种），播前必须经过消毒。先用清水预浸种子，早稻浸24小时，晚稻浸12小时，然后用300倍三氯异氰脲酸浸种消毒，早稻消毒24小时，晚稻消毒12小时。消毒后捞起，用清水洗净，再催芽播种。秧田要选择灌溉区系的上游，距离村庄和晒场较远的地方。用充分腐熟的肥料作基肥，秧田坚持浅水勤灌，防止淹灌。拔秧时用无病稻草捆秧，秧苗移植前，如发病即处理，不能移栽。

3. 加强田间肥水管理

实行排灌分家，严禁串灌或深水淹灌。要采用浅水插秧，寸水回青，薄水分蘖，够苗露田、晒田、孕穗至抽穗寸水养根，灌浆至黄熟干干湿湿的管水方法，同时要根据稻田土壤肥力情况，在施足基肥的基础上，适时适量追肥，增施磷、钾肥，不偏施或迟施氮肥，力求把防病技术与丰产技术协调应用。

4. 大田喷药防治

分别于早晚稻分蘖末期至幼穗分化期割叶后，每亩用5%川化-018或20%叶青双150—200克兑水60~70千克喷雾；若遇台风暴雨及洪涝后，必须及时喷药保护。

经过4年的努力，博白、陆川、北流县3个制种基地综防区共生产杂交稻一代健康种子397.6万千克。

（五）扑灭香蕉穿孔线虫

2001年5月，玉州区名山镇石棠花木场和绿源花木场从广东引进种植的盆景花卉——天鹅绒、竹芋、红掌等植物中，发现有可疑香蕉穿孔线虫为害所致的枯萎甚至死亡的症状，2001年6月，华南农业大学植物线虫研究室谢辉博士从上述植物的根和根际土壤中分离出植物线虫，经鉴定为香蕉穿孔线虫。随后，玉林市植物检疫站制订了《香蕉穿孔线虫封锁扑灭及监测治理实施方案》，2002年11月12日，玉林市植物检疫站会同玉州区农业局、玉州区植物检疫站、玉州区名山镇政府、名山服务中心等单位共20多人，对疫情采取了“热、毒、饿”扑灭措施。经处理后，两年内实行定点定期跟踪监测调查，疫区内未发现新的疫情。2004年底，华南农业大学植物成虫研究室再次派员在疫区取样检验，没有分离出香蕉穿孔线虫，证实原疫区的香蕉穿孔线虫已被扑灭。

（六）木薯细菌性枯萎病的检疫控制

2002年通过专项普查，福绵管理区石和镇爱国村、长发村，兴业县石南镇七团村，北流市新圩镇陶山村等地种植的“木薯王”，都不同程度地发生木薯细菌性枯萎病。发现疫情后，福绵管理区、北流市根据玉林市植保站制订的《木薯细菌性枯萎病封锁扑灭及监测治理实施方案》要求，立即将疫情发生区定为重点监测治理区域，并开展定点定期跟踪监测调查，同时责令业主（种植户）对疫区内的木薯就地加工处理，木薯杆就地烧毁，不得外调。兴业县发现疫情后，有关领导的高度重视。当年6月10日，县植检站组织了由兴业县植检站、石南镇农业服务中心、石南镇七团村农总等10人组成的疫情处理小组前往疫区，用柴油将七团村种植的100株发病的“木薯王”连根带叶全部拔除集中烧毁，并将周围及地上的残枝落叶清除烧掉，遏制了疫情的扩散。

（七）红火蚁的检疫和防治

2005年4月，玉林市首次在陆川县、北流市发现了红火蚁疫情，发生范围涉及4个乡镇8个村共5个疫点，累计疫区面积13760.4亩。2005年4—9月，玉林市植物检疫站按照农业部、广西壮族自治区人民政府、广西壮族自治区农业厅、广西壮族自治区植保总站要求，在全市范围内对红火蚁疫情开展了全面普查。红火蚁的疫情受到各级领导和上级部门的高度重视。陆川县发现疫情后，自治区、市领导先后批示，农业部、广西壮族自治区农业厅、广西壮族自治区植保总站等领导和专家到疫区进行防控部署和技术指导。每发现一个新疫点，玉林市委、市政府相关领导都赶赴现场，协调各方力量，组织研究扑灭措施。特别是4月28日第一个疫点被发现后，玉林市委、市政府领导带领玉林市农业局、玉林市植物检疫站的有关领导和专家连夜赶赴疫区，与陆川县委、县政府一起研究落实人员、经费、技术方案等。会后在广西壮族自治区植保总站指导下，玉林市植物检疫站及时组织植检技术骨干制订了封锁控制方案和疫区检疫管理暂行办法，与区、县植检人员具体进行疫区封锁和施药防控。为及时控制疫情，市政府先后3次印发关于抓好红火蚁疫情普查和防控工作的通知，启动了玉林红火蚁疫情防控应急预案，并从市财政划拨80万元作为扑灭红火蚁的启动资金。其中分配给陆川县30万元、北流市50万元。陆川县、北流市成立指挥机构，及时进行疫区封锁、采取严格的检疫措施，禁止疫区内带土的苗木、花卉、盆景、草皮及垃圾废土、建筑余泥、堆肥等外运和调进，对发生区内的生产场地、货运交通工具、停车场进行清理和灭蚁处理，并设置石灰警戒线和药土隔离带，对疫区垃圾进行集中统一处理，防止红火蚁疫情蔓延传播；同时，对疫情发生区进行地毯式调查，对蚁巢进行逐个标记，科学划定疫区范围，加强疫区红火蚁监测。

在此次疫情扑灭过程中，陆川县、北流市大面积防治红火蚁所用药物均采用0.5%硫氟磺酰胺饵剂，实行多次饱和投饵诱杀法。据统计，玉林市在疫情发生区共13760.4亩范围内，先后共投放了硫氟磺酰胺毒饵1454.6千克，药后定点定期跟踪监测结果表明，药剂防治效果显著，其中陆川县九龙山庄疫点疫情得到有效控制，药后60天开始采取碟诱法观察，每月1次，连续3次，一直没有诱到红火蚁。其他疫点也取得了较好的防治效果。当时，玉林市植保站在北流市西垠镇凉水井村疫区进行了0.5%硫氟磺酰胺饵剂田间药效小区试验，初步结果是：在饱和投毒的前提下，一次性投放毒饵对相对独立蚁巢的防治效果可达100%。

此后，玉林市红火蚁防控工作持续开展。各县（市、区）植保部门每年都开展各种防控活动，由于红火蚁转移性极强，只能做到重点清除，无法全面扑灭。而且随着各地经济飞速发展，城市建设、交通建设、工业建设日新月异，红火蚁随着建材、泥土、绿化植物等扩散到玉林市各个县（市、区），红火蚁防控工作局面变得更加严峻。2021年，中央、自治区高度重视红火蚁防控工作，中央九部委联合下发了《关于加强红火蚁阻截防控工作的通知》，并下达了214万元红火蚁专项防控经费在全市开展1次大面积的防控，有效遏制了红火蚁蔓延的势头。

四、产地检疫、调运检疫及市场检疫情况

（一）产地检疫

1984年，玉林市各级植物检疫站首次对种子、苗木（主要是水稻和玉米杂交种、龙眼、荔枝、柑橘、香蕉、杧果、沙田柚等苗木）繁育基地实施产地检疫。此后，各县市每年始终坚持把产地检疫放在检疫工作的首位。首先对辖区内的检疫对象进行普查，同时积极配合种子苗木繁育单位建立无检疫对象基地，并在生长期间深入田间检查，进行技术指导。为加强产地检疫指导和监管，1985年，博白、玉林、陆川、北流、容县植检站与种子部门以及专业户联合建立无检疫对象种苗基地柑橘苗圃11处，面积95.3亩，常规稻种子田25处，面积7595亩，博白、陆川、北流的植检站与种子部门签订水稻杂交制种、繁殖基地综合预防检疫性病虫害承包合同，承包面积共12687.7亩，其中博白县植检站早、晚两造承包面积7794.7亩，通过承包形式，将各种检疫技术措施落实到种子苗木生产的各个环节。2011年以来，玉林市各级植保植检部门每年实施产地检疫4万亩左右，检疫农作物种子900万千克左右，有力地保障了本地农业生产安全。

（二）调运检疫

自1956年植检机构成立至20世纪70年代中期，全市调运检疫工作处于开创阶段。进入80年代中期以后，随着检疫法规、机构的进一步完善和专职检疫队伍的建立，植物检疫工作在全市范围内逐步走上健康发展的轨道，各项制度日趋健全，检疫签证更加规范。从2011年起，玉林市植物检疫许可证办理业务统一进入本级政务服务大厅农业窗口，规范了办证流程，实行了限时办结制。2016年，按照农业部要求，实现检疫证书网络化办理，进一步方便了群众，提高了工作效率。2011年以来，全市每年签发调运检疫证书1000多份。

（三）市场检疫

20世纪90年代以来，随着农业生产与经济贸易的发展，在交换流通中应施检疫的植物、植物产品的种类和数量成倍增加，危险性病虫传播蔓延的可能性增加。玉林市各级植检部门主动深入到市场检疫，做到既把关又服务。根据水果及苗木、种子上市的季节，特别是每年1—6月，各级植检站在工商部门的配合下对所在地的农贸市场及种子店开展不定期的市场检疫，查处未经检疫或带有检疫对象上市的各种苗木和种子，堵住了检疫工作的漏洞，减少漏检、逃检现象，从而提高调运货主主动报检的自觉性，促进产地检疫和调运检疫工作的开展。

第七节 农药质量与残留检测

一、农药质量监管

玉林市各级农药管理工作以农药主要销售区、生产地及周边地区为重点监管区域，以乡村农资集散地和经销单位为重点监管市场，以杀菌、杀虫剂等为重点农药剂型，严查有效成分不足、包装标识不规范等违法行为。重点工作一是严查生产、销售的产品未取得登记证或假冒、伪造、转让农药登记证，二是严查生产、销售的农药产品有效成分或含量与登记内容不符，三是严查农药产品包装上未附标签、标签残缺不清或擅自修改标签内容。

2000—2012年，玉林市农药检定管理站开展农药执法办案148件，查处假冒伪劣农药186.2吨，涉案金额2150万元，罚没款525778元。全市农药抽样数量从2005年的15个增加到2019年的49个，抽检合格率从53%提升到98%。农药标签抽样数量从2010年的55个增加到2019年的200个，抽检合格率从2010年的92.7%提升到2019年的100%。《农药管理条例》自2017年2月修订实施以来，农药管理部门也进一步加强了监管，在市场监管、抽样检测、立案调查等方面加大了工作力度，农业执法、农药检定、农产品安全检测等部门经常联合开展检查、检测等活动，农药质量有了明显的提高，特别是2017年以后，全市农药抽检数量逐年增加，抽检合格率都保持在90%以上并稳步提升。

二、农药残留检测

2004—2006年，玉林市开始全面推进农产品质量安全监控体系建设，监控体系覆盖全市7县（市、区）和部分乡镇，监控的主要对象以蔬菜为主。玉林市检测体系三级网点各司其职，积极开展各农贸市场和基地待上市农产品的检验检测。据统计，2003—2006年共检测蔬菜样品9165个，合格率达90.68%，其中例行监测检测3174个，合格率89.1%。2004年、2005年两届中国（玉林）中小企业商机博览会期间，对各大宾馆、饭店的蔬菜进行抽样检测，严把质量安全关。各检测网点采用速测仪进行快速定性检测共4429个，合格率97.34%。

2018年以来，开展玉林市辖区内的农产品安全监测，加强对蔬菜、水果生产基地、农产品批发市场、农贸市场、超市等产品的抽样检测，年均监测蔬菜水果面积10万亩以上，监测主要农产品批发市场、农贸市场、超市等10多家，基本覆盖了全市主要蔬菜水果生产基地和城区的主要农产品销售市场。年定量检测样品数量由2018年的650个增加到2021年的1596个，增加145.5%；检测农药参数由2018年40个增加到2021年的57个，增加42.5%。2018—2021年，定量检测共抽检样品3387个，合格样品3312个，平均合格率97.79%，农产品抽样检测合格率多年来维持在较高水平。在开展定量监测的同时，开展快速定性检测，每月抽检样品120个以上，对检测农药残留超标的产品及时通知生产、销售单位或个人，迅速采取处理措施，防止产品继续上市销售，维护了广大人民的身心健康和生命安全。

2006年玉林市农产品安全检测中心成立时，玉林市有5个单位通过无公害农产品产地认证，面积26392公顷，有9个农产品通过了农业部无公害产品认定。2020年，全市新增“三品一标”认证农产品13个，其中无公害农产品认证10个、绿色食品认证2个，农产品地理标志认证1个（“北流百香果”）。目前全市有效期内认证数量达218个，在规模和数量上已远超2006年。

第五章　来宾市

第一节　概　述

来宾市辖兴宾区、象州县、武宣县、忻城县、金秀瑶族自治县、合山市。全市共有耕地面积612万亩，粮食作物播种面积230.18万亩，水果种植面积108.08万亩，糖料蔗种植面积179.10万亩，蔬菜种植面积111.78万亩，桑树种植面积37万亩。由于农作物品种丰富，气候条件适宜，病虫草鼠螺发生严重。

来宾市农业生态植保站认真贯彻“预防为主，综合防治”的植保方针，牢固树立“公共植保、绿色植保、科学植保”的植保理念，立足防灾减灾促丰收，促进农业高质量发展；紧紧围绕农业生产形式和绿色发展要求，重点开展农作物病虫草鼠害调查，搞好预测预报，组织并指导全市开展大面积农作物病虫草鼠防治工作；大力推广绿色植保技术、统防统治技术、农药减量控害技术、安全科学用药技术等。在党和政府的正确指导下，依托先进的科学技术，来宾市植物保护工作顺利开展，综合控害和防灾、减灾能力显著提高，助力农业生产安全。

第二节　植物保护体系建设与发展

一、机构设立与人员编制

中华人民共和国成立后，来宾县属柳州专区；2002年，撤销柳州地区和来宾县，设立地级来宾市和兴宾区。20世纪50年代末至60年代初期，来宾县植保工作主要由柳州专区公署农业局下属的农业科承担。1976年1月，恢复柳州地区农业局下属植保植检站机构，来宾市植保工作主要由柳州地区植保植检站负责。随着来宾市的成立，2003年根据《关于来宾市相当科级事业单位（含不定级别的事业单位）机构设置的通知》（来编〔2003〕38号），来宾市植物保护站核定为来宾市农业农村局所属科级全额拨款事业单位，编制人数8名，同时将来宾市辖区县（市、区）植保站纳入管理。2007年10月，根据来编〔2006〕1号文件，核定人员编制8名。2008年8月，根据来编〔2008〕81号文，撤销来宾市农村环境保护站，将其3名人员带编划入来宾市植物保护站。调整后，来宾市植物保护站人员编制11名，其中领导职数为正科级1名、副科级2名，专业技术人员7名，后勤服务人员1名。来宾市植物保护站主要负责农业植物病虫监测、农业植物检疫、农业植物病虫害防治技术指导、农用药械管理、农药登记、农药执法监督、农药技术培训等工作。为了适应新形势下农业农村发展需要，随着机构改革不断深入，2020年2月，根据《来宾市机构改革方案》、《来宾市机构改革实施意见》和《广西壮族自治区委员会机构编制委员会办公室关于市县机构改革期间推进和规范事业单位调整的通知》(桂编办发〔2019〕3号)精神，将市土壤肥料工作站、市植物保护站职责整合，设立来宾市农业生态植保站，为来宾市农业农村局管理的事业单位，列为公益一类。核定市农业生态植保站事业编制13名、后勤服务人员控制数1名，所需人员编制从市土壤肥料工作站连人带编划入事业编制7名，从市植物保护站连人带编划入事业编制6名、后勤服务人员控制数1名，核定市农业生态植保站领导职数：站长1名，副站长2名。

二、测报体系建设与发展

来宾市植保技术人员主要依据气象资料、农业生产进度、诱虫灯灯下虫量及田间调查情况编写病虫情报，主要包括粮食作物及重要经济作物的病虫发生时期、防治时期、防治方法等。在计算机、互联网未普及的年代，病虫情报的传播主要依靠张贴海报、乡村喇叭、田间地头宣传或者入户发放。现在除了延续传统传播方式，还可以通过电视、广播、网络、手机短信、报纸等方式发布病虫情报信息，不断扩大信息覆盖面。

随着科学技术的进步和对农作物病虫测报的高要求，配套设施尤为重要。在广西壮族自治区农业农村厅的大力支持下，已先后在兴宾区、象州县、武宣县、忻城县、合山市建立农作物重大病虫观测场，观测场配备智能虫情测报灯、性诱监测诱捕器、气候监测仪、重大病害智能监测仪、田间实时监测物联网设施设备和数据传输、汇总、分析等软硬件设施设备，进一步提升来宾市农作物重大病虫监测预警能力，科学指导防控工作，遏制病虫发生为害，保障农业生产安全。

第三节　植物保护技术推广与培训

一、植物保护技术推广

(一)推广高效、安全除草剂

随着水稻抛秧技术的推广，抛秧面积不断扩大，抛秧田除草技术已成为亟需解决的问题。经过大量试验，筛选出高效、安全除草剂。2003年，重点推广浙江天丰生物科学有限公司生产的“野老牌”抛秧田除草剂，推广面积达9万多亩；2004年，推广浙江天丰生物科学有限公司生产的25%秧歌(丁草胺+苄嘧磺隆)，对来宾市水稻田常见的杂草有很好的防治效果，除草可达85%~90%，推广使用面积超过80万亩次，成为当地当时抛秧田除草剂的最著名品牌，其市场占有率超过70%。

(二)推广物理、生物防控新技术

2002年，来宾市开始引进推广物理、生物防控害虫的植保新技术，主要有昆虫性信息诱虫、生态诱虫板、频振诱虫，现已广泛应用于水稻、果树、蔬菜、桑园、甘蔗、茶园等，取得较好防治效果及生态效益、经济效益。2005年，象州县在桑园使用频振式杀虫灯诱杀斜纹夜蛾获得很大成功，解决了桑园不便施用农药这一难题。2011年，《频振杀虫技术推广应用》项目获来宾市科学技术进步奖二等奖。

（三）推广新型高效低毒灭鼠剂杀鼠醚、敌鼠钠盐及“毒饵站”投饵技术

2004年，推广使用杀鼠醚原药500千克，毒饵2000千克，灭鼠面积15万亩；推广使用敌鼠钠盐450千克，灭鼠面积22.5万亩；自制“毒饵站”8.4万个。2005年，推广使用杀鼠醚、敌鼠钠盐原药约1800千克，灭鼠面积401.33万亩次，推广应用“毒饵站”2.2万个。2006年推广使用杀鼠醚、敌鼠钠盐原药约700千克，灭鼠面积155.71万亩次，推广应用“毒饵站”2.2万个。2007年推广使用杀鼠醚、敌鼠钠盐原药约500千克，灭鼠面积约200万亩次，推广应用“毒饵站”1.5万个。

（四）推广赤眼蜂防治甘蔗螟虫技术

利用赤眼蜂防治甘蔗螟虫可有效降低化学农药使用量，取得良好的经济效益和生态效益。2012年推广应用示范面积2000亩，2013年推广应用示范面积7000亩，2018年推广应用示范面积5.64万亩，2019年推广应用示范面积7万亩，2020年推广应用示范面积8万亩。

二、植物保护技术培训

植保技术培训是植保工作的重要组成部分，来宾市植物保护站以办班培训、现场会培训为主，以科技下乡、集市咨询等为辅，同时借助电视、报纸、乡村广播、宣传车等传播植保技术。来宾市植保站每年会针对常见病虫害和突发病虫害防控、植保新技术、农药科学安全使用等进行培训。

2006年8月17—18日，由广西壮族自治区植保总站主办的广西蝗虫灾害防治应急预案演练现场会在来宾市召开。现场演练由广西壮族自治区农业厅治蝗领导小组办公室主任、时任广西壮族自治区植保总站站长王凯学任总指挥，参加人员有时任广西壮族自治区植保总站总农艺师王华生及相关科室负责人，来宾市防蝗指挥部、兴宾区防蝗指挥部有关人员，蝗区发生地乡镇政府领导，各市、县会议代表共50人。经过现场观摩演练，与会者基本掌握应急防控预案的启动及相关程序，同时相关地方与机构还获得了组织大规模应急防治的实战经验。来宾市农业局联合来宾市糖业发展办公室及制糖企业在蔗区举办5期培训班，对各村蔗管员进行东亚飞蝗的监测与防治技术培训，使之成为来宾市东亚飞蝗监测与防控体系的最基层技术力量。事实证明，这些经过培训的人员在后来的蝗虫监测与防治工作中发挥了骨干作用。

2007年，结合科技下乡活动，分别在武宣县、象州县、兴宾区开展“真假农资识别”活动，通过现场培训、指导，使广大农民基本掌握对假农药进行直观识别的常识，共指导农民达2000多人次。

2010年，分别在兴宾区、武宣县召开南方水稻黑条矮缩病防控现场会，时任来宾市副市长周长青到会作重要指示，时任广西壮族自治区植保总站王凯学站长到会指导。

2013年5月26日，“广西壮族自治区农业厅‘美丽广西·清洁田园，暨专业化统防统治及安全用药培训”启动仪式在来宾市举行。启动仪式后，广西壮族自治区植保总站及来宾市植物保护站技术人员到来宾市辖区的各县（市、区）开展巡回培训，参加培训的人员有当地植保站技术员、专业化统防统治组织机手、种植大户及农资经营大户等，培训人数达250人次，取得了较好的效果。

第四节 病虫测报与防治

一、主要病虫草鼠害发生和防治概况

2003—2005年，全市水稻、玉米、蔬菜、甘蔗、果树等农作物病虫草鼠螺害发生面积为1598万~1669.66万亩次，防治面积占发生面积的84.4%~86.4%。2006年发生面积为2062.16万亩次，防治面积占发生面积的81.7%。2007—2008年发生面积分别为1771.97万亩次、1623.81万亩次，防治面积占发生面积的分别为92.2%、90.8%。2009—2021年发生面积为1996.59万~2334.29万亩次，防治面积占发生面积的90.7%~101.6%。

（一）水稻病虫害

来宾市水稻主要病虫害有稻瘟病、水稻纹枯病、三化螟、稻飞虱、稻纵卷叶螟，虫害发生重于病害。2003—2008年，病虫害发生面积为410.55~442.86万亩次。从2005年开始发生面积逐年增加，2009年发生面积为499.17万亩次，2010年发生面积552.25万亩次，达到最大面积。随着栽培管理水平提高及新农药、新技术的推广使用，病虫发生面积逐步回落。2011年发生面积406.64万亩次，2012—2016年发生面积423.35万~482.03万亩次，2017—2021年发生面积364.52万~422.49万亩次。

1. 水稻纹枯病

水稻纹枯病从苗期至穗期均可发生，一般在分蘖盛期开始发生，拔节期病情发展加快，孕穗期前后是发病高峰，乳熟期病情下降。该病在来宾市普遍发生，是水稻最严重的病害。早稻流行时段为6月上旬至7月中旬，晚稻流行时段为9月上旬至10月中旬。2011—2013年，发生面积89.23~97.94万亩次，防治后挽回损失22784.1~28024.64吨，实际损失4077.47吨；2014年发生70.46万亩次，挽回损失18505吨，实际损失4553.6吨；2015—2020年，发生面积90.89万~97.38万亩次，挽回损失23416.04~26110.95吨，实际损失3013.27~4232.21吨；2021年发生面积77.747万亩次，挽回损失18939.1吨，实际损失2404.34吨。

2. 稻瘟病

稻瘟病发生较为普遍，仅次于水稻纹枯病，一般中等偏轻局部中等发生，主要发生于历史病区、感病品种，主要为害时段为5月下旬至7月中旬、8月下旬至10月中旬。2011—2021年发生面积34.58~46.2万亩次，其中穗颈瘟占54.6%~75.2%，经防治挽回损失4084.2~6200.65吨，实际损失714.5~1151.88吨。

2018—2020年部分感病品种为野香优703、鄂香优华占、丰两优一号、桂育9号、桂稻香占、自留香占、泰国香米、惠泽8号、特优6033、百香优139、玉香占、百香优、百优、宜香、壮香优6号。

3. 南方水稻黑条矮缩病

2021年发生面积0.315万亩，防治面积0.365万亩，挽回损失62.765吨，实际损失16.97吨。

4. 水稻螟虫

以三化螟为主，曾发生为害较重，以早稻第二代、晚稻第四代为主害代。2006年发生面积64.3万亩次，防治面积83.55万亩次，经防治挽回损失5625.67吨，实际损失815.43吨。三化螟发生为害有逐步降低趋势，2019—2021年发生面积22.74万~29.46万亩次，防治比例达97%以上，挽回损失

3176.89~3541.50吨，实际损失432.64~548.34吨。近几年兴宾区田间很少发现三化螟发生为害，大螟在水稻上发生与为害程度明显上升。2020年晚稻，大螟在兴宾区局部大发生，最高枯心率为11.2%，平均为1.5%，虫口密度最高为8430头/亩，平均为715头/亩。2021年二化螟在兴宾区、忻城县少量发生，兴宾区发生面积5万亩次，忻城县发生面积1.5万亩次，均轻发生。

5. 稻纵卷叶螟

稻纵卷叶螟在来宾市各稻区普遍发生，以早稻第三代、晚稻第六代为主害代。稻纵卷叶螟在来宾市2004年以前未有第四代严重为害的记录。正常年份，第四代稻纵卷叶螟发生时已值稻株抽穗期，禾苗叶片老化，不利于其为害。2004年兴宾、忻城春旱导致早稻插植期拖后，中稻面积增加，田间苗情复杂。第四代发生时稻株生长旺盛，营养丰富，田间荫蔽，湿度大，对其为害有利。兴宾区第四代发生面积23万亩，田间成虫高峰期最高蛾量7333头/亩，加权平均821粒/百丛；低龄幼虫高峰期虫口密度高的260头/百丛，加权平均183头/百丛，发生面积和发生程度均超过第三代。忻城县第四代发生面积及程度与第三代基本相当。由于受第三、第四代接连为害，兴宾、忻城两县（区）损失较大为惨重。

2007年发生较为严重，偏重局部大发生，早、中、晚稻均不同程度受害，以早稻受害较重，发生面积107.97万亩次。发生特点：①发生较常年偏早，峰次多，虫量大。兴宾区田间蛾始见期为4月23日，均比2005年、2006年提早4天，第一次蛾迁入高峰日（5月21日）比去年早13天，田间亩蛾量最高14900头，平均为7860头。从5月21日至6月10日共有6次迁入峰，田间亩蛾量均在10000头以上，主峰日为6月5日，田间亩蛾量最高达24680头。②发生范围广，面积大，程度重。兴宾区稻纵卷叶螟全年主害代发生面积34.32万亩次，分别比2005年、2006年多8.82万亩次、7.32万亩次。忻城县早稻稻纵卷叶螟中等偏重发生，发生面积6.0万亩，比2005年增加9.1%，比2006年增加15.4%。③虫口密度大、落地成灾快、持续时间长。在兴宾区良江镇和桥巩乡（现桥巩镇）调查，稻纵卷叶螟田间亩蛾量达9000头以上的，持续了21天（5月21日至6月10日），二、三龄幼虫高峰期长（5月29日至6月15日），百丛虫量最高达1560头，平均为856头，比上年同期增83.5%是防治指标的28.5倍。忻城县第三代稻纵卷叶螟主峰日田间蛾量最高达8960头/亩，加权平均5800头/亩，低龄幼虫高峰期虫口密度最高450头/百丛，加权平均250头/百丛，是防治指标的8.3倍。6月6日忻城县城关镇板河村田间调查公路边一块约0.8亩的田块，卷叶率高达90%以上，幼虫量高达450头/百丛，是防治指标的15倍，世代重叠，防治难度加大。5月下旬至6月中旬在兴宾区调查，田间成虫、卵、幼虫等各虫态并存，且密度都很大，如6月5日田间亩蛾量最高达24680头，卵量为900粒/百丛，幼虫密度为410头/百丛，世代重叠严重。经过科学及时防治，取得较好效果，挽回稻谷损失53985吨。兴宾区防治效果比2005年增加5.69%，为害损失率比2005年减少5.68%。忻城县防效为88.0%，比2005年提高5.4%，比2006年提高4.0%；为害损失率比2005年降低3.4%，比2006年降低2.3%。

2008年，稻纵卷叶螟虫情来势凶猛，第二代中偏轻局部大发生，发生面积11.5万亩；第三代大发生局部特大发生，发生面积35万亩；第六代中偏轻局部中等发生发生，发生面积15万亩。第三代蛾高峰期在5月28日，比2007年迟7天，主峰日亩蛾量最高60336头，最低3335头，加权平均31224头，比2007年同期增加297.24%。幼虫盛发期；百丛虫量最高达1660头，最低20头，加权平均879头。经防治后为害程度为轻局部中偏轻，全年共挽回粮食损失24067.8吨，损失粮食1158.3吨，各类预报平均准确率达100%，总体防治效果达95.41%。

6. 稻飞虱

2007年发生较为严重，偏重局部大发生，早、中、晚稻均不同程度受害，以早稻受害较重。稻飞虱发生面积为111.51万亩次。发生特点：①迁入早，虫量大。兴宾区始见期为3月15日，比2006年提早12天，比2005年提早36天。第三代灯下累计总成虫量2986头，比历年平均值（1907头）增加56.58%。②发生范围广，面积大，程度重。兴宾区全年主害代发生面积31.7万亩次，较2006年多10.7万亩次，局部大发生比历年重。忻城县早稻稻飞虱中等偏重局部大发生，发生面积6.5万亩，比2005年增加18.2%，比2006年增加22.6%。③田间密度大，落地成灾快，持续时间长。兴宾区第三代稻飞虱田间若虫高峰期最高类型田平均百丛虫量为2531头，各类型田加权平均百丛虫量为2024头，比2006年同期增加87.06%，比历年平均均值增加52.99%。忻城县第三代稻飞虱田间若虫高峰期成若虫虫口密度最高5290头/百丛，加权平均2800头/百丛。据6月6日的调查，忻城县城关镇板河村公路边面积约0.8亩的田块，稻飞虱成若虫虫口密度为5290头/百丛，是防治指标的10.6倍；象州县石龙镇中团村一农户的责任田中，0.5亩早稻受稻飞虱严重为害，由于该农户外出经商，错过了最佳防治时机，造成黄塘，导致颗粒无收。④不同种群混合发生，防治难度加大。褐飞虱和白背飞虱混合发生，给防治工作带来很大困难。经过科学及时防治，取得较好效果，经防治后挽回稻谷损失55755吨。兴宾区防治效果分别比2005年、2006年提高5.5%、7.95%，为害损失率比2005年减少5.68%。忻城县防效为88.0%，比2005年提高5.4%，比2006年提高4.0%；为害损失率比2005年降低3.4%，比2006年降低2.3%。

7. 稻瘿蚊

2004年发生面积为27.18万亩次，主要发生在晚稻，造成较大损失。2011年以来发生较轻，有些年份几乎没有在田间发生。该虫在来宾市虫源基数逐年减少，原因是普及推广水稻抛秧栽培技术，水稻秧龄缩短，推迟晚稻播种期，有效地切断了第四代稻瘿蚊的发生繁殖环境。

（二）甘蔗病虫害

来宾市糖料蔗种植面积排广西第二，其中以宿根蔗为主，田间积累大量虫源和病原菌，加上连片种植、长期连作、管理粗放、甘蔗品种抗病性退化等原因，病虫害发生较严重，主要有甘蔗螟虫、甘蔗蓟马、甘蔗绵蚜虫、甘蔗黑穗病等。

1. 甘蔗黑穗病

该病近年发生为害呈上升趋势，宿根蔗田比新植蔗田发病重，宿根年限越长，发病越重。2012—2018年，发生面积57.2万~71.5万亩次，防治面积44.46万~62.7万亩次，挽回较大损失。由于2019年开始严禁焚烧甘蔗叶，大量黑穗病病原菌残留田间，造成该病发生加重。2019—2021年，发生面积91.05万~104.4万亩次，防治面积89.55万~92.6万亩次。桂糖系列都比较感病，其中2019年桂糖42发病相当严重，病株率最高84%。新台22发病也较重。

2. 甘蔗螟虫

甘蔗螟虫是甘蔗害虫中分布最广、发生最普遍、为害最重的害虫。来宾市为害甘蔗的螟虫种类有黄螟、二点螟、条螟、大螟、白螟，多种螟虫混合发生，发生期拉长，田间各虫态同时存在，加大防治难度。甘蔗主产区兴宾区、武宣县每年都进行性诱监测，配合田间发育进度调查，为防治提供有效依据。兴宾区2020年以前以二点螟为主，黄螟有逐步上升趋势，2021年调查发现田间以黄螟为主。2008—2011年，发生面积112.2万～155.82万亩次。2012年后发生面积大幅增加，2014年达到最大面积398.52万亩次，造成很大的损失。各级植保站积极探索安全高效药剂和防治技术，螟虫发生不断减少，但仍处于严峻形势。2021年发生面积206.43万亩次，中偏轻局部中等发生，经防治挽回损失337097.2吨，实际损失52849.5吨。

3. 甘蔗蓟马

甘蔗蓟马是来宾市甘蔗第二大害虫，2011—2016年，发生面积112.75万～138万亩次，2017—2021年，发生面积79.3万～100.78万亩次。

（三）柑橘病虫害

来宾市从20世纪70年代以来，柑橘作物零星种植，种植规模不大，至80年代后有所扩大，尤其是从2010年以后，全市柑橘种植面积迅速扩大。根据市农业农村部门统计，2014—2017年，每年约增加10万亩，2018年大幅增加至约69万亩，较2017年增加27万亩。截至2020年底，柑橘种植面积达80.37万亩，产量达102.07万吨，成为来宾市新兴的产业，为当地农民增收提供了良好的途径。然而，全市柑橘病虫发生面积也有逐年扩大趋势，形势较为严峻。2021年，病虫发生面积362.05万亩次，防治面积352.07万亩次，经防治挽回损失184248.21吨，实际损失28472.7吨。

1. 柑橘炭疽病

2018—2021年，柑橘炭疽病发生面积22.4万～26.6万亩次，防治面积21.3万～25万亩次，挽回损失14746.4~17836.97吨，实际损失1689.1~2205.97吨。

2. 柑橘木虱

2011—2014年发生面积为0.31万～0.73万亩次，2015—2018年发生面积为1.19万～9.42万亩次。近几年砂糖橘价格持续走低，果农管护积极性大幅下降，出现很多失管和半失管柑橘园。2019年发生面积11.75万亩次。2020年柑橘木虱虫口密度较往年成倍增加，全市发生面积26.46万亩次，总体中偏轻局部中等发生，部分失管果园达到中偏重局部大发生，属近几年发生最严重年份，给柑橘黄龙病防控带来极大隐患。2020年7月象州县植保站监测调查发现，凡有嫩梢生长的柑橘果园均发现有木虱发生为害，嫩梢木虱成若虫发现率达90%以上，百梢虫口密度高920头，个别高达1000头以上，一般80~300头，平均221头。2021年柑橘木虱发生面积31.1万亩次。

3. 柑橘红蜘蛛

一般中等程度发生，近几年局部中偏重发生。2011—2014年，发生面积为4.46万～6.74万亩次，2015—2017年，发生面积为10.95万～22.48万亩次，2018—2021年，发生面积为45.69万～58.89万亩次。

（四）玉米病虫害

来宾市以春、秋玉米为主，夏、冬玉米面积非常小，主要病虫种类有玉米螟、玉米蚜虫、玉米铁甲虫、草地贪夜蛾、玉米纹枯病。2011—2020年，病虫害发生面积101.26万～116.24万亩次，2021年发生面积70.313万亩次。

1. 玉米螟虫

玉米螟是玉米的主要虫害，一般总体偏轻局部中等程度发生。2011—2018年，发生面积25.98万～

30.95万亩次，防治面积25.88万～30.15万亩次，2019年发生面积18.57万亩次，2020年发生面积21.06万亩次，2021年仅发生11.55万亩次。

2. 玉米蚜虫

玉米蚜虫是玉米主要害虫。2011—2020年，发生面积20.66万～25.89万亩次，防治面积20.53万～25.62万亩次，2021年发生面积大幅减少，仅13.13万亩次，防治面积15.03万亩次，挽回损失2687.05吨，实际损失485.2吨。

3. 玉米铁甲虫

从1998年起，每年玉米铁甲虫都有一定的发生面积。2003年，玉米铁甲虫发生面积7.1万亩次，占种植面积的12.02%，成灾面积0.3万亩，主要分布于忻城县、兴宾区溯社乡（现平阳镇）及合山市岭南镇。忻城县中等偏重发生，局部特大发生，发生面积6.0万亩次，其中成虫迁入高峰期的田间调查显示，成虫密度最高18400头/亩，平均9870头/亩，卵密度最高32.5万粒/亩，平均25.9万粒/亩；幼虫为害高峰期调查显示，田间幼虫密度最高122500头/亩，平均52500头/亩。兴宾区溯社乡特大发生，发生面积0.8万亩次，成虫盛发期调查，田间密度16000头/亩，平均5260头/亩，比历史最高年增加35.08%。合山市岭南镇中等程度发生，发生面积0.3万亩次，成虫密度最高6980头/亩，平均1930头/亩；幼虫密度最高12950头/亩，加权平均7640头/亩，卵密度最高51800粒/亩，加权平均37700粒/亩。玉米铁甲虫防治面积6.25万亩次，占发生面积的88.03%。其中忻城县防治面积5.8万亩次，挽回玉米4940.8吨，实际损失982.4吨；合山市防治面积0.3万亩次；兴宾区由于缺乏专项经费，没有做到统一联防，群众自行防治1500亩，仅占发生面积的18.75%，且防治效果较差，仅挽回损失105吨，实际损失969吨。

2004年总体发生程度为轻，局部中等偏重发生，发生面积5.93万亩次，占种植面积的9.93%，成灾面积0.2万亩。历史虫区发生为害严重，兴宾区朔社乡春玉米面积0.88万亩，玉米铁甲虫的发生面积达0.6万亩次，而防治面积仅0.1万亩次。忻城县春玉米种植面积17.6万亩，发生面积达5.0万亩次，成虫迁入高峰期田间调查显示，成虫密度最高12680头/亩，一般3000~6000头/亩，平均7820头/亩，远远超过特大发生程度的田间成虫量。合山市程度发生中等，发生面积0.3万亩次。

农业植保技术部门加强对玉米铁甲虫的监测，密切注视其发生动态，为开展防治提供依据。同时加大宣传力度，加强技术培训，并且连续多年开展大面积联防，虫源基数大幅度下降。玉米铁甲虫是以成虫在山上的石头缝中越冬的，由于石山上的大部分小块空地已基本上种植了桑树，改变了生态环境，减少玉米铁甲虫的越冬虫源，因此玉米铁甲虫发生面积大幅度下降，发生程度减轻，虫口密度降低，发生地域大幅度缩减。2007年，玉米铁甲虫发生面积3.0万亩次，占种植面积的4.41%，发生程度轻，忻城县发生乡（镇）由8个缩减到4个，只有北更乡较严重，其余乡镇均轻发生；历史发生区合山市及兴宾区朔社乡未发生。2011年，田间未发现玉米铁甲虫发生为害。

玉米铁甲虫属间歇性发生害虫，2014年重新发生较重为害。2015年在忻城县发生面积7万亩次，中偏轻局部大发生，北更、遂意、古蓬等乡镇发生较重，因桑树、玉米混作较多，部分地区防治效果不理想。之后发生面积逐年减少，2021年仅发生0.3万亩次。

4. 草地贪夜蛾

2019年4月11日，草地贪夜蛾首次入侵来宾市忻城县。由于植保技术员对新虫害缺乏认识，种植户防控意识不足，造成防控不及时、防效差。2019年，草地贪夜蛾发生为害较重，发生面积26.77万亩。随着对草地贪夜蛾的深入了解，各级植保站如火如荼地开展防控培训，利用中央农业生产救灾资金220万元在全市建立5个综防示范区、220个监测点，并储备应急物资等，打好草地贪夜蛾防控战。2019年全年防治28.25万亩次，经防治挽回损失约13797.16吨，实际损失约934.6吨。全面有力的防控措施、安全高效的农药，再加上种植户防控意识增强，草地贪夜蛾得到较好控制，被扼杀在造成较大损失前。2020年发生面积降到10.79万亩次，防控面积15.4823万亩次，挽回损失5280.54吨，实际损失648.85吨。2021年发生面积12.018万亩次，防治面积15.927万亩次，挽回损失5168.55吨，实际损失714.69吨。

5. 玉米纹枯病

玉米纹枯病是来宾市玉米最常发生的病害。2011—2015年，发生面积22.64万 ~24.44万亩次，防治面积21.66万 ~23.39万亩次。2016—2020年发生面积稍微减少，发生面积16.98万 ~19.91万亩次，防治面积16.98万 ~18.56万亩次。2021年发生面积仅13.878万亩次，防治面积16.323万亩次。

二、蝗虫的发生与防治

根据历史记载，东亚飞蝗在来宾市是间歇性发生的农业害虫，曾多次猖獗为害，暴发成灾，给农业生产造成严重的损失。1955年7—9月，来宾市兴宾区蝗虫爆发成灾，蝗灾主要出现在新垦农场及毗邻的荒地、农田。据不完全统计，甘蔗、玉米、水稻和小米等发生面积8149亩次，占广西发生面积的16.9%。1963年，东亚飞蝗在来宾市兴宾区、武宣县、象州县大发生，发生面积133562亩次，占广西发生面积的37.3%，作物受害面积39476亩，占广西受灾面积的19.2%，防治面积38589亩次；主要受害作物有玉米、甘蔗、水稻等，发生特点是面积大、分布广、突发性强、发生早、密度高。1988年8—10月，来宾市兴宾区、武宣县近30个乡镇飞蝗爆发成灾，发生面积达31504亩次，占广西发生面积的64.7%，其中，农作物受灾面积为8798亩，占广西受灾面积的66.7%，仅武宣县的直接经济损失高达50多万元。1999—2002年飞蝗在来宾市的发生、为害范围有所扩大，每年蝗虫发生面积达25万亩以上。据不完全统计，2002年发生面积达30多万亩次。

2005年5—6月频降大到暴雨，造成百年不遇的洪涝灾害，7月下旬又持续高温干旱，江河、水库、山塘水位大幅下降，滩涂裸露，杂草丛生，对东亚飞蝗的发生十分有利。8月中旬以来，来宾市兴宾区、象州县、武宣县相继发生高密度的东亚飞蝗，发生面积为28.42万亩次，严重面积0.809万亩。其中作物地发生面积25.65万亩次，主要为害甘蔗，发生严重的甘蔗地受害株率达100%，部分叶片被啃吃得仅剩叶脉，虫口密度最高达2130头 / 平方米；荒草地发生面积2.77万亩次，荒草地虫口密度最高达1220头 / 平方米。此次东亚飞蝗发生的主要特点是虫口密度高、来势凶猛、发生点面多，受害作物主要是甘蔗植株高大茂密，药剂防治难度相当大。蝗情发生后，自治区、市、县三级立即启动蝗虫应急防治预案，大规模的灭蝗行动立即紧张而有序地进行。广西壮族自治区农业厅防蝗指挥部组长、副组长，时任广西壮族自治区农业厅厅长张明沛、副厅长韦祖汉高度重视蝗情发展与防治工作，时任广西壮族自治区植保总站站长王凯学、总农艺师王华生、防治科科长覃保荣等6人在第一时间内赶到蝗区现场，并自始至终在第一线指导灭蝗工作。来宾市委、市政府对治蝗工作高度重视，成立市防蝗指挥部，积极协调人力、物力、财力，市领导多次赶赴灭蝗现场指导防治工作。最严重的兴宾区大湾乡（今大湾镇）、正龙乡党、政领导及干部全部出动，日夜奋战在灭蝗第一线。据统计，此次大规模的灭蝗工作前后历时20多天，参加的各级领导、干部、群众达3.8万多人次，动用了30台机动喷雾器、10台烟雾机、700多台手动喷雾器，各级投入的灭蝗经费达185.5万元（含上级的支持，各级财政、各部门、相关企业及农民自发的投入等），防治面积23.9万亩次。防治现场调查，中心发生区施药后48小时蝗蝻死亡数量最高为1870头/平方米，低的75头/平方米，平均212头/平方米；成虫死亡数量最高为171头/平方米，低的17头/平方米，平均31头/平方米。本次大规模灭蝗工作取得了很好的防治效果，确保飞蝗不起飞成灾。

2006年入秋后，来宾市遭遇连续高温干旱天气，加上虫源积累，致使秋蝗再度暴发，主要发生在兴宾区。接到蝗情报告后，自治区、市、县植保技术员第一时间赶赴现场核实并展开调查，蝗情中心区域虫口密度最高达1764头/平方米，最低423头/平方米，平均724头/平方米。农业部种植业管理司、全国农业技术推广服务中心的有关领导高度关注来宾市飞蝗蝗情及防治工作。农业部蝗灾防治指挥部办公室派出2名防蝗专家到来宾检查指导防蝗工作，开展生物治蝗试验示范。为及时有效控制蝗灾，来宾市、兴宾区分别启动市、县两级蝗灾防治应急预案。时任区农业厅治蝗领导小组办公室主任、广西壮族自治区植保总站站长王凯学、防治科科长覃保荣、时任市农业局副局长张大刊及来宾市植物保护站的站长、副站长自始至终坚持在防治现场指挥、组织、指导灭蝗工作。经过5天大规模的统一应急防治行动，全面围歼了蝗区中心的飞蝗。在大规模的应急防治行动中，参与的各级领导、干部、群众达3500多人次，动用大型烟雾机40台，机动喷雾器50台，手动喷雾器3200多台，农药10吨。整个秋蝗防治战役采取查蝗防蝗同时进行，统一防治与挑治相结合的策略，除统一应急防治外，政府及有关部门还组织群众做好查蝗工作，进行重点挑治和自行防治，前后历时20多天。当年东亚飞蝗发生面积达58.3万亩次，为来宾市有资料记载以来发生最严重的一年，但经过各级政府、农业技术部门及广大干部、群众的共同努力，防治面积达53.4万亩次，占发生面积的91.6%，各级政府投入防治费用320.4万元（每亩防治费按农药费2元、施药人工费4元，共6元计）。据防治现场调查，施药后24小时，在飞蝗发生中心区域死虫最高密度1215头/平方米，最低8头/平方米，平均45头/平方米；残蝗密度最高2头/平方米，平均0.35头/平方米，控制在防治指标（0.5头/平方米）以下，取得较好的防治效果，把蝗蝻歼灭在羽化之前，确保飞蝗不起飞成灾。全市挽回甘蔗损失53.4万吨（以每亩挽回1吨计），价值1.869亿元（以每吨原料蔗350元计）。

东亚飞蝗在来宾市继2005—2006连续两年大发生，经过两年大规模应急防控，发生面积及发生程度有所回落，而土蝗的发生则相对稳定。

三、农田鼠害

鼠类繁殖频数多、孕期短、产仔率高，数量能在短期内急剧增加，常对农业生产造成巨大灾害。来宾市气候温和，农作物种类多样性，为农田害鼠的繁殖和为害提供了优越的环境和丰富的食料，因此来宾农田鼠害发生较为严重，一般中等程度发生。据统计，2011—2016年，鼠害发生面积192.86万~217.53万亩次，2017—2021年，鼠害发生面积123.97万~152.74万亩次。

第五节 植物检疫

来宾市植物检疫站严格按照植物检疫各项法规制度开展调运检疫、产地检疫及危险性有害生物的普查、扑灭工作，并不断发展完善植物检疫体系，为来宾市农业生产做出了贡献。

一、加强检疫法规宣传

在市场经济条件下，价格是影响农民种农作物品种的主要因素，什么农产品的价格好，农民就种什么。引进、种植农作物新品种及异地调运农产品日益频繁，不经检疫违章调运事件常有发生。为保护农业生产安全，防止危险性有害生物的传入、蔓延，加强植物检疫法规的宣传，提高群众对植物检疫重要性的认识，向群众宣传植物检疫方面的知识，特别是向种子制种基地和苗木生产基地的工作人员宣传植物检疫方面的知识显得尤为重要。为提高群众遵守植物检疫条例和法规的自觉性，来宾市每年通过举办培训班、悬挂横幅、张贴标语、印发宣传材料、现场咨询、广播等多种形式宣传植物检疫相关法律法规，为植物检疫工作打下良好基础。

二、调运检疫

做好调运检疫工作，可防止农业植物危险性有害生物随调运农作物种子、苗木及农产品传播、蔓延，促进农产品的流通。2003年，签发合格种子类调运160批次共743861千克，签发合格苗木类调运24批次共849.724万株，签发合格产品类调运156批次共9201800千克。2004年，签发合格种子类调运86批次共327585.5千克，签发合格苗木类调运30批次共6.343万株，签发合格产品类调运127批次共6729740千克。2006年，签发合格种子类调运74批次共340485千克，签发合格苗木类调运2批次共30万株，签发合格产品类调运105批次共6241500千克。2007年，签发合格种子类调运187批次共16.77万千克，签发合格苗木类调运2批次共42万株。2008年，签发合格种子类调运70多批次共12万多千克。2009年，签发种子类调运检疫25批次共4万多千克。2010年，签发合格种子类调运22批次共4.6万千克。2012年，签发种子、苗木及农产品调出植物检疫证书600多份。

三、产地检疫

把好种子制种基地和苗木生产基地的产地检疫关，就基本上把住了危险性有害生物传播的源头。来宾市加强对“双杂”种子生产基地和苗木生产基地的产地检疫工作，检疫人员主动到种子、苗木生产基地开展检疫工作，为种子、苗木生产部门提供服务。2003年，实施产地检疫水稻制种基地28个，杂交玉米制种基地4个，其他种子基地5个，苗木类基地21个。2004年，实施产地检疫水稻制种基地7个，杂交玉米制种基地4个，其他种子制种基地6个，苗木基地17个。2005年，实施产地检疫水稻制种基地7个，杂交玉米制种基地4个，其他种子制种基地6个，苗木基地17个。2006年，实施产地检疫水稻制种基地9个，杂交玉米制种基地4个，苗木基地4个。2007年，实施产地检疫水稻制种基地6个、玉米制种基地3个，苗木基地3个。

四、外来有害生物及检疫性有害生物的普查、监测、防控工作

随着经济的发展，农作物种子、苗木及其他繁殖材料的交流日益频繁，外来有害生物及检疫性有害生物入侵的概率大大增加。因此，要做好外来有害生物及检疫性有害生物的普查，一旦发现疫情，要做好监测，及时扑灭。

（一）红火蚁

红火蚁的入侵、传播包括自然扩散和人为传播。自然扩散主要是生殖蚁飞行或随洪水流动扩散，或随搬巢而作短距离移动；人为传播主要因园艺植物、草皮、土壤废土移动，堆肥、园艺农耕机具设备、空货柜、运输车辆、工具受到污染等。

2005年，来宾市曾全面开展大规模的普查行动，采取巡走目视的普查方法，重点普查垃圾场、苗圃、草坪、公园、河堤（岸）、公路（铁路）沿线、废旧回收站（加工厂）附近场地、田埂、阳光充足开阔的荒草地等地点，乡镇普查率达100%，并未发现红火蚁疫情。2011年，来宾市首次发生红火蚁疫情，各级领导高度重视，市政府立即制定了《来宾市红火蚁疫情防控应急预案》《来宾市红火蚁疫情应急防控工作方案》，并召开紧急会议，布置普查和防控工作。广西壮族自治区植保总站、自治区红火蚁防控办领导及专家赶赴来宾市指导开展防控工作。来宾市林业、城建、园林、卫生等多个部门积极配合开展普查工作，并立即开展药物防控。普查显示，市区发生面积50亩，金秀瑶族自治县桐木镇发生面积10亩。投药3天后红火蚁死亡率达到20%~30%，投药1周后死亡率达到50%~60%。

2021年3月12日，中央九部委印发了《关于加强红火蚁阻截防控工作的通知》。来宾市红火蚁阻截防控应急工作领导小组办公室制定《来宾市2021年红火蚁阻截防控工作方案》并印制《红火蚁识别防控技术知识宣传册》3万份，各县（市、区）印制10万份；来宾市人民政府政府制定《来宾市人民政府关于红火蚁防控通告》并印发6000份，同时召开全市红火蚁阻截防控推进会、技术培训现场会等推进会议并举行、全市统防统治启动仪式。来宾市红火蚁阻截防控应急工作领导小组办公室组织协调全市所有成员单位、各县（市、区）开展防控工作，防控面积21.67万亩，筹措资金236.5万元，投入经费购买红火蚁防控饵剂，集中于9月、10月进行统防统治，城区、农区、林区防控面积21.67万亩，防治效果达91.73%。

（二）柑橘黄龙病

来宾市为柑橘黄龙病疫区，为严防柑橘黄龙病病苗的传入，来宾市植物检疫站切实加强柑橘类苗木和接穗的监控和检疫工作；同时，健全柑橘类苗木接穗检疫登记制度，做好苗木产地检疫，加强柑橘苗木市场的检疫检查，有效防止了非法调运行为发生，为柑橘类水果产业的健康发展提供了可靠保证。柑橘木虱是柑橘黄龙病唯一媒介昆虫，为有效做好柑橘木虱防控工作，来宾市植物检疫站根据监测结果，引导、发动群众抓住春梢、夏梢、秋梢等关键时期，大力开展柑橘木虱的防治工作，同时广泛开展技术宣传、技术培训工作，全面提高果农防控意识。

2007年，对全市6县（市、区）13个乡（镇）进行柑橘黄龙病普查，普查面积5474亩，发现金秀、象州、忻城、兴宾4个县(区)的13个乡(镇)有柑橘黄龙病发生，发生面积667亩，其中零星发生300亩，轻发生316亩，重发生51亩。防治柑橘木虱5.4106万亩次，清除病株3906株。2009年，普查12个乡镇，发生面积1.33万亩，防治柑橘木虱4500亩次，清除病株1176株。

由于柑橘价格不断上涨，柑橘种植面积大幅增加，2010年仅6.5万亩，2021年达到80多万亩，柑橘黄龙病发生面积也逐年增加，形势严峻。然而随着砂糖橘价格持续走低，果农管护积极性大幅下降，出现很多失管和半失管柑橘园。2019年，柑橘黄龙病发生面积为32235亩次，病株率1.65%，砍除病株11.04万株，销毁带病苗木1290株。2020年，柑橘黄龙病发生面积为76690亩次。2021年，失管果园中感染柑橘黄龙病面积占56.8%，病株率5%~85.3%；半失管果园中感染柑橘黄龙病面积占36.4%，病株率3%~16%。

（三）柑橘溃疡病

随着柑橘种植面积增加，柑橘溃疡病发生面积也在逐年增加，2003年，发生面积为4653亩次，到2021年，发生面积为25.8万亩次，发生程度为中等发生，造成损失2128.96吨。

（四）柑橘小实蝇

柑橘小实蝇是钻蛀取食的昆虫，为害具有隐蔽性，造成错失防治时机。2019年发生面积12万亩次，造成损失252.7吨；2020年发生面积24.2万亩次，造成损失598.7吨；2021年发生面积30万亩次，造成损失984吨。

（五）水稻细菌性条斑病

水稻细菌性条斑病在病原菌存在的前提下，其发生与流行主要受气候、品种抗性及栽培管理技术等因素的影响。在农业技术员的宣传推广下，种植户大多种植抗病品种，且栽培管理水平不断提高，因此气候对该病的影响尤为重要。来宾市每年下半年台风、暴雨多，该病的发生主要集中在下半年。2003—2007年，水稻细菌性条斑病发生面积为15.598万~43.2万亩次，占同年水稻病虫害发生面积的3.8%~10%。经过普查、监测、防控，水稻细菌性条斑病得到有效控制，发生面积大幅减少。2018—2021年，水稻细菌性条斑病发生面积为2.43万~10.5万亩次，占当年水稻病虫害发生面积的0.6%~2.5%。

（六）美洲斑潜蝇

美洲斑潜蝇适应性强、繁殖快、寄主广泛，其中以葫芦科、茄科和豆科植物受害较重，发生普遍。据不完全统计，2007年发生面积较大，达到37.71万亩次。经过普查、监测、防控，美洲斑潜蝇得到有效控制，发生面积大幅减少，2018—2021年发生面积为5.29万~8.5万亩次。

五、市场检疫执法

随着农业产业结构调整的不断深化，经济作物种植面积不断扩大，农作物种子、苗木、产品的调运增多，违章调运农作物种子、苗木和农产品的现象时有发生，开展市场检疫执法是打击违章调运行为的有效手段。据统计，2003年，来宾市共开展市场检疫执法142次，出动330人次，检验种子类、苗木类、农产品共619批次，处理违章种子类、苗木类共26批次，没收种子1批共70千克，罚款6批次金额2700元。2004年，全市共开展市场检疫执法147次，出动292人次，检验种子类、苗木类、农产品共442批次，处理违章种子类、苗木类共45批次，罚款19批次金额7200元。2005年，共开展市场检疫执法130次，出动387人次，检验种子类、苗木类、农产品共377批次，处理违章种子类、苗木类共14批次，罚款6批次金额4650元。2006年，共开展市场检疫执法25次，出动100多人次，检验种子类、苗木类共78批次，处理违章调运种子类、苗木类共9批次。2007年，共开展市场检疫执法106次，出动410多人次，检验种子类、苗木类共278批次，处理违章调运种子类、苗木类共7批次。2008年，共开展市场检疫执法5次，检验种子22批次9万多千克、苗木5批次1.8万多株。2009年，检验种子5批次2万多千克、苗木2批次1万多株。2010年，检验种子6批次3万多千克、苗木2批次3万多株。2011年，共开展市场检疫执法5次，查验检疫证书400多份，涉及种子46000多千克。2012年，共开展市场检疫执法8次，查验检疫证书2300多份。2013年，查验检疫证书860多份，涉及种子84000多千克。2014年，共开展市场检疫执法4次，查验检疫证书400多份，涉及种子6.8万多千克。2015年，共开展市场检疫执法10次，出动40人次，检验种子57批次1.5万多千克。2016年，共开展市场检疫执法11次，查验检疫证书130多份，涉及种子6万多千克。

第六章　河池市

第一节　概述

河池市属亚热带季风气候区，热量丰富，光照充足，雨量充沛，无霜期长，年日照时数大部分地区为1447~1600小时。气温较高，年平均气温16.9~21.5℃，大部分地方没有严冬。全地区年平均降水量1200~1600毫米，十分有利于植物生长。

中华人民共和国成立后，地方根据中央政府的统一部署，在今河池市农村范围内开展了土地改革，创办互助组、初级社、高级社，极大地调动了农民群众的生产积极性，农业生产快速发展，农村人民的生活得到极大改善。成立人民公社以后，当地的农业生产经历了曲折的发展历程，其间投入大量人财物力大搞农田水利基本建设，不断改善农业生产条件，但也在相当长时期内受浮夸风和割资本主义尾巴的影响，当地农业和农村经济发展缓慢，相当一部分农民仍处于贫困之中。中共十一届三中全会后，河池地区在广西率先掀起以家庭联产承包责任制为主要内容的农村经济体制改革，全面优化调整种植结构，提倡科学种田，发展商品生产，农业生产快速发展。2020年，全年粮食产量97.47万吨，蔬菜（含食用菌）产量193万吨，水果产量69.94万吨，桑园面积95万亩，连续15年稳居广西地级市第一。

河池市植保植检站牢固树立“绿色植保、公共植保”理念，贯彻“预防为主，综合防治”植保方针，以病虫监测预警为主线，以农药减量控害为抓手，以绿色防控和统防统治为主要内容，以控害保产和提高农产品品质为目的，采取综合治理与应急处置相结合，强化病虫监测预警，做到早发现、早预警、早治理，大力推广绿色植保技术、统防统治技术、农药减量控害技术、科学安全施药技术等，综合协调应用多种防治措施，持续推进农企合作，强化联防联控、群防群治，提高重大病虫应急防控能力，努力将病虫为害控制在经济损失允许水平之下，为广大农民增产增收保驾护航。

第二节　植物保护体系建设与发展

一、机构设立与人员编制

1965年河池地区成立后，设立河池地区植保植检站，定期测报对象为水稻三化螟、稻苞虫、稻纵卷叶虫、稻瘿蚊、稻叶蝉、稻飞虱和稻瘟病等。地区发综合情报、急报、中长期预报，常年收集各县（市）病虫资料，建立病虫档案。1979年2月15日，为适应农业生产发展的需要，贯彻“以粮为纲，全面发展”的方针，根据河池地区革命委员会河地农〔1979〕5号文件，恢复建立“地区农业植保站”，原推广站负责的测报和植检工作一起转交植保站负责。人员主要由原推广站植保技术人员进行调整。该站属河池地区农业局领导下的事业机构，负责全地区农作物病虫鼠害的预测预报、病虫鼠害的防治示范和新技术推广、植物检疫等工作职能。1989年7月，根据河地编〔1989〕88号《关于地区推广站等事业单位定编的通知》，重新核定河池地区植保站编制10名。1988年1月，根据河地编〔1988〕5号文件，河池地区植保站核定为科级单位。1984年4月，根据广西壮族自治区农牧渔业厅农保字〔1984〕6号《关于刻制植物检疫站印章和挂牌子的通知》，为利于开展工作，市、县可在农业部门内挂植物检疫站的牌子，并根据需要和可能，从农业部门现有干部中指定或配备2~3人管理植物检疫工作。1998年2月，根据河地编〔1998〕13号《关于成立河池地区农药检定管理站的批复》，同意成立河池地区农药检定管理站，该站与植保植检站合署办公，执行“一套人员两块牌子”。2003年3月，根据河池市机构编制委员会河编〔2003〕14号《河池市机构编制委员会关于市直各事业单位更名的通知》，河池地区植保植检站更名为河池市植保植检站。2011年12月，根据河池市机构编制委员会河编〔2011〕92号《河池市机构编制委员会关于将河池市农业行政综合执法支队、河池市农产品质量安全检测中心设置为独立事业单位的批复》，将市植保植检站编制10名划转调整为8名。2020年7月，根据中共河池市委员会机构编制委员会办公室河编办发〔2020〕68号《中共河池市委员会办公室关于深化河池市农业综合行政执法改革有关机构编制调整事项的通知》，将市植保站全额拨款编制调整为7名。至2021年9月底，河池市植保植检站现有编制7名，现有在职人员6名，农艺师2名、助理农艺师3名、工勤人员1名。

为了适应新形势下农业农村发展需要，随着机构改革不断深入，各县（区）植保机构也进行了调整，这些县（区）经机构改革和调整后，不再保留植保站独立法人机构和编制，但工作性质和职能不变。至2021年9月底，河池市、县（区）两级植保部门现有人员编制共73名，实际在岗60名，其中副高级职称5名、中级职称36名、初级职称13名、其他人员6人。

二、植物保护体系建设

1965年，随着地区级植保机构的建立，河池地区各县相继成立了农作物病虫测报站。1980年后，陆续更名为县植保站。1982年，随着农村经济体制进行重大改革，实行联产承包责任制，植保建制顺应历史潮流，创建合作植保，形成地、县、乡(镇)、村4级植保联防联控网络。在地区植保站的指导下，11个县（区）都建立健全了植保植检工作体系，139个乡（镇）推广站配备至少1名植保技术员，1642个村公所基本有1名以植保为主的农科员，农科员一般为村副主任，主要协助县级植保站和乡级推广部门开展农作物病虫害防治和指导工作。全地区基本实现点面结合、横向联系、纵向指导、互相交流的现代化植保体系。

20世纪80年代末至90年代初期，在农业部、广西壮族自治区农业厅的大力支持下，先后在宜州、天峨、南丹、金城江等县（区）建立全国和广西农作物病虫测报网区域测报站，植保设施得到了进一步改善。进入21世纪，农业农村部、广西壮族自治区农业农村厅加大了植保工程项目的资金投入，加强农作物病虫害观测场和植保工程项目建设。至2021年，全市实施植保工程项目县达11个，已建成并投入使用病虫害观测场10个、柑橘木虱监测点4个、草地贪夜蛾自动监测点8个、安装物联网监控系统10套；建立专业化统防统治服务队伍69支，从业人员760人，日防治作业能力3.65万亩。全市病虫害监测预警和防控体系建设得到了进一步完善。

三、植物保护事业发展

20世纪50年代，河池地区植物保护机构不健全，技术力量单薄，当时河池地区农业局只有1~2名植保技术员，大多数县局只有1~2名经过短期培训后就从事植保工作的人员，农作物病虫防治缺乏技术，力量不足，工作十分被动。病虫害防治多采用人工捕打、土农药喷洒等原始方法进行扑灭。到了60年代，随着各级政府的不断重视，植物保护机构逐渐完善，植保队伍不断壮大，农作物病虫防治工作也逐渐步入正轨。1960年上半年，广西农学院安排毕业生到河池专区会同当地植保人员，开展农作物病虫害普查工作，经普查结果显示，河池地区病虫害种类975种，其中病害562种，虫害413种。

20世纪50年代初，病虫害防治工作主要以手捉捕及虫梳、虫拍等人工器械为主，少数地方采用烟草水、硫黄等土农药治虫。1954年后，开始推行六六六、滴滴涕等化学农药灭虫。1965年设立了植保植检站，并配备了专业技术人员，负责病虫害的预测预报和防治工作的指导。

20世纪70年代，全地区大力推行综合防治，以科学用水、“土洋并举”防治病虫害。冬季大搞农田“三光”除虫、春季适时提早春灌耙沤灭螟、秧田期人工摘除螟虫卵块、螟蛾盛期灯光诱蛾、养鸭啄虫、土法生产杀螟杆菌灭虫等措施取得一定效果。80年代，农业技术部门推广杀螟松、甲胺磷、叶蝉散等新农药。90年代，农业技术部门推广三唑磷、扑虱灵、大功臣等新农药，2000年开始推广频振式杀虫灯、黄板等技术，到2020年全市共推广频振式杀虫灯、黄板等技术使用面积10.5万公顷以上。

2011年后，河池市、县（区）植保部门牢固树立“绿色植保、公共植保”理念，贯彻“预防为主，综合防治”的植保方针，大力推广绿色植保、统防统治、农药减量控害等技术，强化联防联控、群防群治，提高重大病虫应急防控能力，努力将病虫为害控制在经济损失允许水平以下。2020年，全市发布各类病虫情报238期，病虫情报准确率在90%以上，病虫害预警信息乡（镇）覆盖率100%，行政村覆盖率90%以上；全市主要农作物病虫草鼠害发生面积1541.23万亩次，防治面积1348.76万亩次，挽回损失53.81万吨，实际损失6.78万吨，有效地保障了农作物生产安全；推广农作物绿色防控技术面积248.14万亩，绿色防控覆盖率40.58%；开展统防统治面积290.30万亩，统防统治覆盖率47.76%。大力推进农药减量工作，减少农业面源污染，亩次减少农药使用量10%~15%；推广“一喷三省”农药减量控害技术450万亩次，开展各种技术培训405期，培训人员2.76万人次；认真开展植物产地检疫、调运检疫、开展检疫对象（柑橘黄龙病、稻细菌性条斑病、红火蚁、黄瓜绿斑驳花叶病毒病等）调查和防控工作。

第三节　植物保护推广与培训

在20世纪50年代初，病虫害防治工作主要以手捉捕及虫梳、虫拍等人工器械为主，少数地方采用烟草水、硫黄等土农药治虫。1954年后，开始推行六六六、滴滴涕等化学农药灭虫。1965年设立植保植检站，并配备了专业技术人员，负责病虫害的预测预报和防治工作的指导。

20世纪70年代，全地区大力推行综合防治，科学用水，“土洋并举”防治病虫害。冬季大搞农田

“三光”除虫；春季适时提早春灌耙沤灭螟；秧田期人工摘除螟虫卵块；螟蛾盛期灯光诱蛾；养鸭啄虫；土法生产杀螟杆菌灭虫等措施，取得一定效果。80年代，农业技术部门推广杀螟松、甲胺磷、叶蝉散等新农药，90年代农业技术部门推广三唑磷、扑虱灵、大功臣等新农药，2000年开始推广频振式杀虫灯、黄板等技术。到2020年全市共推频振式杀虫灯、黄板等技术使用面积10.5万公顷以上。近10年来，河池市、县（区）植保部门推广农作物绿色防控技术面积248.14万亩，绿色防控覆盖率40.58%。开展统防统治面积290.30万亩，统防统治覆盖率47.76%。大力推进农药减量工作，减少农业面源污染，亩次减少农药使用量10%~15%。推广“一喷三省”农药减量控害技术450万亩次，开展各种技术培训405期，培训人员2.76万人次。2019年，广西壮族自治区农业厅授予河池市“水稻重大病虫害统防统治技术集成与示范”项目广西农牧渔业丰收奖二等奖。

第四节　病虫测报与防治

一、测报体系建设情况

20世纪80年代末至90年代初期，在农业部、广西壮族自治区农业厅的大力支持下，先后在宜州、金城江、南丹、天峨等县建立了全国和广西农作物病虫测报网区域测报站，植保设施得到了进一步改善。进入21世纪，农业部、广西壮族自治区农业厅加大了植保工程项目的资金投入，加强农作物病虫害观测场和植保工程项目建设，病虫害监测预警和防控体系建设得到了进一步完善。

20世纪50年代，河池专区农作物病虫防治缺乏技术，力量不足，工作十分被动。病虫害防治多采用人工捕打、土农药喷洒等原始方法进行扑灭。到了20世纪60年代，随着各级政府的不断重视，植物保护机构逐渐完善，植保队伍不断壮大，农作物病虫防治工作也逐渐步入正轨。

1980年以来，河池地区水稻病虫预测预报基本有了统一规范方法。首先是资料收集，包括气象资料、农情信息、生产进度、病虫发生信息等，通过诱虫灯（黑光灯）灯下害虫数量及田间发生情况，对稻飞虱、稻纵卷叶螟、三化螟、稻瘟病、水稻纹枯病等进行系统调查测报，对其他病虫进行一般调查测报，并认真全面做好点上观察，及时开展面上普查，随时掌握田间病虫发生动态，准确及时发布病虫情报。2011年后，每年全市发布各类病虫情报225~286期，病虫情报准确率在90%以上，病虫害预警信息乡（镇）覆盖率100%，行政村覆盖率90%以上。2010年以前，各县一般以信件的方式将病虫情报邮寄到各乡镇农业服务中心及所有的村委，病虫情报入村率达到100%，确保稻飞虱等病虫情报及时传递到农户当中。此外还开展电视预报，通过电视、广播、网络、手机短信、报纸、标语板报等方式发布病虫情报。近几年开始在微信等新媒体上发布病虫情报。

二、主要病虫发生及防治概况

（一）水稻病虫害

河池市水稻品种繁多，近年种植的水稻品种有150多个。由于气温较高、降水量大，水稻品种多，稻田类型复杂，水稻病虫历史发生严重而复杂，水稻病虫防治难度较大。通过对全市11个县级观测站点的系统调查及面上普查数据的整理，并对历史资料进行汇总分析，结果表明，河池市常见水稻病虫害有34种，其中常见害虫21种、常见病害13种。1971—2020年，河池市水稻病虫年均发生面积467.88万亩次。

20世纪50年代，河池地区水稻病虫主要有三化螟、稻苞虫、稻瘟病、水稻胡麻叶斑病，其中以三化螟为主，稻苞虫间歇发生，稻瘟病和胡麻叶斑病局部发生，这一时期病虫发生特点是虫害重于病害，发生面积不大。

20世纪60年代，稻纵卷叶螟和稻飞虱的发生加重，并在60年代末上升为主要害虫，稻苞虫的为害减轻。

20世纪70年代，河池市水稻病虫害为害持续加重，发生面积快速上升，三化螟、稻飞虱、稻纵卷叶螟、水稻纹枯病发生继续加重。稻瘟病发生面积也有所扩大，主要发生在山区稻田。

20世纪80年代，病虫害发生继续维持在较严重水平，80年代中后期，随着杂交稻的推广种植，水稻细菌性条斑病随种子调运传入河池市；由于杂交稻分蘖强，对稻瘿蚊发生为害有利，稻瘿蚊在杂交稻上发生加重。

20世纪90年代，杂交稻种植面积进一步扩大，到90年代末杂交稻种植面积已占水稻面积的90%。杂交稻分蘖强，叶片柔嫩，田间郁闭，植株内养分积累较多，适合多种病虫害的为害和扩展蔓延。这一时期是水稻病虫害上升最快，也是化学农药用量增长最快的时期，主要病虫是三化螟、稻瘿蚊、稻飞虱、稻纵卷叶螟、稻瘟病、水稻纹枯病、水稻细菌性条斑病，其中三化螟、稻瘿蚊是这一时期为害最重的病虫，多次暴发成灾。

进入21世纪以后，河池市水稻病虫发生了较大的变化，一些历史上重发生的病虫（稻飞虱、稻纵卷叶螟、稻瘟病、水稻纹枯病）发生为害继续加重，而另一些历史上重发生的病虫（三化螟、稻瘿蚊、水稻细菌性条斑病）发生为害减轻，已不再是水稻主要病虫害。河池市水稻主要病虫由原来的“四虫三病”（稻飞虱、稻纵卷叶螟、三化螟、稻瘿蚊、稻瘟病、水稻纹枯病、水稻细菌性条斑病）变为“两虫两病”（稻飞虱、稻纵卷叶螟、稻瘟病、水稻纹枯病）。2004—2020年，全市水稻病虫害年均发生面积490.40万亩次。

根据病虫发生面积、为害程度及分布，河池市将常见病虫害分为两大类，以明确重点防治对象及兼治对象，制订防治策略。

第一类为主要病虫害。在河池市各稻区普遍重发生的病虫害有稻瘟病、水稻纹枯病、稻飞虱、稻纵卷叶螟，年均发生面积369.55万亩次，占水稻病虫发生面积的75.36%，是防治的主攻对象。

第二类为局部发生的病虫害。水稻细菌性褐条病、稻曲病、南方水稻黑条矮缩病、水稻胡麻叶斑病、水稻白叶枯病、水稻细菌性基腐病、水稻赤枯病、水稻青枯病、稻粒黑粉病、稻恶苗病、稻紫鞘病；稻绿蝽、三化螟、稻赤斑黑沫蝉、灰飞虱、二化螟、大螟、稻秆潜蝇、稻螟蛉、稻蝗、黏虫、稻摇蚊、稻水蝇、白翅叶蝉、电光叶蝉、稻弄蝶、稻眼蝶、大稻绿蝽、水稻潜叶蝇和黑尾叶蝉在河池稻区局部发生，年均发生面积120.85万亩次，占水稻病虫发生面积的24.64%，是防治的兼治对象。

1. 稻飞虱

稻飞虱在河池市发生程度总体偏重局部大发生，是河池市水稻的主要害虫之一，近年来持续影响着河池市的水稻生产，严重威胁着粮食安全。

（1）发生期。河池市每年初次发生的虫源（第二代，也为主害代），主要是外地稻飞虱成虫随降雨、台风天气等大气环流迁入，一般于4月中下旬开始大量迁入本稻区。5—7月，气候温和，风雨活动频繁，有利于稻飞虱大量迁入、繁殖、为害；相比之下，晚稻气温高，风雨活动少，不利于稻飞虱回迁，虫源少。因此，早中稻稻飞虱发生为害重于晚稻。

（2）发生面积与受害损失情况。2009—2013年，稻飞虱发生面积分别为183.94万亩次、175.62万亩次、122.61万亩次、181.85万亩次、161.77万亩次，年均发生面积165.16万亩次。其中早稻受稻飞虱为害面积占全年发生面积百分比依次为63.45%、54.50%、55.10%、54.56%、52.56%。2012年实际产量损失最重，为7378.2吨，其次是2013年为5573.8吨，2009年为4274.1吨，2010年、2011年损失在3754.8吨以下，年均受害损失4867.2吨。

（3）发生关键因子分析。受各种因素影响，近5年来，稻飞虱在河池市总体偏重局部大发生，并造成不同程度的产量损失。稻飞虱发生程度及其造成损失的原因，与虫源基数迁入量、气候、水稻品种及栽培管理条件、天敌等有密切关系。

①虫源地的虫源基数。东南亚是稻飞虱主要虫源地，虫源地的虫源基数越大，在适宜气候条件下，迁入量越大。

②迁入量。稻飞虱不能在河池越冬，境外虫源的迁入量是影响河池稻区稻飞虱发生轻重的主要因素。迁入量与当年稻飞虱发生呈正相关关系，迁入量越大，为害发生就越重。境外虫源迁入时期，河池田间水稻正处于分蘖期到孕穗期，正是适合稻飞虱发生为害的敏感时段，在合适温湿度条件下稻飞虱会快速增殖。

③气候。河池属亚热带季风气候区，夏长而炎热，冬短而暖和，热量丰富，光照充足，雨量充沛，无霜期长，年日照时数大部分地区为1447~1600小时。气温较高，年平均气温一般都在16.9~21.5℃，南部与北部气温相差约6℃，大部分地方没有严冬。全市年平均降水量一般为1200~1600毫米，多的地方超过2500毫米，最少的地方也在1000毫米以上。河池市优越的气候条件不但有利于作物的生长，而且多雨适温的气候条件很适宜稻飞虱迁入和繁殖为害。

④品种及栽培管理条件。河池市水稻品种布局不太合理，抗性好的品种因连年种植，品种抗性逐年降低。又由于大面积推广种植杂交稻，品种多，抗性不一，导致生育期参差不齐。同时因杂交稻茎秆粗壮、叶片肥厚，有利于稻飞虱取食和繁殖。在杂交稻上取食的稻飞虱，其繁殖量、种群增值率、存活率、短翅型成虫比例较高，有利于稻飞虱种群数量的迅速增长。由于偏施氮肥，因此生长中后期田间通透性差，为稻飞虱发生为害提供便利条件。主害代发生期正值水稻分蘖盛期和孕穗期，寄主群体旺盛，营养丰富，更促使稻飞虱大量取食，迅速繁殖，为害加重。

⑤天敌因素。稻飞虱的天敌很多，保护和利用好天敌可以抑制田间稻飞虱的发生。但由于化学农药的大量使用，田间天敌密度下降较明显，对稻飞虱的抑制作用大为减少，稻飞虱的发生为害更加猖獗，这又导致农药使用量进一步上升，形成了恶性循环。在生态栽培的稻田，由于天敌数量多，在中等发生年份自然天敌就能控制其为害。

2. 稻纵卷叶螟

（1）发生期。稻纵卷叶螟属迁飞性害虫，在河池市不能越冬，冬后第一代、第二代成虫随西南气流迁入，在早稻、中稻繁殖为害，其发生期的早晚与气候条件、风雨等气候因子及播植期有关。春季气温高，风雨活动早、雨水充足的年份有利于成虫的迁入，第一代成虫迁入早，迁入期一般为4月中旬；春季气温偏低，干旱的年份，第一代成虫迁入晚。第二代成虫迁入期也与春季气温高低及5月风雨活动有关，一般春季气温高、风雨活动频繁的年份第二代成虫迁入期早，最早在4月下旬中迁入，反之则晚。第三代成虫发生期主要与5—6月风雨活动有关，凡5月风雨活动频繁，雨量充沛的年份，成虫发生早，最早5月中旬末出现成虫，若5月干旱少雨，风雨活动不明显的年份，成虫发生期晚，最晚在6月上中旬。

（2）发生面积与受害损失。稻纵卷叶螟在河池市年发生6~8代，一般年发生面积78.80万~135.46万亩次，年均发生面积99.48万亩次，发生程度2~4级，最高年发生面积达135.46万亩次，占水稻种植面积的90.3%，发生程度4级以上。早稻、中稻主害代为第二代、第三代，其中第三代发生范围最广、发生程度最重。第四代近年来在河池市中稻区发生为害有逐年上升趋势，第五代常年轻发生。晚稻主害代为第六代，发生程度2~4级。受害损失2080.5~3048.6吨，年均受害损失2314.2吨。

（3）发生关键因子分析。

①虫源地的虫源基数。东南亚是稻纵卷叶螟主要虫源地，虫源地的虫源基数越大，在适宜气候条件下迁入量越大。

②迁入数量。稻纵卷叶螟境外虫源的迁入量是影响河池稻区稻纵卷叶螟发生轻重的主要因素，迁入量与当年发生呈正相关关系，迁入量越大，为害发生就越重。

③气候条件。降雨和温度对稻纵卷叶螟迁飞产生主要影响，早春时河池主要受西南暖湿气流持续影响，在遭冷空气南下共同作用的情况下可形成锋面降雨，这十分利于迁入虫源的降落，锋面天气滞留时间长而降雨多，往往迁入蛾量也大。虫源迁入后当地气温则成为决定稻纵卷叶螟成虫存活及幼虫发生为害程度的关键因素，如果幼虫盛发期雨日多、雨量适中、田间温湿度适宜，稻纵卷叶螟繁殖就会十分迅速，反之，极端气候则会抑制其发生。当温度在22~28℃、相对湿度在90%以上时，有利于其卵巢发育并交尾产卵，产卵量大，发生量大，相反高温干燥的环境不利于其活动，交尾产卵也受到抑制，发生量相对较轻。

④栽培管理。稻纵卷叶螟有明显的趋绿、趋嫩的习性，在水肥管理上如果出现偏施氮肥，使水稻徒长而过于嫩绿，则必然加大虫源迁入为害的概率。水稻“重栽轻管”现象严重，有时因农民忙于外出务工，疏于水稻病虫管理错过最佳防治适期，防效差。

⑤天敌因素。天敌是控制稻纵卷叶螟的重要自然因素，但天敌对化学农药很敏感，化学农药的大量使用使其天敌种群数量降低到了一个很低的水平，因此要科学使用化学防治技术，保护天敌或尽量减轻对天敌的影响。

3. 稻瘟病

稻瘟病是河池市水稻的主要病害之一，在河池市各水稻种植区都有发生，山区和丘陵地带稻田发生最为严重。该病在流行年份一般可致减产10%~15%，严重田块可减产30%~40%，个别的甚至减产高达80%以上。稻瘟病从水稻苗期到收获期都可造成为害，根据为害水稻时期和部位的不同，可分为苗瘟、叶瘟、节瘟、穗颈瘟、谷粒瘟。

（1）发生期。11个县（区）调查数据表明，东南部县（区）田间病害始见日多在4月14—5月18日，西部中稻区病虫始见日则出现在5月12—6月11日。

（2）发生面积及受害损失。2009—2013年，河池市稻瘟病发生面积26.69万～75.32万亩次，年均发生面积37.53万亩次，受害损失943.8～5129.9吨，年均受害损失1880.5吨。

（3）相关因子分析研究。

①气象条件。对稻瘟病发生影响较大的气象条件主要是温度、湿度和光照。最适于稻瘟病病菌繁殖和侵入的温度为24～28℃，水稻若连续遭受数天低温再转为正常温度时，3～6天后稻株抗病性显著降低，尤其夜间有15℃以下的低温时影响更明显，因而晚稻抽穗期遇寒露风或骤然降温常加重穗颈瘟的为害。平均相对湿度90%以上时有利于病害发生，如雾多雾重或时晴时雨、雨日多、阴雨连绵等湿度大的天气，病菌生长繁殖快，孢子形成多，侵入率高。光照不足有利于病菌孢子形成、萌发和侵入，并使稻株同化作用缓慢，淀粉与氨态氮比例低，硅质化细胞少，组织柔嫩，抗病力降低，易发生病害。

对河池市2000年至2014年5月、6月上旬平均气温、降水量的相关分析结果表明，穗瘟发病率与5月、6月上旬平均气温及降水量呈显著相关，可作为穗瘟预测的气象因素。

②水稻品种。不同品种稻瘟病发生有明显差异。在栽培稻中，优质稻品种较易感病，而同一品种在不同生育期发病程度也不同。幼苗3～5叶期、分蘖盛期和孕穗期至抽穗始期最易感病，同一器官（如叶、茎节、穗等）在幼嫩时期和较老熟时期易感病，所以在水稻分蘖盛期，新叶增长速度最高时最易感染叶瘟。

③栽培管理。稻瘟病的发生与肥水管理关系密切。氮肥种类、用量、施用时期对发病轻重影响最大，一次性过量施用氮肥和在保肥力差的沙土、浅土田上施用氮肥比分次施用和在黏土、深土田上施用都更有利于病害流行。偏施、迟施氮肥使稻株贪青徒长，组织幼嫩，硅质化程度下降，株间通风透光不良，田间湿度增高，可加重病害发展。适施磷钾肥可提高稻株钾氮比，促进氮的正常代谢，降低可溶性氮化物含量，增加茎秆纤维素，使稻株组织坚硬，生长健壮，提高抗病力。可见，偏施氮肥对稻瘟病发病影响甚为显著。2014年，在宜州市（今宜州区）安马乡木寨村以亩施纯氮测试晚稻3个不同抗性品种对穗瘟的抗感反应，试验结果表明，穗瘟病情指数随氮肥施用量增加而加重；不同抗性品种病情指数也有明显差异，Y两优2号、野香优2号、十优838的平均病指分别为11.97、1.29、0.79；而病情增长方面，Y两优2号增长比例较大，其他两品种增长比例较小。由此可见，合理施肥是协调控病技术的重要措施。

水分管理对稻瘟病的发生流行影响也很大。稻田长期深灌、冷水串灌，使土温、水温降低，土壤缺氧，根系发育不良，降低生活力和抗病力，同时田间湿度增大，有利于病菌生长繁殖。依据水稻需要，实行科学管水，一般采用浅水勤灌、干干湿湿的排灌方法，结合晒田，可提高稻株抗病力。

4. 水稻纹枯病

（1）发生期。河池稻区早稻纹枯病始见期一般在5月中旬，6月中旬进入流行期，随气候变化每年略有不同。晚稻纹枯病始见期各稻区相差不大，一般在8月中下旬，9月上中旬陆续进入流行期。从水稻的生育周期来看，除在秧苗生长期未发病外，其他生长期均有发生。一般在分蘖期开始发病，孕穗期至抽穗期是水稻纹枯病发病的高峰期，而乳熟期后病势开始下降。在水稻生长及病害发生的关键时期，河池正直高温高湿的气候，极其适合其发生流行，所以该病在河池稻区普遍发生，常年居高不下。

（2）发生面积和受害损失。水稻纹枯病是目前河池市水稻生产中发生面积最广、受害损失严重的主要水稻病害。近年来水稻纹枯病持续偏重发生，2009—2013年发生面积70.70万亩次～80.51万亩次，年均发生面积75.02万亩次，年损失稻谷2369.1吨～3238.1吨，年均损失稻谷2863.6吨，给水稻高产稳产带来严重威胁。

（3）发生相关因子分析。水稻纹枯病发生程度受菌源、气候、水稻抗病性和田间栽培管理几方面因素影响，在菌源充足、气候适宜时水稻纹枯病发生普遍，水稻不同生育期抗病能力不一致，种植制度和田间管理水平对水稻纹枯病流行有一定影响，在水稻纹枯病流行高峰前进行药剂防治，是控制水稻纹枯病的关键时期。

①菌源与种植制度因素。水稻纹枯病的发生流行与菌源及种植制度因素有关。一是菌源。病原菌以菌核遗留在田间残留病株和土壤中越冬，成为第二年初次侵染源，田间菌核量的多少受上季水稻纹枯病发生程度的影响，上季发生重，田间菌核残留量大，当季水稻纹枯病发生就重。二是种植制度。由于水稻常年连作，造成土壤中致病的菌量逐年累积，为害加重。三是田间病原物处理不彻底。由于水稻连作，尽管大部分稻草被移出田外，但是并没有被彻底清除，带病的稻草不经杀菌腐熟就直接遗留田间，不但造成菌量积累、加重发病，而且也成为水稻纹枯病新的发生起点和蔓延的重要途径。

②气候因素。高温高湿的气候环境是水稻纹枯病发生流行的主要条件。温湿度综合影响着水稻纹枯病的发生发展。温度是决定该病每年在水稻上发生时间的主要因素，而湿度则对病情的发展起着主导作用。水稻纹枯病一般在气温22℃以上、相对湿度97%时开始发病，气温25~31℃和饱和湿度是水稻纹枯病流行的有利条件。

③栽培条件。水稻纹枯病发病的轻重与栽培管理特别是水肥管理的关系极为密切。长期灌深水的稻田，水稻纹枯病发生重；浅水勤灌、干干湿湿、湿润管理的病情发生较轻。氮肥施用量大，磷、钾肥不足，稻株抗病力差，有利于水稻纹枯病发生。可见，水稻生长期间不科学用水，是造成水稻纹枯病发生流行的重要原因。根据田间调查发现，农民喜欢深灌、漫灌，造成田间湿度大，形成了适宜水稻纹枯病发生流行的田间小气候，因此加重了病害的发生流行。偏施、重施氮肥，恶化水稻田间小气候是造成水稻纹枯病发生流行的又一诱因。不注重氮、磷、钾的合理搭配，偏施、重施氮肥，极易造成水稻的生长前期疯长，从而造成封行过早、田间郁蔽、透气性差、湿度过大的后果；而后期往往茎叶徒长，植株体内可溶性氮增加，减弱植株的抗病能力，从而造成水稻纹枯病的发生流行。

④品种和生育期。不同水稻品种，在其他条件一致的情况下，水稻纹枯病发生程度有所不同，如矮秆阔叶型比高秆窄叶型品种较感病，叶色深绿型比叶色淡黄型品种感病。同一品种在不同生育期病害发生程度也不同，一般在分蘖期开始发病，随后在田间水平扩展，株与株之间相互传播；水稻进入孕期、抽穗期后对水稻纹枯病的抗性减弱，病害迅速加重，从稻株下部逐渐向上部叶片垂直扩展。

此外，稻作害虫还有稻蟀象、黏虫、蝗虫、稻蓟马、稻叶蝉等。

（二）玉米主要病虫害

1. 玉米纹枯病

玉米纹枯病是玉米的主要病害。1987年河池地区发生面积为0.93万公顷次，1990年2.47万公顷次，1993年3.59万公顷次。1996年是发生面积较大的一年，全地区达3.53万公顷次，占当地种植面积的25.7%，粮食损失1775.8吨。2000年发生面积2.84万公顷次，2001年2.77万公顷次，2002年2.67万公顷次，2005年1.71万公顷次。

2. 玉米蚜虫

随着玉米“墨白”的推广，玉米蚜虫上升为主要害虫之一。1975年，河池地区发生面积0.98万公顷次，占当年种植面积的5.62%；1981年发生面积2.03万公顷次，占当年种植面积的9.92%；1993年发生面积3.70万公顷次，占当年种植面积的27.9%，是20世纪80年代以来较为严重的一年。2000—2005年，玉米蚜虫在全市发生普遍但为害较轻，发病面积一般为2万到2.5万公顷。

3. 玉米铁甲虫

20世纪30年代已有发生为害。80年代以后，铁甲虫在河池地区大化、都安、南丹、天峨等县局部发生。1988年发生面积0.25万公顷次，1993年0.17万公顷次，2000年1.20万公顷次。2001年1.45万公顷次，损失粮食3059.37吨，比2000年同比增长29.17%，其中大化县发生面积0.68万公顷次，是全市发生面积最大的县，占全市当年发生面积的46.9%。2002年发生面积1.08万公顷。从2001年开始，河池全城统一开展玉米铁甲虫联防工作，采取统一时间、统一行动、统一用药等联合综合防治措施，有效地扑灭和控制了玉米铁甲虫的发生为害。

4. 玉米螟

1981年，全市发生面积0.96万公顷次，占当年种植面积的4.72%。1990年发生面积1.17万公顷次，占当时种植面积的9.02%。1996年发生面积1.79万公顷次，是虫害较为严重的一年。2000年发生面积1.02万公顷次，2001年0.91万公顷，2002年1.20万公顷次，损失粮食367.50吨。

此外，为害玉米的病虫害还有玉米小斑病、玉米丝黑穗病、玉米黑粉病、玉米黏虫和飞蝗等。

（三）其他作物主要病虫、草、鼠害

1. 甘蔗绵蚜

1996年全地区发生面积1.2万公顷，占当年种植面积的46.2%，损失甘蔗8027.1吨。2005年，全市发生面积增加为3.21万公顷次，占当年种植面积的52.6%，损失甘蔗4270吨。

2. 柑橘黄龙病

是柑橘类果树生产的毁灭性病害。河池地区除少数县市及部分高寒山区乡镇外，大部分县市和乡镇都发现了柑橘黄龙病树。宜山县（今宜州区）园艺场和河池地区园艺场100多公顷柑橘树，分别于20世纪70年代末和90年代初毁于柑橘黄龙病的为害。至2005年，全市柑橘黄龙病发生面积达0.12万公顷次。

3. 柑橘溃疡病

主要为害柑橘果树的橙、柚、酸橘、柠檬等，全市果园局部发生，发生面积约0.16万公顷次。

4. 农田草害

农田草害种类繁多，80%以上农田都受到杂草为害。

5. 农田鼠害

历年均有发生。1990年，全地区发生农田鼠害7.5万公顷次，损失粮食3421.3吨，甘蔗、花生等作物也受到不同程度为害。2005年，全市发生农田鼠害8.93万公顷，损失甘蔗15642.63吨。

第五节　农药、药械供应与推广

根据《农药管理条例》《农药标签和说明书管理办法》《农药经营许可管理办法》等法律法规，在上级有关业务部门的大力支持下，农药监管部门尽职尽责扎实开展工作。

“十三五”期间，河池市市、乡、县3级农业部门严格按国家绿色农业发展“农药减量”行动方案要求，在农作物病虫防控工作中大力推进生物农药、低毒低残留高效农药、“一喷三省”和新型植保机械相融合的农作物病虫害绿色防控技术。河池市药械工作取得较好的成效，截至2020年12月30日，河池市农药使用量3139.61吨，比2016年3475.42吨减少335.81吨（减少率9.66%），农药利用率上升到40.13%。

第六节　植物检疫

1965年成立植保站以来，河池按照植物检疫的各项制度开展检疫，并不断地发展植物检疫体系，主要开展调运检疫、产地检疫及危险性有害生物的普查、防控、扑灭工作，为保护河池农业生产安全、生态安全做出贡献。

一、加强检疫宣传、培训

河池市植物检疫机构高度重视植物检疫法规的学习宣传贯彻工作，采取多种形式开展宣传，取得了良好的效果。主要通过组织人员车辆，悬挂横幅、张贴标语、印发宣传材料、现场咨询等多种形式，广泛宣传贯彻柑橘黄龙病等检疫性有害生物的防控工作及《植物检疫条例》等法律法规，对全市种子生产、经营企业进行植物检疫法规及有关业务知识培训，使检疫工作被越来越多的人接受，为全面搞好植物检疫工作奠定了良好的基础。

二、严把产地检疫关

做好产地检疫工作，是做好危险性农业有害生物源头检疫工作的关键。产地检疫是植物检疫工作的基础，是有效防止危险性病虫害传播蔓延的一项关键措施。在进行产地检疫过程中认真逐村逐块查检，不留死角，保证检疫质量。

三、依法办理调运检疫

依法核准每一项手续，认真办理植物检疫证书。凡属《植物检疫条例》第七条规定的情况，植检机构都实施现场检疫，经检疫合格后，方才签发《植物检疫证书》，坚决杜绝不认真检疫及滥发《植物检疫证书》的情况发生。对应施检疫的植物进行现场检疫，没有检疫性有害生物和危险性病虫害的签发《植物检疫证书》，有检疫性有害生物或危险性病虫害的则按有关规定进行处理，同时对各县植保植检站加强了监督指导，对存在的问题及时指正。

四、开展外来有害生物及检疫性有害生物的普查、监测、防控

随着农产品流通频繁，危险性有害生物入侵的概率增多。河池市植检机构积极开展外来有害生物及检疫性有害生物的普查。查清疫情的分布、发生情况，在防控疫情方面，召开专门会议，商讨疫情控制的办法，推广科学防控方法。

第七节　农药质量与残留检测

河池市农产品质量安全检测中心成立于2011年，核定财政全额拨款事业编制人员6名，负责全市农产品质量安全的日常监督检验和农产品市场准入的检验检测工作；承担市政府及有关部门下达的各项检测任务；负责对下一级农产品质量安全监督机构指导和技术培训；负责全市农产品质量仲裁检验与其他机构申请的复检工作；负责综合并发布全市农产品质量安全检测信息。经过农业部门多年的努力，河池市蔬菜质量安全监测体系不断完善，基本上覆盖了产前、产中、产后等生产全过程，使全市蔬菜质量安全得到大幅度提高。

2015—2020年，年检测果蔬样品数量保持在78万～80万个，合格率都稳定在99.97%以上，协助销毁农药超标蔬菜，没有出现因农药残留而引发的安全事故。

第七章　百色市

第一节　概　述

百色市辖12个县（市、区）135个乡镇（街道办事处），总面积3.62万平方千米，总人口400万人。全市耕地面积675万亩，农业主要以粮食作物、水果、蔬菜、甘蔗、桑蚕、烤烟、茶叶、中药材等为主，是重要的粮食、蔬菜、水果生产基地。全市农作物播种面积950多万亩，其中优质水稻、玉米、大豆等粮食作物面积常年稳定在410万亩，特色水果杧果、猕猴桃等水果种植面积245万亩，番茄、辣椒等蔬菜种植面积180万亩，茶叶、中药材、桑园、烟叶等种植面积110万亩。

百色市地属典型亚热带季风气候区，光热充沛，雨热同季，夏长冬短，无霜期长。年平均气温19.0℃~22.1℃，最高气温36.0~42.5℃，最低气温-2.0~5.3℃，年平均日照1906.6小时，年平均降水量1114.9毫米，无霜期为357天。独特的地域条件造就独特的气候，适宜种植多种热带、亚热带及温凉、冷凉作物，区域内农作物种类繁多，复种指数高，也为多种病虫衍生繁殖与迁入发生为害提供了有利条件。据普查资料统计，境内病虫种类繁多，共有800多种，常见130多种。21世纪以后，主要发生的有稻飞虱、稻纵卷叶螟、草地贪夜蛾、钻蛀性稻螟虫、水稻纹枯病、稻瘟病，果树炭疽病、白粉病、水稻细菌性条斑病、红蜘蛛、潜叶蛾、小菜蛾、斜纹夜蛾、黄曲条跳甲、霜霉病、疫病、病毒病等作物病虫及农田鼠害等60多种。

百色市植保植检部门紧紧围绕“绿色农业、高质量发展”工作主线，牢固树立“公共植保、绿色植保”理念，坚持贯彻“预防为主，综合防治”植保方针，充分发挥植保防灾减灾安全保障职能，强化农作物重大病虫监测预警，以控制迁飞性、流行性、暴发性农作物重大病虫发生为害为重点，狠抓防控措施落实，大力推进绿色防控、统防统治、农药减量增效和作物全程解决技术等融合发展，促进区域联防联控和群防群治，确保农业生产安全、农产品质量安全和农业生态安全。

第二节　植物保护体系建设与发展

一、机构设立与人员编制

1955年，百色地区成立专署农牧科，下设植保组，开展水稻白叶枯病、稻苞虫、黏虫、蝗虫、三化螟、稻瘿蚊等主要病虫预测预报，建立病虫调查监测档案，开始有组织地指导和开展病虫防治工作。1960年，成立地区专署农业局，下设植保组。1973年1月，根据百革发〔1973〕10号《关于农业局以及下设各站人员的批示》，植物检疫站不单独建立，设在种子站内，种子站编制8名（内含植物检疫站2名），开展植物检疫工作。1980年，成立百色地区植保植检站。1985年7月，根据百地编制〔1985〕46号《关于核定地区农业局各直属站、室人员编制的通知》，核定地区植保植检站编制为6名。1986年10月，依据百地编函字〔1986〕14号《关于地区植保植检站增编和增设地区水果苗圃场问题的复函》和百色地区农业局农秘字〔1987〕25号《关于调整地区植保植检站和经作站增编的通知》，地区植保植检站增编4名，共编制10名。1988年12月，根据百地事编字〔1988〕72号《关于地区农业局下属事业单位定级的通知》，定地区植保植检站为相当区（科）级。2002年11月，根据百编办〔2002〕32号《关于百色地区农业科技站更名的通知》，百色地区植保植检站更名为百色市植保植检站。2007年6月，根据百编〔2007〕55号文件，从百色市植保植检站划2名编制到新成立的市桑蚕生产办公室，调整后，百色市植保植检站编制为8名。2012年2月，根据百色市机构编制委员会百编〔2012〕21号文件，从百色市民族农业经济干部学校划1名编制到百色市植保植检站，调整后，百色市植保植检站编制共9名。2012年11月，根据百编〔2012〕96号《关于市农业行政综合执法支队机构编制事业的批复》，所核编制其中由2名从百色市植保植检站在职在编人员连人带编划入，调整后，百色市植保植检站编制为7名，百色市植保植检站不再承担农药监管执法工作。2013年11月，根据广西壮族自治区公务员局《关于同意百色市家畜屠宰管理办公室等70个单位参照公务员法管理的批复》（桂公局函〔2013〕539号）和百人社函〔2013〕793号文件通知，百色市植保植检站参照公务员法管理。2015年4月，根据百编〔2015〕83号《关于市植保植检站编制结构调整的批复》，百色市植保植检站为百色市农业局管理相当正科级全额拨款事业单位，核定编制7名，编制结构为站长1名、副站长2名、专业技术及管理人员4名；主要职责为负责制定全市植保事业发展规划及年度计划，贯彻“预防为主，综合防治“的植保方针，做好农作物病虫害预测预报和植保新技术的试验、示范和推广工作，指导全市搞好农业植物有害生物的防控；根据《植物检疫条例》《农药管理条例》等相关法律法规开展植物检疫和农药安全监管工作，防止危险性病虫草害传播蔓延和农药安全事故的发生，保障农业生产安全。2020年1月，根据百机构改革办〔2020〕3号《关于调整百色市农业综合行政执法支队机构编制事项的通知》，百色市植保植检站3名事业编制连人带编划入百色市农业综合行政执法支队，百色市植保植检站编制为4名。调整后，原来由百色市植保植检站承担的行政处罚及与行政处罚相关的行政检查、行政强制等行政执法任务由百色市农业综合行政执法支队统一行使，具体包括市植保植检站承担的农业植物检疫等行政执法职责。2020年5月，根据百编〔2020〕56号《关于市农村能源管理站和草地监理监测站隶属关系等有关机构编制事项的通知》，从原草地监理监测站调剂1名空编划入百色市植保植检站，调整后，百色市植保植检站编制为5名。至2021年7月底，百色市植保植检站现有编制5名，现有在职人员3名。

百色市12个县（市、区）均设有植保机构，除田东县植保站编制归属农业技术推广中心（1990年田东县成立农业技术推广中心时，农技、土肥、植保、经作编制一起归入）外，其他11个县（市、区）均为独立法人机构，单位性质为全额拨款事业单位，拥有专职检疫员。至2021年7月，百色市、县（市、区）两级植保植检部门现有人员编制共75名，实际在岗植保工作人员为55名，其中副高级职称8名、中级职称29名、初级职称13名、技术员3名、其他人员4名。全市现有持证检疫人员69名。

二、植物保护体系建设

1955年，百色地区成立专署农牧科，下设植保组，开始农作物病虫监测预报与防控指导工作。1967年1月后，受“文化大革命”影响，专署农业局停止工作，植保植检机构面临重重困难和压力，业务工作开展受到一定影响。1980年，成立百色地区植保植检站。1982年，随着农村经济体制进行重大改革，实行联产承包责任制，植保建制顺应历史潮流，创建合作植保，形成地、县、乡（镇）、村4级植保联防联控网络。在地区植保植检站的指导下，12个县（市）都建立健全了植保植检工作体系，185个乡（镇）推广站配备至少1名植保技术员，1819个村公所基本有1名农民测报员，主要协助县级植保站和乡级推广部门开展农作物病虫害防治和指导工作，初步形成市、县、乡、村4级测报网，基本实现点面结合、横向联系、纵向指导、互相交流的植保体系。

20世纪80—90年代，农业部、广西壮族自治区农业厅先后在广西各地安排建设农作物病虫测报网区域测报站项目，农作物重大病虫害调查、监测、检验等设施设备进一步得到改善。进入21世纪后，农业农村部、广西壮族自治区农业农村厅加大了植保工程项目的资金投入，加强植保工程项目和农作物病虫害观测场建设。百色市重点植物检疫实验室于2006年建成。2010—2011年，田阳、靖西、凌云、平果4个全国农业有害生物预警与控制区域站（重点区域站）获批建设，其他各县植保工程于2012—2013年获批建设。其中，靖西县植保植检站、凌云县植保植检站于2013年建成，那坡县植保植检站、田东县植保站、西林县植保站、田林县植保植检站于2015年建设，田阳县农作物病虫测报站于2016年建成，平果县植保植检站于2017年建成投入使用。乐业县植保站于2019年建成全国农作物病虫疫情监测分中心（省级）田间监测点，靖西市植保植检站、平果市植保植检站、西林县植保站于2020年新建成农作物重大病虫观测场，那坡县植保植检站于2021年建成农作物重大病虫观测场。至2021年，全市实施植保工程项目县达12个，已建成并投入使用的病虫害观测场5个，柑橘木虱监测点4个，草地贪夜蛾自动监测点8个，安装投入使用物联网监控系统32台（田阳区5个监测点6台设备，那坡县2个监测点5台设备，乐业县5个监测点21台设备）。根据草地贪夜蛾全国“三区四带”布防任务，靖西、那坡两县（市）作为西南华南监测防控带重点县之一，完成了40台高空灯、2万套性诱捕器及2套“迁飞昆虫天空地面智能化监控指挥中心（系统）”雷达侦测系统布设工作。全市建立专业化统防统治服务队伍45支，从业人员316人（拥有无人航空施药机械58台、大型药械8台、中型药械47台），日防治作业能力3.13万亩。

2014年，右江区农作物病虫测报站、田阳县农作物病虫测报站、德保县病虫害预测预报站、靖西县植保植检站、田林县植保植检站被农业部认定为“全国农作物病虫害测报区域站”。2017年，乐业县植保站、平果县植保植检站、西林县植保站、那坡县植保植检站被认定为“广西农作物病虫害测报区域站”，病虫害监测预警和防控体系建设得到了进一步完善。

三、植物保护事业发展

20世纪50年代，百色地区植物保护机构不健全，技术力量薄弱，农作物病虫防治缺乏技术，力量不足，工作较为被动。20世纪50年代初，防治病虫主要采取人工捕杀、人工摘除方法，对稻苞虫主要采用梳虫器梳虫、拍板压死苞内老龄幼虫、人工摘除黏虫等。20世纪50年中期至60年代，采用人工和化学防治相结合，大搞“三光”（铲除稻根、田边杂草烧光、疏通沟渠）防除病虫，发生虫害时组织群众捕捉（如1963年东亚飞蝗成灾，田阳县捕获蝗虫1250千克，平果县捕杀幼虫950多千克），并开始运用化学防治手段，其间，大都使用六六六、滴滴涕类等化学农药，拌细土撒施或喷施，对黏虫兼以糠浆诱杀，农药从有机氯开始发展到有机磷。

20世纪70年代开始贯彻“预防为主，综合防治”植保方针，实施农业、生物、物理、化学防治相结合等综合性措施，提倡适时开展春灌灭螟，选用抗病虫良种，合理密植，科学管水，科学施肥，结合药剂防治。80年代后，农村推行家庭联产承包责任制，少有人关注病虫天敌保护、繁殖、投放的研究，效果不显著。改种的水稻杂优品种，其枝叶繁茂、分蘖多、叶绿素丰富、含氮量高等特性也容易引起病虫害的侵袭。1980年成立百色地区植保植检站后，植保服务对象转向千家万户的农民。20世纪90年代后，随着种植结构调整和经济作物的发展，植保工作逐渐由侧重于粮食作物有害生物防控向粮食作物与经济作物有害生物统筹兼顾防控转变。

进入21世纪，植保工作向保障农产品稳产高产和质量安全并重转变。防治上由侧重临时应急防治向源头防控、综合治理长效机制转变，加之体制改革等因素，也由侧重技术措施向技术保障与政府行为结合转变。随着优质稻、玉米等传统特色产业稳步发展，杧果、番茄、中药材、桑蚕、柑橘、香蕉、猕猴桃、火龙果等新兴特色产业逐步壮大，植物保护服务网络体系逐步走向“植保机构＋多元化服务组织”模式。全市绿色植保控害技术积极融入农业示范创建。2002年，凌云县被欧盟生态认证中心认定为有机茶生产基地县，田阳县也通过广西无公害农产品蔬菜生产基地县的认定，极大地促进了百色市农产品无害化治理工作向前发展。2011年以后，百色市结合农业高质量发展与绿色植保理念，重点打造“三品一标”（无公害农产品、绿色食品、有机农产品和农产品地理标志）产品，累计认证产品258个。其中种植业认证产品212个，数量居广西第一。全市无公害农产品74个，绿色食品24个，有机农产品125个，获得农业部农产品地理标志登记认证产品15个，获得国家市场监督管理总局地理标志保护认证产品14个，此外，还有6个产品获得国家市场监督管理总局地理标志产品证明商标。“百色杧果”被列入农业部种质资源圃，已种植杧果131.43万亩，产量62.74万吨，成为首批中国—欧盟农产品地理标志互认产品，“绿色植保”技术应用助力显现。

2020年，全市发布各类农作物病虫情报226期，病虫情报准确率在95%以上。病虫害预警信息乡（镇）覆盖率100%，行政村覆盖率90%以上。全市主要农作物病虫草鼠害发生面积1872.18万亩次，防治面积2133.80万亩次，挽回作物损失72.27万吨，实际损失6.78万吨，有效地保障了农业生产安全。主要农作物绿色防控技术推广面积246.74万亩，绿色防控覆盖率45.69%，持续推进农药减量增效工作。

第三节　植物保护技术推广与培训

一、植物保护技术推广

20世纪50年代前，病虫害防治方法简单，除部分采取人工捕杀外，有的农民采取插树枝、扎“稻草人”置于田地间，以吓阻鸟虫侵害，或撒草木灰于作物茎叶上，以防病虫害。

20世纪50年代初期，植保防虫治病技术主要采取梳虫器梳虫、拍板压死等人工捕杀、人工摘除方法。50年中至60年代起，采用人工和化学防治相结合，大搞“三光”防除病虫，其间开始使用六六六、滴滴涕类等化学防治手段拌细土撒施或喷施除虫。

20世纪70年代，开始贯彻“预防为主，综合防治”植保方针，推广实施病虫综合防治技术措施，提倡适时开展春灌灭螟，选用抗病虫良种，合理密植，科学管水，科学施肥，结合化学药剂防治。80年代后，农村推行家庭联产承包责任制，农业部门强调坚持对农作物病虫防治采取综合防治措施，合理使用化学药剂，通过综合措施狠抓重点防治，把病虫害消灭在初发阶段。90年代后，水稻种子消毒推广使用强氯精、使百克等，大田防治开始推广阿维菌素、吡虫啉、农用链霉素、春雷霉素、醚菌酯类等广谱、高效、低毒、低残留药剂，减少环境污染。

21世纪以来，全市植保技术推广由侧重临时应急防治向源头防控、综合治理长效机制转变，在坚持做好病虫预测预警工作的基础上，结合新型药剂推广使用，进一步强调农业栽培措施，如轮作、地膜覆盖、果实套袋，增施有机肥、配方施肥等，并辅以大力推广“三诱”技术（频振式诱虫灯诱杀、有色板诱虫、性诱剂诱捕）、毒饵站灭鼠等开展病虫鼠害防控，特别是2006年提出“公共植保、绿色植保”防控理念后，植保防治工作逐步走向田间生态防控，促进农业持续、稳定、健康发展。

（一）安全、高效药剂应用推广

90年代后期，引进、示范、推广强氯精、使百克等药剂应用于水稻种子消毒，对带菌种子有较强的抑制和杀灭作用；同时，针对稻飞虱、害螨为害日趋加重问题，引进、试验、推广桂林集琦生化有限公司生产的阿维菌素和红太阳集团生产的大功臣（吡虫啉）农药，对两种害虫起到较好的控制作用。2003—2004年，结合右江河谷稻作区水稻抛秧技术的普及和面积不断扩大，适时筛选、引进、推广“野老牌”秧歌抛秧田除草剂（25% 丁草胺 + 苄嘧磺隆，浙江天丰化学有限公司生产），对抛秧田常见杂草起到较好的防除效果。

（二）新型杀鼠剂和“毒饵站”应用技术推广

2004年，结合全国“毒鼠强”专项整治活动，分别在春季和秋冬季组织开展了两次农区统一灭鼠示范工作，全市共设立农区统一灭鼠示范区48个，示范面积17280亩，涉及农户19700户，投放敌鼠钠盐、溴敌隆、杀鼠醚毒饵14000多千克，设置竹筒毒饵站8000多个，推动全市灭鼠面积100.07万亩次。2005年，推广使用溴敌隆、杀鼠醚、敌鼠钠盐原药2160千克，竹筒灭鼠站18178个，农区统一灭鼠示范3万亩次，面上灭鼠103.15万亩次；2006年，推广使用溴敌隆、杀鼠醚、敌鼠钠盐原药及毒饵8350千克，灭鼠毒饵站站59200个，农区统一灭鼠示范3.2万亩次，面上灭鼠96.0万亩次。取得较好的效果，有效地控制了农田鼠害。

（三）新发病虫综防技术探索推广

2007年5月，乐业县新化镇、逻西乡等中稻田首次发现南方水稻黑条矮缩病，其病源病毒于2008年被正式鉴定为1个新种。该病害为我国新发现的一种由白背飞虱为传毒媒介带毒传播的水稻灾害性病害。面对新发病害和生产防控需要，百色市植保植检站通过专家会诊、资料查询、田间走访调查等手段，组织辖区植保（农技）部门技术人员对该病害的为害品种、地域分布、为害程度、受害时段等进行跟踪监测，发现较易受害的为中稻种植区；同时，结合生产实际，边提出防治措施设想，边探讨、摸索开展小范围防控试验研究，通过近两年的区域试验，初步形成选择抗病品种、吡虫啉药剂拌种和秧苗移栽施“送嫁药”的技术措施，并逐步在辖区内中稻区推广。经大量专家、学者、农技人员的研究实践，对南方水稻黑条矮缩病防控已形成药剂拌种、防虫网覆盖育秧、施“送嫁药”、苗期适时防治白背飞虱、喷施诱抗剂等较成熟的综合防控措施。近年来，南方水稻黑条矮缩病得到较为有效的控制，发生为害程度较轻。

（四）绿色防控技术示推广

2002年，百色市开始引进、试验、示范理化诱控植保新技术、新产品。2003年，示范推广频振式诱虫灯93盏，示范面积5600亩。2004年，绿色防控技术推广覆盖全市12个县（区），共推广使用频振式杀虫灯246盏、黄色诱虫板2500张、水果套袋10万亩，建立“稻＋灯＋鱼（鸭）”“猪—沼—果＋灯—鱼”“菜＋灯＋黄板”“果＋灯＋黄板＋套袋”“菜（瓜）—稻—菜—灯＋黄板＋瓜蝇诱捕器＋毒饵站”等模式的生态农业病虫无害化治理和病虫综合防治中心示范板点19个，完成中心示范样板面积5640亩，面上示范面积12500亩，开始形成一批新的集成技术应用模式，绿色植保集成应用技术逐步拓展推广，取得较好示范引导成效。2017年，第十二届世界杧果大会在百色市田东县举办，作为现场重要参观点的杧果示范展示区，园区内合理修枝、果实套袋、“四诱”技术（灯诱、色诱、性诱剂、食诱剂）、科学用药等绿色控害技术集成应用得以充分展示，受到广泛好评，示范效应显现。2013—2020年，全市共建立351个绿色植保技术示范样板，示范面积42.95万亩，辐射带动453.50万亩。至2020年，全市绿色植保技术持续融入现代特色农业示范区，不断增点扩面、提质升级，累计建成1715个现代特色农业示范区（园、点），其中自治区级核心示范区25个、市级示范区20个。

（五）“以虫治虫”等生物技术应用推广

2004年在水果上引进捕食螨试验示范面积320亩，“以虫治虫”“以菌治虫”技术应用开展小面积推广。2019—2020年，推广赤眼蜂防治螟虫技术，开展水稻、玉米螟虫和草地贪夜蛾防控应用示范，释放赤眼蜂17.2万卡，推广示范面积1.45万亩；同时，示范推广白僵菌、绿僵菌264件共2640千克，示范面积7800亩。

二、植物保护技术培训

植保技术培训是植物保护工作中的重要一环，百色市各级植保（农技）部门从每年开春开始，在早、中、晚稻等各个防治关键时期不间断地进行防治技术宣传培训和指导，并结合农事生产和田间管理，加大宣传力度，通过多种传媒形式时发布病虫情报、技术资料、防治明白纸等指导信息，深入一线开展课堂讲授、现场观摩、田间地头讲解等进行病虫测报、病虫防治、疫情控制及农药科学安全使用技术培训，在病虫防控上争取主动。

1985—1998年，组织县（市）植保技术人员和乡镇农技人员开展一系列病虫害测报技术培训。

1999—2001年，根据《植物检疫条例》和工作要求，举办植物检疫法律法规宣传培训班65期，培训人员4600人次；根据1997年国务院颁布实施的《农药管理条例》，为做好农药经营许可证的制发工作，开展农药从业人员法规宣传、业务技能等培训，举办培训班39期，培训人员2850人次，发放经营上岗证230份，核发农药经营许可证121份。

2004—2006年，分别在右江区、田阳县、田东县开展生态农业病虫无害化治理示范集成技术应用培训5期，培训人员230多人次。

2008年3月7—8月2日，由全国农业技术推广服务中心主持，广西壮族自治区植保总站、云南省植保总站组织实施的“中国/FAO降低农药风险项目农民田间学校辅导员培训班（中国·广西·田阳）”在百色市现代国家农业园区内举办，来自广西、云南、四川等省（自治区、直辖市）的42名教员、学员参加为期4个月的培训学习，百色市右江区、田阳县3名学员参训。10月，右江区、田阳县分别举办农民田间学校2期，培训学员80多人次。

2008年6月11日，在右江区那毕乡（今龙景街道）启动市农作物重大病虫机防队，开展应急演练防治示范，培训机手15人、群众50多人。

2010年5月25日，在平果县举办百色市早稻重大病虫防控现场会，开展应急演练培训机手20人，现场培训人员70余人；10月15日，在平果县太平镇举行全市秋冬种现场会议培训1期，开展绿色防控技术集成应用培训，培训人员80人次。

2011年7月26—30日，广西壮族自治区植保总站、百色市植保植检站分别在百色田阳县召开“广西农药经营使用人员培训班（百色）”、田阳县“2011年农资经营培训班”等培训3期，时任广西壮族自治区植保总站副站长黄光鹏到会指导，培训280人次；10月19日，“广西农作物病虫测报技能大比武活动（百色赛区）”在右江区举行，参赛测报人员30人。

2012年3月15—16日，在西林县召开“2012年百色市水果工作暨柑橘黄龙病防控工作会议”现场培训1期，培训人员80多人；5月28—29日，在田东县举办“全市促农增收暨农作物重大病虫防控工作会议”、现场开展百色市早稻重大病虫害防控应急演练，时任广西壮族自治区植保总站站长王凯学到会指导，培训人员及群众100多人；7月6日，百色市植保植检站与市政广场管理处联合开展红火蚁调查、监测与防控技术示范培训，培训人员30多人。

2013年11月21日，广西壮族自治区植保总站在百色市田阳县举办广西“清洁田园”绿色植保大培训暨秋冬作物病虫绿色防控现场会（桂西南片区），时任广西壮族自治区植保总站站长王凯学到会指导，现场培训技术人员、种植大户50余人；同时开展“清洁田园”植保专家圩日大培训，接受咨询服务200多人次。

2014年6月11日，在田阳县召开百色市早稻“一攻三喷”暨病虫害统防统治培训现场会，现场培训人员45人次。

2015年4月16日，广西壮族自治区植保总站在百色召开柑橘黄龙病、柑橘溃疡病综合防控技术培训会，培训技术人员、种植大户、合作社成员80多人。

2016年5月19日、7月5日分别召开“杧果象甲调查工作培训会”、“杧果危险性病虫应急处置工作会”，2期培训人员50多人次；8月3日、9月2日，广西壮族自治区植保总站分别在田阳、平果召开“广西农药减量控害暨农作物病虫害绿色防控技术培训班（百色片区）”“农企合作推广‘一喷三省’增效减量施药技术培训（百色片区）”和“广西农药市场监督管理与农产品质量安全培训班（百色市）”，培训人员150人次。

2017年7月，第十二届世界杧果大会在田东县举办，到场观摩培训、交流的中外嘉宾100多人，植保绿色控害集成技术展示得到充分肯定；9月1日，召开全市贯彻落实《农药管理条例》(2017年修订)及配套规章培训班1期，培训人员40多人；10月30—11月11日，派人员到浙江大学参加全国第65期植物检疫干部培训学习。

2018年4月14—17日，派员配合百色市电视台到田阳县、田东县、右江区等开展杧果保花保果与病虫防控技术服务外拍作业，通过电视播放宣传培训视频，为杧果生产保驾护航；4月23—24日，派人员到南宁参加广西壮族自治区农业厅组织的广西农药管理业务培训班培训学习；5月14—17日，在田东县、田阳县、右江区开展现场执法示范培训，培训人员30人次；7月31日，广西壮族自治区植保总站在田阳举办“广西热带果树化肥农药减施增效技术示范推广（荔枝、杧果）项目培训班”，培训人员20多人；10月10日，召开“百色市第二次全国农业（种植业）污染源普查工作培训”1期，培训人员172人；11月6日，举办全市农产品质量安全监管工作培训会，培训1期55人；11月11—17日派员到西南大学参加百色市农业局十九大专题学习暨现代农业创新能力建设专题培训班学习培训。2018年6月8日至8月10日，组织开展全市农药经营人员农药管理知识培训9期，共培训1731人次，为下一步全市农药监管与经营许可证核发工作打下坚实基础。

2019年，草地贪夜蛾在百色市首次发生为害。为普及科学防控知识，指导群众科学防治，各级农业植保部门通过电视、广播、网络、手机等媒介适时传递病虫情报，发放技术资料、防治明白纸及张贴宣传挂图等指导信息，深入一线开展课堂讲授、现场观摩、田间地头讲解等，共完成培训320期，培训人员27500余人次，发放技术挂图、手册、资料48000多份。

2019年5月20—23日，派员带队到田阳县、田东县、田林县、右江区开展现场执法培训，培训执法人员30多人次。

2019—2020年，组织开展全市农药经营人员农药管理知识培训7期，培训人员共291次（累计培训经营人员16期共2022人）。

2020年1月8—9日，协助广西壮族自治区植保总站在田阳区举办“杧果病虫害绿色防控技术暨化肥农药减施增效技术培训班”，培训种植户110多人次；11月26—27日，举办“百色市2020年柑橘黄龙病防控技术培训”1期，培训技术人员、种植大户80多人次。

2020—2021年，结合全市农药减量增效工作推进，持续开展科学安全用药大讲堂、冬菜科学安全用药、“三棵菜”科学安全用药培训，全市累计举办种类培训177期，培训人员10936人次，发放宣传资料6.9万份。

第四节　病虫测报与防治

一、病虫监测预警体系建设

1960年，成立百色地区专署农业局，下设植保组。1956年设平果、德保病虫测报点，逐步完善测报网点建设；1963年百色地区所辖县都建立了农作物病虫预测预报站，每个站均配有2名左右的植保技术干部，上下对应基本上形成了自治区、专区、县3级植物保护（病虫测报）工作体系，农作物病虫监测防治工作逐步走上正轨。

1980年后，通过对稻飞虱、稻纵卷叶螟、三化螟、稻瘟病、水稻纹枯病等进行系统调查，灯下（黑光灯）诱虫量及田间病虫观测记载，结合水文气象、农事生产、物候条件、病虫消长等资料，成体系建立病虫调查监测档案，进行水稻白叶枯、水稻纹枯病、三化螟、稻飞虱、稻纵卷叶螟、黏虫、鼠害等主要病虫害实行定点系统观测、面上普查，点面结合，开展农作物病虫预测预报。

"十二五"以来，百色市在农业部、广西壮族自治区农业厅的大力支持下，加大了植保工程项目的资金投入，强化植保工程项目和农作物病虫害观测场建设，先后建成右江区、田阳区、靖西市等5个全国重点区域站和乐业、平果县等4个自治区测报区域站，农作物病虫测报体系得到进一步完善。2011年以来，全市年发布病虫情报210~230期，平均预报准确率达95%以上，情报信息覆盖100%的乡镇，90%的行政村；同时，利用现有资源，通过计算机网络、广播、电视、手机短信、微信平台等媒体、途径进行广泛宣传，加快病虫测报信息的传递，及时有效地指导防治工作开展。

二、主要病虫害发生与防治

百色市气候温暖，作物种类多，病虫发生频率高，为害较重。1960年，广西壮族自治区农业厅组织自治区、地、县和公社共1937人，分3次对农作物病虫害进行普查，经查13个县（含东兰、巴马、凤山）191个公社和农场、仓库共294个，调查农作物86种，经鉴定有害虫8目55科301种，其中蜱螨1科1种，检疫性5种；病害515种。水稻害虫主要有三化螟、稻苞虫（稻弄蝶）、稻纵卷叶螟、稻飞虱、稻瘿蚊、黏虫、稻蝗、�象等，20世纪70年代后，随着高秆品种改矮秆为，单季稻改双季稻，疏植改密植，偶发性、次要性害虫稻飞虱和稻纵卷叶螟发生频次、面积递增，逐年上升为主要害虫。

（一）水稻病虫害的发生

根据资料记载，历史性病害主要有稻瘟病、稻白叶枯病、水稻细菌性条斑病、稻纹枯病、赤枯病、胡麻叶斑病、稻曲病、恶苗病等，20世纪80、90年代后，随着种植结构、品种改变，杂交稻和优质稻逐步推广，稻纹枯病、稻瘟病逐年加重，成为水稻的主要病害。

1. 稻瘟病

20世纪60年代以前多在山区县轻微发生，70年代后随着栽培密度加大，施肥量增多，一直是山区各县中稻主要病害，田林、德保、乐业、西林等县受害较重，发病因素主要为山区县稻区日照少，雾多露重，早晚温差大，小环境利于发病流行。1974年，田林县发生穗颈瘟2万亩次，较重的为9513亩次，损失稻谷986.1吨；西林县受害面积1.5万亩次，尤其晚稻文新品种，大面积感病，受害率达41%，损失粮食650吨。1973年德保县的东关等5个公社中稻发病5340亩次，一般减产20%~30%。严重的60%~70%。80年代，偶有发生，不足成灾。1990—1999年，小发生年为1991年、1992年、1993年，中等发生年为1990年、1994年、1995年、1996年、1997年、1998年，大发生年为1999年。中发生年（1990年），全市稻瘟病发病面积29.19万亩次，经防治，挽回粮食损失2827.7吨，实际损失3960.2吨。大发生年（1999年），全市稻瘟病局部大发生，发生面积52.96万亩次，中、晚稻穗颈瘟发生面积34.46万亩次（其中成灾面积6.23万亩次，绝收面积1.49万亩），经防治，挽回损失12209.84吨，仍损失13684.68吨。2000—2009年，年均发生约40~50万亩次左右，因防控工作较好，无大面积成灾情况发生。

2. 水稻白叶枯病

属细菌性病害，早中晚稻均有发生，多在平原稻区为主。该病20世纪60年代传入，70年代有发展为害趋势。1960—1964年，5年蔓延田阳县全县各稻区11万多亩次。1973年，田东县早稻发生面积3万亩次，病情严重的2057亩次，减产30%以上，晚稻发生3.5万亩次，严重的7487万亩次。1977年，百色县（今右江区）早稻发生面积8000亩次，四塘、泮水公社受害重；田东县晚稻发生2.6万亩次。1979年，平果县晚稻发生面积63588亩次；田东县早晚稻发生面积73696亩次，损失粮食6150吨。1981年5月下旬，全地区暴发蔓延为害，为多年来少见。发病原因主要是当年6—10月雨水较多，带菌种子部分未进行药液消毒及偏施氮肥和长期深灌。80年代中期后，由于防治有措施，发病逐年减轻，1995—2009年，年均发生面积3.43万亩次，发病程度轻。

3. 水稻细菌性条斑病

属国内植物检疫对象。1965年，田东县祥周公社从广东少量引种“乌叶矮”未经检疫而传入，1973年蔓延成灾，发生面积17614.3亩次，损失稻谷220多吨。1973—1974年，田阳县那满、百育公社，西林县农科所和八达大队及那坡县农科所也有传入为害。感病品种主要有珍幅、广选3号、团结一号、文新13号等。1981年，全地区发生2.945万亩次，主要田东、田阳两县病区，发病达29134.6亩次，占全市98.93%。1993年，该病发生面积8.42万亩次，田东县老病区病叶率高达85%，平均33.8%，病指高54.1，平均17.3。1997年，发生面积25.51万亩次，是历年来发病面积最大的一年，经防治，挽回粮食4216.41吨，实际损失1288.18吨。该病目前因受台风雨等天气因素仍局部零星发生，为害较轻。

4. 水稻纹枯病

多发生在高温多湿、偏施氮肥、禾苗长盛、栽植过密及低洼深灌和排水不良的田块。70年代，水稻纹枯病多发生在平原稻区。1973年田东县早稻发生面积1.5万亩次，严重的6346亩次。1974年，田阳县早稻发生面积2.7万亩次，病丛率高的86.7%。一般23.6%~31.2%，田东发生面积1.2万亩次，病丛率57%。当年平果、凌云等县都有不同程度发生。1982年，该病有回升趋势，全地区发病面积25万亩次，其中田东县发生8.42万亩次，病丛率91%~100%，平均28%~30%。90年代后，由于栽培方式改变和大量优质新品种引种，水稻纹枯病逐年加重，成为水稻主要病害。1995年，发生面积68.22万亩次，经防治，挽回粮食12456.95吨，仍损失4948.65吨；1998年，发生面积71.15万亩次，首次突破70万亩次，占水稻面积37.06%，是历年发生面积最大的年份。1989—2009年，21年间年均发生58.47万亩次，对生产造成一定影响。

5. 三化螟

历年均发生，一年发生4—5代，水稻被害成枯心和白穗，以最后一代在稻根越冬。其发生趋向是越冬有效虫源多（亩1000头以上），冬春温暖少雨，沤耙田迟且水稻生育期在孕穗破肚期碰上当代卵孵化盛期，则白穗率高损失大。中华人民共和国成立以来，水稻单改双和单双混栽，品种大调大换，早迟高矮杂优等品种多样，对三化螟食料丰富，其发生有所变化经。60年代前局部受害，70年代后曾有多年大发生。1973年，田东县早稻受害13万亩次，白穗率32%~47%，一般5%~10%；百色县早、晚稻受害9万亩次，白穗率32.3%，平均4%；平果县早稻发生10万亩次，损失粮食150吨。1977年，平果县大发生，面积达24万亩次，二代白穗率高31.4%，平均6.8%，三代枯心率54%，平均9.8%，四代白穗率44%，平均6.6%，损失稻谷3880吨；田东县第二、四代造成白穗面积约15万亩；田林县受害面积12.8万亩次，百色县大发生，面积达6万亩次，损失粮食1040吨，1977年和1980年（当年损失粮食990吨）两年水稻枯心率35%~70%，最高达90%，当年早插田块，有部分全部翻新，重新栽插。1996年，全地区发生面积68.88万亩次，防治后挽回粮食4440.44吨，仍损失1508.13吨；1989—2009年，全市年均发生面积54.83万亩次，仍造成一定损失。

6. 稻瘿蚊

局部为害中晚稻造成“标葱”，损失较重，常连续或间歇几年大发生，喜阴凉、潮湿，多在山区日照少温度大的田块发生重。德保、靖西、那坡、隆林、西林等县，右江区早有分布。20世纪70年代蔓延到田阳、田东、平果。1955年，靖西县那耀等6个大队晚稻受害，标葱率30%以上，高的80%。1973年，德保县水稻受害4万亩次，马隘公社标葱严重，损失稻谷940吨该县1974年发生8.38万亩次，受灾4万多亩次，标葱率高的80%以上，1973、1974两年损失粮食2000—4000吨。1974年，田林县晚稻7081亩受害，标葱率个别高达20%~50%；靖西县受害田块标葱率达20.8%，当年水稻减产5241.6吨。1993年全地区发生25.43万亩次，德保县晚稻标葱率74%~83%，一般20%~30%；1997年发生面积45.01万亩次，是1980年以来发生面积最大的一年，经防治，挽回粮食7956.26吨，实际损失1411.3吨。

7. 稻纵卷叶螟

20世纪60年代前属偶发或间歇发生次要害虫，70年代以后，发生面积和虫口密度逐年增加，成为稻作区主要害虫之一。1972年，平果县发生面积10.2万亩次，其中早稻5.2万亩次，亩有幼虫4.2万头；晚稻约5万亩次，亩有幼虫3.1万头。1979年，田阳县发生面积8.85万亩次，其中第五代为害2.8万亩次，防治不及时的田块卷叶率达80%；第六代为害6.63万亩次，着卵量高达110万粒 / 亩次，一般33~40万粒，经防治，挽回粮食3000多吨；田东县水稻受害8.31万亩次，晚稻虫口密度平均2.01万头 / 亩次，最高达5万头 / 亩次。1983年，全地区发生面积16万亩次，防治后仍损失稻谷1475吨。其中平果早稻受害5.1万亩次，严重田块有幼虫250~1500头 / 百丛，卷叶率100%，一片枯白，损失粮食1165吨；田阳县晚稻受害8.9万亩次，占种植面积63.2%，防治后仍有一定损失。1990年，全地区发生88.14万亩次，早稻大发生局部暴发为害，经防治，挽回粮食35559.0吨，实际损失10602.5吨。2007年面积偏重局部大发生，面积95.01万亩次，经防治，挽回稻谷26357.68吨；2008年，稻纵卷叶螟再次大发生局部暴发为害，面积达124.18万亩次，为历年受害面积最大的年份，经防治，挽回产量36020.24吨，两年都经政府发动，统一群防群治，防控效果较好。该虫具有远距离迁飞习性，一年可发生7代，发生为害期多集中在5—6月下旬和8—9月，发生条件决定于当年迁入量，雨日雨量多，迁入虫量大，则受害重。

8. 稻飞虱

主要有褐飞虱和白背飞虱，属迁飞性害虫。每年发生7代，发生为害期多集中在5月下旬至7月中旬和8月中旬至10月中旬，大量外地虫源迁入补充，是其大发生的重要原因。20世纪60年代以前是次要害虫，70年代后，随着水稻矮杆化、密植、施肥水平高，发生为害逐年加重。1969年，田阳、田林、百色县早稻大发生，田阳县防治不及时田块亩减产50~60千克，因害虫全县损失粮食4500吨；百色县仅那毕公社就减产1000多吨。1975年，隆林县早中稻受害1.75万亩次，虫口密度高的12844头 / 百丛。1979年全地区早稻大发生，西林县早稻受害8000亩次，百丛有虫6000头；田东、平果、田林、乐业县发生较重，其中田东县水稻受害6.97万亩次，早稻虫口密度平均30万头 / 亩次，晚稻56.65万头 / 亩次，最高达174万头 / 亩次。1990年，全地区中等局部大发生，发生面积69万亩次，经防治，挽回稻谷10272.1吨，实际损失2214.2吨。1995、1996年偏重局部大发生和中等局部大发生，面积分别为82.67万亩次、106.38万亩次，防治后，挽回粮食16019.57吨、20794.78吨，实际损失3632.0吨、4168.97吨。2007年和2008年，分别为大发生局部暴发和偏重局部大发生，发生面积为119.37万亩次、126.89万亩次，经发动群众，统防纺治，挽回粮食37273.98吨和43407.56吨，防效明显。

9. 稻苞虫

20世纪70年代前是水稻主要害虫，80年代中期后少有发生。该虫一年发生5~6代，多在8月中下旬和9月下旬至10月上旬分别为害迟插中稻和晚稻最重。60年代前常2~3年间歇严重发生，为害暴食禾叶，形成光杆，损失大。1942年夏，德保县县城周围和凌甲乡的稻田发生稻苞虫和蝗虫为害，大片稻田禾叶被虫吃光，受害的5000多亩稻田几乎颗粒无收。1943年7月，田东县全县普遍发生稻苞虫为害，面积达13.82万亩次。1955年，百色县晚稻2.3万亩次，受害1.8万亩次，损失稻谷2400吨。1961年靖西县中稻受害3.7万亩次，因猖獗为害，谷穗被咬断有1万亩次，损失20%~50%，个别严重的达8%，如新圩公社万吉大队平均亩损失200多千克。1961年田东县稻苞虫大暴发，受害面积2.41万亩次，部分禾叶被吃光，仅剩叶脉；1977年受害8万多亩次，9月上旬虫口密度一般2~5万头 / 亩次，最高达9~13万头 / 亩次。1973年平果县发生面积为8.24万亩次，亩有虫2.1万头；百色县晚稻受害3.61万亩次，虫口密度7~12万头 / 亩次，全县失收3000多亩次，损失粮食2250吨。

10. 黏虫

是国内南北迁飞害虫，主要为害水稻、玉米、旱谷、小麦、绿肥等，常间歇性突发为害。1958年，田阳县黏虫大暴发，受害2.0万亩次，虫到之处，成片稻田禾叶被吃光；靖西县10月全县为害，咬落稻穗，损失多者亩达百斤。1970年，靖西县玉米受害4.5万亩次。1972年，田东县黏虫大发生，晚稻受害9万亩次，虫口密度一般2~3万头 / 亩次，最高达21万头 / 亩次。1976年，田阳县早稻被害1.7万亩次，亩有虫3万头的达5000亩；百色县受害6000亩次，仅上半年2000亩玉米地被虫害，损失就达60吨；凌云县水稻、玉米受害1.23万亩次，下甲公社平南片500亩次，有130亩被吃光；田林县早稻、玉米受害7600亩次，亩有虫多达31.18万头，平均11.4万头；德保县晚稻2万亩暴发黏虫为害，亩有虫36万头，玉米受害1万亩次，亩有虫15.34万头，其中246亩被咬光；西林县受害也有5000亩以上。1977年，田东县晚稻发生6.17万亩次，亩损失25~80千克；百色县晚稻发生3万亩次，损失粮食300多吨。1982年，全地区严重受害，发生面积15万亩次（其中水稻4.69万亩、玉米8.68万亩、旱谷1.03

万亩），2—3月为害小麦、绿肥，4—6月为害玉米、早稻，9—10月为害晚稻。2003年发生16.31万亩次（水稻8.49万亩、玉米7.82万亩），经防治，挽回粮食1916.47吨，仍损失596.38吨。1995—2009年，全市年均发生10.29万亩次，仍有一定损失。

11. 福寿螺

福寿螺原产于南美亚马孙河流域，属于热带和亚热带物种，耐逆性强，繁殖率高，扩散蔓延快，一对福寿螺一年可产卵20—40次，产卵量3万~5万粒。因其可食用，养殖成本低，80年代，由于各地盲目引进、大量饲养和管理不善，福寿螺迅速扩散到田间，成为一种新的农业有害生物。目前已对农作物产生了很大为害，被国家环保总局列为16种“为害最大的外来物种”之一。福寿螺在百色市主要为害水稻、蔬菜、茨菇和甘薯等作物，每年3—4月开始产卵繁殖，4—9月是为害水稻的高峰期，以晚稻受害最重。近几年来，其为害水稻程上升趋势，主要是吞食稻叶，造成少苗缺株，需多次补苗。2006年，全市仅发生5.5万亩次，2007年面积上升为23.5万亩次，水稻受害株率一般为10%~15%，最高达45%，对产量造成一定的损失。2008、2009年受害面积分别为27.06万亩次、34.89万亩次，经防治，挽回粮食5681.46吨和5907.46吨，仍损失783.9吨、746.13吨。

（二）水稻病虫害防治

（1）选用抗病耐病品种，这是防治病害的关键

（2）打捞菌核，种子消毒，消灭菌源是重要的一环，60至70年代早稻耙田时将浮渣捞起，集中晒干烧毁或深埋，将病残体进行高温推肥，消灭菌源；播种前用0.2%西力生或稻瘟净浸种消毒，近年选用强氯精、使百克等，防治效果好。

（3）科学肥水管理，施足基肥，巧施氮磷钾，合理密植，浅灌露晒。

（4）药剂防治。防治水稻白叶枯亩用石灰、草木灰按7∶3混合25千克撒施，水稻细菌性条斑病亩用石灰、草木灰按1∶1混合粉15~25千克撒施；或亩用代森铵50~100克，兑水75~100千克及50%敌枯双75克兑水60千克喷雾。大田防治水稻纹枯病，70年代前较多使用稻脚青100克兑水75千克或本剂150克拌细土25~30千克撒施、退菌特50克兑水75千克及0.5度石合剂等喷雾，80年代后使用井冈霉素类抗菌素农药，安全，效果好。防治稻瘟病防治，亩用稻瘟净600倍稀释液、石硫茶合剂或春雷霉素、三环唑等兑水60千克喷施。

20世纪50年代以前，病虫害主要采取人工捕杀为主，对稻苞虫主要采用梳虫器梳虫，拍板压死苞内老龄幼虫、人工摘除黏虫等。50至60年代起采用人工捕杀和化学防治相结合，大搞“三光”除虫，发生虫害时组织群众捕捉，并开始运用化学防治手段，其间，大都使用六六六、滴滴涕类农药，拌细土撒施或喷施，对黏虫兼以糠浆诱杀。70年代开始贯彻“预防为主，综合防治”植保方针，实施农业、生物、物理、化学防治相结合等综合性措施。提倡适时开展春灌消灭螟、选用抗病虫良种、合理密植，科学管水、科学施肥；药剂防治多用杀虫脒、甲胺磷、马拉硫磷、杀虫双、乐果、敌敌畏、敌百虫等杀灭害虫，并辅之以盛蛾期点灯诱杀，防治三化螟、稻飞虱、稻纵卷叶螟、稻叶蝉、稻瘿蚊等有效果。由于长期大量施用化学农药，一些害虫产生抗药性，也大量杀伤了害虫的天敌，破坏了农田生态平衡造成某些虫害的猖獗。70年代曾人工育养繁殖和释放寄生性天敌赤眼蜂、白僵菌、杀螟杆菌等防治螟虫，防治效果好。

近年来，在做好病虫预测预报工作基础上，提倡选用阿维菌素、甲维盐、氯虫苯甲酰胺、噻嗪酮、吡虫啉、啶虫脒等广谱、高效、低毒、低残留药剂，辅以推广频振式诱虫灯诱杀等开展害虫防控。

（三）玉米病虫害发生与防治

1. 玉米病虫害的发生

玉米病害每年均有发生，主要有玉米丝黑穗病、玉米大斑病、玉米小斑病、玉米纹枯病、玉米霜霉病、玉米根腐病等。玉米虫害常年发生，主要有玉米螟、玉米铁甲虫、小地老虎、蚜虫、黏虫、黑毛虫、蓟马等。

（1）玉米丝黑穗病。玉米产区主要病害之一。1977年，靖西县10公社玉米病株率高达24%，轻的1.2%，平均11.84%，共损失4597.5吨。观察认为侵染源主要是土壤带菌，其次是基肥带菌。当幼苗出土前侵染最高，出土后2~3叶，仍有病菌侵梁，但侵梁率低。调查25个玉米品种和自交系未发现极强的抗病品种。20世纪80年代，该病已基本得到控制，21世纪初，少见发生，近两年有上升趋势，总体为害较轻。

（2）玉米大斑病和玉米小斑病。玉米大斑病和玉米小斑病在玉米整个生育期内都可能发生，一般以抽雄和吐丝期发病较重，主要为害叶片，有时也为害苞叶和叶鞘。1975年，田阳县玉米种植区因推广感病品种桂单12号，当年玉米大斑病暴发，以后延续流行；平果县春玉米受害面积6万多亩次，占种植面积31.6%，感病率33%~100%。全市2009年发生29.21万亩次，经防治，挽回947.75吨，实际损失451.38吨。1995—2009年，年均发生15.79万亩次，为害较轻。

（3）玉米纹枯病。主要侵害叶鞘和叶片，是玉米主要病害之一。1995年发生15.93万亩次，挽回损失665.32吨，2007年偏轻发生，面积19.65万亩次，经防治，挽回686.87吨，仍损失713.69吨。1995—2009年，年均发生12.75万亩次。

（4）米螟。一年发生7个世代，早、中、晚玉米都受其害。早、中玉米被害株率达20%~60%，晚玉米40%~95%，受害后一般减产10%~20%。早、晚玉米以心叶期和穗期发生较重。1958年，靖西县田玉米和中玉米34万亩被害率13.8%~36.4%；百色县那毕公社玉米心叶期螟害率达89.9%；田东县祥周公社4100亩次，螟害率25%，严重的100%。1963年，田东县晚玉米受害1.2万亩次，螟害率一般20%~45%，最高达80%；靖西县1965年受害2.4万亩次，被害株率15%。该虫自70年代中期以后，没有明显回升，甚至有所下降。其为害下降主要原因，一是耕作制度改革，1968年后双季玉米改为田玉米加晚稻，早玉米加其他作物面积有所扩大。如靖西县田玉米加晚稻一直保持在16万亩左右；德保县1975年增加到7万多亩次，有力地破坏玉米螟种群关系，切断其过渡桥梁。二是狠抓农业防治，把好预防关。如玉米秆还田，玉米杆垫畜粪和高温堆肥。90年代后，为害有所回升。1995和2007年分别发生11.19万亩次、26.32万亩次，挽回306.8吨、1060.95吨，实际损失140.88吨和2417.52吨。1995—2009年，年均发生17.95万亩次，为害较轻。

(5)玉米铁甲虫。该虫具有区域性、扩散性和灾害性特点，以隆林、德保、靖西、平果县发生较重。1962年，全地区早、中玉米发生1.42万亩次，比1961年同期减产300吨；1963年受害扩展到3.94万亩次。1970年3、4月，平果县新安、果化7个大队出动3000多人次，捕杀玉米铁甲虫877千克，抑制了灾害。1981年，隆林县发生1845亩次，田间成虫密度6497头/亩次，损失481吨；1982年受害3.2万亩次，损失794吨，最严重的是者保公社，发生虫灾6840亩次，占全社面积58.9%。由于采取人工捕杀结合药剂防治，1983年受害降到2.36万亩次，消灭玉米铁甲虫（收购烧毁）945千克，1986年仅发生0.26万亩次，为害范围大为缩小。该县从1983—1986年防治挽回经济损失27.15万元。1990年，全地区受害面积有上升趋势，2000年，早、中玉米中等局部大发生，受害面积16.67万亩次，经防治，挽回粮食3895.96吨，实际损失745.64吨。近年来，该虫发生逐步回落。

（6）东亚飞蝗。1958年，田阳县飞蝗成灾，头塘、百育、那满等公社，大片甘蔗和玉米被吃得只剩下杆茎和主叶脉。1963年7月下旬至10月上旬，田阳县发生历史罕见的东亚飞蝗，0.68万亩甘蔗和玉米受害，亩有飞蝗0.6万～1万头，蝗蝻6万～14万头。全县出动2200人次进行扑灭，用6吨多农药喷杀，捕获蝗虫1250千克；8月，百色县那毕、四塘公社也发生严重蝗灾，被害玉米每株有虫10多头，多的二三百头，甘蔗受害3000多亩次，一般减产40%~50%，多的达70%~80%，中玉米遭害900多亩次，颗粒无收；平果县8—9月间，新安、果化蝗虫大发生为害玉米，群众捕杀若虫950多千克。

2. 玉米病虫害防治

根据玉米病害发生特点，防治措施主要有：（1）选择生育期短、抗病虫能力强的优质高产品种。（2）药剂拌种，选多菌灵、消菌灵等进行拌种处理。（3）播种前精耕细作，播时深沟浅盖，合理密植，扩行缩株种植，改善田间通风透光条件。（4）加强田间管理，合理施肥。注意排水，降低田间湿度，减轻发病，同时均衡施肥，避免偏施氮肥，适量增施钾肥。（5）适时施药防治。亩用50%多菌灵可湿性粉剂500倍稀释液、50%甲基硫菌灵可湿性粉剂600倍稀释液、50%甲基托布津和75%百菌清800倍稀释液、90%代森锰锌可湿性粉剂500倍稀释液或5%井冈霉素水剂400—500毫升药液喷雾。隔7~10天喷药1次，共防治2~3次，施药前剥除病叶叶鞘。

对玉米铁甲虫，主要采取区域联防，连片扑灭；技术上，采用以药剂防治越冬代成虫为主，人工捕杀和割叶扫残为辅的措施。其他虫害，一直以来多采用化学农药防治。70年代前，用6%六六六0.5千克，拌细土30千克配成毒土，亩用7.5千克撒心叶，效果达90%以上；用90%敌百虫800倍灌心叶，效果达93.2%；近年来多使用3%辛硫磷颗粒、0.1%氯氟氰菊酯颗粒撒施或80%敌敌畏和40%毒死蜱1500倍稀释液、0.5%阿维菌素、20%菊酯类1000倍稀释液等喷施。

（四）杧果病虫发生与防治

1. 杧果病虫害的发生

历年有不同程度发生，主要发生为害的病害有杧果炭疽病、白粉病、叶斑病、细菌性角斑病、流胶病、煤烟病；虫害有杧果扁喙叶蝉、横线尾夜蛾、杧果剪叶象甲、脊胸天牛等。

（1）杧果炭疽病。为害嫩叶、果实、花序和嫩梢，叶上形成不规则褐斑；花序感病后易变黑腐烂，不能结实；幼果感病后小黑斑迅速扩展，使幼果脱落；大果感病后，只呈现针头大小的黑斑，往往不扩展，处于潜伏状态，待果实接近成熟时才迅速发展。此病全年均可发生，尤以潮湿多雨天气发病严重。病菌具有潜伏侵染特性，通常花期便可侵染，潜伏于果皮和果肉内。2001年，发生面积仅4.91万亩，2002年局部偏重发生，面积达17.37万亩次，约占种植面积43.4%，防治后挽回6522.5吨，实际损失2852.4吨。2008年偏轻局中等发生，面积21.64万亩次，经防治，挽回5672吨，实际损失631.75吨。

（2）杧果白粉病。主要分布于气候较干旱地区，为害花序、幼果和嫩叶。感病部位初时出现白粉状小斑块，后斑块扩大联合，形成一层白色粉状物。花序感病后，花的萼片、花序轴和分枝为白粉所覆盖，然后变黑干枯。嫩叶感病后，病叶卷缩扭曲。幼果感病后果面布满白粉状物，易脱落。2007年偏轻局部偏重发生，部分未施药防治的果园，白粉病花穗病穗率高达100%，一般35%。早春干旱少雨，气候条件利于发病流行。2008年中等发生，面积29.12万亩次，经防治，挽回4494吨，实际损失576吨。

（3）杧果扁喙叶蝉。以成虫和若虫刺吸幼嫩组织汁液，致使幼芽、花穗枯萎、幼果脱落；分泌蜜露，诱发煤烟病，影响光合作用。该虫每年发生多代，终年可见，田间世代重叠，每年2—4月为盛发期，主要在老果园发生为害。2002年中等发生，面积10.29万亩次，老果园虫口密度一般4500~7000头 / 百株，经防治，挽回果实6190.75吨，仍损失1842.15吨。2003年发生18.5万亩次，程度偏轻局部中等，虫口密度高4586头 / 百梢，平均894头 / 百梢。2007年中等发生，面积24.45万亩次，虫口密度一般3900~6500头 / 百穗。2008年偏轻发生，面积26.64万亩次，防治后挽回4594吨，仍损失695.75吨。

2. 杧果病虫害防治

杧果病害防治，常用方法有：（1）选好果园位置，在水源方便、排水良好地块建园。（2）控制树冠密度，适当疏枝修剪，保持园内通风透光；果树管护过程注意增施有机肥和磷钾肥，控制过量施用化学氮肥。（3）冬季清园，将病枝、病叶剪除，集中烧毁。（4）药剂防护。花芽萌发后至采前一个月每隔10~15天喷施1：1：100波尔多液或70%甲基托布津700倍稀释液、75%百菌清、50%代森锌可湿性粉剂500倍稀释液、70%多菌灵1500倍稀释液、25%施保克300倍稀释液、80%晴菌唑可湿性粉剂2000倍稀释液、50%醚菌酯水分散粒剂2500倍稀释液进行防护处理。

杧果扁喙叶蝉防治，常以药剂防治为主，在若虫盛发期，用20%氰戊菊酯乳油、2.5%溴氰菊酯乳油、2.5%三氟氯氰酯乳油1000~2000倍稀释液、40%毒死蜱1000~1500倍稀释液、50%叶蝉散1000~1500倍稀释液等交替喷雾施药。

（五）甘蔗病虫害发生与防治

1. 甘蔗病虫害的发生

百色市甘蔗常年种植面积130多万亩，历年发生的病害主要有甘蔗梢腐病、甘蔗黑穗病、甘蔗凤梨病；虫害有甘蔗螟虫、甘蔗蓟马、甘蔗绵蚜、甘蔗蔗龟等。

（1）甘蔗螟虫。俗称甘蔗钻心虫，一年发生6—7代，其中3—6月发生量较大，为害宿根蔗和春植蔗的蔗苗，苗期受害形成枯心苗，成长蔗受害造成虫蛀节。随着高产高糖优良品种种植不断扩大，蔗螟为害逐年加重。2001年发生面积仅12.99万亩次，2005年面积达31.63万亩次，防治后挽回15569吨，实际损失5701吨。2008年中等局偏重发生，受害42.48万亩次，约占种植面积31.47%，经防治，挽回22437.4吨，实际损失8802.7吨。

（2）甘蔗绵蚜。为甘蔗重要害虫，一年生20多代，世代重叠。主要为害是以成蚜、若蚜群集在蔗叶背面中脉两侧吸食汁液，致叶片变黄、生长停滞、蔗株矮小，且含糖量下降，制糖时难以结晶。此外，绵蚜分泌蜜露易引致煤烟病。70年代后，每年均有不同程度发生。随着高糖新品种大面积引进推广，甘蔗绵蚜呈上升趋势。2002年中等发生，发生面积22.26万亩次；2005年面积达61.03万亩次，防治后挽回55222.80吨，实际损失10414.9吨。2008年中等局部偏重发生，受害83.74万亩次，约占种植面积62.03%，经防治，挽回67350.71吨，实际损失16542.17吨。2001—2009年，年均发生49.75万亩次，对甘蔗生产造成一定影响。

（3）甘蔗蓟马。一年生10多代，每年春暖后开始出现，5—6月进入盛发期。10多天即完成1代，世代重叠，把卵产在心叶组织里。成、若虫喜干旱及背光环境，多潜藏在未展开心叶里为害，用锉吸式口器挫吸叶片汁液，致受害叶片呈黄白色褪绿斑痕，严重时叶片变成黄褐色、叶尖卷缩干枯，甚者顶端几个叶片卷在一起不能展开，植株矮黄，受害株率100%，影响甘蔗产量。该虫为害呈逐年加重之势。2001年轻发生，面积仅7.98万亩；2004年达22.66万亩次，防治后挽回9500吨，实际损失3291.2吨。2006年受害36.77万亩次，经防治，挽回29340吨，实际损失6420吨。

2. 甘蔗病虫害防治

甘蔗病虫防治，主要措施：（1）有计划调整春植、秋植、宿根蔗布局，尽量连片种植，减轻受害；收蔗时在茎秆低处砍收；勤剥除甘蔗枯老叶鞘，适时清除残茎，改善蔗林通风透光条件；新种时选用无虫健苗；成长期勤剥枯叶；蓟马、蚜虫发生严重时适时灌水。（2）深耕施足基肥，适期灌溉，注意排除积水，促甘蔗生长。（3）药剂防治，撒施3%辛硫磷颗粒、丁硫克百威颗粒；用50%敌敌畏乳油1500倍稀释液、2.5%三氟氯氰菊酯乳油800倍稀释液、50%马拉硫磷乳油1000倍稀释液或用10%吡虫啉1000倍稀释液+40%乐果800倍稀释液、3%啶虫脒1000倍稀释液+40%速朴杀1500倍稀释液喷雾，隔10天喷1次，如遇干旱，要连续防治3~4次。

（六）农田鼠害的发生与防治

农田鼠害流动性大，迁移为害性强，历年均有发生，玉米、水稻、薯类、瓜果、蔬菜和甘蔗等作物均不同程度受其为害，为农作物主要生物灾害之一。20世纪60年代以前，鼠害较轻，70至80年代后，由于大量人为滥捕及干扰因素过多，老鼠的天敌——野狸、野猫、猫头鹰、蛇类等锐减，老鼠数量增多，鼠害逐年加剧。1963年，西林县农田受害809亩，1—9月全县共消灭田鼠13945只。百色县1981年作物爱害9000亩，损失220吨；1985年，鼠害发生2.59万亩次，农田受害一般为6~9%，损失粮食1130吨。1987年，田阳县稻田受害7.77万亩，当年全县农田灭鼠18万多只，经防治后挽回粮食213.6吨；西林县水稻、玉米受害4.3万亩次，全县开展灭鼠运动，共灭鼠7.8万只，仍损失粮食240吨。1995年，全地区鼠害发生54.43万亩次；1998年偏轻局部中等发生，农田受害94.97万亩次，防治后挽回产量18472.95吨，仍损失7796.48吨。2007、2008年，农田鼠害偏轻局部中等发生，面积分别为157.11万亩次、186.37万亩次，经防治，挽回作物37964.28吨和37362.39吨，仍损失9867.82吨、8279.67吨。

农田鼠害防治，为害重时多采用鼠药诱杀，主要有：⑴结合鼠情、气候和农事特点，开展春、秋季统一灭鼠行动，效果事半功倍。⑵毒饵诱杀，选用0.005%溴敌隆成品投饵15—20克/15平方米或0.5%溴敌隆母液按1：100或80%敌鼠钠盐原药按1：1000酿成毒饵进行投放。推广毒饵站灭鼠技术，可有效维持农田生态和控制鼠害。

第五节　农药、药械供应与推广

农药械作为重要的农业生产资料，在农业生产中大量投入使用，也是现阶段及较长时期内控制病虫草鼠蔓延为害从而减少作物减产损失的必要技术措施。

一、农药监督管理

1997年，依据年国务院颁布实施的《农药管理条例》，百色地区植保植检站受农业行政主管部门委托行使农药监督管理执法工作，承担农药执法监督、农药技术培训、农药广告审查以及行政管理职能。按照业务要求，举办农药经营从人员培训班39期，培训人数2850人次，发放经营上岗证230份，核发农药经营许可证121份，取缔无证经营农药摊点10个，处理假冒伪劣农药品种26个，共计1100千克。2007年，核准杀鼠剂定点经营单位211个，合法经营杀鼠剂的单位覆盖了全市12个县（区）的城区和183个乡镇。2000—2012年，办结农药经营违法违规行为案件457起，查处假冒伪劣农药产品33974.04千克，罚没款33.64万元。2012年11月，百色市农业行政综合执法支队成立，百色市植保植检站不再承担农药监管执法工作。2017年，新的《农药管理条例》及配套规章管理办法颁布实施，农药经营许可证归属农业农村部门发放管理。2018年百色市开始办理农药经营许可证换证核发工作，至2021年全市核发农药经营许可证1595份。

二、农药使用与推广

20世纪50年代，多用石灰水、盐水选种消毒。50年代中至60年代，开始应用化学农药防治病虫害，大多使用六六六、滴滴涕类拌细土撒施或喷施防治害虫。

60至70年代，引进推广的农药品种逐渐增加，有机氯、有机磷和有机氮农药得到广泛应用。病害防治主要品种有稻脚青、退菌特、石硫合剂、西力生、稻瘟净、井冈霉素、代森铵、敌枯双等；虫害防治的农药品种主要有六六六、滴滴涕、杀虫脒、甲胺磷、马拉硫磷、杀虫双、乐果、敌敌畏、敌百虫等；杀鼠剂主要使用磷化锌较多，化学除草以除草醚为主。70年代曾人工育养和释放寄生性天敌、白僵菌、杀螟杆菌等防治螟虫效果好。如1973年，百色地区生防组和田东县病虫测报站进行人工繁殖释放杀螟杆菌、白僵菌、赤眼蜂防治稻纵卷叶螟，放菌685亩，防治效果好，放蜂758.7亩，平均寄生率达70%~80%，最高达96.2%，当年有效地控制了试验区虫害。平果县生产、使用杀螟杆菌、井冈霉素、赤眼蜂防治三化螟、稻纵卷叶螟、水稻纹枯病等有一定效果。

80至90年代，随着农村生产体制改革和种植业结构变化，改种杂优品种增加，经济作物种植扩展，农作物病虫害发生种类增多，发生为害面积逐年扩大，农药、药械供应与推广使用得到迅速发展。80年代中后期，随着农药产业调整，有机磷农药逐步取代有机氯农药占据主导地位。其间推广应用杀菌剂主要品种有叶枯唑、三环唑、多菌灵、百菌清、代森锰锌、甲基硫菌灵、井冈霉素、春雷霉素等；杀虫剂主要品种有甲胺磷、水胺硫磷、甲基异柳磷、氧化乐果、杀虫双、敌敌畏、乐果、呋喃丹、菊酯类等；杀鼠剂主要有敌鼠钠盐、溴敌隆、杀鼠灵等。90年代，开始引进、试验、推广强氯精、使百克、阿维菌素、吡虫啉、毒死蜱、叶青双、霜霉威、农用链霉素、醚菌酯等，大量广谱、高效、低毒、低残留新型农药逐步替代传统有机磷高毒高残留农药品种。

2000年后，植保工作向保障农产品稳产高产和质量安全并重转变，防治上由侧重临时应急防治向源头防控、综合治理长效机制转变，加之体制改革等因素，也由侧重技术人措施向技术保障与政府行为结合转变。农作物病虫防治上，进一步强调农艺栽培措施、物理阻隔、“四诱”技术等推广应用，开展化学防治多选用阿维菌素、甲维盐、氯虫苯甲酰胺、噻嗪酮、啶虫脒、醚菊酯、噻菌酮、醚菌酯、烯酰吗啉、咪鲜胺、晴菌唑等新型药剂。

2015—2020年，百色市根据国家和自治区制定的到2020年农药使用量零增长的总体目标，在保障农业生产安全和病虫害防控效果的前提下，通过精准测报、宣传培训、示范带动等措施，大力推进生态农业、绿色防控、统防统治、科学施药和标准化生产，逐步减少单位面积农药使用量，实现零增长。“十三五”期间，农药年供应商品量约3300~4000吨，使用量呈逐年下降趋势。至2020年底，百色市农药使用量商品量3331.42吨，较2015年4632.40吨减少农药用量1300.98吨（减少率28.08%），农药利用率上升到40.81%，农药减量控害工作取得较好成效。

三、药械供应与推广

20世纪50年代初，防治病虫主要采取木梳、拍板等人工捕杀、人工摘除为主。药械的使用推广，主要从50年代的唧唧筒、单管喷雾器发展到60年代的圆筒背负式喷雾器，再到70年代以工农牌背负式手动喷雾器为主的施药器械。2000年中后期，背负式电动喷雾器使用增多，机动喷雾器和担架式喷雾器开始逐渐应用；经过近10多年发展，面上背负式电动喷雾器基本取代了背负式手动喷雾器成为主流，低容量和超低容量喷雾器在一定程度上得到推广使用，农药器械也从传统手动喷雾器发展到机动式喷雾器、电动喷雾器、中大型施药机械和植保无人机飞防控害，打药方式也从粗放泼洒到大容量喷雾、喷粉向低容量、超低容量迷雾转变，施药技术和质量得到一定程度提升。近年来，根据作物种类、品种区域分布不同，逐步引进试验示范和推广应用新型高效适用植保器械。据统计，全市手动喷雾器（含背负式、压缩式、踏板式）社会保有量47263台，电动喷雾器（含背负式、手持式）社会保有量198143台，动力液泵喷雾器（含担架式、推车式、车载式、背负式、框架式）社会保有量23975台，喷杆喷雾机（含自走式、悬挂式、牵引式、遥控式）社会保有量4950台，机动喷雾喷粉机（含背负式机动喷雾喷粉机、背负式机动喷雾机）社会保有量870台，风送喷雾机（含自走式、牵引式、车载式）社会保有量3台，烟雾机（含常温烟雾机、热烟雾机）社会保有量5台，其他植保机械1台。全市共有植保专业服务组织45个，从业人员316人，拥有无人航空施药机械58台，大型药械8台，中型药械47台，机动弥雾机、喷杆喷雾机152台，日作业能力达3.13万亩。

第六节　植物检疫

1980年百色地区植保植检站成立以来，严格按照植物检疫各项法规制度开展调运检疫、产地检疫及危险性有害生物的普查、扑灭工作，并不断发展和完善植物检疫体系，为全市农业生产安全做出了贡献。

一、植物疫情基本情况

百色市现有全国农业植物检疫对象6种（柑橘黄龙病、柑橘溃疡病、水稻细菌性条斑病、香蕉镰刀菌枯萎病菌4号小种、番茄溃疡病菌、红火蚁）。其中，柑橘黄龙病、柑橘溃疡病、水稻细菌性条斑病为20世纪70年代以来原有的农业植物检疫对象；香蕉镰刀菌枯萎病菌4号小种于2011在平果县首次发现；番茄溃疡病菌于2011年在田阳、田东、右江区等县（区）番茄基地调查发现；红火蚁于2012年在右江区城市绿化苗圃首次发现。近年来，百色市发生的农作物重大植物疫情主要有柑橘黄龙病、红火蚁2种。由于受近两年柑橘市场价格走低和部分青壮劳力外出务工制约，柑橘种植区散户出现失管半失管果园增多，柑橘黄龙病的发生为害在部分地方呈现上升趋势，发生面积4000多亩次，分布面积1.56万亩，对产业健康发展造成潜在不利因素。红火蚁传入百色市以来，目前已有6个县（市、区）发生，主要分布在城市公园绿化地、公路沿线绿化地及右江河谷一带城郊部分村屯机耕道路、田埂地头，时常发生红火蚁叮咬人情况，对群众出行与农事生产造成一定干扰。

二、植物检疫业务开展

（一）加强检疫法规宣传培训

根据《植物检疫条例》法规宣传工作要求，采取田间学校、乡镇圩日、现场咨询、举办培训班等多种形式开展植物检疫法律法规、植检知识及宣传培训。2005年以来，共举办培训班1426期次，培训人员85593人次，开办各类会议宣传461场次，培训宣传人员24756人次，电视宣传114次，广播宣传1523次，发放各种宣传资料35.93万份；出动宣传车1654车次，宣传栏948期，张贴悬挂标语（条）3655条，推送手机短信4117次（条）。

（二）严把产地检疫关

产地检疫是国内农业植物检疫工作的基地，实施好产地检疫是有效防范危险性检疫对象传播蔓延的关键措施之一，也是办理调运检疫的可靠依据。据统计，2001—2005年共开展产地检疫种子类34599亩，签证检疫合格种子6727.7吨，苗木类1008.6亩1097.23万株；2006—2010年共开展产地检疫种子类14556亩，签证检疫合格种子6600.1吨，苗木类1118亩1660.53万株；2011—2015年共开展产地检疫种子类14610亩，签证检疫合格种子2869.9吨，苗木类3319亩14582.46万株；2016—2020年共开展产地检疫种子类13113.5亩，签证检疫合格种子2695.2吨，苗木类9917.6亩102034.74万株。

（三）抓好市场检疫

据统计，2001—2005年共开展市场检疫种子类1428批次，5334.9吨，苗木类455批次，111.10万株，产品类548批次5308.0吨；2006—2010年共开展市场检疫种子类4169批次，10909.8吨，苗木类489批次，960.18万株，产品类1462批次18869.6吨；2011—2015年共开展市场检疫种子类3168批次，19185.5吨，苗木类477批次，3788.30万株，产品类576批次20420.1吨；2016—2020年共开展市场检疫种子类1863批次，7120.3吨，苗木类471批次，22625.06万株，产品类141批次5965.9吨。

（四）依法调运检疫

据统计，2001—2005年共开展调运植物检疫签发种子类284批次3278.7吨，签发苗木类274批次

150.95万株，签发产品类14825批次49599.1吨；2006—2010年共开展调运植物检疫签发种子类687批次3870.9吨，签发苗木类218批次457.11万株，签发产品类31117批次201815.6吨；2011—2015年共开展调运植物检疫签发种子类227批次5474.3吨，签发苗木类193批次297.71万株，签发产品类1132批次17010.4吨；2016—2020年共开展调运植物检疫签发种子类70批次2903.6吨，签发苗木类455批次2964.90万株，签发产品类1337批次58237.2吨。

（五）植物检疫违章处理

据统计，2001—2005年查处植物检疫违章处理种子类4起1312千克，苗木类17起25426株；2006—2010年查处植物检疫违章处理种子类28起18498千克，苗木类48起138211株，产品类12起107000千克；2011—2015年查处植物检疫违章处理种子类13起16932千克，苗木类37起110890株；2016—2020年查处植物检疫违章处理种子类6起823千克，苗木类52起79650株，产品类2起30000千克。

三、植物疫情普查、阻截与防控（扑灭）

1976年，百色地区按照植物检疫法规和上级统一部署要求，组织地、县植保技术班干部对辖区内植物检疫对象分布、为害情况进行专题普查。如百色县对全县9个公社（镇）、60个大队、388个生产队和77个国家粮所（含门市部）、21个供销社、9个医院、7个棉纺厂、7个国营农场以及云南省8个生产队邻靠在百色县的插花田和转运站进行了全面普查，初步摸清了百色植物检疫对象。

普查中发现的植物检疫对象为水稻白叶枯病、水稻细菌性条斑病、玉米干腐病、柑橘瘤壁虱、柑橘小实蝇、柑橘黄龙病、小麦光腥黑穗病、红薯小象、红薯瘟、棉花红玲虫、宁明实蝇、椰甲、红麻炭疽病等13种，并绘制了检疫对象分布图，为百色植物检疫工作提供了依据。

2006年，根据广西壮族自治区人民政府《关于设立临时植物检疫监督检查站的批复》（桂政函〔2006〕137号）文件规定和《广西壮族自治区农业厅、自治区林业局关于做好设立临时植物检疫监督检查站有关工作的通知》（桂农业发〔2006〕42号）要求，百色市承担那坡、乐业、田林、隆林、西林、右江区等6个临时植物检疫监督检查站建设任务。2007年，5个检查站共检查车辆2.6万多车次，检疫调运农产品15.29万吨。2010年，进一步加强农业重大植物有害生物疫情阻截带建设，切实做好各种植物疫情的调查监测和阻截防控，在全市范围内共设立了37个植物有害生物疫情阻截监控点，同时，那坡、乐业、田林、隆林、西林等五个县公路植物检疫临时检查站的检疫检查工作正常开展，共上岗值班4606人次，拦截检查车辆3975辆次，检疫检验货物1923批次，30903吨，苗木150万株，有效地推进农业植物疫情调查监测和防控工作。

近年来，百色市主要分布有柑橘黄龙病、柑橘溃疡病、水稻细菌性条斑病、香蕉镰刀菌枯萎病菌4号小种、番茄溃疡病菌、红火蚁6种全国农业植物检疫对象。

（一）柑橘黄龙病

柑橘是百色市新兴的水果产业之一，20年前种植较少，规模小，经过多年来的努力发展，目前种植面积已达70万亩，成为百色市继杧果之后第二大水果产业，在增加农民收入中发挥重要的作用。但随着柑橘产业的发展，柑橘黄龙病也在不断地发生为害，当前发生面积已达5000多亩，主要分布在西林县、靖西市、德保县等水果产区，对柑橘产业健康发展潜在一定隐患，也引起了社会各界和有关领导的关注。2021年10月，百色市人民政府办公室印发了《百色柑橘黄龙病综合防控工作方案（2021—2025年）》，全面强化柑橘黄龙病的防控工作。2021年，全市通过电视、网络、报纸等媒体开展柑橘黄龙病宣传活动共计38次，印挂宣传挂图2010份，发放宣传册15150册，增强了广大干部群众防控柑橘黄龙病意识；全市开展柑橘木虱防治64.86万亩，其中统防统治14.65万亩；目前发现病株的7个县(市、区）已清除病株4360株。

（二）杧果象甲

杧果象甲是一种专门为害杧果果实的危险性害虫，是国内重要的植物检疫对象。1985年，由于百色地区经作场生产调种不慎，误从云南省景谷县杧果象甲疫区调进杧果种核14.8万粒，首次带进了杧果象甲疫虫，并造成该场及周围4个单位杧果园扩散为害。1986年普查发现，其中地区林科所杧果种核带虫率10.7%；胜利街二队为2.72%，平均3.4%。后经连续6年采取严格的封锁扑灭措施，于1991年将其彻底扑灭。1996年4—6月，百色华侨果汁厂为发展果汁加工生产，未经当地植检部门同意，单凭外检部门检疫放行，从越南进口杧果果实45批次共750吨作果汁加工原料，由于调运和加工过程没有采取必要的检疫防范措施，又带进了大量的杧果象甲疫虫（其果实带虫率高达12.3%~13.11%），并将加工后废弃的带虫果核堆放在厂旁附近的空地上，造成疫虫逃逸扩散。至1998年，在果汁厂附近杧果园内发生为害，其果实受害率高3.3%，一般1.5%~2.7%，染疫范围约2 k平方米。经1999—2002年连续4年采取严格的监控扑灭措施，成功地将这一从国外传入的杧果象甲重大疫情彻底扑灭，严防疫情向外蔓延扩散，确保了百色市杧果生产安全。

（三）扶桑绵粉蚧

2011年6月27日首次调查发现在田东、右江区绿色带扶桑上零星发生。百色市根据实际，于7—8月在全市范围内组织开展检疫性害虫扶桑棉粉蚧虫情专题调查监测与防控工作。全市共完成调查面积3900亩，田阳、田东、凌云、右江区等4个县（区）发现该虫疫情，发生面积661亩，其中发生较重的10亩，零星至轻发生的651亩，并及时移交，指导相关部门组织进行了喷药防控。

（四）香蕉枯萎病4号小种

2011年首次在平果县发现。百色市植保植检站根据工作部署，下半年组织开展了香蕉枯萎病的专题调查监测工作。重点调查右江河谷四县（区）香蕉基地，调查面积11.97万亩，假植苗27.37万株，吸芽苗65.36万株；当年10月9日，仅在平果县旧城镇兴宁街的蕉园内发现0.5亩共20株的疑似病株，并取样送检，后经华南农业大学植物病理实验室鉴定检测确认为香蕉枯萎病4号小种，当年采取砍伐轮作换种。2016年3月2日在隆林县平班镇西贡种植基地调查发现小面积为害，至2017年底发生面积达810亩，对平班镇西贡蕉基地造成较大影响，基地西贡蕉种植面积大辐下降，至2020年，该基地已有部分面积改种其他作物品种。

（五）番茄溃疡病菌

2011年12月，通过田间调查，同时在田阳、田东、右江区等县（区）番茄基地发现了番茄溃疡病病株。

（六）红火蚁

2012年6月11日，首次在右江区百色城西高速公路出口站前广场绿化草坪发现。该广场面积约20多亩，场内回填土种植的树木均来源于百色本地，种植的草皮是从南宁调进，种植的美人蕉则从广东调进。从蚁虫分布看，广场内每兜树下均有5~6个蚁穴，现场总计共有约100多个蚁穴。同时，组织力量加大调查范围，在右江区城东进城大道和火车站站前大道绿化带也有发现红火蚁，3处发生面积约100亩。经过投药防治，城西南百高速路出口站前广场已经没有发现新蚁穴。由于城市建设步伐加快，城镇绿化工程中草皮、花卉、树木、苗木调动频繁，常有未经检疫许可擅自从外地红火蚁疫区调进草皮、花卉、树木苗木的违规现象发生，加之农机跨区作业频繁，红火蚁疫情传播概率增大，潜在着严重的疫情隐患。2021年，百色市红火蚁分布已扩散到右江、田阳、田东、平果、靖西、田林6县（市、区）部分乡（镇），发生分布范围已达9千多亩，防除面积1万多亩。

第七节　农药质量与残留检测

一、农药管理工作

依据《农药管理条例》及其配套规章《农药标签说明管理办法》《农药经营许可管理办法》等法律法规，受农业农村行政主管部门委托履行农药监督管理职责。

（一）农药产品抽检

2000—2012年，百色市对12个县（市、区）农药经营单位开展农药产品质量监督抽样送检142个批次，农药标签抽样送检445个批次，顺利完成农药产品抽检任务。

（二）行政处罚案件查办

开展多种农资打假和专项治理行动，依法履行农药市场执法监管，净化农药市场，维护农民群众的根本利益和守法经营者的合法权益，保障农业生产安全和农产品质量安全。2000—2012年，全市共查出违法农药案件532起，受理投诉案件183起；立案查处424起，结案457起，查处假冒伪劣农药产品34974.04千克，罚没金额33.64万元，挽回损失127.86万元。

二、农药残留检测

2004年，百色市农产品质量安全检测中心成立，2006年8月起人员陆续到位，目前在编在岗人员10人。主要职责是承担全市食用农产品质量安全例行（风险）监测、专项监测和监督抽检等工作任务，为保障全市农产品安全、执法监管和产业发展提供技术支撑。2008年起正式开展农产品农药残留色谱法定量检测工作。

2012年，百色市135个乡镇建立了蔬菜农药残留流动监测站，并实现农产品农药残留定性检测数据与自治区农产品质量安全监控系统联网。同年田阳县、田东县农产品质量安全检验检测站独立开展农产品农药残留色谱法定量检测工作。

2014年，百色市农产品质量安全检测中心实验室（以下简称“中心”）获得了省级资质认定证书和农产品质量安全检测机构考核合格证书。此后，中心积极派员参加广西壮族自治区农业农村厅组织的能力验证考核。代表百色市参加第三届、第四届广西农产品质量安全检测技能竞赛，获得团体二等奖1项，种植业组个人一等奖1项、二等奖2项。2016年，中心代表广西参加中国技能大赛——第三届全国农产品质量安全检测技能竞赛总决赛并获得优秀奖，取得良好成绩。2020年，中心经“资质认定”和“机构考核”双认定的现场评审，顺利通过并取得了相应的资质认定证书和机构考核合格证书。

“十二五”时期以来，在百色市委、人民政府以及上级部门的大力支持下，百色市多方筹措资金，加大投入，建成了以市级检测农残色谱定量检测为主、县（市）及乡镇级定性（快速）检测相结合的三级农产品质量安全监测体系。目前拥有市级农产品检测中心1个，县级检测站12个，乡镇级监管站135个。全市各级农产品检验检测实验室总面积约3600平方米，配置大型精密分析仪器设备58台（套）、农残快速检测设备162台（套），检测技术人员约342人。2004—2020年，百色市市、县、乡3级累计共完成65.32万批次农产品农药残留定性定量检测工作，其中1.36万批次为农产品农药残留色谱法定量检测。健全的检测体系有效提升了保障百色市农产品质量安全和推动农业高质量发展的服务水平能力。

第八节　科研成果与荣誉

（1）1999年12月，参与的“广西大功臣（吡虫啉）防治稻飞虱试验与推广应用”项目获广西科学技术进步奖三等奖。

（2）2005年12月，“百色有机茶生产技术研究与开发”项目获百色市2004年科学技术进步奖一等奖。

（3）2009年1月，百色市植保站获评2008年百色市农业系统“突出贡献集体奖”。

（4）2012年4月，“超级稻引进试验示范与推广应用”项目获2011年度百色市科学技术进步奖二等奖。

（5）2012年4月，“（5A~6A）优质蚕茧生产模式与关键技术集成示范研究”项目获2011年度百色市科学技术进步奖三等奖。

（6）2014年1月，“全国有机农业示范基地有机产品综合生产技术研究与推广”项目获2013年度百色市科学技术进步奖一等奖。

第八章　梧州市

第一节　概　述

梧州市辖万秀区、长洲区、龙圩区、苍梧县、藤县和蒙山县，代管岑溪市。总面积1.26万平方千米，耕地面积8.92万公顷，是广西商品粮生产基地之一。主要作物有水稻、荔枝、龙眼、砂糖橘、西瓜、常见蔬菜等。全市农作物播种面积447.66万亩，其中粮食作物244.38万亩，经济作物83.08万亩，其他作物120.2万亩。

梧州市气候温暖，雨量充沛，适宜种植多种热带、亚热带作物，因而农作物种类繁多，复种指数高。同时，由于高温多湿的天气，也为多种病虫衍生繁殖与迁入发生为害提供了有利条件。每年病虫发生早、为害重、范围广，成为农业生产的主要灾害之一。据2002年普查统计，发现主要有害生物达120多种。每年从3月起，迁飞性害虫陆续迁入梧州市，然后继续往北迁飞到全国各地稻作区发生为害。另外，梧州市也是稻瘟病等多种病虫害发生严重的地方，全市常年发生为害较严重的病虫害有稻飞虱、稻纵卷叶螟、稻瘟病、水稻纹枯病、柑橘红蜘蛛、潜叶蛾、蚌蒂虫、黄曲条跳甲、小菜蛾、斜纹夜蛾、霜霉病、软腐病等50多种。

梧州市植物保护站牢固树立“公共植保、绿色植保”理念，贯彻“预防为主，综合防治”植保方针，强化农作物重大病虫监测预警，做到“早发现、早预警、早治理”，同时，克服气候异常、农作物病虫害发生反常等不利因素的影响，认真做好农业重大有害生物监测与防控、农药减量增效、统防统治与绿色防控融合发展、农业有害生物疫情的监控等工作，同时大力推广植保新技术、新产品、新方法，为梧州市农业增效、农民增收和农村发展作出了应有的贡献。

第二节　植物保护体系建设与发展

梧州市植物保护站经梧州市机构编制委员会《关于成立“梧州市土肥站”“梧州市植物保护站”的批复》（梧革发〔1980〕3号）批准，于1980年1月18日组建，为梧州市农业局管理的正科级、财政全额拨款的事业单位。根据梧州市人民政府《梧州市人民政府关于成立梧州市植物检疫站的批复》（梧政函〔1984〕93号）的文件规定，梧州市人民政府同意成立梧州市植物检疫站，同梧州市植物保护站一套人马，两个牌子。根据梧州市机构编制委员会《关于核定市农牧局下属事业单位人员编制的通知》（梧编〔1988〕138号），核定梧州市植物保护站（全额）拨款事业编制10名。根据梧州市机构编制委员会《梧州市机构编制委员会办公室关于同意市农业局增设机构和明确人员编制的通知》（梧编办〔1998〕3号），同意在市植物保护站增挂梧州市农药检定管理站，与原增挂的市植物检疫站一起，实行一套人员，三块牌子管理。同时，根据梧州市机构编制委员会（梧编〔2002〕11号）文件精神，从梧州市植物保护站10名编制中划出5名至梧州市农产品质量综合检测中心；撤销梧州市农村环保站事业法人资格（现改为梧州市农业生态与资源保护站），改在梧州市植物保护站挂牌；实行一套人员，四块牌子管理。现有在编职工5人，其中高级农艺师3名，农艺师1名，助理农艺师1名。

近年梧州市各县（市、区）级农业部门机构进行了调整，各县（市）级植保站都保留全额事业独立法人机构和编制。至2021年10月底，市、县两级植保部门现有人员编制共46人，在职人员21人，其中副高级职称6名，中级职称24名，初级职称7名，其他人员9人；全市现有持证检疫人员18名。7个县（市、区）都建立健全了植保植检工作体系，57个乡（镇）推广站配备至少1名植保技术员，882个村公所基本各有1名以植保为主的农辅员，农辅员一般为村干部，主要协助市县植保站和乡级推广部门开展农作物病虫害防治和指导工作，基本建成市、县、镇、村4级农作物重大病虫害监控植保体系。

建站以来，梧州市开展了农作物重大病虫草鼠害的监测、发生趋势会商和预警，向农业农村部、广西壮族自治区植保站、梧州市人民政府、梧州市农业农村局提供病虫发生动态、重大生物灾情和发展趋势预测，提出重大病虫控制方案，为各级领导决策提供依据；组织开展危险性病虫疫情监测，指导无疫区生产；同时，开展农药管理以及植保社会化服务工作。圆满地完成了上级业务部门和当地党委政府、农业农村局交给的各项工作任务，取得了显著的成效，为粮食生产安全和其他农作物有效供给做出了较大贡献。

一、测报体系建设情况

进入21世纪，农业农村部、广西壮族自治区农业农村厅加大了植保工程项目的资金投入，加强农作物病虫观测场和植保工程项目建设。苍梧县植物保护站于2005年、藤县植物保护站于2010年分别建成全国农业有害生物预警与控制区域站，岑溪市植物保护站于2015年建成“广西岑溪市植保田间观测场及应急药械库建设项目”、蒙山县植物保护站于2017年建成“应急药械库与田间观测场建设项目”。全市已建成并投入使用的病虫害观测场5个，柑橘木虱监测点7个，草地贪夜蛾自动监测点5个，安装物联网监控系统4套。近年来市县两级年均发布病虫情报85~98期，准确率在90%以上，病虫防控预警信息乡（镇）覆盖率100%，覆盖95%以上行政村。

二、农产品质量安全检测体系建设

梧州市农产品质量安全综合检测中心（广西农产品质量安全监督检验测试梧州分中心）成立于2002年，是梧州市人民政府依法设立、市农业农村局主管的农产品质量安全检测机构，市财政全额拨款的事业单位，编制10名。主要职责是承担全市食用农产品质量安全例行（风险）监测、专项监测和监督抽检等工作任务，为保障全市食品安全、执法监管和产业发展提供技术支撑。

第三节　植物保护技术推广与培训

梧州市植物保护站主要负责全市农作物病、虫、草、鼠、螺害预测预报；重大农业有害生物应急防控；农业检疫性有害生物监测、封锁、控制和扑灭；植保新技术示范、推广和应用；植保技术试验研究；农药抗性监测和安全使用；负责梧州市植保新技术、新成果、新农药的试验、示范和推广，对所辖的7个县（市、区）植物保护站业务进行指导；提供植保技术培训和咨询及相关社会服务等方面的工作。同时在承担国家和广西壮族自治区植保站下达的各项监测任务和其他工作任务。梧州市植物保护站在长期的病虫监测和防治工作实践中，积累了大量的第一手资料，并掌握了有害生物发生的规律，取得了丰富的防治工作经验。

一、植物保护技术推广

（一）大力推广应用“梧州市水稻重大病虫综合防治示范区”项目建设

2010—2012年，梧州市植保站组织重点稻区的23乡镇实施“梧州市水稻重大病虫综合防治示范区”项目建设，以“三虫两病”（稻飞虱、稻纵卷叶螟、三化螟、稻瘟病、水稻纹枯病）为重点靶标，突出抓稻飞虱、稻纵卷叶螟、稻瘟病3个灾害性病虫防治，主要推广应用杀虫灯、诱虫板、生物农药、稻鸭共育等技术，3年共示范推广135.6万亩。

通过3年实施，有效控制了“三虫两病”的发生为害，总体防效达88.4%，为害程度均在经济允许水平之下，稻谷连年丰收，化学农药平均少施40%~60%，农田生态环境改善，稻田天敌种群增加。

（二）“四诱”技术推广示范

2002年，梧州市开始引进推广杀虫灯诱杀害虫技术，到2021年，“光诱、色诱、性诱、食诱”这“四诱”技术在全市得到广泛推广使用。

技术推广期间，市县两级植保部门分别举办各种形式的“四诱”使用技术培训班、应用技术研讨会，并通过市县电视台、报刊、墙报、网络等各种媒体推介“四诱”技术在水稻、果树、蔬菜等作物上全面使用。全市年平均推广使用杀虫灯500台、色板10万张、性诱捕器5万套、食诱6万只，全市推广“四诱”技术年平均防控面积达112.5万亩、建立“四诱”技术防控示范点80多个。

（三）天敌控害技术推广示范

“捕食螨防控柑橘红蜘蛛技术研究与示范推广”和“稻田人工释放赤眼蜂防控稻纵卷叶螟技术研究与示范推广”分别于2004年、2015年在梧州市推广应用。“以螨治螨”生物防治技术在苍梧县、岑溪市、藤县、蒙山县、龙圩区等地大力推广，在柑橘园释放天敌捕食螨（胡瓜钝绥螨），抗药性强的柑橘红蜘蛛为害大大降低，化学农药使用量减少45%~70%，果实品质提高，每亩果园节支增收200~280元。在岑溪市、藤县、苍梧县等重点稻区田间释放赤眼蜂防治稻纵卷叶螟，一般防效达84.6%~95.1%，有效减少化学农药使用，每亩稻田节支增收100~160元。

（四）实施市科技项目“砂糖橘黄龙病防控集成技术应用示范”

2007年3月至2008年3月，项目在龙圩区（原苍梧县）大坡镇、新地镇实施6964亩（其中中心样板在大坡镇实施1200亩），有442户农户参加项目建设；岑溪市在筋竹镇、归义镇实施5936亩（其中中心样板在筋竹镇实施1300亩），共有433户农户参加项目建设。全市合计在4个乡镇实施1.29万亩（其中中心样板实施0.25万亩），共有875户农户参加项目建设。项目区印发资料共15900份、开设培训班共34期、培训共2388人次、张贴标语共181条、投入人力共1837人次。植保站大力推广彻底挖除砂糖橘黄龙病病树、及时扑杀砂糖橘木虱和培育脱毒苗木，建立砂糖橘黄龙病和砂糖橘木虱的预报预警信息网络体系，组织专业工防控作业。项目区新增产量1915.60吨，新增产值766.240万元，总节支金额为123.840万元，增收节支金额为890.080万元。各项指标均达到或超过项目合同要求，增产增收显著。该科技项目荣获2009年梧州市科学技术进步奖三等奖。

（五）实施科技项目“农作物重大病虫害监测预警与应急防治专业队建设”

2008年3月至2009年3月，项目在苍梧县和岑溪市共实施面积5.50万亩，比项目计划面积1万亩增加450%，共有7451户农户参加项目。其中水稻在苍梧县新地镇、沙头镇、龙圩镇实施面积2.34万亩，比项目计划面积0.3万亩增加677%，有5864户农户参加项目，中心示范样板在龙圩镇实施1200亩，比项目计划面积1000亩增加20%；在岑溪市筋竹镇、归义镇、岑城镇实施面积3.16万亩，比项目计划面积0.7万亩增加351%，有1587户农户参加项目，中心示范样板在岑城镇实施2300亩，比项目计划面积2000亩增加15%。项目区大量采用物理防治、生物防治等技术，水稻、砂糖橘一年分别可减少施农药4次、3次农药的施用量，减轻了化学农药对生态的污染，减少施药的人工成本及其对天敌的伤害，保护了生态环境，促进了生态平衡，有效减少化学农药对农产品的污染，确保农产品的优质、卫生、安全，同时推广应用农作物重大病虫害监测预警与应急防治专业队技术，能有效控制农作物病虫害在当地的发生为害，提高水稻、砂糖橘等农作物的单产和总产。

项目区新增水稻产量455.6吨，新增产值91.12万元，节支金额为168.48万元，增收节支金额为259.60万元；新增砂糖橘产量5450.1吨，新增产值1635.03万元，节支金额为455.04万元，增收节支金额为2090.07万元。综上所述，项目区共新增产量5905.7吨，新增产值1726.15万元，总节支金额为623.52万元，增收节支金额为2349.67万元。各项指标均达到或超过项目合同要求，增产增收显著。该科技项目荣获2010年梧州市科学技术进步奖三等奖。

（六）实施科技项目“高毒农药替代品在蔬菜上的应用示范”

2010年3月至2011年7月，项目在梧州市长洲区长洲镇5000亩菜区实施，项目区采用频振灯诱虫、害虫性诱剂、色板诱虫、生物农药等技术，蔬菜一年可减少5次施药，减轻了农药对生态的污染，减少施药的人工成本及其对天敌的伤害，保护了生态环境，促进了生态平衡，有效减少农药对蔬菜的污染，确保上市的蔬菜优质、卫生、安全。项目的实施，为梧州市高毒农药替代品在蔬菜上的应用和应急防治提供了一整套比较完善的集成技术，填补了当地在该研究领域的空白。

项目区一年共新增蔬菜产量10079.5吨，新增产值3023.85万元，总节支金额为37.79万元，增收节支金额为3061.64万元。各项指标均达到或超过项目合同要求，增产增收显著。该科技项目荣获2012年梧州市科学技术进步奖叁等奖。

（七）其他科技合作项目

梧州市植物保护站加强协作，配合华南农业大学、广西大学、广西农业科学院、广西壮族自治区植保站和其他站所完成科研项目并获得了不同级别的奖项。如“梧州市浔江北岸30万亩农田水稻新技术应用开发”“梧州市无籽西瓜嫁接技术推广应用”“梧州市10万亩优质蔬菜产业化技术开发”等项目获广西壮族自治区农业厅丰收奖三等奖；“梧州市180万亩水稻高效节水免耕栽培集成技术应用与示范推广”“梧州市砂糖橘无公害高产优质栽培综合技术集成应用”分别获梧州市科学技术进步奖二等奖、三等奖。

二、植物保护技术培训

（一）课堂讲授

2005—2007年，配合植保社会化服务，编写《农作物重大病虫害识别与防治》《常用农药商品知识大全》等资料，印发县镇村三级参训农技技术，先后赴各重点乡镇巡回讲授。

2012—2017年，分别在藤县、苍梧县、岑溪市开办农民田间学校，采用启发式、互动式的教学模式，提高农民植物保护技术水平，每年开办20~30期培训，培训人数达0.6万人次。

2016—2020年，在全市各县（市、区）开展农药减量控害技术、绿色防控和统防统治融合发展巡回培训。平均每年开展25~38期、培训人员950~1600人次、发放资料0.22万～0.35万份。

（二）多媒体宣传

1980年至今，在专业期刊和学术会议上以发表专题论文、试验示范总结、调查研究报告等方式，大力宣传植保技术。

2006年至今，全市每年平均发布病虫情报90期以上，材料1.8万～2.5万份。2011年以后，与梧州市电视台合作，每年在农作物重大病虫害防治重要时期发布2~5期病虫电视预报；每年通过“梧州日报”发布重大病虫害防治信息3~5期。

（三）植保技术考察

近年来，自治区和市本级主管部门先后组织市县植保干部前往南京农业大学、华南农业大学、中国农业科学院柑橘研究所、广西大学、广西农业科学院以及川、渝、赣、粤、湘等地学习考察学习水稻重大病虫害防控新技术、柑橘重大病虫综合防控、绿色植保防控技术等。

（四）专家讲学

2010年以来，多次邀请华南农业大学、广西大学、广西农业科学院、广西壮族自治区植保站、广西柑橘研究所等专家、教授莅临梧州市，对全市农业技术干部和种植大户讲授水稻重大病虫害发生规律与防治技术、柑橘病虫综合防治技术、红火蚁发生规律与监控技术等。

第四节　病虫测报与防治

在梧州市先后建成有害生物预警与控制区域站、应急药械库与田间观测场、病虫害监测点，病虫害监测预警和防控体系建设得到了进一步完善，增强了对农作物重大病虫害和外来危险性疫情的监测、预警、控制，最大限度地发挥“公共植保、绿色植保、科学植保”理念的作用，实现了“早发现、早预警、早治理”，能最大限度地减少梧州市农药的施用量，降低农药残留和环境污染，达到生产无公害绿色农产品、有机农产品的目的，最终提高农业经济效益和增加农民收入。

一、水稻主要病虫害

（一）稻飞虱

1. 基本情况

（1）梧州市发生的稻飞虱主要有白背飞虱和褐飞虱，稻飞虱有长翅型（能长距离迁飞）和短翅型之分。该虫趋光性强，喜温喜湿，可传播病毒病；常栖息于稻株下部荫蔽处为害，使稻株失水萎蔫、“冒穿”、倒伏，导致水稻严重减产甚至绝收。

（2）稻飞虱在梧州市一年发生8代，主害代是第三代（防治适期一般在6月上旬末至中旬）、第六代（防治适期一般在9月中旬至下旬），其余为次害代。次害代发生重时也要进行防治。

（3）初夏多雨、盛夏长期干旱，易引起白背飞虱大发生。盛夏不热、晚秋不凉、夏秋多雨的年份，易引起褐飞虱大发生。高肥密植、偏施氮肥、长期浸水的稻田较易暴发。

（4）稻飞虱的天敌主要有缨小蜂、褐腰赤眼蜂、黑肩绿盲蝽、拟水狼蛛、隐翅虫、瓢虫、线虫和白僵菌等。

2. 防治方法

（1）农业防治：选育抗虫品种、同品种连片种植、对不同的品种合理布局；合理施肥和适时露晒田，避免长期浸水。

（2）物理防治：用杀虫灯可诱杀成虫。

（3）生物防治：保护利用天敌、稻田养鸭等可有效控制稻飞虱的为害。

（4）化学防治：防治指标为分蘖期每百丛1000头；孕穗期每百丛500头。田间以白背飞虱为主可选用醚菊酯、吡蚜酮、吡虫啉、噻嗪酮、烯啶虫胺等药剂。田间以褐飞虱为主可选用毒死蜱、异丙威、醚菊酯等药剂。在药液中适当添加有机硅助剂可提高防治效果。

（二）稻纵卷叶螟

1. 基本情况

（1）稻纵卷叶螟俗称卷叶虫，成虫有趋光性、迁飞性。幼虫取食心叶、叶肉，孕穗后期可钻入穗苞取食。为害严重时可造成“虫苞累累，白叶满田”的现象。以孕穗期、抽穗期受害损失最大。

（2）稻纵卷叶螟在梧州市一年发生7代，主害代是第三代（防治适期一般在6月上旬至中旬初）、第六代（防治适期一般在9月中旬至下旬），其余为次害代。次害代发生重时也要进行防治。

（3）稻纵卷叶螟其发生轻重与气候条件密切相关，多雨日及多露水的高湿天气，有利于猖獗发生。

（4）稻纵卷叶螟的天敌主要有拟澳洲赤眼蜂、稻螟赤眼蜂、绒茧蜂、蜘蛛、青蛙、步甲、隐翅虫、瓢虫等。

2. 防治方法

（1）农业防治：选用抗（耐）虫水稻品种，合理施肥；科学管水，适当调节搁田时间，降低幼虫孵化期田间湿度，或在化蛹高峰期灌深水2~3天，杀死虫蛹。

（2）物理防治：杀虫灯可诱杀成虫。

（3）生物防治：保护利用天敌、稻田养鸭等措施可有效控制其为害。

（4）化学防治：掌握狠治穗期受害代，不放松分蘖期为害严重代别的原则。防治指标为分蘖期每百丛50头；孕穗期每百丛30头。参考实用药剂有氯虫苯甲酰胺、氟虫双酰胺、甲维虫酰肼、四氯虫酰胺、甲维盐、虫酰肼、阿维菌素、毒死蜱、氟铃脲、丙溴磷等。注意轮换药剂和混配用药，以提高防治效果。

（三）三化螟

1. 基本情况

（1）三化螟俗称钻心虫，专食水稻，以幼虫蛀茎为害，造成“枯心苗”及“白穗”，发生严重时可致颗粒无收。

（2）成虫趋光性强，特别在闷热无月光的黑夜会大量扑灯。分蘖期和孕穗至破口期是水稻受螟害的“危险生育期”。

(3)三化螟天敌种类有寄生性的稻螟赤眼蜂、黑卵蜂和啮小蜂等，捕食性的蜘蛛、青蛙、隐翅虫等。白僵菌也是早春引起其幼虫死亡的重要因子。

2. 防治方法

（1）农业防治：齐泥割稻或清除冬作田的外露稻桩；春耕灌水，淹没稻桩10天；减少水稻混栽，选用良种，调整播期，使水稻“危险生育期”避开蚁螟孵化盛期。

（2）物理防治：用杀虫灯可大量诱杀成虫。

（3）生物防治：保护利用天敌、稻田养鸭等可有效控制其为害。

（4）化学防治：防治指标或时期为每亩有卵块或枯心团超过120个的田块、大胎破口始穗期（抽穗5%~10%时）。常用药剂有苏云金杆菌、阿维菌素、甲维盐等、毒死蜱、杀虫双等。

（四）稻瘟病

1. 基本情况

（1）稻瘟病是一种真菌性病害，严重时减产40%~50%，甚至颗粒无收。稻瘟病菌主要为害水稻叶片、茎秆、穗部，可分为苗瘟、叶瘟、节瘟、穗颈瘟、谷粒瘟。病斑可分为4种类型：慢性型病斑、急性型病斑、白点型病斑、褐点型病斑。

（2）适温高湿、阴雨连绵、日照不足、时晴时雨、早晚有雾等条件利于该病发生；秧苗4叶期、分蘖期和抽穗期易感病；偏施氮肥、放水早或长期深灌易发病重。

2. 防治方法

（1）农业防治：选用抗病、无病、包衣的种子；选用排灌方便的田块；重施基肥，科学施用氮肥，增施磷、钾肥；浅水勤灌，防止串灌，烤田适中；发现病株，及时拔除烧毁或高温沤肥。

（2）化学防治：①进行种子消毒。用56℃温汤浸种5分钟；或用甲基托布津、多菌灵、咪鲜胺、强氯精等药剂浸种48~72小时。②进行苗床灭菌。1份杀菌剂（粉剂）+1份杀虫剂（粉剂）+50份干细土混匀，做播种后的覆盖土。③及时施药防治。药剂可选用氯啶菌酯、苯甲·嘧菌酯、春雷霉素、多抗霉素、枯草芽孢杆菌、肟菌·戊唑醇、咪鲜胺、多菌灵、甲基托布津、三环唑等药剂。叶瘟要连防2~3次，穗瘟要着重在抽穗期进行保护，特别是在孕穗期（破肚期）和齐穗期是防治适期。

（五）水稻纹枯病

1. 基本情况

（1）水稻纹枯病是一种真菌性病害，病菌除为害水稻外，还可侵染大麦、小麦、高粱、玉米、粟、茭白、甘蔗、甘薯、豆类、花生、稗草等植物。

（2）该病一般在水稻分蘖期到抽穗期盛发，开始发病时侵染水稻基部，之后慢慢以后向稻株上部发展。病部表面可形成由菌丝集结交织成的菌核。

（3）水稻纹枯病病菌主要以菌核在稻田里越冬，成为第二年发病的初侵染源。早稻菌核成为晚稻主要的病源。长期深水灌溉、重化肥轻有机肥、偏氮少磷钾的施肥方法，都十分有利于纹枯病的发展蔓延。

2. 防治方法

（1）打捞菌核。在灌水整田栽培前捞去下风头田边、田角水面的浪渣，并将其烧毁或深埋。

（2）加强肥水管理。施足基肥，避免偏施氮肥，增施磷钾肥。排灌做到前期浅水分蘖，中期够苗晒田，后期湿润长穗。

（3）化学防治。发病一般的田，在拔节至孕穗期当病丛率达20%时施药防治；发病早而重的田，在分蘖末期当病丛率达10%~15%时即施药防治。常用药剂为井冈霉素、戊唑醇、氟环唑、噻呋酰胺、肟菌·戊唑醇、苯甲·丙环唑、苯甲·嘧菌酯、烯肟·戊唑醇、纹枯净等药剂。

（六）南方水稻黑条矮缩病

1. 基本情况

（1）该病主要由白背飞虱带毒传播，在植株之间不相互传毒、白背飞虱不经卵传毒。该病毒除侵染水稻外还能侵染玉米、稗草及水莎草等植物，在梧州市主要为害中晚稻。水稻苗期、分蘖前期感染发病的基本绝收，拔节期和孕穗期发病，产量因侵染时期先后造成损失在10%~30%。

（2）症状：稻株矮缩，叶色深绿，上部叶的叶面可见凹凸不平的皱褶；病株地上数节节部有倒生须根及高节位分枝；病株茎秆表面有大小1—2毫米的瘤状突起；早期感病稻株，病瘤产生在下位节，感病时期越晚，病瘤产生的节位越高；感病植株根系不发达，须根少而短，严重时根系呈黄褐色；穗期感染的则不抽穗或穗小，结实不良。

2. 防控要点

（1）加强水肥管理，对发病田要及时排水晒田，施用速效肥，增施磷、钾肥和农家肥。

（2）加强田间检查，及时拔除病株和清除稻田周边杂草。

（3）播种后用40目防虫网全程覆盖秧田。

（4）治虫防病。药液浸种或拌种；对已发病的田块，在发病初期用抗病毒制剂宁南霉素、病毒A等加入叶面肥和杀稻飞虱的药剂混合喷施，重病田应及时翻耕改种。

二、蔬菜主要病虫害

（一）黄曲条跳甲

1. 基本情况

黄曲条跳甲俗称狗蚤虫，在梧州市一年发生7~8代，喜食十字花科蔬菜，以春末夏初、秋季发生严重。老熟幼虫多在3~7厘米深的土中做土室化蛹。长期以来，菜农主要依赖用化学药剂防治成虫为主，但叶面施药无法兼顾土中幼虫、蛹和卵，药剂持效期一过，成虫不断羽化出土为害，菜农增加喷药次数和加大用药量，导致杀虫剂防效下降。防治应注重农业防治，以物理防治为辅，化学防治为主的综合防治措施。

2. 防治方法

（1）农业防治：一是清除菜地残株落叶，铲除杂草，消灭其越冬场所和食料基地，减少田间虫源。二是播前深耕晒土，造成不利于幼虫生活的环境并消灭部分蛹。三是尽量避免十字花科蔬菜连作，中断害虫的食物供给时间，可减轻为害。

（2）物理防治：利用成虫具有趋光性及对黑光灯敏感的特点，使用黑光灯诱杀具有一定的防治效果。

（3）化学防治：喷药时注意从田块四周向田块中心喷雾。①土壤处理。在耕翻播种时，每亩均匀撒施5%辛硫磷颗粒剂2~3千克，可杀死幼虫和蛹，持效期在20天以上。②药剂拌种。播种前用5%锐劲特种衣剂拌菜种，按比例（锐劲特1份，种子10份）搅拌均匀，晾干后即可播种。③幼虫的防治。在幼龄期及时用药剂灌根或撒施颗粒剂，可选用的药剂有5%锐劲特20~30毫升/亩、90%敌百虫1000倍稀释液、5%辛硫磷颗粒剂2~3千克/亩等。④成虫的防治：每亩用BT乳剂100克、灭幼脲1号或3号500~1000倍稀释液、10%氯氰菊酯乳油1000~1500倍稀释液等。

（二）小菜蛾

1. 发生情况

小菜蛾俗称吊丝虫，在梧州市一年可发生15~16代，世代重叠，成虫无越冬、越夏现象，成虫昼伏夜出，有趋光和趋介子油的习性，主要为害甘蓝、芥兰、芥菜、花椰菜、大白菜、萝卜等十字花科蔬菜，尤以芥兰、甘蓝、花椰菜、芥菜等受害较严重，生菜、春菜、麦菜、菠菜受害则较轻。小菜蛾田间的发生数量和为害程度与当地当年气候条件，虫源基数，十字花科蔬菜品种的布局、栽培面积以及抗药性有十分密切的关系。小菜蛾在梧州市每年通常有2个发生为害高峰期，第一个高峰是春季的3月中旬至5月中旬，第二个高峰是秋季的9月下旬至11月下旬。

2. 防治方法

（1）农业防治：选用抗（耐）虫品种，及时清理田间的病虫残株、田间杂草，合理轮作，适当调整蔬菜的品种结构（如在秋冬季多种些反季节的瓜豆类和辣椒、茄子、番茄以及十字花科的生菜、春菜、麦菜等品种）；控制氮肥的施用量，增施磷钾肥。

（2）物理防治：利用杀虫灯诱杀成虫、使用防虫网和遮阳网阻隔该虫为害。

（3）生物防治：保护和利用天敌；用小菜蛾性诱剂诱杀寻偶交配的雄虫；利用苏云金杆菌和阿维菌素等生物制剂进行防治。

（4）化学防治：科学合理选用高效、低毒、低残留的农药，实行农药的轮换和混合施用的方法。药剂可选用高效氯氰菊酯＋阿维菌素混合浓度1500~2000倍稀释液或1%甲氨基阿维菌素苯甲酸盐微乳剂1200~1600倍稀释液等进行交替轮换使用，或混用两种不同作用机理的农药，既可提高防治效果，又可延缓该虫的抗药性。

（三）斜纹夜蛾

1. 发生情况

斜纹夜蛾是一种食性很杂的害虫，在梧州市一年发生8~9代，以3—5月、7—10月为害最重，且世代重叠严重。初孵幼虫具有暴食性，会将地面作物的叶、花、果实、甚至茎秆一扫而光。幼虫有假死性，对阳光敏感，晴天躲在阴暗处或土缝里，夜晚、早晨出来为害。老熟幼虫入土化蛹。

2. 防治方法

（1）农业防治：在收获后要清除田间杂草，翻耕晒土或灌水；结合田间管理随手摘除卵块和群集为害的初孵幼虫。

（2）理化诱控：应用杀虫灯诱杀成虫、用糖醋液（糖6份、醋3份、白酒1份、水10份、90%敌百虫晶体1份）诱杀成虫、利用害蛾性诱剂诱杀雄虫。

（3）生物防治：保护斜纹夜蛾的天敌，如黑卵蜂、赤眼蜂，小茧蜂、广大腿蜂、姬蜂、蜘蛛等；利用苏云金杆菌和阿维菌素等生物制剂进行防治。

（4）化学防治：防治应掌握在1~2龄幼虫期，喷药时间掌握在早晨或傍晚，植株基部和地面都要喷雾，且药剂要轮换使用。防治药剂可参考小菜蛾。

（四）豆荚螟

1. 发生情况

豆荚螟在梧州市一年发生7~8代，主要以老熟幼虫在寄主植物附近表土下5~6厘米处结茧越冬，成虫昼伏夜动，飞翔力不强，趋光性也较弱，但对黑光灯有较强的趋性。豆荚螟为寡食性，寄主为豆科植物，是南方豆类的主要害虫。豆荚螟喜干燥，在适温条件下，湿度对其发生的轻重有很大影响，雨量少湿度低、地势高的豆田、土壤湿度低的地块、结荚期长的品种一般虫口多。

2. 防治方法

（1）农业防治：合理轮作，避免豆科植物连作；在秋、冬灌水数次，提高越冬幼虫的死亡率；在夏天豆类开花结荚期，灌水1~2次，可增加入土幼虫的死亡率；选早熟丰产，结荚期短，豆荚毛少或无毛品种种植，可减少豆荚螟的产卵；及时清除田间落花、落荚，摘除被害的卷叶和豆荚，消灭虫源。

（2）生物防治：于产卵始盛期释放赤眼蜂；老熟幼虫入土前，田间湿度高时，施用白僵菌粉剂，减少化蛹幼虫的数量。

（3）物理防治：在豆田架设黑光灯，诱杀成虫。

（4）化学防治：①地面施药。老熟幼虫脱荚期，毒杀入土幼虫，以粉剂为佳，主要有2%杀螟松粉剂，2%倍硫磷粉等，每亩1.5~2千克；90%晶体敌百虫700~1000倍稀释液或50%杀螟松乳油1000倍稀释液或2.5%溴氰菊酯4000倍稀释液。②从豆类始花盛期开始，采用"花荚同治"的施药原则，选用药剂防治。如用50%辛硫磷1000倍稀释液或80%敌敌畏800倍稀释液或25%灭幼脲1500倍稀释液或50%杀螟松乳油1000倍稀释液均匀喷施。于早上8点以前，太阳未出之时，集中喷在蕾、花、嫩芽和落地花上，每隔7~10天防治1次，连续2~3次。

（五）十字花科蔬菜霜霉病

1. 发生情况

该病是白菜、菜心、油菜、甘蓝、萝卜、芥菜等十字花科蔬菜上常见的真菌病害。主要为害叶片，初为淡黄色或黄绿色病斑，扩大后呈黄褐色，多角形或不规则形。空气潮湿时，在叶背病部产生白色至灰白色霜状霉层。在梧州市全年种植十字花科蔬菜的地区，病菌可在寄主上全年传播为害。发生与气候条件、品种抗性、栽培措施等均有关，其中气候条件影响最大。病害发生和流行的平均气温为16℃左右，病斑在16~20℃扩展最快；田间高湿、多雨、露大、雾重等病害常严重发生。过密、通风不良，连茬，包心期缺肥，生长势弱的地块发病重；播种过早的秋季大白菜往往病害发生严重。

2. 防治方法

（1）种植管理：选用抗病品种，与非十字花科作物隔年轮作，有条件的地方可与水田作物轮作；适期播种。

（2）化学防治：①药剂拌种。用种子重量0.4%的50%福美双可湿性粉剂或75%百菌清可湿性粉剂或0.3%种子重量的35%瑞毒霉拌种剂拌种。②喷药防治时可选用53%金雷多米尔600~800倍、40%乙磷铝200~300倍稀释液、70%乙磷铝锰锌500倍稀释液、70%百菌清600倍稀释液或72%霜脲锰锌800~1000倍稀释液等。防治时应注意，霜霉病的发生与病毒病关系密切，因此防治时应将这两个病害综合起来考虑，才能收到良好的防治效果。

（六）瓜豆类枯萎病

1. 发生情况

瓜豆类枯萎病又名萎蔫病，主要为害西瓜、黄瓜、冬瓜、豆类等，属真菌性病害。一般在开花期陆续出现萎蔫症状；发病初期植株下部叶片在中午前后呈现缺水状，早晚可以恢复；数日后整株叶片萎蔫，不能恢复，叶片连在茎上不脱落；主蔓基部软化，先为水渍状，后渐干枯纵裂，瘦弱矮小，节间短缩，最后死亡。病原菌主要来自土壤中的病残体，病菌可在土中存活5~10年；地下害虫和线虫可传播该病；土温20℃ ~30℃时最易发病；久旱后大雨或大雨后大旱，会诱发病害流行；排水不良，土质黏重，瓜类或豆类连作，偏施氮肥，都会加重病情。

2. 防治方法

（1）选用抗病品种。

（2）种子消毒。用50% 百菌清500倍浸种1小时或用种子重量的0.3% 的50% 福美双粉剂拌种。

（3）与大田作物轮作5年以上。

（4）使用营养杯育苗，减少根部伤口。

（5）高畦栽培，防止土壤涝渍和干旱。

（6）苗期嫁接。如西瓜可用葫芦嫁接。

（7）化学防治。每亩可用70% 百菌清100克或70% 甲基托布津60~75克或70% 代森锰锌120克加水60千克喷施，视情况隔7~10天再喷1次。以上药剂也可混施，但要注意浓度。

三、果树主要病虫害

（一）柑橘红蜘蛛

1. 发生情况

柑橘红蜘蛛吸食汁液，严重时全叶失绿变成灰白色，造成大量落叶、春梢嫩叶脱落、加重落花及生理落果、造成果色暗淡、商品价值低。该螨体小、繁殖力强、代数多、世代重叠，产生抗药性快，防治难度大。如果园频繁使用农药、地面锄草（或使用除草剂）破坏了天敌栖息场所、杀死自然天敌等会加重其发生。柑橘红蜘蛛主要以卵和成螨在潜叶蛾为害的僵叶及叶背越冬，部分在枝条裂缝内越冬，有的地区没有明显的越冬现象。世代重叠，一般一年可发生20代左右，一个世代16天左右。有趋嫩性，向阳坡地发生早而重。影响红蜘蛛种群密度的主要因素有温度、湿度、食料、天敌和人为因素等。适宜温度为20~28℃，当温度超过30℃，其死亡率增加，超过35℃则不利其生存。红蜘蛛的发生有2个高峰期，一般出现在4—6月和9—11月。

2. 防治方法

（1）保护天敌，间套种百喜草、大豆、印度豇豆、蚕豌豆、肥田萝卜、紫云英等低矮植物。

（2）在田间释放捕食螨，以虫治虫，降低田间柑橘红蜘蛛虫口密度。

（3）科学合理施药。①关键是掌握防治指标。一般春季防治指标掌握在每叶3~4头、有螨叶率65% 以上；夏秋季可增加到每叶5~7头、有螨叶率85% 以上。天敌少的，防治指标可适当低些，反之，则应适当高些。②药剂要选择对天敌安全，对害虫效果好的农药，交替使用机油（花蕾期和果实开始转色后慎用）、哒螨灵、克螨特（有果期和温度高于30℃慎用）、三唑锡、阿维菌素（温度高于25℃效果差）、晶体石硫合剂（冬季清园用）、螺螨酯、乙螨唑等。

（二）柑橘锈壁虱

1. 发生情况

柑橘锈壁虱俗称锈蜘蛛，常与红蜘蛛混合发生。其以成若螨群集刺吸果实、叶及嫩枝的汁液。为害重时果皮全部变黑，俗称"黑皮果""罗汉果"。虫体较小，肉眼很难观察，且孤雌生殖、繁殖力强，经常在短期内暴发成灾，造成大量黑果。日均温度达15℃左右开始产卵繁殖。春梢抽发后，逐渐转向新梢，聚集在叶片主脉两侧为害，5—6月蔓延至果面上，6月下旬起繁殖迅速，7—10月为发生盛期。该螨喜隐蔽，先从树冠下部和内部的叶上发生，后转移至果面和外部的叶片上为害。果实上从果蒂周围蔓延至果面的阴面，后遍及全果。发生初期是叶片上虫口多，果上少，中后期是果上多，叶片上少。柑橘锈壁虱在梧州市每年发生20代以上，有明显的世代重叠现象，以成螨在柑橘的腋芽或卷叶内越冬。过多使用波尔多液、退菌特的果园，因其杀死多毛菌，可能诱使锈壁虱大发生。

2. 防治方法

参考柑橘红蜘蛛的防治方法。

（三）柑橘介壳虫

1. 发生情况

常见的有吹绵蚧、褐圆蚧、矢尖蚧和糠片蚧等。蚧类具刺吸式口器，吸取柑橘汁液为食料，多数固定在植株柔嫩部分为害。蚧类多数有自己分泌的蜡质物覆盖虫体，形成各种形式的介壳，有的还很坚硬，所以能抗御外界的不良环境和增加对农药的抵抗能力。蚧类的分泌物和排泄物易诱发烟煤病，妨碍叶片的光合作用。蚧类性喜潮湿荫蔽的环境，枝梢过密易引起蚧类的猖獗为害。

2. 防治方法

（1）冬季剪除虫害严重的郁闭枝、内膛枝，集中烧毁，以减少虫源和有利于喷药均匀。同时，经常检查柑橘园，及时剪除烧毁虫害枝条；加强肥水管理；种植检疫合格的苗木。

（2）保护或放养天敌如蚜小峰、瓢虫、草蛉等，进行生物防治。于4—9月间引种释放，每500株放养100~200头。

（3）科学施药。必须做好虫情调查，在若虫期进行喷杀，效果最好。吹绵蚧、褐圆蚧、矢尖蚧一般在4月底至5月中旬，每隔15天左右连续喷2~3次；糠片蚧一般分别在5月、7月上中旬、9月上中旬、10月上旬至11月上旬施药。药剂可选25% 噻嗪酮25% 毒死蜱1000倍稀释液或松脂合剂（冬季10~12倍稀释液，夏季20倍稀释液）进行喷杀。施药时加浸透剂有机硅或矿物油效果更好。

（4）其他注意事项。①介壳虫有不同的发生规律，防治难度因不同种类的介壳虫有没有若虫高峰、大龄若虫有没有坚强的保护蜡质等而有很大差别，对药剂选用有不同的要求。②介壳虫对多种有机磷、菊酯以及噻嗪酮、吡虫啉等药物均比较敏感，防治的难点在于介壳虫每年能发生多代，中后期世代重叠，而且其大龄若虫和成虫体表有保护层，药物很难穿透这层物质发挥触杀作用。一般来说第一代介壳虫若虫孵化高峰比较明显，是用药防治的关键世代，以后各代世代重叠比较严重，用触杀性药很难取得良好效果。各代初孵若虫体表还没有形成良好的保护层时，对药物敏感，是用药防治的关键时期。③喹硫磷是目前柑橘生产上用来防治矢尖蚧和红蜡蚧的常用药种之一。从该药没有内吸性、持效期短等特点可以看出，该药及其与菊酯类农药的复配剂主要适合在介壳虫若虫孵化高峰期使用，错过这一时机，施药后难以取得好的效果。在田间介壳虫世代重叠现象较严重，各种虫态均有的时候，宜选用吡虫啉、噻嗪酮（扑虱净）等药物及其与其他一些药的复配剂进行防治。

（四）柑橘潜叶蛾

1. 发生情况

幼虫为害柑橘的新梢嫩叶，潜入表皮下取食叶肉，形成银白色弯曲的隧道，导致新叶卷缩、硬化，叶片脱落。同时，由于造成大量伤口，常诱发柑橘溃疡病的发生，给害螨、盾蚧、粉蚧和卷叶虫等提供了良好的过冬场所。幼虫和蛹在柑橘的晚秋梢、冬梢或秋梢上过冬。梧州市一年发生15代左右。2月初孵幼虫为害春梢嫩叶；主害夏梢、秋稍和晚秋梢；成虫和卵盛发后10天左右，便是幼虫盛发期。品种多样，树龄参差不齐和管理差，抽梢多的橘园与地区，发生代数多为害重。

2. 防治方法

（1）冬季剪除在晚秋梢和冬梢上过冬的幼虫和蛹；春季和初夏早期摘除零星发生为害的幼虫和蛹，以减少下一代的虫源。

（2）在柑橘夏、秋梢抽发时，控制肥水，采取去零留整，去早留齐，集中放梢的抹芽放梢措施，以打断它的食物链，使夏、秋梢抽发整齐，以减轻其为害和减少喷药次数。

（3）保护天敌：保护橘潜蛾姬小蜂、草蛉。

（4）化学防治：在新梢芽长5毫米，萌芽率20%左右时喷第一次药，以后5~7天1次，连续2~3次，重点喷施树冠外围和嫩芽嫩梢，药剂可选25%杀虫双水剂600倍稀释液，或20%氰戊菊酯乳油800~1000倍稀释液，或苦楝油200倍稀释液。

（五）柑橘炭疽病

1. 发生情况

柑橘炭疽病是一种真菌性病害，为害柑橘叶片、枝梢与果实。病斑多从叶尖开始，叶尖或叶缘出现半圆或近圆形黄褐色病斑；花开后，病菌侵染雌蕊柱头，呈褐色腐烂，引起落花；长大后的果实受害，其症状表现有干疤、泪痕和腐烂3种类型；果梗受害，造成“枯蒂”，果实随之脱落。

2. 防治方法

（1）柑橘园深翻改土，增施有机肥和磷钾肥，及时排灌、防旱保湿及防虫；及时剪除衰弱枝、病梢、病叶、病果梗，清除落叶、落果，清园后喷1次波美1~2度的石硫合剂或40%灭病威500倍稀释液。

（2）在落花后及落花后一个半月内进行喷药，每隔10天左右喷1次，连续喷2~3次，在7、8月间再喷1次，以防落果。药剂可用40%灭病威500倍稀释液，65%代森锌可湿性粉剂500倍稀释液，70%甲基托布津可湿性粉剂800~1000倍稀释液，50%多菌灵800倍稀释液。

（3）注意事项。药剂防治关键时期为嫩梢抽至1~2毫米时。

（六）柑橘疮痂病

1. 发生情况

该病为害新梢、嫩叶和幼果。发病后，开始产生油渍状黄褐色圆形小斑点，逐渐扩大并木栓化隆起，成瘤状或锥状的疮痂。在发病初期易与柑橘溃疡病相混淆，这两种病害在叶片上的症状，主要区别：柑橘溃疡病病斑表里穿破，呈现于叶的两面，病斑较圆，中间稍凹陷，边缘显著隆起，外圈有黄色晕环，中间呈火山口状裂开，病叶不变形。疮痂病病斑仅呈现于叶的一面，一面凹陷，一面凸起，叶片表里不穿破。病斑外围无黄色晕环，病叶常变畸形。该病是由真菌引起的病害，气温上升到15℃以上时，病菌开始活动，通过风雨或昆虫传播，侵害当年的新梢、嫩叶。发病的适宜温度为20~24℃，当温度达28℃以上时就很少发生。在适温范围内，湿度对病害的发生起决定性作用。凡春雨连绵的年份或地区，春梢发病就重。反之，发生就轻。

2. 防治方法

（1）喷药保护。由于病菌只侵染幼嫩组织，喷药目的是保护新梢及幼果不受为害，一般要喷2次药，第一次在春芽萌动至长1—2毫米时，第二次是在落花三分之二时。防治效果较好的药剂有75%百菌清可湿性粉剂500~800倍稀释液、50%退菌特可湿性粉剂800~1000倍稀释液、50%托布津可湿性粉剂500~600倍稀释液、70%甲基托布津可湿性粉剂1000~1200倍稀释液、50%多菌灵可湿性粉剂600~800倍稀释液、0.5%波尔多液。

（2）冬季清园。结合春梢前的修剪，剪去病梢病叶，一并加以烧毁，以消灭越冬病菌，同时应剪去虫枝、弱枝、阴枝，使树冠通风透光良好，降低湿度，喷洒1次石硫合剂。

（3）接穗、苗木消毒。柑橘新区的疮痂病是由苗木、接穗传入的。因此，对来自非无病苗圃的及外来的接穗、苗木要经过严格检查，可用50%多菌灵可湿性粉剂800~1000倍稀释液，浸30分钟消毒。

（七）柑橘溃疡病

1. 发生情况

柑橘溃疡病是由细菌引致的病害，叶片、枝梢、果实受害后，病部隆起，近圆形，木栓化，灰褐色，周围有黄色或黄绿色晕圈。病菌生长最适宜温度为20~30℃，最低5~10℃，最高35~38℃。溃疡病菌一般只侵入一定发育阶段的幼嫩组织，对刚抽出来的嫩梢、嫩叶、刚谢花后的幼果，以及老熟了的组织不侵染或很少侵染。在台风和暴雨过后3~5天，在柑橘的嫩叶、嫩梢及幼果上会出现许多针头大小的、黄色或暗黄绿色的溃疡病病斑。溃疡病主要通过带病苗木、接穗和果实等繁殖材料远距离传播。一年可发生3个高峰期。春梢发病高峰期在5月上旬，夏梢发病高峰期在6月下旬，秋梢发病高峰期在9月下旬。尤以夏梢最为严重。不合理的施肥，会扰乱柑橘的营养生长，一般施氮肥过量、留夏梢的果园，潜叶蛾、恶性叶部害虫、凤蝶等害虫严重的果园，溃疡病常发生较严重。

2. 防治方法

(1)加强检疫，禁止从病区引进繁殖材料；冬季做好清园工作，收集落叶、落果和枯枝，集中烧毁；合理施肥，适时抹芽，控制新梢徒长；及时防治潜叶蛾等害虫。

（2）药剂防治适期为：80%的柑橘树平均梢长达3厘米时，开始喷药，隔7~10天再喷1次。可选用50%退菌特可湿性粉剂800~1000倍稀释液或50%代森氨水剂500~800倍稀释液或77%可杀得可湿性粉剂400~600倍稀释液进行喷雾防治。

第五节　农药、药械供应与推广

1978年中共十一届三中全会前的30年，在计划经济条件下，植物保护部门的责任是制订计划指标、技术培训、推广应用，供销社部门的农业生产资料公司，担负购销业务。在农作物病虫草鼠害发生为害的各个时期防治推广使用的农药、药械种类和品种都有所不同。

一、农药种类及使用

20世纪80年代，随着改革开放深入，杀虫剂、杀菌剂、除草剂、植物保护动力机械的供应与推广发展迅速，是植物保护事业发展的全盛时期。80年代，杀虫剂种类主要有呋喃丹、甲胺磷、甲基异柳磷；菊酯类药剂有敌杀死、速灭杀丁、灭扫利、氯氰菊酯、甲胺磷、甲基异柳磷、马拉硫磷，复配剂农药也大量进入市场，如敌马乳油、氧敌乳油等。新型农药批量进入市场，取代了六六六、DDT、杀虫脒等剧毒高残留药剂的使用；杀菌剂主要有百菌清、多菌灵、甲基托布津、代森锰锌；除草剂主要有氟乐灵、阔叶净、苯磺隆等；杀鼠剂主要有甘氟、杀鼠醚、杀鼠灵、大隆、溴敌隆等。泰山18型喷雾喷粉器批量投入使用。农药供应推广数量年均折纯800~950吨，其中杀虫剂占70%，杀菌药剂占20%，杀鼠、除草药剂占10%。药械年均供数量2.5万 ~3万台（架）。

20世纪90年代推广使用的杀虫剂有功夫、虫螨克、扫螨净、BT、吡虫啉、灭幼脲，杀菌剂有烯唑醇、腈菌唑等，除草剂有克无踪，农田灭鼠药剂广泛使用抗凝血杀鼠药剂溴敌隆、杀鼠灵等。农药、药械供应推广数量，药剂年均750吨左右，其中杀虫剂占60%，杀菌剂占30%，除草和杀鼠剂占10%。药械年均供数量1.5万 ~2万台（架）。1997年5月8日，国务院公布实施了《农药管理条例》，第一次将农药管理工作纳入法制化轨道，结束了我国农药管理工作长期以来无法可依的局面。

二、农药市场监管

近年来，梧州市完善了农药监督管理体系和执法队伍的建设。全市4个县（市）都成立了专门机构，执法队伍相对稳定。同时，严格“农药经营许可证”的发放工作，加强对农药从业人员的业务培训。进一步规范了梧州市农药市场，有效地抑制和杜绝伪劣农药及坑农事件的发生，全市农药管理工作呈现出前所未有的良好局面。同时，梧州市“市县镇”三级农业部门严格按国家绿色农业发展“农药减量增效”行动方案要求，在农作物病虫防控工作中，大力推进生物农药、低毒低残留高效农药、“一喷三省”和新型植保机械相融合的农作物病虫害绿色防控技术。

三、药械供应与推广

“十三五”期间，梧州市药械工作取得较好的成效，截至2020年12月30日，梧州市现有专业化防治服务队77个，施药大型机械1401台或架（其中植保无人机30架），从业人员896人，日防治作业能力3.72万亩。病虫害专业化防治覆盖率由2015年的26.8%提高到2020年的41.6%。梧州市2020年农药使用量2530吨（商品量），较2016年的2781吨（商品量），减少农药用量251吨（减少率9%），农药利用率上升到40.17%。

第六节　植物检疫

1984年成立梧州市植物检疫站以来，按照植物检疫的各项制度开展检疫，并不断地发展植物检疫体系，主要开展调运检疫、产地检疫及危险性有害生物的普查、防控、扑灭工作，为保护梧州市农业生产安全、生态安全做出应有贡献。

一、加强植物检疫宣传和培训

梧州市通过黑板报、悬挂横幅、张贴标语、印发宣传材料、现场咨询等多种形式，广泛宣传《植物检疫条例》和红火蚁、柑橘黄龙病等检疫性有害生物的识别及防控工作，对全市种子生产、经营企业进行植物检疫法规及有关业务知识培训，为全面搞好植物检疫工作奠定了良好的基础。

二、严把产地检疫关

做好产地检疫工作，是做好危险性农业有害生物源头检疫工作的关键，产地检疫是植物检疫工作的基础，是有效防止危险性病虫害传播蔓延的一项关键措施。在进行产地检疫过程中认真逐村逐块查检，不留死角，保证检疫质量。2005年以来，梧州市每年都认真开展杂优水稻种子产地检疫，面积600亩至3000多亩不等，每年签证合格种子在12万~60万千克；2006年以来，每年柑橘苗木产地检疫面积80~120亩，年平均签证合格苗220万~350万株。

三、依法办理调运检疫

依法核准每一项手续，认真办理植物检疫证书，进入21世纪以后，梧州市植物检疫站按时办结率达100%。凡属《植物检疫条例》第七条规定的情况，都实施现场检疫，经检疫合格后，方才签发植物检疫证书，坚决杜绝不认真检疫以及滥发植物检疫证书的情况发生。对应施检疫的植物进行现场检疫，没有检疫性有害生物和危险性病虫害的签发植物检疫证书，有检疫性有害生物或危险性病虫害的则按有关规定进行处理，同时对各县植保植检站加强了监督指导，对存在的问题及时指正。2004年以来，做好全市种子种苗省内、省外调运签证和备案工作。

四、做好广西壮族自治区水陆临时植物检疫监督检查站（梧州）工作

根据农业部《全国红火蚁根除规划和宣传培训计划》（农办字〔2005〕51号）文件精神及广西壮族自治区人民政府《广西壮族自治区人民政府关于设立临时植物检疫监督检查站的批复》（桂政函〔2006〕137号）精神，广西壮族自治区水陆临时植物检疫监督检查站设立时间从2006年9月1日起至2010年12月31日止。广西壮族自治区水陆临时植物检疫监督检查站（梧州）于2007年2月14日挂牌办公。截至2008年底认真按照上级的工作要求实施检疫检查，公正透明地执法，无违纪无违规及被投诉现象发生。

（一）检查站工作概况

1. 检查站名称及分布地点

广西壮族自治区水陆临时植物检疫监督检查站位于国道321线248千米处（梧州市区东出口路段），和广东省交界。

2. 检查站职责（农业部分）

对进入或运出梧州市（包括过境运输）的种子、苗木及其他繁殖材料、应施检疫的植物、植物产品及其运载工具实施检疫检查，查证验物、复检；对疑似染疫的植物、植物产品进行隔离、封存留验；对染疫的植物、植物产品，监督货主进行除害处理；按规定上报植物疫情；及时将监督检查情况向植物、植物产品产地的植物检疫机构通报。

3. 检查站的运行及管理（农业部分）

①悬挂好广西统一的"广西壮族自治区临时植物检疫监督检查站"、"广西壮族自治区水陆临时植物检疫监督检查站"站牌、路牌和前方停车检查提示牌。②检查站已配有65平方米的站房，并配有水、电等设施；有生物显微镜、双筒解剖镜、放大镜等检疫工具；有停车检查的场地；有样品保存设备；有疑似染疫植物留验的场所；有染疫植物进行除害处理的药品、设备及场所；有通信工具。

4. 做好各项信息公示

检查站现已上墙公布广西统一的批准设站的机关及文号、检疫监督检查项目及内容、有关规章制度、收费标准及《收费许可证》、工作人员姓名、职称、职务、公路植物检疫监督检查证编号等相关资料，以及广西壮族自治区人民政府办公厅规定的监督举报电话，自觉接受群众与社会监督。

5. 协同安排检疫员

梧州市农业局（现为梧州市农业农村局）和梧州市林业局通过协商，共同安排检查站检疫工作人员，包括专职植物检疫员及兼职植物检疫员员6名，已考核合格后持证上岗。

6. 加强学习、培训，提高执法人员素质

梧州市农业局共组织检查站人员学习相关法律、法规和业务知识4次。

7. 宣传"条例"，增强承运人的检疫意识

检查站安排人员从《植物检疫条例》《植物检疫条例实施细则》中摘选相关的条款进行编印1200份，分发给接受检疫检查的司机，以增强承运人和货主的植物检疫意识。

8. 对过往车辆的植物及植物产品进行仔细检疫检查

检查站工作人员对运入梧州市的植物和植物产品，认真按照检疫检查程序进行操作，仔细检查。

检查人员对持有《植物检疫证书》的，则进行认真审核其有效期和真伪后，确认合格后予以放行；对无《植物检疫证书》的应施检疫植物及植物产品经抽样检查（采用目视、仪器检测，诱剂诱测等检查方法）后，如没有检疫对象的，则按收费标准收取检疫费，开具《植物检疫证书》，予以放行。

9. 做好检查站的督查工作

梧州市农业局共对检查站的工作人员进行了6次不定时督查，主要督查他们的值勤情况，检疫检查时是否按程序按规定进行，是否文明执法、环境卫生是否做好等。

10. 加强财务管理

检查站设有收费员、会计、出纳，对收取的检疫费管理规范、透明；对植物检疫证书和财政专用统一发票的领取，实行签名登记制度；对已开具的发票及时核销。在财务管理实行收支两条线。

11. 按时填报“检疫监督检查站业务报表”

每个月10日前都按时上报上个月的工作业务报表。

（二）截至2008年底检查站工作成效

1. 检查结果

梧州市共检查应检车辆203车次，开具检疫证书76份，收取检疫费2280元，暂未发现检疫性有害生物。

2. 把好植物检疫的第一关，有力地促进了产地检疫

通过对无有效《植物检疫证书》的处罚可以使当事人的植物检疫意识大大增强，有力地督促产地检疫工作的开展。

3. 把好“检疫大门”，促进梧州市非疫区建设

梧州市的砂糖橘和无籽西瓜等农产品已远销东盟各国，已成为梧州市农业生产的一大经济支柱产业。但东盟各国以国际通行的植物检疫手段限制我国产品的自由贸易，形成了进口国技术贸易壁垒。而梧州市的检查站在非疫区建设中起了极大的作用，能有效地阻止外来有害生物入侵梧州市，促使梧州市外运农产品进行产地检疫，保证非疫区形象。

五、开展外来有害生物及检疫性有害生物的普查、监测、防控

（一）红火蚁

红火蚁属高度危险性有害生物，被我国及世界上大多数国家列入危险生物物种名单，其对生态、经济、人类健康、公共设施和城市环境等危害巨大。梧州市主要采取毒饵诱杀并结合触杀性粉剂灭杀红火蚁。

1. 2005年首次发生和防控情况

按照农业部的部署，广西于2005年2月在广西范围内开展红火蚁疫情普查。经过全面普查，于2005年7月在岑溪市南渡镇义新村首次确认发现红火蚁，中心发生面积约200亩。其余地区都未发现有红火蚁。岑溪市南渡镇义新村的红火蚁疫情经过3年多的防控，于2008年11月成功消除。

2. 红火蚁再次发现和防控情况

（1）红火蚁再次发现。红火蚁在梧州市沉寂一段时间后，2011年底再起涟漪。2011年12月下旬，梧州市植物检疫站在田间进行农作物病虫调查监测时收到群众报告，在当地长洲区长洲镇欧洲花园别墅区内、万秀区旺圃工业园区内的五一塑料厂、万秀区旺圃工业园区内的中镇皮具厂等地发现一种蚂蚁，其生性凶猛，会攻击人和动物，同时人被叮咬后出现肿痛、化脓等症状。梧州市植物检疫站于2011年12月22—23日分别到以上三处疑似疫情地点进行紧急采样送检。在2011年12月28日上午收到广西师范大学生命科学院周善义教授的《广西师范大学生物科学学院物种鉴定证明》，确认当地新传入的有害生物为红火蚁。

（2）普查情况。2011年12月至2012年4月，梧州市经过全面普查后，三县一市和三个城区都先后发现有红火蚁发生，主要发生区域：2008—2011年新建的市政绿化带、工业园区绿化带、大型办公楼绿化带、学校绿化带、大型住宅小区绿化带、桂梧高速绿化带等。这次梧州市发生的红火蚁疫情是2008年至今从广东省（红火蚁疫情重灾区）购进的绿化草皮、苗木、花卉等所致。2011年12月起，全市重点普查了51个重点乡镇，其他乡镇作一般普查，访问群众共12460多人次，调查面积约93.237万亩。全市发生总面积（含疑似红火蚁面积）约3.782万亩，其中中心区发生面积约1.4万亩，累计发现红火蚁蚁巢数（含疑似蚁巢数）约7万个左右。市本级共举办培训班12场，培训了640多人次，市本级和3城区累计投入3050多人次，普查面积4.6万亩。

（3）防控情况。根据红火蚁发生、传播和为害特性，梧州市采取以环境治理、化学防治为主的综合灭杀措施。市县两级财政共投入150多万元、采购12吨红火蚁毒饵剂进行防控。截至2014年12月，从市本级防控指挥部办公室组织有关单位和人员深入各地检查的结果来看，三县一市原来发生面积不大，防控及时，现已控制住；三城区原发生区除在梧州市工业园区内的荒草地、玫瑰湖绿化草皮、新梧州高中绿化带、三龙大道绿化带有零星发生外，全市各疫点经过2年多4~6次投放蚁药防治后，红火蚁蚁巢空巢率（杀死率）在92%~100%之间，效果相当明显。约85%以上的疫点已难以寻觅红火蚁的踪迹，全市的红火蚁疫情已基本控制住。

3. 2018—2021年红火蚁监控情况

由于2015—2020年各级财政都基本没有专项经费投入红火蚁防控，红火蚁在梧州市又一次死灰复燃。根据广西壮族自治区农业农村厅2021年7月20日公布的《广西壮族自治区红火蚁分布行政区名录》，全市7个县（市、区）的48个乡镇、7个街道为红火蚁分布区域。当前全市红火蚁发生形势严峻，市区内苍海湖公园、玫瑰湖公园、军博园、神冠茶花园、梧州南站、西江水利枢纽等人群密集和重点枢纽地区都出现红火蚁为害，与此同时在全市范围出现在原发生地向周围农田、林地、荒地荒坡扩散的趋势。据初步统计，截至8月底，全市红火蚁发生面积达45.74万亩，其中农区和农田的发生面积为6.58万亩。

为落实国家九部委2021年3月联合下发的《关于加强红火蚁阻截防控工作的通知》（农发〔2021〕3号）精神，针对2021年以来梧州市相继发现红火蚁为害的情况，梧州市及时印发了《关于进一步加强红火蚁防控工作的通知》，要求各县（市、区）农业农村部门，切实做好辖区内的农业生产田块、农村生活区的红火蚁监测与防控工作。当地筹集23.1万元采购并分发2.89吨红火蚁防控药剂用于红火蚁的应急防控。同时，全市9月初获得2021年中央农业生产救灾（红火蚁）项目资金110万元，项目资金基本用于采购红火蚁毒饵剂开展防控。

（二）非洲大蜗牛和三叶斑潜蝇

2006年4月，在梧州市万秀区城东镇扶典村发现了非洲大蜗牛，2006年6月，在长洲区长洲镇竹湾村、长地村发现了三叶草斑潜蝇外来有害生物。根据《植物检疫条例》和桂农业办电〔2006〕3号等法律、文件的规定和要求，当地采取切实有效的措施进行防控，至2007年11月已成功扑灭这两种外来有害生物。

（三）恶性杂草假高粱

2012年1月10日，梧州市出入境检验检疫局在广西梧州中外仓运有限公司李家庄码头发现假高粱疫情。市植物检疫站于2012年1月21日上午近11点获悉假高粱疫情，立即采取一系列紧急措施对梧州市的假高粱疫情进行防控：一是由分管副局长带领办公室、植检站等人员会同梧州市出入境检验检疫局人员于2012年1月21日下午近2点一起深入广西梧州中外仓运有限公司李家庄码头进行实地调查监测。全市假高粱疫情发生面积约200平方米，主要发生在西江边上的荒坡地。二是采取科学的措施进行防控。自发现假高粱疫情后，梧州市出入境检验检疫局已陆续组织技术人员并雇请民工进行了清除。市植物检疫站会同梧州市出入境检验检疫局的技术人员再次对残留的假高粱进行挖除、烧毁，并用灭生性的除草剂草甘膦进行喷杀根部或整株覆土硬化。该疫点已成功铲除。

梧州市植物检疫站继续派出检疫技术人员对疫区周围重点的地区进行进一步的调查监测，同时在全市范围重点区域进行排查，至今未发现有新的疫区。

（四）柑橘黄龙病

梧州市柑橘类水果种植面积由2000年的不足1万亩，发展到2010年的近30万亩，现在更是发展到近55万亩。由于农户种植柑橘类水果热情高涨，苗木一直供不应求，苗木生产管理和市场经营监管难免出现脱节或管理不到位的情况发生。

2007年以前，全市柑橘黄龙病病株率一直控制在3%以下，但2008年的冰冻灾害天气、2009年的四川广元“蛆柑”事件，使广大果农损失惨重，基本没有资金投入果园管理，田间木虱虫口密度呈几何级增加，截至2012年底，田间病株率超过10%的果园比比皆是。究其根源，主要是缺乏投资风险分析和科学规划，广大农户一哄而上无序大力发展种植砂糖橘；苗木生产商技术措施不高，中间流通商良莠不分从疫区购进苗木进行销售；同时，清除田间柑橘黄龙病病株因人力不足、投入经费少、农户阻挠等，进度一直不快，田间每年都有因传染而发病的果树，这无异于雪上加霜。

2013年，梧州市引进、扶持一批符合条件的柑橘苗木生产企业，并联合多种力量进行全程监管。同时，清除一批不符合条件的柑橘生产企业。2013年至今，每年产地检疫柑橘苗木在52万 ~300万株之间，苗木送检合格率达100%。现在，全市大多数果园的柑橘黄龙病田间病株率都在1%~5%，在可控范围之内。

（五）水稻细菌性条斑病

该病于20世纪80年代末在梧州市苍梧县沙头镇首次发现，然后在全市田间发生开始稳步上升，从零星发生到大面积发生。20世纪90年代，该病发生面积一直稳定在20万亩左右。经过多年的综合防治，该病害自2000年代后发生程度逐步减轻，发生面积逐渐减少，现在一般年发生面积在4万亩左右。对该病采用的主要治理措施：①加强稻种检疫，开发无病制种基地。②选用抗病品种，多品种混栽。③做好种子消毒。④清除病源田稻草。⑤加强田间管理，增施钾肥，提高抗性。⑥选用优质对口杀菌剂。

（六）橘小实蝇

橘小实蝇原是国家检疫性害虫，是被公认为世界“水果头号杀手”，在梧州市一年可繁殖7—8代，最早从每年3月开始，7—9月是高峰期。其生存能力极强，在垃圾堆里也能繁殖并成长，喜欢集体行动，一出动就如蝗虫一般；该虫的繁殖能力相当强，一头雌虫可产卵400—1000粒，产卵期长达一个月之久，孵化率可达85%；橘小实蝇幼虫有三龄在果实内停留6~10天，三龄老熟后即脱离寄主果实，入土化蛹，深度约5厘米左右，蛹期6~10天，羽化后即钻出地面。其主要分布于南方地区，为害柑橘、甜橙、酸橙、柚、柠檬、杏、枇杷、柿、黑枣、葡萄、无花果、西瓜、辣椒、番茄、茄子等250余种果树、蔬菜作物。

防治方法：①严格检疫制度，严禁从疫区调运果实、种子和带土苗木，严禁在受害树下育苗。②冬季翻土可杀灭部分幼虫和蛹。③在6—9月产卵时，摘出全部或被害青果晒干以杀灭卵和幼虫。④诱杀法。把果园内烂果拾到一起引诱实蝇集中取食，等实蝇集中后用高浓度的敌杀死、万灵等杀虫剂喷杀；红糖毒饵：在90%敌百虫的1000倍稀释液中，加3%红糖制得毒饵喷洒树冠浓密阴蔽处，隔5天1次，连续3~4次；甲基丁香酚引诱剂：将浸泡过甲基丁香酚（即诱虫醚）加3%马拉硫磷或二溴磷溶液的蔗渣纤维板小方块悬挂树上，每平方千米50片，在成虫发生期每月悬挂2次；水解蛋白毒饵：取酵母蛋白1000克、25%马拉硫磷可湿性粉3000克，兑水700千克于成虫发生期喷雾树冠。⑤化学防治。成虫入园产卵时，用90%敌百虫或80%敌敌畏或25%溴氰菊酯1000~2000倍稀释液，加入少量红糖或糖醋水，喷洒全园树冠，5~7天1次，连喷2~3次；在实蝇幼虫入土化蛹或成虫羽化的始盛期，用50%马拉硫磷乳油或50%二嗪农乳油1000倍稀释液喷洒果园地面，每隔7天1次，连续2~3次。

（七）其他检疫性病虫害监控情况

经普查，稻水象甲、黄瓜绿斑驳花叶病毒病、葡萄根瘤蚜等检疫性病虫害在梧州市暂时未发现。

第七节　农药质量与残留检测

一、农药管理工作情况

根据《农药管理条例》《农药标签和说明书管理办法》《农药经营许可管理办法》等法律法规，在上级有关业务部门的大力支持下，梧州市农药监管部门尽职尽责扎实开展工作。

（一）农药质量抽检情况

2015—2020年，全市年抽检农药产品样个数分别是21、33、25、39、45、44，合格率分别是81%、85.7%、88%、94.9%、91.9%和93.3%。不合格农药产品违法违规主要有有效成分不达标、有效成分未检出、添加未经登记的有效成分、低毒农药添加高毒农药、生物农药添加化学农药。

（二）做好高毒农药定点经营工作

根据《广西壮族自治区农业厅办公室关于印发2015年广西高毒农药定点经营管理工作实施方案的通知》要求，梧州市大力推进高毒农药定点经营示范门店建设工作。2015年2月，印制了《梧州市高毒农药定点经营宣传资料汇编》发给各县（市、区）农业部门作为推进该项工作开展的参考资料；3月初出台了《梧州市高毒农药定点经营示范门店建设方案》，落实具体任务和工作要求；9—10月期间，深入藤县、岑溪、苍梧、龙圩等县（市、区）开展对该项工作进度督查检查；11月初，在岑溪市举办了全市农业系统“贯彻落实‘食品安全法’加强农产品质量安全监管推进高毒农药定点经营门店建设培训会”。通过抓好具体措施落实，使梧州市高毒农药定点经营管理工作得到稳步推进。今年全市建设了高毒农药定点经营93家，全面完成广西壮族自治区农业厅下达梧州市的建设任务。

（三）抓好高毒高残留农药的管理工作

2013年，梧州市结合高毒高残留农药监管工作的开展，对市区各农药种子等门店进行明察暗访，发现并掌握市区多个地点有数量较大的疑似违禁鼠药毒鼠强上市销售，经抽样送检，所有样品均含有毒鼠强成分。鉴于违禁鼠药毒鼠强的使用在梧州市有重新抬头的新情况，梧州市农药监管部门的有关人员与市公安局万秀分局密切配合，采取果断措施，统一行动，收缴了市区多个市场出现的含有毒鼠强成分的违禁鼠药“闻到死”粉剂（饵料）共2600多克，从而避免了梧州市因禁限用农药（鼠药）造成的重大恶性生产安全事故的发生。

二、农产品监测工作开展情况

“十二五”时期以来，在梧州市委、人民政府以及上级部门的大力支持下，梧州市统筹各级资金，投资超3000万元，建成了以市级检测农残色谱定量检测为主、县（市）及乡镇级定性（快速）检测相结合的三级农产品质量安全监测体系，目前拥有市级农产品检测中心1个，县级检测站4个，乡镇级监管站58个。全市各级农产品检验检测实验室总面积约3130平方米，配置大型精密分析仪器设备27台（套）、农残快速检测设备75台（套），检测技术人员约252人，健全的监测网络有效提升了保障梧州市农产品质量安全和推动农业高质量发展的服务水平能力。

梧州市农产品质检中心及各县（市）、乡镇农产品质量安全监测（管）机构认真贯彻落实《农产品质量安全法》《食品安全法》等法律法规，严格按照食品安全“四个”最严要求，积极做好农产品质量安全源头监测工作：一是认真抓好自治区以及市政府下达的食用农产品质量安全例行监测、专项监测和监督抽检等工作任务；二是重点抓好广西“两会”、梧州宝石节以及国家法定节假日等重大节会期间农产品质量安全保障工作。2012年来累计为全市种植企业、合作社、家庭农场、种植大户开展农残定量检测样品22375批次、重金属检测样品2245批次以上。近5年来，全市食用农产品质量安全形势总体稳定向好，合格率保持在98.0%以上，无农产品质量安全事故发生，保障了人民群众“舌尖上”的安全，在推动梧州市砂糖橘、六堡茶、优质蔬菜、有机水稻等特色优势产业高质量发展中发挥了积极作用。

第九章　贺州市

第一节　概　述

贺州市位于广西东北部，地处湘、粤、桂三省（自治区）接合部，素有“三省通衢”之称，现辖八步区、平桂区、钟山县、富川瑶族自治县、昭平县，全市面积1.18万平方千米，常住人口207.26万人，全市耕地面积16.41万公顷，是国家森林城市、全国双拥模范城、中国优秀旅游城市、广西文明城市。贺州农业资源较为丰富，生态优势和区位优势明显，素有客家之乡、长寿之乡、名茶之乡、奇石之乡、脐橙之乡和马蹄之乡之称。全市形成了以八步区、富川瑶族自治县为主的蔬菜产业区；以八步区、钟山县为主的优质粮产业区；以富川瑶族自治县为主的脐橙产业区；以平桂区为主的马蹄产业区；以昭平县为主的茶叶产业区。贺州市建成了供港澳蔬菜检验检疫备案基地、广西最大商品蔬菜生产基地，目前全市出口备案基地面积达25万多亩，每年有上亿千克蔬菜销往粤港澳地区，珠三角地区是久负盛名的“菜篮子”“果园子”“肉篮子”，也是全国实现“国家级出口食品农产品质量安全示范区”全覆盖的地级市。

第二节　植物保护体系建设与发展

1997年4月梧州地区和梧州市行政区划调整之后，原“梧州地区植保植检站”更名为“贺州地区植保植检站”，所管辖的7个县（市）即岑溪、藤县、蒙山、昭平、贺县、钟山、富川调整为4县（市），即贺县、昭平县、钟山县、富川瑶族自治县。1998年4月，贺州地区编制委员会同意成立贺州地区农药检定管理站，与贺州地区植保植检站施行一个机构两块牌子。2002年12月成立贺州市植保植检站。2005年编制为6名，2019年编制为8名。

第三节　植物保护技术推广与培训

一、植物保护技术推广

贺州市农作物病虫防治工作的指导思想是贯彻执行“预防为主、综合防治”的植保方针，强调要协调运用农业、物理、生物、化学等措施，把病虫为害损失控制在经济阈值之下。针对水稻主要病虫发生的特点，开展了如下几项工作：

（一）水稻病虫害防控技术

1. 推广稻瘿蚊综合防治技术

稻瘿蚊原为间歇性发生的次要害，在20世纪80年后期上升为常发性主要害虫，在整个90年代呈中等偏重至大发生局部特大发生的态势，成为水稻生产的严重障碍之一。富川瑶族自治县是稻瘿蚊发生为害的重灾区，1992年和1993年特大发生，造成中、晚稻连片失收，农民产生了恐“蚊”思想，谈“蚊”色变，部分群众不敢种植晚稻。莲山乡莲塘垌4200亩的大垌面在1993年种植晚稻不足百亩，整个垌面几乎丢荒弃耕。为解决稻瘿蚊防治这一难题，经多年试验、示范，已形成了一套综合防治技术规范，能有效地控制稻瘿蚊的发生为害。稻瘿蚊综防技术规范包括：

（1）加强虫情监测，准确预报，为防治决策提供科学依据。

（2）在越冬虫源羽化前铲除田边、沟边杂草，降低第一代虫源基数；收割早稻后尽快耙沤田，降低主害代虫源基数。

（3）调减中稻面积，减少稻瘿蚊繁殖的桥梁田。

（4）调整插种期，避开第三、第四代发生高峰期。

（5）采用旱育或水播旱管等抗蚊育秧方式，减轻秧苗受害。

（6）秧苗移栽前施用“送嫁药”。

稻瘿蚊综合防治技术的推广应用取得了显著的成效，中、晚稻未再出现大面积连片失收的现象，克服了人们谈“蚊”色变的恐惧心理，保证了粮食生产的稳定和发展。以1994年为例，全地区实施稻瘿蚊综合防治面积108.71万亩，平均亩产388.28千克，综防区比非综防区平均亩产增加84.25千克，增产（保产）27.71%。

2. 推广稻飞虱综合防治技术

稻飞虱是贺州地区水稻生产的主要害虫之一，20世纪90年代一直处于高发生状态，发生程度一般为中等偏重至大发生，有时局部地方特大发生。为控制该害虫的发生为害，多年来推广了如下防治技术和措施：

（1）种植抗（耐）虫品种。

（2）按防治指标施药，即水稻分蘖期每百丛有稻飞虱1000头以上，孕穗期每百丛500头以上时施药。

（3）重点抓主害代防治，即早稻在5月下旬至6月中旬第三代低龄若虫高峰期，晚稻在8月下旬至9月中旬第六代低龄若虫高峰期。

（4）使用高效、低毒、低残留的农药醚菊酯和吡蚜酮，每季施用1次，最多2次即可控制稻飞虱的为害。由地区植保站主持推广的“稻飞虱综合治理”项目于1996—1997年实施面积127.4万亩，取得纯经济效益4838.5万元，荣获贺州地区行政公署1998年度科学技术进步奖二等奖。

3. 推广水稻重大病虫害减灾保产技术

在总结多年来推广以某个病虫为单元的综合防治技术所取得的经验的基础上，1997年由地区植保站牵头组织实施“贺州地区水稻重大病虫害减灾保产技术推广应用”项目。该项目通过建立健全病虫预测预报和植保技术服务网络，组装一整套以水稻为单元以重大病虫害为防治对象的先进适用的综合治理配套技术，使用专门编制的培训教材，大力开展技术培训，提高农民的科技素质，建立项目领导小组，在实施中做到领导、技术、资金、农药“四到位”，取得了显著的经济、社会及生态效益。项目实施面积228.6万亩，平均亩增产量13.18千克，新增稻谷30131.8吨，新增纯收益5775.68万元，投入产出比为1∶2.78。稻飞虱、稻瘿蚊、三化螟、稻纵卷叶螟、稻纹枯病、稻瘟病、稻细菌性条斑病及田鼠等八个重大病虫鼠害的平均预报准确率达94.23%，总体防效达90.64%，挽回损失（即与不防治区对比）2.77亿千克。项目实施还提高了农民群众的综合防治技术水平，还推广了丰登、大功臣、消菌灵等一批经济、安全、有效的新农药，减少甲胺磷等高毒农药使用量102吨，从而减少环境污染，改善了稻田生态系统，维护了人畜健康。

（二）鼠害防控技术

鼠害制订的防治策略是春季重点突击，常年综合治理，毒饵诱杀为主，保证一役达标。灭鼠防治措施

1. 大规模统一灭鼠

由政府组织开展大规模的统一灭鼠战役，以乡（镇）或村为单位，统一技术培训，统一配制毒饵，统一投毒时间，农田住宅同步进行，田鼠家鼠一起围歼。

2. 使用高效低毒杀鼠剂

推广使用高效低毒的抗凝血类杀鼠剂敌鼠钠盐、溴鼠灵、溴敌隆等药。这一技术的推广应用基本上控制了田鼠的为害，到目前为止没有出现大面积受害失收的现象，据试验统计，灭鼠效果一般达80%~90%，保苗效果达90%以上。

（三）杂草防控技术

推广化学除草技术，化学除草在20世纪90年代有了长足发展，使用面积逐年增加，应用作物种类不断扩大，芽前和芽后除草剂、选择性和灭生性除草剂都得到了广泛应用，目前在水稻、花生、蔬菜、果树等作物上使用面积最大，效益明显。如1999年稻田杂草发生面积95.82万亩次，化学防除面积67.78万亩次，占发生面积的70.74%，比上年增30.22%，挽回损失9045.9吨。

二、植保技术的宣传与培训

采取举办现场咨询、电视宣传、网络宣传、入村进店发放张贴宣传资料等形式进行植保技术宣传与培训，内容包括《农作物病虫害防治条例》宣传、玉米草地贪夜蛾识别与防控技术、植物检疫性有害生物的识别和防控、植物检疫法律法规知识宣讲、重大病虫害综合防控和绿色防控、农药科学安全使用等知识。据统计，2020年，贺州市大力开展《农作物病虫害防治条例》宣传活动，电视内容播出21次，在微信等35个自媒体平台发布宣传视频147条，张贴标语203条，共举办各类植保技术培训班61期，培训人员3300人次，共发放各种资料11.22万份。

第四节　病虫测报与防治

全面贯彻执行“广西水稻病虫测报技术规范”，形成制度化、规范化防治流程，水稻病虫测报工

作成效显著，中、短期预报准确率达到85%以上，有效地指导了病虫防治工作的开展，10年累计挽回粮食产量20.92亿千克。

一、水稻主要病虫害发生与防治

中华人民共和国成立后，辖区各县陆续成立了县植物保护站或农作物病虫害预测预报站，乡镇农业技术推广站设植保技术干部，村有植保员，形成植物保护、农作物病虫预测预报、植物检疫网。

20世纪50年代，辖区各县采取“防重于治，人工防治为主，药剂防治为辅”方式。对水稻害虫主要采取人工捕捉、竹梳虫、点灯诱杀、春灌灭螟、三光除虫等防治措施。1953年，开始试用六六六、敌敌畏等化学农药防治水稻害虫。

20世纪60年代，使用杀螟杆菌、井冈霉素、石硫合剂、松脂合剂、茶麸、烟秆、辣蓼、大茶藤、羊角扭、硫酸亚铁、七〇五等土农药和应用六六六、滴滴涕、敌百虫、西力生、赛力散等化学农药。从70年代起，新增使用敌敌畏、乐果、杀螟松、磷胺、1059、1605、哑胺硫磷、杀虫脒、杀虫双、叶蝉散、甲六粉、乙六粉、稻瘟净、异稻瘟净、克瘟散、甲基托布津、稻脚青、田胺、退菌特、福尔马林、春雷霉素等化学农药。此后各县推广优良农作物品种及高产栽培技术，随着化肥施用量的持续增多，耕地复种指数利用率增长以及受气候生态环境变化等因素的影响，农作物病虫害发生为害种类不断增多，发生面积逐年增加，病虫灾害成为农业生产的主要障碍之一。

1952—1984年，贺县有12年稻苞虫大发生，以1952年、1955年、1957年、1961年、1964年、1967年、1971年、1974年为特大发生。发生区为铺门、信都、仁义、鹅塘、黄田、里松、莲塘、贺街、沙田、公会、桂岭、大宁、南乡等乡镇；重点发生区为沙田、鹅塘、黄田、里松、莲塘、贺街、桂岭、铺门等镇的开阔田垌，每年发生面积0.3333万 ~33.3333万公顷（1974年)，占水稻种植面积1.3%~40%。1972年发生面积为1.8万公顷，占水稻面积的41%，损失稻谷5000吨左右。

1957—1969年，贺县仅有1年稻飞虱偏重大发生，两年中等程度发生；但在1970—1981年的12年中有10年大发生、2年中等程度发生。1970年有3.13万公顷稻田为特大发生。经多年调查，发现褐飞虱和白背飞虱在当地不能越冬，早春在秧田发生的虫源是外地迁飞进来的迁飞性虫害，年重叠发生7~8代，其中以6月下旬至7月上旬的第三、第四代及9月下旬至10月上旬的第六、第七代威胁最大。对稻飞虱的防治措施主要是每亩喷施叶蝉散250倍和敌百虫100倍稀释液以及杀虫双4两或甲胺磷2两。

1975年，辖区各县按照国家提出农作物植保以“预防为主，综合防治”要求，强调要协调运用农业、物理、生物和化学的防治措施，各县人民政府出台禁捉青蛙、鼓励养鸭除虫的措施。1977年，富川瑶族自治县养鸭8万只，捕捉螟蛾513.06万头，摘卵块681.12万块，人工拔除三化螟枯心苗420公顷，点诱蛾灯43415盏。1978年，钟山县养鸭26.07万只，除虫面积1.50万公顷。1980年，辖区各县水稻播种面积12.98万公顷，虫害面积达20.95万公顷次、损失粮食1.23万吨；病害面积达6.78万公顷次、损失粮食1800吨。随着高效低毒低残留农药的推广应用，20世纪80年代中期起，农药使用量达高峰后逐年下降。此后，除增加甲胺磷以外，其他的高毒高残留农药，如六六六、甲六粉、乙六粉、滴滴涕、西力生、赛力散、杀虫脒等逐步被禁用，扑虱灵、吡虫啉、辛硫磷、苏云金杆菌、春雷霉素等高效低毒低残留的化学农药和生物农药得以大面积推广应用，除草剂应用面积也迅速扩大。甲胺磷等高毒高残留农药已在农业生产中被禁用。

水稻病害中的稻纹枯病、稻颈瘟在辖区各县均有发生，每年损失稻谷10%~20%。防治措施主要是加强田间管理，调节肥水比例。

1997年，贺州地区行政公署加强水稻田各个生长期病虫预测预报与防治工作。2002—2005年，贺州市农业部门科技人员，深入镇村农户，指导农民做好水稻病虫害防治工作，粮食生产取得连年增产丰收。

二、蔬菜病虫害发生与防治

（一）蔬菜病虫发生情况

蔬菜生产中常见的害虫有菜青虫、菜蚜、菜螟、小菜蛾、斜纹夜蛾、瓜蓟马、豆荚螟、黄曲条跳甲、地老虎、黄守瓜等，主要病害有瓜疫病、叶菜菌核病、软腐病、霜霉病、番茄晚疫病、青枯病、芋疫病、轮纹病、枯萎病、白粉病、叶斑病等。

（二）蔬菜病虫害防治

20世纪60至80年代，辖区各县蔬菜生产病虫害防治上，实行预防为主，综合防治的原则，大力推广“绿色植保”技术。主要采用的方法：①化学防治，使用高效、低毒、低残留的化学农药，如瑞毒霉、普力克、灭病威、百菌清、托布津、多菌灵、朴海因、克螨特、乐斯本、敌杀死、乐菊酯等；②物理防治，如使用杀虫灯、防虫网等；③生物防治，主要是使用生物农药，如苏云金杆菌、井冈霉素、农抗120、印楝素、阿维菌素、农用链霉素、性诱剂等；④农业防治，如进行水旱轮作，不同类的蔬菜轮作等。20世纪90年代后，贺州辖区部分乡镇充分利用毗邻广东地理条件优势，大规模种植蔬菜，病虫害防治则采用综合治理与重点防治相结合措施。1998年10月，贺州地区农药检定管理站成立，负责全地区农药使用监督管理工作。加强对蔬菜病虫害使用农药鉴定检查工作，经常派出技术人员深入蔬菜种植基地，检查农药使用情况，指导菜农合理适时施用农药，并指导采取生物防治、物理防治等综合性措施防治蔬菜病虫害。近几年，全市蔬菜生产未出现很严重病虫为害现象。

第五节　农药、药械供应与推广

一、农药机械与推广

植保机械主要有喷雾器、化肥深施枪和诱蛾灯。喷雾器分人力喷雾器和动力喷雾器，有背负式、手控式、固定式喷雾器。1960年，贺县农村开始使用喷雾器。最先使用的喷雾器为圆筒式手压喷雾器和射水筒。1970年，辖区各县有手动喷雾喷粉器13730台。1967年，钟山县开始使用背负式机动迷雾喷粉机，它与IE40F汽油机配套使用，型号为东–18。1980年，辖区各县拥有机动式喷雾器300台。2005年，贺州市有机动喷雾（喷粉）机334台。2020年，贺州市共有背负式电动喷雾器92432台，其他类型喷雾器605台，中型施药器械共2157台，其中背负式机动弥雾机893台，担架式、推车式、车载式液泵喷枪喷雾机114台，其他类型喷雾机150台；大型施药器械共有11台，无人航空施药器械（载药量在5 L以上）59架。

诱蛾灯主要用于山区农村。20世纪60年代，昭平县农村最先使用诱蛾灯灭虫。各县农科所也将诱蛾灯用于捕诱害虫的统计，在喷雾器面世后诱蛾灯逐步淘汰。

二、农药市场监管

《农药管理条例》于1997年5月8日由国务院颁布实施后，贺州地区于1998年经编委同意成立了农药检定管理站，与植保植检站施行一套人马两块牌子。1998—1999年开展了如下工作。

1. 做好农药法规和农药安全使用宣传工作

特别是针对蔬菜安全用药存在的问题以农业局的名义印发了2000份“蔬菜常用及禁用农药品种公布”，发到村公所和农药销售点进行张贴，并通过地区行署发文要求加强农药经营和使用监管，确保农业生产及人畜安全。

2. 督促各县（区）依法对农药市场进行检查

整顿市场秩序，打击制假售假行为，维护农民利益。据统计，1999年清理出大批无三证或三证不全或过期失效或国家禁售的农药品种。并捣毁了一个制假窝点，有力地打击了制售假冒伪劣农药的坑农害农行为，切实维护了广大农民的利益，保障了农业生产用药的安全有效。处理有关农药处罚的行政复议案件3起，均维护了原先的处罚决定。

近年来，贺州市各级农业部门认真开展农业行政执法，对辖区内农产品产地环境定点定期监测、农业投入品监督检查、农产品生产和流通环节质量安全抽查监督工作，对有毒有害物质超标的农产品和破坏农业生态环境质量的行为，依法严肃处理。同时按照《农药管理条例》《广西壮族自治区人民政府办公厅关于禁止销售和使用甲胺磷等高毒高残留农药的通知》《贺州市人民政府办公室关于禁止销售和使用甲胺磷等高毒高残留农药的通知》等有关文件要求，组织开展高毒高残留农药专项检查，对辖区范围内农资市场和农药销售点进行拉网式清查，发现违规销售禁用禁销高毒高残留农药的依法进行严厉查处。加大对禁用、限用农业投人品的监督管理，严厉打击制售假冒伪劣农业生产资料的行为，净化农资市场。2021年，全市累计出动执法人员365人次，执法车辆75台次，检查农药生产、经营企业420个次，农产品生产经营企业102个，检查农产品种植企业（基地）65个，共监督抽查农药产品样品52个，农产品样品160个，农产品样品已检测90个，结果全部合格，生产企业能按照安全间隔期进行农作物采摘上市，未发现违规使用高毒高残留农药。开展种植业生产主体农产品质量安全培训班1期，培训人员50名。对超范围经营限制使用农药违法经营农药行为立案6起，其中违法销售劣质农药案1起。

第六节　植物检疫

一、植物检疫宣传与培训

广泛深入宣传《植物检疫条例》《植物检疫条例实施细则》等法律法规。现行的《植物检疫条例》

是经过1992年5月13日和2017年10月7日两次修改后由国务院发布实施的，为使有关单位和广大群众了解这一法规，地区植保植检站连续几年开展了广泛深入的宣传活动，尤其是在1996年9月全国植检宣传月活动期间，悬挂了大幅标语，印发了1000多份资料，召开了各有关部门参加的植检协调会。

二、植物检疫普查

开展美洲斑潜蝇疫情普查及综合防治工作：美洲斑潜蝇是20世纪90年代初新发现的植物检疫对象，根据上级业务部门的统一部署于1995—1996年开展了疫情普查和综合防治工作。普查结果表明，全地区7个县（市）均有发生，发生乡镇96个，占总乡镇数的85%；为害作物有40多种，主要为害豆类、瓜类及茄子、蕃茄、辣椒等；虫叶率一般为20~30%，高的达100%。综合防治技术：一是使用黄板诱杀，二是应用虫螨克、乐斯本等进行药剂防治。

三、植物检疫执法工作

严肃查处传入杧果象甲的违章案件：1992年对藤县水果办违章调进带有检疫对象——杧果象甲的违章案件进行了查处，一是销毁全部种核并对染疫场所（藤县和平镇崩山果场）进行彻底消毒；二是禁止该果场的杧果苗、杧果果实及其种核外销；三是通报批评。经1992—1995年监测，未发现该检疫对象发生，1996年进行细致复查，确认染疫的崩山果场无杧果果实象甲发生，根据有关规定解除了对该果场的封锁措施。

四、植物检疫基地检疫

对双杂制种基地进行检疫联检：为提高种子、苗木生产单位的检疫意识，解决县级植检部门难以解决的检疫问题，1999年组织开展了双杂（即杂交水稻和杂交玉米）制种产地检疫联合检查活动，促进了各制种单位对植物检疫对象的预防和控制。

五、植物检疫执勤点检疫

按照《广西壮族自治区人民政府批准广西壮族自治区农业厅关于在梧州的东区和合浦的山口等地设立植物检疫执勤点请示的通知》(桂政发〔1995〕35号）文件精神，贺县信都公路植物检疫执勤点于1995年10月20日正式上岗，对过往的种子、苗木及蔬菜、水果等应施检疫的植物产品进行强制性检疫。由于以前我地区从未设立过植检执勤点，因此，刚开始时群众对检疫检查有许多疑问，但经宣传后，明白了检疫的目的在于防止危险性病虫杂草的传播蔓延，便主动要求检疫。据统计，从1995年10月20日至12月31日止，2个多月时间共检查1460车植物产品，计有4380吨；过往的植物及植物产品办理有检疫手续的由上岗初时的极少数到11月时有40%，到12月有90%。

六、植物检疫产地、市场和调运检疫

深入开展产地检疫、市场检疫和调运检疫，及时了解和阻截贺州市未发现新的植物检疫性有害生物的传入。联合农业执法队、种子站、县（区）植保站等部门开展农业植物检疫性病虫害的宣传，举办了相关技术培训班；调查了番石榴实蝇、稻水象甲、三叶草斑潜蝇等检疫性有害生物；对全市红火蚁疫情进行了普查和防控技术指导，取得了良好效果；对水稻细菌性条斑病、柑橘黄龙病、柑橘溃疡病等主要检疫对象，组织开展了综合防控，其总体发生程度均控制在3级以内。据统计，2020年贺州市实施杂交制种产地检疫面积7445亩，签证合格水稻种子数量1345.6吨；实施花生产地检疫面积609亩，签证合格花生种子数量87.4吨；实施苗木产地检疫面积406.2亩，签证合格苗木数量205.6万株。积极开展调运检疫，签发种子苗木类79批次、1346.4吨、苗木3.21万株。出动582人次开展种子种苗执法检查工作，检查企业615个次，整顿市场204个次，销毁苗木28000多株。

第七节　农产品安全检测

2002年，贺州市农产品质量安全检测中心成立，落实人员编制12名，抽调技术骨干人员3人；建成三县一区农产品质量安全检测站，落实专职检测人员17人；建立了47个乡镇农产品质量安全流动检测站，初步建成市、县、乡三级农产品质量安全检验检测网络体系，对全市农产品基地环境农业投入品和农产品实施有效的质量安全监测和监控。2005年，市农产品质量安全检测中心通过自治区质量技术监督局组织的实验室CMA认证。中心承担贺州市蔬菜、水果、茶叶等农产品的甲胺磷、氧化乐果、甲拌磷、甲基对硫磷、对硫磷等禁用农药和乐果、毒死蜱、三唑酮、氯氰菊酯、氰戊菊酯、甲氰菊酯、三氟氯氰菊酯、百菌清等非禁用农药共13项指标的检测。检测范围包括了莲塘镇、贺街镇、鹅塘镇、黄田镇、沙田镇、羊头镇、钟山镇、公安镇、燕塘镇、石龙镇、清塘镇、昭平镇、文竹镇、走马乡、五将镇、富阳镇、朝东镇、城北镇、福利镇、葛坡镇、石家乡、莲山镇、麦岭镇等蔬菜生产基地23个；包括市中心市场、太白市场、灵峰市场、远东市场、城西市场、钟山县中心市场、塘桥市场、昭平县综合市场、明源市场、富川瑶族自治县农贸市场、城南市场等11个农贸市场，基本实现了全覆盖。市、县、乡三级农产品检测机构采取“四结合”“三覆盖”“两制度”：四结合指县区送检和贺州市农业局双向抽检相结合、定期与不定期抽检相结合、快速法定性与色谱法定量抽检相结合、日常与专项抽检相结合；三覆盖指4个县（区、管理区）59个乡镇农产品基地抽检全覆盖、主要市场抽检全覆盖及蔬菜、水果、茶叶品种全覆盖；两制度指日检、周报制度，全面加强农产品农药残留监控。2012年，贺州市农业行政综合执法支队成立，2013年，贺州市共有73个蔬菜农药残留监测点，61个乡镇蔬菜农药残留流动监测站，乡镇一级实现农产品农药残留定性检测数据与农产品质量安全监控系统联网。2014年，八步区、昭平县、富川瑶族自治县农产品质量安全检验检测站独立开展农产品农药残留定量检测工作。2017年，贺州市农业部门在贺州市农品质量安全检测中心基础上筹建农药质量检测实验室。2004—2020年，贺州市、县、乡三级累计共完成59.29万批次农产品农药残留定性定量监测工作，其中1.13万批次为农产品农药残留定量监测。2014—2020年，贺州市农业行政综合执法支队监督抽查农药产品累计达222批次。

第十章　钦州市

第一节　植物保护体系建设与发展

一、钦州市植物保护站

（一）发展历程

钦州市植物保护站，前身为钦州地区植保植检站（1979—1994年）和钦州市植保植检站（1994—2017年），钦州地区植保植检站成立于1979年。

1979年以前，负责钦州地区植物保护业务的相关工作归口于钦州地区农业技术推广站。

1988年6月13日，钦州地区编委办公室下发《通知》（钦地编办〔1988〕15号），核定钦州地区植保植检站编制数8名，单位性质：财政补助事业单位，级别为正科级。

1994年10月，钦州"撤地设市"，原钦州地区植保植检站改为钦州市植保植检站。

2007年12月3日，钦州市机构编制委员会办公室下发《关于市农业局部分下属事业单位改变单位经费性质等问题的通知》（钦市编办字〔2007〕202号），核定钦州市植保植检站为全额拨款事业单位，核定财政全额拨款事业编制数为7名，级别为正科级。

2013年12月31日，钦州市人力资源和社会保障局、钦州市公务员局联合下发《关于同意钦州市农业行政执法支队等2个单位参照公务员法管理的通知》（钦人社发〔2013〕488号），同意钦州市植保植检站列入参照公务员法管理单位。

2017年11月16日，钦州市机构编制委员会办公室下发《关于印发钦州市植保植检站职能整合等机构编制事项的通知》（钦市编办发〔2017〕184号），对钦州市植保植检站职能整合，将农业植物检疫内部检疫的功能移出，更名为钦州市植物保护站，列入公益一类财政全额拨款事业单位，人员编制4人。

（二）人员介绍

1. 在职职工名录

陈　军　张文杰　谭棉琼　黄元腾吉

2. 曾在本站工作职工名录

吴佳绍　唐啟望　李灵祥　廖集新　马　彪　郭日莲　欧才德　毛秀珍　陈铣汉　吴伯远　赵建芳　黄荣玲　伍新明　尹奇勋　郭跃华　吴玉东　宁清丽　曹春梅　叶建春

（三）历现任人员

表24　钦州地区植保植检站历现任领导

职务	姓名	时间
负责人	吴佳绍	1979—1984
负责人	唐啟望	
负责人	李灵祥	
副站长	廖集新	1984—1987
站长	廖集新	1987—1994

表25　钦州市植保植检站历现任领导

职务	姓名	时间
站长	廖集新	1994—2001
站长	马彪	2001—2002
副站长	毛秀珍	1991—2004
站长	郭日莲	2002—2008
副站长	刘维文	2007—2015
副站长	陈军	2009—2012
站长	陈军	2012—2017
副站长	吴玉东	2015—2017
负责人	陈军	2017—

二、钦北区植保植检站

中华人民共和国成立初期，广东省钦县设立农作物病虫测报点，1957年设立钦北壮族自治县（今大寺镇），固定进行定点观测、预报，指导面上防治工作。60年代初成立钦州县农作物病虫害预测预报站，配备植保干部2~3人，各公社农业站都配备或指定1名技术干部专抓植保工作，重点大队、生产队配有测报员，形成四级植保网。

20世纪70年代，钦州县农作物病虫害预测预报站搬迁到县农科所旁，由钦州县农业局领导（1984年划归县农业技术推广中心领导，属农业局二层单位）。70年代中期至90年代初，人员队伍最为庞大，最多时达8人。

1994年10月钦州撤地设市，将原钦州县农作物病虫害预测预报站及县农业技术推广中心的人财物归新成立的地级钦州市农业局直接领导，钦州撤地设市后原来的钦州县分成钦南区和钦北区两区，钦北区管辖11个镇和1个乡。

1995年钦北区设立了钦北区农作物植保植检站，核定事业编制6人，由钦北区农业局领导，因当时原机构的人财物已归市农业局管理，有机构无人员，1997年又将原来机构的人财物一分为二下放到钦北区和钦南区。

钦北区农作物植保植检站，属钦北区农业局二层机构单位，2019年5月机构改革，钦北区农业局、钦北区水产畜牧兽医局等部门组建为钦北区农业农村局。

三、钦南区植物检疫站

1997年，原县级钦州市分为钦南区和钦北区，钦南区成立了钦州市钦南区农作物病虫测报站和植物检疫站，核定事业编制6人。对钦南区的水稻“两迁”害虫稻飞虱、稻纵卷叶螟、三化螟、稻瘿蚊、稻瘟病、水稻纹枯病、水稻细菌性条斑病、南方水稻黑条矮缩病、玉米螟虫、草地贪夜蛾、甘蔗螟虫、蝗虫等10多种病虫进行系统监测，及时准确预报，下乡培训农民，组织指导防治，开展统防统治，大大控制了各种病虫的为害。

1997年，成立钦南区植物检疫站，有专职检疫人员3名，主要开展检疫对象普查（主要是柑橘黄龙病）、调运签证等工作。随着钦南区的发展和贸易增多，2010年8月，红火蚁首次传入当地，红火蚁疫情防控成为植物检疫工作的重点之一。

四、灵山县植物保护站

灵山县植物保护站是灵山县农业农村局下属公益性一类事业单位。1956年设立灵山县农作物病虫测报站。

1956年，开始实施农作物病虫测报防治工作，设置农作物病虫田间系统调查、大田调查和黑光灯诱虫监测记录。

1985年12月11日，灵山县编制委员会文件《关于成立灵山县农业技术推广中心的通知》（灵编字〔1985〕37号），变更为灵山县植保站，80年代末增加农业植物检疫职责，将灵山县植保站变更为灵山县植保植检站。

2008年，灵山县植保植检站列入农业部灵山县农业有害生物预警与控制区域站，实施农作物病虫区域监测预警与控制，区域站与灵山县农业局合建办公，灵山县植保植检站办公用房1~2层，建筑面积约1000平方米，并建有应急物资储备仓库500平方米，观测场10亩。

2018年，机构改革将灵山县植保植检站更名为灵山县植物保护站。

五、浦北县植物保护站

中华人民共和国成立初期，设立农作物病虫测报点，固定进行定点观测、预报，指导面上防治工作。20世纪60年代初，成立县测报站，配备植保干部3~4人，各乡（镇）农业站都配备或指定1名技术干部专抓植保工作，重点大队、生产队配有测报员，形成四级植保网。

20世纪70年代，县测报站变更为植保植检站，由浦北县农业局领导。1986年划归县农业技术推广中心领导。70年代中期至90年代初，植保植检站人员队伍最为庞大，人员最多达10人，先后在植保植检站工作过的同志有7人。

1994年6月，浦北县农业局植保植检站分开设置为浦北县农业局植保站和浦北县农业局植物检疫站，人员编制为浦北县农业局植保站4人，浦北县农业局植物检疫站3人。

2011年，浦北县农业局植保站和浦北县农业局植物检疫站整合为浦北县农业局植保植检站，为县农业局二层机构单位，由于多方原因，从2014年开始，浦北县农业局植保植检站人员一直保持2人。

2019年5月机构改革，浦北县农业局、浦北县水产畜牧兽医局等部门组建为浦北县农业农村局；2020年1月县植保植检站变更为浦北县植物保护站，人员依然保持2人。

第二节　病虫测报与防治

一、历年病虫害发生概况

（一）农作物主要病虫种类

1. 水稻

主要病虫害有稻瘟病、水稻纹枯病、水稻细菌性条斑病、白叶枯病、胡麻叶斑病、赤枯病、细菌性褐条病、稻曲病、南方水稻黑条矮缩病、云形病、稻飞虱（以白背飞虱、褐飞虱为主）、稻纵卷叶螟、三化螟、大螟、稻水蝇、黏虫、跗线螨、稻瘿蚊、稻蝽象、稻蝗、稻苞虫等。

2. 甘蔗

主要病虫害有甘蔗梢腐病、赤腐病、凤梨病、褐斑病、褐条病、黑穗病、锈病、蔗螟、蓟马、绵蚜、蔗根土天牛、甘蔗土蝗等。

3. 玉米

主要病虫害有玉米大斑病、玉米小斑病、玉米纹枯病、玉米锈病、玉米螟、玉米蚜虫、斜纹夜蛾、小地老虎等。

4. 荔枝

主要病虫害有荔枝霜疫霉病、荔枝毛毡病、荔枝炭疽病、荔枝蛀蒂虫、荔枝瘿螨、荔枝蝽象等。

5. 柑橘

主要病虫害有黄龙病、溃疡病、疮痂病、炭疽病、煤烟病、红蜘蛛、锈蜘蛛、介壳虫、柑橘小实蝇、潜叶蛾、橘蚜、吸果夜蛾、柑橘花蕾蛆等。

6. 香蕉

主要病虫害有香蕉叶斑病、香蕉炭疽病、香蕉束顶病、香蕉花叶心腐病、香蕉细菌性枯萎病、香蕉象甲类等。

7. 花生

主要病虫害有叶斑病、青枯病、锈病、花生叶螨、蚜虫、斜纹夜蛾等。

8. 红薯

主要病虫害有黑斑病（黑疤病）、红薯瘟、茎螟、卷叶虫、小象甲、旋花天蛾等。

（二）历史上发生的病虫突发事件

1952年4月中旬至5月中旬，全县早稻田发生严重的三化螟虫害。

1953年，早、中晚稻均受恶苗病为害，平均损失20%；南部地区还出现有剃枝虫，经大力捕捉，仍造成减产8%。

1955年，全县（时钦县）有10个区的晚稻受稻瘿蚊为害，面积达15.6万亩，被害率达40%~80%，严重的稻禾全无主穗。8月下旬还有卷叶虫、稻苞虫害发生，全县晚稻受害4.5万亩，损失稻谷约225吨。

1957年，早稻受三化螟虫害，造成白穗达4.5%。附城、平吉、板城、小董、三那地区还出现稻瘿蚊，受害面积约1万亩，被害的稻田禾苗有的仅留下禾头，为30多年所未有。

1958年，水稻受稻瘿蚊为害，普遍出现标葱，贵台区五宁乡受害严重的标葱率达82%，轻的也有8%~10%，钦县损失稻谷125吨；同时发生卷叶虫害，受害面积15万亩次。

1967年，病虫害来势凶猛，以三化螟、卷叶虫为主。钦县受害面积16.8万亩次。因防治及时，未造成严重损失。

1971年，早、晚稻均受卷叶虫严重为害，每亩虫口密度多的达4万 ~5万头，少的也有1万 ~2万头。

1974年，首次在浦北县发现跗线螨为害水稻。

1977年，水稻三化螟、白翅叶蝉及松毛虫害在钦县普遍发生，为害严重，白翅叶蝉的虫口密度为每亩12.55万 ~98.4万头，多的达172万 ~180万头，严重的每亩损失稻谷50千克以上；三化螟虫害以北部公社最为严重；此外，稻瘿蚊、稻瘟病、大螟、黏虫等病虫害在局部地区严重发生。

1978年，出现卷叶虫、长脚蟒象为害。卷叶虫在早稻发生特重，普遍成灾，为历年罕见。

1979年，卷叶虫、稻飞虱等在局部地区严重发生。小董公社卷叶虫的虫口密度每亩多达90万头，一般的也有10万 ~30万头，超历史水平；稻飞虱为害早稻面积5.5万亩，虫口密度每亩100万 ~300万头；标茅病（稻瘿蚊为害）主要在晚稻大灵矮中出现，病苗率一般为8.2%，重的超过39%。

1983年，钦县发生水稻纹枯病害，受害水稻面积达30万亩次，发病株率为30%~70%，重者达100%，发病指数为20~40，重者达50~60。

1986年，钦县稻纵卷叶螟大发生，发生面积55万亩次，第一至第三代发生重。

1987年，钦县三化螟大发生，发生面积19.6万亩次。

1988年，钦县稻瘿蚊大发生，发生面积大（20万亩次）、范围广、损失重，为历史未有。为害率一般31.5%~59.6%，平均45%，最高90%以上，有些地方连片发生。

1994年，稻瘿蚊发生中等，局部中等偏重，发生面积24.1万亩次（钦州市晚稻种植面积64万亩）。

2005年，钦南区蝗虫发生面积和密度均创近10年纪录，达到8万亩次，最高密度达50头 / 平方米，个别田块发生程度达到5级，夏蝗密度比秋蝗大，主要由竹丛及荒地杂草扩散迁移所致。发生的蝗虫种类为蔗蝗、中华稻蝗、棉蝗，其中以稻蝗居多。

2007年，水稻“两迁”害虫稻纵卷叶螟、稻飞虱大面积发生；早稻第二代稻飞虱、稻纵卷叶螟偏重发生，特别是稻飞虱属大发生，局部特大发生，发生早，来势猛，为历史罕见，稻飞虱迁入早，迁入峰次多（第二代普遍有3~4个迁入峰），且虫量大，全市稻区普遍发生重，为历史罕见。

2009年，南方水稻黑条矮缩病在钦州市张黄镇首次鉴定发生。据调查灵山、浦北、钦南、钦北的部分镇也有发生，2009年全市发生面积65500亩次，绝收面积4281亩，损失2328.15吨稻谷。

2010年8月17日，红火蚁通过花卉苗木传入钦州市，在康熙岭镇高沙村委东围村花木场的榕树上首次发现。同年南方水稻黑条矮缩病大面积发生，发生面积11.32万亩次，防治面积15.16万亩次，挽回损失3565.57吨，实际损失1100吨。

2013—2014年，稻飞虱、稻纵卷叶螟中等局部大面积发生。

2017年，钦市南方水稻黑条矮缩病在钦州市严重发生，发生程度为中等发生，局部重发生，发生面积14.1238万亩次。

2019年3月，入侵物种草地贪夜蛾成虫在浦北县首次被发现，随即4月，全市玉米作物上均发现幼虫为害。

二、农作物主要病虫测报

（一）水稻病虫测报

1. 水稻螟虫

钦州市水稻螟虫主要有三化螟、大螟、台湾稻螟。三化螟每年发生5代，世代重叠，以老熟幼虫在稻秆或稻茬内越冬，主害第三、第四代，历史上，为害较重的年份为1966年、1971—1974年，其中1973年发生66008.7 公顷次，发生面积最大，但近20年，三化螟发生较轻。2011—2020年期间，以2013年三化螟发生较重。

2. 稻飞虱

钦州市为害水稻为白背飞虱和褐飞虱这两种，在当地一年发生6~7代，主害代上半年第三代、下半年第六代，1953—1971年期间，稻飞虱发生较轻，从1972年开始，稻飞虱为害变重，特别是近20年，整体发生偏重，其中2002年、2006年、2007年、2008年、2009年、2010年、2012年、2013年和2014年连续几年发生程度为中等偏重局部大发生。

3. 稻纵卷叶螟

稻纵卷叶螟在钦州市一年发生7代，主害代第二、第三、第五、第六代。1970—1980年期间，除1977年（26874.6公顷次）发生较轻外，其他年份均发生严重，其中1979年发生最重（109531.6公顷次）；1980—2000年期间，1986年大发生，其余年份中等至中等偏重发生；2000—2020年期间，2010年、2013年和2014年属中等局部中等偏重发生，其他年份中等偏轻至中等发生。

4. 水稻细菌性条斑病

该病在钦州市的发生规律：早稻轻、晚稻重，立秋前后始见多，流行盛期多在处暑至秋分阶段，杂交稻重于常规稻，在当地沿海地区和台风季节发生严重，其中2014年晚稻大规模发生，发生面积31.05万亩次，2018年发生偏重，发生面积为26.75万亩次。

5. 水稻纹枯病

该病为植株地上部位均可发病，最常见是白叶纹枯及鞘纹枯，严重时呈现植株腐烂倒伏，直接影响产量。2011—2020年期间，年平均发生面积为150.98万亩次，其中2017—2020年发生较重。

6. 南方水稻黑条矮缩病

2009年，该病在钦州市张黄镇首次鉴定发生，2009年、2010年、2017年均为大发生，其中2017

年发生最重，发生面积为14.12万亩次，发生重的田块病丛率超过80%，一般10~30%，轻的1%~5%，部分发病较重的稻株无法抽穗，受害损失率超过70%。

7. 水稻白叶枯病

水稻白叶枯病主要为害晚稻生长后期的叶片，病菌从伤口、水孔侵入稻株，病斑处有溢脓，可借风、雨、露水和叶片接触再次侵染，严重时叶片枯黄，影响谷粒灌浆结实，造成减产。2011—2020年期间，年平均发生面积6.69万亩次，其中2014—2015年发生较重，发生面积分别为11.55万亩次和11.78万亩次。

8. 稻瘟病

稻瘟病症状因不同部位发病而有所不同，主要为害叶片、茎秆和穗部，其中为害最大的是叶瘟及穗颈瘟。2011—2020年平均年发生面积为23.04万亩次，其中发生面积较多的年份为2011年和2017年，分别为26.56万亩次和26.39万亩次。历史上，1978—2001年为浦北县稻瘟病的盛发流行期，其中1978—1989年为浦北县稻瘟病流行频率最高的时期，年均发生面积14.4153万亩次，占当时浦北县种植面积的22.72%。

（二）果树病虫测报

1. 荔枝蒂蛀虫

荔枝蒂蛀虫在钦州市一年发生8~11代，世代重叠，以幼虫在荔枝、龙眼冬梢上和早熟品种的花穗上越冬，第二代主要为害荔枝的嫩梢和花穗以及荔枝早熟品种的幼果；中、迟熟荔枝果实成熟期是第三至第五代荔枝蒂蛀虫大发生时期。2011—2020年期间，年平均发生亩数为116.84万亩次，其中2014年和2018年为荔枝大年，发生面积数分别为128.29万亩次和128.71万亩次。

2. 荔枝蝽象

荔枝蝽象主要以成、若虫刺吸嫩梢、嫩芽、花穗和幼果汁液，严重影响新梢生长，导致嫩梢、叶枯萎或落花、落果，并传播其他病害。钦州市一年发生1代，以成虫在树上浓郁的叶丛或老叶背面越冬，翌年3—4月恢复活动，产卵于叶背，5—6月若虫盛发为害。2011—2020年期间，年平均发生面积108.21万亩次，其中2014—2016年发生面积较大，分别为133.51万亩次、130.03万亩次和127.95万亩次。

3. 荔枝霜疫霉病

该病为荔枝的主要病害之一，暴发时易造成嫩梢干枯、落花、落果、烂果等，严重影响荔枝产量和品质。连续的降雨、适宜的气温、空气潮湿闷热为荔枝霜疫霉病病原菌繁殖、侵染、流行为害提供适宜条件，一般5月中旬开始为病害流行时期，2011—2020年期间，年平均发生面积69.26万亩次，其中2014年和2018年为荔枝大年，发生面积数分别为84.56万亩次和80.59万亩次。

（三）玉米病虫测报

草地贪夜蛾为入侵物种，2018年12月26日由农业农村部发出监测预警通知。2019年3月，在浦北县首次发现成虫，当年4月，全市均在玉米作物上发现幼虫为害。该虫在钦州市周年繁殖，主要为幼虫为害叶片，对当地春玉米种植带来严峻的威胁。2019年全市发生面积9634.5亩次，2020年为害面积较上年扩大了11.66倍，达到12.8124万亩次，2021年草地贪夜蛾发生较2020年轻，发生面积7.12万亩次。

三、农作物主要病虫害防治

中华人民共和国成立初期，农作物病虫害防治主要发动群众，采用一些简单工具（射水筒），以人工防治为主，对水稻卷叶虫、蝽象、黏虫等用人工捕捉，起到一定的作用。20世纪50年代中期开始使用六六六，滴滴涕、砒酸铅、鱼藤精等药剂，用喷粉（雾）器等药械进行防治。

20世纪60年代后期，开始扩大化学防治，施药器械以背负式喷雾喷粉器为主，1973年使用担架式动力喷雾器曾一度发展很快，其中1981年浦北县拥有208台，但由于不宜生产责任制后单家独户使用而减少，至1990年仅剩40台，只为果场或林场使用。

从20世纪70年代开始，化学农药使用品种数量越来越多，常用的有敌百虫、敌敌畏、乐果、稻瘟净、井冈霉素、代森铵、1605水剂等。对农作物病虫害防治起到一定作用，可是虫害天敌的繁衍受到抑制，农田生态平衡受到一定破坏。过去局部性、间歇性的病虫害，变成全面性、多发性的病虫害。据测报站1957—1984年记载，为害水稻比较严重的三虫（三化螟、卷叶虫、稻飞虱）、三病（稻瘟病、水稻白叶枯病、水稻纹枯病）的发生面积有些年份成倍增长。20世纪80至90年代是使用化学农药最鼎盛时期，常用的有多菌灵、三环唑、甲基托布津、井冈霉素、叶青双、代森铵、大功臣、吡虫啉、扑虱灵、叶蝉散、益舒宝杀虫双、甲胺磷、密达、敌百虫、敌敌畏、敌杀死、氯氰菊酯、8301、敌鼠钠盐、溴敌隆，还有除草剂：草甘膦、百草枯、二甲四氯纳等。

进入21世纪以来，提出“公共植保、绿色植保”理念，推广应用生态调控、生物防治、理化诱控和科学用药等技术，重点推广植保“三诱”技术（光诱、性诱、色诱），推广应用植物诱控、食饵诱杀、防虫网阻隔、套袋、毒饵站灭鼠等技术，推广高效、低毒、低残留、环境友好型农药，成立植保统防统治机防队，推广使用机动喷雾器、植保无人机等高效药械。钦州市目前拥有各类型植保机械64.38万台（套），其中小型施药机械64.09万台（套），中型施药机械0.285万台（套），大型施药机械0.0062万台（套）。

钦州市天敌资源丰富，病虫害防治利用天敌进行生物防治，以虫治虫，减少化学农药使用，保持生态平衡。据调查，农作物害虫天敌分两个纲，9个目，57个科共148种。其中昆虫纲132种，蜘蛛纲16种。常见的有螟卵啮小蜂、等腹黑卵蜂、稻螟赤眼蜂、三化螟茧蜂、三化螟绒茧蜂、松毛虫赤眼蜂、拟澳洲赤眼蜂、卷叶蛾绒茧蜂、赤带白足扁腹小蜂、黄脸姬蜂、菲岛瘦姬蜂、长距茧蜂、黄柄黑蜂，腹带长距旋小蜂、东方长距旋小蜂、斑腹金小蜂、拟稻虱荚小蜂、稻虱缨小蜂、稻虱红、黑蟹蜂、黑腹蟹蜂、白星、长腹姬蜂、长芒寄蝇、突肩瓢虫、四斑月瓢虫、捧小蜂、凤蝶金小蜂、二斑瓢虫、狭臀瓢虫、稻红瓢虫、六斑月瓢虫、十斑盘瓢虫等。以上所列天敌能保护的农作物主要有水稻、玉米、花生、甘蔗、豆类、果树等。

第三节 科研成果

一、获得的科技成果荣誉

表26 钦州市植物保护站获奖科技成果

序号	项目名称	完成单位	获奖等级	获得时间
1	红火蚁入侵钦州市的发生规律和防控技术研究	钦州市植保植检站	钦州市科学技术进步奖二等奖	2013.2
2	钦州市荔枝病虫害综合防控技术研究	钦州市植保植检站	钦州市科学技术进步奖	2014.2
3	绿色植保技术创新集成与示范	钦州市植保植检站	钦州市科学技术进步奖一等奖	2015.2
4	钦州市水稻“两迁”害虫发生特点及综合防控技术研究	钦州市植保植检站	2015年度钦州市科学技术进步奖二等奖	2016.5
5	钦州市水稻主要病虫防治农药减量使用技术攻关	钦州市植保植检站	2016年度钦州市科学技术进步奖一等奖	2017.6
6	水稻稻飞虱发生为害及持续治理技术推广应用	钦州市植保植检站	2016年度防城港市科学技术进步奖二等奖	2017.12
7	红火蚁毒饵法防控技术在桂中南的推广应用	钦州市植保植检站	2018年广西农牧渔业丰收奖三等奖	2019.3
8	钦州市荔枝农药减量控害增效技术示范推广	钦州市植保全系统	2018年广西农牧渔业丰收奖三等奖	2019.3
9	广西沿海稻区稻飞虱发生规律及持续治理技术集成创新与推广应用	钦州市植物保护站	广西科学技术进步奖三等奖	2019.3
10	钦州工匠	钦州市植物保护站	陈军同志获“钦州工匠”称号	2020.3

表27 钦北区植保植检站获奖科技成果

序号	项目名称	完成单位	获奖等级	获得时间
1	“毒饵站”控鼠技术示范推广	钦北区植保植检站	钦州市科学技术进步奖三等奖	2009.3
2	南方水稻黑条矮缩病发生规律与防治技术研究	钦北区植保植检站	钦州市科学技术进步奖三等奖	2012.3
3	水稻齐穗期喷施“施沃特”增产示范推广	钦北区植保植检站	钦州市科学技术进步奖三等奖	2013.3

表28 灵山县植物保护站获奖科技成果

序号	项目名称	完成单位	获奖等级	获得时间
1	广西农田鼠害及其防治研究	灵山县病虫测报站	广西农牧渔业厅优秀科技成果一等奖	1987.03
2	广西农田鼠害调查及其防治研究	灵山县农作物病虫测报站	广西壮族自治区科学技术进步奖三等奖	1987.12
3	以保护利用捕食螨防治红蜘蛛为主要内容的柑橘病虫综合防治研究	灵山县植保站	广西壮族自治区科学技术进步奖三等奖	1988.12

续表

序号	项目名称	完成单位	获奖等级	获得时间
4	在一九八九年广西综合防治稻瘿蚊工作中，成绩显著，被评为一等奖	灵山县病虫测报站	广西壮族自治区农业厅授予一等奖	1990.01
5	推广综合防治稻瘟病技术	灵山县植保植检站	钦州地区科学技术委员会授予科学技术进步奖三等奖	1991.01
6	稻瘿蚊综合防治技术推广应用项目一九九〇年度四等奖	灵山县植保植检站	广西农牧渔业科技改进奖四等奖	1991.04
7	推广综合防治稻瘟病技术项目	灵山县植保植检站	广西壮族自治区农业厅授予四等奖	1991.04
8	优质无籽西瓜高产栽培技术推广	灵山县植保植检站	钦州地区科学技术委员会授予二等奖	1992.01

表29　钦南区作物病虫测报站获奖科技成果

序号	项目名称	完成单位	获奖等级	获得时间
1	“毒饵站”投鼠技术示范推广	钦南区作物病虫测报站	钦州市科学技术进步奖三等奖	2009.03
2	南方水稻黑条矮缩病发生规律与防治技术研究	钦南区作物病虫测报站	钦州市科学技术进步奖三等奖	2012.03
3	红火蚁入侵钦州市的发生规律和防控技术研究	钦南区植物检疫站	钦州市科学技术进步奖二等奖	2013.02
4	绿色植保技术创新集成与示范	钦南区作物病虫测报站	钦州市科学技术进步奖一等奖	2015.02
5	钦州市水稻主要病虫防治农药减量使用技术攻关	钦南区作物病虫测报站	钦州市科学技术进步奖一等奖	2017.06
6	钦州市荔枝农药减量控害增效技术示范推广	钦南区作物病虫测报站	广西渔牧丰收奖三等奖	2019.03

第十一章　北海市

第一节　概　述

北海市辖一县三区（合浦县、海城区、银海区、铁山港区），共有23个乡镇、7个街道办事处、94个社区居委会、336个村委会。户籍人口181.64万人，其中乡村人口119.15万人，占比65.6%。全市耕地面积186.23万亩。

北海市作物品种繁多，水田主种水稻、大豆、花生、芝麻、蔬菜（慈姑、莲藕）；坡地主要种甘蔗、番薯、大豆、粟、蔬菜（摘自《北海市志》）。据市统计局年报数，2020年，全市农林牧渔业增加值210.05亿元，增长2.1%，其中农业产值78.80亿元，增长4.17%。

目前市、县两级共有1个独立的植保站即合浦县植保站，市级植物保护工作职能归属北海市农业技术推广中心，主要承担农业病虫害测报与防治、农业植物检疫、农业技术推广工作、农用药械管理等职能。全市共7名在岗专职植保技术员。其中，研究生1名，本科生4名，大专生1名，中专生1名。推广研究员1名，高级农艺师1名，农艺师4名，助理农艺师1名。海城区、银海区、铁山港区的植保工作由当地农业技术推广中心技术人员兼做。

据调查统计，2011—2020年北海市主要农作物病虫草鼠害发生面积为506.40万 ~651.23万亩次，以水稻、经济作物、蔬菜上的病虫害为主。防治面积为534.39万 ~764.36万亩次。

第二节　植物保护体系建设与发展

中华人民共和国成立前，北海没有专门植保机构。1956年，北海市农林水利办公室设专职植保干部3人。1961年，北海镇农业局设植保股，配备干部3人。1963年，农业局成立病虫测报站，有植保干部3人。“文化大革命”期间曾撤销测报站，1969—1972年植保机构解体。1973年，北海市农业局重建病虫测报站，在农业局内办公，1974年迁至高德公社马栏大队，1976年迁到高德农业大队。1983年10月，北海市恢复地级市建制，次年4月与防城港市作为一个整体被国务院确定为进一步对外开放的14个沿海城市之一。1985年10月，病虫测报站改称北海市植保站，1987年6月1日改称自治区北海市植保植检站，正科级单位，科技人员4~6人，开展植保测报、病虫害防治、植物检疫等工作。1989年，北海市农业技术推广站、植保植检站、土肥能源站结合成立北海市农业技术推广中心，为财政全额拨款的公益性农业事业单位。人员编制是以编委核定上述3个站的编制为基础，不增编，编制17人，技术干部11人，管理干部3人，技术工人3人。承担的公益性职能主要是：建设农业技术推广体系、农作物病虫监测与防治体系及管理，关键农业技术的引进、试验、示范、推广，农作物病虫害及农业灾害监测、预报、防治和处置，农业资源、农业生态环境和农业投入品使用监测，农业公共信息和培训教育服务等。1990年，北海市植保技术人员迁回农牧局办公，编制4人，主要负责全市农作物病虫害测报和植物检疫工作（摘自《北海市志》）。

1959年各公社成立农科站，其中有分管植保工作的农业技术干部，大队有测报员。1980年，高德、西塘、涠洲3个农技站均配有植保干部1人，大队级测报点20个，生产队植保员100人。1983年农村实行家庭联产承包责任制后，除乡镇农业站分工技术干部从事植保工作外，农村植保组织也随之解体（摘自北海市志）。

1987年7月1日，原隶属钦州地区的合浦县划为北海市属县。1957年合浦县便设有测报站，后更名为合浦县植保植检站，编制数9个，2012年编制数减为8个。2020年，合浦县植保植检站更名为合浦县植保站。1992年以前，合浦县每个乡镇均设有农业技术推广中心，配备专职植保技术人员，每个村配备有总农艺师，1992年以后，乡镇植保人员归属乡政府，植保工作仅由县级和市级植保相关部门承担，乡镇无专职植保人员。

银海区农业技术推广站成立于1995年，推广人员编制2人，实有2人。一直以来银海区没有专门的植保机构编制及人员，由农技站聘用人员兼职完成相关工作。

铁山港区农业技术推广中心成立于1996年6月，为铁山港区农业农村和水利局下属事业单位，设置专技岗位编制5名。承担的公益性职能：关键农业技术的引进、试验、示范和推广，农作物病虫害及农业灾害监测、预报、防治和处置，中、低产田改良和耕地土壤肥力提升等。1996—2002年，铁山港区农业技术推广中心拥有中级职称植保专技人员1名。其间，乡镇农业站属于铁山港区农业局管理，乡镇农业站拥有一批“老农业”，擅长于病虫害预测预报及其他植保相关工作。2002年，乡镇机构改革并入农业服务中心，乡镇农业服务中心属于乡镇政府管理，乡镇不再有专职农业技术推广机构。2006年铁山港区农业技术推广中心唯一一名植保专技人员提拔转为从事行政工作。截至目前，铁山港区农业技术推广中心编制5名，被抽调3人，实际在岗人员2人。在岗人员非专职从事农业技术推广中心工作，还需担任局农业综合股职务，从事局农业行政工作，属于典型的“双肩挑”。

1995年，由北海市编制委员会核定，把北海市海城区渔农经营管理站改为海城区农业经营管理指导站，事业编制6人，经费由海城区财政差额管理，同时挂海城区农业技术推广站的牌子（摘自《海城区志》）。2013年，成立海城区农业技术推广站，由农技站技术人员兼职完成植保工作。

第三节　植物保护技术推广与培训

一、绿色植保推广

市、县（区）植保站重点突出示范推广频振式杀虫灯、性诱灭雄、黄板诱杀害虫，毒饵站灭鼠新技术，使广大农民群众看得见、摸得着、用得上，取得良好的生态效益、社会效益和经济效益。2003—2004年全市建设示范样板片面积共13850亩，应用作物有荔枝、花生、蔬菜、辣椒、甜瓜等。2003—2006年推广频振杀虫灯596盏，推广黄板48950块，应用作物有荔枝、龙眼、杧果、花生、蔬菜、西瓜、辣椒、甜瓜等。黄板对控制蔬菜白粉虱，斑潜蝇等害虫效果良好。2004年，开展农田灭鼠行动。北海市农业技术推广中心经大力宣传培训，共推广毒饵站3000多个，灭鼠示范50000多亩，2005—2006年推广诱杀瓶3750多个。2005—2006年无害化防治面积达90000多亩。

2009—2011年，根据广西壮族自治区农业厅及植保总站的部署，开展“万家灯火”“性诱技术”植保工作。新增推广“频振式杀虫灯”1000台，推广面积23000亩，推广性诱瓶22000套，面积10000亩，开展防治试验和推广。

2013—2015年，北海市共建立重大病虫害综合防治示范区31个，其中2013年、2014年合浦县7个，其余区5个；2015年合浦县4个，其余3区3个。示范面积共有2.53万亩，推广应用杀虫灯400台，果蝇、害蛾性诱瓶23000个，黄板7000块。2013年北海市农业技术推广中心直接参与联办的示范区（片）有铁山港区南康镇高田村甘蔗示范片、铁山港区营盘镇盐社水稻“两迁”害虫绿色防控示范片、银海区孙东康维无公害蔬菜生产基地以及海城区绿鑫、付氏果蔬农民专业合作社的大棚无公害蔬菜基地。2014年，北海市农业技术推广中心直接参与联办的示范区（片）有铁山港区兴港镇西瓜病虫绿色防控示范片，银海工区三合口村果蔬害虫绿色防控示范片，银海区孙东康维无公害蔬菜生产基地，以及海城区绿鑫、付氏果蔬农民专业合作社的大棚无公害蔬菜基地。2015年，北海市农业技术推广中心直接参与联办的示范区（片）有铁山港区南康镇水稻病虫绿色防控示范片、银海区宁海核心示范基地果蔬害虫绿色防控示范片以及海城区高德符氏果蔬农民专业合作社的大棚无公害蔬菜基地。

2016年以来，为贯彻落实“到2020年农药使用量零增长行动”，北海市创建一批农作物病虫害综合防治及农药使用量零增长行动示范基地，大力推进技术集成创新和机制创新，深入推进统防统治与绿色防控融合，实现农药减量控害，保障农业生产安全、农产品质量安全、生态环境安全。2016—2018年，全市共建立重大病虫害综合防治、绿色防控、农药减量控害、科学用药等示范区45个，示范区核心示范面积13.497万亩，辐射带动面积57.011万亩。累计安装频振式杀虫灯300多盏，推广黄、蓝板68万多块，果蝇、害蛾等性诱瓶8500个。

2016年，三大粮食作物实施专业化统防统治面积累计42.22万亩次，放蜂治螟10万亩次。2017—2018年在一县三区多个乡镇建立高标准“万家灯火”示范点，核心示范面积6000多亩，覆盖了全市蔬菜、水稻、果树等主要作物，大力推广黄板、蓝板、“一喷三省”等绿色防控技术。2018年，应用赤眼蜂卡70多万张、稻田养鸭2000多只，覆盖了全市甘蔗、蔬菜、水稻、果树等主要作物。

二、植保新技术推广

2007年，根据广西壮族自治区植保总站的要求，北海市重点推广“三诱”技术和甘蔗土天牛综合防治技术等。

（一）“三诱”技术

1. 性诱

根据北海市实际情况，重点推广柑橘小实蝇雄虫的性诱杀技术。配合柑橘小实蝇综合防控技术项目的实施，分别在合浦县、铁山港区、银海区、海城区推广柑橘小实蝇雄虫的诱杀技术，全市共推广性诱杀瓶1000多个，推广面积53900亩，性诱杀结合化学防治，果实套袋技术的应用，柑橘小实蝇的防治取得较好的防治效果，防治效果一般都在85%以上。此外还开展瓜实蝇、斜纹夜蛾的性诱防治试验。

2. 色诱

重点推广黄板防治西瓜和蔬菜蚜虫、美洲斑潜蝇等趋黄害虫。2007年共推广应用诱杀黄板3200多块，防治面积1000多亩，也取得不错的防治效果。

3. 光诱

重点推广频振式杀虫灯，全市2007年共推广应用300多盏，当前累计应用的有3000多盏。分别应用于甘蔗土天牛、螟虫，水稻螟虫，蔬菜、瓜果类的小菜蛾、菜青虫等害虫，防治效果比较好。据调查，福成星星农场应用频振式杀虫灯防治甘蔗天牛时，单盏诱杀成虫达3千克/晚，一般也在0.5千克/晚，通过频振式杀虫类的应用，该农场的天牛成虫已明显减少，结合其他防治方法的应用，甘蔗天牛的为害已初步得到控制。

（二）甘蔗土天牛综合防治新技术推广

甘蔗土天牛为害有加重的趋势，已对北海市甘蔗的为害造成重大的损失。据调查，受害较重有福成、南康等乡镇，部分宿根蔗苗期缺苗率达到50%以上。北海市农业技术推广中心依托区农科院的防治技术，会同银海区农业局、星星农场大力推广防治技术。重点推广包括频振式杀虫灯诱杀和挖设陷阱捕杀成虫、更新宿根蔗、清洁田园等综合措施的集成技术，共推广应用12万亩。通过该项新技术的推广，目前在为害区已收到初步成效，土天牛为害率已初步下降，该虫为害猖獗的趋势得到控制。

三、试验推广

2004年、2005年，针对橘小实蝇为害逐年加重的现象，开展橘小实蝇的性诱杀雄试验和气味剂引诱试验。2004年，在试验取得良好效果的前提下，在一县三区的乡村、农舍、果园全面铺开示范工作，为控制该虫为害探索有效途径；2005年，在2004年的试验和示范基础上开展性诱防治橘小实蝇试验，分别于铁山港区滨海农场、海城区的小岭和部分居民区进行，进一步验证性诱剂防治橘小实蝇的可行性。2005年，与厦门一公司合作，开展气味剂引杀橘小实蝇试验，该气味剂可同时引诱橘小实蝇的雄虫和雌虫。2004年，北海市农业技术推广中心承担洋蓟种植根结线虫防治药剂筛选试验，并取得初步成效。

2006年，进行柑橘小实蝇防治试验与推广。由于北海市柑橘小实蝇发生呈加重发生的趋势，继2004、2005年对该病进行防治试验以来，北海市农业技术推广中心分别在市农科所、铁山港区、海城区等地开展大面积防治试验，包括性诱杀雄虫防治试验、苦瓜、番石榴套袋防治试验，年内共推广橘小实蝇性诱杀瓶2000多个。推广性诱、套袋综合防治共3000多亩，取得良好的防治效果和综合防控经验。

2006年，进行甘蔗天牛防治试验与研究。天牛已上升为北海市甘蔗主要虫害，2005年全市发生6000多亩次，为有效地控制该虫的发生，北海市农业技术推广中心对该虫进行调查研究，开展防治试验，分别在星星农场、海城区赤壁开展调查研究和防治试验，包括频振式杀虫灯防治试验，挖土洞防治试验和综合防治研究。

四、农作物病虫电视预报

2003年，北海市制作电视预报8期，播出12次，播出水果、蔬菜无公害栽培技术及防治，柑橘小实蝇发生情况、东亚飞蝗发生及防治情况等内容。2005年，北海市农业技术推广中心与北海电台合作，制作该台欢乐农家节目5期，把实用的植保技术介绍给农民，推广瓜果实蝇、水稻病虫害等相关知识和防治技术方法。2005年，北海市农业技术推广中心与北海电视台、北海广播电台合作制作红火蚁宣传节目3期，在黄金时间播20多次。

五、培训宣传工作

（一）技术推广培训

据统计，1999年北海市各级植保站共开展科普培训16期，共培训1800人次。接受群众咨询2.8万人次。重点培训植保新科技、新农药应用技术等内容，针对病虫抗性和农药中毒事故等问题，加大植保新技术推广力度，广泛宣传推广使用新一代高效、低毒、无公害农药。

2005年，重点宣传新疫情红火蚁的识别与防控知识，在村庄、学校、卫生院张贴宣传画，通过村干部、小学生向村民发放宣传小册子，发动群众举报。全市共张贴宣传画广告8000多份，分发宣传小册20000多册。2008年，北海市农业技术推广中心开展甘蔗病虫害防治、农药安全使用、社会主义新型农民培训等，共培训200多人次。2011年，全年共培训5期，培训400多人。利用网络、电视、广播、墙报、发放明白纸等形式宣传各种农作物病虫害信息15万份，预警信息覆盖100%的乡镇，80%的行政村，指导农民开展防治。全市各级植保站全年指导病虫害防治达365万亩以上。2012年，北海市农业技术推广中心植保站全年共举办水稻、水果、瓜菜病虫害防治、无公害蔬菜种植培训班5期，培训800多人次。2015年举办农民田间学校2期，学员200多人次。

2016—2018年，结合“到2020年农药零增长行动”，重点宣传农药安全使用、病虫识别和综合防控技术、农作物病虫统防统治、绿色防控技术等知识，共举办各种培训71期，培训农民10.7万余人次，发放各种技术资料9.68万余份，开展技术跟踪服务2000余人次，网络宣传8次。

2021年，结合科学安全用药活动，全市开展培训34期，培训3548人次，发放6.555万份资料。培训主题有：水稻重大病虫害防控技术、草地贪夜蛾识别与防控技术、红火蚁识别与防控技术、柑橘黄龙病防控技术、农药减量增效技术推广、“三棵菜”科学安全用药等。

（二）队伍建设培训

1999年，为加强自身植保队伍的建设，提高业务水平，聘请区农科院园艺所、植保所和广西壮族自治区植保总站的有关专家前来讲授“西瓜病虫害的识别与防治”和“县（区）级植检员培训班”等课程。2004年，北海市农业技术推广中心与合浦县区域站、银海区、海城区、铁山港区农业技术部门通力协作，举办多期生态农业、无公害蔬菜生产技术培训班，培训各级技术骨干500人次。2015年，为加强病虫识别和防控能力、规范农药安全使用，针对主要农作物病虫害发生情况，培训乡镇骨干10期共2000多人次，发放宣传资料1.2万份；同年，召开农药经营管理培训班4期。

第四节　病虫测报与防治

一、病虫测报体系的建设与发展

市级测报工作主要依靠大田普查。2013年以来，北海市农业技术推广中心每年发布情报10期以上。

据合浦县志记载，1957年初合浦县建立农作物病虫测报站，分别在党江、公馆建立病虫测报点。同年5月，将党江测报点迁往沙岗，归属合浦县农业局领导。1963年，在合浦县农业局植保股下设县农作物病虫害测报中心站，由3名技术干部负责业务工作，站址设在环城公社。又在寨墟、张黄、南康、公馆、小江等5个区设立测报点，还在5个大队建立由农民植保技术员负责的测报网，另设季节性测报点16个，从而加强了病虫害测报业务工作。1965年以后，县病虫测报站配备专职干部3~7名。公社设测报点，各配备1名植保专干。公馆、石康、南康、西场等4个重点公社还加配1名农民植保员，基本上形成了全县性植保网。60年代前的测报对象以粮食作物（水稻）的主要病虫为主，按系统测报办法进行；以测报经济作物的病虫为辅，实行一般测报，两项均以短、中期预报为主。20世纪70年代以后，对粮食作物（水稻、玉米）和经济作物（花生、甘蔗、黄麻、柑橘）的主要病虫实行预测预报并举，将系统测报法与一般测报相结合。每年都作长期的全年发生趋势预报及经常的中、短期预报。预报发生期、发生量、发生地域及为害程度。测报方法由用灯光诱测、糖蜜诱测发展到用物候、发育进度、期距预测、越冬期调查有效虫源基数，结合环境、气候因子及害虫雌雄比例、繁殖能力和成活率等推算害虫发生量。同时，还辅以数理统计进行预测，从而提高了测报的准确程度，及时地指导了大田防治。

建立农作物测报网合浦区域测报站。1990年，由农业部投资20多万元在合浦县农业局建设全国农作物测报网合浦区域测报站，配备植保专用汽车一辆及一大批仪器设备。主要负责黏虫、稻纵卷叶螟、稻飞虱等迁飞性害虫的系统监测，每年定期或不定期以模式电报向农业部病虫测报处及广西壮族自治区植保总站发报20多期。2004年，建立完善农作物病虫害预测预报系统，在合浦现代农业信息网上设立《病虫情报》专栏（摘自《合浦县志》）。

建立合浦现代农业信息网。2002年4月，“合浦现代农业信息网”网站建成并开通。主要栏目包括合浦概况、农业动态、名特产品、专家咨询、实用科技、供求信息、政策法规、招商引资、党建工作等，将合浦县所有的农业科技信息、农业专业人才信息、政府和农业部门信息、县内外市场信息等农业信息资源进行数字化处理和动态发布（摘自《合浦县志》）。

建立农业有害生物预警与控制区域站。2004年，农业部拨款355万元，建设农业部（合浦）农业有害生物预警与控制区域站，这是广西首批规划设立的两个区域站之一。该站于2004年11月开始筹建，基础设施包括建设在合浦县农业局内的检验检测用房、药品药械储备库和建设在石康镇太平村的标准病虫观测圃。2005年12月完成全部基础设施建设（摘自《合浦县志》）。

二、农作物主要病虫害种类

1957年，合浦县先后两次组织较大规模的农作物病虫害普查。1963年，合浦县先后三次进行植保检疫对象普查，进行1次农作物天敌资料普查和自然灾害调查，基本上摸清各种农作物的主要病虫害及其他自然灾害的发生规律，并指导广大农民同病、虫、鼠、风、涝、冻等灾害作斗争（摘自《合浦县志》）。

据记载，1991—2005年，合浦县内农作物发生的病虫害种类繁多，其中水稻虫害主要有三化螟、台湾稻螟、稻纵卷叶螟、稻飞虱、稻瘿蚊、黏虫、稻蟒象、稻叶蝉、稻跗线螨、稻象甲、稻潜叶蝇等，病害主要有水稻纹枯病、水稻细菌性条斑病、稻瘟病、水稻白叶枯病、水稻细菌性褐条病、南方黑条矮缩病、青枯病、稻曲病、恶苗病等；玉米虫害主要有玉米螟、蚜虫、斜纹夜蛾、棉铃虫、黏虫等，病害主要有玉米大斑病、玉米小斑病、玉米纹枯病、顶疯病、玉米锈病、玉米细菌性茎腐病等；果树方面主要有柑橘小实蝇、螨类、蚧类、黑刺粉虱、叶甲类、天牛类、吸果夜蛾、锈蜘蛛、蚧壳虫、潜叶蛾、荔枝蟒象、褐带长卷叶蛾、拟小黄叶蛾、黑点褐卷叶蛾、荔枝小灰蝶等虫害和柑橘黄龙病、柑橘溃疡病、疮痂病、炭疽病等病害；蔬菜虫害主要有蝼蛄、蛴螬、地老虎、跳甲、瓢虫、菜青虫、棉铃虫、小菜蛾、潜叶蝇、烟青虫、蚜虫、蓟马、红蜘蛛、白粉虱、茶黄螨、斜纹夜蛾、黄曲条跳甲、美洲斑潜蝇、蜗牛、蛞蝓等，病害主要有霜霉病、灰霉病、白粉病、炭疽病、锈病、叶斑病、软腐病、根腐病、白绢病、枯萎病、疫病、病毒病等。其他作物、杂果方面的病虫害也有不同程度发生。

（一）粮食作物主要病虫害的发生演变

20世纪60年代，由于有机氯、有机汞农药的大量使用，加上耕作制度上安排不当，以及调种频繁等原因，病虫害种类发生了较大变化，原居主要地位的水稻胡麻叶斑病、恶苗病、稻象甲、甘薯瘟病等受到抑制，为害轻微。原居次要地位的稻纵卷叶螟、稻瘿蚊、黏虫等上升为常发性害虫。

20世纪70年代，化学农药和化肥继续大量使用，农田生态受到影响，农作物病虫害种类又有新变化，潜在性和次要性的水稻纹枯病、稻蟒象、赤枯病、甘薯黑斑病等上升为主要病虫害，发生频率增高，一年数次。田鼠的为害也逐年加重，且有继续扩展趋势。

20世纪80年代以后，除虫菊酯农药取代了有机氯类农药，用量增加，农作物病虫害又发生了变化，水稻纹枯病成了首要病害，水稻白叶枯病为害减少，稻瘟病则随水稻品种的更换而变化，隔2~3年重发1次，更换抗病品种可抑制其发生和流行为害。稻纵卷叶螟、稻象甲、稻恶苗病则有回升之势。玉米小斑病、玉米纹枯病上升为主要病害，蚜虫、蛀茎螟、地老虎成了玉米的主要虫害。

（二）经济作物主要病虫害的发生演变

1. 甘蔗

甘蔗历史上常发性的病虫害是蔗螟、绵蚜、凤梨病。中华人民共和国成立后直至20世纪60年代，所种蔗都是旧品种，收获后的甘蔗未能及时榨糖，便会导致严重的凤梨病。这个时期的甘蔗病害略重于虫害。70年代以后，甘蔗虫害重于病害，为害较重的是蔗螟、蓟马、绵蚜、黑穗病、赤斑病、赤腐病、齐螬等，蝗虫、鼠类为害也日益严重。

2. 花生

中华人民共和国成立前至20世纪50年代是花生主要病虫害青枯病、芜菁，其次是蚜虫、蟋蟀（土狗）、黑斑病、丛枝病。60至70年代，芜菁被控制了，蚜虫上升为主要害虫。黑斑病发生变轻了，锈病上升为主要病害。蟋蟀、丛枝病则被斜纹夜蛾、褐斑病所取代。80年代，花生的主要病虫害是蚜虫、斜纹夜蛾、锈病、褐斑病、青枯病，还有田鼠为害；其次是花生纹枯病、卷叶螟、造桥虫、线虫病、齐螬。

3. 麻类

黄红麻的病虫害以线虫病、地老虎、金龟子为主，炭疽、立枯病、蚜虫为次。20世纪60年代则以炭疽病、立枯病、金龟子、蚜虫为主，线虫病、造桥虫、蟥象为次。70~80年代则以立枯病、炭疽病、造桥虫、斜纹夜蛾、金龟子、蚜虫、蟥象为主，地老虎为次。

三、农作物主要病虫鼠草螺害发生情况

北海市主要农作物以水稻、甘蔗、蔬菜、薯类等为主，2011—2020年，北海市农作物播种面积为254.56万 ~277.89万亩，2020年播种面积为260.17万亩。

2011—2020年病虫草鼠害发生面积分别为616.28万亩次、636.73万亩次、622.08万亩次、651.23万亩次、580.52万亩次、535.47万亩次、559.61万亩次、583.75万亩次、506.40万亩次、509.40万亩次。2011年防治面积占比97.01%。2011—2016年防治占比均小于100%，2017年防治占比为100%，2018年为130.94%，2019年为134.29%，2020年为141.25%。

（一）水稻

2011—2020年，北海市水稻种植面积约为74万亩，2018—2020年，种植面积约为57万亩，占比小于农作物种植面积的30%。水稻害虫主要有稻纵卷叶螟、稻飞虱、钻蛀性螟虫、稻叶蝉、稻瘿蚊、稻蟥象、稻蓟马等；病害主要有水稻纹枯病、稻瘟病、水稻线虫病等。2011—2020年，水稻病虫害发生面积为89.08万 ~178.76万亩次，最高为2014年，最低为2019年；虫害发生面积为28.40万 ~105.34万亩次，最高为2014年，最低为2019年，2015年虫害从105.34万亩次骤降到51.96万亩次；病害为44.80万 ~84.65万亩次，最高为2012年，最低为2020年。2011—2020年，水稻主要病虫害防治面积为107.39万 ~178.36万亩次。

北海市害虫以稻纵卷叶螟和稻飞虱为主。近年来稻纵卷叶螟发生较重，迁入虫量大，世代重叠严重。稻飞虱以褐飞虱和白背飞虱为主，2021年稻飞虱发生较重。钻蛀性螟虫以三化螟为主。但近年来，二化螟加重，在北海市有缓慢上升的趋势。

水稻病害主要以水稻纹枯病、稻瘟病两大病害为主。近两年，水稻纹枯病发生较轻。水稻线虫每年均有发生，并且呈现逐年上升的趋势，主要集中在早播田，党江镇、西场镇发生较重。2021年9月，首次在北海市合浦县和铁山港区发现水稻橙叶病，为零星发生。

1. 主要虫害

（1）稻纵卷叶螟。稻纵卷叶螟在北海市每年均有发生，发生程度一般为中等发生，局部中等偏重

发生，个别年份极为严重。稻纵卷叶螟不在本地越冬，但大量初见虫源均由外地迁入。每年发生七个世代，世代重叠，有时一个世代出现2个高峰期，以第二、第六代为害严重（个别年份以第三、第五代为主），常年市郊发生0.35万～1.5万亩，为害较重的是1972年、1975年、1977年、1979年和1981年。1971年以后，稻纵卷叶螟开始上升为主要害虫之一。当年发生2.3万亩次，占种植面积23.2%，出现大面积禾叶白枯。1981年，该虫全面成灾，为害面积5万亩次，占全年水稻总面积60%，损失粮食250吨（表30）。

表30　1974—1990年北海市郊稻纵卷叶螟发生统计表（单位：万亩）

年度	上半年				下半年				全年			
	发生面积	占实插面积%	防治面积	占发生面积%	发生面积	占实插面积%	防治面积	占发生面积%	发生面积	占实插面积%	防治面积	占发生面积%
1974	1.40	37.0	0	0	0	0	0	0	1.40	37.0	0	0
1975	0.25	6.5	0.20	80.0	3.2	46.0	2.80	93.0	3.25	30.6	3.0	92.3
1976	1.35	35.4	1.20	89.0	1.21	18.6	0.80	66.0	2.56	25.0	2.0	78.0
1977	2.00	51.0	1.50	75.0	0.55	9.8	0.50	90.0	2.55	26.8	2.0	78.0
1978	1.25	43.0	1.20	96.0	0.63	11.0	0	0	1.87	21.8	1.68	89.6
1979	1.40	42.8	1.20	85.7	3.29	53.0	2.44	74.0	4.69	49.5	3.64	77.6
1980	0.17	5.1	0.09	53.7	0.90	14.9	0.43	47.8	1.07	11.4	0.52	48.7
1981	0.09	3.6	0.02	22.2	4.91	85.9	3.98	81.0	5.00	60.0	4.0	80.0
1982	0.20	7.3	0.20	100.0	0.23	4.1	0.20	87.0	0.43	5.2	0.4	93.0
1983	0.03	1.0	0.03	100.0	0.22	4.0	0.11	50.0	0.25	3.0	0.14	56.0
1984	0.03	1.0	0.02	66.7	0.10	2.1	0	0	0.13	1.7	0.02	15.3
1985	0.06	2.5	0.04	68.0	0.20	3.8	0.05	25.0	0.26	3.4	0.95	35.7
1986	0.30	11.8	0.11	36.7	0.11	2.3	0.05	45.5	0.41	5.7	0.16	39.0
1987	0.22	9.5	0.113	59.0	0	0	0	0	0.22	9.5	0.13	59.0
1988	0.20	9.0	0.15	75.0	0.94	20.0	0.18	20.0	1.41	16.0	0.33	28.9
1989	0.14	5.7	0.08	57.1	0.30	6.2	0.30	100.0	0.44	5.3	0.38	86.4
1990	1.70	74.9	1.03	60.6	3.80	88.9	2.52	66.3	5.50	77.6	3.55	64.5

注：图表摘自《北海市志》

2011—2014年，发生面积逐年上升，发生面积为30万～57.7万亩次。2015年发生面积仅为27万亩次。2016—2020年，发生面积分别为21.41万亩次、23.25万亩次、18.87万亩次、12.24万亩次、21.05万亩次。2011年，发生程度为中等外地迁入虫量较大，本地峰次多，防治难，残留虫源多；全年发生面积30万亩次，占水稻播种面积的38.81%，防治面积29.3万亩次。2013年发生程度为中等，局部中等偏重发生，因春回暖早，利于越冬螟虫繁殖，且迁入虫量较大，导致本地峰次多，防治困难，且杂优品种种植面积大，利于该虫取食为害，稻纵卷叶螟发生为害较2012年重。2014年，发生程度为中等，局部中等偏重发生；6月、8月降雨多及7月的“威马逊”和9月的“海欧”台风雨的影响，利于稻纵卷叶螟迁入及繁殖为害，第五、第六代发生较重；发生面积比2013年增8.37%，发生、为害均较2013年重。2015年，发生程度为中等，局部中等偏重发生；去冬今春气候温暖，利于越冬螟虫繁殖，第二代稻纵卷叶螟发生重。第三代、第六代稻纵卷叶螟本地和迁入虫源少，发生轻，稻纵卷叶螟总体发生较2014年轻。2016年，发生程度为中等偏轻，局部中等偏重发生；第二、第五、第七代发生较重，第三、第六代发生轻。由于风雨频繁，利于迁入，第二、第五、经七代稻纵卷叶螟发生重。2017年，发生程度为中等，局部中等偏重发生；第三代、第五代稻纵卷叶螟发生重。2018年，发生程度为中等偏轻，局部中等偏重发生。由于降雨少，迁入少，第二代发生较轻，第三代局部发生重，第六代发生较重，第五代发生轻。2019年，发生程度为轻发生，局部中等偏重发生；除第二代本地虫源和迁入量均较大，该代发生较重外，其他各代发生均轻。2020年，发生程度为中等偏轻发生，局部中等偏重发生；由于上半年本地虫源和迁入量均较大，第一、二代发生较重；下半年第六代发生较重。

（2）稻飞虱。主要以褐飞虱和白背飞虱为主。发生程度一般为中等偏轻发生。2011—2013年，稻飞虱发生面积逐年下降，依次为45.5万亩次、38.8万亩次、35.8万亩次。2014年稻飞虱发生面积为41.35万亩次，相较于2013年有所上升。2015年，发生面积为19.1万亩次，同期减少53.8%。2016—2020年，稻飞虱发生面积分别为20.02万亩次、14.29万亩次、12.44万亩次、9.47万亩次、16.08万亩次。

2011年，发生程度为中等偏轻，早稻第四代，局部稻田稻飞虱虫口密度较大，种群以褐飞虱为主，每百丛480~2700头，个别田块每百丛高达8000头，出现“落窝”现象。2013年，发生程度为中等偏轻，迁入虫量和本地虫源较少，稻飞虱的发生程度总体较轻。2014年，发生程度为中等偏轻，局部中等发生，由于当年6、8月降雨多及受7月的“威马逊”和9月的“海欧”台风雨的影响，第五、第六、第七代发生较重，发生面积比2013年增18.34%，发生、为害均较2013年重。2015年，发生程度为中等偏轻发生，各代本地和迁入虫源少。2016年，发生程度为中等偏轻，局部中等偏重发生；因降雨较多，稻飞虱迁入量大，第一、第二代稻飞虱发生较重。2017年，发生程度为轻，局部大发生；因降雨较多，稻飞虱迁入量大，第二、第五、第六代稻飞虱发生较重。2018年，发生程度为轻，局部中等偏轻发生；由于降雨较少，不利于稻飞虱迁入和繁衍。2019年，发生程度为轻，局部中等偏轻发生；本地虫源和迁入量均较小，各代稻飞虱发生均较轻。2020年，发生程度为中等偏轻发生，局部中等发生；下半年迁入量较大，第五代、第六代稻飞虱发生均较重。

（3）钻蛀性螟虫。发生程度一般为轻发生，局部中等偏轻发生，主要为害偏早或偏迟抽穗的田块。北海市钻蛀性螟虫有三化螟、二化螟、台湾稻螟，以三化螟为主。2011年以后，二化螟发生较重，发生程度与三化螟持平，台湾稻螟每年均有发生，发生面积较小。

20世纪60年代三化螟为害严重，反复出现。1958年、1963年、1966年、1977年、1978年、1979年为中等以上发生年。1962年、1964年、1975年是中华人民共和国成立后的3次螟害严重年。1962年，全年螟害面积7.6万亩，年平均螟害率2.8%，损失粮食250吨。1964年，第二代三化螟为害严重，为害面积5415亩，平均螟害率2.6%，损失粮食35吨。1975年，全年螟害面积5.8万亩，第三代螟害率15.6%，第五代的白穗率为4.9%，损失粮食19吨。三化螟每年发生五代，以第二第五代为害最严重，全年测灯总蛾量为0.18万 ~2.47万头，以第三代蛾量最多，属第三代多发型。螟害面积以第二、经五代大，为害程度以第三、第五代重。80年代，由于水稻品种、耕作制度改变，三化螟为害有所下降（表31）。

2011—2017年，三化螟发生面积逐年下降，全年发生面积为0.32万 ~2.5万亩次，2018年发生面积为0.57万亩次，2019年发生面积为1.62万亩次，2020年为0.47万亩次。

表31　1974—1990年北海市郊三化螟发生统计表（单位：万亩次）

年度	上半年				下半年				全年			
	发生面积	占实插面积%	防治面积	占发生面积%	发生面积	占实插面积%	防治面积	占发生面积%	发生面积	占实插面积%	防治面积	占发生面积%
1974	0.37	10.0	0.30	80.0	2.60	38.0	2.19	84.0	2.97	28.0	2.49	84.0
1975	0.52	14.0	0.20	38.0	5.28	81.0	5.0	95.0	5.81	55.0	5.20	89.5
1976	0.35	92.0	0.20	57.0	2.08	32.0	1.72	82.7	2.43	23.5	1.92	79.0
1977	1.67	43.0	1.00	60.0	2.10	37.5	0.84	40.0	3.77	39.7	1.84	49.0
1978	1.90	65.4	1.00	52.6	2.00	35.0	0.48	24.0	3.90	45.4	1.48	37.9
1979	2.20	67.0	1.50	68.0	1.80	29.0	1.10	61.0	4.00	42.3	2.60	65.0
1980	0.23	6.9	0.12	52.0	1.84	30.2	0.14	6.20	2.07	22.0	0.23	11.3
1981	0.20	7.9	0.20	100.0	3.90	68.0	2.20	56.5	4.10	49.0	2.20	53.7
1982	0	0	0	0	0.16	3.0	0.05	31.3	0.16	1.90	0.05	31.3
1983	0	0	0	0	0.47	8.7	0	0	0.47	5.7	0	0
1984	0.15	5.4	0	0	0.47	10.0	0	0	0.62	8.3	0	0
1985	0.53	20.0	0	0	0.12	2.3	0	0	0.65	8.3	0	0
1986	0.15	6.0	0.05	33.3	0.12	4.3	0.10	50.0	0.35	4.8	0.15	42.8
1987	0.12	5.2	0.05	41.7	0	0	0	0	0.12	4.57	0.05	41.7
1988	0.45	20.1	0.20	44.4	1.41	30.0	0.42	30.0	1.86	26.8	0.62	33.4
1989	0.52	21.2	0.26	50.0	1.92	40.0	1.14	70.0	2.44	29.5	1.40	57.4
1990	0.15	6.6	0.05	33.3	0.30	6.2	0.25	83.3	0.45	6.4	0.30	66.7

（4）水稻眉纹夜蛾。据资料记载，北海市郊以每年8月、9月为害最重。1956年、1957年局部成灾，为害面积7000亩和6000亩，每平方米有幼虫20~25头，严重田块禾叶被食光，以高德公社平阳垌、西塘公社群和垌为重。

（5）黏虫。据资料记载，9~10月发生为害，1958年局部成灾，咬断谷穗，为害面积2380亩，每平方米有幼虫20~25头，每亩损失稻谷25~75千克，总损失粮食8万多千克，以西塘公社群和垌、高德公社老水田受害严重。

（6）大稻缘蝽。又名蝽象，是间歇性发生的害虫。条件适合，就会爆发成灾。据资料记载，1973年大稻缘蝽盛发，严重为害中晚造，受害面积2.38万亩，损失稻谷34.5万千克。

2. 主要病害

（1）水稻纹枯病。水稻纹枯病是北海市水稻常发性病害，发生程度一般为发生程度为中等，局部偏重发生。20世纪80年代该病有所上升，为害加重，已由一般性的病害上升为关键性病害。1980年前，年发病仅600~4000亩。此后，年发病2500~6000亩，1990年发病面积达1.7万亩次，损失稻谷84吨（表32）。

表32　1974—1990年北海市郊水稻纹枯病发生统计表（单位：万亩）

年度	早造发生面积	晚造发生面积	全年发生面积	全年发病率			严重度	备注
				轻	中	重		
1974	0.015	0.10	0.115	3.5	16.2	45.8	轻	①发病率以株为单位计算。②发病率轻、中重以算术平均计算。
1975	0.05	0.15	0.20	5.5	14.0	46.8	轻	
1976	0.30	0.10	0.40	1.5	7.0	65.0	轻	
1977	0.15	0.10	0.25	2.0	7.5	64.0	轻	
1978	0.01	0.10	0.15	5.0	26.5	52.0	轻	
1979	0.05	0.15	0.20	16.4	38.8	49.0	轻	
1980	0.03	0.03	0.06	15.5	29.0	100.0	轻	
1981	0	0.10	0.10	8.5	20.5	50.0	轻	
1982	0.20	0.30	0.50	10.0	20.0	80.0	中偏轻	
1983	0.10	0.57	0.67	15.0	27.8	100.0	中偏轻	
1984	0.15	0.10	0.25	4.5	35.0	70.0	轻	
1985	0.14	0.10	0.24	11.5	45.0	69.5	轻	
1986	0.10	0.20	0.30	5.1	14.5	67.0	轻	
1987	0.10	0.20	0.30	6.2	15.0	75.0	轻	
1988	0.45	0.47	0.92	16.5	38.5	86.5	中偏轻	
1989	0.01	0.50	0.60	12.0	35.0	75.0	中偏轻	
1990	0.03	1.40	1.70	18.5	45.0	100.0	中偏轻	

2011—2019年，发生面积为45万 ~57.1万亩次，2020年发生面积仅为36.11万亩次。2011年，发生程度为中等偏重。2013年，发生程度为中等，局部中等偏重；直播田面积大，5—8月降雨较多，田间湿度较大，利于该病的流行、蔓延。2014年，发生程度为中等，局部中等偏重，当年4月、5月、7月、9月、10月降雨少，不利于水稻纹枯病的发生、蔓延和流行。2015年，发生程度为中等，局部中等偏重；直播田面积大，6—8月降雨较多，田间湿度较大，利于该病的流行、蔓延。2016年，发生程度为中等，局部中等偏重；直播田面积大，水稻分蘖期后降雨较多，田间湿度较大，利于该病的流行、蔓延。2017年和2018年，发生程度均为中等，局部偏重发生，直播田面积大，去冬今春气温较高，残留菌核数量大，水稻分蘖期后降雨较多，田间湿度较大，利于该病的流行、蔓延。2019年，发生程度为中等偏轻，局部中等偏重发生；去冬今春气温较低，残留菌核数量较少，水稻分蘖期后降雨较少，不利于该病的流行、蔓延。2020年，发生程度为中等偏轻，局部中等发生；上半年水稻分蘖期后降雨较少，不利于该病的流行、蔓延。

（2）稻瘟病。稻瘟病是北海市水稻常发病害，发生程度一般为轻发生，局部中等偏轻发生。1959年，北粳（稻）南移引起北海历史上稻瘟第一次流行，为害面积2000多亩次，失收面积350亩，损失稻谷25吨。1978年，大面积种植感病品种南优三号，稻瘟病普遍发生，受害面积1.01万亩次，其中穗瘟病8500亩，发病穗率20%~44.5%，较重达的85.7%，损失稻谷40多万千克（表33）。

表33 1975—1990年北海市郊稻瘟病发生情况表（单位：万亩）

年度	早造		晚造		全年		为害程度
	叶瘟	穗瘟	叶瘟	穗瘟	叶瘟	穗瘟	
1975	0.10	0.01	0	0	0.01	0.01	轻
1976	0.50	0.10	0	0	0.50	0.10	中偏轻
1977	0.35	0.02	0.01	0.06	0.36	0.08	轻
1978	0.25	0.80	0	0.05	0.25	0.85	中偏重
1979	0	0.17	0	0	0	0.17	轻
1980	0	0	0	0	0	0	0
1981	0.01	0.30	0	0	0.01	0.30	轻
1982	0.15	0.05	0	0.01	0.15	0.06	轻
1983	0.03	0	0	0	0.03	0	轻
1984	0.04	0.14	0	0	0.04	0.14	轻
1985	0	0	0	0	0	0	0
1986	0.01	0.07	0	0.05	0.01	0.12	轻
1987	0.05	0	0	0.02	0.05	0.02	轻
1988	0	0	0	0	0	0	0
1989	0	0	0	0.20	0	0.20	轻
1990	0	0	0	0	0	0	0

2011—2013年，发生面积为4.15万~6.7万亩次，2014—2020年发生面积为1.44万~2.35万亩次。2014年稻瘟病发生面积骤减。2011年个别种子抗性差，局部地方水稻抽穗时刚好遇上不利的环境因素。2015—2020年部分感病品种叶瘟发生较重。2017年、2019年破口期雨水较多，易于穗颈瘟发生。2018年破口期雨水较少，不利于穗颈瘟发生。

（3）水稻根结线虫病。水稻根结线虫病在北海市发生程度一般为轻发生，局部中等。2011—2020年发生面积4.04万~7.5万亩次，主要为害直播田。2012—2016年发生面积逐年下降，2019年发生较轻，发生程度为轻发生，局部中等偏轻发生。2020年发生面积仅为0.51万亩次。

（4）南方水稻黑条矮缩病。该病在北海市发生程度一般为轻发生，局部中等偏轻。2014年南方水稻黑条矮缩病发生较2013年重，原因为稻飞虱发生较去年重，田间防治不均衡，局部田块稻飞虱残留量较大。2017年发生程度为轻发生，局部大发生。2018年发生面积为0.19万亩次，2019年、2020年发生面积分别为0.06万亩次、0.073万亩次。

（二）玉米

2011—2020年，北海市玉米种植面积为14.49万~16.03万亩，种植面积占全市农作物种植面积不到6%。玉米主要虫害有玉米螟、玉米蚜虫、草地贪夜蛾、斜纹夜蛾等，主要病害有玉米纹枯病、玉米大斑病、玉米小斑病、玉米锈病等。2011—2020年主要病虫害发生面积为8.39万~11.53万亩次，防治面积为7.91万~17.63万亩次；主要虫害发生面积为6.05万~9.35万亩次，防治面积为6万~13.19万亩次；主要病害发生面积为1.67万~3.7万亩次，防治面积为1.68万~4.44万亩次。

1. 主要害虫

（1）玉米螟、玉米蚜虫。北海市玉米主要害虫为玉米螟和玉米蚜虫。玉米螟近年每年发生面积有1.88万~6.95万亩次。2011年、2013年、2014年发生程度为轻发生，局部中等偏轻发生，2015年、2016年、2017年、2019年、2020年发生程度为中等偏轻，2018年发生程度为轻，局部中等偏轻。玉米蚜虫在2011年、2013—2017年发生程度为中等偏轻，2018年发生程度为中等偏轻，局部中等发生；2019年发生程度为轻，局部中等偏轻发生；2020年发生程度为轻，局部中等偏重发生；近年每年发生面积有0.25万~6.23万亩次；2011年发生面积仅为0.25万亩次。

（2）草地贪夜蛾。2019年4月，草地贪夜蛾入侵北海市，在各县（区）普遍发生。该虫世代重叠严重，在北海市周年繁殖，无滞育现象。主要为害玉米、甘蔗、水稻、冬粉薯等作物，以为害玉米最为严重，可为害各个生育期的玉米，处于苗期和拔节期的玉米因其叶片幼嫩和形成的喇叭口利于喜阴的草地贪夜蛾幼虫取食，受害尤其重（摘自刘暮莲论文《2019年合浦县草地贪发生情况及防控措施》）。

2019年4月，北海市在银海区局部玉米种植区发现1~5龄幼虫为害，虫株率最高68.62%，平均虫口密度8头/百株，受害玉米生育期9~12叶，被害严重的玉米植株叶片有缺刻、心叶被啃光。据合浦县植保植检站在廉州、星岛湖、石康、常乐等镇调查，尚未抽雄的玉米有草地贪夜蛾发生为害，田间玉米受害株率一般为3%~5%，重的达21.5%。

2019年7月，据合浦县植保植检站在廉州、石康、常乐等镇调查，春玉米收获后，草地贪夜蛾转至为害周边种植的冬粉薯，这是首次发现该虫在北海市为害冬粉薯。

2020年7月，合浦植保站在合浦县白沙镇石达村委新富村调查发现，新植蔗（3~7叶）发生草地贪夜蛾为害，发生面积400亩，为害株率75%~96%，虫口密度65~82头/百株，草地贪夜蛾幼虫虫龄1~5龄，这是首次发现草地贪夜蛾在北海市甘蔗上发生为害。

2020年7月，据合浦县植保站在党江镇、闸口镇、西场镇调查，水稻秧田（2.5~4叶）发生草地贪夜蛾为害，这是草地贪夜蛾首次发现在北海市发生为害水稻。草地贪夜蛾为害水稻秧田，为害株率重的达100%，虫口密度重的达667头/平方米，一般为168~252头/平方米，幼虫虫龄1~6龄。

2019年、2020年，草地贪夜蛾发生程度为轻，局部中等偏重发生。2019年发生面积0.8172万亩次，其中，玉米0.805万亩次，高粱0.012万亩次，其他经济作物0.0002万亩次。2020年发生面积为1.478万亩次，其中玉米1.4178万亩次，水稻0.0154万亩次，竹芋0.0047万亩次。

2. 主要病害

玉米大斑病：2011年发生程度中等偏轻发生；2013—2020年发生程度为轻，局部中等偏轻发生；2020年发生程度为轻，局部中等偏轻发生。玉米纹枯病：2019年、2020年发生程度轻，局部中等偏轻发生。

（三）甘蔗

目前北海市甘蔗主要病虫害有甘蔗螟虫、甘蔗蓟马、甘蔗绵蚜、甘蔗黑穗病、甘蔗凤梨病、甘蔗梢腐病等。

1. 甘蔗主要病虫害发生情况

据资料记载，二点褐金龟是北海坡地甘蔗毁灭性害虫，成虫俗称糯米虫，幼虫称鸡虫。甘蔗前期受害，造成缺苗，严重影响产量和降低糖分，后期受害，甘蔗成片枯死。一般每年发生为害严重田块损失50%以上。该虫还为害花生、木薯等坡地作物。二点褐金龟在北海两年一个世代。成虫发生高峰期在5月中旬至7月下旬，幼虫为害甘蔗有两个时期。第一时期在4月下旬至5月下旬，是上年遗留下的老龄幼虫为害；第二时期在8月中旬至12月上旬，是当年发生的幼虫和上年遗留下来的老龄幼虫共同为害（摘自北海市志）。

二点褐金龟成虫嗜食木麻黄叶和台湾相思叶，幼虫多发生在沙质土的坡地作物。1981年，随着坡地大种甘蔗，该虫为害日趋严重，在广西唯独在北海发生，关键因北海具备该虫所需的气候（该虫属亚热带害虫）和寄生条件，北海有大量的木麻黄和台湾相思，加上北海坡地多为沙质土，适宜幼虫生长。1983—1987年，北海大面积推广美国3%呋喃丹和国产3%甲基异柳防治幼虫，效果达98%~100%。1990年再没出现成片甘蔗枯死现象（摘自《北海市志》）。

2011—2020年，北海市甘蔗种植面积为43.47万~49.29万亩。主要病虫害发生面积为80.05万~103.82万亩次，防治面积为75.74万~137.63万亩次；主要虫害发生面积为68.4万~94.6万亩次，防治面积为68.4万~126.91万亩次；主要病害发生面积为7.34万~10万亩次，防治面积为7.33万~10.72万亩次。甘蔗螟虫2011年、2013年发生程度为中等发生。2014—2018年、2020年发生程度为中等偏轻，局部中等发生。2019年发生程度为中等偏轻。

2. 甘蔗主要病虫害防治

甘蔗的主要虫害是蔗螟、蓟马和蚜虫，苗出土50厘米后，发现枯心苗，即为螟虫为害，此时可将枯心苗割掉，用竹签或铁锥向有虫口痕迹的蔗茎头部刺下，并顺刺洞灌入600倍敌百虫药液，杀死蔗螟幼虫。秋季以后，天气干旱，常出现蓟马或蚜虫为害，可用800~1000倍40%的乐果喷杀（摘自北海市志）。

（四）花生

北海市花生主要病虫害有花生根结线、花生锈病、蚜虫等。

2011—2020年主要病虫害发生面积为15.35万~23.63万亩次，防治面积为14.45万~23.07万亩次；主要虫害发生面积为4.8万~10.93万亩次，防治面积为4.65万~12.58万亩次；主要病害发生面积为7.24万~12.7万亩次，防治面积为8.7万~12.03万亩次。花生根结线虫2011年、2013—2015年发生程度为中等，局部中等。2016—2020年发生程度为轻，局部中等。花生锈病2011年发生程度为轻发生，局部中等偏轻。2013年发生程度为中等偏轻。2014—2020年发生程度为轻发生，局部中等偏轻。

花生蚜虫：1963—1990年发生面积为14.94万亩次，防治面积为11.02万亩次，1964年、1977年、1980年、1981年、1982年、1985年、1987年发生程度为重，1983年、1990年为中，其余年份为轻（表34）。

表34　1963—1990年北海市部分年份花生蚜虫发生统计表（万亩次）

年度	发生面积	防治面积	发生程度	年度	发生面积	防治面积	发生程度
1963	0.10	0.02	轻	1977	1.40	0.90	重
1964	1.42	0.71	重	1978	0.10	0.10	轻
1967	0.05	0.05	轻	1979	0.05	0.02	轻
1974	0.05	0	轻	1980	1.34	1.00	重
1975	0.12	0.08	轻	1981	1.23	0.80	重
1976	0.05	0.03	轻	1982	1.82	1.79	重
1983	0.96	0.87	中	1987	2.00	1.80	重
1984	0.45	0.35	轻	1988	0.50	0.40	轻
1985	1.10	1.00	重	1989	0.105	0.20	轻
1986	0.40	0.20	轻	1990	0.75	0.70	中

（五）蔬菜

2011—2019年，北海市蔬菜种植面积为51.98万~66.62万亩。主要虫害有菜蚜、菜青虫、小菜蛾、黄曲条跳甲、美洲斑潜蝇、白粉虱、瓜蓟马、黄守瓜、菜螟、豆荚螟、斜纹夜蛾、瓜实蝇等，主要病害有白菜软腐病、白菜霜霉病、瓜类灰霉病、瓜类白粉病、瓜类霜霉病、瓜类炭疽病、瓜类枯萎病、瓜类疫病、辣椒炭疽病、辣椒疫病、辣椒病毒病、番茄青枯病、番茄灰霉病、番茄早疫病、番茄晚疫病、番茄疫霉根腐病等。2011—2020年主要病虫害发生面积为49.1万~96.51万亩次，防治面积为45.1万~132.73万亩次；主要虫害为42.5万~84.55万亩次，防治面积为42.2万~116.83万亩次；主要病害为6.6万~12.57万亩次，防治面积为2.9万~21.52万亩次。

瓜疫病2011年、2013—2020年发生程度为轻发生，局部中等偏轻。瓜类枯萎病2011年、2013—2020年发生程度为轻发生，局部中等偏轻。菜蚜2011年、2017年、2019年、2020年发生程度为轻发生，局部中等偏轻；2013年、2015年、2016年发生程度为中等偏轻；2014年、2018年发生程度为中等偏轻，局部中等。小菜蛾2011年、2013—2015年、2017—2019年发生程度为轻发生，局部中等偏轻，2016年发生程度为中等偏轻发生，2020年发生程度为轻发生，局部中等偏重。黄曲条跳甲2016年、2017年发生程度为中等偏轻，局部中等偏重发生，2018—2020年发生程度为轻，局部中等偏重发生。

（六）豇豆

豇豆是北海市的支柱产业，2020年，豇豆种植面积达16.79万亩，连片规模化种植总面积在11万亩左右，分布于一县三区，以南流江沿岸镇乡为主。主要种植品种有农丰5号、源丰6号、华珍3号及春宝系列等优质高产品种。近几年来，农业部门积极引导农民抢时间、争季节，打好海南与内陆种植的时间差，大力推广豇豆种植“三避”技术，提早豇豆上市时间。主要发生病害有立枯病、锈病、叶斑病、病毒病、根腐病、疫病、煤霉病、灰霉病、炭疽病等；害虫主要是蓟马、豆荚螟、蚜虫、豆秆黑潜蝇、美洲斑潜蝇、地老虎、露尾甲、甜菜夜蛾、斜纹夜蛾、大豆卷叶螟、螨类等，特别是蚜虫、蓟马、豆荚螟发生严重；另外根线虫病也是影响豇豆种植的一个重要病害。大部分病虫害于豇豆全生育期发生。

（七）果树

1. 柑橘

2011—2020年，柑橘主要病虫害发生面积为8.37万～18.98万亩次，防治面积为8.03万～38.54万亩次；主要害虫发生面积为5.94万～15.93万亩次，防治面积为5.94万～32.27万亩次；主要病害发生面积为1.1万～5万亩次，防治面积为1.07万～6.27万亩次。

2004年，橘小实蝇在北海市局部暴发成灾，猖獗为害城乡石榴、杨桃等果实，对北海市的农业生产构成巨大的威胁，在区植保总站防治科的支持下，北海市开展性诱灭雄、果实套袋和糖醋诱杀防治橘小实蝇等试验。性诱灭雄、果实套袋防治橘小实蝇试验获得很好的防治效果，防效均在95%以上，具有推广价值。

2. 其他果树

2011—2020年，其他果树主要病虫害发生面积为15.82万～24.91万亩次，防治面积为15.12万～26.73万亩次。其中，主要害虫发生面积为12.1万～19.98万亩次，防治面积为11.7万～20万亩次；主要病害发生面积为3.05万～5.51万亩次，防治面积为2.84万～8.42万亩次。主要病害有龙眼丛枝病、荔枝霜疫霉病、荔枝毛毡病、香蕉叶斑病、香蕉炭疽病、香蕉细菌性枯萎病、杧果炭疽病、杧果白粉病等，主要害虫有荔枝蝽象、荔枝蛀蒂虫、荔枝瘿螨、龙眼角颊木虱、杧果扁喙叶蝉、香蕉象甲类、李子红蜘蛛、白蛾蜡蝉、介壳虫等。

（八）突发性病虫

1. 蝗虫

蝗虫对北海市农业生产构成为害的主要有东亚飞蝗、竹蝗、蔗蝗和稻蝗，其中东亚飞蝗、竹蝗、蔗蝗主要为害甘蔗、玉米、牧草，稻蝗为害水稻。

（1）发生情况。在北海市郊发生的主要是散居型东亚飞蝗。1956—1958年普遍发生。1958年是北海历史上最大发生年，有3.7万亩、甘蔗、木薯等作物受害，每平方米有蝻100~300头，以市郊马栏垌、平阳垌、屋仔垌为害严重（摘自《北海市志》）。

根据历史记载，东亚飞蝗在合浦县是间歇性发生的农业害虫，曾多次猖獗为害。据《合浦县志》记载，合浦县有记录大面积发生东亚飞蝗的就有8次，其中1893年、1894年连续2年暴发。1910年、1955年、1963年曾先后3次间歇性局部暴发成灾，给农业生产造成严重的损失。

2001年来，随着北海市对沿海地区的城区开发利用和农作物结构调整，林地农田的使用调整，加上受气候异常等因素的影响，北海市的蝗虫（东亚飞蝗及土蝗）发生呈上升趋势，土蝗发生面积续年扩大，4年内北海市蝗虫发生面积达到69万亩次。2001年在市郊城乡结合部东海小区内出现高密度蝗群，密集的蝗虫爬满楼房墙壁及小区的绿化草地，密度为50~100头/平方米，到处飞舞的蝗虫曾引起小区居民的恐慌和新闻媒体的关注。后经植保站技术人员调查和鉴定发生的蝗虫为异歧蔗蝗。在外围不远的蔗田还发现其为害甘蔗，发生面积为0.5万亩次。

2002年，在北海市银海区西塘镇的江尾村、大小老虎村和福成镇的上、中窑、浓能等自然村的村边村中竹林、蔗地上发生蔗蝗、竹蝗，东亚飞蝗混杂其中为害甘蔗，每平方米有虫0.1~0.3头，发生面积3.5万亩次。

2003年9月，北海市暴发中华人民共和国成立以来首次东亚飞蝗虫灾，发生面积达11万亩次，达到防治指标的面积有1.4万亩次，其中高密度发生区域6个，分别位于合浦县的廉州镇大岭、禁山，银海区福成镇的上窑，高德镇的关井，西塘镇的上江尾村、深海花园，虫口密度一般为100~300头/平方米，高的可达1000头/平方米，主要为害杂草地，部分扩散为害甘蔗、玉米、牧草等农作物。此次蝗灾是广西在中华人民共和国成立后第四次东亚飞蝗灾害事件。合浦县廉州镇大岭村发生蝗害面积达333.33公顷次，发生程度三级，农作物重灾面积133.33公顷，蝗虫所过之处，玉米、甘蔗、花生等作物及杂草叶子被咬食得残缺不全，许多玉米、甘蔗叶被食得只剩主脉光杆一条。每平方米虫口密度最高达120头，一般30~50头/平方米。虫害发生后，合浦县农业局会同廉州镇干部群众110余人，对聚居大岭村的蝗虫采取捕杀，通过人工赶集、拉网截拦和用菊酯类农药喷杀相结合，有效地阻止虫源的扩散和继续为害。

2004年是中华人民共和国成立后北海市土蝗发生最严重的一年，全市农作物受害面积逾2万亩次。据北海市农业技术推广中心多点调查，采集土蝗有20余种，优势种群依次为竹蝗、蔗蝗、长夹蝗、云斑车蝗、小车蝗、中华稻蝗、小稻蝗、中华蚱蜢。2004年5月、6月，土蝗（以竹蝗、蔗蝗为主）在一县三区13个乡镇大暴生，面积达15万亩次，主要为害村边村中的竹林及附近的甘蔗、玉米的虫口密度为30~50头/平方米，竹叶被啃成秃枝，受虫害较重的玉米、甘蔗被啃食后仅剩叶脉，成灾面积11万亩次。同年8月，东亚飞蝗在北海市出口加工区再度暴发，高密度发生区面积约为2500亩次，密度为300~500头/平方米，高密度群集处在1000头/平方米以上，全年东亚飞蝗发生面积达到12万亩次，其中西塘镇的深海花园、下江尾村，高德镇的关井、平阳，福成镇的西村，合浦县的石湾等地的杂草地2万多亩达到防治指标，密度为0.5~5头/平方米。

2011年以来，北海市蝗虫在局部荒地零星发生，均未达到防治指标。主要为夏蝗为害，2018年发生面积为5000亩次，为近10年最高。2014年、2015年秋蝗发生面积超过夏蝗，均为400亩次。

2001年来，北海市土蝗连年发生，东亚飞蝗2003、2004年连续两年暴发，主要是原因：一是气候异常，连续几年春旱、夏涝，此类天气极适合东亚飞蝗的发生；二是虫源多年积累达到蝗灾暴发最大值：北海市自1992年大开发以来，由于大量土地闲置，蝗虫特别是东亚飞蝗因有大量荒坡杂草地食料丰富，经连续多年的虫源积累，特别是东亚飞蝗虫源积累已达暴发临界值，2003年、2004年，连续暴发多年不见的蝗灾；三是长期以来对蝗虫的治理不够重视，造成其种群不断扩大，在多种因子的作用下东亚飞蝗连年发生。

（2）防治情况。2001年以来土蝗发生每年约10万亩次，2003年、2004年，东亚飞蝗发生面积各达12万亩次，每年约有5万亩次土蝗得到防治；东亚飞蝗两年只进行应急化学防治，只扑灭高密度发生蝗群，两年共防治5千多亩。

东亚飞蝗及一般土蝗多发生荒坡杂草地，为害农作物面积不大，一般不加防治，没有抗药性，就目前防治效果来看，菊酯类农药、敌敌畏、马拉硫磷等对其都有很好的防治效果，防效一般都在80%以上，目前应用防治用药倍数在2000~1000倍。防治成虫效果比较差，防效不足50%。

土蝗一般主要由农民应用手动喷雾器防治，东亚飞蝗主要由政府组织防治。一般的手动喷雾只可防治东亚飞蝗蝗蝻。高密度东亚飞蝗发生时，成虫数量巨大，一个群体大的可达到1平方千米，没有大型喷雾设备防治相当困难。由于缺乏大型喷雾器械，2003年、2004年东亚飞蝗的防治只能临时借用农用喷水车，绿化洒水车，甚至动用消防车，防治效率差，防治成本高。

2004年8月，北海市农业技术推广中心接到北海市出口加工区报告，园区内发生高密度蝗虫灾情。据北海市植保工作人员调查核实，发生环境为园区内待建厂房的平整荒草坡地。蝗虫为东亚飞蝗2~4龄蝗蝻，以群居型为主，占98%以上，成虫以散居型为主，占2%。发生面积2300亩次，每平方米一般有虫300~500头，高密度群集处每平方米5000头以上。灾情发生后，北海市立即组织大批人员、设备对东亚飞蝗实施扑杀。经6天奋战，位于海城区西藏路出口加工区及附近的高密度东亚飞蝗基本被扑灭。40%以上的蝗蝻被杀死，60%的成虫被杀死，总体防治效果在90%以上，东亚飞蝗的发生基本得到控制，确保了东亚飞蝗不起飞，秋蝗再次暴发的可能性大为降低。

据统计，2004年共出动灭蝗工作人员500多人次，投入消防车6台次，大型绿化喷水车6台次，手扶拖拉机40台次，机动喷雾器100台次，手动喷雾器300台次，共喷施农药600多千克，喷洒药量600多吨。施用的农药有敌敌畏、辛硫磷、甲氰菊酯、多杀菊酯、灭扫利、灭铃蝗。

2. 香蕉褐缘灰斑病

2006年，海城区涠洲镇大面积发生香蕉褐缘灰斑病。接到涠洲镇人民政府的报告后，北海市农业技术推广中心派出工作人员上岛调查。经查实，香蕉褐缘灰斑病共发生4000多亩，其中发生严重的约3000多亩，为害株率达70%，为害叶率20%~30%。一般造成的损失达20%~30%。

（九）农田鼠草螺害

1. 农田鼠害

20世纪60年代以前，农田老鼠为害轻微。1959年，郊区人民公社发动社员统一使用磷化锌毒饵灭鼠。80年代以后，农田鼠群上升快，为害越来越明显。1983年，市郊高德、西塘公社统计，稻田受鼠害面积达3.5万亩次，为害水稻株率一般为1%~4%，最严重的达19.6%；同年10月，市人民政府发动城乡开始灭鼠，市成立指挥部，公社成立领导小组，大队有干部专抓，做到统一领导，统一指挥，统一行动，以毒饵诱杀为主，突击1周，采用抗凝血杀鼠剂敌鼠钠盐杀鼠药，饵料选用稻谷为主，共出动了4959人次，1.4万户投施鼠药，投施农田面积1.1万多亩，灭鼠1万多只，挽回粮食损失144吨，实际损失350多吨粮食。

2011—2020年田间鼠害发生面积为62.23万~84.65万亩次，防治面积为74万~90.8万亩次。2011年、2013—2018年发生程度为中等，2019年发生程度为中等偏轻，局部中等发生。

2. 草害

2011—2020年草害发生面积为109.56万~170.86万亩次，防治面积为131.81万~167.56万亩次。2014年中等发生，2019年发生程度为中等偏轻，局部中等发生，2020年发生程度为中等。

3. 螺害

主要为福寿螺。2011—2020年发生面积5.19万~11万亩次，防治面积为5.81万~10.8万亩次。2014年中等发生，2019年、2020年发生程度为轻，局部中等发生。

四、病虫害防治

合浦县20世纪60年代平均每年防治病虫害面积达22万～32万亩次，保产3105吨；70年代平均每年防治面积达59.86万亩次，保产1074.94万千克；80年代平均每年防治面积达73.08万亩次，保产1074.94万千克。

1991—2005年，合浦县农作物病虫害防治主要措施以化学防治（农药防治）为主，辅以农业防治（改进耕作制度、培育无病虫种苗、合理轮作、清洁田园等），物理防治（挂灯诱杀害虫、人工摘除卵块等），性诱防治，法规防治（植物检疫）等。

2003年开始，重点示范推广频振杀虫灯、黄色诱杀板物理防治等绿色植保技术。

（一）人工防治

1960年以前，基本是人工防治，采取捕虫采卵、点灯诱蛾等防治办法。1956—1957年，水稻眉纹夜蛾局部成灾，市政府动员机关干部、居民、学生3000多人下田捕捉，控制了虫害。1973年水稻大稻缘蝽突发成灾，全市出动15.92万人次，共捉得蝽象8284.5千克，防治面积达2.3万亩次。1971年以后，农村普遍用电，在群和垌、下村垌、屋仔垌、平阳垌设置电灯诱杀网，收到较好的效果。

（二）农业防治

主要是选用无病抗病品种，在稻瘟病区进行选用抗病品种汕优品系和无带病的种子，淘汰感病粳稻及南优品系。1959年广泛开展种子消毒，冬季清除田边沟边杂草，清洁田园，消灭病虫害越冬场所。1970年兴修水利后，水源充足，开展浸冬浸春，消灭越冬害虫。与此同时，还推广先进栽培技术、合理密植、科学用肥、合理排灌等健身栽培，提高水稻的抗病力，减少病虫为害，加上适量施药，防止益虫害虫一扫光，保护了天敌。1960年湖海运河建成后，对蝗虫滋生地进行改造，把坡地变水田，把荒坡变耕地，改变生态环境，从而控制了蝗虫。1958年，水稻眉纹夜蛾、黏虫在高德平阳垌和西塘群和垌等低洼积水的田垌发生，局部成灾。1958—1960年大搞农田基本建设，改善排灌系统，使水稻眉纹夜蛾难以生存繁殖，从而减轻虫害，至1990年，未出现过大面积成灾。

中华人民共和国成立后，合浦县人民政府号召群众改善田间环境条件，铲除杂草，摘除病株予以销毁，并开展以捡稻草蔸为中心的治螟示范。1952年以后，合浦县推广以黄泥水选种，福尔马林闷种消毒，预防稻瘟。在栽培技术上，采取精耕细作，合理密植，推广合理轮作等措施，可以有效地抑制病虫的滋生。选用抗病品种，提倡早播早插，调整播期以避过病虫为害。

（三）化学防治

1953年开始试用六六六、滴滴涕杀虫，1958年起大面积使用。是年蝗虫盛发，市政府除动员1万多名干部、群众进行人工捕杀外，用去六六六50多吨，挽回粮食损失1000多吨。60年代以有机氯、滴滴涕为主，年销量50~80吨，此外还常用植物性杀虫剂、除虫菊、鱼藤精等。70年代起逐渐使用有机磷敌百虫、敌敌畏、乐果、甲胺磷、杀虫脒等。1983年试用有机氮农药美国产3%呋喃丹颗粒剂，1984年推广使用18吨。1986年试用国产甲基异柳磷，1987年推广使用15吨，1988年25吨，1989年20吨，主要用于防治甘蔗、花生、木薯的地下害虫。

使用杀菌剂病害防治。50年代推广有机汞西力生、赛力散，60年代停止使用。70年代防治稻瘟病用稻瘟净、异稻瘟净。80年代用托布津、克瘟散、富士一号。防治水稻纹枯病在60年代以稻脚清、退菌特为主，80年代推广使用井冈霉素。

50年代，农民除沿用植物、矿物农药外，逐步开始使用六六六、滴滴涕等有机氯农药及西力生、赛力散等有机汞农药，年使用量为20~50吨。其中，有机氯粉剂占80%，植物性农药占9%，矿物性农药占10%，其他农药占1%。60年代，化学农药大面积推广使用，群众普遍掌握使用六六六杀虫的方法，开始推广有机磷杀虫杀菌农药，年使用植保农药50~100吨。其中，有机氯化学农药占75%，植物性农药占6%，矿物性农药占8%，有机磷类农药占8%，其他农药占3%。70年代，农民已不再使用植物性农药，而是普及使用化学农药。农药的剂型以粉剂为主，粉剂、乳剂并举，平均年使用量为586.6吨，其中有机氯类占67.98%，有机磷类占27%，其他农药约占5%，并开始试用化学药剂除草的示范。80年代，全县推广使用的农药种类有有机磷、有机氮、杂环类以及菊酯类农药，还有生物性农药、有机磷、菊酯复配农药和化学杀鼠剂、除草剂、生长激素等。使用的剂型以乳剂、颗粒剂为主，粉剂为次。有机氯、有机汞类农药因其高残留、有公害而停止使用。农药方剂也由单方发展为复方。80年代，全县农药平均年使用量为419.5吨，其中有机磷占40%，有机氯、杂环类农药占50%，菊酯类农药占10%。

（四）生物防治

合浦县实施生物防治病虫害的主要做法是养鸭吃虫、稻田养鱼吃虫等。1958—1979年先后试验释放赤眼蜂防治甘蔗螟虫和稻螟，以虫治虫，有一定效果。保护青蛙也是全县防治害虫的重要措施之一。

第五节　农药、药械供应与推广

一、农药监督管理工作

北海市农药检定管理所2000年正式批准成立，挂靠北海市农业技术推广中心。北海市农业技术推广中心主要工作职能为进行农药经营单位办理农药经营许可证、进行年审等，配合开展农药质量和标签的抽检工作，规范农药市场等。2008年北海市农业局成立农业执法支队，农药管理工作全部移交农业执法支队，北海市农业技术推广中心主要配合开展工作。

（一）农药执法管理

2001年3月，由北海市农业局组织的综合执法工作队对市辖区内的多个乡镇进行执法检查，执法队员包括市、县（区）两级的执法人员。行动共查处11个无证经营农药摊点，没收假冒、自制、剧毒老鼠药3033支（小包），假农药敌百虫菊酯16瓶，过期甲胺磷20瓶。

2002年，工作重点为查处假劣、国家禁用、标签不合格产品。①检查市区农药经营单位，抽查农药标签合格率。根据农业部《关于加强农药标签管理工作的紧急通知》精神和北海市农业局安排，1—2月对全市农药经营单位的农药产品标签进行抽查，检查30个经营单位，共抽查农药标签80个，合格率仅占15%，不合格的高占85%。外观不合格的68个品种中，擅自扩大防治作物、防治对象的有57个，占不合格率84%；冒用农药登记证证号的有3个，占不合格的4%；以肥代药、滥取商品名等8个，占12%。标签不合格率仍然较高。②在全市范围内开展农药专项整治活动。10月中旬，北海市各级农药监督管理人员和植保工作者，在各级领导的重视和支持下以及有关部门的协调配合下，分组行动，联合查处。整顿共没收国家禁用鼠药2000袋（瓶、支），责令停止销售单位和个人15个。全年农业执法部门共进行农药执法16次，共查处农药违法案件11起。

2004年，工作重点为农药质量标签管理、毒鼠强专项管理等。①开展农药质量标签管理。配合农业部农药检定所，广西壮族自治区农药检定所开展农药质量和标签大检查，农药质量抽检重点放在2004年新出品的新农药，标签重点抽取广西和河北省的农药。行动中共抽检农药店铺30多家，抽检农药8种，抽检农药标签32个。经送区农药检定所检定，其中北海市高德供销社平阳店的销售“菜星”为伪造农药登记证号农药。北海市高德供销社亚腰村等8个销售点销售的“毒功”等21种农药存在着扩大作物使用和防治对象、商品名未经登记或未标明商品名等违法行为，不及格率达到54%。由于违法情况比较严重，北海市农业技术推广中心配合市农业局执法支队对上述不及格农药销售点进行复检，对其中的2家农药立案调查。②进行毒鼠强专项管理。市、县农药管理所配合市、县农业执法支队继续开展毒鼠强等剧毒鼠药的整治行动，对原有销售毒鼠强摊点进行实查和暗访，对各销售死角进行守候。行动中共取缔无证销售无商品名无登记证鼠药窝点一个，无证销售鼠药店铺一个。未发现剧毒鼠药销售行为。合浦县所针对市场还有剧毒鼠药销售情况，加大检查力度，共出动执法人员120人次，检查16个乡镇，38个集贸市场，112个经营户，收缴“毒鼠强”等无证剧毒鼠药1041支（包）。由于北海市管理到位，措施得力，辖区内销售剧毒鼠药的行为大为减少，未发生因使用剧毒鼠药中毒事件。③配合北海市人民政府禁止销售甲胺磷等五种高毒农药。2004年5月，北海市人民政府发出“关于禁止销售和使用甲胺磷”等高毒高残留农药的通告。市县两所配合市局、县局开展“禁高”检查行动。行动中共张贴禁高毒通告300多份，检查农药销售点100多户。④农药行政执法。为规范农药市场，市县两所积极配合市县农业执法支队开展农业执法工作，全年共出动执法人员200多人次，抽查市场80多个，检查销售农药销售单位或摊点150多个，立案30多起，查处结案30起，查处案值50多万元，罚没金额2.5万元。2005年，市、县（区）植保站积极配合市、县农业执法支（大）队的执法工作，开展农药标签、农药含量的抽检，重点检查农药的三证、标签内容、生产日期，配合区药检所开展农药含量的抽检。全年共执法检查34次，出动执法人员160多人次，检查农药店180多家，整顿市场24个，查封冒牌品牌农药140多件，抽检农药标签80多份，抽检农药含量30个。立案查处26起，查处结案件数19起，罚没金额1.18万元，查处假冒伪劣药品4200千克。2007年共抽检农药标签40个，开展农药执法行动50次、出动执法人员130人次、挂横额和贴标语18（条）、印发资料10000多份、检查整顿市场17个、检查单位和摊点共123个、配合市、县农业执法支（大）队办理案件总数14起、受理举报投诉案件2起、立案查处14起、查处结案件数10起、罚没金额2.72万元、查处假冒伪劣药品257.8千克，货值3.19万元，挽回经济损失6.36万元。

（二）规范农药经营秩序

2001年，农药管理工作得到各级领导的重视和有关部门的大力支持，特别是工商部门在办证的执行方面对农药管理部门给予了大力支持，凡未经农业主管部门准许的农药经营部门一律不予年审其工商营业执照，多方协商加强农药的市场管理工作，执法条件和环境有了明显改善。2001年对已发放的经营许可证重新审核，符合经营规定的给予重新核发，否则一律吊销其经营农药资格。全市共有240个单位提出申请，经核查，重新核发农药经营许可证227份，吊销6份，不符合农药经营条件的一律不予审批。

（三）农药鉴定

2001年11—12月，根据银海区农业投资者韦魁、马月、孙裕蕴三人要求，对福建农大科技开发总公司生产的百菌克土壤消毒致秧田番茄药害事故进行调查，成立专家组实施药害鉴定试验。百菌克土壤消毒秧田番茄对比试验表明，播种出苗后30天，施药区与未施药区平均株高和真叶长度差距极为显著，分别达4.5厘米和5.5厘米，施药的呈极显著受抑制状。经专家现场审定，一致认定用福建农大科技开发总公司的百菌克，按1000克/500千克湿床土壤处理对台湾益生种苗有限公司的金皇后番茄种苗有极为明显的抑制生长作用。

（四）农药试验

1. 北海国发“OS-施特灵”农药质量跟踪试验

2001年下半年，北海市农业技术推广中心在海城区驿马村大棚洋香瓜无土栽培基地开展北海国发“OS-施特灵”农药质量跟踪试验。其中的两个大棚从苗期开始至生长中后期始终施用“OS-施特灵”。从后期生长情况看，施用“OS-施特灵”的洋香瓜裂瓜较少，有一定的防病效果。

2. 新农药推广试验工作

小菜蛾是北海市蔬菜最常见的害虫之一，由于防治困难，菜农经常用多种农药混合，加大使用浓度，但防治效果并不理想。2001年11月，受广西壮族自治区植保总站的委托，北海市农业技术推广中心在海城区西塘镇12间屋村进行南通神雨绿色药业有限公司生产的0.5%苦参碱水剂防治卷心菜上小菜蛾示范试验。对比药剂为深圳瑞德丰公司生产的35%克蛾宝及空白对照。试验结果表明：0.5%苦参碱水剂对蔬菜低龄小菜蛾的防效达到81%，对小菜蛾有较好的防效，并且该农药为植物源农药，无农药残留，具有较高的市场推广价值。

（五）宣传培训工作

2001年，根据《中华人民共和国农药管理条例》及有关文件要求，经营农药的单位须有两名初中毕业以上文化程度，经县级以上农业部门培训考试合格发放经营上岗证的人员方可核发领取《农药经营许可证》。2001年共举办4期农药经营人员岗位培训班，采取闭卷考试的方式进行考核，考试不及格者一律不发上岗证。全市共培训300人次，其中297人考试及格，取得《农药经营上岗证》。未发现经过培训的农药经营人员造成药害的事故。

2002年，北海市农业技术推广中心开展农药管理法律、法规及相关知识的宣传、培训，全年共举办3期农药经营及相关政策知识培训班，培训农药经营人员300人次。

2004年结合病虫防治无害化治理和“禁高”行动，市、县两所积极组织农药的安全使用培训，全年共进行培训7期，培训人员500多人次。在蔬菜主产区，农业示范场所、悬挂农药安全使用告示牌，挂横额、贴标语共30多个（条），印发有关宣传资料5000多份。

二、农药供应与推广

2006年，为了解北海市农药的使用情况，北海市农业技术推广中心在市辖区开展农药的使用情况调查，主要调查北海市主要农作物使用的农药品种、使用频度、年使用量等。年内共调查11种主要农作物农药使用情况，调查农户100户，基本摸清北海市农药的使用情况。

（一）近年来北海市农药品种

近年来北海市农药使用的主要品种：①有机磷类，如辛硫磷、甲拌磷、乙酰甲胺磷、甲基异柳磷、三唑磷、丙溴磷、氧乐果、敌敌畏、毒死蜱、敌百虫、乐果等；②氨基甲酸酯类，如克百威、丁硫克百威、抗蚜威、异丙威等；③拟除虫菊酯，如高效氯氰菊酯、氯氰菊酯、高效氯氟氰菊酯、氟氯氰菊酯、溴氰菊酯、醚菊酯、甲氰菊酯、联苯菊酯等；④新烟碱类杀虫剂，如啶虫脒、吡虫啉、噻虫嗪、烯啶虫胺、噻虫胺等；⑤双酰胺类杀虫剂，如氯虫苯甲酰胺、四氯虫酰胺、溴氰虫酰胺等；⑥其他类杀虫剂，如甲氨基阿维菌素苯甲酸盐、阿维菌素、苏云金杆菌、吡蚜酮、棉铃虫核型多角体病毒、苦参碱、乙基多杀菌素、绿僵菌、白僵菌、多杀霉素、杀虫双、杀虫单等；⑦杀螨剂，如乙唑螨腈、炔螨特、石硫合剂等；⑧杀菌剂，如井冈霉素、春雷霉素、甲基硫菌灵、盐酸吗啉胍、咪鲜胺、百菌清、氢氧化铜、醚菌酯、异菌脲、霜脲氰、霜霉威盐酸盐、戊唑醇、嘧霉胺、丙环唑、多菌灵、苯醚甲环唑、噁霜灵、烯唑醇、中生菌素、枯草芽孢杆菌、木霉菌、申嗪霉素、吡唑醚菌酯、嘧菌酯、氨基寡糖素、木霉菌、噻呋酰胺、腈菌唑、枯草芽孢杆菌、三环唑、三唑酮、香菇多糖、多抗霉素、宁南霉素、噻菌灵等；⑨除草剂，如乙草胺、草甘膦（铵盐、钠盐、钾盐）、2甲4氯、草铵膦、敌草快、异丙甲草胺、莠灭净、丙草胺、精噁唑禾草灵、二甲戊灵、氰氟草酯、丁草胺、2，4-滴丁酯等；⑩植物生长调节剂，如多效唑、赤霉素等；⑪杀鼠剂，如杀鼠醚、敌鼠钠盐、溴敌隆等。

（二）全市农药使用量

据全国植保专业统计，2015—2020年全市农药使用量总体呈逐年下降趋势。2015—2020年农药使用量分别是717.28吨（折百）、664.06吨（折百）、661.48吨（折百）、615.46吨（折百）、580.32吨（折百）、559.42吨（折百）。2020年全市农药使用量559.42吨（折百），分别比上年和2014年下降3.6%和25.11%，农药利用率40.54%，比2015年提高10.54个百分点，持续保持负增长的良好态势。

三、机械供应与推广

（一）防治机防队

1965年开始推广使用喷雾器，手摇喷雾器推广使用较快，机动喷雾器使用甚少。1965年拥有46台，1967年拥有148台，1972年拥有293台，1981年拥有276台（摘自《北海市志》）。

2008年，按照广西壮族自治区植保总站的要求，北海市计划2~5年内建立机防队50支。经过各方的筹备，全市共组建机防队10支，其中市级5支。共配置机动喷雾25台。2019年，新组建植保机防队5支。

2021年，全市拥有无人机35台，日作业能力6.5万亩，无人机防治病虫作业总面积11.35万亩。

（二）统防统治

结合机防队的建设，市、县（区）植保站组织开展重大病虫害的统防统治工作，2011年共有21支机防队在运行，分别对水稻、玉米甘蔗和其他作物进行统一防治，从业人员244人，日作业面积达2000多亩，全年共统防统治2.7万亩。统防统治基本走向正轨。

第六节　植物检疫

1997年以前，北海市植物检疫工作一直未能正常开展；1997年后，北海市植物检疫工作才得以稳定和发展。2017年北海市行政审批局成立，2018年1月正式承接“农业植物及其产品调运检疫及植物检疫证书签发”行政许可事项。北海市农业技术推广中心不再承担该事项。合浦县植物检疫工作保留在合浦县植保植检站。

一、种子检疫工作

2000年7月，北海市在《北海日报》刊登植物检疫登记通知，要求全市各生产、经营种子单位凡未进行植物检疫的，都要进行植物检疫登记。北海市检疫人员深入生产、经营种子单位进行宣传发动，全年共发动27户单位和个人前来登记注册，为掌握全市种子种苗生产单位情况及开展检疫工作打下基础。

2004年，为强化种子生产和经营的管理，市、县两级植检站加强种子生产经营的检疫，规范检疫证明编号管理，认真做好植检编号的核发工作。①协助自治区植检站把好双杂种子检疫编号发放，市、县辖区双杂制种面积有3430亩，根据自治区植物检疫站的要求，市、县两级植物检疫，深入田间地头，全程对双杂制种跟踪，严格按双杂制种产地检疫规程，全市认真把好双杂种子的产地检疫关，为自治区植检产地发放检疫编号提供检疫依据；②做好其他种子编号的发放工作，在编号发放工作中，依法办事，本地编号发放一律凭产地检疫发放。属于外省调入的，要求提供调运检疫证书，不符合规定的不发放编号。全年共对玉米、苦瓜、丝瓜、甜瓜、黄瓜、牛角椒等20批次的种子实行产地检疫，并核发检疫证明编号。

2005年、2006年，协助自治区植检站开展杂交水稻种子检疫编号发放工作。按照杂交水稻种子生产管理检疫办法，市、县两级植检站把好双杂制种检疫关，做好苗期和收获前的检疫工作，做到检疫有记录，合格有证书，协助制种单位到自治区植物检疫站办好检疫编号。2005年全年共发放常规种子检疫编号22个。2011年北海市农业技术推广中心共对5家农业公司种子生产繁殖进行现场实地检疫核实，指导开展繁殖。

二、调运检疫工作

1998年，市、县植检站重点抓住西瓜调运检疫工作，全市共进行西瓜调运检疫210批次，2759.8吨。1999年，省间调运（出）检疫13批次132041千克，调入3批次33千克。为顺应北海市西瓜、水果大丰收的形势，北海市农业技术推广中心与合浦植保植检站、铁山港农业技术推广站紧密协作，严把调运检疫关，共进行果品调运检疫1197批次12115.5吨。

2000年以来，北海市农产品流通较活跃，北运的农产品数量逐年扩大，北运的蔬菜及西瓜、香蕉批次多，数量大，由北海市向外传出检疫性疫情的风险加大，调运检疫工作繁重。2000年，全市共种植西瓜30000多亩。西瓜是北海市调运外省的最大宗农产品，为做好春秋两季的西瓜调运检疫工作，北海市农业技术推广中心共聘请26名兼职植检员，协助开展西瓜调运检疫。同时，组织人员出车到各西瓜种植集中地，开展田间检疫签证服务。合浦县针对北运蔬菜生产及西瓜种植发展快的情况，及时组织各乡镇开展北运蔬菜、西瓜等作物的检疫，实行分片包干，县站派出专职植检员会同各乡镇、兼职植检员一起开展市场检疫，服务到市场。经全市检疫人员的共同努力，共完成西瓜外运检疫259批次2032.45吨，蔬菜721批次2923.5吨，花生仁31批次216吨，玉米种子3批次20.25吨，香蕉苗5批次135000株，中药材1批次15千克。此外，签发香蕉果实调运57批次667吨；甘蔗种苗4批次127吨；木薯种7批次49吨；杂交水稻11批次288.4吨。

2001年，北海市农业技术推广中心采取专人办公室轮值接受报检、聘请兼职植检员协助地头检疫签证等办法，实行“全天候的检签”服务。共签证调运西瓜5122吨、甘蔗种3308吨、马铃薯1851吨、玉米0.6吨、澳洲坚果0.5万株、香蕉种苗51.5万株、香蕉果实174吨、水稻种8.6吨。据统计，全年共加班签证50次以上。

2002年，根据《植物检疫条例》的规定和货主的要求，北海市农业技术推广中心和县站分别在县（区）的财政所、农技站和有关单位聘请兼职植检员协助开展调运检疫工作，负责植物或植物商品的装运等核查工作，并安排一名专职植检员留守办公室，接待货主的调运签证。据统计，全市共签证调运植物和植物产品801批次，其中北海市农业技术推广中心354批次，具体为水稻种子49批次563.6吨，玉米种子9批次9吨，凉薯2批次4.85吨，龙眼、荔枝果实5批次20吨，香蕉果实15批次150吨，马铃薯块茎186批次3915吨，香蕉苗、荔枝、龙眼、菠萝苗等苗木9批次53.475万株，西瓜495批次4950吨，柑橘、柠檬果实31批次14.47吨。

2003年，西瓜的外运批次有所降低，北运菜较繁忙。2003年，北海市农业技术推广中心每天安排一名专职植检员留守办公室，接待货主的调运签证。县站派专员到农产品外运较多的乡镇与当地农技人员一起开展市场检疫。据统计，全市一年来实施调运检疫735批次。其中水稻种子57批次500吨、玉米种子1批次10吨、荔枝果实1批次0.04吨、柠檬果实2批次0.73吨、西瓜果实117批次1786吨、蔬菜286批次1240吨、马铃薯块茎174批次3480吨、香蕉苗24批次164万株、花生2批次17.48吨、甘蔗36批次550吨、香蕉果实35批次550吨。

2004年，随着绿色通道的开通，北海市北运农产品十分活跃。为做好调运检疫服务客商，北海市重点抓好北运果蔬的调运检疫。合浦县是北海市北运果蔬的主要产区，为了方便调运签证工作，该县植检站每天安排一名专职植检员留守办公室、服务签证，同时根据生产季节聘请农业执法干部兼职植检员协助开展调运检疫工作。北海市农业技术推广中心重点做好庶种的调运工作，据统计全市共实施调运检疫324批次5151.12吨和135万苗，其中水稻种子7批次38.12吨、玉米2批次40吨、马铃薯块茎79批次1975吨、甘蔗种100批次1500吨、香蕉苗10批次135万株、蔬菜126批次1598吨。

2005年，合浦县植保植检站积极做好北运果蔬的检疫，通过农作物流通协会，绿证发证部门做好货主的工作，促使货主动接受检疫，改过去被动等货主上门检疫为主动实施检疫。北海市农业技术推广中心在协调做好全市检疫工作的同时，重点把好辖区的甘蔗种苗调运和水稻种子检疫调运关。全市共施调运检疫1444批次15724.52吨，其中水稻种子3批次19.12吨；香蕉苗2批次40万株；蔬菜696批次7062.15吨；水果160批次588.25吨；西瓜333批次5741.5吨；花生21批次313.5吨；甘蔗种苗2000吨。

2006年，北海市共施调运检疫实施调运检疫1546批次28363.1吨，水稻种子4批次19.47吨；香蕉115批次3831.1吨；蔬菜1295批次21775.5吨；西瓜129批次2937吨；荔枝3批次15吨。区内调运检疫21批次。

2007年，北海市植检站重点抓好西瓜、香蕉的省间调运检疫工作；合浦县植检站抓好北运蔬菜的调运检疫工作，在蔬菜北运繁忙的季节组织兼职员植检，分片协助各片区的北运菜等的调运检疫工作，做到上门服务，方便货主，既执法又服务，深受欢迎。据统计全市实施调运检疫1545批次30074.8吨，其中水稻种子3批次15.5吨；香蕉苗1批次20万株；蔬菜1040批次21840吨；西瓜、香蕉、荔枝、龙眼等水果502批次8219.3吨。

2008年，受早春低温的影响，北海市涠洲镇香蕉受冻害严重，岛上香蕉大部受灾，其他乡镇香蕉不同程度受灾，加上取消绿色证书的发放，货物直接上高速公路，报检的货主大为减少，全市共施检疫566批次10506.5吨，比去年同期下降60%。

2011年，共有2个农业单位到北海市农业技术推广中心申报调运检疫，共实施调运检疫2批次2.5万千克。2012年，全市调运检疫41多批次1000多吨。

三、产地检疫工作

1999年，在自治区植检站、市政府有关部门的领导和支持下，植检工作顺利开展。据统计，全市共进行水稻、玉米制种产地检疫7800亩，种子2628.5吨，苗木产地检疫127725株。

2000年，北海市生产繁殖种子的单位和个人较多、面积较大，有新近调入繁殖的，也有1999年收获后的宿根蔗。市、县站加强产地检疫工作，全市共实施产地检疫10520亩，其中双杂制种7800亩，甘蔗检疫2600亩，木薯100亩，澳洲坚果20亩，花卉120亩。查获蔗扁蛾、曲纹紫灰蝶（暂定）危险性害虫。

2002年，共有水电局大禹公司、田野公司、财政局店塘甘蔗基地、马铃薯百氏公司、北海桂宏农业开发有限公司等5家单位进行产地检疫报检。北海市农业技术推广中心分别对以上5家公司和在沙湾繁殖台糖26号的私人繁殖场实施了产地检疫。具体是水电局大禹公司甘蔗1000亩，马铃薯百氏公司马铃薯1000亩，财政局店塘甘蔗基地甘蔗500亩，北海桂宏农业开发有限公司花卉200亩，沙湾私人公司甘蔗100亩。经检疫，未发现植物检疫对象。此外还开展双杂制种检疫标志的发放工作，共发检疫标志26万枚。

2003年，主要工作为抓好“两杂”制种基地和花卉、苗木、香蕉组培苗基地的检疫。市、县植检站对各个基地进行全面的检疫调查和监控管理，做好各种服务工作。全年实施种子、种苗产地检疫面积7121亩。其中，水稻6966亩，签证合格种子数量1014.9吨；玉米155亩，签证合格种子数量37.5吨。监控的苗木类基地7个，面积合计2273亩。其中，花卉760亩、珍珠番桃20亩、蔬菜种子253亩、香蕉组培苗40亩、甘蔗种苗1200亩，全年签发苗木合格证164万株、百合花100亩。全年对玉豆、苦瓜、丝瓜、黄瓜、牛角椒等9批次种子实行产地检疫并给予检疫证明编号。2004年，全市多个公司、单位在合浦县的党江、石康、星岛湖、曲樟，铁山港区的营盘，银海区的福成、高德，海城区的靖海、驿马等地进行双杂制种和其他种子繁殖。其中双杂制种面积最大：杂交水稻品种30个，制种面积3430亩，杂交玉米品种4个，面积300亩。木薯良繁400亩，甘蔗良繁900亩，草种繁殖50亩。此外还有花卉、番石榴、蔬菜、香蕉等种苗繁殖，各苗圃共出苗木229.5万株。为把好产地检疫关，市、县植检站加强对繁殖单位的管理，在实施检疫过程中，严格执行产地检疫规程，对种子的生产实行全程跟踪，认真按照广西壮族自治区质量技术监督局发布的甘蔗种苗产地检疫，水稻品种种子产地检疫，玉米种子产地检疫的标准规程进行，各环节认真记录，严把检疫关，较好地完成产地检疫工作。

2006年、2007年、2008年，北海市农业技术推广中心重点抓好水电局大禹公司、财政局甘蔗良繁基地和北海桂宏农业开发有限公司杂交水稻良繁基地杂交制种的产地检疫工作，重点抽检甘蔗的叶枯病和蔗扁蛾、水稻细菌性条斑病等检疫对象和其他病虫害。2006年检疫未发现检疫对象。合浦县是北海市双杂制种大县，一年来，市、县、区种子公司分别在党江、石康、常乐、星岛湖、曲樟等镇建立了“两杂”种子繁育基地，繁育品种组合多，面积大，其中杂交水稻品种14个，杂交玉米品种2个，合浦县植保植检站检疫人员采用分片包干的办法，在不同的生育生长期，对各个基地进行全面的调查、登记及实施检疫，既服务又把关。全年全市各植物检疫部门共实施产地检疫5240多亩次。其中，水稻4200亩次、玉米140亩次、甘蔗900亩次。

2007年，合浦县“两杂”种子繁育基地的杂交水稻品种有10个，面积680亩，年产杂交水稻种子275吨。为杜绝危险性病虫害的传入，合浦县植保植检站定期进行苗圃病虫害调查，实行苗木的产地检疫与监控管理。监控苗木类基地5个，面积达1073亩。其中，花卉基地1个，面积760亩；珍珠番石榴苗圃2个，面积60亩；蔬菜种子繁殖场2个，面积253亩。全年全市两级植物检疫站共实施产地检疫3680亩次，水稻2480亩、甘蔗1200亩次，其中北海市农业技术推广中心水稻1200亩次、甘蔗1200亩次。

2008年，完成新办甘蔗公司的产地检疫，全年甘蔗检疫1620亩，杂交水稻制种检疫300亩。2009年，北海市农业技术推广中心对花卉、西瓜制种、甘蔗良种生产、玉米制种的产地检疫5批次，面积1500亩。2010年，北海市农业技术推广中心开展甘蔗良种生产、玉米制种产地检疫，面积500亩。2011年，北海市农业技术推广中心开展甘蔗良种苗产地检疫，面积共500多亩。2012年，产地检疫1930多亩次，主要有西瓜、花生、玉米、水稻等作物。北海市农业技术推广中心抓好市辖区的甘蔗产地检疫工作，全年实施产地检疫500亩。

2018年北海市实施“两杂”制种产地检疫29批次，涉及12个作物、88个品种、种植面积5009.2亩、总产量1134124千克。

四、花卉等市场检疫工作

（一）花卉检疫

2000年，由于涉及农林检疫分工问题，北海市花卉检疫工作较为薄弱。2000年，市、县站加大花卉检疫工作的力度，对花卉销售和繁殖单位开展植物检疫宣传工作，共印发宣传资料200多份，现场检查24次，全市最大的花卉生产基地怡林花卉公司完成植物检疫登记注册，初步打开花卉检疫工作的局面。2001年，已完成报检的单位：水电局大禹水利开发公司、田野公司、广西北海立方生态技术有限公司、志田高效果业有限公司、高立新种苗有限责任公司、北海农乐种业有限公司、一民农工贸发展有限责任公司、康红卫；据统计，全市共实施产地检疫：甘蔗种（台糖系列）4000亩、水稻制种田5150亩、玉米制种田800亩、苦瓜制种田266亩、香蕉组培苗112万株、澳洲坚果0.5万株、珍珠番桃5万株，种子生产单位的种子（种苗）能及时调运。

（二）市场检疫

2004年，市、县两级植检站加大市场检疫力度，重点放在花卉、果蔬种子店的检查，检疫中重点查核种子、花卉的来源，检疫证书、编号等情况，全年累计市场检疫42次，出动检疫人员150多人次，检验种子苗木150多批次，处理苗木4批次。2005年，结合农药管理工作的开展，市、县（区）植物检疫站重点抽查种子销售单位和个人的植物检疫证书、检疫编号等。共开展市场检疫42次，出动检疫人员200多人次，检疫种子116批次67630千克，处理苗木4批次103株。2006年北海市农业技术推广中心组织市、县（区）两级的联合检查行动，全年共开展检疫行动52次，出动检疫人员150多人次，检查市场20个，检查种子经营单位50个，检验种子30批次19736千克，查封种子200多千克。

五、植物检疫执法工作

2000年，北海市调出区内外的农产品、种子苗木数量大，品种多，存在着大量的无证调运现象。北海市加强植物检疫执法力度，解决田野公司、大禹水利发展公司无证调运甘蔗种苗事件，发动兼职检疫员或其他人员，举报调运违章的现象，共获举报3次，有价值的一次。此外，北海市农业技术推广中心人员共下乡巡查20次。2001年规范植物检疫行为，要求到市局办理种子生产或经营许可的单位，一律先到市植物检疫站办理检疫登记。广西北海立方生态技术有限公司等5个单位前来进行检疫登记或检疫登记备案。广西北海立方生态技术有限公司违章引进红皮香蕉种苗，对其罚款。2002年，全市共开展市场执法检查71次，出动330人次，主要检查销售种子是否附有检疫证明编号、检疫标志、检疫证书等内容。在执法过程中发现有部分包装上没有检疫证明编号等违规现象，并对其中的7个销售未附有检疫证明编号或未附有植物检疫证书的单位实施了处罚。2003年，全年共执法检查75次，出动323人次（其中北海市农业技术推广中心10次，出动人次30次），检验种子158批次57630千克，处理苗木4批次103株。在市场检疫调查中处理无证调运8批次，罚没款2600元。

六、新发现疫情

（一）水果病虫害新发现疫情

2001年5月，农业部专家谢辉教授到北海市进行香蕉穿孔线虫专题普查，对市县4个单位进行取样本40个，发现香蕉穿孔线虫已随花卉传入北海市。

2013上半年，北海市发生西瓜病毒病，引发部分瓜农上访。北海市政府及北海农业局领导的高度重视，并采取积极稳妥的措施平息事态。为对疫情进行封锁控制和扑灭工作，北海市农业技术推广中心技术人员会同各县区植保技术人员对各种子经销门店、种苗生产基地进行执法检查。在夏、秋西（甜）瓜育苗季节，对多个基地苗圃瓜秧苗进行监测，并抽查有代表性的各批次瓜苗送检，均未检出疫情。

2014年上半年，北海市发生西瓜检疫性果斑病。在夏、秋西（甜）瓜育苗季节，对多个基地苗圃瓜秧苗进行西瓜病毒病、果斑病监测，并抽查有代表性的各批次瓜苗送检，均未检出疫情。2015年上半年，除合浦县乌家镇几户农民擅自从南宁市横县一育苗场引入的西瓜苗发生检疫对象外，在北海市的铁山港区、银海区成功阻控了西瓜苗病毒病疫情，这些成功经验及做法受到了农业部种植业司植检处和广西壮族自治区植保总站的肯定。为对该疫情进行封锁控制和扑灭工作，市、县（区）植保技术人员对各种子经销门店、种苗生产基地进行执法检查。在夏、秋西（甜）瓜育苗季节，对多个基地苗圃瓜秧苗进行监测，同时开展植保植检技术培训，并抽查有代表性的各批次瓜苗送检，均未检出疫情。西甜瓜生产是北海市特别是铁山港区、银海区一大支柱产业。近年一些育苗户（合作社）擅自从疫区调入带毒种子，致使瓜苗通过砧木、接穗感染检疫对象。

2016年、2017年、2018年，北海市加强本辖区重大植物疫情阻截和防控，结合西瓜生产、种苗繁育、蔬菜、玉米、种子调运经营的农事季节采取巡回宣传培训方式，严格每批次种苗的检疫规程，并与其他部门一起规范了生产、经营许可，实施市场准入制度；全市西瓜苗未发生检疫对象，为西甜瓜安全生产提供了保障。

（二）蔬菜病害新发现疫情

2011年6月，西场镇农业站发现木薯发生一种未知病害，经广西农业科学院确定所发生的病害是木薯细菌性枯萎病。该病发生后，北海市全面开展木薯细菌性枯萎病的普查及检疫封锁，控制该病的传播。市、县两级植检站组织全市各乡镇农技站对该病进行大规模的疫情普查。发现全市22个乡镇发生木薯细菌性枯萎病24190亩次，基本查清该病在北海市发生和分布情况。市、县植检站分头对在北海市繁殖木薯良种的公司和相关单位进行排查，发现北海恒昌农业发展有限公司在市郊和合浦县的3000亩木薯良种和田野公司的100亩良种发生木薯细菌性枯萎病。调查两单位的种苗来源，并对他们宣传《植物检疫条例》，要求两家单位配合做好封锁防止扩散工作。随后田野公司对他们所繁殖的100多亩木薯良种进行销毁。北海恒昌农业发展有限公司表示木薯不作为种用。

（三）检疫性杂草新发现疫情

2002年9月，北海市农业技术推广中心在石林大酒店后面发现检疫对象假高粱。疫情发现后北海市农业技术推广中心立即书面报告自治区植物检疫站和北海市农业局，多次到现场进行调查，采集标本，进行现场拍照。为防止疫情的进一步扩散，一方面根据疫情制订扑灭方案，另一方面书面通知该酒店注意保护现场，防止疫情的人为传播。北海市农业技术推广中心严密监控疫情，制订防除计划。2月2日、6月24日两次进行农达除草剂防除试验，7月1日在自治区植检站领导现场指导下，全市植检人员对该处假高粱进行铲除，集中烧毁并喷农达除草剂覆盖，指导该单位对疫情现场实行硬底化，顺利扑灭疫情。

（四）检疫性害虫新发现疫情

2015年9月，银海区、合浦县部分区域发生红火蚁疫情，疫情发生后，北海市农业技术推广中心会同县区植保技术人员对全市红火蚁发生情况进行普查，根据相关法律法规逐级上报，购进灭蚁药物开展防控、实地开展红火蚁防控技术培训等工作，红火蚁疫情得到有效控制。2018年10月，铁山港区南康镇黄丽窝村报告疑似新发生红火蚁疫情，经现场调查，该疫情发生面积约为450亩，每100平方米活蚁巢数为0.3~0.5个，个别田块每100平方米为0.8~1个。经抽样送广西大学鉴定，确定为红火蚁。2018年9月，海城区翁山镇螺壳村报告疑似新发生红火蚁疫情，经现场调查，该疫情发生面积约为300亩，受害寄主为田埂的杂草。其中100亩发生程度为2级，每亩4个活蚁巢；200亩1级，每亩0.7个活蚁巢。抽样送广西大学鉴定，确定为红火蚁。

七、培训宣传工作

2000年，北海市农业技术推广中心派1名专职检疫员到杭州参加农业部举办的专职植检员培训班和有害生物普查培训班，全市共举办培训班4期，培训人数205人次。各种会议宣传15次，人数530人，印发宣传资料10期共1030份，报纸宣传1期，进一步提高植检队伍的知识和整体素质。北海市农业技术推广中心对26名兼职植检员进行培训考核并颁发兼职植检员证书，合浦县培训配备20名兼职植检员开展北运蔬菜检疫工作。2001年，根据广西壮族自治区植保总站的统一部署，北海市农业技术推广中心制定了《北海市农业植物检疫有害生物疫情普查实施方案》。于9月中旬举办全市植物检疫普查培训班，培训县级和乡镇普查人员共54名，印发资料300份。2002年初，北海市农业技术推广中心和县站各派一名植检员参加了农业部在梧州和福州举办的香蕉穿孔线虫普查培训班。全市共组织5期植物检疫知识培训班，重点讲授《植物检疫条例》及种子标签中的检疫要求和注意事项，共培训570多人次。2003年，市、县两站全年共举办培训班6期，培训645人次；各种会议宣传18次，参会人员1552人次；电视宣传1次，报刊宣传1期，宣传人员30000人次；出动宣传车5次。2005年开展普查培训。北海市农业技术推广中心主要培训县、区的普查技术干部，县、区培训乡镇技术人员。全市各级植检部门共培训普查人员600多人次。

根据农业部及广西壮族自治区植保总站统一部署，2013年至2018年9月，北海市农业技术推广中心植保站启动植检宣传周活动。2013年，在市高速路出入口，城乡结合部主路口，铁山港、银海区重点乡镇悬挂横幅，并在北铁公路等主干道便民候车亭、村委等处张贴标语50条，并向群众发放各种植检宣传资料、挂图2000份。2014年，植检宣传周活动张贴标语50条，并向群众发放各种植检宣传资料、挂图2000份。2016年、2017年、2018年9月，启动北海市植检宣传周，宣传普及植物检疫有关法律、法规知识，提高群众对植物检疫的认识，增强他们依法检疫的自觉性。

2016年，随着种子市场的开放，种子、花卉市场的商品流通日渐活跃，植物产品的交易十分频繁，为杜绝危险性有害生物的入侵，召开植检培训班2期，共300多人次，印发资料2500多份。

2017年、2018年9月，分别重点针对种子种苗生产经营人员、专业技术员及农民合作社人员培训班各1期，并到北海市主要水稻玉米制种基地、西瓜、火龙果种苗繁育基地现场培训，共印发检疫性病害的识别及防控和植检法规明白纸16000份，现场培训咨询600人次。

八、普查工作

2001年，开展木薯细菌性枯萎病、水稻细菌性条斑病，美洲斑潜蝇、香蕉细菌性枯萎病普查工作。

2002年，根据广西壮族自治区农业厅《关于做好2002年广西农业植物有害生物疫情普查工作的通知》精神和自治区植检站的工作意见，开展疫情专项普查工作。以作物为线索，重点调查马铃薯、番茄、荔枝、龙眼、杧果、马蹄等六种出口优势作物；以检疫对象为主要线索，重点调查香蕉穿孔线虫、蔗扁蛾、香蕉枯萎病新小种、杧果象甲、番茄溃疡病、假高粱等检疫对象。共调查全市20多个乡镇，普查面积达20平方千米，发现两个新传入可疑检疫对象，经检验确认，其中一种是进出境检疫对象假高粱。全年开展一般性普查20多次，出动普查人员60多人次。

2003年，按自治区植检站的安排和具体要求，继续进行番茄溃疡病、假高粱和紫茎泽兰等有害生物的普查，全年共调查一县三区的28个乡镇。7月，派3位同志到涠州镇专项调查香蕉束顶病，发现该病发生面积5000亩。8月上旬发现新传入的检疫对象柑橘小实蝇，并及时向市农业局及广西壮族自治区植保总站汇报疫情，北海市电视台进行跟踪报道。2004年，全国性有害普查基本结束。根据自治区区植检站的布置，北海市重点做好普查的收尾工作，开展西花蓟马、紫茎泽兰等疫情调查，未发现疫情。

2005年、2006年疫情普查重点是红火蚁普查。①积极争取政府的支持，开展全市性的普查。各级政府出台防治预案，成立防控领导小组，给予资金支持，确保普查工作顺利开展。②市、县（区）植保部门开展培训工作，北海市农业技术推广中心主要培训县、区的普查技术干部，县、区培训乡镇技术人员。全市各级植检部门共培训普查人员600多人次。③利用电视、电台、报纸等各种媒体进行红火蚁知识宣传。北海市农业技术推广中心与北海电视台、北海广播电台合作制作红火蚁宣传节目3期，在黄金时间播20多次。县（区）植保站通过当地新闻媒体进行了宣传。在村庄、学校、卫生院张贴宣传画，通过村干部、小学生向村民发放宣传小册子，发动群众举报。全市共张贴宣传画广告8000多份，分发宣传小册20000多册。④普查。2005年9月起，各级植保部门加大普查的力度，重点对机场、码头、公共场所、道路、花圃场、居民住宅区、机关单位、企业、公园以及从广东调种的农作物地等场所和农田展开拉网式的普查，不漏死角。全市各级植保部门共出动普查人员3000多人次，普查的面积达500多平方千米。同时发动各乡镇开展普查，设立举报电话发动群众举报，各级植保部门接到的举报电话300多个，派员核实90多次。2006年，重点普查花卉基地，公共绿地，外来货物集散地以及未普查过的区域。年内共接到红火蚁疑似疫情报告3起。全市植保人员共普查100多平方千米，出动人200

多次，未发现疫情。2007年，全市植保人员共普查了30多个来料加工单位，出动200多人次，未发现疫情。

开展非洲大蜗牛普查。按广西壮族自治区植保总站的布置，2006年，市、县（区）检疫部门在各自辖区范围内开展非洲大蜗牛普查，查清疫情分布和为害情况。市植检站在高德米面厂发现疫情，共查实疫情50亩。县、区先后发现疫情。通过一年的普查，查明非洲大蜗牛在北海市普遍发生，主要为害野生杂草，对农作物为害不大。

开展大米草调查。2006年，北海市合浦县山口红树林受到外来生物大米草的为害，严重威胁到红树林的生存。市政府组成工作队进行调查。北海市农业技术推广中心受北海市农业局的委派，派员参加了联合调查行动。经调查核实，大米草共发生2500亩。

开展柑橘黄龙病调查。北海市柑橘主要分布于合浦县，全市柑橘种植面积较小。合浦县站自2006年加强对柑橘黄龙病的监测。2006年，全市柑橘种植面积45000多亩。根据广西壮族自治区农业厅的要求，北海市农业技术推广中心主动配合北海市种子管理站、北海市农业局经济作物科开展调查摸底工作。年初组成联合工作队进行调查，重点调查了各种苗繁殖场以及合浦县乌家柑橘场，对有关部门提出防控意见。2007年，全市柑橘种植面积50000多亩。北海市农业技术推广中心会同合浦县植保植检站，年初重点调查合浦县乌家柑橘场，对该单位种苗生产提出具体的要求。2008年，开展柑橘黄龙病专项整治。5月初，北海市农业技术推广中心配合种植业科，联合北海市种子站、合浦县农业局对合浦县的利天公司柑橘场进行调研，根据2008年北海市柑橘黄龙综合治理实施方案的具体要求，对该公司整治柑橘黄龙病提出具体意见。北海市2008年共发布柑橘木虱趋势情报3期，指导木虱机械化学防治1.5万多亩，柑橘木虱发生得到了有效的控制；更新病果园7000多亩，淘汰病果树20万株，新植30万株。柑橘黄龙病的发生有所减轻。2008年10月以来，四川湖南等地发生柑大实蝇疫情，为保护北海市柑橘产业，10月开展全市性的普查，共调查柑橘果园5万多亩次，开展市场检疫5次，抽检市场21个次，抽查水果2000多千克，发现疑似柑橘大实蝇200多头幼虫。召开紧急会议2次，各种专题汇报10多次。本地大田未发现柑橘大实蝇疫情。2010年，继续开展柑橘黄龙病专项治理工作，重点抓好合浦县各柑橘果园的检疫工作，包括柑橘木虱的监测和防治，淘汰老果树及病树；据当年调查，该病的发生得到了控制，全年只发生102亩，防治效果明显。2011年上半年柑橘木虱防治约1.1万亩；据当年调查，柑橘黄龙病的发生得到了控制，上半年只发生约300多亩，全年没有大发生，防治效果明显。2018年建立柑橘黄龙病综合防控示范点2个，核心示范面积1500亩，辐射带动综合防控10000多亩。

开展三叶斑潜蝇普查。三叶斑潜蝇在我国已局部发生为害，为了进一步查实北海市是否发生疫情，2006年市、县（区）植保部门开展普查，重点调查了各辖区内的花卉种植基地、花卉市场，重点调查了菊科作物，未发现疫情。2007年，市植检站会同市进出口检验检疫局开展普查，重点调查市辖区内的花卉种植基地、蔬菜主产区，重点调查菊科作物，并在田间挂设黄板诱捕监测，未发现疫情。

开展香蕉枯萎病的调查。根据广西壮族自治区农业厅的要求，市、县（区）2007年年初开展香蕉枯萎病的疫情普查，重点调查海城区的涠洲岛和合浦县的廉洲镇、常乐镇等香蕉主产区，普查面积达2万多亩，共发现香蕉枯萎病120亩（生理小种1号）。未有发现生理小种4号香蕉枯萎病。2008年据调查，在涠洲岛岛上未发现枯萎病4号小种，1号小种发生约100亩，全市香蕉枯萎病1号小种约150亩。

2013年、2014年、2015年，北海市农业技术推广中心根据广西壮族自治区农业厅及区植保总站的要求，对水稻象甲、香蕉枯萎病、红火蚁、椰子织蛾等检疫对象进行调查，均未发现上述疫情。

2016年、2017年、2018年，组织开展假高粱、红火蚁检疫调查和水稻细菌性条斑病、柑橘小实蝇、香蕉枯萎病、黄瓜绿斑驳花叶病毒病、水象甲、福寿螺等监测。

第七节　科研成果

科研成果见表35。

表35　北海市获奖科技成果

序号	项目名称	完成单位	获奖等级
1	灾害性害虫东亚飞蝗的监测预警及防控技术研究	北海市农业技术推广中心	北海市科学技术进步奖一等奖
2	我国褐稻虱迁飞规律及其在预测预报中应用	合浦县植保站	中华人民共和国农业部颁发的技术改进一等奖
3	我国稻纵卷叶螟迁飞规律及其在测报上应用	合浦县植保站	中华人民共和国农牧渔业部技术改进二等奖
4	合浦县主要农作物杂草普查	合浦县植保站	北海市科学技术进步奖三等奖
5	豇豆有害生物综合防控技术研究	合浦县植保站	北海市科学技术进步奖三等奖
6	广西地方标准《豇豆有害生物防控技术规程》	合浦县植保站	中华人民共和国农业部农作物病虫测报总站授予的全国先进集体、全国农技推广中心授予的测报先进单位等荣誉称号，多次被广西壮族自治区农业厅和农业厅植保总站评为先进单位。

第十二章　防城港市

第一节　概　述

防城港市1968年建港，1993年建市，下辖港口区、防城区、上思县、东兴市，总人口超100万。防城港市耕地91397.46公顷，园地14536.19公顷，林地392596.4公顷，草地30491.11公顷，城镇村及工矿用地27134.67公顷，交通运输用地8242.83公顷，水域及水利设施用地53930.28公顷，其他用地5532.94公顷。种植的主要农作物有水稻、玉米、甘蔗、蔬菜、柑橘等，其中2020年水稻、玉米播种面积52.64万亩，产量15.28万吨；甘蔗种植面积58.96万亩，产量312.12万吨；蔬菜种植面积（含复种面积）40.13万亩，产量36.43万吨；水果种植面积16.82万亩，产量11.89万吨。

防城港市植保工作始终坚持"预防为主，综合防治"的植保方针，牢固树立"公共植保、绿色植保"理念，坚持开展病虫监测，及时预警，在防治上以农业防治为基础、辅以物理防治、生物防治和化学防治。随着种植业结构调整，全球气候变化等因素的影响，防城港市植物保护工作对农业生产、粮食安全、生态保护、农民增收、社会和谐和农业可持续发展的作用越来越突出。据调查统计和资料记载，2000年以来，分布防城港市的农业有害生物85种，其中含检疫性有害生物8种，其他有害生物77种，每年对农作物造成不同程度的损失。在各级党委和政府的领导下，防城港市植物保护工作者依靠不断发展的科学技术，通过试验、示范、推广，总结了科学防病治虫的经验和方法，有效控制了各种病虫的为害，为农业增产农民增收作出了积极的贡献。植物保护体系建设和社会化服务体系不断完善，病虫害综合防灾减灾救灾能力得到显著提高，为保护当地农业生产安全和生态环境安全发挥了重要作用。

第二节　植物保护体系建设与发展

20世纪60年代初期，随着各地植保机构的建立，防城港市防城区和上思植保机构也先后设立，配合广西开展农作物病虫害普查工作，设立固定测报灯，开始对主要农作物病虫开展测报和指导防治工作。1993年成立防城港市时，市级植保站作为内设机构设在防城港市农业技术推广站（后更名为防城港市农业技术推广服务中心），配备植保干部2名；县级只有防城区和上思县设有专业植保站，配备植保干部3~7名，东兴市和港口区设在其他部门，配备植保干部1~2名。2019年，由于机构改革，市县不再保留专业植保站，职能划入其他中心（站、所），各地配备植保干部1名。

20世纪80年代末至90年代初期，在农业部、广西壮族自治区农业厅的大力支持下，先后在防城、上思建立了全国和广西农作物病虫测报网区域测报站，植保设施得到了进一步改善。进入21世纪，农业部、广西壮族自治区农业农村厅加大了植保工程项目的资金投入，加强农作物病虫害观测场和植保工程项目建设，至2021年，全市实施植保工程项目县达3个，已建成并投入使用的病虫害观测场6个，草地贪夜蛾自动监测点4个，安装物联网监控系统6套。科技的发展助力了日常调查、测报及防控工作，提高了植物检疫检测能力，为政府抓好农业有害生物的面上防控发挥了很好的参谋作用。

第三节　植物保护技术推广与培训

一、植物保护技术推广

防城港市的植保技术推广可分为化学防治为主，化学防治和物理防治兼顾，化学防治、物理防治、生物防治和生态调控相结合3个阶段。

（一）化学防治技术为主的综合防治阶段

20世纪40年代，自从以滴滴涕等为代表的有机合成农药的出现，农作物病虫害的化学防治兴盛。二战结束后，滴滴涕作为杀虫剂在世界各地广泛推广，人们看到了有机合成杀虫药剂的巨大潜力。继滴滴涕之后，又相继开发了六六六、毒杀芬、灭蚊灵等高效有机氯杀虫剂，敌敌畏、辛硫磷、乐果等速效有机磷杀虫剂，西维因、巴丹、杀虫脒等有机氮杀虫剂，代森锌、敌克松、灭菌丹等有机硫灭菌剂，田安、退菌特等有机砷灭菌剂，灭多威等所谓高效低毒氨基甲酸酯类杀虫剂，还有众多的杀螨剂、杀线虫剂、杀鼠剂、除草剂、杀菌剂等等，化学农药几乎覆盖了病虫草害防治的所有领域。1953年，防城县开始进行了农业技术知识宣传普及工作，国家拨发少量的有机氯农药六六六、滴滴涕，在小面积应用示范，杀虫效果甚佳，收益很大，使人们认识了化学农药防治害虫的威力，开启了防城港市的应用化学农药防治病虫害的时代。20世纪50代，随着作物杂交育种技术的兴起，农业生产水平不断提高，农产品生产追求高产高效，作物病虫害发生更加频繁，利益驱使防治病虫害积极性也随之跟进，为了有效控制病虫害，人们总是不断地提高用药量、频次，使得农药的使用量逐年增加，1997年，防城港市农药用量突破900吨（916.65吨，折100%有效成分），至2002年达1058.8吨，其中杀虫剂达625.9吨，70%为有机磷类农药，此类农药的70%为高毒农药，使防城港市成为区内单位耕地面积农药使用量较高的地区之一。这阶段主要推广使用高毒广谱的有机磷、有机氮、有机砷及其混配药，如3911（又名甲拌磷、西梅脱），苏化203（又名治螟灵、硫特普）、1605（又名对硫磷）、久效磷、磷胺、甲胺磷、呋喃丹、杀虫脒、西力生、赛力散、溃疡净、氯化苦等。这些高毒农药普遍使用于防治水稻等粮食作物的主要害虫，是水稻（二化螟、三化螟、大螟、稻纵卷叶螟、稻飞虱）、玉米（玉米螟、棉铃虫、黏虫、地老虎）、蔬菜（小菜蛾、菜青虫、黄曲条跳甲、斜纹夜蛾、甜菜夜蛾、豆荚螟）、甘蔗（黄螟、二点螟、条螟、蔗龟）、果树（红蜘蛛、蚧类、荔枝蝽、稻绿蝽、荔枝蒂蛀虫）等7大作物防治20多种主要害虫的当家品种，也有一定数量被农民违规用于防治蔬菜和果树害虫上，存在着不同程度的泛用、滥用情况。化学农药的大量使用，有效地控制了病虫的为害，保障了农业的安全生产，有力地促进了作物的增产增收。化学农药的大量推广使用，在保障作物高产稳产的同时也产生了一些不良后果，如在害虫防治上，单纯依赖化学农药往往得不到很好的防治效果，相反还会引起越来越多的负面效应：

化学农药对环境的污染造成人畜中毒事件的发生；农产品农药残留；天敌生物被杀害，自然控制作用降低，次要害虫上升为主要害虫；抗药性增强致使害虫猖獗；防治成本加大，农业生态系统遭到破坏等。因此选择另一种高效、快捷、安全的防治方式和产品，已成为病虫害综合防治工作的重要课题。

（二）化学防治和物理防治兼顾相结合为主的绿色防控阶段

2003年12月国务院批复了农业部《关于削减生产和使用甲胺磷等五种高毒有机磷农药的方案》，我国加入《关于在国际贸易中对某些危险化学品和农药采用事先知情同意程序的鹿特丹公约》等。为解决农药残留问题，降低农药风险，2004年2月，广西壮族自治区人民政府决定从2004年6月1日起，在广西范围内禁止任何单位及个人销售和在各类作物上使用甲胺磷等5种高毒有机磷农药及其混配制剂。从2007年1月1日起，农业部决定在全国全面禁止甲胺磷等5种高毒农药在农业生产上的使用。为解决高毒农药的禁、限用和病虫害防治替代品种、技术等问题，防城港于2003年引进推广佳多频振杀虫新技术为主的物理防治技术。以频振式杀虫灯为核心，组装集成以健身栽培、农业防治和生态控害为基础，以准确测报为依据，以禁用高毒高残留农药和减少化学农药为前提，配套黄板、昆虫性信息素、果实套袋、毒饵站灭鼠等植保新技术为重点的病虫鼠治理技术，在实践中形成了“健身栽培＋灯、板诱杀＋高效低毒农药（禁用高毒高残留农药）＋产品检测”的动态防治技术模式，在生产中取得显著的效果、效益。丰富、完善了以作物为中心的综防内容，强调多技术、多措施、多环节，实现综合防灾减灾，保障生产安全和农产品质量卫生安全，对防城港市植保科技进步和技术创新起到重要的导向作用，引领农业技术应用向简便实用、持续有效、环境友好的方向发展。截至2012年，组建应急防治专业队（机防队）22支，开展统防统治面积38万多亩次，绿色防控集成技术推广应用面积累计达195.34万亩次，技术覆盖全市100%县（区、市）、95.8%的乡镇，涵盖了全市各类主要作物。

（三）化学防治、物理防治、生物防治和生态调控相结合的病虫综合防治的农药减量控害阶段

自2015年起，按照国家提出的到2020年农药使用量零增长目标，保护农业生态环境和保障人民健康安全的相关要求，防城港市植保技术推广工作同广西各地一样，大力推广应用以农业生态调控为基础，以物理、生物防控为主抓手，以科学安全用药为应急防治的病虫害综合治理主模式。如推广应用螟黄赤眼蜂关键技术防治甘蔗螟虫、水稻稻飞虱持续治理技术、红火蚁毒饵法防控技术、昆虫性信息素诱杀果园、蔬菜、玉米重要害虫等。在使用农药应急防治病虫害上推广应用植保无人机、背负式机动弥雾机、背负式喷杆喷雾机等新型植保器械；同时大力发展扶持专业化统防统治组织，推动植保社会化服务。2020年，防城港市拥有植保无人机11台，其他新型植保器械519台套，日作业能力达1.4万亩，开展粮食作物病虫害统防统治面积60多万亩次，农作物病虫害绿色防控面积达280多万亩次，农药使用量为632.42吨（比2015年的808.85吨减少176.43吨），实现了到2020年农药减量目标。

二、植物保护技术培训

多年来，防城港市植保人员通过举办各类培训宣传普及植物保护新技术、新产品，提高植物保护科技含量，助推新技术、新产品的推广应用。主要采取室内集中培训、室外农民田间学校、科技下乡、

集市咨询等方式开展，通过请进来，走出去的方法强化技术培训，提高人们治虫防病水平。主要培训如下：

2001—2002年，开展农业植物检疫有害生物疫情普查技术培训12期250多人次，印发技术资料9480多份。

2005—2007年，开展水稻螟虫等重大病虫害防治技术、病虫无害化治理技术等培训41期2000多人次，印发技术宣传资料2万多份。

2005—2020年，开展红火蚁疫情监测、普查、防控技术培训208期36000多人次，发放宣传资料6万多份、宣传卡片9万多份。

2006—2020年，开展灭鼠技术培训198期16000人次，印发资料5万多份。

2006—2016年，开展病虫无害化治理技术、农作物重大病虫害防治技术等培训98期7000多人次，印发技术宣传资料3万多份。

2008—2020年，开展柑橘黄龙病防控技术培训班246期14900多人次，印发资料8万多份。

2009—2016年，开展植保机防手培训265期次13000多人次，印发资料7万多份。

2010—2020年，开展农药减量控害技术、南方水稻黑条矮缩病防控技术、草地贪夜蛾监测防控技术等培训156期5600多人次，印发资料4万多份。

第四节　病虫测报与防治

一、病虫监测预警体系建设

自实施“十五”计划以来，通过实施植物保护工程和优粮工程等项目，投资建设了一批农业有害生物预警与控制、蝗虫应急防治、农药残留与质量检测等基础设施。防城港市在农业农村部、广西壮族自治区农业农村厅的大力支持下，先后在上思县、防城区建立了全国和广西农作物病虫测报网区域测报站，监测条件不断改善、监测水平不断提升，病虫预报准确率不断提高。近年来，充分利用互联网、物联网、自动化处理技术等现代信息技术，初步构建立体型、多元化、综合性监测预警平台，实现病虫害远程实时监测、早期预警的网络化管理，全面提高重大病虫疫情监测预警时效性、准确率。2000年以来，年发布病虫情报70多期，长期预报准确率近90%，中、短期预报准确率达95%以上，初步实现了病虫监测与信息传递的规范化、数字化和网络化。通过广播电视、网络、手机短信、微信、咨询电话等形式发布病虫情报信息，使病虫预警信息乡镇覆盖率100%，行政村覆盖率90%以上。

二、主要病虫发生及防治情况

防城港市土地总面积623861.88公顷，其中耕地91397.46公顷，水域及水利设施用地53930.28公顷。由于受耕作制度变化、气候异常、种植业结构调整等因素的影响，复种指数提高，农作物病虫害发生面积逐年上升，特别是20世纪90年代以来，年发生面积上升更快，年发生面积达到500万亩次，2012年发生面积达到800万亩次。随着病虫监测能力的提升和防治水平的提高，全市农作物病虫害也发生变化，年均发生面积维持在600万亩次左右。防城港粮食作物主要有水稻、玉米，经济作物主要有甘蔗、蔬菜，果树主要有柑橘、龙眼、荔枝等。

（一）粮食作物病虫害

1. 水稻病虫害

水稻是全市主要粮食作物。2011年以来，水稻病虫害年发生面积110.09万 ~242.38万亩次，年防治面积118.03万 ~278.9万亩次，挽回损失1.43万 ~3.27万吨，发生程度为中等局部大发生。主要有稻飞虱、稻纵卷叶螟、三化螟、稻蝗、稻水蝇、稻叶蝉、稻蓟马。病害有稻瘟病、水稻纹枯病、南方水稻黑条矮缩病、水稻胡麻叶斑病、水稻赤枯病、水稻稻曲病。草害有稗草，螺害为福寿螺。

（1）稻飞虱。越南是防城港稻区稻飞虱的主要初始虫源地。每年的2月下旬起稻飞虱随西南气流从越南红河三角洲起飞，从防城区、东兴市一带陆续迁入防城港市沿海稻区并不断向北部区域扩迁。当稻飞虱迁经该稻区，突遇北风或降雨天气，会迫降为害早稻，待转南风时，该虫又继续向北的相关地区迁飞（消失），如此反复持续到6月底止。到晚造（9月），该稻区发生的稻飞虱又随北风气流向南回迁，而在9月中下旬出现第二个明显的迁入高峰，高峰期约持续10天，然后继续向南（越南等地）迁出。从2002年以来，稻飞虱的灯下始见期比常年提早2~10天。

防城港市早稻以白背飞虱为主，晚稻以褐飞虱为主。一年发生8~10代，以第三、第六代为主害代，其次是第二、第五代，其他代为害较轻。第三代主要为害早稻，田间高峰期在5月至6月间。6月上中旬乳熟后期至黄熟期，短翅型成虫所占比例迅速下降，出现大量长翅型成虫，水稻收割前迁出，种群迅速下降。第六代主要为害晚稻，田间虫口高峰期在8月下旬至9月。自1997年以来，稻飞虱在该稻区发生为害程度、发生面积占种植面积的比例居高不下，并有上升趋势。在时空分布上出现田间始见期比常年提早2~53天，主害代为害峰次比常年多1~3次，为害期延长，严重发生的频次明显增加的特点。

2011年以来，年发生面积25.39万 ~50.93万亩次，防治面积24.58万 ~54.24万亩次，挽回损失0.39万 ~0.60万吨。2011—2017发生较重，2018—2020年发生较轻。

（2）稻纵卷叶螟。防城港市水稻主要迁入害虫之一，每年2~3月随西南气流从越南红河三角洲起飞，从防城区、东兴市一带陆续迁入防城港市稻区并不断向北部区域扩迁。1年发生6~8代，1~4代主要为害早稻，5~8代为害中稻和晚稻，近年以第三、第四代为害较重，其次是第六代。第三、第四代主要为害早稻，田间虫口高峰日在5月至6月间。6月上中旬乳熟后期至黄熟期，成虫所占比例迅速下降，水稻收割前迁出，种群迅速下降。第六代主要为害晚稻，田间虫口高峰期在8月下旬至9月。近年来，早稻发生比晚稻重，年发生面积达40万亩次。2011年以来，年发生面积18.76万 ~42.84万亩次，防治面积19.85万 ~46.31万亩次，挽回损失0.24万 ~0.89万吨。2011—2015年发生较重，2020年发生较轻，其他年份接近常年。

（3）三化螟。一年发生4~5代，早、中、晚稻均可为害，以晚稻为害为主，一般造成2%左右的枯心率，近年降为水稻生产的次要害虫。2011年以来，年发生面积9.19万 ~17.76万亩次，防治面积9.61万 ~19.753万亩次，挽回损失0.06万 ~0.12万吨。2011—2012发生较重，2013—2020年发生呈逐年下降趋势。

（4）稻水蝇。近10年来只在个别沿海乡镇发生，部分田块发生较重。2011年以来，年发生面积

7.67万~16.02万亩次，防治面积7.25万~17.51万亩次，挽回损失0.07万~0.17万吨。2011—2012发生较重，其他年份接近常年。

（5）稻瘟病。为水稻的主要病害之一，防城港是全国老病区，病原菌分布广。主要有大田期的叶瘟、节瘟、穗颈瘟和谷粒瘟。2011年以来，年发生面积7.64万~21.5万亩次，防治面积7.93万~26.82万亩次，挽回损失0.10万~0.33万吨。2011—2015发生较重，其他年份接近常年。

（6）水稻纹枯病。为防城港市常年发病最重的水稻病害，发病田块很普遍。总体年发生程度为中等局部中等偏重发生，发生面积在20万亩次以上。发病严重田块病丛率达90%；一般田块病丛率在20%~50%，个别防治差的田块剑叶都可发病，严重影响产量。2011年以来，年发生面积20.56万~30.28万亩次，防治面积25.00万~43.85万亩次，挽回损失0.34万~0.57万吨。2011—2016发生较重，2017—2020年发生较轻。

（7）水稻细菌性条斑病、白叶枯病。受台风影响，多为害沿海稻区晚稻，其他稻区发生较轻。2011年以来，年发生面积2.46万~6.01万亩次，防治面积2.63万~6.36万亩次，挽回损失0.024万~0.11万吨。2011年、2013—2016年和2018年发生较重，其他年份发生较轻。

（8）南方水稻黑条矮缩病。于2009年在钦州、防城港东兴市、北海等单季晚稻上暴发，2010年在广西扩散蔓延。2009年防城港市发生面积近2700公顷，损失在50%以上的超过533公顷，造成直接经济损失500万元以上。田间发病程度因土壤耕作层深浅、水肥条件、水稻品种和田间管理水平的不同而异。一般而言，在同一田块，田边发病比田中间轻；土壤耕作层深厚、肥力较好、水源充足或有流水的田块发病轻，而土壤耕作层浅、肥力较差、干旱的田块发生重；普通杂交稻比超级稻发病重，杂交稻比常规稻发病重，糯稻和常规稻基本不发病；田间管理好的田块发病轻，特别是适时使用对口农药防治田间害虫，抓好稻飞虱防治的田块发病轻或基本不发病。从品种来说，杂交稻发病重于常规稻，是由于杂交稻较感白背飞虱，有利稻飞虱持续取食，取得丰富的营养，飞虱发育良好，死亡率低，种群数量增加迅速，从而有利于南方水稻黑条矮缩病毒的积累与传播。据2009年调查，发病较重的品种有博优315、博优680、博优8305、博优253、博优629等杂交稻。

2. 玉米病虫害

玉米是防城港市第二主粮作物，年种植面积达15万亩。2011年以来，玉米病虫害年发生面积15.09万~29.81万亩次，年防治面积15.70万~27.35万亩次，挽回损失0.10万~0.18万吨，发生程度一般为中等偏轻局部中等。主要有草地贪夜蛾、玉米螟、玉米蚜虫、玉米铁甲虫、玉米大斑病、玉米纹枯病和玉米锈病。

（1）草地贪夜蛾。2019年4月首次入侵防城港市，主要为害玉米，其次是甘蔗苗期和水稻秧田期，当年发生面积0.98万亩。其中以防城区、上思县为害较重。2019年中央紧急拨付草地贪夜蛾防控救灾资金，经紧急防控后没有造成重大产量损失。之后该虫为害仍呈扩大加重趋势，2020年全市发生面积1.38万亩次，防治面积2.19万亩次，挽回损失0.1万吨。2021年在玉米、甘蔗上发生4.75万亩次。

（2）玉米螟。防城港市玉米主要害虫之一，为蛀食性害虫，年发生3代。2011年以来，年发生面积3.28万~6.50万亩次，防治面积3.26万~6.26万亩次，挽回损失0.02万~0.04万吨。2011年、2015—2017发生较重，其他年份与常年接近。

玉米蚜。在玉米苗期群集在心叶内，刺吸为害。主要为害春玉米叶片、雄花和果穗，是防城港玉米生产上的一大害虫，对玉米产量影响较大。2011年以来，年发生面积1.60万～4.23万亩次，防治面积1.67万～4.04万亩次，挽回损失0.01万～0.03万吨。2015—2017年发生较重，2010年发生较轻，其他年份与常年接近。

（3）玉米铁甲虫。2006年春季首次在防城区原板八乡（因乡镇机构改革后与峒中镇合并）发现玉米铁甲虫发生为害，发生程度中等偏重。当年发生范围涉及原板八乡十三个行政村，发生面积300多亩，为害叶率一般28%~75%，个别田块为害叶率达100%，成虫虫口密度平均2.95万头/亩，百叶卵粒平均1250粒，百叶幼虫平均1220头。往后发生面积、范围逐年扩大。2011年以来，年发生面积0.92万～1.95万亩次，防治面积0.85万～1.85万亩次，挽回损失0.01万～0.02万吨。2011和2014年发生较重。

（4）玉米大斑病和玉米小斑病。2011年以来，年发生面积3.06万～5.5417万亩次，防治面积2.94万～5.00万亩次，挽回损失0.01万～0.03万吨。2014—2015年发生较重，其他年份与常年接近。

（5）玉米纹枯病。2011年以来，年发生面积1.86万～2.61万亩次，防治面积1.70万～2.0483万亩次，挽回损失0.01万～0.02万吨。2014—2017年发生较重，其他年份与常年接近。

（二）经济作物病虫害

1. 甘蔗病虫害

甘蔗是防城港市种植面积最大的经济作物，常年种植面积在50万亩左右。2011年以来，甘蔗病虫害年发生面积67.91万～198.38万亩次，年防治面积66.80万～183.09万亩次，挽回损失2.22万～10.48万吨，发生程度一般为中等局部中等偏重。主要病虫害有甘蔗螟虫、甘蔗蚜虫、甘蔗蓟马、蔗龟、蔗根锯天牛、甘蔗梢腐病、甘蔗黑穗病等。

（1）甘蔗螟虫。是防城港市甘蔗主要害虫。常见种类有黄螟、条螟和二点螟。甘蔗苗期受害形成枯心苗，成长蔗受害造成虫蛀节。2011年以来，年发生面积31.42万～55.41万亩次，防治面积31.16万～55.08万亩次，挽回损失6.04万～12.01万吨。2012—2013年发生较重，其他年份接近常年。2012年甘蔗条螟、二点螟局部重发生年，受害严重的蔗田枯心率达79.3%，全年发生面积55.41万亩次，防治面积55.04万亩次。经各级政府召集植保部门、糖企和糖业管理部门协同开展甘蔗螟虫发生预测预报和大面积联防联控工作，取得较好防控效果。挽回糖料蔗产量12.01万吨，实际损失3.78万吨。

（2）甘蔗绵蚜。为防城港市甘蔗主要害虫，以成、若蚜群集在蔗叶背面中脉两侧吸食汁液，致叶片变黄、生长停滞、蔗株矮小，且含糖量下降，制糖时难以结晶。2011年以来，年发生面积11.86万～52.8万亩次，防治面积11.72万～52.53万亩次，挽回损失2.62~8.29吨。2011—2015年发生较重，2016年后呈逐年下降趋势。

2011年下半年，甘蔗绵蚜虫大发生，发生面积52.80万亩次，占当时全市甘蔗种植面积的80%以上，田间受害株率一般13%~41%，受害重达90%以上。蔗农四处外出求购农药防控，致使当年杀虫剂一度脱销。通过组织防控，挽回原料蔗产量7万多吨，实际损失2.31万吨。

（3）甘蔗蓟马。为防城港市甘蔗主要害虫，2011年以来，年发生面积5.06万～48.11万亩次，防治面积4.91万～42.75万亩次，挽回损失0.83万～11.65万吨。2011—2014年甘蔗蓟马连年大发生，年发生面积20万亩次以上，其中2011年发生面积达48.11万亩次，防治面积42.75万亩次，经防治后挽回11.66万吨，实际损失0.8万吨。2015—2020年甘蔗蓟马发生呈下降趋势，其中2018年发生只有5.06万亩次。

(4)蔗龟。2011年以来，年发生面积0.5万 ~7.00万亩次，防治面积0.5万 ~7.00万亩次，挽回损失0.15万 ~1.8万吨。2011—2015发生较重，2016—2020年发生呈下降趋势，其中2020年发生只有0.5万多亩次。

（5）蔗根土天牛。2011年以来，年发生面积1.39万 ~5.00万亩次，防治面积1.27万 ~5.00万亩次，挽回损失0.08万 ~1.12万吨。2011—2016年发生较重，2017—2020年发生较轻。2011年、2012年、2015年发生较重，其他年份接近常年。2017—2020年发生呈下降趋势。

（6）甘蔗梢腐病。为防城港市甘蔗主要病害。2011年以来，年发生面积6.34万 ~12.18万亩次，防治面积7.04万 ~11.9万亩次，挽回损失0.37万 ~2.77万吨。2011—2015年和2019发生较重，其他年份接近常年。

（7）甘蔗黑穗病。为防城港市甘蔗主要病害，连年连作地块该病发生日趋严重，一旦发生没有高效的药效防治，最有效的方法就是拔除病株。2011年以来，年发生面积5.00万 ~8.67万亩次，防治面积5.00万 ~8.31万亩次，挽回损失0.28万 ~1.97万吨。2015、2017年发生较重，2011年、2018年发生较轻，其他年份接近常年。

2. 蔬菜病虫害

2011年以来，蔬菜病虫害年发生面积37.52万 ~75.57万亩次，年防治面积40.61万 ~83.46万亩次，挽回损失2.1万 ~4.8万吨，发生程度一般为中等局部中等偏重。蔬菜主要病虫害有辣椒炭疽病、辣椒疫病、白菜软腐病、白菜霜霉病、番茄早疫病、番茄青枯病、番茄病毒病、辣椒炭疽病、辣椒疫病、瓜类霜霉病、瓜类炭疽病、菜青虫、小菜蛾、黄曲条跳甲、斜纹夜蛾、白粉虱、美洲斑潜蝇、蓟马、菜螟、黄守瓜、棉铃虫、瓜实蝇、菜蚜、豆荚螟、蛴螬、地老虎等。

（1）白菜霜霉病。2011年以来，年发生面积2.35万 ~5.2万亩次，防治面积2.52万 ~5.71万亩次，挽回损失0.06万 ~0.22万吨。2011—2016年发生较重。

（2）瓜类霜霉病。2011年以来，年发生面积2.26万 ~4.32万亩次，防治面积2.76万 ~5.93万亩次，挽回损失0.08万 ~0.13万吨。2011年和2018年发生较重。

（3）白菜软腐病。2011年以来，年发生面积1.45万 ~3.07万亩次，防治面积1.64万 ~2.98万亩次，挽回损失0.04万 ~0.19万吨。2011—2016年发生较重。

（4）瓜类炭疽病。2011年以来，年发生面积1.13万 ~1.84万亩次，防治面积1.32万 ~1.98万亩次，挽回损失0.03万 ~0.039万吨。2012年发生较轻，其他年份发生较重。

（5）小菜蛾。2011年以来，年发生面积1.42万 ~6.77万亩次，防治面积1.44万 ~7.17万亩次，挽回损失0.1万 ~0.5万吨。2015—2020年发生较轻，其他年份发生较重。

（6）菜青虫。2011年以来，年发生面积4.96万 ~9.52万亩次，防治面积5.95万 ~9.13万亩次，挽回损失0.19万 ~0.8万吨。2011—2015年发生较重。

（7）斜纹夜蛾。2011年以来，年发生面积0.09万 ~3.01万亩次，防治面积0.12万 ~3.05万亩次，挽回损失0.04万 ~0.75万吨。2011—2014年发生较重，2015年后发生较轻。

（8）菜蚜。2011年以来，年发生面积8.1万 ~12.52万亩次，防治面积8.58万 ~13.1万亩次，挽回损失0.62万 ~3.53万吨。2011—2017年发生较重，2018—2020年发生较轻。

（9）黄曲条跳甲。2011年以来，年发生面积7.03万 ~9.54万亩次，防治面积7.04万 ~9.03万亩次，挽回损失0.23万 ~0.32万吨。2011—2016年发生较重，2017—2020年发生较轻。

（三）果树病虫害

防城港市主要果树有柑橘、坚果、龙眼、荔枝、葡萄、木菠萝、番木瓜等。2011年以来，果树病虫害年发生面积42.49万~81.00万亩次，年防治面积49.71万~95.14万亩次，挽回损失1.85万~3.71万吨，发生程度为中等偏轻局部中等偏重。主要病虫害有柑橘溃疡病、柑橘疮痂病、柑橘炭疽病、柑橘叶螨、柑橘锈螨、柑橘小实蝇、柑橘蚧类、柑橘潜叶蛾、柑橘卷叶虫类、荔枝霜疫霉病、香蕉炭疽病、香蕉叶斑病、荔枝蝽象、荔枝蛀蒂虫、荔枝瘿螨、龙眼丛枝病等。

1. 柑橘溃疡病。2011年以来，年发生面积2.6万~6.21万亩次，防治面积2.6万~6.47万亩次，挽回损失0.09万~0.26万吨。2018—2020年发生较重，其他年份发生较轻。

2. 柑橘疮痂病。2011年以来，年发生面积1.09万~2.73万亩次，防治面积1.25万~2.99万亩次，挽回损失0.05万~0.18万吨。2011—2016年发生较轻，2017—2020年发生较重。

3. 柑橘炭疽病。2011年以来，年发生面积1.00万~3.41万亩次，防治面积1.15万~3.91万亩次，挽回损失0.03万~0.19万吨。2017—2018年份发生较重，其他年份发生较轻。

4. 柑橘叶螨。2011年以来，年发生面积1.34万~6.29万亩次，防治面积1.53万~7.32万亩次，挽回损失0.06万~0.32万吨。2011—2016年发生较轻，2017—2020年发生较重。

5. 柑橘锈螨。2011年以来，年发生面积0.35万~4.19万亩次，防治面积0.4万~5.62万亩次，挽回损失0.24万~0.21万吨。2011年发生较重，2012—2014年发生较轻。

6. 柑橘蚧类。2011年以来，年发生面积2.09万~3.55万亩次，防治面积2.66万~4.22万亩次，挽回损失0.09万~0.20万吨。2011—2016年发生较轻，2017—2020年发生较重。

7. 柑橘潜叶蛾。2011年以来，年发生面积2.75万~13.25万亩次，防治面积2.70万~12.93万亩次，挽回损失0.16万~0.80万吨。2011—2016年发生较轻，2017—2020年发生较重。

8. 荔枝霜疫霉病。2011年以来，年发生面积1.35万~2.03万亩次，防治面积1.44万~2.22万亩次，挽回损失0.03万~0.06万吨。2016—2019年发生较重，其他年份发生较轻。

9. 荔枝蝽象。2011年以来，年发生面积2.46万~4.35万亩次，防治面积2.55万~5.03万亩次，挽回损失0.10万~0.25万吨。2012—2015年发生较重，其他年份发生较轻。

10. 荔枝蛀蒂虫。2011年以来，年发生面积3.18万~5.84万亩次，防治面积3.44万~5.81万亩次，挽回损失0.06万~0.19万吨。2013—2019年发生较重，其他年份发生较轻。

第五节　农药、药械供应与推广

1953年，防城港市开始进行了农业技术知识宣传普及工作，国家拨入少量的有机氯农药六六六、滴滴涕，在小面积应用示范，杀虫效果甚佳，收益很大，展现了化学农药防治害虫的威力，开启了防城港市的应用化学农药防治病虫的时代。1997年防城港市农药用量突破900吨（916.65吨，折100%有效成分），至2002年达1058.8吨，其中杀虫剂达625.9吨，70%为有机磷类农药，此类农药的70%为高毒农药，使防城港市成为区内单位耕地面积农药使用量较高的地区之一。

2007年，农业部决定在全国全面禁止甲胺磷等5种高毒农药在农业生产上的使用。2015年，农业部开始在全国开展农药零增长行动。防城港市植保部门把推广高效、低毒、低残留、环境友好型农药，新型高效植保器械和科学安全用药作为解决高毒农药的禁、限用问题和实现到2020年农药减量目标。农药的选用由化学农药为主转向以农业防治为基础，辅以物理防治、生物防治和科学安全使用农药为主要手段。农药器械也从老式的手动式喷雾器发展到机动式喷雾器和植保无人机防治，喷雾技术和质量也逐步提高，从泼洒到大容量喷雾、喷粉发展到低容量、超低容量迷雾。截至2012年，防城港市累计推广应用频振式杀虫灯3714台、生态黏虫板1.7万片、害虫诱捕器2.75万个、灭鼠毒饵站4.5万个、推广机动喷雾器290台。2020年，防城港市拥有植保无人机11台，其他新型植保器械519台套。

第六节　植物检疫

防城港各级植保部门按照植物检疫的各项制度开展检疫，主要开展调运检疫、产地检疫及危险性有害生物的普查、防控、扑灭工作。

一、加强检疫宣传、培训

防城港市各级植保部门高度重视植物检疫相关法律法规的学习宣传贯彻工作。各级植保部门采取现场咨询、技术培训、发放宣传资料、张贴挂图、悬挂横幅等多种形式宣传《植物检疫条例》《植物检疫条例实施细则（农业部分）》《广西壮族自治区果树种苗管理办法》《广西壮族自治区柑橘黄龙病防控规定》等植物检疫法规及知识。据统计，2011年以来，通过电视台、电台、报刊、网络等媒体宣传47次，发送手机短信159条，张贴标语545条，发放资料148450份，出动宣传车449台次，巡回宣传73次，设立宣传点98个、宣传栏107块，培训30次1134人次，现场咨询72次4300人次。植保人员经常深入主要农作物种子种苗经营市场、花卉苗木市场、农产品批发市场等重点区域开展植物检疫宣传、现场咨询活动。

二、严格产地、调运及市场检疫

（一）产地检疫

产地检疫是国内植物检疫的一项基础工作，是有效防止控制检疫对象传播蔓延的重要手段，也是调运检疫的可靠依据。各地要求种子、苗木生产单位或专业户提前申报产地检疫，并做好审批登记手续，同时帮助生产单位选地和种子消毒。在作物生长期间，植检员定期进行检查，发现疫情及时处理，记载发生情况，未发现检疫对象的，发给产地检疫合格证书。

（二）调运检疫

在做好产地检疫的前提下，各地严格把好调运检疫关，服务于农业生产，做到随需随到，方便货主，利于商品的流通。

（三）市场检疫

市场是种子、苗木、繁殖材料及产品的重要交易场所，搞好市场植物检疫是杜绝外地检疫对象传入本地，保护本地农作物正常生产安全的主要措施。各地植保人员经常深入集贸市场开展检疫。

三、检疫性有害生物的普查、监测、防控

2001年以来，主要开展了农业植物检疫有害生物普查、水稻细菌性条斑病、柑橘溃疡病、美洲斑潜蝇、马铃薯环腐病、木薯细菌性枯萎病、红火蚁、紫茎泽兰等疫情调查、监测、防控工作。经过监测调查，防城港市主要外来有害生物如下。

（一）柑橘黄龙病

经调查，防城港市柑橘黄龙病的扩散蔓延既是自然现象，又有人为因素。在各级政府的领导和关怀下，各级植保站在防控柑橘黄龙病的工作中做了大量的示范推广并有一定成效。加强柑橘苗木产地、调运检疫，大力推广柑橘木虱的统防统治，全面开展柑橘黄龙病株清除工作。2010—2020年，防城港市柑橘黄龙病4.15万亩，病株率13.28%~18.1%，柑橘木虱发生面积10.5万亩次。

（二）红火蚁

2012年7月1日，防城港市港口区首次发现有红火蚁疫情，发生面积约30亩，发生区域在桃花湾广场。经调查，是通过绿化草皮、植物携带进入。此后几年，防城港市各地陆续发现有红火蚁发生。年发生面积由2012年的6亩增加到2020年的5016亩。2012—2020年防城港市累计发生面积4.54万亩次，防治面积1.87万亩。

（三）水稻细菌性条斑病

进入21世纪以来，水稻细菌性条斑病在防城港市为害面积为4~7万亩次，经各地指导防治，群众防治意识和水平提高，没有造成大面积成灾现象。2011年以来，水稻细菌性条斑病在防城港市年发生面积2.46万 ~6.01万亩次，防治面积2.63万 ~6.36万亩次，挽回损失0.024万 ~0.11万吨。2011—2016年发生较重，2012年、2016—2017年和2018年发生较轻，其他年份接近常年。

（四）美洲斑潜蝇

防城港市于20世纪90年代在蔬菜上发现为害。随后经过调查发现该虫寄主范围广，为害作物有葫芦科、豆科、茄科、十字花科等植物，其中菜豆、黄瓜、番茄、甜菜、辣椒、芹菜等作物受害较重，发生普遍，一般减产30%左右，严重的可减产70%~80%，甚至绝收。近年发生面积在0.1万 ~0.15万亩次。

（五）橘小实蝇

是防城港蔬菜瓜果上一种重要的害虫，一年发生4~11代。该虫在防城港市主要为害水果品种为番

石榴、番茄、瓜类、柑橘。2008年，重庆等地发生了“果蛆”事件，一下就把橘小实蝇推上了风口浪尖，引起大家的关注。近年监测发现防城港市虫口密度逐年增加，发生面积也有逐年扩大趋势。如2020年，4—6月诱捕到橘小实蝇数量同比增长超过10倍，2020年发生面积0.7万亩次，是2019年发生面积的3.5倍。

第七节 农药质量与残留检测

2006年12月防城港市农产品质检中心成立，目前人员编制6人，实有人员9人。2007年起正式开展农产品农药残留色谱法定量检测工作。2011年防城港市农业综合检测中心实验室获得了省级资质认定证书和农产品质量安全检测机构考核合格证书。“十二五”时期，防城港市农业综合检测中心实验室经历了2011年“资质认定”和“机构考核”双认定的现场评审以及2014年“机构考核”现场评审工作，并顺利通过评审，取得了相应的资质认定证书和机构考核合格证书，通过考核的检测项目进一步优化，更加贴近种植户的常用农药品目。“十三五”时期，每年中心积极参加由区农业农村厅组织开展的能力验证考核，努力完成比对任务，并取得良好成绩，中心实验室检测能力进一步增强。

2012年，防城港市24个乡镇建立了蔬菜农药残留流动监测站并实现农产品农药残留定性检测数据与自治区农产品质量安全监控系统联网。2006—2020年，防城港市市、县、乡三级累计年完成3万批次农产品农药残留定性定量检测工作。

由于农药质量检测的特殊性，防城港市农药质量检测工作由农业综合执法支队抽取样品后交由广西壮族自治区植保总站农药质量检测科检测。

由于机构改革，2021年防城港市农产品质检中心剥离防城港市农业农村局管理，并入市人民政府新成立的防城港市检验检测中心。

第八节 科研成果

一、科技成果奖

科技成果见表36。

表36 防城港市科技成果统计表

序号	获奖项目	所获奖项	完成单位	主要完成人员
1	防城港市频振杀虫新技术示范与推广应用	获2011年防城港市科学技术进步奖三等奖	防城港市植保站，防城区植保站，上思县植保站，东兴市植保站，港口区植保站	郑德剑、谢乃官、孙祖雄、彭景东、吴善威、龙先华、韦世训、唐新海、成美华、黄淼冰
2	农作物病虫害绿色防控集成技术试验示范与推广应用	获2013年防城港市科学技术进步奖三等奖	防城港市植保站，防城区植保站，上思县植保站，东兴市植保站，港口区植保站	孙祖雄、谢乃官、郑德剑、唐新海、成美华、谢宗强、龙先华、韦世训、钟永华、卢柔桦
3	水稻稻飞虱发生为害特点及持续治理技术推广应用	获2016年防城港市科学技术进步奖二等奖	防城港市植保站、广西农业科学院植物保护研究所、广西壮族自治区植保总站、钦州市植保站、北海市植保站、广西田园生化股份有限公司	孙祖雄、杨朗、张雪丽、郑德剑、谢乃官、陈军、罗金仁、吴碧球、谢宗强、林怀华、韦世训、黄立飞

续表

序号	获奖项目	所获奖项	完成单位	主要完成人员
4	广西沿海稻区稻飞虱发生规律及持续治理技术集成创新与推广应用	获2018年广西科学技术进步奖三等奖	防城港市植保站、广西农业科学院植物保护研究所、广西壮族自治区植保总站、钦州市植保植检站、广西田园生化股份有限公司、北海市植保植检站	孙祖雄、杨朗、张雪丽、郑德剑、谢乃官、陈军、罗金仁、吴碧球、谢宗强、沈小英、韦世训、黄立飞
5	红火蚁毒饵法防控技术在桂中南的推广应用	获2018年广西农牧渔业丰收三等奖	防城港市农业技术推广服务中心、柳州市万友家庭卫生害虫防治所、钦州市植保植检站	孙祖雄、郑德剑、陈军、吴玉东、肖志科、廖宪成、卢亭君、韦世训、钟永华、唐新海、杨桂梅、卢楺华、韦燕、郭志强、陈上进、陈先良、姜邦钊、周俊鹏、黄校华、肖帆、曾翔、裴铁旭、何元密、何海娟、巫月山

注："水稻稻飞虱发生为害特点及持续治理技术推广应用"与"广西沿海稻区稻飞虱发生规律及持续治理技术集成创新与推广应用"是同一个项目，不同的名称。

二、地方标准制定

地方标准制定情况见表37。

表37　防城港市地方标准统计表

序号	年份	标准名称	标准发布号	起草单位	起草人员	发布单位
1	2014	《水稻稻飞虱综合防治技术规范》	DB45/T 1074–2014	广西防城港市植保站，广西防城港市质量技术监督局，广西钦州市植保站，广西北海市植保站，广西田园生化股份有限公司	孙祖雄，郑德剑，谢乃官，陈军，林怀华，韦世训，谢宗强，钟永华，韦燕，胡业军，罗金仁	广西壮族自治区质量技术监督局
2	2015	《甘蔗间种大豆技术规程》	DB45/T 1235–2015	防城港市中元农业科技有限公司，防城港市植保站，防城港市农产品质量安全检测中心，防城港市质量技术监督局	郑德剑，唐新海，孙祖雄，谢乃官，谢宗强，颜循辉，钟永华，陈上进，陈先良，胡业军	广西壮族自治区质量技术监督局
3	2015	《甘蔗蓟马防治技术规程》	DB45/T 1236–2015	防城港市中元农业科技有限公司，防城港市植保站，防城港市农产品质量安全检测中心，防城港市质量技术监督局	郑德剑，孙祖雄，唐新海，谢乃官，谢宗强，颜循辉，钟永华，陈上进，陈先良，胡业军	广西壮族自治区质量技术监督局
4	2016	《红火蚁毒饵法防控技术规程》	DB45/T 1354–2016	防城港市植保站，防城港市质量技术监督局，柳州市万友家庭卫生害虫防治所	孙祖雄、郑德剑、谢乃官、韦世训、谢宗强、钟永华、胡业军、肖志科	广西壮族自治区质量技术监督局

第十三章　崇左市

第一节　概　述

崇左市辖江州区和扶绥、大新、天等、龙州、宁明5个县，代管县级凭祥市。总面积1.74万平方千米，总人口252万，其中农业人口占63%，全市耕地面积50.08万公顷，甘蔗种植面积26.67万公顷，占全市的53.25%，水稻种植面积2.67万公顷，占全市5.33%。

自20世纪60年代末期植保（测报）站成立以来，崇左市植物保护工作始终坚持“预防为主，综合防治”的植保工作方针，农业防治、物理防治、化学防治及生物防治并举。随着新时代农业的发展，农业结构调整，全球气候变化等因素的影响。植物保护工作对农业生产、粮食安全、生态保护、农民增收、社会和谐和农业可持续发展的作用越来越突出。据调查统计和资料记载，分布崇左市的各种农作物病、虫、草、鼠害不少于850种，其中病害450多种，虫害300多种，草害100多种，鼠害10多种，每年对农作物造成不同程度的减产和损失。在党和政府的正确领导下，广大植物保护战线的科技工作者依靠不断发展科学技术，通过试验、示范、推广，总结了科学的防治病虫草鼠害的经验和做法，有效控制了各种病虫的为害，为农业挽回了损失，实现了农业丰收和农民增收。崇左市的植物保护经过几十年的艰辛历程，植物保护机构从无到有，植物保护队伍持续加强建设，推动植物保护技术从传统单一化到科学规范化，植物保护网络建设和社会化服务体系不断完善，综合防控和减灾救灾能力得到显著提高，为保护崇左市的农业生产安全和生态环境保护发挥了重要的、不可替代的作用。

第二节　植物保护体系建设与发展

20世纪50年代初，各县开始配备植保干部1~2人，但由于当时政治运动较多，业务工作不能正常开展，仅限于面上一般性防治指导，尚未开展病虫测报工作。1957年，宾阳、崇左两县首先成立农作物病虫预测预报点（站），并配备干部1人。1958—1960年，各县相继成立了农作物病虫测报站，全面建立测报机构，配合广西开展农作物病虫害普查工作，基本弄清本地区主要病虫种类和分布，但随着国家经济困难，干部下放，植保机构已不复存在。1962—1965年，随着国民经济恢复和发展，各县普遍恢复建站，配备植保人员2~3人，设立固定测报灯，开始对主要农作物病虫开展测报和指导防治工作。1963年，南宁专区今崇左市设植保组，负责南宁地区植物保护工作。1965—1971年，受政治运动冲击影响，植保机构再次受到冲击，人员、设备、资料都被冲失，植保工作处于无人过问的状态。1972年植保机构开始恢复，1973年成立南宁地区（今崇左市）农作物病虫测报站，1975年，更名为南宁地区植保植检站，各县市植保机构也相应变更，并配备植保干部3~5人。1976年，地县两级植保机构配备技术干部40人、工人5人，建有乡镇病虫测报点190个，测报人员406人。1974—1979年，部分县、公社、生产队都有了农民植保员，形成上下成线，左右相通的病虫测报防治网。通过培训，基层植保人员业务水平得到逐步提高。情报点的植保员能做到三会（会认主要病虫、会调查、会防治），能做到“两查两定”，指导本公社、大队的防治工作。在农作物病虫害防治中发挥了至关重要的作用，在病虫逐年为害增重的情况下，保证了作物正常生长，确保了农业的增产丰收。但是，由于经费不足，从1980年起，这些基层情报点逐步解散。90年代，全地区共有植保、植检、测报站15个，配备技术干部179人。2002年，南宁地区（今崇左市）有植保植检、测报站15个，配备技术干部70人，其中具有高级职称的8人，中职职称42人，初级职称10人。2003年成立地级崇左市至今，全市有植保站7个，市级1个，县级6个，配备编制47个，正式在职41人，在职在编从事植保25人，抽调16人，其中高级职称6人，中职19人。随着时代的进步，科技的发展及植保队伍的不断壮大，全市植保系统陆续配备和完善了电话、传真、电脑、检测仪器等办公和实验设备，大大加强了日常调查、测报及防控工作，提高了植物检疫检测能力，为政府抓好农业有害生物的面上防控发挥了很好的参谋作用。

第三节　植物保护技术推广与培训

一、植物保护技术推广

中华人民共和国成立以来，崇左市（含南宁地区）的植保技术推广与培训可分为5个阶段，即防治启蒙阶段、化学防治的推广应用阶段、综合防治的摸索阶段、联防统治与组队分责指导防控相结合阶段、启动对农田有害生物的无害化防控并应用现代先进植保装备实施农田病虫大面积高效防控社会化服务阶段。

（一）病虫害防治的启蒙阶段

从中华人民共和国成立至1955年。农业生产还是依循传统的耕作方法，人们对农业的自然规律还未较好认识，尤其是对作物病虫害的发生及其防治的了解甚微，往往把害虫暴发视为不可抗拒的天降之灾，对害虫的大量侵食只是视而了之，束手无策。尽管当时有一些植物性和矿物性农药，如烟碱、鱼藤精、石油乳剂、除虫菊、石硫合剂、松脂合剂、硫酸铜等，但作为商品供应的少之又少，需要用户自行加工。所以主要的防治手段是人工防治，如防治稻苞虫用手捉、木板、鞋底拍打等，较先进的是用虫梳除虫；防治三化螟，采取冬季挖稻根、网成虫、人工摘除卵块等。1953年，邕宁、横县、崇左县等地先后开始进行农业技术知识宣传普及工作，国家拨入少量的有机氯农药六六六、滴滴涕，在小面积应用示范，杀虫效果甚佳，收益很大。1955年又引入杀虫剂敌百虫，作示范推广。尽管当时农药供应量少，防治面积小，示范区均收到良好的效果，成为对付害虫强有力的手段。

（二）化学防治的推广应用阶段

1956年以后，在使用农药的品种、剂型及数量方面，逐年由少到多，迅速发展，化学农药防治变为主要的防治手段。1958年以前，使用的农药只有六六六、滴滴涕。1960—1964年农药是以杀虫剂六六六、滴滴涕、有机汞和杀菌剂西力生、赛力散以及硫酸铜等为主，使用单管喷雾器进行喷杀和拌种浸种消毒。1965—1969年农药使用量逐步增加，农药品种由原来的有机氯扩大到有机磷、有机砷和醛等，如六六六、滴滴涕、敌敌畏、乐果、敌百虫、1605、1059、退菌特、西力生、福尔马林等。1970—1982年，由于农业生产水平迅速提高，作物病虫害发生频繁，加上各地迫切地追求产量，群众防治病虫害积极性很高，农药用量比20世纪60年代成倍增加。从20世纪60年代末期起农药使用量呈直线上升，年均用量由1000~2000吨，上升到1970年的3222吨，1971—2000年用量均在5000吨以上；其间，主要推广使用广谱高效的有机磷、有机氮、有机砷及其混配农药，如甲六粉、乙六粉、敌敌畏、乐果、敌百虫、杀螟松、马拉硫磷、亚胺硫磷和杀虫脒等杀虫剂。杀菌剂有稻瘟净、退菌特、稻脚青等。使用背负式喷雾器和喷粉器进行喷雾喷粉或药拌泥沙成毒土防治。大面积地进行化学防治，有效地控制了病虫的突发为害，保障了农业的安全生产，有力地促进了作物的稳产增产，如水稻20世纪70年代单产平均每年比60年代增63.5千克，其他作物也获得较大幅度的增产。

（三）综合防治的摸索阶段

这个阶段由于大面积推广使用农药防治，产生一些不良后果，如农药的人畜中毒，农业环境污染及农产品残毒遗留等。同时，农药的大量施用，杀伤了害虫的自然天敌，使害虫产生抗药性，大量有益生物也被杀死。因此，单纯地依靠使用化学农药防虫灭病，已不适应社会进步和生产发展的要求，必须寻找综合治理的办法。这阶段随着植保科学的进步和农业生产条件的逐步改善，各地开始步入对粮食作物病虫害开展了以化学防治为主，配合其他措施的综合防治阶段。诸如旱粮作物采取垦荒和翻犁过冬，破坏害虫越冬场所为主要手段，防治金龟甲、食心虫、蝗类等害虫。1965年，各地普遍采用提早春耕灌田，设置黑光灯，秧田捕蛾和人工摘卵，再补以化学防治的措施防治水稻螟虫，取得了一定效果。1972—1973年，大搞土法生产杀螟杆菌杀虫。部分县建立生防站，但由于技术不过关，条件不具备，很快就流产了。养鸭除虫、禁捕青蛙等植保技术也做了一些试验，但面不广，成效不大。在各地共同合作下，采用联防形式防治玉米铁甲虫取得较好成绩，采用人工捕捉成虫与药剂毒杀幼虫相结合的方法，控制了玉米铁甲虫的猖獗为害。1975年以后，各地根据实际情况继续摸索病虫防治方法，以提高防治效益。1980年，在上级业务部门的指导下，采用增施钾肥为主，综合治理玉米根腐病、水稻赤枯病（生理性病害），收到了明显的经济效益。在天等、大新、崇左、龙州等县建立防治玉米根腐病示范区，示范面积23.15万亩，玉米增产1463.5千克。1981年，扶绥、武鸣、宾阳等县开展防治水稻赤枯病增产丰收示范区，建立54.7万亩重点防治区，平均亩产增收41.25千克。

（四）联防统治与组队分责指导防控相结合阶段

1982—2010年，根据农村农业生产实行家庭联产承包责任制，田地分散到户管理的实际，各地在农田病虫草鼠防控的指导方式上也与时俱进，对防控指导模式进行了有益探讨与尝试。这个时期植保技术推广及培训主要采用以下运作方式：一是完善县（区）、乡（镇）、村3级植保技术指导体系。由县

（区）植保部门负责日常农田病虫草鼠发生的测报并提出防控办法，兼负责乡（镇）农技人员的防控技术培训指导；乡（镇）农技部门负责组织村级防控业务指导骨干参加防控技术培训，并明确个人职责，分片包干，指导农户如期防控，基本保障县（区）、乡（镇）、村三级病虫草鼠防控信息传递畅通，防控不误时机。二是建立健全植保技术推广网络。本阶段各地政府通过财政支持，在各行政村聘请农民技术员指导病虫害防治工作，据统计当时农民技术员近千人。如崇左市107个行政村每村聘任一名掌握相关农业技术并具一定实践经验的人员担任村级农技推广员，这支队伍每逢病虫草鼠防控关键期，即到乡镇农技站提领防控药物服务上门，到本行政村各自然屯走屯串户，把防控技术资料与应用药物发放到农户手上，现场督促指导农户及时作大面积防控，并承担防治后效果检查与指导查漏补治。该运作模式在历年重大病虫防控工作中成效显著，尤其在1986—1994年玉米铁甲虫重发成灾，原南宁地区西部县开展联合防治并取得成功的过程中作用突出。该运作模式获自治区植保部门推崇并向全区做介绍推广。1982—1990年，在自治区植保部门的支持下，各地购置植保机动器械组建植保专业防治队，开展农田病虫防治承包业务；1990—2010年，自治区植保部门加大力度支持各地植保工作，增配机动喷雾机、农用汽车、对口优质农药等防控物资，加强了植保机械防治队建设，用先进的防治机械快速高效实施大面积连片农田病虫统防统治活动。县（区）、乡（镇）两级农技部门也尝试采取建立病虫防控示范样板片的办法，在各乡镇设片进行病虫防控示范，以点带面推进病虫草鼠防控的全面开展。

（五）启动对农田有害生物的无害化防控

2011年至今，按照国家提出的农药用量零增长，保护农业生态环境和保障人民健康安全的相关要求，崇左市植保技术推广工作逐步转移到应用物理及生物等无害化防控层面。如应用频振灯、灭虫灯诱捕农田害虫作饲料用于养鱼养鸡等养殖产业，应用诱芯、诱剂诱杀果园、蔬菜、玉米、甘蔗重要害虫，放蜂防控蔗螟等。通过推广一批无害化防控技术，引导农户少用化学农药生产无公害农产品。在应用现代先进植保装备方面，2015年至今，在自治区植保部门的倾力支持下，崇左市开始进入应用植保无人机对农田病虫实施大面积连片高效防控为发展方向，兼指导农户自行防控相结合时期。目前，已初步形成农业农机、糖企、专业防控公司和农村专业合作组织四箭齐发推进农田病虫草鼠防控社会化服务格局。

二、植物保护技术培训

多年来，植物保护技术培训是植物保护技术推广重要的宣传手段。培训多以办班集中培训，现场教学，辅助科技下乡，集市咨询等模式开展，通过请进来，走出去的方法强化培训工作。据不完全统计，1972年，为大力推广开展植保技术普及工作，地、县、社每年平均培训植保人员5000~10000人次，最多时达54860人次。1987年，自治区农牧渔业厅在崇左县举办了规模较大的玉米铁甲虫联合防治技术培训班。1986—1994年，9年时间地区和县两级针对玉米铁甲虫走村入户培训，发动群众联合防治，经过不懈努力全面控制了玉米铁甲虫的为害。1997年，举办植物检疫技术培训班13期，培训547人次。2001—2018年，全市推广频振式杀虫灯诱控技术、甘蔗螟虫性诱技术、水稻绿色防控技术等，相继举办植保技术培训班。全市每年培训不少于20期，培训人次1000人次以上。2020年，举办全市新《农药管理条例》和《农作物病虫害防治条例》专题培训班各1期，培训共计80人次。2019—2021年，因草地贪夜蛾的入侵为害，全市每年举办草地贪夜蛾防控技术培训班不少于15期，培训500人次以上。

第四节　病虫测报与防治

一、测报和防治体系建设情况

（一）测报体系建设

农作物病虫测报工作是植保决策系统的基础，是实现病虫综合防治的前提，是直接服务广大农业生产者的公益事业。自南宁地区植保植检站成立以来，编制10人，2003年更名为崇左市植保植检站，2015年核减编制2人，其中一项重要工作就是负责全市的病虫测报工作。从南宁地区到崇左市成立，全市农作物病虫害测报工作一直在探索中改进并有所进步。病虫害预报方法从最初的手工调查测报，建立短期测报模型，到应用数理统计分析，初步建立中长期测报模型，再到借助测报设备，电子化统计建立中长期测报模型。江州区和龙州县2006年获农业部批准为农业有害生物预警与控制区域站。截至2021年，全市7个县（市、区）有2个全国区域测报站，共承担部、省系统测报对象1种（稻飞虱）。自崇左市植保植检站（测报站）成立以来，各地认真调查、记录，及时上报虫情和发布各种病虫情报，预测预报设备不断更新换代，测报能力不断提升，预报准确率不断提高，病虫信息传递速度逐年加快，目前全市病虫情报已传递到行政村，部分县已覆盖全部自然屯，每年各县（市、区）发布病虫情报15~20期。在各级领导的指导和支持下，经过全市测报人员的共同努力，人员基本稳定，市县两级都能有1~2人专职搞测报工作。

（二）防治体系建设

20世纪50年代，辖内病虫害防治处于启蒙阶段，防治手段主要是人工防治。防治稻苞虫用梳子梳，防治三化螟用手摘除卵块和捕捉成虫等。60年代转入化学防治阶段，最早是用6%可湿性六六六防治三化螟，后改用敌百虫、敌敌畏、乐果等高效农药，防治效果显著，用药量直线上升。由于化学农药用量增加，造成了环境污染、人畜中毒等不良后果。为此，从70年代中期开始，推广农田病虫害综合防治，采用选育抗性品种、实行合理密植、科学用水、用肥措施，创造一个有利于作物生长，而不利于病虫发生的生态环境，抓住病虫发生薄弱环节，选用对口农药，提高防治效果。进入21世纪后，农作物病虫害预测预报采用黑光灯、高空灯、太阳能测报灯和性诱剂进行虫害监测。同时通过推广高效、低毒、低残留农药，适时做好病虫草鼠害预测预报及防治工作。病虫害防治技术也进入新时代，绿色防控技术唱响主旋律，"生态调控技术＋理化诱杀技术＋生物防治技术＋科学用药技术"等绿色防控措施应势而出，推进了植物保护产业化进程，植物保护事业也日新月异，蓬勃发展。

二、主要病虫草鼠害发生情况

崇左市（原南宁地区）一直以来都是广西的传统农业大市，2002年，南宁地区耕地面积42.89万公顷。崇左市成立后，全市耕地面积50.08万公顷。由于受耕作制度变化、气候异常、产业结构调整等因素的影响，病虫草鼠发生面积呈逐年上升趋势，20世纪50年代年均发生面积107.91万亩次，60年代增加到130万亩次，70年代又增加到496万亩次，80年代、90年代年均增至1114.86万亩次。随着撤南宁地区成立崇左市，管辖范围从12个县（市、区）减少到7个县（市、区），全市农作物病虫害也发生变化，2000—2010年全市病虫发生面积年均702万亩次，2011—2020年发生面积年均601.5万亩次。

（一）水稻病虫害

水稻是全市主要粮食作物。水稻虫害有稻飞虱、稻纵卷叶螟、二化螟、三化螟、稻蝗、稻水蝇、稻叶蝉、稻蓟马，病害有稻瘟病、水稻纹枯病、水稻胡麻叶斑病、水稻赤枯病、水稻稻曲病，草害有稗草，螺害为福寿螺。

1. 稻飞虱。是崇左市水稻主要害虫之一，每年发生8~9代，1~4代主要为害早稻，5~8代为害中稻和晚稻，以第三、第四、第六、第七代为害较重。该虫一般在自生稻苗、晚稻残株、绿肥田、沟边、河边的禾本科杂草上越冬，尤以背风向阳处为多。20世纪70年代，崇左县区域稻飞虱严重暴发，严重受害面积1.6万亩，局部落窝、颗粒无收，损失稻谷500多吨。进入21世纪后，全市水稻病虫害发生面积逐步平稳，并呈逐年下降趋势。2000—2010年常年发生面积在50万 ~60万亩次，2010—2020年常年发生面积在40万 ~50万亩次。2007年全市早稻"两迁"害虫暴发，稻飞虱发生面积26万亩，外地虫源迁入量剧增，灯下诱虫量是上年同期的5倍。2011年、2012年第七、第八代稻飞虱发生较重，局部大发生，虫口密度360~1320万头 / 亩，发生面积分别为23万亩、20万亩。

2. 稻纵卷叶螟。每年发生7~8代，1~4代主要为害早稻，5~8代为害中稻和晚稻，以第三、第四、第六、第七代为害较重。1973年、1975—1977年崇左县稻纵卷叶螟连年重发，每年受害8~9万亩次，损失稻谷150~450吨。1986早稻第三代稻纵卷叶螟大暴发，崇左县受害面积9.05万亩次，占当年早稻面积的89%，局部受重害的田块每亩产卵量高达130万 ~199万粒，亩幼虫量35万 ~54万头，大面积防治误期的田垌全田卷白转呈火烧之状，损失惨重。1990—1993年崇左县早稻第三代稻纵卷叶螟大暴发，受害最严重时面积达10万亩，占当时早稻面积的100%，局部受重害田每亩产卵量高达73万 ~245万粒，亩幼虫量70万 ~102万头，大面积农田全田纵卷发白，为害甚烈。之后，该虫发生逐年减轻，到2003—2013年发生面积在40万 ~45万亩次，2014—2020年发生面积在30万 ~38万亩次。2007年、2008年连续两年第三代稻纵卷叶螟大发生，局部害虫暴发，发生面积分别为27万亩次、25万亩次。

3. 水稻纹枯病。1978年南宁地区水稻纹枯病重发，发生面积达80.1万亩次，损失粮食160.2吨；1990—1993年水稻纹枯病在南宁地区连年重发，受害面积分别为240.85万亩次、219.42万亩次、217.69万亩次、224.85万亩次，年均发生面积占种植面积49.47%，局部田垌病菌压顶，落窝倒伏，1991年损失达23852.25吨；2005年、2006年水稻纹枯病持续两年在崇左市局部大发生。其中2005年早稻发生面积26万亩次，占种植面积的54%，2006年发生22万亩次，占种植面积的51.6%。2012年全市发生面积20.1万亩次，之后逐年减少。

4. 稻瘟病。1980—1990年稻瘟病在南宁地区连年重发，受害面积在15.4~82.1万亩，局部田垌病菌压顶，落窝倒伏，1989年损失稻谷最重达14203.7吨。2013年发生较重，发生面积30.19万亩次。

5. 三化螟。1963年、1973年、1977年、1980年南宁地区三化螟重发。据记载崇左县年总诱获蛾量均比历年平均值（34700只）多2.1~3.5倍。1980年总获蛾量最高，为121900头，受害面积9.9万亩次，早稻加权平均白穗2.1%，高的达20.5%。经连年综合防治，近10年来田间受害较轻，灯诱也已较少诱到三化螟成虫。

6. 水稻白叶枯病。据记载，20世纪70年代水稻白叶枯病流行，1973年南宁地区晚稻受害严重，部分村受害面积过半。1986年南宁地区水稻白叶枯病重发，发生面积49.04万亩，占当年水稻种植面积的10.66%。之后逐年减轻，近年来该病只零星可见。

7. 稻叶水蝇。1974年、1975年、1981年稻叶水蝇在西南山区早稻普遍严重发生，为害禾苗心叶，叶片卷曲，稻株生长受阻，对产量影响很大。近10年来只在个别县发生，部分田块重发。

8. 大稻缘蝽。1973年大稻缘蝽在崇左县、扶绥县、大新县、宁明县等地稻田暴发，为害谷穗，群众用药喷杀，用火攻之，但仍损失粮食4万多吨。

9. 水稻细菌性条斑病。1976年水稻细菌性条斑病随南繁杂优种子传入后，1978后在南宁地区大部分县局部暴发。近年来，只在晚稻上发生且发生程度较轻。

（二）玉米病虫害

玉米是崇左市第一粮食作物，种植面积占粮食作物的52.5%，主要虫害有玉米螟、玉米蚜虫、草地贪夜蛾、玉米铁甲虫，病害有玉米大斑病、玉米纹枯病等。

1. 玉米螟。每年在崇左市发生3代。2010—2020年，发生面积逐年减少，从2011年发生面积21.13万亩次，到2020年发生面积15.83万亩次。

2. 玉米蚜。1974年以后，玉米蚜虫在天等县、大新县、扶绥县、崇左县等玉米产区为害春玉米叶片、雄花和果穗，发生面积逐年增大，成为玉米生产的一大害虫，对玉米产量影响较大。2010—2020年来，玉米蚜虫发生面积在15万 ~20万亩次，防治面积在12万 ~16万亩次。

3. 草地贪夜蛾。2019年4月首次入侵崇左市江州区，主要为害玉米，以及为害部分甘蔗。当年为害面积6万亩，其中以江州区、宁明县受害较重。经防控后没有造成重大产量损失。之后该虫为害仍呈扩大加重趋势，2020年全市发生面积12万亩次，到2021年上半年春玉米发生10万亩次。

4. 玉米铁甲虫。1986—1994年连续9年春玉米铁甲虫中等偏重至大发生，当时南宁地区辖内的大新县、崇左县、扶绥县、天等县、龙州县、隆安县、上林县、马山县8个县大发生，成虫虫口密度高的26100头 / 亩，一般的400~5000头 / 亩。其中1990年发生面积43.74万亩次，占种植面积的42.82%。当时各地政府每年从财政拨款拨付专项经费开展联防联治工作，每年挽回玉米产量5121.3~12130.7 t。随着农业结构调整、种子品质提升、防治技术提高，玉米铁甲虫逐年减轻，近年只在大新县个别田块零星发生。

5. 玉米大斑病和玉米小斑病。1977—1978两年玉米大斑病、玉米小斑病重发，发生面积在43.8~50.6万亩次；1990年部分县发生较重，发生面积43.91万亩次，损失3275.4吨。

6. 玉米纹枯病。1984年、1986年、1993年南宁地区发生严重，发生面积分别为28.25万亩次、18.72万亩次、20.31万亩次，损失分别为111吨、774吨、1285.24吨。

（三）甘蔗病虫害

甘蔗是崇左市种植面积最大的农业经济作物，常年种植面积在400万亩左右。甘蔗主要虫害有甘蔗螟虫（包括二点螟、条螟、黄螟和大螟）、甘蔗绵蚜、甘蔗蓟马、蔗根锯天牛、白蚁等，甘蔗主要病害有甘蔗黑穗病、甘蔗赤腐病等。

1. 甘蔗螟虫。常见种类有黄螟、条螟和二点螟。甘蔗苗期受害形成枯心苗，成长蔗受害造成虫蛀节。2012年甘蔗条螟、二点螟局部重发生，受害严重的蔗田枯心率达63.3%~81.5%，全市发生面积226.45万亩次，防治面积266万亩次。经各地政府召集糖企和糖业管理部门出资扶持植保部门开展甘蔗螟虫发生的观测预报工作，并联合组织实施大面积联防联控工作，成效较好。挽回糖料蔗产量33.95万吨，实际损失3.29万吨。随着糖料蔗品种更新和“双高”基地建设，以及近年来糖价上涨，种植户田间管理更规范，甘蔗螟虫得到很好的控制。由2012年发生面积226.45万亩次减少到2020年的125.07万亩次。

2. 甘蔗绵蚜。崇左县1989年下半年大发生，发生面积9.6万亩，占当时全县甘蔗种植面积的43%，蔗农四处外出求购农药控制，致使当年下半年杀虫剂一度脱销。1996年秋季大暴发，其中崇左县受害面积21万亩次，占甘蔗面积的52.5%，田间受害株率一般16%~45%，受害重的80%~90%。通过引进辟蚜雾等新农药及时防控，崇左县施药面积19.8万亩次，挽回原料蔗产量6.3万多吨。

3. 甘蔗蓟马。2012—2015年连年大发生，年均发生面积164.25万亩次。其中2014年发生面积达169.25万亩次，防治面积187.51万亩次。经防治后挽回19.29万吨，实际损失3万吨。

4. 蔗根土天牛。2003—2009年连年发生严重，2008年发生面积100万亩次。

5. 甘蔗黑穗病。为甘蔗主要病害，崇左市历年来是甘蔗主要种植区，连年连作该病在当地发生日趋严重。近10年来，该病发生年均在50万亩次，2014年、2017年发生面积分别为54.46万亩次、54.83万亩次，防治面积分别为60.36万亩次、52.38万亩次。该病一旦发生没有高效的药物防治，最有效的方法就是拔除病株。

（四）果树病虫害

崇左市水果资源丰富，水果品种有100种。主要果树有龙眼、荔枝、香蕉、柑橘、坚果、葡萄、木菠萝、番木瓜、黄皮等。果树主要病害有龙眼丛枝病、荔枝霜疫霉病、香蕉叶斑病、葡萄霜霉病、柑橘溃疡病、柑橘炭疽病、柑橘疮痂病等，主要虫害有荔枝蝽象、荔枝蒂蛀虫、柑橘叶螨、柑橘潜叶蛾、柑橘蚜虫、柑橘木虱等。2003—2010年崇左市果树病虫害发生面积50万 ~55万亩次，2011—2020年崇左市果树病虫害发生面积在45万亩次以下。

1. 香蕉叶斑病。为香蕉主要病害，该病发生较稳定，2010—2020年发生面积3.5万 ~4.57万亩次。

2. 香蕉细菌性枯萎病。一种毁灭性病害，2007年、2008年香蕉细菌性枯萎病发生面积上万亩，2012年后该病发生逐年减少，当前只零星发生。

3. 龙眼丛枝病。为龙眼主要病害，年均发生面积在0.41万 ~1.16万亩次左右，2011年、2012年、2017年、2018年发生面积均超1万亩次。

4. 荔枝蝽象。2011年、2012年、2017年发生面积分别为4.86万亩次、4.12万亩次、4.16万亩，其他年份发生情况较轻。

5. 柑橘叶螨。随着柑橘产业的发展，崇左市柑橘种植面积逐年增加。2017年前，柑橘叶螨发生面积不超4.5万亩次，之后逐年增加，2020年发生面积超8万亩次。

6. 柑橘潜叶蛾。2011年发生面积4.48万亩次，2020年发生面积增加到10万亩次。

（五）蔬菜病虫害

境内气候温暖，一年四季均可种植蔬菜，种植分布以扶绥县、宁明县、大新县为多。主要种植的蔬菜有大白菜、番茄、辣椒、黑皮冬瓜、黄瓜、苦瓜、四季豆、豇豆、十字花科蔬菜等。蔬菜主要病害有辣椒炭疽病、辣椒疫病、白菜软腐病、白菜霜霉病、番茄晚疫病、瓜类霜霉病、瓜类炭疽病等；蔬菜虫害主要有菜蚜、菜青虫、小菜蛾、黄曲条跳甲、斜纹夜蛾、甜菜夜蛾、美洲斑潜蝇、瓜蓟马、豆荚螟等。

1. 辣椒炭疽病。为主要病害之一，2011年以来年均发生面积3.5万亩次，2011年、2012年发生较重，发生面积分别为4.62万亩次、5.01万亩次。

2. 瓜类霜霉病。2011年以来瓜类霜霉病年均发生面积4.2万亩次，2015年年前发生面积不超4万亩次，随着崇左市瓜类种植面积增加，该病发生也逐年增加，到2020年发生面积5.95万亩次。

3. 瓜类炭疽病。与瓜类霜霉病一样，发生面积逐年增加。2011—2020年发生面积在1.05万 ~5.3万亩次。2017年发生较重，发生面积5.3万亩次。

4. 菜蚜。为蔬菜的主要害虫，年均发生面积在10万亩次以上，2019年发生面积达23.4万亩次。

5. 黄曲条跳甲。2013年前，该虫发生为害年均13万亩次以上。2011年后发生情况较为稳定，2011年、2012年发生面积分别为14.36万亩、13.76万亩，随着全市蔬菜种植种类的变化和菜农种植技术水平提高，该虫为害逐年减轻。

6. 菜青虫。与黄曲条跳甲类似，2011年以来发生为害比较稳定，年均发生面积9万亩。

第五节　农药、药械供应与推广

20世纪50年代，辖内主要农作物病虫害防治主要靠人工防治，60年代转入化学防治，如六六六、滴滴涕、敌百虫、敌敌畏、乐果等。在最初推广使用化学农药阶段，碰到很多困难和问题，群众不相信农药的毒杀作用，担心农药破坏农作物，自行购置资金不足等。为解决这些问题，各地采取大搞宣传培训、展示。宾阳县在晚稻发生螟害时，全县培训农民技术骨干500多人次，专区培训人数达4000多人次，通过培训农民技术骨干，广西性的治螟运动迅速开展。同时通过建立病虫防治示范区，推广农药防治，带动群众。用实际行动向群众证明农药治虫的防治效果，减轻了虫害，保证了粮食增产丰收。随着植物保护技术的推广应用，科技水平不断提高，广谱性农药问世，因效果好，使用方便，化学农药防治取代人工防治，成为主要防治手段。随着化学农药的使用推广，农药使用量从60年代末开始呈直线上升，1965年，南宁地区农药使用量1551吨，1969年增加到3624吨，1977年剧增到7842吨（含邕宁、武鸣两县）。2015年农业部开始在全国开展农药零增长行动，全市迅速行动起来，通过建立健全全市病虫害监测预警体系，大力推广农作物病虫害绿色防控和统防统治技术，推广科学安全用药等技术，促进农药减量增效。如释放赤眼蜂防治甘蔗螟虫，安装高空灯、诱捕器防治水稻螟虫、草地贪夜蛾等，同时开展水稻、草地贪夜蛾植保无人机统防统治，全市农药使用量从2016年305.67吨（折百量），下降到2020年251.05吨（折百量）。

农药器械也随着科技的发展，从手动式喷雾器发展到机动式喷雾器和植保无人机防治，喷雾技术和质量也逐步提高，从泼洒到大容量喷雾、喷粉发展到低容量、超低容量迷雾。

第六节　植物检疫

1975年，地区植物检疫机构对植物检疫对象进行了普查，查清了南宁地区水稻白叶枯病、水稻细菌性条斑病、玉米干腐病、小麦腥黑穗病、甘薯疮痂病、甘薯黑斑病、甘薯瘟、甘薯小象甲、花生根结线病、马铃薯块茎蛾、红麻炭疽病、棉红铃虫、桑萎缩病、柑橘黄龙病、柑橘溃疡病、柑橘实蝇、香蕉枯萎病、木瓜花叶病、椰甲、咖啡豆象、四纹豆象等20多种危险病虫的发生和分布情况。1978年，水稻细菌性条斑病调查统计发生面积0.4778万亩次，到1987年发生面积达18.9295万亩次。1994年，受自然灾害——大水灾的影响，水稻细菌性条斑病严重流行发生，发生面积高达50.21613万亩次，仅横县发生为害面积就达30.6463万亩次。进入21世纪以后，水稻细菌性条斑病在全市为害在4万~7万亩次，经各地指导防治，群众防治意识和水平提高，没有造成大面积成灾现象。20世纪90年代，先后建立了柑、橙等无检疫对象的苗圃3个、防治示范苗圃5个、示范果园19个。1993年，全地区进行产地疫情调查88.35万亩，其中水稻细菌性条斑病在9个县89个乡镇发生为害，发生面积29.57万亩次；柑橘溃疡病在6个县77个乡镇发生为害，发生面积0.75万亩次；香蕉束顶病在5个县59个乡镇发生为害，发生面积1.2652万亩次，当年进行药剂防治面积53.96万亩。至2002年底止，南宁地区先后扑灭了小麦腥黑穗病、桑萎缩病、柑橘裂皮病等原有的植物检疫对象；香蕉花叶心腐病已由1992年的4个县发生到2021年全市零星发生。2015年在合那高速公路罗白服务区绿化带草坪上首次发现红火蚁，农业部门当即采购灭蚁药物零遗漏投放诱杀，蚁害得到有效控制。但因城市建设，大量从外地引入绿化草皮，近几年陆续在各县（市、区）城区公园、道路绿化带等发现红火蚁发生。农田农舍也发现红火蚁的为害，给农业安全、农村发展、农民增收带来威胁，形势非常严峻。

从1983—1997年，南宁地区13个植保植检机构按法规先后严肃处理违章事件305起，对桑萎缩病、甘薯瘟、柑橘黄龙病、西贡蕉枯萎病、玉米霜霉病等采取措施，对疫情进行监测，2016年市本级建立疫情阻截带监测点，很大程度提升了市本级疫情监测能力和处置能力。

第七节　农药质量与残留检测

2010年崇左市农业综合检测中心成立，2011年5月起人员陆续到位，目前在编在岗人员7人。2013年起正式开展农产品农药残留色谱法定量检测工作。2014年崇左市农业综合检测中心实验室获得了省级资质认定证书和农产品质量安全检测机构考核合格证书。“十三五”时期，崇左市农业综合检测中心实验室经历了2017年“资质认定”和“机构考核”双认定的现场评审以及2020年“机构考核”现场评审工作，并顺利通过评审，取得了相应的资质认定证书和机构考核合格证书，通过考核的检测项目进一步优化，更加贴近种植户的常用农药品目。“十三五”时期，每年中心积极参加由区农业农村厅组织开展的能力验证考核，努力完成比对任务，并取得良好成绩。中心实验室检测能力进一步增强。

崇左市农业综合检测中心检测人员曾代表崇左市参加第三届、第四届广西农产品质量安全检测技能竞赛，最终获得团体三等奖2项，种植业组个人二等奖、个人三等奖各1项。

2012年，崇左市78个乡镇建立了蔬菜农药残留流动监测站并实现农产品农药残留定性检测数据与自治区农产品质量安全监控系统联网。2014年，扶绥县农产品质量安全检验检测站独立开展农产品农药残留色谱法定量检测工作。2004—2020年，崇左市市、县、乡三级累计共完成54.81万批次农产品农药残留定性定量检测工作，其中0.55万批次为农产品农药残留色谱法定量检测。

由于农药质量检测的特殊性，崇左市农药质量检测工作由农业综合执法支队抽取样品后交由广西壮族自治区植保总站农药质量检测科检测。

第十四章　贵港市

第一节　概　述

贵港市辖桂平市、平南县、港北区、港南区、覃塘区，总面积10602平方千米，其中市中心城区面积73.1平方千米，全市总人口560多万，常住人口430多万。

贵港拥有耕地面积31.98万公顷，占广西耕地总面积的7.29%，人均耕地面积1.01亩，是广西重要的商品粮、蔗糖、林果和禽畜水产生产基地，素有广西“鱼米之乡”的美誉。2020年，贵港市粮食作物播种面积412.7万亩，产量146.79万吨；水果种植面积103.3万亩，产量50.57万吨；蔬菜种植面积（含复种面积）121.1万亩，产量227.5万吨；食用菌产量1.6万吨。

贵港历年来农作物病虫草鼠螺均有不同程度发生，2020年病虫草鼠螺发生面积2290.8万亩次，防治面积3317.6万亩次，挽回各类作物损失61.85万吨。2020年发布病虫情报112期，病虫防控预警信息乡镇（街道）覆盖率100%，重大病虫中长期预报准确率达到80%以上，短期预报准确率达到90%以上。

在贵港市党委和政府的正确领导下，在广西壮族自治区农业农村厅大力支持下，贵港市植保工作一直以来紧紧围绕提高粮食综合生产能力，确保粮食生产安全这一主题，突出重大病虫、重点区域和重要时期的病虫害防治，着力提高病虫防治的效果和效率及病虫灾害防治能力，为实现贵港市粮食生产目标提供了有力的保障。积极创建水稻重大病虫专业化统防统治与绿色防控融合示范区，重点是集成运用农业防治、物理防治、生态调控和生物防治等绿色防控技术，带动辐射周边农户推进区域全覆盖。使用生物农药、高效低毒低残留农药，实施专业化统防统治与绿色防控融合，达到农药减量控害和绿色防控的目的。

第二节　植物保护体系建设

贵港市植物保护工作站挂“贵港市农作物病虫测报站”和“广西壮族自治区贵港市植物检疫站”牌子，同时与“贵港市农药检定管理站”实行一套人马两块牌子，隶属贵港市农业局领导的财政全额拨款事业单位。2014年贵港市公务员局《关于转发自治区公务员局批复贵港市社会保险事业局等67个单位参照公务员法管理的通知》（贵公局发〔2014〕1号）精神，明确贵港市植物保护工作站为参照公务员法管理，隶属于贵港市农业农村局领导的参照公务员法管理的全额拨款事业单位。贵港市植物保护工作站核定事业编制8名（人员编制机构比例为管理人员8名），目前在职在编7人，空编1名。贵港市植物保护工作站工作职能主要是负责农业植物保护的具体事务性和技术性工作；负责执行农业植物内部检疫工作任务；负责农作物病虫监测与指导防治工作；负责本辖区农药监督管理工作。为了适应新形势下农业农村发展需要，把粮食生产作为推动脱贫攻坚同乡村振兴有效衔接的重要举措，提高政治站位，随着机构改革不断深入，县（市、区）级植保机构也进行了调整，多数县植保站保留全额事业独立法人机构和编制。部分县（市、区）植保站业务和人事归农技推广中心管理，但工作性质和职能不变。市本级和港北区植保站纳入参公管理。至2021年10月，贵港市、县（区）两级植保部门核定人员编制共35人，在编在职人员27人，其中正高级职称2名，副高级职称3名，中级17名，初级3名，其他人员2人。全市现有持证检疫人员27名。

第三节　植保保护技术推广与培训

2011年以来，贵港市各级植保部门牢固树立“公共植保、绿色植保、科学植保”理念，贯彻“预防为主，综合防治”植保方针，大力推广绿色植保、统防统治、农药减量控害等技术，强化联防联控，群防群治，提高重大病虫应急防控能力，努力将病虫为害控制在经济允许的损失水平以下。

一、践行初心使命，始终将病虫测报作为植保的根本

2011年以来，重点抓好田间病虫调查和监测，结合灯下诱虫数据分析和气象条件，准确掌握病虫害发生动态及趋势，坚持每周用3~5天到田间调查数据，收集信息，提高病虫情报的准确率以及信息的可靠性，及时发布农作物病虫害预测预警信息，平均每年发布不少于100期的《病虫情报》，累计发布了1万多期病虫测报，发放宣传明白纸15万份，充分利用电视、板报、明白纸、网络等媒体，为指导农户适时用药、对路防治、减轻污染和减少损失等方面，提供了技术支持，及时指导开展群防群治、统防统治防控工作。特别是2007年、2010年病虫害大暴发年份，及时抓住关键有利时机，迅速开展应急防治，实现了“虫口夺粮”。长期以来，贵港市农作物病虫防控预警信息乡镇（街道）覆盖率100%，重大病虫中长期预报准确率达到80%，短期预报准确率达到90%。2021年，贵港市共编印《病虫情报》97期，发放宣传明白纸11000多份，利用手机、网络发布相关信息42条，确保不发生突发性、暴发性病虫害集中连片大面积为害成灾事件，重大病虫为害损失率控制在5%以内，为粮食生产全面丰收奠定了良好基础。

二、紧抓病虫防控，坚决扛稳粮食安全重任

着重加大对水稻“两迁”害虫、黏虫、蝗虫、水稻纹枯病、稻瘟病、南方水稻黑条矮缩病、胡麻叶斑病、水稻细菌性条斑病、水稻白叶枯病、甘蔗钻心虫、草地贪夜蛾、玉米螟虫、瓜果实蝇和水果蔬菜病虫等重大病虫的普查力度，准确掌握病虫分布区域和发生动态，及时发布病虫信息，指导开展群防群治、统防统治和应急防治。各级农业部门，坚持“粮食一天不到手，管理一天不放松”的理念，做好调查监测，及时发布病虫测报信息，科学指导防治工作，保障粮食生产安全。一是加强组织领导，防灾减灾能力得到了提升。创新工作机制，充分发挥贵港市各级农作物重大病虫防控指挥机构

的组织协调作用，进一步优化植保防灾方式，明确部门责任，落实防控任务，压实防控责任制。继续实行处级干部重大病虫防控联系督导机制，确保组织领导到位和防控物资到位。二是落实科学防控措施。按作物分类制定重大病虫害防控方案，强化常规防控与应急防治措施协调配套，注重统防统治和群防群治有机结合，抓好综合防治宣传发动工作，适时举办重大病虫防控演练和现场观摩，确保防控关键措施落实到位。三是抓好病虫综合治理队伍建设。为了全面推广实施无公害生产技术，从2002年开始，根据广西壮族自治区植保总站的要求，推广使用频振式杀虫灯、诱虫板、诱捕器、毒饵站等先进防治技术，大大降低了农药的使用量。收到了较好的社会效益和经济效益。据统计，推广使用频振式杀虫灯防治水稻害虫仅农药这一项每年就可节约60元 / 亩。2009年，加大专业化防治组织建设力度，共建立了专业防治队24个，从业人员290人，配备有背负式机动喷雾器400台，大中型喷雾器12台。到2020年，全市经注册的专业化统防统治组织165个，以农民专业合作社形式组建的为主，从业人员1650人。专业化统防统治组织机械总装备3108台套，植保无人机97架。2020年，全市全年三大粮食作物实施专业化统防统治面积171万亩，统防统治覆盖率为45%，其中植保无人机作业面积达36.5万亩次。专业化统防统治队伍的扩大与完善，大大提高了贵港市应对突发性、暴发性重大病虫害的应急能力。四是抓好示范基地，以点带面促进了工作开展。全市共创建了7个水稻重大病虫专业化统防统治与绿色防控融合示范区，核心面积达4万亩，重点是集成运用农业防治、物理防治、生态调控和生物防治等绿色防控技术，带动辐射周边农户推进区域全覆盖。使用生物农药、高效低毒低残留农药，实施专业化统防统治与绿色防控融合，达到农药减量控害和绿色防控的目的。五是强化宣传培训，不断提升防治水平。贵港市着力抓好培训，全市各级农业农村部门把宣传培训作为普及技术的重要抓手，以印发技术资料、科技下乡、农民田间学校、专栏、黑板报等多种途径开展技术培训及宣传工作。10多年以来，共举办培训班300多期，培训人数15000多人次，发放防治宣传资料10.3万多份，大大提升了贵港市群众防治水平。六是落实资金，做好防控工作。广西壮族自治区农业农村厅植保站每年都安排农业生产救灾资金到贵港市，累计资金超千万元，贵港市财政也累计拨出病虫防治专项款近百万元，用于农区蝗虫、草地贪夜蛾、水稻等重大病虫疫情防控。

三、开展国内植物检疫工作，始终为农业安全架起一道保障

按照国务院《植物检疫条例》及农业农村部制订的《植物检疫实施细则》，贵港市植物保护工作站坚持做好本市的植物检疫工作，开展植物产地检疫及市场调运检疫工作。特别是2004年7月1日国家《中华人民共和国行政许可法》实施后，贵港市植物保护工作站对照有关法律法规，认真执行，按照植物检疫办事流程，在规定的工作日内办妥有关手续，持证上岗，做到检疫范围实施正确，适用条例条款正确，符合行政处罚程序，处罚文书档案完备，多年来没有一起顾客投诉案件发生。

2005年，广西发现了外来入侵有害生物红火蚁，根据上级的要求及形势发展的需要，贵港市同年制订了《贵港市红火蚁疫情防控应急预案》。2008年贵港市首次发现红火蚁疫情，2013年以来，贵港市举办红火蚁普查培训班752期共培训37600人次；出动普查人员18800人次，普查面积639.5万亩，共分发红火蚁张贴画20.41万张、宣传卡片21.8万份，不断提升群众对红火蚁的识别与防控。由于红火蚁繁殖能力强，适应性广，受自然扩散特别是人为扩散影响很大，而贵港市各县（市区）正值城市建

设高峰期，红火蚁部分疫区刚好又落在建设热点位置，受疫情污染的土方调运、绿化材料调运频繁，加速了红火蚁的人为扩散速度。加之前几年资金投入不足，除重点区域能够足量投药以外，外围发生区基本无药可投，形成红火蚁反串为害。此外，新建设绿化场所、公园等项目，部分从外省调运绿化材料中夹带有新红火蚁，又形成星星之火，以此为圆心，再次辐射威胁到之前已扑杀干净的场所，造成多地方需要反复扑杀控制，给防控工作带来很大的难度，红火蚁防控工作依然严峻。2020年，各县市区均有红火蚁发生，发生面积超过7万亩。近年来，陆续接到群众来访诉求，因红火蚁叮咬影响到耕作活动和造成村民身体健康的问题反映。由于受限于资金，多年来未能够形成统一集中防治，都是以“蜻蜓点水”式的局部小范围开展，效果平平。就在2021年下半年，广西壮族自治区农业农村厅大力支持贵港市红火蚁防控工作，争取到中央农业生产救灾资金共计265万元，分别安排到桂平市、平南县、港北区和港南区4个县（区）用于红火蚁的防控。此外，在地方财政困难的情况下，今年桂平市、平南县、港北区政府也拨出了共计203万元的专项经费用于红火蚁防控。目前，各相关县市区正在加紧按照有关程序推进实施项目。资金的到位，大大缓解了当地红火蚁多年来未有“大动作”防控的燃眉之急，为当地红火蚁的防控提供了有力保障。

四、开展农药检定工作，始终保障农药使用安全

贵港市紧紧围绕严厉打击假劣农药，保障农民合法权益的宗旨，抓好每年春、秋季农药市场执法检查和高毒农药专项检查工作，广泛宣传农药管理相关法律法规，切实提高广大农药经销商合法经营的素质，提高农民群众科学用药水平，保障农产品生产和消费安全，促进贵港市农药市场健康发展。一是大力宣传农药安全使用知识及相关法律法规。2011年来共印发、转发各类农药宣传资料15万份，制作电视、广播节目11次，培训农药经营人员、管理执法人员1400人次，培训农民40.1万多人次。二是每年制定具体农药管理工作方案，针对农药产品质量、标签问题和当前水稻、蔬菜病虫害防治用药情况，明确任务、目标和责任。采取有力措施，建立严格的责任追究制度，层层落实责任，确保按时、按质完成农药管理年活动的各项目标任务。三是切实抓好农药登记管理的各项工作。多年来，坚持“着力治本、标本兼治、打防结合、综合治理”的原则，深入各乡镇、村、屯农药摊点开展农药产品质量大检查和农药标签抽查工作，并重点对防治水稻病虫害和防治蔬菜病虫害用药进行抽查，在抽样取证、产品确认通知书中将农药产品包装、标签上标明的许可证号、批准文号、登记证号、农药商品名称、标明通用名、生产企业名称、生产日期或批号、货物数量、进货时间、进货数量、进货单位、人员及联系电话等情形填写清楚，同时要求经销商签字确认农药产品的确切来源等等，做到各栏目信息文书完整，每个样品均经双方签字认可。2011多年来，全市共抽农药标签样本2730个，合格率为81.2%，出动执法检查人员1400多人次，落实监管责任人的农药经营单位964家，抽查农药经营单位3000人次，检查农药生产企业9家。2020年，全市共发放农药经营许可证1387份。

第四节　科研成果

表38　集体荣誉及成绩

序号	授予单位	荣誉名称	获得时间
1	全国农业技术推广服务中心	全国农作物病虫防治先进集体	2002年
2	广西壮族自治区人民政府办公厅	植物检疫工作先进单位	1991—1997年
3	广西壮族自治区植保总站	病虫测报与防治、植物检疫工作先进单位	2000—2002年

表39　个人荣誉和成绩

序号	授予单位	荣誉名称	获得时间
1	广西壮族自治区植保总站	1名同志获广西病虫防治工作先进个人	2006—2009年
2	贵港市人民政府	4名同志评为“两迁”害虫防治先进个人	2007年
3	广西壮族自治区农业厅	3名同志获广西农作物重大病虫防控先进个人	2013年
4	贵港市人民政府	1名同志获贵港市科学技术进步奖三等奖	2013年

第七篇　人物及科技编著成果篇

第一章　科技项目

第一节　1990年之前获奖成果

表40　1990年之前获奖成果一览表

序号	获奖年份	成果名称	所获奖项	完成单位	主要完成人员
1	1979—1981	广西农作物害虫天敌资源普查	农业厅科学技术进步奖一等奖、广西壮族自治区人民政府科学技术进步奖二等奖	广西农业科学院，广西壮族自治区植保总站，广西农学院	刘定柏，黄旭正
2	1985—1987	广西果实蝇种类分布调查研究	农业厅科学技术进步奖二等奖	广西壮族自治区植保总站	梁日崇，黄绍刚，黄建业
3	1985—1988	广西杂交稻制种基地水稻细菌性条斑病综合防治试验研究	农业厅科学技术进步奖三等奖	广西壮族自治区植保总站	农冠升
4	1986—1989	香蕉无病苗圃	农业厅科学技术进步奖三等奖	广西壮族自治区植保总站	孙鼐昌，农冠升，韦必上，郑惠红
5	1985—1990	广西壮族自治区种植业区划	广西农业区划二等奖、农业部全国农业区划办三等奖	广西壮族自治区农业厅	孙鼐昌
6	1986—1987	稻杆瘟的发生及防治研究	农业厅科学技术进步奖三等奖	广西农学院，广西壮族自治区植保总站	廖皓年，曾汉光，符福新
7	1986—1989	甘蔗螟性诱在测报上的推广应用	农业厅科学技术进步奖四等奖	广西壮族自治区植保总站	黄光鹏
8	1987—1989	对苏出口柑橘病虫模式防治试验研究	农业厅科学技术进步奖三等奖	广西壮族自治区植保总站	梁日崇，黄绍刚
9	1986—1990	广西百色地区新传入杧果象甲的发现与扑灭	农业厅科学技术进步奖二等奖	广西区植检站，百色地区植检站	农冠升
10	1986—1990	广西水稻病虫测报技术规范的推广应用	农业厅科学技术进步奖一等奖、广西壮族自治区人民政府科学技术进步奖二等奖	广西壮族自治区植保总站	廖皓年，曾汉光，韦江，吴高仰
11	1988—1990	植物产品内蛀性害虫的电子传音检测	农业厅科学技术进步奖二等奖	广西壮族自治区植保总站，广西农业科学院	黄绍刚，韦必上

续表

序号	获奖年份	成果名称	所获奖项	完成单位	主要完成人员
12	1988—1989	南宁地区1988年春季灭鼠技术推广应用	农业厅科学技术进步奖三等奖	广西壮族自治区植保总站，南宁地区植保站	孙肅昌，秦昌文，杨定
13	1981—1988	稻纵卷叶螟化防指标的研究	农业厅科学技术进步奖二等奖，广西壮族自治区人民政府科学技术进步奖三等奖	广西壮族自治区植保总站	廖皓年，曾汉光，韦江，李世忠
14	1985—1988	广西鼠害及其防治研究	农业厅科学技术进步奖一等奖，广西壮族自治区人民政府科学技术进步奖三等奖	广西壮族自治区植保总站	秦昌文，杨定，孙肅昌
15	1985—1987	以保护利用捕食螨防治红蜘蛛为主要内容的柑橘病虫综合防治研究	农业厅科学技术进步奖三等奖，广西壮族自治区人民政府科学技术进步奖三等奖	广西壮族自治区植保总站，广西农业科学院植保所	潘贵华，廖皓年
16	1985—1988	以保护利用捕食螨防治红蜘蛛为主要内容的柑橘病虫综合防治	农业部科学技术进步奖三等奖	全国植保总站，广东省植保总站，广西壮族自治区植保总站，福建省植保站	潘贵华，廖皓年
17	1986—1989	砂仁叶疫病病原菌鉴定、发生规律及综合防治研究	农业厅科学技术进步奖二等奖，广西壮族自治区人民政府科学技术进步奖二等奖	广西农业科学院，广西壮族自治区植保总站	孙肅昌，黄旭正
18	1988—1989	稻瘿蚊综合防治	农业厅科学技术进步奖二等奖，广西壮族自治区人民政府科学技术进步奖三等奖	广西壮族自治区植保总站	孙肅昌，农旭畴，秦昌文，李世忠
19	1983—1985	甘蔗诱螟剂用于一二代发生期预报研究	广西壮族自治区人民政府科学技术进步奖三等奖	广西壮族自治区甘蔗研究所，中国科学院动物研究所，广西壮族自治区植保总站	农旭畴
20	1988—1990	国家对外检疫对象大豆象的发现及扑灭	农业厅科学技术进步奖二等奖，广西壮族自治区人民政府科学技术进步奖三等奖	广西壮族自治区植保总站，玉林地区植保站	农冠升，符福新
21	1986	广西水稻细菌性基腐病病原研究	农业厅科技成果四等奖	广西壮族自治区植保总站	农冠升

第二节　1991—2020年获奖成果

表41　1991—2020年科技成果奖一览表

序号	获奖年份	获奖项目	所获奖项	完成单位	主要完成人员
1	1988—1993	广西水稻病虫区划的研究及应用	农业厅科学技术进步奖一等奖，广西壮族自治区人民政府科学技术进步奖二等奖，广西壮族自治区人民政府重奖三等奖	广西农作物病虫测报站，广西壮族自治区植保总站	廖皓年，孙鼐昌，韦江，秦昌文，王凯学，王华生，胡明钰
2	1989—1993	广西杂交稻制种基地水稻细菌性条斑病综合防治技术推广	农业厅科学技术进步奖一等奖，广西壮族自治区人民政府进步三等奖	广西壮族自治区植保总站，玉林地区植保站	农冠升
3	1992	广西烟草侵染性病害调查研究	农业厅科技成果一等奖，广西壮族自治区人民政府科学技术进步奖三等奖	广西壮族自治区植保总站	农冠升
4	1987—1994	植保专业统计方法和统计指标的研究及应用	农业厅科学技术进步奖二等奖，广西壮族自治区人民政府科学技术进步奖三等奖	农业厅科学技术进步奖二等奖　广西壮族自治区人民政府科学技术进步奖三等奖	唐风佳，廖皓年，兰建东，黄光鹏
5	1990—1993	广西东亚飞蝗蝗灾及根除蝗灾的研究	农业厅科学技术进步奖二等奖，广西区人政府科学技术进步奖三等奖	广西科学院生物研究所，广西壮族自治区植保总站	廖皓年
6	1992—1996	广西稻飞虱监测与治理	农业厅科学技术进步奖二等奖，广西壮族自治区人民政府科学技术进步奖三等奖	广西壮族自治区植保总站	曾汉光，周红波，黄光鹏，廖皓年，王凯学
7	1992—1996	水稻病虫超长期预测的研究和应用	农业厅科学技术进步奖一等奖，广西壮族自治区人民政府科学技术进步奖三等奖	广西壮族自治区农作物病虫预测预报站	王华生，廖皓年
8	1995—1998	广西美洲斑潜蝇的研究及综合防治技术推广	广西科学技术进步奖三等奖	广西壮族自治区植保总站	覃贵亮，吴志红，谢茂昌，李莉，沈昆
9	1997—1998	广西稻田化学除草技术推广应用	广西科学技术进步奖三等奖，广西农牧渔业科学技术进步奖二等奖	广西壮族自治区植保总站	王凯学，马光，黄军军，贾雄兵，李华
10	1997—1998	广西稻田重大病虫减灾保产技术推广应用	广西科学技术进步奖三等奖，广西农牧渔业科学技术进步奖二等奖	广西壮族自治区植保总站	黄光鹏，曾汉光，廖皓年，秦昌文
11	1997—1998	广西200万亩中低产田综合配套增产技术	广西农牧渔业丰收一等奖，全国农牧渔业二等奖	广西壮族自治区粮食生产基地建设领导小组办公室等	黄光鹏
12	1985—1998	农作物病虫灾害信息管理系统的研究及应用	广西科学技术进步奖三等奖，广西农牧渔业科学技术进步奖一等奖	广西壮族自治区植保总站	王华生，廖皓年，胡明钰，谢光瑜，唐风佳
13	1996—1999	广西大功臣防治稻飞虱试验与推广应用	广西科学技术进步奖三等奖，广西农牧渔业科学技术进步奖三等奖	广西壮族自治区植保总站	苏微微，秦昌文，王凯学

续表

序号	获奖年份	获奖项目	所获奖项	完成单位	主要完成人员
14	1996—1999	南宁市万亩无公害蔬菜技术经济开发	南宁市人民政府科学技术进步奖一等奖	广西壮族自治区植保总站	孙肅昌，黄光鹏，黄捷华
15	1999—2003	广西右江河谷杧果带杧果象甲疫情的监测与有效控制	中国植物保护学会科学技术奖三等奖	广西壮族自治区植保总站	覃贵亮，王凯学，邓铁军，吴志红，沈昆，李莉
16	2009.1	山楂果螟生物学特性及综合防治技术研究与示范应用	中国植保学会科学技术进步奖三等奖	广西壮族自治区植保总站	谢茂昌，王凯学，兰雪琼，周家立
17	2002	植保进农家2002	中宣部等国家七部委授予第五届全国优秀科普作品二等奖	广西电视台，广西壮族自治区植保总站	王凯学，廖皓年，秦昌文，王华生
18	2013	农作物主要病虫测报标准化的研究与集成应用	广西科学技术进步奖二等奖	广西壮族自治区植保总站	王凯学，谢茂昌，王华生，辛德育，龙梦玲，黄成宇，唐洁瑜
19	2015	广西水稻病毒病及持续控制技术的研究应用	广西科学技术进步奖二等奖	广西壮族自治区植保总站，广西大学等	王华生，王凯学，李莉，檀志全，何衍福
20	2016	螟黄赤眼蜂规模化生产和甘蔗螟虫大面积绿色防控技术联合攻关与示范推广	南宁市科学技术进步奖一等奖	广西南宁合一生物防治技术有限公司，广西壮族自治区植保总站等	王凯学，陈丽丽，覃保荣，张清泉，王华生，谢义灵
21	2016	水稻重大病虫害发生防控研究及其应用	广西科学技术进步奖一等奖	广西壮族自治区植保总站	王华生，谢茂昌，黄成宇，辛德育，王丽，唐洁瑜，张雪丽
22	2016	甘蔗螟虫生防技术产业化及推广应用	全国农牧渔业丰收奖二等奖	广西壮族自治区植保总站	王华生，黄晞，陈丽丽，谢义灵，张清泉
23	2016	稻麦玉米三大粮食作物有害生物种类普查、发生为害特点研究与应用	全国农牧渔业丰收奖一等奖	广西壮族自治区植保总站	测报站
24	2019	广西沿海稻区稻飞虱发生规律及持续治理技术集成创新与推广应用	广西科学技术进步奖三等奖	广西壮族自治区植保总站	张雪丽
25	2019	鳞翅目主要害虫性诱监测防控技术研发与产业化应用	神农中华农业科技奖一等奖	广西壮族自治区植保总站	王华生
26	2014	防治农作物病毒病及媒介昆虫新农药研制与应用	国家科学技术进步奖二等奖	广西壮族自治区植保总站	王凯学
27	2011	重大农业害虫性诱监控技术研发与集成应用	广西科学技术进步奖一等奖	广西壮族自治区植保总站	王凯学，王华生，覃保荣，陈丽丽，谢义灵

续表

序号	获奖年份	获奖项目	所获奖项	完成单位	主要完成人员
28	2012	广西柑橘黄龙病疫情普查、防控技术研究与推广	广西科学技术进步奖二等奖	广西壮族自治区植保总站	王凯学，邓铁军，李菁
29	2012	稻田福寿螺灾变规律及防控关键技术研究与集成应用	广西科学技术进步奖二等奖	广西壮族自治区植保总站	王华生，覃保荣，陈丽丽，谢义灵
30	2010	高毒农药替代技术试验示范及推广应用	广西科学技术进步奖二等奖	广西壮族自治区植保总站	王凯学，黄光鹏，黄晞，周家立，王华生，黄军军，覃保荣
31	2008	12%咪酰胺微乳剂的研制开发	广西科学技术进步奖二等奖	广西田园生化股份有限公司，广西壮族自治区植保总站为协助单位	李华英，韦滢军，贾雄兵
32	2008	佳多重大农林害虫频振诱控技术研究与应用	河南科学技术进步奖二等奖	河南汤阴佳多有限公司，广西壮族自治区植保总站	王凯学
33	2005	广西蚁类分科	广西科学技术进步奖二等奖	广西师范大学，广西壮族自治区植保总站为协助单位	王凯学
34	2010	广西红火蚁疫情普查和防控技术研究与应用	广西科学技术进步奖三等奖	广西壮族自治区植保总站	覃贵亮，王凯学，吴志红，邓铁军
35	2006	频振杀虫新技术的推广应用	广西科学技术进步奖三等奖	广西壮族自治区植保总站	王凯学，王华生，覃保荣，黄成宇，谢茂昌
36	2004	广西农业植物有害生物疫情普查	广西科学技术进步奖三等奖	广西壮族自治区植保总站	吴志红，王凯学，覃贵亮，邓铁军等
37	2009	农区毒饵站灭鼠技术研究与应用推广	中国植保学会科学技术进步奖一等奖	全国农业技术推广服务中心，广西壮族自治区植保总站等	覃保荣
38	2010	广西福寿螺防控技术研究与应用	中国植保学会科学技术进步奖二等奖	广西壮族自治区植保总站	王华生，陈丽丽，覃保荣，谢义灵
39	2009	佳多频振式杀虫灯使用手册	中国植保学会科学技术进步奖三等奖	广西壮族自治区植保总站	
40	2008.1	广西右江河谷杧果带杧果象甲疫情监测与有效控制	中国植保学会科学技术进步奖三等奖	广西壮族自治区植保总站	
41	2010.1	广西农作物主要测报技术	中国植保学会科普奖	广西壮族自治区植保总站	

第三节　地方标准制定

表42　地方标准制定一览表

序号	年份	标准名称	标准发布号	起草单位	发布单位
1	2004	菜粉蝶预测预报调查规范	DB45/T 127–2004	广西壮族自治区植保总站	广西壮族自治区质量技术监督局
2	2004	斜纹夜蛾预测预报调查规范	DB45/T 124–2004	广西壮族自治区植保总站	广西壮族自治区质量技术监督局
3	2004	番茄青枯病预测预报调查规范	DB45/T 121–2004	广西壮族自治区植保总站	广西壮族自治区质量技术监督局
4	2004	十字花科蔬菜软腐病预测预报调查规范	DB45/T 122–2004	广西壮族自治区植保总站	广西壮族自治区质量技术监督局
5	2004	小菜蛾预测预报调查规范	DB45/T 123–2004	广西壮族自治区植保总站	广西壮族自治区质量技术监督局
6	2004	甜菜夜蛾预测预报调查规范	DB45/T 125–2004	广西壮族自治区植保总站	广西壮族自治区质量技术监督局
7	2004	萝卜蚜预测预报调查规范	DB45/T 126–2004	广西壮族自治区植保总站	广西壮族自治区质量技术监督局
8	2004	黄瓜霜霉病预测报制调查规范	DB45/T 136–2004	广西壮族自治区植保总站	广西壮族自治区质量技术监督局
9	2004	水稻主要病虫综合防治技术规程	DB45/T137–2004	广西壮族自治区植保总站	广西壮族自治区质量技术监督局
10	2004	甘蔗主要病虫综合防治技术规程	DB45/T138–2004	广西壮族自治区植保总站	广西壮族自治区质量技术监督局
11	2004	荔枝、龙眼苗木产地检疫规程	DB45/T139–2004	广西壮族自治区植保总站	广西壮族自治区质量技术监督局
12	2004	香蕉种苗产地检疫规程	DB45/T140–2004	广西壮族自治区植保总站	广西壮族自治区质量技术监督局
13	2005	蔬菜（叶菜类）主要病虫综合防治技术规程	DB45/T287–2005	广西壮族自治区植保总站	广西壮族自治区质量技术监督局
14	2005	茶叶主要病虫综合防治技术规程	DB45/T288–2005	广西壮族自治区植保总站	广西壮族自治区质量技术监督局
15	2005	柑橘主要病虫综合防治技术规程	DB45/T289–2005	广西壮族自治区植保总站	广西壮族自治区质量技术监督局
16	2005	甘蔗蓟马测报调查规范	DB45/T290–2005	广西壮族自治区植保总站	广西壮族自治区质量技术监督局
17	2005	朱砂叶螨测报调查规范	DB45/T291–2005	广西壮族自治区植保总站	广西壮族自治区质量技术监督局
18	2005	茶黄螨测报调查规范	DB45/T292–2005	广西壮族自治区植保总站	广西壮族自治区质量技术监督局
19	2005	甘蔗赤腐病测报调查规范	DB45/T293–2005	广西壮族自治区植保总站	广西壮族自治区质量技术监督局

续表

序号	年份	标准名称	标准发布号	起草单位	发布单位
20	2005	荔枝、龙眼主要病虫综合防治技术规程	DB45/T295-2005	广西壮族自治区植保总站	广西壮族自治区质量技术监督局
21	2005	甘蔗黑穗病测报调查规范	DB45/T317-2005	广西壮族自治区植保总站	广西壮族自治区质量技术监督局
22	2006	蝗虫综合防治技术规程	DB45/T376-2006	广西壮族自治区植保总站	广西壮族自治区质量技术监督局
23	2006	玉米铁甲虫综合防治技术规程	DB45/T377-2006	广西壮族自治区植保总站	广西壮族自治区质量技术监督局
24	2006	农区鼠害综合防治技术规程	DB45/T378-2006	广西壮族自治区植保总站	广西壮族自治区质量技术监督局
25	2007	桑树病虫害综合防治技术规程	DB45/T 433-2007	广西壮族自治区植保总站	广西壮族自治区质量技术监督局
26	2007	马铃薯主要病虫害综合防治技术规程	DB45/T 432-2007	广西壮族自治区植保总站	广西壮族自治区质量技术监督局
27	2007	频振式杀虫灯应用技术规程	DB45/T 431-2007	广西壮族自治区植保总站	广西壮族自治区质量技术监督局
28	2007	手动喷雾器操作规程	DB45/T 434-2007	广西壮族自治区植保总站	广西壮族自治区质量技术监督局
29	2015	稻曲病综合防治技术规程	DB45/T 1240-2015	广西壮族自治区植保总站	广西壮族自治区质量技术监督局
30	2015	柑橘主要害虫绿色防控技术规程	DB45/T 1241-2015	广西壮族自治区植保总站	广西壮族自治区质量技术监督局
31	2015	螟黄赤眼蜂防治甘蔗螟虫技术规程	DB45/T 1242-2015	广西壮族自治区植保总站	广西壮族自治区质量技术监督局
32	2015	茶树主要病虫害绿色防控技术规程	DB45/T 1243-2015	广西壮族自治区植保总站	广西壮族自治区质量技术监督局
33	2009	稻飞虱测报调查规范	GB/T 15794-2009	广西壮族自治区植保总站	中华人民共和国国家质量监督检验检疫总局，中国国家标准化管理委员会
34	2011	稻纵卷叶螟测报技术规范	GB/T 15793-2011	广西壮族自治区植保总站	中华人民共和国国家质量监督检验检疫总局，中国国家标准化管理委员会
35	2009	稻瘟病测报调查规范	GB/T 15790-2009	广西壮族自治区植保总站	中华人民共和国国家质量监督检验检疫总局，中国国家标准化管理委员会

第二章　广西植物保护学会、学术活动和人才培养

中华人民共和国成立初期，由黄亮教授等人发起，于1952年成立中国植物病理学会南宁分会，黄亮任理事长，曾庆英、胡少波、罗达新任副理事长，张永强任秘书，会员20人。1961年11月，中国植物病理学会南宁分会和中国昆虫学会南宁分会合并正式成立广西植物保护学会，同时进行了会员重新登记，1963年5月中旬在南宁市举行了首届年会暨学术讨论会。1966年会员发展到119人，1966年6月以后，由于“文化大革命”的冲击，学会被迫停止活动。

1978年，广西科学技术协会要求各学会恢复学会活动后，曾庆英副理事长于当年9月在南宁召开了理事扩大会议，首先进行了会员重新登记，并宣告广西植物保护学会正式恢复活动，并选出了第二届理事会，曾庆英任理事长，胡少波、罗达新、李永禧任副理事长，蒲天胜任秘书长。到1980年12月，会员人数已达396人。

1980年12月，广西植物保护学会与广西昆虫学会在南宁联合召开会员代表大会暨综合性学术讨论会，出席会议代表158人，选出了第三届理事会，曾庆英蝉联担任理事长、罗达新、金孟肖、陈育新、李永禧任副理事长，到1983年11月，会员达421人。

1983年11月，广西植物保护学会在国营露塘农场召开了会员代表大会暨学术讨论会，出席会议代表103人，会上选出了第四届理事会，陈育新任理事长，孙恢鸿、蒲天胜任副理事长，蒲天胜兼秘书长，理事更新52.2%，平均年龄为47.5岁，较第三届年轻3.7岁。聘请金孟肖、胡少波、曾庆英、李永禧、何彦琚为顾问。

1987年12月，广西植物保护学会在南宁召开了会员代表大会暨学术讨论会，出席代表98人，会上选出了第五届理事会，孙鼐昌任理事长，张超冲、卢植新、李初任副理事长，黄旭正任秘书长。聘请金孟肖、胡少波、陈育新、曾庆英、李永禧、何彦琚、孙恢鸿为顾问。

1992年11月21日至23日，广西植物保护学会在南宁召开会员代表大会暨学术交流会，出席会议代表72人，收到论文45篇，会议荣幸地得到越南作物栽培和植保局局长裴文益博士的光临，并作了题为:“越南的植保工作”报告，他热情、洋溢、团结、友好和协作的讲话，颇受与会代表的欢迎和赞扬。会上选出了第六届理事会，孙鼐昌任理事长，张超冲、卢植新、李初任副理事长，黄旭正任秘书长，聘请胡少波、金孟肖、陈育新、李永禧、曾庆英、孙恢鸿为第六届理事会顾问。

1997年10月22日至23日，广西植物保护学会在南宁召开会员代表大会，出席会议代表68人，收到论文21篇，会上选出了第七届理事会，卢植新任理事长，韦江、黎起秦、周志权任副理事长，黄晖烨任秘书长。

2004年2月10日，广西植物保护学会第七届会员代表大会于在南宁召开，出席会议代表88人，会

上选出了第八届理事会，王凯学任理事长，黎起秦、周志权、黄思良、黄光鹏任副理事长，周家立任秘书长。

2013年7月9日，广西植保学会第九次会员代表大会在南宁隆重召开。学会第八届理事长王凯学作工作报告，广西壮族自治区科学技术协会学会部刘培良调研员出席会议，出席会议代表104人，会议审议通过了学会第八届理事长王凯学做的第八届理事会工作报告及《广西植物保护学会章程》(修改稿)，并以无记名投票方式选举产生了广西植物保护学会第九届理事会。随后，召开了第九届理事会第一次会议，选举产生了学会第九届常务理事会，王凯学、邓铁军、包黎明、卢维海、史长兴、刘志明、李华英、陆温、陈景成、陈丽丽、罗基同、莫贱友、黄光鹏、曾东强、谭辉华和黎起秦等16人当选为常务理事，其中王凯学当选为理事长，黄光鹏、曾东强、莫贱友和陆温当选为副理事长，邓铁军当选为秘书长，刘志明、陈丽丽和谭辉华当选为副秘书长。

2015年3月，经过选举，学会秘书长由黄晞担任。

2019年7月30日，经广西壮族自治区科学技术协会批准，广西植物保护学会第十次会员代表大会于在南宁召开，148名会员代表参加了会议。大会审议通过了广西植物保护学会第九届理事会工作报告、财务报告、第十次会员代表大会选举办法和《广西植物保护学会章程》(修改草案)，以无记名投票方式选举产生了52名学会第十届理事会和1名监事。第九届理事会理事长王凯学推广研究员主持召开了第十届理事会第一次会议，选举产生了第十届理事会理事长、副理事长和秘书长。第十届广西植物保护学会理事会名单如下：

理事长：王凯学

副理事长：黄光鹏、曾东强、陆温、莫贱友、李华英、卢维海、滕冬建、黄晞

秘书长：黄晞(兼)

副秘书长：刘志明、陈丽丽、谭辉华、尹丰平

常务理事(17人)：王凯学、黄光鹏、曾东强、陆温、莫贱友、罗基同、李华英、卢维海、王华生、滕冬建、黄晞、李伟丰、覃保荣、刘志明、陈丽丽、谭辉华、尹丰平

理事(35人)：袁高庆、吴海燕、王国全、郑霞林、邓业成、黄辉晔、李其利、吴碧球、覃振强、谢玲、吴耀军、陈彩贤、唐景美、李石初、廖宪成、陈军、罗庆斌、沈小英、黎达境、黄柳春、谢培超、梁华源、韦迎春、孙贵强、陈伟、孙祖雄、张武鸣、黄文教、赵富明、谢茂昌、谭道朝、覃贵亮、韦滢军、左方华、张雪丽

监事(1人)：谢义灵

其间，召开了中国共产党广西植物保护学会支部委员会党员大会，通过差额方式选举产生了5名学会支部委员会委员。经广西科协科技社团党委批复，下列同志当选为第一届中国共产党广西植物保护学会支部委员会书记、副书记和委员。

书　记：黄光鹏

副书记：卢维海

组织委员：黄晞

宣传委员：陈丽丽

纪检委员：尹丰平

根据《广西植物保护学会章程》第三十一条本会理事长为本会法定代表人。2004年来王凯学同志一直兼任广西植物保护学会法定代表人，2015年以来王凯学同志先后担任广西壮族自治区农业农村厅总农艺师、副厅长，属于厅级以上干部，根据有关规定，学会第十届理事会第一次会议研究决定，将法定代表更换为黄光鹏副理事长。2019年7月按照程序要求向自治区民政厅提交了法人代表离任审计申请，12月底拿到了审计报告，因疫情原因，错过了办理法人代表更换的时限，需要重新审计，2020年6月按照自治区民政厅的要求再次提交法人代表离任审计申请，2021年1月23日拿到离任审计报告，2月9日完成了学会法定代表人更换，法定代表人由副理事长黄光鹏担任。2022年9月经自治区民政厅批准，法定代表人由黄光鹏变更为陈丽丽。

目前，学会共有会员231名。

第三章 《广西植保》发展历程

《广西植保》是一本植物保护学领域的专业学术期刊，主要报道广西植保科研和植保新技术、新成果的推广；反映广西农林病虫草鼠害的发生动态及其生态地理分布；介绍粮食、经济作物、果树、林木、花卉等有害生物的综合防治技术和经验为主要内容，以及刊登交叉学科和与其相关学科的研究论文。办刊宗旨是：以开展广西植保科研的学术交流，反映广西植保科技发展动态，推广植保科学技术和为广大植保科技工作者提供一个研讨学术、推广新成果、交流新经验的平台，为科研服务、为读者办刊。坚持立足广西、面向全国。

《广西植保》在遵循传统方式，印制纸质刊物发行的同时，陆续加入几个影响较大的网络数据库中，提高办刊知名度，为广大读者提供网上阅读、查询和下载的渠道。

一、办刊历程

1. 创刊及发行情况

1987年3月，在胡少波教授等广西植保领域前辈们的倡议下，广西植物保护学会、广西昆虫学会、广西植物病理学会和广西壮族自治区植保总站联合出版《广西植保》试刊，成为广西植保界第一本自己创办的植保学术刊物。该刊物的试刊发行，为广西广大植保、昆虫、植病科技工作者提供了在自己创办的刊物中发表文章和进行学术交流和开展学术讨论的广阔平台。

1987年3月，出版试刊号，当年只出版发行1期。

1988—1990年，每年出版4期，全部为赠阅，属内部刊物，无刊号，只有广西壮族自治区内部报刊准印证：GB-10054。

1991年第三季度（即第三期）开始，《广西植保》获准由内部发行改为正式公开发行，开始面向国内国际发行，国内统一刊号为CN45-1181/S，国际统一刊号ISSN1003-8779，该期出版没标明期数，只标有“创刊号”。

1994年《广西植保》由中国期刊网、中国学术期刊（光盘版）、中国学术期刊综合评价数据库、中国报刊订阅指南信息库全文收录。

1997年10月20日，举办《广西植保》创刊10周年纪念活动，当时在任的广西壮族自治区农业厅厅长林灿以及广西壮族自治区植保总站站长孙鼐昌、第一任主编胡少波教授、第二任主编孙恢鸿研究员为创刊10周年作了贺词。10年，《广西植保》共刊出了39期，载文740篇。

2001年开始，期刊由（小）16开本改版为大16开本（即A4纸）。

2003年，该刊全文入编万方数据库数字化期刊群和中文科技期刊数据库。

2016年该刊全文加入超星域出版平台数据库，属ASPT来源期刊和CJFD收录期刊。

2016年以后，由订阅（5元/期）改为免费赠阅。

2017年3月20日，广西壮族自治区植保总站、广西昆虫学会、广西植保学会、广西植病学会在南宁市召开《广西植保》创刊30周年座谈会。时任广西壮族自治区农业厅党组成员、总农艺师王凯学推广研究员，时任广西大学副巡视员陈保善教授，《广西植保》编委会主任黄光鹏推广研究员，《广西植保》主编陆温教授以及编委、编辑人员等共35人参加座谈会。会上陆温作了题为"《广西植保》办刊30周年回顾"报告，王凯学作了重要讲话，黄光鹏对办好《广西植保》重申了要求。

2. 历届编委情况

《广西植保》创刊至今，共成立十届编委会，胡少波教授、孙恢鸿研究员、张永强教授、陆温教授先后担任主编。历届编委会组成情况见表43。

3. 编辑部人员情况

编辑部人员由自治区植保（总）站安排，在植保（总）站直接领导和广大编委、专家的协助下开展编辑、发行工作。编辑部工作人员：1987—1995年2~3人；1996—2015年1~2人；2016年至今2人。

表43 《广西植保》历届编委会情况表

届次	第一届	第二届	第三届	第四届	第五届	第六届	第七届	第八届	第九届	第十届
任期	1987—1989年	1990—1995年	1995—1998年	1999—2001年	2002—2003年	2003—2004年	2005—2007年	2008—2011年	2012—2015年	2016年至今
主编	胡少波	孙恢鸿	张永强	张永强	张永强	张永强	张永强	陆温	陆温	陆温
副主编	陈育新 孙鼐昌 孙恢鸿 张永强	陈育新 张永强 孙鼐昌	陈育新 孙鼐昌	廖皓年 蒲天胜	廖皓年 蒲天胜 黄思良	廖皓年 黄思良 王助引	廖皓年 黄思良	廖皓年 黄思良	王华生 黄凤宽	王华生 黄凤宽 蒙姣荣
主任委员		曾汉光	曾汉光	曾汉光	王凯学	王凯学	王凯学	王凯学	王凯学	黄光鹏
副主任委员				孙鼐昌 奚福生 卢植新	韦绥概 卢植新 张永强 黄思良	张永强 陈保善 黄思良 曾涛	张永强 陈保善 黄思良 曾涛	陆温 陈保善 黄思良	陆温 陈保善 黄凤宽	陆温 陈保善 黄凤宽
责任编辑	陈家庆 黄旭正	陈家庆 黄旭正 黄凤宽	陈家庆	陈家庆	陈家庆 黄捷华	黄捷华	黄捷华	黄捷华	黄捷华 龙梦玲	李莉 龙梦玲
编委人数	21	29	22	22	29	29	30	30	30	40

4. 其他

1995—2000年，办理了临时广告经营许可证，不定期地刊登广告。2001—2016年申请正式的广告经营许可证（许可证号：450102319）。

2008—2011年，4个版面广告以宣传农业植保系统重要事件、重要信息为主；2012—2013年，封面和封底主要刊登一些突出贡献的植保人员事迹和各地开展的病虫害防控现场会场景；2014年以后封面和封底仅刊发公益性宣传信息或空白。

二、出版情况

1987—2021年，共出版发行34卷143期，其中正刊为138期，刊发稿件1944篇（条）（见表44），增刊为5期（见表45）。

表44 《广西植保》1987—2021年主要栏目载文量统计（篇）

年份	调查与研究	植保技术推广	研究简报	病虫动态	评论与综述	问题与讨论
1987—1996	266	82	66	8	40	0
1997—2006	263	178	93	83	33	24
2007—2016	329	101	23	77	22	54
2017—2021	128	7	11	27	16	13
合计	986	368	193	195	111	91
占比（%）	50.72	18.93	9.93	10.03	5.71	4.68

表45 《广西植保》增刊出版情况

增刊年份	页码（页）	主要内容
1994	20	刊登农药生产企业的试验报告及厂家介绍
1997	32	刊登桂林集琦药股份有限公司生产的虫螨克试验及推广应用
2003	48	刊登频振式杀虫灯的田间试验和示范应用
2007	128	刊登水稻“两迁”害虫的发生及防治，时任广西壮族自治区人民政府主席陆兵为增刊题词
2013	82	刊登各市、县水稻“两迁”害虫的发生特点、原因分析和防治策略

第四章　出版植物保护著作

表46　著作出版一览表

序号	出版时间	著作名称	出版单位及书号	编者
1	2000	农药知识技术手册	接力出版社	广西壮族自治区植保总站
2	2002	经济作物病虫及防治图册	接力出版社	广西壮族自治区植保总站
3	2006	新农村无公害蔬菜生产技术	广西师大出版社	广西壮族自治区植保总站
4	2006	新农村无公害生产病虫害综合防治技术	广西师大出版社	广西壮族自治区植保总站
5	2008	绿色植保与生态农业——重大农业害虫频振诱控技术国际研讨会论文集	广西科学技术出版社	广西壮族自治区植保总站
6	2009	广西农作物主要病虫测报技术	广西科学技术出版社	广西壮族自治区植保总站
7	2009	佳多频振式杀虫灯使用手册	中国农业出版社	广西壮族自治区植保总站
8	2012	绿色植保　生态广西	中国农业出版社	广西壮族自治区植保总站
9	2014	甘蔗主要病虫害测报技术与防治技术	广西科学技术出版社	广西壮族自治区植保总站
10	2014	广西主要农作物有害生物名录	广西科学技术出版社	广西壮族自治区植保总站
11	2015	猕猴桃病虫害识别与防治	广西科学技术出版社	广西壮族自治区植保总站
12	2015	广西主要农作物病虫害调查研究	广西科学技术出版社	广西壮族自治区植保总站
13	2015	广西农民田间学校	广西科学技术出版社	广西壮族自治区植保总站
14	2013	中国水稻主要病虫害——水稻病虫种类与发生为害特点研究报告	中国农业出版社	全国农业技术推广服务中心
15	2014	中国主要农作物有害生物名录	中国农业科学技术出版社	雷仲仁，郭予元，李世访主编
16	2013	中国主要农作物有害生物数据库系统开发建设与应用	中国农业出版社	全国农业技术推广服务中心
17	2003	广西农业植物检验手册	广西科学技术出版社	广西壮族自治区植保总站
18	2015	柑橘黄龙病综合治理理论与实践·科学篇	广西科学技术出版社	广西壮族自治区植保总站

第五章　广西植保站历届领导

一、历任总站领导

1. 第一任站长和领导（1979.05—1984.11）

主持筹建及工作：刘定柏（1979.06—1980.05）

副站长：刘定柏（主持工作 1980.05—1984.11）

副站长：黄朝辉（1982.02—1985.01）

2. 第二任站长和领导（1984.11—1985.12）

站　长：廖皓年（1984.11—1985.12）

副站长：刘定柏（1984.11—1987.04）；黄朝辉（1982.02—1985.01）

督导员：王祉文（副处级 1985.02—1987.06、正处级 1987.06—1989.11）

3. 第三任站长和领导（1985.12—1994.03）

站　长：孙肅昌（1985.12—1994.03）

专职党支部书记：刘定柏（1987.04—1993.02）

副站长：刘定柏（1984.11—1987.04）；廖皓年（1985.12—1989.07）；农旭畴（1987.12—1997.06）；徐小坚（1991.01—1994.03）；曾汉光（1992.10—1994.03）

4. 第四任站长和领导（1994.03—2001.05）

站　长：曾汉光（1994.03—2001.05）

书　记：徐小坚（1994.03—1995.06）；曾汉光（1995.06—2001.05）

副站长：农旭畴（1987.12—1997.06）；王凯学（1996.07—2001.05）；黄光鹏（1997.04—2015.02）；周红波（2000.08—2002.09）

总农艺师：孙肅昌（正处级 1994.03—1996.08）；廖皓年（正处级 1996.08—2005.11）

副总农艺师：廖皓年（副处级 1994.12—1995.11，正处级 1995.11—1996.08）

副书记：韦江（1994.06—2003.05）

调研员：徐小坚（2001.02—2014.10）

5. 第五任站长和领导（2001.05—2015.02）

站　长：王凯学（2001.05—2003.03 副站长主持工作，2003.03—2015.02）

书　记：王凯学（2003.10—2009.12）；方有松（2009.12—2015.12）

副站长：黄光鹏（1997.04—2015.02）；周红波（2000.08—2002.09）；卢维海（2003.10—2020.05）

总农艺师：王华生（2003.10—2016.06）

调研员：徐小坚（2001.02—2014.10）

工会主席：梁金凤（2003.08—2008.12）；黄晞（2009.12至今）

6. 第六任站长和领导（2015.02—2022.12）

站长：黄光鹏（2015.02—2022.12）

书记：黄光鹏（2015.12—2019.02、2021.07—2022.12）；黄文校（2019.02—2020.10）

副书记：黄光鹏（2019.02—2021.07）；黄晞（2021.10至今）

副站长：黄晞（2021.05至今）；滕冬建（2019.01至今）；黄文校（2019.02—2020.10）；卢维海（2003.10—2020.05）；王华生（2016.06—2021.05）

工会主席：黄晞（2009.12至今）

调研员：方有松（2015.12—2020.10）

副调研员：黄晞（2009.12—2020.05）

一级调研员：黄光鹏（2020.05—2022.12）、方有松（2020.10至今）

二级调研员：卢维海（2020.10至今）、王华生（2021.05至今）

三级调研员：王华生（2020.05—2021.05）、黄晞（2020.05至今）、滕冬建（2022.06至今）

四级调研员：覃贵亮（2020.05—2022.12）、谢茂昌（2020.05—2023.04）、唐洁瑜（2022.06—2022.08）、黄桦林（2022.06—2022.08）、覃保荣（2022.06至今）

以上未标明任职截止时间为截至本书出版时该人员仍在任职。

二、历届领导班子简介

刘定柏：主持广西壮族自治区植保总站筹建及工作，先后任广西壮族自治区植保总站副站长、专职党支部书记，1987年退休。

黄朝辉：曾任广西壮族自治区植保总站副站长，1985年调往广西壮族自治区农业农村厅工作。

王祉文：曾任广西壮族自治区植保总站督导员，1990年退休。

孙翯昌：农业技术推广研究员，国务院政府特殊津贴专家，曾先后任广西壮族自治区植保总站站长、总农艺师，1998年退休。

廖皓年：农业技术推广研究员，国务院政府特殊津贴专家，自治区优秀专家，曾先后任广西壮族自治区植保总站站长、副站长、总农艺师、副总农艺师，2005年退休。

农旭畴：农艺师，曾任广西壮族自治区植保总站副站长，1997年退休。

徐小坚：高级农艺师，曾先后任广西壮族自治区植保总站副站长、书记、调研员，2014年退休。

曾汉光：农业技术推广研究员，自治区优秀专家，曾先后任广西壮族自治区植保总站副站长、站长，2001年退休。

王凯学：农业技术推广研究员，国务院政府特殊津贴专家，国务院全国粮食生产突出贡献农业科技人员，广西新世纪“十百千人才工程”第二层次人选，全国、广西五一劳动奖章获得者，自治区优秀专家，自治区优秀共产党员，曾任广西壮族自治区植保总站站长、书记，广西农业农村厅党组成员、副厅长，现任广西壮族自治区农业农村厅一级巡视员。2022年7月退休。

周红波：高级农艺师，曾任广西壮族自治区植保总站副站长，广西壮族自治区党委委员，南宁市委副书记，市人民政府市长、党组书记，广西壮族自治区人民政府副主席，现任海南省委常委、三亚市市委书记。

韦　江：高级农艺师，自治区优秀专家，曾任广西壮族自治区植保总站副书记，2003年退休。

梁金凤：曾任广西壮族自治区植保总站工会主席，2008年退休。

黄文校：高级农业经济师，曾任广西植保站书记、副站长、一级调研员。

覃贵亮：高级农艺师，曾任广西植保站四级调研员，2022年12月去世。

谢茂昌：农业技术推广研究员，全国粮食生产突出贡献农业科技人员，区直机关优秀共产党员，曾任广西植保站四级调研员，2023年4月退休。

三、现任领导班子集体及成员简介

黄光鹏：农业技术推广研究员，全国农业先进个人，曾任广西植保站站长、党总支书记、一级调研员，2022年12月退休。

黄　晞：高级农艺师，现任广西植保站副站长（主持工作）、副书记、三级调研员、工会主席。

滕冬建：农艺师，现任广西植保站副站长、三级调研员。

方有松：高级农艺师，全国基本农田保护工作先进个人，现任广西植保站一级调研员。

卢维海：高级农艺师，现任广西植保站二级调研员。

王华生：农业技术推广研究员，广西新世纪“十百千人才工程”第二层次人选，第六届广西青年科技奖获得者，广西五一劳动奖章获得者，全国农业先进工作者，十三届全国、自治区人大代表，自治区十三届人大农业与农村委员会委员，现任广西植保站二级调研员。

唐洁瑜：高级农艺师，四级调研员。2022年8月退休。

黄桦林：四级调研员。2022年8月退休。

参考文献

[1]广西壮族自治区植保总站.农药知识技术手册[M].南宁：接力出版社，2000.
[2]广西壮族自治区植保总站编.经济作物病虫及防治图册[M].南宁：接力出版社，2002.
[3]广西壮族自治区植保总站.绿色植保与生态农业——重大农业害虫频振诱控技术国际研讨会论文集[M].南宁：广西科学技术出版社，2008.
[4]广西壮族自治区植保总站.广西农作物主要病虫测报技术[M].南宁：广西科学技术出版社，2009.
[5]广西壮族自治区植保总站.绿色植保，生态广西[M].北京：中国农业出版社，2012.
[6]广西壮族自治区植保总站.甘蔗主要病虫害测报技术与防治技术[M].南宁：广西科学技术出版社，2014.
[7]广西壮族自治区植保总站.广西主要农作物有害生物名录[M].南宁：广西科学技术出版社，2014.
[8]广西壮族自治区植保总站.广西主要农作物病虫害调查研究[M].南宁：广西科学技术出版社，2015.
[9]广西壮族自治区植保总站.广西农民田间学校[M].南宁：广西科学技术出版社，2015.
[10]全国农业技术推广服务中心.中国水稻主要病虫害——水稻病虫种类与发生为害特点研究报告[M].北京：中国农业出版社，2013.
[11]雷仲仁，郭予元，李世访.中国主要农作物有害生物名录[M].北京：中国农业科学技术出版社，2014.

附 录

附录一：农作物重大病虫害应急防控响应与处置典型案例

案例一：2005年来宾东亚飞蝗应急防治①

1. 基本情况

2005年9月东亚飞蝗在兴宾、象州、武宣等县（区）暴发，发生面积33.5万亩次，以桂中历史发生区最为严重，来宾全市东亚飞蝗发生面积28.42万亩次，在兴宾区飞蝗发生中心区域，甘蔗地虫口密度最高达每平方米2130头，平均为16.2头；荒草地虫口密度最高达每平方米1220头，平均为57头。

2. 主要处置措施

（1）确认灾情。2005年9月14日，广西壮族自治区农业厅接到来宾市发生东亚飞蝗蝗情报告后，按照厅治蝗领导小组组长、副组长（时任农业农村厅厅长张明沛和农业农村厅副厅长韦祖汉）的指示，立即派出广西壮族自治区农业厅治蝗办主任王凯学（广西壮族自治区农业农村厅副厅长、时任广西壮族自治区植保总站站长）带领植保专家及技术人员第一时间赶赴现场，会同当地农业植保技术人员开展调查研究，确定防治方案和关键技术措施，组建工作组分赴蝗区各地，自始至终坚守防蝗第一线，做好现场宣传培训、蝗情普查、技术指导和防蝗工作督导。

（2）全面行动。蝗情发生后，广西壮族自治区农业厅治蝗办、植保总站在防蝗现场组建5支重大病虫应急防治专业队，统一配备烟雾机、机动喷雾器和防蝗服装，现场技术培训后，即分赴各蝗灾中心区域开展应急防治。在广西壮族自治区农业厅治蝗办的指导下，来宾市及兴宾区防蝗指挥部及时启动东亚飞蝗防治应急预案，落实“领导、责任、经费、人员、技术、物资”六到位，形成应急防蝗机制，在防蝗实践中，逐步探索和规范形成了查蝗防蝗并重、点面结合、统防统治、重点围歼和查遗补漏的实施机制和政府主导、农业、财政、糖办、交通、公安、消防、林业等多部门配合、群众广泛参与的工作机制，确保防蝗工作紧张有序进行。来宾市、县（区）、乡（镇）四级农业植保技术人员全体出动，会同乡（镇）、村、屯干部分片包干，责任到人，把防蝗工作的各项措施扎扎实实落到实处。农业部种植业管理司、全国农技推广中心有关领导多次电话了解广西蝗情，对广西防蝗工作提出很好建议，并给予大力支持。广西壮族自治区农业厅防蝗指挥部多次指示各级农业部门切实做好调查、组织发动和防治指导、督导工作，抓重点，强措施，务必从组织、物资、技术、责任等方面切实抓好防蝗工作。

---

① 覃保荣等．一场漂亮的飞蝗歼灭战．广西植保，2009，18（4）：9–13。

河南省植保植检站也给予了大力帮助，专门派出2名防蝗专家到来宾市指导防蝗，对防蝗工作的胜利起到关键作用。

（3）防控胜利。据来宾市、县农业植保部门调查统计，从9月中旬发生东亚飞蝗情至10月中旬初防蝗战役结束，来宾市防治东亚飞蝗面积23.9万亩次，占发生面积84.1%，各级政府投入185.5万元。其中兴宾区防治面积17.4万亩次，各级政府投入防治费用174万元，统购应急防治农药104.4万元，支付人工及其他开支69.6万元。象州县防治面积1.6万亩次，政府投入10.5万元。武宣县防治面积4.9万亩次，政府投入普查费用4.5万元，防治费用1万元，群众自发防治投入96.6万元。全市参与飞蝗防治工作的各级领导、干部、群众达3.8万人次，动用了30台机动喷雾器、20台烟雾机、3000多台手动喷雾器。据兴宾区植保站在东亚飞蝗发生核心区大湾乡防治现场调查，施药后48小时后在飞蝗蝗蝻死亡数量最高达每平方米1870头，低的75头，平均212头；成虫死亡数量最高为每平方米171头，低的17头，平均31头，取得较好的防治效果，确保了“飞蝗不起飞成灾”，取得东亚飞蝗防治工作的全面胜利。

案例二：2007年大打一场防控稻飞虱的人民战争

1. 基本情况

2007年广西农作物病虫鼠害总体中等偏重局部大发生，以水稻“两迁”害虫发生最为严重，发生面积和发生程度均为历年罕见。稻飞虱发生面积2917.65万亩次，发生程度达到5（6）级，桂东南、右江河谷的大部以及沿海、桂西南、桂西北稻区发生严重；稻纵卷叶螟发生面积2017.50万亩次，广西普遍发生，发生程度4（5）级，桂南及沿海大部和桂中、桂东北局部稻区发生严重。

2. 主要处置措施

（1）政府行为，公共植保。面对灾情，广西壮族自治区党委、人民政府高度重视。当年5月21日，时任广西壮族自治区人民政府主席陆兵签署防控令（第877号），要求各地广泛宣传发动农民群众迅速行动起来，大打一场防治稻飞虱人民战争。5月22日，陆兵主席在市、县党政一、二把手领导参加的广西会议上再次强调要求各地全力抓好稻飞虱等病虫害防治工作。6月5日广西壮族自治区人民政府在玉林市召开广西第三代稻飞虱防控现场会，分管农业副主席统一部署广西防控工作，并严令：防治不力要追究地方政府和官员的责任。6月11日时任自治区党委书记刘奇葆深入博白镇护双村察看稻飞虱防控工作，指示要坚决打赢这场防治稻飞虱的人民战争。广西各级党委、政府及有关部门迅速行动，建立完善党政领导担任指挥长、相关部门组成的防治机构，强化公共服务职能，宣传、组织和发动群众开展应急防控。广西壮族自治区农业厅党组多次紧急开会研究和统一部署防控工作，并组建工作组分赴各地深入第一线指挥、督导和检查防控工作。玉林、贵港、南宁、崇左、百色、梧州、贺州、钦州、北海、防城港等市党委、政府主要领导亲自部署防治工作，分管副市长（秘书长）任指挥长，启动紧急预案，统一组织指挥。防控历时4个多月，广西共有112位自治区、市、县三级党委、政府领导一线指挥、检查防控，发布自治区与市级防控预案15个，成立防治工作组织领导机构88个，各级财政投入应急防治资金1360.6万元。农业部对广西防治工作也高度关注，6月在南宁市召开全国水稻重大病虫害防控暨重大植物疫情阻截带建设现场会，学习和推广广西经验，全面部署全国大区域“两迁”害虫防控，并派出工作督导组多次赴广西指导防控工作。

（2）全面行动。广西植保系统按照广西农作物病虫害测报规范的要求，密切监测害虫迁入和发生，准确掌握虫情，及时发布虫情预报，科学指导防治。自治区级共召开会商会3次，发布预报警报5次，市县级召开虫情会商21次。广西植保系统发布“两迁”害虫病虫情报1200期，平均每县发布10期以上，短期预报准确率95%以上，中长期预报准确率85%以上。病虫情报覆盖100%乡、镇。广西农业植保系统制作电视预报300期播报1600余次，14个市和50%以上县（市、区）都开展了电视预报工作，广西电视台信号覆盖广西95%以上的农村，农民收视率达50%~70%。根据准确测报，广西壮族自治区农业厅组织广西开展了5次大规模统一防治行动。推行“统一组织领导、统一配套技术、统一技术培训、统一调查测报、统一防治用药、统一防治时间，分户施药应急防治”的“六统一分”模式。广西组织召开防治现场会430余次，印发防控文件（紧急通知）358个，成立防治工作组织领导机构88个，工作组1600余个，深入田间督导约3.4万人次，印发防治材料531.1万份，组建应急防治专业队（机防队）250支，配备机动喷雾器械2000余台，组织应急统防统治稻飞虱约1030万亩次，出动机动喷雾器6.6万台（次）、手动喷雾器300余万台。

案例三：2008年水稻“两迁”害虫应急响应

1. 基本情况

2008年进入4月后，水稻两迁”害虫迁入峰早、峰次多、迁入量大。大部分稻区持续出现罕见的“两迁”害虫突增峰，第三代水稻“两迁”害虫发生面广量多，广西普遍发生，稻飞虱发生程度为5级（大发生），桂西北的部分及桂东北、右江河谷局部则比上年同期偏重；稻纵卷叶螟发生程度为5级（大发生），桂中、桂东北的部分稻区为历史最高年。5月26日到5月31日稻飞虱灯下诱虫量为414757头，比上年同期增加98%，比常年增加365%。桂东南、桂西南少数田间数量高达40000~70120头/百丛，最高百丛超过10万头。稻纵卷叶螟亩成虫量多的达11510~23000头，百丛幼虫量高的1200~3800头，少数田块更是高达5000头。至6月13日，广西“两迁”害虫发生面积已超过1400万亩次。

2. 主要处置措施

（1）信息报告。根据监测到“两迁”害虫暴发的动态，6月初各地农业部门都发布了虫情警报，并向广西壮族自治区农业厅重大农业生物灾害应急防控指挥部报告。广西壮族自治区农业厅重大农业生物灾害应急防控指挥部接到报告后，立即向广西壮族自治区党委、人民政府和农业部汇报，并要求各地密切监测，汇报制度由原来的“五天一报”改为“两天一报”。

（2）确认灾情。6月1—12日广西壮族自治区农业厅成立重大农业生物灾害应急防控指挥部并立即派出植保专家及技术人员到灾区进行调查研究，核实确认情况。重大农业生物灾害应急防控指挥部办公室立即组织专家研讨分析评估，研究确定应对方案。

（3）组织指挥。6月中旬防控虫灾关键时期，时任广西壮族自治区人民政府主席马飚签署第1095号文件，要求抓好“两迁”害虫防控工作，时任自治区党委副书记陈际瓦到农业厅视察，指示抓好粮食生产特别是抓好“两迁”害虫防控工作，时任广西壮族自治区人民政府副主席陈章良要求各级政府全力抓好防汛抗灾和“虫口”夺粮，广西壮族自治区人民政府办公厅下发《关于抓好当前水稻“两迁”害虫防控工作的紧急通知》。

（4）应急响应。重大农业生物灾害应急防控指挥部办公室根据灾害发生等级和预案启动条件，向指挥部提出启动预案的建议，2008年6月13日下午6时，时任广西壮族自治区农业厅厅长张明沛主持召开厅党组扩大会议，启动广西农业重大有害生物灾害突发事件应急预案Ⅱ级应急响应。其间，桂林市、玉林市、百色市等9个市先后启动了应急响应。全自治区成立市级防治指挥部（领导小组）14个，县级62个，组织召开会议276次，印发文件142个，各级政府投入应急防治资金779.67万元。同时，重大农业生物灾害应急防控指挥部办公室立即组织发放重大病虫应急防治储备物资：机动喷雾器3000台、机动烟雾机200台、植保防护服2000套、应急农药51.33吨、水稻病虫防治图册10000册和一批绿色防控物资到各市和重灾区。

（5）全面行动。广西壮族自治区农业厅在重点区域建立重大病虫应急防治专业队（机防队）400支，组织统一应急防治超过67万公顷次，出动机动喷雾器2万台次，手动喷雾器110万台次。防治“两迁”害虫期间，全自治区举办培训班464期，培训49.97万人次，印发病虫防治挂图、农药安全使用挂图、防治明白纸等资料122.3万份。各新闻媒体积极配合发布病虫警报和防治技术，全自治区在电视上宣传报道301次、报纸上刊登4820次。广西壮族自治区农业厅先后4次统一派出近30个（次）工作组、专家组分赴14个市督导防治工作；全自治区共派出督导组572个（次），深入基层督导超过1.51万人次；组织农业执法超过5000人次，执法车辆超过600台次，核查生产经营企业超过1000个，查处问题农药超过100吨，确保关键防治时期农民群众用上放心药。

（6）应急结束。至6月28日，累计防治水稻第三代（主害代）“两迁”害虫182.73万公顷次，占发生面积的129.91%，总体防治效果85%以上，防治后90%的稻区虫口密度已降至防治指标以下，“两迁”害虫发生程度降至总体2级，第三代“两迁”害虫（主害代）得到有效控制，经专家委员会对灾情发展变化和防治效果作出评估，提出终止应急响应，7月4日广西壮族自治区农业厅结束应急响应。

（7）后期评估与善后处理。应急结束后，指挥部办公室组织专家委员会对农业灾害造成的损失进行评估，分析应急响应存在问题和需改进的意见措施。对于受灾严重的积极指导农民改种。

附录二：农作物病虫害绿色防控关键技术模式

附表1 水稻病虫害绿色防控技术模式

生育期	播种前	育秧期	移栽期	分蘖期	幼穗分化	抽穗灌浆期	黄熟	收获期
主控对象	稻瘟病、病毒病、钻蛀性螟虫、稻飞虱	钻蛀性螟虫、稻飞虱、病毒病	钻蛀性螟虫、稻飞虱、病毒病	稻飞虱、稻纵卷叶螟、水稻纹枯病、稻瘟病、稻曲病、水稻细菌性条斑病、南方水稻黑条矮缩病、钻蛀性螟虫、跗线螨				
防治措施	选种＋浸种＋拌种	灌水灭螟＋秧田阻隔	送嫁药	性诱＋释放天敌＋稻田养鸭＋生物农药		性诱＋生物农药		
			灯光诱杀					
		化学防治						
备注	深耕灌水灭蛹控螟，打捞菌核控螟防病：早春统一翻耕，灌深水浸沤，浸没稻桩7~10天，早稻收割后及时翻耕灌水淹没稻桩并打捞菌核，能有效控制钻蛀性螟虫及纹枯病发生。 选用抗病品种：浸种前，选用抗（耐）稻瘟病、稻曲病的水稻品种，淘汰抗性差、易感病品种，及时轮换种植年限长的品种。 种子消毒：播种前用吡虫啉拌种或浸种，预防秧苗期南方水稻黑条矮缩病等病毒病和稻飞虱、稻蓟马。 秧田阻隔：选用20目防虫网或无纺布阻隔育秧，预防秧苗期稻飞虱、稻蓟马、叶蝉、病毒病。 送嫁药：秧苗移栽前2天左右施药，带药移栽，晚稻预防稻蓟马、螟虫、稻飞虱及其传播的病毒病。 灯光诱杀：分蘖期—黄熟期，田间安装频振式杀虫灯诱杀三化螟、稻纵卷叶螟、稻飞虱、稻黑蝽等多种害虫，每50亩安装1台。 性诱：分蘖期—黄熟期，田间设置诱捕器（含诱芯）防治水稻螟虫，每种诱捕器每亩放置3套。 释放天敌：释放赤眼蜂，一季作物释放3次，根据预测预报，在螟蛾始盛期开始释放，连续释放3次，每次间隔5天。 生物农药防治：分蘖期—黄熟期，采用苏云金杆菌防治三化螟、稻纵卷叶螟；井·蜡质芽孢杆菌、枯草芽孢杆菌防治稻瘟病、稻曲病，并兼治纹枯病。 稻鸭共育治虫除病控草除螺：分蘖期—破口抽穗期前，水稻移栽后7~10天扎根返青、开始分蘖时，将15天左右的雏鸭放入稻田饲养，每亩稻田放鸭10~20只，通过鸭子取食活动，减轻纹枯病、稻飞虱、福寿螺和杂草等病虫草的为害程度。 化学农药防治：分蘖期—黄熟期，在病虫害发生超过防治指标时，选用高效低毒低残留对口化学农药进行防控，尤其在抽穗破口期，要施1次药防治稻瘟病。								

附表2　叶菜类病虫害全程绿色防控技术模式

<table>
<tr><th>生育期</th><th>播种前</th><th>播种期</th><th>发芽期、幼苗期</th><th>苗期</th><th>生长期</th><th>采收期</th><th>收获后</th></tr>
<tr><td>主控对象</td><td colspan="2">猝倒病、枯萎病、根腐病、根结线虫病</td><td colspan="2">夜蛾类、小菜蛾、黄曲条跳甲、粉虱、蚜虫等害虫和根腐病</td><td colspan="2">菜青虫、斜纹夜蛾、小菜蛾、黄曲条跳甲、粉虱、蚜虫、蓟马、斑潜蝇、根腐病、软腐病、霜霉病、菌核病、炭疽病</td><td>黄曲条跳甲、菌核病、软腐病</td></tr>
<tr><td rowspan="6">防治措施</td><td>土壤消毒</td><td>选用抗性品种＋药剂浸种＋药剂拌种</td><td colspan="4">农业防治</td><td>清洁田园＋适时翻耕</td></tr>
<tr><td></td><td colspan="2">防虫网阻隔</td><td colspan="3">性诱技术</td><td></td></tr>
<tr><td></td><td colspan="4">免疫诱抗技术</td><td colspan="2"></td></tr>
<tr><td colspan="3"></td><td colspan="4">光诱技术</td></tr>
<tr><td></td><td colspan="5">色诱技术</td><td></td></tr>
<tr><td colspan="3"></td><td colspan="3">生物农药＋化学防治</td><td></td></tr>
<tr><td>备注</td><td colspan="7">土壤消毒：播种前，采用翻耕土壤，土壤撒施石灰氮、太阳日光消毒等措施防治枯萎病、根腐病、根结线虫病等土传病害。
药剂浸种：用0.1%甲基托布津浸种1小时，取出再用清水浸种2~3小时，充分晾干后播种，可预防立枯病、霜霉病等真菌性病害。
药剂拌种：播种时，选用50%福美双可湿性粉剂或70%代森锰锌可湿性粉剂等药剂拌种。
防虫网阻隔：播种期—幼苗期，使用防虫网，阻隔鳞翅目、同翅目（粉虱、蚜虫）等害虫。
免疫诱抗技术：种子发芽期、苗期和生长期分别喷施免疫诱抗剂提高蔬菜的抗逆性。
农业防治：加强田间栽培管理，科学管理水肥、人工除虫、除草、拔除病株等农业技术措施，减少病源、虫源基数。
性诱技术：苗期—采收期，每亩投放斜纹夜蛾性诱捕器1套、小菜蛾性诱捕器6套。
色诱技术：播种期—采收期，悬挂黄板，每亩15~20片，用于防治黄曲条跳甲、蚜虫等害虫。
光诱技术：发芽期—收获后，田间安装、使用频振式杀虫灯诱杀鳞翅目害虫。
生物农药防治：苗期—采收期，选用苦参·蛇床素、嘧啶核苷类抗菌素等杀菌剂防治霜霉病、软腐病等病害；选用核型多角体病毒、苏云金杆菌、苦参碱、金龟子绿僵菌CQMa421等杀虫剂防治斜纹夜蛾、小菜蛾、黄曲条跳甲、蚜虫等害虫。</td></tr>
</table>

附表3　茄果类蔬菜病虫害全程绿色防控技术模式

生育期	播种前	播种育苗期	移栽—定植期	营养生长期	开花期	结果期—采收期	收获后
主控对象	青枯病、枯萎病、病毒病	猝倒病、立枯病、病毒病、炭疽病、灰霉病、番茄晚疫病、蚜虫、蝼蛄、蛴螬、小地老虎	青枯病、枯萎病、根结线虫病、番茄早疫病、番茄晚疫病	茄子褐纹病、病毒病、根结线虫病、番茄晚疫病、炭疽病、疫病、棉铃虫、斜纹夜蛾、银纹叶蛾、小菜蛾、白粉虱、蚜虫、美洲斑潜蝇		番茄晚疫病、叶霉病、灰霉病、炭疽病、疫病、棉铃虫、斜纹夜蛾、小菜蛾、白粉虱、蚜虫	枯萎病、青枯病、病毒病、轮纹病等
防治措施	浸种、消毒	防虫网＋炼苗	大田整地＋带药移栽	性诱技术			清园＋翻耕＋轮作
				生物农药防治			
				色诱技术			
			光诱技术				
备注	种子消毒:(1)番茄、茄子、辣椒：用10%磷酸三钠溶液浸泡种子20分钟，清水洗净后催芽播种，防治病毒病。用30%霜霉·噁霉灵水剂进行浸种，用药液浸种72小时，取出用清水冲洗后正常播种，防治猝倒病。防治立枯病，每平方米用30%多·福可湿性粉剂10~15克与15~20千克细土混匀，其中1/3的量撒于苗床底部，2/3的量覆盖在种子上面，或每平方米用13%井冈霉素水剂0.8~1毫升，播种期后采用泼浇法，对苗床土壤进行处理。 防虫网育苗：播种育苗期，采用40目以上防虫网全程覆盖保护，培育无病壮苗。移栽前1~2天揭网练苗，喷施30%精甲·噁霉灵可溶液剂，带药移栽，防治猝倒病。 大田整地：移栽前，做好土壤处理，调酸碱度。每亩撒施石灰75千克，调酸碱度呈碱性，抑制细菌繁殖；每亩施用10^8CFU/克淡紫拟青霉菌剂1千克，防治线虫；平衡施肥，增施有机肥和钾、钙、硅肥，提高植株抗病能力。起高畦，提高排灌能力。 光诱技术：每30~50亩安装1盏频振式杀虫灯，移栽大田始期开始挂灯，作物收获后收灯。 性诱技术：营养生长期—结果期(如番茄蔓竹竿插立完毕时)，进行第1次性诱剂投放工作。 色诱技术：营养生长期—采收期，将黄板悬挂大田，呈棋盘式分布于田间，每亩插挂15~20片，黄板东西朝向优于南北朝向。黄板上黏虫面积达60%以上及粘胶不粘时及时更换。 生物农药：选用苏云金杆菌、棉铃虫核型多角体病毒、甘蓝夜蛾核型多角体病毒防治棉铃虫、斜纹夜蛾、小菜蛾等，宁南霉素、毒氟磷防治病毒病，枯草芽孢杆菌防治晚疫病、叶霉病、灰霉病等病害。 轮作：与水稻等作物轮作。							

附表4　豆类蔬菜病虫害全程绿色防控技术模式

生育期	播种前	播种期	苗期	伸蔓期	开花期	结荚期	收获后
主控对象	枯萎病、病毒病、细菌性疫病、根结线虫病	立枯病、猝倒病、根结线虫病	枯萎病、根腐病、白绢病、病毒病、蓟马、蚜虫、甜菜夜蛾、小地老虎	豆角疫病、煤霉病、病毒病、蓟马、甜菜夜蛾、斑潜蝇、蚜虫	豆角疫病、细菌性疫病、锈病、炭疽病、叶斑病、白粉病、灰霉病、斑潜蝇、豆荚螟、豆野螟、蓟马、蚜虫、甜菜夜蛾、害螨		枯萎病、青枯病、病毒病等
防治措施	土壤处理	选用抗性品种	免疫诱抗技术	压苗＋免疫诱抗技术			清园＋翻耕＋轮作
		防虫网阻隔		加强栽培管理＋生物农药防治			
			性诱技术＋色诱技术＋地膜阻截				
			光诱技术				
备注	土壤处理：每亩用100千克生石灰撒施，作物植穴用噁霉灵喷穴。采用深沟高畦，利于排水和防涝。 防虫网阻隔：有条件的地方可采用40目以上的防虫网覆盖苗床。 免疫诱抗技术：在苗期、伸蔓期喷施免疫诱抗剂，提高植株抗逆性。 压苗：在伸蔓期进行1~2次压苗，可促进植株粗壮，叶片绿、厚、实，减少老叶后期锈病、轮纹病的发生。 光诱技术：每30~50亩安装1盏频振式杀虫灯，苗期开始挂灯，收获完成后收灯。 性诱技术：在苗期田间设置斜纹夜蛾、甜菜夜蛾性诱捕器（含性诱剂），每亩各1~3套。 色诱技术：苗期，将黄板、蓝板悬挂大田，每亩插挂15~20片，悬挂高度高于作物10~20厘米，初花期以前，随着豇豆的生长提高色板的高度，进入花期，蓟马转入花内为害，蓝板高度需要随着花蕾的位置进行调节，黄板保持在至作物顶部，当色板上虫满或粘胶不粘时要及时更换。 地膜阻截：畦面铺垫黑地膜，可阻截害虫繁育，降低虫口基数。同时，还可防控草害。 生物农药：选用枯草芽孢杆菌防治枯萎病，选用宁南霉素防治病毒病，春雷霉素防治根腐病，选用乙基多杀霉素、苏云金杆菌、斜纹夜蛾核型多角体病毒防治豆荚螟、斜纹夜蛾、蓟马。 轮作：与水稻、玉米、花生等作物轮作。						

附表5 瓜类蔬菜病虫害全程绿色防控技术模式

生育期	播种前	播种期	苗期	拉蔓期	开花期	结瓜期	收获后
主控对象	青枯病、枯萎病、根结线虫病	立枯病、猝倒病、根结线虫病	枯萎病、霜霉病、蚜虫、瓜蓟马、黄足黄守瓜、黄足黑守瓜	白粉病、疫病、炭疽病、细菌性角斑病、根结线虫病、瓜绢螟	疫病、炭疽病、蔓枯病、根结线虫病、白粉病、灰霉病、黑腐病、青枯病、瓜绢螟、瓜蓟马、瓜实蝇		枯萎病、青枯病、病毒病等
防治措施	土壤处理	选用抗性品种浸种、消毒			性诱		清园＋翻耕＋轮作
		防虫网阻隔		加强栽培管理＋生物农药防治			
			免疫诱抗技术＋色诱技术				
			光诱技术				
备注	土壤处理：在播种定植前20天以上，在有机肥施用后，每亩撒施石灰氮30~50千克，随后深耕土壤，灌水保持土壤含水量70%以上，用薄膜覆盖畦面可防治青枯病、根结线虫等土传病害，或者在作物定植前（定植当天），按1~2千克/亩的用量，将10%噻唑膦颗粒剂均匀撒于土壤表面，与土壤充分混合（药剂和土壤混合深度需20厘米），可防治根结线虫，兼治苗期蚜虫、蓟马。 选用抗病品种：选择抗病、优质、高产、商品性好、适合市场需求的品种。冬春、早春提早栽培选择耐低温弱光、对病害多抗的品种；早春、夏秋、秋冬、秋延后栽培选择高抗病毒病、耐热的品种；长季节栽培选择高抗、多抗病害，抗逆性好、连续结果能力强的品种。 种子消毒：用福尔马林300倍稀释液浸种1.5小时，捞出洗净催芽可防治黄瓜细菌性角斑病、炭疽病、枯萎病和黑星病。 防虫网阻隔：有条件的地方可采用40目以上的防虫网覆盖苗床。 免疫诱抗技术：苗期、定植后7天、拉蔓期、盛花期、幼瓜膨大期、盛瓜期各喷施1次免疫诱抗剂，提高植株抗逆性。 光诱技术：每30~50亩安装1盏频振式杀虫灯，苗期开始挂灯，收获后收灯。 性诱技术：在现蕾期，每亩设置瓜实蝇性诱剂＋性诱捕器5套，可诱杀瓜实蝇。田间设置斜纹夜蛾性诱剂＋诱捕器，每亩1~3套，每月统一更换诱芯1次。 色诱技术：苗期，每亩田设置15~20片黄板，可诱杀蚜虫、粉虱和瓜实蝇。 生物农药：选用几丁聚糖、地衣芽孢杆菌、多抗霉素防治霜霉病、灰霉病，选用春雷霉素防治细菌性角斑病，选用宁南霉素或氨基寡糖素防治病毒病，选用耳霉菌防治白粉虱，选用苦参碱防治蚜虫，选用乙基多杀菌素防治蓟马等。 轮作：与水稻等作物轮作。							

附表6　柑橘病虫害全程绿色防控技术模式

<table>
<tr><th>时间</th><th>1月</th><th>2月</th><th>3月</th><th>4月</th><th>5月</th><th>6月</th><th>7月</th><th>8月</th><th>9月</th><th>10月</th><th>11月</th><th>12月</th></tr>
<tr><td>主控对象</td><td>越冬的病虫害</td><td>疮痂病、炭疽病、红蜘蛛、蚜虫</td><td>疮痂病、炭疽病、溃疡病、红蜘蛛、花蕾蛆、木虱</td><td>疮痂病、溃疡病、红蜘蛛、介壳虫、粉虱、木虱</td><td>疮痂病、溃疡病、红蜘蛛、介壳虫、粉虱</td><td>锈蜘蛛、潜叶蛾、木虱、蚜虫、炭疽病、溃疡病</td><td>锈蜘蛛、潜叶蛾、第二代介壳虫、木虱、蚜虫、溃疡病</td><td>锈壁虱、潜叶蛾、木虱、炭疽病</td><td>第三代介壳虫、锈壁虱、红蜘蛛、炭疽病</td><td>红蜘蛛、炭疽病</td><td>红蜘蛛、炭疽病</td><td>越冬病虫害</td></tr>
<tr><td rowspan="3">防治措施</td><td rowspan="2">做好清园。剪枯枝、病枝、扫净落叶、烂果</td><td colspan="3">田间留草、种草</td><td></td><td colspan="6" rowspan="2">黄板＋频振式杀虫灯＋性诱剂＋生物农药＋捕食螨</td><td rowspan="2">做好冬季修剪、树干涂白、开展清园工作</td></tr>
<tr><td colspan="4">黄板＋生物农药＋捕食螨</td></tr>
<tr><td></td><td colspan="11">化学防治</td></tr>
<tr><td>备注</td><td colspan="12">农业防治措施：11月中下旬采果后，12月至次年1月做好清园工作，剪枯枝、病枝、扫净落叶、烂果。
黄板诱杀：2~10月采用黄板，每亩15~20片，主要用于诱杀蚜虫、粉虱、果实蝇等害虫。
性诱技术：果实转色期8~10月，投放橘小实蝇性诱剂＋诱捕器（每亩5~8个、每月更换诱剂1次）
光诱技术：5月至10月利用频振式杀虫灯诱杀鳞翅目害虫。
生物农药防治：利用苦参碱、金龟子绿僵菌、松脂酸钠防治柑橘木虱、介壳虫、蚜虫等。
生物防治：根据发生情况于早春和秋季红蜘蛛密度在1头/平方米以下时释放捕食螨防治柑橘红蜘蛛。
生草栽培技术：在3~4月铲除果园恶性杂草，保留良性杂草，以增强防旱保温能力，改善果园小气候，为柑橘的生长提供良好的生态环境，为捕食螨等多种天敌提供栖息地和食源地，减少虫害的发生。</td></tr>
</table>

附表7 甘蔗病虫害绿色防控技术模式

<table>
<tr><td>时间</td><td>1月</td><td>2月</td><td>3月</td><td>4月</td><td>5月</td><td>6月</td><td>7月</td><td>8月</td><td>9月</td><td>10月</td><td>11月</td><td>12月</td></tr>
<tr><td>生育期</td><td colspan="2">砍收、休眠
新植下种</td><td>萌芽、幼苗期</td><td>分蘖初期</td><td>分蘖盛期</td><td colspan="2">伸长初期</td><td colspan="3">伸长盛期</td><td colspan="2">成熟期</td></tr>
<tr><td>主控对象</td><td colspan="2">螟虫、白蚁、凤梨病、赤腐病、黑穗病</td><td>螟虫、小地老虎、黑穗病</td><td>螟虫、草地贪夜蛾、黑穗病</td><td>螟虫、蓟马、蔗龟、蔗根锯天牛、草地贪夜蛾</td><td>绵蚜、蓟马、蝗虫、蔗根锯天牛、蔗龟、白蚁、黑穗病、黏虫</td><td>条螟、绵蚜、蓟马、蔗蝗、花叶病、黑穗病、黏虫</td><td>螟虫、蝗虫、绵蚜、木蠹蛾</td><td colspan="2">绵蚜</td><td colspan="2">白蚁、螟虫</td></tr>
<tr><td rowspan="3">防治措施</td><td colspan="2">冬季清园、选种、浸种、拌种、沟施颗粒剂</td><td>开垄、松蔸、施肥</td><td colspan="2">中耕培土、除草</td><td colspan="2">理化诱控+生物农药</td><td colspan="3" rowspan="2">田间管理+生物农药</td><td colspan="2" rowspan="3">小锄低斩+清园</td></tr>
<tr><td></td><td colspan="6">放蜂+性诱或灯诱（非放蜂区）+性诱</td></tr>
<tr><td colspan="2"></td><td colspan="8">化学防治</td></tr>
<tr><td>备注</td><td colspan="12">冬春清园：实行低斩收蔗，收获后及时清除残茎败叶，加强指导蔗农实行合理轮作，减少累积虫源。
蔗种消毒：新植蔗要进行药剂浸种或拌种，将蔗种浸泡50%多菌灵500倍稀释液中3~4分钟，或浸泡3%~4%石灰水中8小时，或浸泡20%石灰水1分钟。
健身栽培：做好健身栽培，新植蔗地起垄开沟要施足基肥；宿根蔗第一次培土时按一定比例科学配施药肥，促进蔗苗早生快发，进一步持续控制前中期地下害虫和根茎害虫。同时，加强田间管理，及时查苗补苗，适时中耕除草，剥除老叶、病虫叶，减轻病虫发生为害。
理化诱控：①应用频振式杀虫灯诱杀粘虫、蔗龟、蔗根锯天牛、白蚁等害虫。②应用性诱剂及糖醋液诱杀甘蔗螟虫、草地贪夜蛾、小地老虎及黏虫。
生物防治：①放蜂治螟，2月底或3月开始在田间统一人工释放螟黄赤眼蜂，每亩释放蜂量6000头以上，整个生长季节释放5次。②蝗虫发生区可采取牧鸡牧鸭的方式防治，探索“蔗—灯—鸡”等生态循环模式。③采用球孢白僵菌、蝗虫微孢子虫、金龟子绿僵菌、苦参碱等生物农药防治东亚飞蝗和土蝗，采用球孢白僵菌、金龟子绿僵菌、苏云金杆菌等生物制剂防治草地贪夜蛾及黏虫。
科学用药：新植蔗下种或宿根蔗中耕培土时撒施金龟子绿僵菌、噻虫胺、毒·辛等颗粒剂。</td></tr>
</table>

附表8　茶树病虫害全程绿色防控技术模式

月	10月	11月	12月	1月	2月	3月		4月		5月		6月	7月	8月		9月		10月	
旬	下					上	下	上	下	上	下			上	下	上	下	上	下
生育期	冬眠			播前期			春茶期				夏暑期				秋茶期				
主控对象	越冬成虫						茶小绿叶蝉、蚜虫、黑刺粉虱				茶小绿叶蝉、蚜虫、茶尺蠖、茶角胸叶甲、茶毛虫、炭疽病、茶黄螨				茶小绿叶蝉、蚜虫、黑刺粉虱、茶尺蠖、茶橙瘿螨、茶饼病				
防治措施	清园封园			预测预报			农业防治＋理化诱控＋生物防治												
	生态调控																		
备注	清园封园：结合冬季修剪，剪除病虫枝，清除园内和园边的杂草、枯枝、落叶，并喷洒45%石硫合剂或专用清园剂。 预测预报：茶园安装虫情测报灯，通过加强预测预报，掌握病虫害最佳防治适期。 农业防治：秋茶采收后开始清洁茶园，深埋茶园枯枝落叶，适时修剪茶丛，清除病虫枝叶，以降低虫口密度和病原基数。适时深翻，通过测土配方施肥等技术，进行平衡施肥，施足有机肥，追施复合肥，增强树势，提高植株抗病能力。 生态调控：茶园不使用除草剂，采用生草栽培，茶园四周种植万寿菊、芝麻、三叶草等蜜源植物，茶园行间种植遮阴树木、花卉植物等改善茶园生态环境、保护茶园生物群落结构，维持茶园生态平衡，促进茶园生态系统良性循环。 理化诱控：①灯光诱杀害虫。每30~50亩茶园安装一盏频振式杀虫灯，可诱杀鳞翅目、同翅目、鞘翅目害虫。②色板诱杀害虫。每亩茶园放置15~20片黄板或蓝板，黄板诱杀粉虱、蚜虫和叶蝉等害虫，蓝板诱杀蓟马。③性诱剂诱杀害虫。对茶小卷叶蛾、茶毛虫和茶毒蛾为害较重的茶园，可在4—10月大面积连片用性诱剂诱杀雄成虫。 生物防治：①茶园引进天敌（胡瓜钝须螨）防治茶黄螨、茶附线螨等螨害。在引进天敌前，茶园喷施1次植物源农药（如印楝素）以降低害螨基数。药后7~10天，于晴天或阴天将袋装的胡瓜钝绥螨（剪去包装袋上面两角）悬挂于茶树枝上，每亩茶园挂40袋。②保护天敌。改善茶园生态环境，保护茶园草蛉、瓢虫、蜘蛛、寄生蜂等有益生物，充分利用天敌控制害虫种群数量。③生物农药防治。选用印楝素、苦参·藜芦碱、球孢白僵菌防治茶小绿叶蝉；选用蛇床子素、苦参碱、核型多角体病毒·苏云菌防治茶尺蠖；选用苦参碱、印楝素乳油、苏云金杆菌防治茶毛虫；选用多抗霉素防治茶饼病。																			

附录三：农作物重大有害生物防控战役案例

案例一：水稻“两迁”害虫歼灭战（2007年）

稻飞虱（主要是褐飞虱和白背飞虱）与稻纵卷叶螟是为害广西水稻的重要害虫，简称“两迁”害虫，具有随气流远距离迁飞的习性，广西早、中、晚稻都受其害。在适宜的环境条件下，繁殖迅速，如不采取有效措施，将会造成严重灾害，一般为害损失10%~20%，严重的达40%~60%，甚至绝收，严重威胁粮食生产安全。

2007年，广西水稻“两迁”害虫发生面积和发生程度均为历年罕见，稻飞虱发生面积2917.65万亩次，稻纵卷叶螟发生面积2017.5万亩次，若不实施防治，可造成粮食损失174.47万吨。其中，第二代、第三代稻飞虱严重暴发，4月底至5月上中旬，广西沿海、桂东南、桂西南的部分及桂中的局部稻区第二代稻飞虱发生面积520万亩次，比2006年同期增二成，田间虫口密度百丛虫量高的达8000~21000头，少数田块则高达70000~100000头，比2006年同期增1.2~8.3倍，比2005年同期增2.6~9.0倍，百株卵量为800~3000粒，高的达8500~28000粒，局部高达85000粒/百株，比2006年同期增7.3~15倍，比2005年同期增15.5~53.8倍；第三代稻飞虱发生面积1100万亩次，百丛虫量高的达3470~9550头，局部则高达15000~70000头，最高达十几万头。

附图1　稻纵卷叶螟暴发

面对灾情，广西壮族自治区党委、人民政府果断决策：5月21日，时任广西壮族自治区人民政府主席陆兵作出重要批示（第877号），要求各地广泛宣传发动农民群众迅速行动起来，大打一场防治稻飞虱人民战争。各级党委、政府和有关部门紧急行动，广西上下密切配合，采取有力措施开展“两迁”害虫防控工作。广西农业植保系统在农业部、广西壮族自治区农业厅的统一部署和领导下，以作风效能建设为动力，未雨绸缪、运筹帷幄，敢于挑战、连续作战，以身作则、冲锋在前，全力推进“公共植保、绿色植保”。

陆兵 第877号

农业厅、宣传部并广西电视台：

当前我区稻飞虱大爆发，对我区的农业生产构成严重威胁。为广泛宣传发动农民群众迅速行动起来，大打一场防治稻飞虱的人民战争，确保晚粮丰收、农民增收。请农业厅尽快组织技术队伍深入第一线，组织和指导农民全面开展防治工作。宣传部门要利用各种新闻媒体广泛宣传。广西电视台在每晚新闻联播中要增加防宣传。介绍防治稻飞虱的内容，宣传稻飞虱大爆发对农业的危害，宣传防治稻飞虱的技术要领，宣传行动快、效果好的典型。通过宣传，让全区各地都迅速行动起来，共同打好防治稻飞虱这一仗。想农民之所想、急农民之所急、帮农民之所需，多为农民群众多办些好事、实事。

陆兵

2007年5月21日

侯秘书：2218952.

附图2 时任广西壮族自治区人民政府主席陆兵作出重要批示（第877号）

附图3 2007年6月5日，广西水稻第三代稻飞虱防控现场会在玉林市召开。时任广西壮族自治区农业农村厅厅长张明沛做动员部署

附图4 2007年6月14—15日，全国水稻重大病虫防控暨重大植物疫情阻截带建设现场会在南宁召开。时任农业部副部长危朝安在会上肯定广西工作取得的成效

附图 5　时任广西壮族自治区农业厅厅长张明沛田间督导水稻病虫害防控工作

附图6　时任农业部全国农技中心主任夏敬源带领农业部有关专家到广西壮族自治区植保总站检查指导和开展以水稻“两迁”害虫防治工作主要内容的调研工作

附图7　时任广西壮族自治区植保总站站长王凯学在玉林市容县杨梅镇田头培训当地群众防治稻飞虱并发放防控技术明白纸及防控物资

由于做到未雨绸缪、组织领导到位、资金保障到位、虫情传递到位、技术指导到位、宣传发动到位，广西组织“两迁”害虫防治6450万亩次，占发生面积的113.2%，总体防效91.6%，经防治挽回稻谷损失183.5万吨，实际损失18.76万吨，为害损失率仅为1.55%，控制在极低的允许为害损失率（5%以内）以下，除局部地区的个别田块外，广西未出现连片受害成灾（绝收）事故，取得防控水稻“两迁”害虫人民战争的全面胜利，为保障大灾之年广西粮食稳定增产、促进农民持续增收和减轻长江中下游粮食主产区防治压力做出了巨大贡献。

案例二：南方水稻黑条矮缩病“治虫防病”战役（2010年、2017—2018年）

南方水稻黑条矮缩病是一种重要的水稻病毒病，以迁飞性害虫白背飞虱为主要传毒媒介，可为害水稻和玉米，具有发生范围广、为害隐蔽、暴发性强、扩散蔓延快等特点。水稻苗期和分蘖期之前染病，不能正常抽穗，基本绝收；拔节和孕穗期染病，产量损失10%~30%，对粮食生产安全威胁极大。该病于2001年在广东首次发现，至2008年期间在华南地区呈零星发生状态，2009年在全国范围内呈快速增长的趋势。

2010年南方水稻黑条矮缩病在广西暴发，广西年发生面积94.53万亩次，尤以桂北的全州、灌阳、富川等地发生严重，个别田块绝收，发生范围涉及近60个县（市、区），病丛率一般0.3%~14.0%，高的22.0%~52.7%，桂东北及沿海个别田块病丛率达70.6%~88.0%，病叶率一般10.0%~25.0%，高的40.0%~62.5%，个别田块高达80.0%~89.5%。

广西壮族自治区党委、人民政府高度重视南方水稻黑条矮缩病防控工作，2010年6月9日，时任自治区党委书记郭声琨在广西壮族自治区农业厅病虫害防控工作汇报上作出重要批示，要求农业厅做好灾情虫情预报工作，加强科技指导，努力减少损失，确保粮食安全。自治区领导先后多次到田间视察水稻病虫害防控工作。同年8月17日，广西壮族自治区人民政府印发《广西壮族自治区人民政府办公厅关于做好南方水稻黑条矮缩病防控工作的紧急通知》（桂政办电〔2010〕152号）要求各市、县人民政府及有关部门认清形势，提高认识，形成政府牵头，有关部门密切配合、齐抓共管的工作机制，合力打赢南方水稻黑条矮缩病防治硬战，迅速掀起防控高潮。

郭声琨对我区水稻病虫害防控工作作出重要批示

加强科技指导　努力减少损失　确保粮食安全

本报南宁讯（记者/袁琳　通讯员/贺亮军）6月9日，自治区党委书记郭声琨对我区水稻病虫害防控工作作出重要批示，要求全区各地各有关部门做好灾情虫情预报工作，加强科技指导，努力减少损失，确保粮食安全。

记者从当天在南宁召开的全区早稻病虫防控视频会了解到，今年我区早稻病虫源越冬基数大，病虫害总体为中等偏重局部大发生。截至6月2日，我区水稻病虫累计发生1559万亩次，其中“两迁”害虫累计发生1167万亩次。针对严峻形势，我区各级部门特别是农业部门积极做到早谋划、早预警、早部署、早防控，及时有效地遏制了早稻前期病虫害。截至6月2日，累计防治面积1652万亩次，占发生面积105%，总体防治效果达85%。

会议指出，今后一个多月的主汛期，是我区早稻中后期病虫防治的关键期，预计中后期病虫将中等偏重局部大发生，主要病虫累害发生面积将超过4000万亩次。各级农业和植保部门要坚持“天天调查，五天一报，重大病虫防治周报和突发事件随时汇报”的工作制度，加强病虫预警；要强化技术指导，实行科学防控；要把病虫害专业化统防统治作为工作重点，抓好我区4个国家级专业化统防统治示范县和41个示范区的建设，提高防治效果；要强化农药监管，保证农药产品质量和适销对路农药的有效供应。

附图8　《广西日报》6月12日在头版刊登了时任自治区党委书记郭声琨重要指示

附图9　时任自治区党委书记郭声琨、时任自治区党委副书记陈际瓦，时任广西壮族自治区人民政府副主席陈章良先后视察水稻生产工作

广西壮族自治区发电

发电单位 广西壮族自治区人民政府办公厅　　签批盖章　曾东

等级特急·明电　　桂政办电〔2010〕152号　　桂机发　　号

广西壮族自治区人民政府办公厅关于做好南方水稻黑条矮缩病防控工作的紧急通知

各市、县人民政府，自治区各有关部门：

为贯彻落实国务院常务会议精神，确保全区晚稻增产丰收和全年粮食安全，针对当前我区南方水稻黑条矮缩病防控工作的严峻形势，经自治区人民政府同意，现就南方水稻黑条矮缩病防控工作的有关事项紧急通知如下：

一、认清形势，切实提高对当前南方水稻黑条矮缩病防控工作的认识

南方水稻黑条矮缩病是近年我国新发现的一种由白背飞虱带毒传播的水稻灾害性病害，水稻苗期、分蘖前期感

附图10　《广西壮族自治区人民政府办公厅关于做好南方水稻黑条矮缩病防控工作的紧急通知》（桂政办电〔2010〕152号）

广西壮族自治区农业厅按照广西壮族自治区党委、人民政府工作部署，精心组织、统一部署，广西上下积极行动，果断采取“治虫防病”的关键策略，抓紧秧苗到本田期前30天的晚稻前期的关键时期，指导群众采取打好秧苗“送嫁药”和移栽本田后的“保险药”等治虫防病措施，中后期实行常规的达标防治，全程技术控害，多次掀起防控高潮，取得了显著的成效，2010年广西累计防治稻飞虱2804.64万亩次，占发生面积112.28%，由于防控工作及时、果断、有力、有效，南方水稻黑条矮缩病蔓延得到有效控制，特别是晚稻前期广西基本都防治过一二次（即施“送嫁药”和“保险药”）。到当年的9月下旬，广西晚稻感染南方水稻黑条矮缩病的禾苗症状基本定型，病丛率0.05%~2.9%，确保了粮食作物重大有害生物总体为害损失率控制在5%以内的目标的实现。

附图11　2009年12月26日广西壮族自治区植保总站联合广西昆虫学会、广西植保学会及广西植病学会在南宁召开广西水稻矮缩病专家研讨会

附图12　2010年4月14日在钦州市召开“广西南方水稻黑条矮缩病防控现场会”，时任广西壮族自治区农业厅副厅长韦祖汉全面动员部署

附图13　南方水稻黑条矮缩病检测技术培训

附图14　2010年6月24日、7月23日、8月11日广西壮族自治区植保总站先后联合贺州市农业局、桂林市农业局、柳州市农业局在钟山县、灵川县、融安县召开防控现场会，广西壮族自治区农业农村厅一级巡视员王凯学（时任广西壮族自治区植保总站站长）在会上做技术培训与动员部署。7月28日，广西壮族自治区植保总站在河池市宜州区召开广西晚稻南方水稻黑条矮缩病防控动员会

附图15　2010年8月12日广西壮族自治区植保总站在横县召开晚稻南方水稻黑条矮缩病防控现场会

2017年南方水稻黑条矮缩病的发生面积和发生程度为广西近年来较重的一年，广西全年发生面积达99万亩次，广西普遍发生，发病地区病丛率一般为2.7%~10.0%，个别发病田块病丛率高的13.6%~25.0%，严重的达61.0%~92.3%；全年广西累计防治稻飞虱2189.45万亩次，占发生面积的105.24%。2018年广西各级农业植保部门针对上年发生严重，境外带毒越冬虫源大的严峻形势下，早谋划、早落实、扎实抓好南方水稻黑条矮缩病防控工作；2018年4月28日，广西南方水稻黑条矮缩病暨农药减量控害技术研讨培训班在南宁举办，培训班特邀中国工程院院士、贵州大学副校长宋宝安作了“南方水稻黑条矮缩病及综合防治技术”的主旨报告。广西14个设区市及10个重点县农业局（农委）

分管领导、植保站站长以及区内部分专业化统防统治组织负责人、技术人员等约120人参加研讨培训。广西壮族自治区农业厅王凯学一级巡视员对水稻重大病虫防控工作提出三点要求：一要早谋划早落实，切实做好防控准备工作；二要把握关键环节，切实做好技术指导服务；三要加强协作防灾，切实提高科学治虫防病水平。6月27日，广西中晚稻南方水稻黑条矮缩病防控技术培训班在兴安举办。黄光鹏站长对下半年南方水稻黑条矮缩病防控工作做了全面动员部署和落实安排。广西各级植保部门根据工作部署扎实抓好各项防控工作，加强组织领导，落实防治属地责任，密切监测，科学指导防治，落实"领导、责任、人员、经费、物资、技术"六到位，圆满完成了全年防控任务，广西2018年南方水稻黑条矮缩病发生面积15万亩次，病丛率一般为0.01%~3%，仅个别重发区为3.8%~10%，为全年粮食生产安全、"虫口夺粮"促丰收作出了积极贡献。

附图16　2018年4月28日，广西南方水稻黑条矮缩病暨农药减量控害技术研讨培训班在南宁举办，中国工程院院士宋宝安作"南方水稻黑条矮缩病及综合防治技术"的主旨报告

附图17　2018年6月27日，广西中晚稻南方水稻黑条矮缩病防控技术培训班在兴安举办。广西壮族自治区植保总站黄光鹏站长对防控工作做全面动员部署和落实安排

附图 18 河池市宜州区、玉林市兴业县分别开展南方水稻黑条矮缩病防控技术培训

案例三：玉米铁甲虫联防战役

玉米铁甲虫是广西区域性玉米害虫，是广西西部石山地区玉米安全生产和当地农村经济发展的重要障碍。其主要分布区域受天气条件、农作物种植结构调整以及人为防治等因素影响，变动较大。20世纪70年代至90年代末，玉米铁甲虫在广西发生呈上升趋势，70年代年发生面积约14万亩次，80年代（1983—1989年）年约发生45万亩次，90年代末年发生达80万亩。根据玉米铁甲虫区域性、扩散性和灾害性的特点，广西壮族自治区植保总站采用区域联合、连片防治、防止扩散、重点扑灭的防治策略，先后三次分别组织有关县市开展联防战役，以县市为单位进行作战，毗邻县、乡互联行动，共同扑灭玉米铁甲虫的发生为害。

第一次联防于1970—1974年共5年开展，由南宁、百色、河池、柳州4市的大新、天等、平果、忻城、宜州等22个县市参加。实施药剂杀灭幼虫（卵）和人工捕捉成虫相结合的技术措施，主要使用六六六粉、甲六粉、乙六粉、甲敌粉等有机氯农药喷雾或拌草木灰撒施防治，防效达80%。年均联防面积约11万亩次，占发生面积的79.5%，平均每亩挽回粮食31.2千克，总挽回粮食损失3424 t。

第二次联防于1987—1990年共4年开展，组织南宁、崇左、河池、柳州4个市的上林、马山、隆安、大新、天等、崇左、龙州、扶绥、宾阳、来宾、忻城、河池、都安、罗城、南丹等15个县市参加。实施人工捕捉成虫、割叶扫残与药剂杀灭幼虫（卵）相结合，以药剂防治幼虫（卵）为主的技术措施，主要推广使用杀虫双、杀虫灵、拟除虫菊酯类等农药，杀虫双防治效果更好，还可促进玉米生长。年均联防面积约40万亩次，占年均发生面积的87.72%，一般防效为86.7%，平均每亩挽回粮食损失27.34千克，总挽回粮食损失43738 t。

第三次联防，1999—2001年共3年开展，由南宁、崇左、河池、百色、柳州5个市的靖西、德保、平果、上林、马山、隆安、大新、天等、崇左、龙州、扶绥、隆林、西林、来宾、忻城、河池、都安、罗城、南丹、天峨、东兰、凤山等22个县市参加。采用“一主一辅相结合”，即以药剂杀灭成虫为主、挑治幼虫(卵)为辅、结合相应的人工捕捉成虫和割叶扫残的治理策略。主要推广使用杀虫双、杀虫单、抗虫灵、快杀灵、特杀螟和菊酯类农药兑水喷杀，药剂杀灭成虫效果普遍达80%。年均防治面积88.48万亩，占发生面积的100.42%，平均防效88%左右，平均每亩挽回粮食损失30.10千克，总挽回粮食损失 79900.7 t。

附图 19　玉米铁甲虫联合防治

进入21世纪，玉米铁甲虫发生仍是持续扩散、加重发生的趋势，特别是将以乡镇扩增发生更为明显。广西壮族自治区植保总站持续开展玉米铁甲虫防控工作，根据玉米铁甲虫在不同地区、县（市）的发生面积、为害程度、虫源基数等把广西联防区域划分为重点围歼区、加强监控区两大联防区域。各发生区在成虫迁入时期加强与邻近市、县、乡、村（屯）的联系，认真落实“五统一”“四到位”即“统一组织领导，统一宣传培训，统一技术措施，统一联防行动，统一购药供药”和“人员、经费、技术、物资”到位，精心组织，层层落实，扎扎实实把技术措施落实到田头地块，推广以实施药剂杀灭越冬代成虫为主，挑治幼虫（卵）和结合相应人工捕捉成虫为辅的策略和措施。通过实行规范防治，2004年在马山、天等、龙州、隆安、大新、上林、扶绥、大化、天峨、南丹、平果、忻城等玉米铁甲虫重点围歼区药防治面积达总防治面积的90%，后期割除虫叶扫残面积达到割叶指标面积的85%，玉米不出现穿“白衣”或“花衣”为害状，“花裤”控制在玉米苞位叶以下。经过多年治理，广西玉米铁甲虫发生面积和发生程度总体呈下降趋势，联防联控取得了良好的效果。

案例四：草地贪夜蛾防控战役（2019年至今）

草地贪夜蛾，原产于美洲热带和亚热带地区，以取食玉米、甘蔗等禾本科作物为主，可为害80多种作物，具有寄主范围广、适生区域广、远距离迁飞能力强、繁殖倍数高、暴食为害重等特点，是一种被联合国粮农组织全球预警的重大迁飞性、暴发性、灾害性害虫。

附图 20　草地贪夜蛾发生为害

2019年3月，在联合国粮农组织发出世界全球预警的7个月后，草地贪夜蛾入侵广西，短短2个多月，虫情迅速扩散到14个设区市的97个县（市、区），所到之处，玉米受虐严重，虫株率高的达30%~60%。广西一时成为全国草地贪夜蛾发生时间早、发生范围广、为害程度较重的省区，继水稻“两迁”害虫后再次成为全国重大病虫防控工作的前沿阵地和主战场。面对快速扩展的肆虐虫情，党中央、国务院对此高度重视。习近平总书记作出重要指示，李克强总理、韩正副总理、胡春华副总理等中央领导同志作出重要批示。自治区主要领导也多次作出批示。按照农业农村部和自治区党委政府的工作要求，广西壮族自治区农业农村厅及早部署、迅速行动，及时印发防控方案，成立草地贪夜蛾防控指挥部和监测防控工作专家组。广西壮族自治区植保站组织广西植保部门坚持早监测、早预警、早防控，坚持系统调查和大田普查，科学应对、强化指导、大力宣传，组织发动应急防控和群防群治，全面推动公共植保防灾减灾，全年广西累计防治草地贪夜蛾265.6万亩，占发生面积的129.9%，草地贪夜蛾发生区总体损失率控制在3%以下，防效良好，不但实现了防虫害稳粮食的目标，还较大程度减轻了全国玉米主产区的防控压力。9月17日，农业农村部宣布，草地贪夜蛾防控首战告捷。

2020年广西提早部署、迅速行动，4月23日，广西壮族自治区人民政府召开农作物病虫害防治工作专题会，专题研究广西农作物病虫害特别是草地贪夜蛾防治工作，自治区副主席方春明主持。广西壮族自治区农业农村厅及时印发监控方案，成立草地贪夜蛾等重大病虫监测与防控工作专班，先后多次召开视频会议部署安排广西草地贪夜蛾防控工作。广西农业植保部门坚持“早监测、早预警、早防控”，组织广西于上年年底开展草地贪夜蛾等重大病虫越冬调查，及早开展虫情测报灯、高空测报灯、性诱监测等监测以及定点、定时的系统调查和实时大田普查。防控工作从早春即开始指导桂西南、桂西、桂南沿海春玉米种植较早区域按照“治早治小”原则开展防控工作，对达到防治指标的田块全面扑杀，对零星发生区组织发动群众带药侦查，点杀点治，群查群治。全年广西累计防治草地贪夜蛾299.85万亩，占发生面积的143.4%，草地贪夜蛾发生区总体损失率控制在3%以下，防效良好。

广西壮族自治区发电

发电单位　广西壮族自治区人民政府办公厅　　签批盖章　**方春明**

等级 **特提·明电**　**桂政办电〔2019〕178号**　桂机发　　号

广西壮族自治区人民政府办公厅关于加强草地贪夜蛾防控工作的通知

各市人民政府，自治区科技厅、工业和信息化厅、财政厅、生态环境厅、农业农村厅、应急厅、市场监管局、林业局、气象局、通信管理局，自治区政府新闻办：

草地贪夜蛾是联合国粮农组织全球预警的重要迁飞性农业害虫，对我区农业生产特别是粮食生产构成了较大威胁。为贯彻落实《全国草地贪夜蛾防治方案》，做好草地贪夜蛾的统防统治，保障我区粮食和农业生产安全，经自治区人民政府同意，现将有关事项通知如下：

一、提高认识，高度重视

党中央、国务院高度重视草地贪夜蛾监测防控工作，习近平

共5页

附图21　2019年7月18日，广西壮族自治区人民政府办公厅发电关于加强草地贪夜蛾防控工作的通知

广西壮族自治区农业农村厅

办 公 室 文 件

桂农厅办发〔2019〕71 号

自治区农业农村厅办公室关于印发 2019 年广西草地贪夜蛾防控方案的通知

各市、县（市、区）农业农村局：

草地贪夜蛾是一种原产于美洲热带和亚热带地区的杂食性害虫，以取食玉米、水稻、小麦等禾本科作物为主，可为害 80 余种作物，具有适生区域广、远距离迁飞能力强、繁殖倍数高、暴食危害重、防控难度大的特点，是国际上重要的迁飞性、暴发性、灾害性农业害虫。2019 年 1 月 11 日，草地贪夜蛾确认侵入云南省，3 月开始陆续在广西各地发现。截至 4 月 23 日统计，全区共 12 个设区市 40 个县（市、区）发现草地贪夜蛾为害，百株有虫一般 0.88—8 头，高的 26—56 头，最高达 234 头；为害株率一般 0.85%—16%，高的 22%—68.6%，局部高达 78%—99.5%。

据专家分析预测，随着境外虫源持续不断迁入和在我区繁殖，加上当前我区气候、生态环境和丰富的食料利于该虫发生危害和

— 1 —

广 西 壮 族 自 治 区

农 业 农 村 厅 文 件

桂农厅发〔2020〕46 号

自治区农业农村厅关于印发 2020 年广西草地贪夜蛾监控方案的通知

各市、县（市、区）农业农村局：

今年我区草地贪夜蛾发生形势严峻，监控任务艰巨。为贯彻落实党中央、国务院和自治区党委、自治区人民政府对农业生产的部署，在做好新冠肺炎疫情防控的同时，持续推进草地贪夜蛾监测与防控，有效遏制大面积暴发成灾，努力夺取粮食和农业丰收，我厅制定了《2020 年广西草地贪夜蛾监控方案》。现印发给你们，请结合实际，切实抓好落实。

广西壮族自治区农业农村厅

2020 年 3 月 18 日

— 1 —

附图 22　每年制定印发草地贪夜蛾防控方案

附图 23　广西壮族自治区农业农村厅王凯学一级巡视员多次到广西壮族自治区植保站部署落实草地贪夜蛾预警及防控工作

附图24　2019年7月6—7日，全国农业技术推广服务中心党委书记、副主任魏启文、药械处副处长郭永旺一行到广西检查指导和调研草地贪夜蛾监测与防控工作。广西壮族自治区农业农村厅王凯学一级巡视员、崇左市人民政府刘翔副市长陪同调研

附图25　2019年6月17日，广西壮族自治区植保总站联合广西植物保护学会、广西昆虫学会在南宁召开广西水稻重大病虫害暨草地贪夜蛾监控技术研讨培训班，广西壮族自治区农业农村厅一级巡视员、广西植保学会理事长王凯学出席培训班并对草地贪夜蛾监测防控工作做了部署安排

附图 26　站领导带领调研组到各地开展草地贪夜蛾监测防控工作调研

2019—2020年，中央财政累计安排农业生产救灾资金1.09亿元用于支持广西草地贪夜蛾防控工作，2019年起在广西各市县布设了3000个草地贪夜蛾性诱监测点；2020年起落实全国草地贪夜蛾“三区四带”布防任务，广西作为西南华南周年繁殖区，共有13个边境县（市、区）承担布防任务，合计配备

了5台高空昆虫侦诱雷达、135台高空诱虫灯、15万套性诱捕器开展发生动态监测；充分发挥广西原有的85个专业测报站点作用，开展立体式监测，实时掌握发生动态。同时，每年结合中央资金项目建设60余个省级草地贪夜蛾综防示范区，示范“精准测报＋理化诱控（灯诱＋性诱）＋生物农药”为重点的绿色防控、农药减量控害技术模式，推进虫害可持续治理。

附图27　高空灯、太阳能杀虫灯、性诱捕器等理化诱控设备

附图28　应急防治

案例五：甘蔗螟虫防控战役（2011年）

甘蔗是广西重要的经济支柱产业，甘蔗螟虫是为害甘蔗的重要害虫，主要种类有二点螟、条螟和黄螟三种，均属于昆虫纲鳞翅目，以幼虫钻蛀为害幼苗、蔗茎，防治较为困难。苗期受害造成枯心苗，影响苗齐苗壮；中后期为害，幼虫则钻入茎内，表面形成孔口，茎内留下“隧道”、粪便，使蔗茎造成畸形，茎节伸长拔节困难，糖料蔗糖分含量及产量下降，果蔗外观内质变差，食用价值和市场价格下降，商品率降低。

2011年广西局部地区甘蔗螟虫呈重发态势，总发生面积约843.56万亩次，占种植面积的52.72%，螟害枯心率一般为3%~8%，高的达15%~26%，宿根蔗受害比新植蔗重，发生程度接近常年，局部发生偏重。据罗城县农业局6月中旬末对该县甘蔗螟虫为害情况进行多点取样调查和6月13日自治区专家组联合调查，罗城县蔗区螟虫发生面积14.3万亩次，占全县甘蔗总面积（17.5万亩）的81.7%，其中甘蔗枯心率在15%以上的约2.57万亩次；10%~15%的约8.61万亩次；3%~10%的约3.12万亩次。广西各主要甘蔗种植区局部蔗田发生也较往年重，严重威胁广西糖业生产安全。

广西壮族自治区党委、人民政府高度重视，时任广西壮族自治区人民政府主席马飚、自治区党委副书记陈际瓦、广西壮族自治区人民政府副主席陈章良对甘蔗病虫防控分别作出批示，6月13日，广西壮族自治区农业厅召开会议专题研究，要求各地农业部门要高度重视，切实掌握甘蔗病虫发生动态，准确发布病虫情报，指导蔗农开展科学防控，确保甘蔗生产安全。同时派出3个专家指导组分赴罗城等地开展调查研究、防控指导工作，并将自治区的有关要求传达到广西各市、县（区、市）植保站，要求各级加强监测调查、预测预报工作，广大技术人员要深入一线，指导蔗农开展防控工作，迅速掀起甘蔗病虫害田间管理高潮。6月30日，张明沛厅长要求糖料处、植保站专家，会同农科院甘蔗所、工信委糖业局专家立即到实地调研、会诊，攻关防控好，有何问题及时报告。7月1日，厅糖料处、广西壮族自治区植保总站、广西工信委糖业局负责人和广西大学农学院、广西昆虫学会、广西甘蔗研究所专家前往钦州开展实地调查、指导防控。

各主要蔗区根据自治区党委政府工作部署，认真落实各项防控工作。发生较重的罗城县在虫情发生后，县委、县政府及有关部门高度重视、紧密部署，蔗区乡镇党政领导、村委主任、农务员、蔗管员等积极行动，全力参与甘蔗螟虫防治工作，取得了明显成效。据不完全统计，全县共发放甘蔗螟虫防治技术资料14500份，到村屯张贴技术资料1250张，悬挂横幅33幅，出动4台宣传车到蔗区巡回广播44小时。通过开展细致的工作，大部分蔗农已认识到螟虫的为害并积极开展防治工作，甘蔗螟虫的为害得到有效控制。

FROM :　　FAX NO. :　　2012.05.25 18:53 P3

广西壮族自治区人民政府办公厅

广西壮族自治区人民政府办公厅关于做好甘蔗螟虫防治工作的紧急通知

各市、县人民政府，自治区农垦局，自治区公安厅、农业厅、工商局、质监局、糖业局（自治区工业和信息化委转）、新闻办：

近年来，我区甘蔗螟虫发生为害呈逐年上升态势，危害损失逐年增加，每年造成约8%～12%损失，局部地区损失达30%～50%，螟害已成为影响甘蔗产量和品质的最重要因素。受异常气候等因素影响，今年4月以来，我区甘蔗螟虫总体呈中等偏重局部大发生态势，局部蔗区受害严重为历史罕见，对糖料安全生产构成极大威胁。截至目前，全区第一代甘蔗螟虫已发生约450万亩，宿根蔗受害重于新植蔗，田间螟害枯心率轻的3%-15%，一般为17%-32%，高的54%-63%。预计第二代甘蔗螟虫发生危害将重于第一代。据农业部门调查监测，预计全区第二代甘蔗螟虫防治适期在5月下旬至6月上中旬，发生为害形势极其严峻，抓好防控工作迫在眉睫。经自治区人民政府同意，现就做好当前我区甘蔗螟虫防治工作

http://10.1.1.10/newmeeting/printhtm.asp?meetid=14440　　2012-5 25

附图29　广西壮族自治区人民政府办公厅关于做好甘蔗螟虫防治工作的紧急通知

附图 30　召开统防统治现场会

附图 31　组织应急防控

附图 32　发放防治农药

附图 33　检查防治效果

案例六：东亚飞蝗应急防控战役（2003年、2005年、2006年）

东亚飞蝗是重大迁飞性、突发性、灾害性害虫，历史上蝗灾与洪灾、旱灾齐名，称为三大“自然灾害”。东亚飞蝗在广西已有800多年记载的历史，最早的蝗灾于1191年在横县暴发，1191—1949年，广西发生蝗灾的县份达53个。东亚飞蝗广西各地均有分布，常年零星发生，属东亚飞蝗偶发区，发生区域主要在桂中沿河岩溶内涝型和泛涝型生态区。中华人民共和国成立以来该虫在广西曾于1955年、1963年、1988年3次大发生，受气候异常等因素影响，发生为害范围逐渐扩大。

2003年9月广西北海暴发中华人民共和国成立以来第四次东亚飞蝗灾害，灾情发生后，植保部门迅速启动东亚飞蝗应急防治预案，加强监测调查，加强汇报，加强宣传，形成快速应急防治机制，以政府行为开展治蝗工作，组织群众实施应急防治，基本控制了蝗灾。自治区及北海市政府投入专项经费75万元，调集大型机动喷雾机械15台、背负式喷雾器50台，出动灭蝗人员750人次，投入应急防治用药杀灭菊酯、马拉硫磷、敌敌畏、敌杀死、敌马等4.8吨，对高虫口密度约1000公顷的中心区进行拉网式施药防治，防治蝗蝻效果达95%。

2005年9月东亚飞蝗在兴宾、象州、武宣等县（区）暴发，发生面积33.5万亩次，以桂中历史发生区最为严重，来宾全市东亚飞蝗发生面积28.42万亩次，在兴宾区飞蝗发生中心区域，甘蔗地虫口密度最高达每平方米2130头，平均为16.2头；荒草地虫口密度最高达每平方米1220头，平均为57头。面对灾害，在各级党委政府的领导下，在桂中腹地组织开展了一场蝗虫歼灭战。9月14日，广西壮族自治区农业厅接到蝗情报告后，立即派出植保专家及技术人员第一时间赶赴现场，会同当地农业植保开展调查研究，根据实际确定防治方案和关键技术措施，召开“广西桂中东亚飞蝗发生及防治对策研讨会”，制定“全方位、多层次、多兵种、高科技”的防蝗作战方案。在防治战略上，采取“查防并重，点面结合；重点围歼，统防统治；分类实施，查遗补漏”的技术策略；在现场组织上，成立了现场指挥协调组、蝗情普查组、应急防治组、宣传发动组、后勤保障组、技术指导和工作督导组等6类工作组；在防蝗资金筹措上，采取“几个一点”的办法，即上级支持一点，政府出一点，制糖企业出一点，有关部门出一点，农民出一点的办法多渠道筹措防治资金；在防治技术上，强调统防统治和化学应急防治，以选用高效对口农药化学防治为主，采用烟雾器、机动喷雾器、手动喷雾器相结合，专业防治队和群众统防相结合等方式，统一指挥，统一行动、统一措施、统一用药时间、统一用药品种、区域协防联防，在飞蝗中心发生区域组织群众开展大规模大区域的统一防治，面上对高密度蝗群实行重点围歼，局部实行挑治，实行全方位、多层次、多“兵种”的防治攻势。广西壮族自治区植保总站在防蝗现场不到6个小时便组建了5支重大病虫应急防治专业队，统一配备烟雾机、机动喷雾器和防蝗服装，现场技术培训后，即分赴各蝗灾中心区域开展应急防治。据统计，来宾市从9月中旬发生东亚飞蝗虫情至10月中旬初防蝗战役结束近一个月的“人蝗”战役中，东亚飞蝗防治面积23.9万亩次，占发生面积84.1%，各级政府投入防控资金185.5万元，购买统购应急防治农药104.4万元，群众自发防治投入96.6万元。全市参与飞蝗防治工作的各级领导、干部、群众达3.8万人次，动用了30台机动喷雾器、20台烟雾机、3000多台手动喷雾器。据兴宾区植保站在东亚飞蝗发生核心区大湾乡防治现场调查，施药后48小时后在飞蝗蝗蝻死亡数量最高达每平方米1870头，低的75头，平均212头；成虫死亡数量最高为每平方米171头，低的17头，平均31头，取得较好的防治效果，确保了“飞蝗不起飞成灾”，取得东亚飞蝗防治工作的全面胜利。

附图34　蝗虫暴发

附图 35　组织开展应急防控

附图 36　应急防控现场

附图 37　防治后的大量死虫

案例七：农区鼠害防控战役（2003—2006年）

2003—2006年广西农田鼠害年均发生面积2000多万亩次，受灾农户500~700万户，局部地区作物受害严重，农村鼠患较为突出，尤其是鼠传疾病和剧毒杀鼠剂严重威胁人们身体健康和生命安全。《国务院办公厅关于深入开展毒鼠强专项整治工作的通知》(国办发〔2003〕63号)指出，农区灭鼠工作不仅是一项防灾减灾工作，也是一项特殊的政治任务，是当前和今后一个时期农业和农村经济工作的重点之一，并要求“从2004年开始，广西各级农业植保部门按照城乡结合，统一时间，统一培训，统一供药，统一检查的原则，在每年春秋两季开展全国统一灭鼠行动”。每年都组织实施了春秋两季农区统一灭鼠工作。通过推行“毒饵诱杀为主、饱和投饵达标、春秋重点突击、常年综合治理”的策略和毒饵诱杀“统一行动、全面围歼；选好药剂、正确制饵；因地制宜、有效覆盖；饱和投饵、药饵到位；查遗补漏、扫除残鼠；常年监测，巩固灭效”的配套技术。大力示范推广物理、生物防治和毒饵站控鼠技术，应用抗凝血杀鼠剂，做好技物结合配套服务，取得了良好的效果，每年农区灭鼠约1900万亩次，挽回粮食损失2.1亿~3.8亿千克，农宅统一灭鼠500~600万户。同时广西各地建设和完善国家、自治区、市、县四级农区统一灭鼠示范网络，每年统一示范灭鼠100万亩、50万户以上。2003—2006年累计配套建设毒饵站控鼠示范样板面积达121.3万亩、58.7万户。通过农区灭鼠有力促进了毒鼠强专项整治工作的开展，保障粮食安全和居民身体健康与生命财产安全。

附图38　2003年广西毒鼠强专项整治工作会议

附图39　害鼠

附图40　鼠害蔗

附图41　鼠害果

附图 42　毒饵站控鼠技术宣传

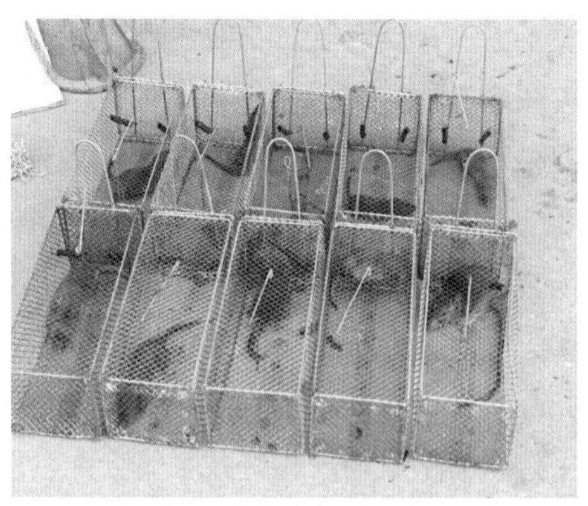

附图 43　鼠笼捕鼠

附图 44　2003 年广西植保系统配合毒鼠强专项整治开展农区统一灭鼠技术示范培训

附图 45　2005 年农区灭鼠技术师资现场培训

附图 46　2006 年广西春季农区统一灭鼠示范现场会

案例八：福寿螺灾害防控（2006年）

福寿螺在20世纪80年代作为一种食物被引入国内，由于该螺味道不佳，加上盲目引进和管理不善，且福寿螺生殖力强，繁殖快，逐步扩散到田间，随着螺源的逐年积累，福寿螺已成为我国为害水稻的恶性水生动物。2006年8月统计，广西福寿螺发生面积近250万亩次，南宁、钦州、贵港、玉林、桂林等地发生严重，以钦州市最为严重，发生面积达56.3万亩次。面对福寿螺灾情，各级政府、农业行政主管部门高度重视，采取有力措施，广大群众积极参与，经过一个月的大规模统一行动，灭螺大战取得阶段性胜利。至2006年8月底统计，广西防治面积278.35万亩次，其中人工捡螺2.22万千克，人工铲除卵块面积16.69万亩次，茶麸防治面积达51.88万亩次，化学防治面积196.45万亩次，平均防治效果达86.03%，折合挽回直接经济损失1.01亿元，取得了较好的成效，基本控制了农田的福寿螺的发生为害。

附图47　召开现场会组织应急防控

附图48　开展田间灭螺